U0226982

国家科学技术学术著作出版基金资助出版

中国自然地理系列专著

中国动物地理

张荣祖　著

科学出版社
北　京

内 容 简 介

本书为《中国自然地理系列专著》之一，系统阐述了我国陆栖脊椎动物的分布规律，讨论了分布规律与自然条件的关系，并按动物地理区划，分别叙述各界、区及亚区的动物地理特征。兽类部分还按生物学资料追溯其历史变迁。

本书可供高等院校生物、地理等专业师生及从事动物学、地理学、古生物学研究的科研工作者和自然保护区工作人员参考。

图书在版编目(CIP)数据

中国动物地理/张荣祖著.—北京：科学出版社，2011
(中国自然地理系列专著)

ISBN 978-7-03-031920-3

Ⅰ.①中… Ⅱ.①张… Ⅲ.①动物地理学-中国 Ⅳ.①Q958.52

中国版本图书馆CIP数据核字（2011）第149140号

责任编辑：朱海燕 赵 峰 杨帅英 沈晓晶／责任校对：朱光光
责任印制：赵 博／封面设计：黄华斌

科学出版社 出版
北京东黄城根北街16号
邮政编码：100717
http://www.sciencep.com
涿州市般润文化传播有限公司印刷
科学出版社发行 各地新华书店经销
*
2011年8月第 一 版 开本：787×1092 1/16
2024年8月第九次印刷 印张：22
字数：489 000
定价：228.00元
（如有印装质量问题，我社负责调换）

《中国自然地理系列专著》编辑委员会

总　序

自然地理环境是由地貌、气候、水文、土壤和生存于其中的植物、动物等要素组成的复杂系统。在这个系统中，各组成要素相互影响、彼此制约，不断变化、发展，整个自然地理环境也在不断地变化和发展。

从20世纪50年代起，为了了解我国各地自然环境和自然资源的基本情况，中国科学院相继组织了一系列大规模的区域综合科学考察研究，中央和地方各有关部门也开展了许多相关的调查工作，为国家和地区有计划地建设，提供了可靠的科学依据。同时也为全面系统阐明我国自然地理环境的形成、分异和演化规律积累了丰富的资料。为了从理论上进一步总结，1972年中国科学院决定成立以竺可桢副院长为主任的《中国自然地理》编辑委员会，并组织有关单位和专家协作，组成各分册的编写组。自1979年至1988年先后编撰出版了《总论》、《地貌》、《气候》、《地表水》、《地下水》、《土壤地理》、《植物地理》（上、下册）、《动物地理》、《古地理》（上、下册）、《历史自然地理》和《海洋地理》共13个分册，在教学、科研和实践应用上发挥了重要作用。

近30年来，我国科学家对地表自然过程与格局的研究不断深化，气候、水文和生态系统定位观测研究取得了大量新数据和新资料，遥感与地理信息系统等新技术和新方法日益广泛地引入自然地理环境的研究中。区域自然地理环境的特征、类型、分布、过程及其动态变化研究方面取得了重大进展。部门自然地理学在地貌过程、气候变化、水量平衡、土壤系统分类、生物地理、古地理环境演变、历史时期气候变迁以及海洋地理等领域也取得许多进展。

20世纪80年代以来，全球环境变化和地球系统的研究蓬勃发展，我国在大气、海洋和陆地系统的研究方面也取得长足的进展，大大促进了我国部门自然地理学的深化和综合自然地理学的集成研究。我国对青藏高原、黄土高原、干旱区等区域在全球变化的区域响应方面的研究取得了突出的成就。第四纪以来的环境变化研究获得很大的发展，加深了对我国自然环境演化过程的认识。

90年代以来，可持续发展的理念被各国政府和社会公众所广泛接受。我国提出以人为本，全面、协调、可持续的科学发展观，重视区域之间的统筹，强调人与自然的和谐发展。无论是东、中、西三个地带的发展战略，城市化和工业化的规划，主体功能区的划分，还是各个区域的环境整治与自然保护区的建设，与大自然密切相关的工程建设规划和评估等，都更加重视对自然地理环境的认识，更加强调深入了解在全球变化背景下地表自然过程、格局的变动和发展趋势。

根据学科发展和社会需求，《中国自然地理系列专著》应运而生了。这一系列专著共包括 10 本专著：《中国自然地理总论》、《中国地貌》、《中国气候》、《中国水文地理》、《中国土壤地理》、《中国植物区系与植被地理》、《中国动物地理》、《中国古地理——中国自然环境的形成》、《中国历史自然地理》和《中国海洋地理》。各专著编写组成员既有学识渊博、经验丰富的老科学家，又有精力充沛，掌握新理论、技术与方法的中青年科学家，体现了老中青的结合，形成合理的梯队结构，保证了在继承基础上的创新，以不负时代赋予我们的任务。

《中国自然地理系列专著》将进一步揭示中国地表自然地理环境各要素的形成演化、基本特征、类型划分、分布格局和动态变化，阐明各要素之间的相互联系，探讨它们在全球变化背景下的变动和发展趋势，并结合新时期我国区域发展的特点，讨论有关环境整治、生态建设、资源管理以及自然保护等重大问题，为我国不同区域环境与发展的协调，人与自然的和谐发展提供科学依据。

中国科学院、国家自然科学基金委员会、中国地理学会以及各卷主编单位对该系列专著的编撰给予了大力支持。我们希望《中国自然地理系列专著》的出版有助于广大读者全面了解和认识中国的自然地理环境，并祈望得到读者和学术界的批评指正。

2009 年 7 月

序　一

《动物地理》是20世纪70年代由中国科学院组织编著的《中国自然地理丛书》的组成部分。该著作对推动我国动物地理学研究起到了启蒙的历史作用。它是在当时全国生物区系普查和区域综合考察积累的大量物种分布资料的基础上产生的。到20世纪90年代，国家自然科学基金委员会又组织了重点项目“中国动物地理研究”，出版了《中国动物地理》专著，代表了该学科进一步发展的阶段性成果。现在，《中国自然地理系列专著》的出版，仍包括《中国动物地理》分册，反映出学术界对动物地理研究的关注。

在讨论本系列专著出版时，张荣祖先生指出从20世纪后期生物地理学的发展就进入了一个新的时期。地理因素和环境变迁对生物区系形成与分化的作用日益受到重视。早在中国科学院青藏高原综合科学考察队建队初始就将“青藏高原隆起对现代生物与人类活动的影响”作为生物学考察的中心问题，强调以历史与生态相结合的综合观点，分析物种分布与地理环境分异相迭合的规律，探索两者在进化演变中的关系，即以动物分布为引导，了解地球历史；应用地球历史事实，解释动物分布。很高兴，张荣祖先生当时就是青藏高原综合科学考察队的成员，是一位大力倡导以此观点来研究动物地理学的学者。

长期以来，人类对动物资源的保护与利用不断地改变着动物分布的原貌。生物地理学中有专门针对人类活动作用的研究领域，称文化生物地理学(Cultural Biogeography)。但我国动物学界和地理学界专就此主题的系统专论还很少。张荣祖先生在本书中，专门增写了一章加以论述，我很赞成，生物地理学今后应加强这方面的研究。

动物分布对全球气候变暖的响应问题，是当今环境变迁研究中备受瞩目的问题之一。本书中也专门新增了相关内容，做了探讨。

谨此《中国动物地理》问世之际，我衷心祝愿这门重要的学科得到更大的发展，为我国社会经济建设做出新的贡献。

孙鸿烈

2008年11月4日

序　二

要实现自然资源的合理利用，以及人类与自然的和谐相处，首先必须深入研究与阐明资源及其分布的基本规律。动物是自然景观的重要组成部分，而且经常处于动态变化之中，在某种程度上创造和改变着景观，需要加以特别关注。

研究动物分布的规律是动物地理学的基本任务，可为生物多样性的保护、动物资源的合理利用和动物危害的防治提出理论依据。中国地域广大，自然条件复杂，动物种类繁多，但由于历史原因，这方面的研究工作相对比较薄弱，有关动物及其分布规律的研究十分迫切。新中国成立后，我国曾开展过多次大规模的动物资源调查，收集了大量的关于动物分布的信息。这些信息需要在现代动物地理学理论的指导下进行分析和总结。在动物学前辈寿振黄和郑作新等教授的指导下，由当时还很年轻的张荣祖先生于 1959 年首次完成了“中国动物地理区划（草案)”，后经各方面动物学专家的检验与讨论，于 1979 年将“中国动物地理区划（草案)”修订为 7 个一级区和 19 个二级（亚）区，论述了各区的代表种、优势种和有经济价值种，并进一步分析了动物物种与环境的相互关系。这一成果可以说是动物学与地理学综合的产物，也是中国动物地理学的一个里程碑。20 世纪 70～80 年代，由中国科学院组织撰写《中国自然地理》，其中《动物地理》一册，仍由张荣祖先生撰写。书中的资料比以前更丰富，对中国陆栖脊椎动物的分布型（格局)、区系特征及其历史演变进行了探讨，在此基础上又划分出 7 个生态地理动物群，分别论述其与自然环境的关系。该书对我国动物地理学的研究起到非常重要的作用。1981 年被日本同行译为日文出版。时隔 30 年之后，《中国动物地理》能够作为《中国自然地理系列专著》的分册之一出版，是十分值得庆幸的。

动物地理学是动物学与地理学的交叉学科，张荣祖教授具有深厚的地理学和动物学基础，多年来在与国内外动物学家合作的野外考察中，对我国动物的分布与区划有深入的认识与思考，特别在对动物栖息环境的分析方面具有创造性。《动物地理》中所提出的我国陆栖动物分布型的分类就密切与环境条件相联系。分布型及其形成是动物地理学研究的中心内容，也是自 20 世纪 60～70 年代以来生物地理学界热烈争论的问题。在 1999 年出版的《中国动物地理》一书中，张荣祖教授将大量的篇幅放在中国陆栖脊椎动物的分布及区域分化事实的阐述上。本书中，他更多地联系地学，在理论上予以探讨。他将物种分化与自然阻障这两方面的关系归结如下：物种分化的程度与阻障效应的强弱和时间的长短成正比，与物种的扩展能力成反比。无论高级分类阶元的分化、地理亚种的形成，还是生态地理变异，都是物种适应环境时空变迁的结果。我完全同意他的这一观点。认识现代自然地理环境的区域分异及其在地质-古地理演化发生上的关系，对揭示动物分布型的形成过程和分布规律十分重要。他认为，当代生物地理学中替代学派所追求的、表明所有生物关系的地区分支图解（area cladogram），其实质与形式实际上与自然地理环境区域分异体系是相似的。在理论上，动物分布型及其地理特点，对应于区域分异的各种界限，即阻障效应的趋同，既是物种分布型分类的基础，又是动物地理区域划分的基础。本书出版中，张荣祖教授即持上述观点，以中国学者的工作，在一个新的高度上，参与国际生物地理学热点——“分布型及其形成机制”的讨论，包括世界动物地理区划问题，值得我们关注。

全球气候变暖、人类活动特别是环境污染以及生物入侵对动物分布的影响，是当今人们十分关注的问题。本书中以单独一章“人类活动对动物分布的影响与动物保护”予以讨论。动物，特别是鸟类，常由于自身的扩展或迷途而出现“异常”分布，使研究者产生困惑。我赞成张荣祖教授谨慎地选择“先锋成分”予以探讨的态度，也十分同意他认为今后应进一步从“生态系统”加强这方面工作的主张。

近年来，在国家自然科学基金委员会的支持下，我国生物地理研究有了长足进步，我们期待着在这一领域产生更多具有国际先进水平的科学成果。

郑光美

2009年2月16日

前　言

在《中国动物地理》(1999) 一书的序言中，陈宜瑜院士精辟地指出我国地处亚洲大陆东南边缘，晚古生代以来泛大陆（Pangaea）的解体和重组，全球气候环境的变迁，特别是第三纪（古近纪和新近纪）以后，青藏高原的急剧隆升，对我国生物区系的演变产生过重大影响，现在的生物区系也记录了地质历史变化的踪迹。这使我国生物地理学的研究结果备受国际学术界的重视。他对我国生物地理研究寄予了厚望；黄秉维院士则从社会实践出发，指出“研究和解决可持续发展问题，不能不在自然的综合及自然与社会的综合中包括动物在内”，表达了他对加强地理学中动物地理学研究的期待。

动物地理学是动物学与地理学的交叉学科，从动物学和地理学两方面得到营养，近几十年还热衷于生态系统概念的应用，而得到相应的发展。在生产实践上，动物地理学对生物多样性的保护与利用的作用，受到重视。我国动物地理的发展相对滞后，近 20 年来，在国家自然科学基金委员会的支持下，动物地理学逐步摆脱研究的薄弱状态。就全国而言，对不同的类群、不同的地区，调查研究的基础不同，能进行规律性探讨的程度差别很大。对某些种类或某些地区，还可能只是科学资料，即事实的初步积累，甚至是空白。

生物分类学者从他们不同的研究对象，进入生物地理学，常常是十分无意的，不经心的，因而，很难理解怎样做才对。其实，动物地理学（在方法论上）是把动物学的内容，用地理学的观点来研究。不管动物学家是否意识到这一点，当他将动物分布点或其他动物学内容标示在地图上时，就开始运用地理学的观点与手段。从事动物地理学研究的学者基本上分两大类型：一类着眼于分类学，主要从自己研究的动物类群出发，探讨其分布，比如大多数的分类学家；另一类着眼于分布学，不只限于某一类群，更主要的是依据分类学的成果，探讨各个类群分布现象的普遍规律。两者往往分别被称为“专家”与“博家”。动物地理学创始人 A. R. Wallace 就属于后者。他们常常受到分类学中意见分歧和不断订正的困扰。因而，只有在每个时期，分类学研究中最有成效的类群，能够被他们准确地综合时，才有利于动物地理学的研究。动物分布普遍规律的研究对动物分类学也很有帮助。因此，两者相辅相成。

《中国自然地理·动物地理》(1979) 是在国内陆栖脊椎动物分类学研究取得较好基础和大规模自然资源考察取得丰硕成果、我国动物地理学研究得到动物学界各门类专家支持的情况下完成的。现在，本书的修订面临着以下新的情况：

1）生物地理学进入了一个新的时期。自 20 世纪 60 年代以来，在历史生物地理方面是“隔离分化生物地理学”（Vicariance Biogeography）学派或称替代（vicariance）学派向传统生物地理学或称扩散（dispersal）学派的挑战。在生态生物地理学方面是“岛屿生物地理均衡论”（Dynamic Equilibrium Theory of Island Biogeography）的出现。前者是基于活动论的地球观（大陆漂移）与新兴的系统发育学的结合，后者是基于生态学中模型（model）研究的发展。这对当代生物地理学研究，在原理和方法上均有很大的促进。

2）大概与上述相同的时期，在分类学中，分支系统学（Cladistics）的理论和方法得到日益广泛的传播与应用，已成为当今系统学的三个主要学派（综合系统学、数值系统学、分支系统学）之一，并成为“隔离分化生物地理学”的基础。近几十年来，分子系统学的迅速发展和遗传信息的应用，均对传统的以形态学为基础的分类学产生冲击。同时，随着分子系统学的发展，出现了分子系统地理学（Molecular Phylogeography），形成一个活跃的领域，标示着一个新的方向。

3）全球（长期）气候变暖问题虽仍存在争议，但当今全球气候变暖的趋势已是不争的事实。全球范围的环境退化与污染日趋严重的势头未有根本改变。在人们的常识理解中，自然界中，对这两大环境生态事件反应最敏感的，莫过于动物。特别当以往分布于低纬的种类被发现在中高纬地区时，人们自然就会联想，这可能就是暖热气候北移的指示。而能使动物分布产生剧烈变化的，莫过于人类的活动，尤其是环境污染。

我赞成前述替代学派所提出的“隔离分化是地理过程”这一观点。总体上，物种的分化与环境的时空变迁是同步进行的。一切在不同时期形成的自然地理界线，对于不同的物种，在理论上都可看成是不同性质和不同程度的分布上的“阻障线”。事实上，有些种类的分布可被阻于微小的阻障，有些则可越过严重的阻障。物种分化的程度与阻障效应的强弱和时间的长短成正比，与物种的扩展能力和适应能力成反比。因此，无论高级分类阶元的分化、种与亚种的形成，还是生态-生理地理变异，都是物种适应环境时空变迁的结果。那么，生物区系特征、分类支序和生态现象等的地理分化与一定地理环境的分异相适应，就应该是一个普遍的自然规律。实际上，我国学者一向重视地理因素和环境变迁对生物区系形成与分化的作用。中国科学院青藏高原综合科学考察队在建队初始就提出将“青藏高原隆起对现代生物与人类活动的影响”作为该队生物考察的中心论题。地学的方法，一般是“根据现实，反推过去，判断未来”。动物分布现象是动物地理学研究的主题，首先要根据事实，确定其分布型或格局（pattern），再以历史与生态相结合的综合观点，分析分布型与地理环境分异相迭合（congruence）的事实，探索两者在进化演变中可能的关系，反推其过程（process）。换言之，以动物分布为引导，了解地球历史；应用地球历史事实，解释动物分布，动物地理学可以为揭开地球与生命自然历史做出贡献。这是一个不断深化的过程。所以，我认为，从某种意义上，我国生物地理学，在20世纪后期，同样也迈进了一个“新的时期”。

在分类学方面，动物地理研究者最关心的是分类研究的新进展，对他们所选择研究的类群，在分类上是否有重大的修订。因为分类上的修订，可能导致对分布格局及其形成过程的重新认识。动物分类学家 D. E. Wilson 和 D. M. Reeder 在他们的著作《世界哺乳动物》（2005）中，在高级分类阶元上，提出了一些新的见解，如长鼻目（象科）的排序地位比传统分类排序远远超前，提出了鹿科新系统，分出新的亚科，否定啮齿超目的存在等；在低级分类阶元上，更多的是“属”的修订和新种的发现或老种的重新认定等。依据我国的动物分类学研究的基础，有条件被动物地理学者选择研究、包括全纲的，主要是兽类、鸟类、爬行类、两栖类和淡水鱼类。其他门类均视分类研究的完整程度和分布资料丰富与否，大多只能选择“科”以下的类群。分类学家一直在追求生物门类的自然分类，动物地理学者自达尔文-华莱士时代以来，也持同样的愿望。然而，能够通过检验、消除主观成分的分类系统，仍不容易产生。系统分类学中分子与形态学之间的冲突，似乎愈加明显。现在看来，不少情况是由于分子方面数据过少，遗传信息的应用并非总是理想，或结论过早而引起的，有些则揭示了真正的矛盾。这方面研究面临的挑战是，如何进一步发现和解释这些对立现象。值得注意的是，分子信息往往反映了传统形态分类的正确性。可见，两者相辅相成。

在动物分类系统中，只有基本单位——“种”具有客观的标准，因而，种的分布是客观存在的。一地动物区系或某类分布格局，即由许多分类上明确和分布上相互重叠的种所组成。动物分布区的地理位置、范围和大小，反映动物对自然条件的适应，是历史演变至现阶段的结果。“属”以上分类阶元所依据的形态学的特征和分子特征，其标准虽力求反映类群间亲缘关系的亲近性，但性质上至今仍难以消除其主观成分。所以，为揭示分布规律，动物地理研究着重以种为基础。当传统分类学建立的系统仍被大多数学者认可时，它仍然是动物地理学研究的依据。

生物地理学中有专门针对人类活动作用的研究领域，称文化生物地理学（Cultural Biogeography）。我国动物学界和地理学界，虽然在联系生产实践时，对此颇为关注，包括历史地理学对我国历史时期动物分布变迁的探讨也联系人类活动的因素，但专就此主题的系统专论罕见。在本版中，虽然新增一章予以陈述，但比较薄弱。显然，今后应加强这一领域的研究。

全球气候变暖和环境退化与污染对动物分布的影响，已被生物学界所关注。地理学研究也希望从生物现象，包括物候和动物分布区的近期改变等方面（即异常分布现象的信息）获得佐证，并对濒危动物和生物多样性的保护予以关注。显然，这是生物学界和地学界的一个新的课题。

在学科发展的新形势下，本书的出版，希望不限于陆栖脊椎动物，但限于各个门类在这方面的发展很不平衡，又限于力量，故现仍主要立足于陆栖脊椎动物。本书初稿完成后，承蒙中国科学院院士、水生生物研究所研究员陈宜瑜先生，中国科学院院士、北京师范大学教授郑光美先生，中国科学院院士、成都生物研究所研究员赵尔宓先生，中国科学院院士、地理科学与资源研究所研究员孙鸿烈和郑度先生，中国科学院动物研究所研究员冯祚建、马勇，中国科学院成都生物研究所研究员费梁审阅，并提出宝贵意见；中国科学院动物研究所副研究员孟智斌、地理科学与资源研究所副研究员戴尔阜和博士生周巧富，在编写工作中给予很大的帮助；笔者在此一并表示深切的谢意。限于本人水平，错误在所难免，敬请读者不吝指正。

目　录

第一章　动物地理研究历史

第一节　概　　述

中西方古代对动物分布的记载，均可视为动物地理学的萌芽。我国记载动物分布的历史极早，可追溯至公元前 11 世纪至公元前 6 世纪，在我国最早的诗歌总集《诗经》里记述有 100 多种动物的分布。公元前 6 世纪至公元前 5 世纪，春秋战国时的《考工记》中，已提出了我国东部动物分布南北分野的问题，曰“鸜鹆不逾济、貉逾汶则死，此地气然”。鸜鹆即今日南方分布之八哥，济为山东古济水，大致在山东南部与河南北部之间，合乎事实。公元前 5 世纪至公元前 3 世纪，中国最古老的区域地理专篇《尚书・禹贡》篇中，有对中国九州经济动物的记载（郭郛等，1999）。秦汉时的《尔雅》、西汉时的《史记・货殖列传》和《山海经》中对动物的记载均反映了我国动物地理分布的地区差异。此后，在我国的一些古籍中，如《宋史》和沈括的《梦溪笔谈》、《唐书》、明代李时珍的《本草纲目》和徐光启的《农政全书》以及清代的《徐霞客游记》和《康熙几暇格物编》等，均不乏关于我国动物分布的记述。还有一些区域性记事，如汉朝刘珍的《东观汉记》和清代的《黑龙江外记》对东北区，宋代彭大雅的《黑鞑事略》、清代和瑛的《三州辑略》以及椿园的《西域闻见录》对蒙新区，唐末刘恂的《岭表录异》和南宋陆游的《入蜀记》等对华中及华南区，唐代樊绰的《蛮书》对西南区等地特产动物的描记（杨文衡等，1984）。各地的地方志则记载有各州府、县境内的动物。这些历史时期的记载，虽然缺乏科学的动物分类学基础，难免误谬，但仍不失为研究动物分布变迁可供参考的古籍。特别要提出的是，《山海经》中有关动植物及其分布的记载，已由我国生物学家郭郛作了系统的科学注证（郭郛，2004），揭示了我国古代动、植物地理学的端倪。

在西欧，从 18 世纪至 19 世纪上半叶，林奈（Linnaeus）《自然系统》的问世之后，动物分类学建立了，一些以科学分类为基础的动物分布专著开始出现。其中最具影响的是 P. L. Sclater 的“鸟类的地理分布”（1858）一文。该文首次基于鸟类提出世界动物地理区（界）的划分。19 世纪中期至末期，在达尔文进化论的影响下，科学的（历史）动物地理学得以建立和发展。与达尔文同时代的英国进化论者华莱士（Wallace），系统地探讨了动物在地球上的分布，对 P. L. Sclater 划分的世界动物地理区（界）进行了补充修订，被公认为现代陆栖动物地理区划的基础。他于 1860 年提出的划分东洋界与澳洲界的“华莱士线”，近几十年来受到板块学说支持者的重视（Mayr，1944）。他的名著《动物的地理分布》（1876）是动物地理学早期最重要的文献。他创立了物种的产生和变化在空间与时间上相关一致的理论，被推崇为世界动物地理学的奠基人。科学的动物地理学思想于 20 世纪初随动物分类学传入中国。但开始时，动物分类学工作大都操纵在外国人手中。因此，国内学者对动物地理学的研究也罕予注意。

新中国成立以前，国人对我国动物地理问题的讨论，寥若晨星，可以举出的有陈世骧（Chen，1934）、冯兰州（Feng，1938）对昆虫，张作干（1947）对两栖类，郑作新（1947）对鸟类等全国范围内地理分布的讨论；寿振黄（Shaw，1936）在《河北鸟类志》中的动物地理讨论，亦属先例。国外学者当时在我国的工作涉及动物地理问题的，如 de Sowerby（1923）就东北陆栖脊椎动物、La Touche（1926～1934）就鸟类、Loukashkin（1939）就东北北部兽类、Allen（1938，1940）和阿部余四男（1944）就兽类、Boring（1945）就两栖类、Mori（1936）就淡水鱼类等，均有专著。

新中国成立初期，由于全国经济发展的计划性，需要按照不同区域的整个自然情况统筹兼顾，要求中国科学院进行中国自然区划的工作，包括动物地理区划。因而，当时基本上处于空白状态的动物地理学，在我国开始受到应有的关注，并随我国动物区系调查及分类工作的开展，逐渐得以发展。这首先推动了一些学者从全国范围出发对陆栖脊椎动物包括古脊椎动物、海洋动物和昆虫等方面的地理分布与分区问题进行了较系统的整理与研究。这一时期代表性的著作有《中国动物地理区划与中国昆虫地理区划》（郑作新等，1959）、《中国昆虫生态地理概述》（马世骏，1959）、《中国第四纪哺乳动物群的地理分布》（裴文中，1957）和《中国第四纪动物区系的演变》（周明镇，1964）、《中国鸟类分布名录》（郑作新，1976）、《中国自然地理·海洋地理》中第五章“海洋动物”（曾呈奎等，1979）、《中国淡水鱼类的分布区划》（李思忠，1981）和《中国自然地理·动物地理》（张荣祖，1979）。张荣祖（1979）首次对中国陆栖脊椎动物地理分布进行了系统分析，探索了其历史演变，又划分出生态地理动物群，并对全国动物区划，在广泛征询同行意见的基础上进行了修订，得到广泛的认可与应用，被认为对填补空白、推动我国生物地理学的研究起到重要的历史作用。20 世纪 90 年代以来，受国际生物地理学新学术思潮的影响，国家自然科学基金委员会组织了国家重点项目“中国动物地理研究”（1994～1996），对《中国自然地理·动物地理》一书进行了修订（更名为《中国动物地理》，于 1999 年出版）。

我国区域性动物区系调查或地方性动物志中对种的分布均有不同程度的记载，并大多涉及动物地理分布问题，实可视为近代我国动物地理的基础资料，特别是那些基于长期工作的总结或具有一定规模的区域性考察报告。如在 20 世纪 60 年代早期，有《中国经济动物志》丛书、《中国无尾两栖类》（刘承钊、胡淑琴，1961）、《青海甘肃兽类调查报告》（张荣祖、王宗祎，1964）和《新疆南部的鸟兽》（钱燕文等，1965）。其后于 70～80 年代，有《秦岭鸟类志》（郑作新等，1973）、《西藏昆虫》（陈世骧等，1981，1982）、《西藏鸟类志》（郑作新等，1983）、《西藏哺乳类》（冯祚建等，1986）、《西藏两栖爬行动物》（胡淑琴等，1987）、《新疆北部地区啮齿动物的分类和分布》（马勇等，1987）等，还有《中国两栖爬行动物学》（赵尔宓、鹰岩，1993）、《中国珍稀及经济两栖动物》（叶昌媛等，1993）、《横断山区昆虫》（陈世骧等，1992）、《横断山区鸟类》（唐蟾珠等，1996）、《横断山区鱼类》（陈宜瑜等，1998）、《中国哺乳动物分布》（张荣祖，1997）、《中国亚热带土壤动物》（尹文英等，1992）和《中国土壤动物》（尹文英等，2000）等。有不少省份汇总长期以来工作的积累，出版了各类陆栖脊椎动物的专志，都讨论了各省区范围内各类动物的地理分布问题，它们是辽宁、浙江、安徽、贵州、甘肃、四川、新疆、青海等。有一些省区则对某一专类做了总结，如海南（鸟、兽），云南（鸟、两栖），黑龙江（兽），内蒙古、陕西和河南（啮齿类）等。在陆续出版中的巨著《中国动物志》中，其动物命名及地理分布的资料则是最具权威性的。至于论及我国动物区划问题的地区性动物区系调查报告与论文甚多。

自《中国动物地理区划》问世以来，论及此区划的文章，不下百余篇，还有不少动物地理问题的专论（下文还要谈到），足见我国动物地理学，从新中国成立以前几乎空白的状态发展至今，已奠定了较好的基础。

依据约半个世纪以来的工作，可将我国本学科研究的主要成就，即对我国动物地理基本特征的认识，分为历史动物地理学和生态动物地理学两个分支，做以下的概括。

第二节 历史动物地理学

1）我国现存动物区系发展及区域分化的趋势，依陆栖脊椎动物，其起源至少可追溯到第三纪后期（新近纪）（裴文中，1957；周明镇，1964）。当时，我国动物区系的地理分化不明显。自第三纪后期，特别是第四纪初期，中国西部以青藏高原为中心的地面开始剧烈上升（印度-欧亚板块相撞与喜马拉雅造山运动），导致中国自然环境产生明显的区域差异，即青藏高原、西北干旱区和东部季风区从热带至寒温带的分布格局，对动物区系的地区分化有重要的影响。近海水域动物的分布则受更新世时起源于北太平洋西部热带区的“黑潮”暖流的影响最大，它的主干流经台湾省东岸附近海域，其分支可达长江和黄渤海。我国大陆近海没有强大的寒流，但冬季受大陆气候（和沿岸流）的影响，渤海和黄海近岸水温很低，导致近海动物分布上的差异（曾呈奎等，1979）。

2）尽管我国广阔疆域的区域分化十分明显，但从动物区系的历史演化来看，无论陆栖、内陆水域还是海域的动物，除广泛分布与地方性特有种外，大体均分属南北两大系统，即陆地方面的古北（全北）区系与东洋区系，及海洋方面的北太平洋区系与印度-西太平洋区系。这一分异，几乎反映在所有大的类群之中。西方学者自 Sclater 及 Wallace 以来，对我国动物此南北分野的总趋势，持一致的意见，但对具体的界限，则有不同的划法。

据我国学者的研究，在我国大陆东部及海域，上述两方面种类相互渗透及混杂的范围相当广泛，两者分布上的南北极限，可分别伸展到北纬 20°～25°及北纬 40°～50°，跨越我国整个东半壁。几乎所有的学者对于此现象及其大体上的范围，没有异议。然而，毕竟各个门类中两者的分布情况各具特点，所以各家在评述两大区系成分（regional fauna）分布特征及划分两大界（faunal realm）分界线时产生分歧意见。西方学者（Heilprin，1887；Lydekker，1896；Bartholomew et al.，1911；La Touche，1926～1934），包括前述 Sclater 及 Wallace 在内，对我国古北界与东洋界界线的意见其差异的幅度，自北纬 25°（南岭）至北纬 35°（黄河北岸），甚至更北至北纬 44°（辽河）。根据我国学者的研究，依陆栖脊椎动物，此界线选在自喜马拉雅山脉南侧（大致沿针叶林带上限），通过横断山中部，东延至秦岭、伏牛山、淮河，而止于长江以北；昆虫方面所选的界线在东部则南移至九岭山、天目山而止于浙闽山地，约北纬 28°附近。

3）在淡水鱼类区划中，东洋界北界依成分的比重，亦沿秦淮一线，与陆栖脊椎动物相似（李思忠，1981）。淡水鱼的分布在长江以北和以南，表现出较大的差异，存在两个分化中心，并且物种数量由南向北呈现逐渐减少的趋势（陈宜瑜等，1986，1995；

刘焕章、陈宜瑜，1998）。这充分说明我国自然历史与现代环境对各类动物分布的态势具有共同的影响。我国海域动物南北两大区系过渡的特征，受到“黑潮”暖流及其季节变化的影响，印度西太平洋区系成分的向北扩展，较北太平洋温带区系成分的向南扩展明显。我国学者将两大区系的分界大体上划在长江口以北与朝鲜半岛以南的济州岛之间，与陆地两大界的划界大致相衔接（曾呈奎等，1979）。

现代动物分布是历史变迁至现阶段的产物。古生物学上的追溯，我国自更新世中期以来动物区系的南北分异已基本稳定（薛祥煦、张云翔，1994）。显然，现有两大界的划分只反映动物区系发展的大势，是各家进一步探讨的起点而已。两者成分在各地的出现、消失及其比例等，成为我国动物区系及动物地理学研究的传统性重要内容之一。对这一问题，国内外学者自20世纪20年代末至今，兴趣未有消减。

4）我国动物地理区划研究受全国自然区划工作的推动，在早期已有《中国淡水鱼类的分布》（张春霖，1954）和《中国毛皮兽的地理分布》（寿振黄，1955）等专著讨论分区问题。作为全国自然区划一个组成部分的中国动物地理区划，在全国自然区划工作的指导思想下，要求遵循“历史发展”、“生态适应”与“生产实践”三项原则，并力求与其他主要区划相协调。依据陆栖脊椎动物分布而划分的综合性全国动物地理区划，自1959年发表后，于1979年经过集体讨论，修订为2个界、3个亚界、7个区和19个亚区的划分系统（见表5.4）。修订后的区划得到国内外动物学界及地理学界的认可，并在国内得到农、林、医学界的参考与应用。几十年来，经常受到各地动物学工作的检验。一般而言，对区划系统和基本划分均予以肯定，对局部地区的区划界线则提出不少修订的意见，还有提出增划亚区的意见。这些意见大多出自对某一专类的研究。综合性动物地理区划对于不同门类的动物地理区划，像一把“平均标尺”（Darlington，1957）。以此标尺度量，其结果是一致还是偏离，可能反映各门类分布的自身特点。无疑，综合性区划亦因各门类的研究得以修订而日趋完善。1998年此区划又做了第二次修订，并对“省”级区划提出草案（张荣祖，1998）。

我国综合性动物地理区划所反映的青藏高原区、西北干旱区和东部季风区及从寒温带至热带的基本特征对动物分布的影响，几乎对于所有的门类都是适用的，并得到广泛认同。只是淡水鱼类由于还需考虑河流流域的因素，而在区划中某些地区有较大的出入。在陆栖脊椎动物与昆虫区划中，长江流域下游过渡区，以其区系的比重特点，分别划归东洋界与古北界，前已述及。在淡水鱼类区划中，有将辽河至江淮中下游地区依流域范围归于华东区，主要依据这里有大量引人注目的我国特产鱼类。但实际上这一地区古北界与东洋界鱼类的过渡混合特征亦比较明显（李思忠，1981）。

我国近海及邻近海洋的动物地理区划，分别有鱼类、底栖动物、浮游动物合并于浮游生物内，前两者的划分与命名是相同的，即北太平洋区：远东亚区，东亚亚区；印度-西太平洋区：中-日亚区，印（度）-马（来西亚）亚区，只是界线在局部地方稍有出入。后者不存在中-日亚区（曾呈奎等，1979）。

继全国性区划以后，不少动物学者依已有区划的3级系统再从各自研究的门类，在各自研究的省区内再进行低级（“省”、“州”）区划，两栖类方面还汇成专集《中国两栖动物地理区划》（赵尔宓等，1995）。

5）我国动物区系与邻近地区有密切的关系，若只限于国界之内的分析，显然有其局限性。因而，以种为单位的分布型（格局）研究继而产生（张荣祖，1979）。按动物种分布大多与自然地理条件相联系的事实，中国陆栖脊椎动物的主要分布型可归为9类：属北方类型的有北方（全北-古北）型（1）、东北型（2）、中亚型（3）、高地型（4）；属南方类型的有旧大陆热带-亚热带型（5）、东南亚热带-亚热带型（东洋型）（6）、喜马拉雅-横断山型（7）、南中国型（8）和岛屿型（9），有少数种类呈断裂、局部分布或另具特点。这只是一个大致的归类，可视为各地区系中的代表成分。各个分布型可再进行细分。各主要分布型之间亦非彼此孤立，而是互有关系。这种关系南、北方各异，详见下文。分布型的研究，迄今仍是初步的。

第三节　生态动物地理学

20世纪初至今，随着生态学的发展，在对动物分布的探讨中，逐步加强了对生态因素的分析。这方面最具代表性的著作是R. Hesse的《生态动物地理学》（1951）。另在海洋动物地理方面，有《海洋动物地理学》（Ekman，1953；Briggs，1974）。这些著作对我国动物学界极有影响。新中国成立后，由于生产实践的迫切要求，我国生态动物地理学的工作得以发展，前苏联动物学家库加金的景观动物地理学观点，对我国陆栖脊椎动物地理的工作，亦颇有影响。这方面的主要成就，可归纳如下：

1）最早开展且规模较大的工作，当推我国昆虫学家对飞蝗的研究（马世骏等，1965）。此工作从环境因素的综合概念出发，着重研究现代自然条件及其变迁与飞蝗不同类型发生地、世代结构及其演替转化关系，将蝗区视为一个生物地理群落复合体，若以此为基础，改变其中一个或一个以上的因素，可引导整个群落向有利于改造蝗区的方向发展。这一连续十年的工作，为昆虫生态地理学研究（在中比例尺的尺度内）做出了贡献。对其他重要害虫的研究（蔡邦华，1959；赵善欢、尹汝湛，1959；林昌善、郑臻良，1958），大多涉及更广的范围（小比例尺尺度）。研究表明，许多害虫发生的空间及时间（盛发期等）的规律变化与我国自然地理因素（经纬度、高度、气温、雨量等）的相应变化及作物栽培的特点是相吻合的。其中特别重要的是害虫越冬期的气候条件，它直接影响第一代的发生量。据对黏虫的研究表明，常年有效积温在很大程度上制约了黏虫在全国各地可能发生的世代数目，其地理变化规律可按全国自然区划予以归纳。

2）在陆栖脊椎动物方面的生态动物地理工作，主要针对啮齿类与鸟类。着重生态群落的组成、数量（包括等级）及分类，这类工作的特点是密切联系动物栖息环境的划分（依据地貌与植被等条件），在山地则侧重自然景观的垂直变化对动物分布的影响。其实，在前述动物区系调查中的重点地区，特别是著名山地，均普遍展开这类调查，如中条山区（鸟、兽）、秦岭（鸟类）、珠穆朗玛峰（鸟、兽）、长白山（鸟、兽、土壤动物）、横断山及玉龙山（鸟、兽）等。以明显建群树种构成的各类植物群落，其动物组成与数量对比也有明显的差别，可从群落生态学出发予以分类并以优势动物命名。因为这类工作大多是在同一季节内按不同栖息地而开展的，具备了对比分析的条件，可称为比较地理学研究，其工作的尺度，一般为大、中比例尺，并可表示在地图上（夏武平，1964；张荣祖、王宗祎，1964），受到生产实践部门的重视。

3）从全国范围以小比例尺划分生态地理动物群也有初步尝试，基本上反映了我国现代自然地理条件对陆栖脊椎动物分布的影响。最高一级的划分有三大群：季风区耐湿动物群、蒙新区耐旱动物群、青藏区耐寒动物群。三大群之间则有一广泛的相互渗透地带。进一步再分 7 个群：寒温带针叶林动物群，温带森林、森林草原、农田动物群，温带草原动物群，温带荒漠、半荒漠动物群，高山森林草原、草甸草原、寒漠动物群，亚热带森林、林灌、草地、农田动物群，热带森林、林灌、草地、农田动物群，它们各具其生态地理特征，并与前述主要依据区系组成而划分的动物区划之间存在着一定的关系。两者的配合，反映了现代生态因素的历史因素对我国动物界的综合影响。从 1987 年开始，由中国科学院组织并完成的“中国亚热带土壤动物的研究”和“中国典型地带土壤动物研究”（尹文英等，1992；2000），系统地调查研究了北起长白山、南至海南岛、西达青藏高原、东临东海之滨的 5 个典型森林和草原地带的土壤生态系统中的动物区系组成、群落结构、分布特点和动态变化，比较了它们在不同地理区之间的差异及其与土壤环境的关系，可视为我国土壤动物学和土壤动物地理学的首次问世的专著。

4）我国海域动物学研究中的生态地理学观点，一向是很突出的。作为动物生存条件的各个海域海水理化性质、大陆架底质环境及生物群落结构的水平与垂直分布一直是海域动物生态类型划分、命名与各种尺度的生态区划分的基础。至于在西方于 20 世纪二三十年代以来颇为热衷，并引起许多争论的岛屿生物地理学均衡论，在我国的反响较迟，至今可举出的类似研究为数很少，如应用于浙江沿海岛屿鸟兽生态地理的研究（诸葛阳等，1986）和对影响舟山群岛蛙类物种多样性主要因素的研究（李义明、李典谟，1998）。此理论与研究方法得到自然保护实践者的重视。

20 世纪 60 年代以来，生物地理学在西方经历了一次前所未有的大论战，在本书前言中已有提及。论战使这门古老的学科重新焕发了青春，主要的原因是地学上的革命，即“大陆漂移”说和板块学说获得无可置疑的肯定。它使生物地理学从过时的大陆永恒论中解脱出来，产生了替代（隔离分化）生物地理学（Vicariance Biogeography）学派。这一新的学派动摇了达尔文-华莱士大陆永恒与起源中心说的长期统治，认为扩散（dispersal）不能成功地解释动物的分布，而替代（vicariance）的解释则可予以验证，并在分类学方面推崇支序（Cladism）的观点与方法，倡导分支-替代生物地理学分析（Cladistic-Vicariance Biogeographic Analysis）。它的中心论点是：从世界范围来说，“现代生物区系分布的总体特征是由地理变化导致祖先的分化所决定的”（周明镇，1996），扩散只是改变了早先的隔离分化格局（Croizat et al.，1974）。但随着争论的发展，替代与扩散两种解释在历史生物地理学中的作用都得到了肯定。而且，对于大多数年龄较轻的现生种类，板块漂移的作用就不存在。这一学派在我国首先引起古生物学家的重视，并对其研究方法积极予以传播。实际上，从理论上看，我国学者一向重视地理因素及环境变迁对生物区系形成与分化的作用，与此学派的中心论点是一致的。前已提及，中国科学院青藏高原综合科学考察队在建队初始（珠穆朗玛峰考察队，1966～1968）就提出“喜马拉雅山的隆升及其对自然界与人类活动的影响”作为该队生物考察的中心论题。“裂腹鱼类的起源和演化及其与青藏高原隆起的关系”（曹文宣等，1981）一文，是这一思想的优秀代表之作。该工作提出裂腹鱼类演化过程的三个发展阶段，反映出青藏高原的三次急剧上升和相对稳定交替的阶段，而每次急剧隆起后达到的高度与裂腹鱼类三个特征等级的主干属目前聚居的海拔大体是一致的。两栖类中有类似的情况（费梁，

1990）。对昆虫的研究（黄复生，1981）则揭示了早期冈瓦纳古大陆解体漂移与替代分布对西藏昆虫区系起源的重要作用。

动物地理学有很强的地域性。它的发展一直孕育于地域性的研究成果。青藏高原古地理变迁对动物分布的影响，一向受到国内外学者的关注。早在20世纪50年代，苏联动物学家已就鸟类的形态发育推断，该高原上于第四纪冰期并不存在大冰盖（柯斯洛娃，1953）。此后，我国学者就高原本身区系的发育及其影响陆续进行过讨论，如认为高原动物区系形成是冰期后的“迁移起源”（沈孝宙，1963）或“亦年轻亦老”（郑昌琳，1976；郑作新等，1981）。青藏高原综合考察的结果表明，在更新世时，高原上并未形成连续的冰盖。因此，动物区系从未发生过类似北半球北部由于大陆冰盖而消失再重新迁入的事件。第三纪晚期以来，在青藏高原隆起过程中，自然地理条件变迁最为剧烈的是高原西北，即羌塘高原，从西北部向东南部，其变幅迅速减少。在此背景上的总的特点是喜暖湿（南方林栖为主）动物向东南撤退，喜干凉（中亚开阔景观栖息）动物从西北干旱地区向高原伸展以及耐高寒（高地型）动物在高原冰缘环境中产生与发展，其结果明显地表现在现存动物分布型上，包括被高原分隔东西的间断分布（张荣祖、郑昌琳，1984）。后者在两栖类的现存分布上也有反映（费梁，1984）。这一思想与前述裂腹鱼的演化是相补充的。

随着我国大规模综合性考察由青藏高原本部向其东南边缘横断山区转移（1981～1984年），横断山区在生物地理研究中的地位受到越来越多的重视，成为近年竞相研究的关键性地区。据早期的研究（张荣祖，1979），在横断山区古北与东洋两大区系交汇，各水平分布现象在区内转化为垂直重叠、交错或替代，特有（或准特有）类群的分化，古老成分的狭区分布（可能反映残留性）等均属本区的特点。由上述可见，横断山区在第四纪冰期中古环境变迁最小，自然景观应与现代类似。当时，山谷冰川的进展，只能引起自然景观的垂直位移（以百米计）。而且在低海拔盆地，气候温暖，主要景观带不但从未消失，变迁还相对稳定。复杂多样的垂直分带又为动物提供了多样的栖息环境，纵向的平行峡谷以及高海拔山脊，都是良好的相对隔离的环境，而动物垂直迁徙的空间跨度显小。凡此种种，无论从历史观点或生态观点，对动物的保存与分化都是有利的（Zhang，1988），生物多样性非常丰富。所以近几十年来，横断山区一直是我国动物地理学和自然保护研究的热点地区。台湾动物区系与祖国大陆，即海峡两岸动物区系的关系常是我国动物地理研究中关注的问题，两岸学者还曾举行过两岸生物地理研讨会，出有专集（林曜松，1997）与专论（陈宜瑜、何舜平，2001）。

参考文献

蔡邦华．1959. 中国三化螟预测预报研究现状．见：中国科学院昆虫研究所．昆虫学集刊．北京：科学出版社

曹文宣，陈宜瑜，武云飞等．1981. 裂腹鱼类的起源和演化及其与青藏高原隆起的关系．见：中国科学院青藏高原综合科学考察队．青藏高原隆起的时代、幅度和形成问题．北京：科学出版社

陈世骧等．1981. 西藏昆虫（第一册）．北京：科学出版社

陈世骧等．1982. 西藏昆虫（第二册）．北京：科学出版社

陈世骧等．1992. 横断山区昆虫．北京：科学出版社

陈宜瑜，何舜平．2001. 海峡两岸淡水鱼类分布格局及其生物地理学意义．自然科学进展，11（4）：337～342

陈宜瑜等．1986. 珠江的鱼类区系及其动物地理学分析．水生生物学报，19：228～236

陈宜瑜等．1995. 生物地理学新进展．生物学通报，30（6）：1～4
陈宜瑜等．1998. 横断山区鱼类．北京：科学出版社
裴文中．1957. 中国第四纪哺乳动物群的地理分布．古脊椎动物学报，1（1）：9～24
费梁．1984. 小鲵科的地理分布特点、分化中心及亲缘关系的探讨（两栖纲：有尾目）. 动物学报，30（4）：385～392
费梁．1990. 亚洲高海拔锄足蟾的属间亲缘关系、分化及其与青藏高原形成的关系（Amphibia：Pelobatidae）．动物学报，36（4）：420～428
冯祚建等．1986. 西藏哺乳类．北京：科学出版社
郭郛，李约瑟，成庆泰．1999. 中国古代动物学史．北京：科学出版社
郭郛．2004. 山海经注证．北京：中国社会科学出版社
胡淑琴等．1987. 西藏两栖爬行动物．北京：科学出版社
黄复生．1981. 西藏高原的隆起和昆虫区系．见：中国科学院青海、西藏综合考察队．西藏昆虫（第一册）．北京：科学出版社
柯斯洛娃．1953. 西藏高原的鸟类分布及其亲缘关系和历史．动物学报，5（1）：25～36
李思忠．1981. 中国淡水鱼类的分布区划．北京：科学出版社
李义明，李典谟．1998. 影响舟山群岛蛙类物种多样性主要因素的研究．动物学报，44（2）：150～156
林昌善，郑臻良．1958. 有效温度法则在我国粘虫发生地理学上的检验．昆虫学报，8（1）：41～56
林曜松．1997. 海峡两岸自然保育与生物地理研讨会论文集．台湾大学动物学系刊印
刘承钊，胡淑琴．1961. 中国无尾两栖类．北京：科学出版社
刘焕章，陈宜瑜．1998. 中国淡水鱼类的分布格局与东亚淡水鱼类的起源演化．动物分类学报，23（增刊）：10～16
马世骏．1959. 中国昆虫生态地理概述．北京：科学出版社
马世骏等．1965. 中国东亚飞蝗蝗区的研究．北京：科学出版社
马勇，王逢桂，金善科等．1987. 新疆北部地区啮齿动物的分类和分布．北京：科学出版社
钱燕文，冯祚建，马莱龄．1974. 珠穆朗玛峰地区鸟类和哺乳类的区系调查：珠穆朗玛峰地区科学考察报告，1966～1968. 见：中国科学院西藏科学考察队．生物与高山生理．北京：科学出版社
钱燕文，张洁，汪松等．1965. 新疆南部的鸟类．北京：科学出版社
沈孝宙．1963. 西藏哺乳动物区系特征及其形成历史．动物学报，15（1）：139～150
寿振黄．1955. 中国毛皮兽的地理分布．地理学报，21（1）：93～110
寿振黄等．1958. 东北兽类调查报告．北京：科学出版社
唐蟾珠，徐延恭，杨岚．1996. 横断山区鸟类．北京：科学出版社
夏武平．1964. 谈谈草原啮齿动物的一些生态学问题．动物学杂志，6（6）：299～302
薛祥煦，张云翔．1994. 中国第四纪哺乳动物地理区划．兽类学报，14（1）：15～23
杨文衡等．1984. 中国古代地理学史．北京：科学出版社
叶昌媛，费梁，胡淑琴．1993. 中国珍稀及经济两栖动物．成都：四川科学技术出版社
尹文英等．1992. 中国亚热带土壤动物．北京：科学出版社
尹文英等．2000. 中国土壤动物．北京：科学出版社
曾呈奎，刘瑞玉，成庆太等．1979. 中国自然地理．见：中国科学院中国自然地理编辑委员会．海洋地理．北京：科学出版社
张春霖．1954. 中国淡水鱼类的分布．地理学报，20（3）：279～284
张荣祖．1979. 中国自然地理·动物地理．北京：科学出版社
张荣祖．1997. 中国哺乳动物分布．北京：中国林业出版社
张荣祖．1998.《中国动物地理区划》的再修改．动物分类学报，23（增刊）：207～222
张荣祖．1999. 中国动物地理．北京：科学出版社
张荣祖，王宗祎．1964. 青海、甘肃兽类调查报告．北京：科学出版社
张荣祖，赵肯堂．1978. 关于《中国动物地理区划》的修改．动物学报，24（2）：196～202
张荣祖，郑昌琳．1984. 青藏高原哺乳动物地理分布特征及区系演变．地理学报，40（3）：225～231
张作干．1947. 中国两栖类概观．张作人，朱洗等译．见：动物学下册之一．上海：商务印书馆

赵尔宓，鹰岩．1993. 中国两栖爬行动物学（英文）．蛇蛙研究会与中国蛇蛙研究会．Oxford
赵尔宓等．1995. 中国两栖动物地理区划．四川动物，(增刊)：1～178
赵善欢，尹汝湛．1959. 中国水稻螟虫的几个问题．见：中国科学院昆虫研究所．昆虫学集刊．北京：科学出版社
郑昌琳．1976. 西藏阿里兽类区系的研究及其关于青藏高原兽类区系演变的初步探讨．见：中国科学院西北高原生物所．西藏阿里地区动植物考察报告．北京：科学出版社
郑作新．1947. 中国鸟类地理分布之初步研究．科学，30：139
郑作新．1976. 中国鸟类分布名录．第二版．北京：科学出版社
郑作新，冯祚建，张荣祖等．1981. 青藏高原陆栖脊椎动物区系及其演变的探讨．见：北京自然博物馆．北京自然博物馆研究报告（第 9 期）．北京：文物出版社
郑作新，张荣祖，马世骏．1959. 中国动物地理区划与中国昆虫地理区划．北京：科学出版社
郑作新等．1973. 秦岭鸟类志．北京：科学出版社
郑作新等．1983. 西藏鸟类志．北京：科学出版社
周明镇．1964. 中国第四纪动物区系演变．动物学杂志，6（6)：274～278
诸葛阳，姜仕仁，郑忠伟等．1986. 浙江海岛鸟类地理生态学的初步研究．动物学报，32（1)：74～85
阿部余四男．1944. 支那哺乳动物志．东京：目黑书店
Allen G M. 1938. The Mammals of China and Mongolia. Pt. 1. New York：The American Museum of Natural History
Allen G M. 1940. The Mammals of China and Mongolia. Pt. 2. New York：The American Museum of Natural History
Bartholomew J O，Clarke W B，Grimshow P H. 1911. Bartholomew's Physical Atlas. Vol. 5. Atlas of Zoogeography，1～67，pls. 36. London：John Bartholomew & Co
Boring A M. 1945. Chinese Amphibians：Living and Fossil Forms. Pekin：Institute de Geobiologie
Briggs J C. 1974. Marine Zoogeography. New York：McGraw-Hill Book Co
Chen S H. 1934. Recherches sur les Chrysomelinae de la China et du Tonkin Annales de la Societe Ent. de France
Croizat L，Nelson G，Rosen D E. 1974. Centers of origin and related concepts. Systematic Zoology，23：265-287
Croizat L，Nelson G，Rosen D E. 1996. Centers of origin and related concepts. 见：隔离分化生物地理学译文集．周明镇，张弥曼，陈宜瑜等译．北京：中国大百科全书出版社
Darlington P J. 1957. Zoogeography：the Geographical Distribution of Animals. New York：John Wiley & Sons Inc
de Sowerby A C. 1923. The Naturalist in Manchuria. Vol. 2，3. Tientsin：Tientsin Press
Ekman S. 1953. Zoogeography of the Sea. London：Sidgwick and Jackson
Feng L C. 1938. The Geographical Distribution of Mosquitoes in China. Sektion：Medizinshe and Vererine Ent
Heilprin A. 1887. The Geographical and Geological Distribution of Mammals. New York and London：International Scientific Series
Hesse R. 1951. Ecological Animal Geography. New York：John Wiley & Sons Inc
La Touche J D D. 1926～1934. A Handbook of Birds of Eastern China，1，2. London：Taylor and Francis
Loukashkin A S. 1939. 北满野生哺乳类志．东京：兴亚院
Lydekker R. 1896. A Geographical History of Mammals. London：Cambridge Geographical Series
Mayr E. 1944. Wallace's lines in the light of recent zoogeographic studies. Quart Rev Biol，19：1～14
Mori T. 1936. Studies on the Geographical Distribution of Fresh-Water Fishes in Eastern Asia. Tokyo
Sclater P L. 1858. On the geographical distribution of the members of the class Aves. Journ Proc Linn Soc Zool，2：130～145
Shaw T H. 1936. Birds of Hopei Province. Vols. 1，2. Peiping：Fan Memorial Institute of Biology
Udvardy M B F. 1969. Dynamic Zoogeography. New York：Van Nostrand Reinhold Co
Wallace A R. 1876. The Geographical Distribution of Animals. Vol. 1，2. London：MacMilan & Co
Zhang Y Z. 1988. Preliminary analysis of the quaternary zoogeography of China based on distributional phenomena among land vertebrates. The Paleoenvironment of East Asia from the Mid-Tertiary. Proceedings of the Second Conference Vol. 11，Oceanography，Palaeozoology，Paleoanthropology. Centre of Asian Studies，University of Hong Kong

第二章　中国自然地理环境区域分异

地球表面的自然地理环境存在着地域分异，表现为地带性分化和景观分异，其空间分布是有规律的。地理学的研究按照自然条件的相似性和差异性，依不同的尺度，把自然地理环境划分为不同等级的地域单位，阐明其地域自然综合体的特征、结构，探讨它们在发生、发展上的联系和变化规律，即区域分异规律。按地理学的观点，此规律必然对地理环境组成要素之一——物种的分布、动物区系的形成及其生态的分化产生显著的影响，而后者也应是前者的主要表征之一。

中国自然地理区划系统所表明的地理分异及各等级间的从属关系，实际上反映了中国自然地理环境分化格局及其在地质-古地理演化发生上的关系，可以把此区划系统作为研究我国动物分布的主要依据。前苏联生物地理学中的自然地带-景观学派，即依自然地带及景观的分异，研究俄罗斯领域动物的分布（Кузякин，1962）。

当代生物地理学中替代学派追求的、表明所有生物关系的、单一的地区分支图解（area cladogram）（Patterson，1980），以笔者的理解，其分支的实质与形式，实际上与自然地理环境区域分异体系是相似的。在理论上，动物分布型及其地理特点，对应于区域分异的各种界限，即对阻障效应的趋同，既是物种分布型分类的基础，又是动物地理区域划分的基础。

我国对自然区划的制订，整体上包括自然地理学各领域，如地貌、气候、水文、土壤或植被等部门性区划和综合自然地理区划。后者在部门性区划的基础上，综合考虑温度、水分与土壤、植被的形成与分布的关联性，首先将我国划分为三大区，即东部季风区、西北干旱区和青藏高原区。三大区之下，再划分 12 个温度带、4 个干湿状态区，带、区之下，主要依据地形的较大差别及其所引起的气候差异，划分了 45 个自然区（图 2.1、表 2.1）（黄秉维，1959）。笔者依据多年野外工作和地区性研究的经验，在综合自然区划的基础上编制了“中国自然景观区概图”（图 2.2）为基本网络。以此为基础，输入动物学信息，以了解我国动物分布与自然条件间的关系。

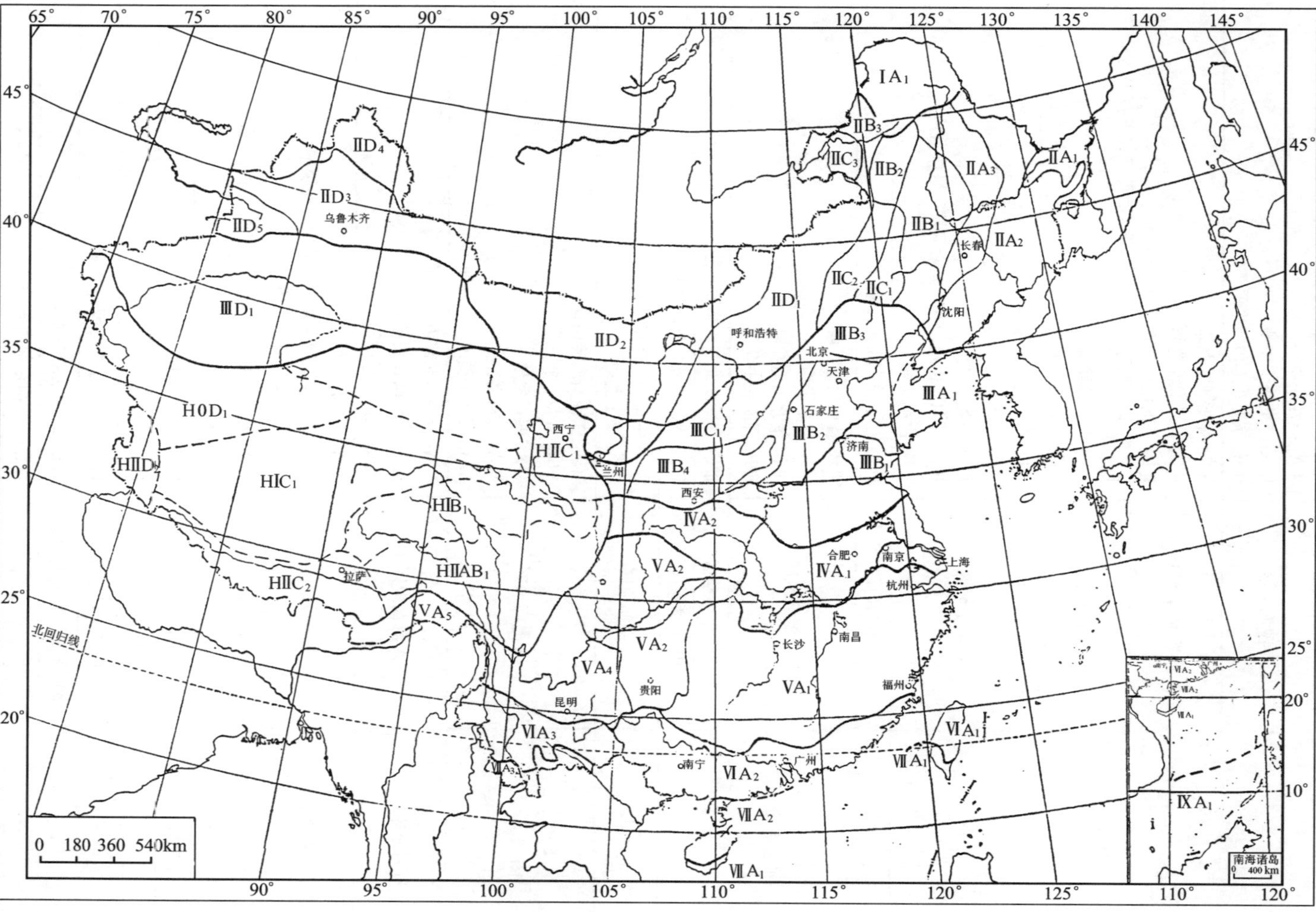

图 2.1 中国综合自然区划图（黄秉维，1959）

表 2.1　中国综合自然区划表

温度带	干湿地区	区
Ⅰ寒温带	A 温润地区	ⅠA_1 大兴安岭北部
Ⅱ中温带	A 温润地区	ⅡA_1 三江平原 ⅡA_2 东北东部山地 ⅡA_3 东北东部山前平原
	B 半湿润地区	ⅡB_1 松辽平原中部 ⅡB_2 大兴安岭南部 ⅡB_3 三河山麓平原丘陵
	C 半干旱地区	ⅡC_1 松辽平原西南部 ⅡC_2 大兴安岭南部 ⅡC_3 内蒙古高平原东部
	D 干旱地区	ⅡD_1 内蒙古高平原西部 ⅡD_2 兰州与河西东部丘陵平原 ⅡD_3 准噶尔盆地 ⅡD_4 阿尔泰山地、额尔齐斯河域与塔城盆地 ⅡD_5 伊犁盆地
Ⅲ暖温带	A 湿润地区	ⅢA_1 辽东胶东山地丘陵
	B 半湿润地区	ⅢB_1 鲁中山地丘陵 ⅢB_2 华北平原 ⅢB_3 华北山地丘陵 ⅢB_4 晋南关中盆地
	C 半干旱地区	ⅢC_1 晋中陕北甘东高原丘陵
	D 干旱地区	ⅢD_1 塔里木盆地与吐鲁番盆地
Ⅳ北亚热带	A 湿润地区	ⅣA_1 淮南与长江中下游 ⅣA_2 汉中盆地
Ⅴ中亚热带	A 温润地区	ⅤA_1 江南与南岭山地丘陵 ⅤA_2 贵州高原 ⅤA_3 四川盆地 ⅤA_4 云南高原 ⅤA_5 喜马拉雅山东段南坡
Ⅵ南亚热带	A 温润地区	ⅥA_1 台湾中北部山地平原 ⅥA_2 粤桂闽丘陵平原 ⅥA_3 文山至腾冲间山地丘陵
Ⅶ边缘热带	A 温润地区	ⅦA_1 台湾南部低地 ⅦA_2 海南中北部与雷州半岛山地丘陵 ⅦA_3 云南南缘谷地丘陵
Ⅷ中热带	A 温润地区	ⅧA_1 海南南部低地与东沙、中沙、西沙诸岛
Ⅸ赤道热带	A 温润地区	ⅨA_1 南沙群岛
H0 青藏高原寒带	D 干旱地区	H0D_1 昆仑山地
HⅠ青藏高原亚寒带	B 半湿润地区	HⅠB_1 阿坝那曲区
	C 半干旱地区	HⅠC_1 青海南部与羌塘高原
HⅡ青藏高原温带	AB 湿润、半湿润地区	HⅡAB_1 川西藏东高山深谷
	C 半干旱地区	HⅡC_1 青海东部高原山地 HⅡC_2 藏南山地
	D 干旱地区	HⅡD_1 柴达木盆地 HⅡD_2 阿里山地

								大兴安岭(北) 8		
	哈巴河地区 76	阿尔泰山 67					呼伦贝尔 19	大兴安岭(南) 9	小兴安岭(北) 2	
	额敏地区 77	准噶尔 68					锡盟高原 20	松嫩平原(北) 10	小兴安岭(南) 3	三江平原 1
伊黎谷地 85	西天山-塔城山地 78	东天山 69	将军戈壁-河西 59			乌盟高原 31	辽河上游 21	松嫩平原(南) 11	长白山地 4	
西天山帕米尔 86	塔里木 79	东疆地区 70	祁连山地 60	阿拉善 51	巴盟-伊盟-贺兰山 42	察哈尔-伊盟 32	冀北山地 22	辽河平原 12	辽东半岛 5	
喀拉昆仑 87	昆仑山 80	柴达木 71	青海湖盆 61	兰州-天水 52	甘陕高原 43	陕北高原 33	晋北高原 23	华北平原 13		
羌塘(西) 88	羌塘(东) 81	可可西里-巴颜喀拉 72	黄南-果洛地区 62	甘南山地 53	陇东-六盘地区 44	渭河地区 34	晋南地区 24	黄淮平原 14	山东半岛 6	
冈底斯 89	念青唐古拉 82	唐古拉-那曲 73	甘孜-阿坝地区* 63	岷山地区* 54	秦岭-大巴山地 45	秦岭-武当山地 35	伏牛-大别山地 24	江淮平原 15		
阿里 90	藏南地区 83	昌都地区 74	横断山(中北部) 64	康定-峨眉(横断山中北)55	四川盆地 46	川鄂山地 36	湘鄂平原 25	皖南-苏南-浙北 16		
	喜马拉雅山南麓 84	雅鲁藏布大拐弯-察隅 75	横断山(中部) 65	大凉-滇东北(横断山中部)56	贵州高原 47	黔湘山地 37	湘赣山地 27	浙闽丘陵 17		
			滇西南(横断山南部) 66	滇东高原 57	黔湘桂山地 48	桂粤山地 38	南岭山地 28	闽南丘陵 18		
				滇南山地 58	桂中山地 49	粤中丘陵 39	粤东丘陵 29		台湾 7	
					滇桂山地 50	广东南缘 40				
						海南 41				
							南海诸岛 30			

图 2.2　中国自然景观区概图（图中数字为分区序号）

* 横断山北段

第一节　区域分异大势

中国幅员辽阔，陆地国土面积约为 960 万 km^2，约占全球陆地总面积的 6.5%。中国不但疆域辽阔，并且地理位置比较优越，大部分地方位于中纬度，南北跨度甚大。从南至北，温度带起自南海诸岛的赤道热带，终至大兴安岭北端的寒温带。青藏高原海拔高、面积大，在气候上自成系统，随地势的高低，从东南边缘低山的热带至高原中西部的高寒带。我国气候上的多样性，在位于北半球的国家中没有一个能与之相比。在多种气温指标中，日温≥10℃的天数，可能对动物生存的意义最大。据研究（高由禧等，1984），当日平均温度升至 10℃以上，喜温植物开始迅速生长，也是草食动物食物丰盛的季节。同时，这也是冬眠种类出蛰的一个外界信号。青藏高原在普遍高寒的气候背景下，暖季的气温条件关系植物的发育，最热月平均气温被视为重要的指示。以此为准，我国除青藏高原外，可划为 7 个带（南海诸岛的赤道热带未单独分出）；青藏高原可划为 5 个带，它们是前者在高原上的变式（表 2.2）。

我国位于全球最大陆地——欧亚大陆的东岸和全球最大海洋——太平洋的西岸，西南面距印度洋也不远，青藏高原隆起于西南境内，因而季风气候异常发达。季候风在一年内的交替与进退对我国自然地理环境的形成及地域差异有重要的作用，也是许多动物分布及生态季节性现象产生的重要背景。

表 2.2　全国气候带-区划分标准

(1) 全国范围（除青藏高原外）

气候带	≥10℃天数	1月平均气温	湿润区	半湿润区	半干旱区	干旱区	极干旱区
寒温带	<100	<－30℃	×				
中温带	100～171	－30℃至－12～－6℃	×	×	×	×	×
暖温带	171～218	－12～－6℃至0℃	×	×	×	×	×
北亚热带	218～285	0～4℃ 3℃至5～6℃（云南地区）	×				
中亚热带	239～285	4～10℃ 5～6℃至9～10℃（云南地区）	×				
南亚热带	285～365	10～15℃ 9～10℃至13～15℃（云南地区）	×				
热带	365	15～26℃ ≥13～15℃（云南地区）	×				

(2) 青藏高原

	≥10℃天数	7月平均气温	湿润区	半湿润区	半干旱区	干旱区	极干旱区
高原寒带	0	<6℃				×	
高原亚寒带	<50	6～11℃	×	×	×		×
高原温带	50～180	12～17℃	×	×	×	×	×
高山亚热带山地	180～350	18～24℃	×				
高原热带山地	>350	>24℃	×				

资料来源：据高由禧等（1984）。

季风气候下，中国大部分地区夏半年南北温差最小。7月，南北温度梯度在东半部平均每一纬度只有0.2℃左右。淮河流域以南，全部地区处在同一温度水平上，为28～30℃。青藏高原、天山、大（小）兴安岭因纬度或高度影响而低于20℃。全国其他地区都在20～28℃。冬季，北方强冷空气，即寒潮的影响很大。此时，我国的温度比北半球同纬度其他地区的要低，对于许多喜暖动物是一个严酷的时期。比起夏季，冬季的南北温差要大得多。以1月平均温度为例，在东部地区平均每一纬度相差约1.5℃。在淮河-秦岭-四川盆地西缘-青藏高原东南角一线以南，并沿喜马拉雅山南麓西延，1月均温都在0℃以上，为常绿阔叶林的北界。此线为亚热带与温带的分野，南北的自然景象和农业活动有明显的差别，是我国自然地理上一条最重要的界线，在我国动物地理上亦受到特别重视，是世界性动物地理区划上古北界和东洋界在亚洲东部的分界。

我国降水的主要水汽来源是太平洋与印度洋，特别是在夏季风盛行的时期。我国年降水量分布的总趋势是由东南沿海向西北内陆逐渐减少。但偏北气流从北冰洋带来的水汽，对我国新疆北部地区的降水也起了一定的作用，特别在山地，形成干旱地区中降水相对丰富的“湿岛”。

气候上的干旱与湿润对植被的影响很大。气候学上，以500mm等降水量线为界，分我国为湿润地区和干旱地区两大部分。此线以东降水丰富，天然植被为森林与森林草原或灌丛，是农区。此线以西，除一些高山地区降水稍多外，一般都比较干旱，天然植被为草原或荒漠，是牧区。气候学上，还采用年干燥系数将我国划分为五大气候区。这一划分与我国的自然景观即主要植被带相吻合，视地理位置不同出现于各个温度分带中。但在我国东部沿海和南部的各温度带中，没有干旱与半干旱区。青藏高原上的划分可以认为是一种变式（表 2.3）。

表 2.3　按年干燥度系数划分的气候区

气候大区	年干燥度系数与降水量	自然景观
A 湿润	<1.0 500～900mm（600～650mm）以上	森林或常绿阔叶林
B 亚湿润	1.0～1.6 450～500mm	森林草原或针叶林灌丛草甸
C 亚干旱	1.6～3.5（1.6～5.0） 200～250mm	草原
D 干旱	3.5～1.60（5.0～15.0） 60mm	半荒漠
E 极干旱	>16.0（>150mm）	荒漠戈壁

注：括号内数字用于青藏高原。

干燥系数 $K=\sum T\ (0.16/r)$，$\sum T$ 为日平均气温≥10℃的年积温，r 为≥10℃期间的降水量（高由禧等，1984）。

两区分野雨量值在此引用仅作参考。

资料来源：据高由禧等（1984）略增加。

第二节　分区与分带

我国自然地理环境首先表现在前述以 1 月均温 0℃等温线及常绿阔叶林带北界为分野的南北巨大差别。在此地理背景上，还呈现了三个最主要的地域差异性，即东南季风地区的湿润性、西北地区的干旱性和青藏高原的高寒性的分野。这一分异反映了晚第三纪以来新构造运动——青藏高原抬升及其对西部干旱区和东部季风区区域特征进一步强化的影响。依这一分异，首先将我国分为三大自然区，即东部季风区、西北干旱区、青藏高原（寒）区。在三大自然区中，导致自然景观进一步分异的主导因素各不相同。在东部季风区内是温度；在西部干旱区是水分（降水量和干燥度系数）；在青藏高原，一般而言，是海拔。三大区亦依各自的主导因素在区内的分异，再做进一步划分。

一、东部季风区

本区约占全国陆地总面积的 45%，是东亚及南亚季风区的一部分，包括我国东南半壁，自南至北跨越纬度约 35°。全区共同的特点是受夏季季风的影响显著，各地湿润程度都较高，自然植被以森林为主，贯穿全境。这对适应于林栖的动物，无疑是有利的条件。不少动物见于全区，而被称为广布种。但随纬度不同，温度有明显的变化，出现两个极端，从热带至寒温带。以森林为主的自然植被，亦呈相应的变化。前述季风气候下，夏季南北温度差别小，冬季南北温度差别大。1 月均温 0℃等温线，就在本区中部通过。本区地势不高，海拔超过 2000m 的山岭不多，除横断山区的极高山外，没有现代冰川，绝大部分地面在海拔 1000m 以下，特别是在东部。人类对本区自然界的影响广泛而深刻。绝大部分地区可以开垦的地方几乎全辟为农田，或为次生林灌丛。天然森林大部不复存在，有一些保存于被保护的地段或极少数的偏僻山区。本区进一步划分如下。

1. 寒温带（湿润型）

本带范围很小，仅出现在我国大兴安岭北部，接近号称世界寒极的维尔杨基霍，是我国最冷的地区。冬季漫长而严寒，积雪虽浅，但覆盖时间可在 200 天以上。1 月平均气温低达－30℃以下，夏季气温不高，7 月平均气温为 16～18℃。气温年较差为全国之冠，接近 50℃，年降水量为 400～500mm，属湿润气候型。大兴安岭海拔一般在 1000m 左右，山顶浑圆，起伏比较和缓。森林植被主要由兴安落叶松（*Larix dahurica*）林、樟子松（*Pinus sylvestris*）林及白桦（*Betula platyphylla*）次生林所组成，是西伯利亚泰加林的南延部分。由于本区有多年冻土层及较深的季节冻土层，也由于平坦地面排水不良等原因，沼泽分布相当广泛。

2. 中温带（湿润、半湿润型）

本带包括长白山地、小兴安岭和三江平原（湿润型）及西部的山前台地和松嫩平原（半湿润型）。日均温≥10℃的稳定持续期一般为 135 天。南部可长达 160 天，北部仅 120 天。降水分布除受距海远近影响外，山势亦有很大影响。本带的植被在山地以森林为主，海拔 1000m 以下的温带针阔混交林带是基带，以红松（*Pinus koraiensis*）为主，分布范围最广。针阔混交林带以上为针叶林带。林间的河流泛滥地、低阶地多排水不畅，沼泽发育。三江平原则有大片的沼泽分布，近期已有部分开辟为农地。

3. 暖温带（湿润、半湿润型）

本带处于北纬 32°～43°，它包括辽东半岛、山东半岛、鲁中山地、辽河平原、黄淮海平原、晋冀山地和黄土高原。气候上的主要特点是气温在季节上差别很大，冬季寒冷，春旱有风沙，夏季炎热。辽东半岛和山东半岛年降水量较多，超过 800mm，属湿润型。其他地区年降水量绝大部分皆在 700mm 以下，属半湿润型。自然植被随各地湿润的程度，从沿海地区的落叶阔叶林（栎树为主，东部种类较多，西部种类较少）过渡至内地的半旱生落叶阔叶林和森林草原或干草原。由于长期的农业活动，自然林地保存很少，许多地方只有次生落叶林（梢林）与灌丛，平原、山间盆地及黄土高原的许多地方皆已开垦为农田。

4. 北亚热带（湿润型）

本带介于北纬 28°～34°，东部属长江中下游平原，西部属秦岭-大巴-大别山脉。此带的北界沿秦岭山脉向东延伸，大体与淮河干流相连。前已提及它是我国南方与北方的重要的自然地理界线。全带自然植被为落叶阔叶与常绿阔叶混交林。长江中下游平原地势低平宽阔，湖泊甚多，约占地面面积的1/8，河道港汊纵横与农田交织，一派“水乡”景观。秦岭-大巴-大别山由许多大体为东西向的山脉所组成，可分东、西两段。西段，秦岭-大巴山区山势高峻，除河谷、盆地农业活动集中外，山地尚保有天然林地，有较明显的垂直差异。东段，地势大多低缓，植被的垂直分布不甚明显，许多地方自然植被破坏比较严重，谷地与低山均为农田。

5. 中亚热带（湿润型）

本带是亚热带中面积最为宽广的一带，自浙闽沿海向西伸展至云贵高原和四川西南部，直至喜马拉雅山南麓。气候湿热，生长季有 8～9 个月。各地年降水量都在 1000mm 以上。自然植被主要属典型常绿阔叶林。带内各地气候主要因地理位置和地势的影响而产生差异。本带东部地势和缓，浙闽沿海受海洋强烈影响，具有明显的海洋暖湿气候。但冬季常可出现 0℃以下的低温，形成“寒潮”，长驱南下。长江中下游南岸丘陵盆地，冬、春季多雨，气候往往冷湿，但盛夏却极度炎热，为全国酷热中心之一。西部的四川盆地和云贵高原，因北侧有山岭阻挡，北方冷空气不易侵入，气温较邻近地区稍高，尤其是四川盆地，冬季温暖，最冷月均温为 5～8℃。云贵高原受地势的影响，7 月平均温度在 25℃以下，为夏凉气候，云南高原有“四季如春”的美誉。四川与云南最西部属于横断山区，平行山脉和峡谷相间，地形气候变化很大，当地称为“山下桃花山上雪，山前山后两重天”。这里，以亚热带常绿阔叶林为基带，山地的植被垂直分布明显，极高山上还有现代冰川发育。雨量分布受山体的影响很大，在背风雨影的谷地，雨量显少，加以局地山谷风的作用，发育了“干旱河谷”。本带最西端的喜马拉雅山南麓地区，山地切割的形势及其自然条件类似横断山区。

6. 南亚热带（湿润型）

本带包括福建、广东、广西三省（自治区）的大部分，云南省的南部和台湾省的中北部。全带各地的生长季均在 9 个月以上，植被属季风常绿阔叶林。在大陆上，地形以切割破碎 500m 以上的丘陵为主，还有山间盆地、河口三角洲平原和中、低山等类型。桂中、桂西的喀斯特岩溶地貌范围较大。气候上，夏长多雨，冬短而干。最冷月均温 10～15℃，基本上无气候上真正的冬季，正常年份无或少霜冻。但冬春有阵发性寒潮或冷空气从山脉“缺口”向南入侵而“奇寒”。季风常绿阔叶林中，由北而南，植物的热带成分逐渐增多，林中层次结构、攀缘植物、老茎生花与板根等热带森林特征，亦逐渐明显。原生天然植被绝大部分已被破坏，次生阔叶杂木林面积也不广，大部为次生稀树灌丛草坡所代替。常见的有马尾松、桃金娘和铁芒萁群落，还有人工种植的杉、松、竹及其他经济林和杂木林。以广西为主的岩溶地区，有特殊的半旱生性常绿阔叶和落叶阔叶林。本带农业活动频繁，耕地、经济林木在许多地区均占优势，天然林地分散而零星。台湾省，除最南部，均属南亚热带。本带气候上的特点是高温多雨。但冬季北部及海峡地区受大陆冷气团影响，月均温也可低至 15℃。年平均降水量大多在 1600mm 左右，是我国雨量最丰沛的地区之一。气候上的另一特点是山地垂直变化远较大陆东南沿海山地为大。玉山等地高海拔山脊，冬日常有积雪。台湾的自然植被类型丰富多样，受纬度位置、地势等因素的影响，不仅有南北差异，而且有垂直递变。台湾的森林仍较茂密，天然林的比重占绝对优势。

7. 热带（湿润型）

我国的热带包括海南岛、台湾的最南部和南海诸岛。在大陆上限于北纬21°以南的粤西、桂西沿海和云南最南部，所占面积并不广，占全国土地总面积不过1.6%。但是，热带的环境在动物地理上受到特别的注意。本分带的北界大致与1月均温16℃等温线相符，年降水量一般为990～2500mm，几乎全年都是生长季。热带季雨林是本带的典型植被。但其热带景观不如马来西亚、印度尼西亚等地区那样典型。温度比较低，冬季时，甚至海南北部也可出现霜冻。又因受季风的控制，雨热同期，相对湿热和旱冷的季节变化均较显著。与此相适应，植物生态过程中，有一个旺盛生长期和一个缓慢生长期。山地草地夏绿冬衰，所以又有季风热带之称。我国热带可分东、西两部分。两广沿海、海南岛、台湾南部和南海诸岛属东部，地形比较低缓，冬季强寒潮可越过南岭山口直抵海南岛北部，冬夏温差较大。滇南低热河谷属于西部，由于北部青藏高原的屏障作用，冬季受寒潮影响很小，温度变化比较缓和，热带界线沿低热河谷向北可伸至北纬23°～25°。由于人类活动，包括早期刀耕火种对天然森林的破坏，本带的自然林大多沦为次生季雨林和稀树草原或灌木林，人工林有马尾松林、桉树林、橡胶林及其他的经济果木林等。

二、西北干旱区

本区亦可称蒙新高原区。它是广阔的欧亚大陆草原与荒漠区的一部分，占全国土地总面积的30%，包括内蒙古、新疆、宁夏、甘肃西北、山西和陕西的北部。本区除雨量普遍稀少外，年雨量变率很大，有时全年无雨，蒸发强盛，常有强风，温度日较差大。植被东部为草原，向西逐渐变为半荒漠以至荒漠。境内有大片石砾荒漠即戈壁和流动、半流动沙丘覆盖的沙漠，虽有山脉横亘其间，但自然景色十分开阔。与干旱景象具有鲜明对比的是盆地中或山麓洪积扇下部的“绿洲”及山地中上部的草场与森林。本区进一步划分如下。

1. 草原带（中温带）

本带北起呼伦贝尔，南至彰武一线向西，大致沿内蒙古高原与鄂尔多斯南缘，直至甘肃祁连山东北麓，所占面积不大，占全国土地总面积的7.4%，是西北干旱区土地总面积的四分之一。境内地势开阔而平坦，大部分地区海拔为1000～1500m。随离海洋距离增大，年雨量减少，自然植被从干草原过渡至荒漠草原（半荒漠）。草原类型上亦有相应的变化，从东南到西北排列，并大多呈弧形分布。本带冬长而寒冷，夏短而温暖，大部地区≥10℃时期达120～160天。积温能满足草本植被生长的需要。每年夏季风来临，雨水相应增加，此时雨量占全年降水总量的60%～70%。草原上植被最主要是丛生禾草，其次是根茎禾草和杂类草，还有一些旱生小灌木及小半灌木成分。由于本带位于夏季风的边缘地带，季风势力稍有变化即受到影响，所以雨量年际变化也很大。各地极端最大与极端最小年雨量一般相差3～4倍。草原产草量丰歉年际不均，显著地影响动物食物的稳定性。此现象在西部荒漠草原更为突出，湿润之年，年平均降水远远超过平常年份，干旱之年，几乎滴雨不降。带内断续分散的山地，因坡向与海拔的影响，雨量较丰，湿润程度较高，植被较茂，出现山地森林草原的景观。

2. 荒漠带（中温带及暖温带）

本带包括贺兰山西麓-乌鞘岭（祁连山东北）北麓一线以北，南面起自西昆仑山、阿尔金山、祁连山等青藏高原边缘山地的北麓，北面和西面均为国界。土地总面积约占全国陆地总面积的22%，是全西北干旱区的3/4。本带位于欧亚大陆的中心，距海洋极为遥远，四周又为一系列高山高原所环绕，湿润的海洋气流很难进入，气候极为干旱，莽莽的沙漠和砾石累累的戈壁是最壮观的景色。本带年降水量比草原带更少，一般在200mm以下，自贺兰山向西递减，至塔里木形成一个极端干旱的中心，年降水量在25mm以下。降水变率较草原带更明显，往往长期连续无雨，而在一两天之内骤然降下全年降水量的1/2乃至2/3以上。植物干物质的年产量更不稳定。本带终年蒸发旺盛，大部分时间多风沙，故植被稀疏而沙源丰富。本地带的荒漠植被主要由小灌木、小半灌木和盐生小半灌木组成，群落外貌视土壤水分和质地，从山地向盆地作相应的变化。山地由于湿度增加，有利于针叶林和山地草原-草甸的发育。高山冰雪季节性的消融，成为盆地中农田的稳定水源。在温度条件上，塔里木盆地和河西走廊西段，属暖温带，其他广大地区为中温带。前者无霜期200～220天，有利于发展农业，农业“绿洲”景观甚为突出。

三、青藏高寒区

本区亦称青藏高原区。它不仅在我国而且在全世界，都是一个很独特的自然地理区域。它是世界上面积最大、海拔最高的高原，北起昆仑-阿尔金-祁连山地，南至喜马拉雅山脉，土地面积占全国土地总面积25%。此高原平均海拔在4500m以上，其间还有超过雪线，海拔6000～7000m，甚至8000m以上的山岭。在地形上，它还包括了外围的帕米尔和兴都库什以及川西横断山区的高山和高原。本区空气稀薄，气温低下，风力强烈，年平均温度在0℃以下，无真正的夏季。植被属高寒类型，生长矮小或稀疏。大部分地区属内陆流域，有许多湖泊，在干旱气候条件下，多为微咸水或咸水。高山带现代冰川作用广泛，冰缘的寒漠景观分布相当普遍。大高原的东南部边缘，因河流的强烈切割，高山峡谷的地貌发育，自然景观从峡谷、热带亚热带森林至冰雪覆盖的高山常同在一垂直带谱中出现。从东南部低海拔山区至高原内部最高高原面，自然景观从东南边缘至西北高原腹地，随地形切割的程度，即谷地和高原面的海拔高度而变化。本区进一步划分如下。

1. 东南低谷带

本带包括喜马拉雅山脉南翼和该山脉以东的伯舒拉岭山区的南段，即所谓“青藏高原南斜面”。这里河流切割强烈，河谷下切很深。在国境线内，有些河谷地段海拔只1000多米或更低。因而，气候和植被上的基带往往从热带或亚热带开始，而至高山冰雪带，包括低山半常绿雨林带、山地常绿阔叶林带、山地暗针叶林带、高山灌丛草甸带、高山寒冻和冰雪带。本带以其基带的特点可视为我国热带-南亚热带的西延部分。喜马拉雅山脉是一条重要的自然地理界线。虽然由于河流切割，最高山脊的走向常与横切河系流向一致，形成许多支脉，反而看不见主脊的连接，但由于山体高大，除雅鲁藏布江大拐弯的“缺口”，南北的屏障作用甚为明显。

2. 东缘切割山地带

本带位于青藏高寒区东部，南部包括川西滇北，以横断山脉中北部的高山峡谷为主体。因而，在本书叙述中所指青藏高原东部，实际上包括部分横断山区。北段，为青海最东部，自黄河谷地与湟水谷地延至东祁连山地。南段，众多相互平行的南北向山脉夹峙着怒江、澜沧江、金沙江，地势险峻，即著名的“三江并流区”。它们及其支流雅砻江、大渡河等，在西南与雅鲁藏布江东段相连。这些河流在川西藏东切割成平行谷地。谷底海拔南部多在2000m，北部可至4000m。地势总趋势是向南倾斜，分水岭地段常有一些残存的高原面。夏季（6～9月），湿润气流谷地北上，年降水量达400～1000mm。随着谷地向西北伸延，湿润程度减弱，从湟水与黄河谷地至东祁连山地（2000～3500m），降水量减少至250～600mm。本带植被受海拔与水分条件的影响，除在南部有残存常绿阔叶林外，大部分为针阔混交林带和暗针叶林带。森林上限高达海拔4400m（阴坡）至4600m（阳坡），为世界之冠。在森林线以上为高山灌丛草甸带。宽谷湖盆或残存高原面则发育有高山草甸或草甸草原。整个地带被大河南北贯穿的地势，形成南北动物分布相互渗透的通道。

3. 藏南山原带

本带包括自喜马拉雅北翼至冈底斯-念青唐古拉山南翼间的雅鲁藏布江流域，是一系列断陷盆地，有不少相通连的湖盆与谷地，景观开阔。谷地海拔多为3500～4500m。由于纬度偏南，海拔较低，气温相对较高，最暖月均温10～16℃，最冷月0～10℃，日均温≥5℃的天数达100～220天。受喜马拉雅山脉的屏障作用，湿润气流主要沿江上溯，呈东西递减趋势，从东部的500mm至西部喜马拉雅北麓雨影区降低至200～300mm。

本带植被以山地灌丛和高山草原为代表。在有水源灌溉的地方，农田集中，是西藏重要的粮食基地和牧业基地。

4. 阿里-昆仑山原带

本带是整个羌塘高原的西部边缘，实际上是主要由克什米尔山区构成的大高原的另一斜面（可称为“西斜面”）在我国境内的延伸，是象泉河、孔雀河和狮泉河的上游地区，山地盆地与宽谷相间，地形较复杂。这里冬季较冷，最冷月均温为－13～－9℃。夏季温和，最暖日均温为12～14℃。年降水量南部不及200mm，到北部降低至约50mm，是西藏境内降水量最少的地区。干旱的气候条件使这里主要生长荒漠与半荒漠植被。由变色锦鸡儿（*Caragana versicolor*）与针茅（*Stipa* spp.）组成的植物群落在这里普遍分布，还出现一些中亚旱生的成分如驼绒藜（*Ceratoides* spp.）、灌木亚菊（*Ajania fruticulosa*）和石生麻黄（*Ephedra saxatilis*）等。本带的农业只分散在边境部分海拔较低的河谷地带，大部分地区为牧区或无人区。

5. 羌塘高原带

羌塘高原是高原的主体。高原面南部海拔为 4500m 以上，北部为 4900m 左右，是高原的顶部。气候寒冷，冬季虽比不上大兴安岭北部，但其 7 月平均温度为 10～12℃以下，无真正的夏季。年平均温度（－3～0℃）与大兴安岭北部大体相似。年降水量由东南部的 300mm 左右，递减至西北部的 100mm 左右，属寒冷半干旱气候。湖泊退缩现象十分明显。湖泊的发育大都进入盐湖或碱湖阶段，淡水湖极少。全部河流均属内流，且多为季节性。本带主要的植被类型是高山草原，主要建群种是紫花针茅（南部）和青藏薹草（北部）。在广阔的退缩湖岸，草原植被分布于古砂砾堤上，有些洼地则为沼泽草甸。本带除极小部分近期有牧群进入，如双湖一带，均属“无人区”。

6. 柴达木盆地带

本带是青藏高原上最广阔的陷落盆地带，海拔 2600～3000m。这里全年受高空西风带控制，且受到蒙古高压反气旋的影响，气候十分干燥，是整个高原最干旱的地方，与准噶尔及塔里木同为我国极干旱的荒漠带。砾石戈壁、沙丘和风蚀的“雅丹”地貌是普遍的景观。盆地中心还有星罗棋布的盐湖、盐沼泽和大片盐渍化平地。荒漠植被在本区以一些超旱生和旱生的灌木、半灌木占优势。荒漠上界一般为海拔 2500～3200m，其上为山地草原。部分盐化草甸由芦苇、赖草等组成。

第三节　自然区带景观系统

从世界范围来看，我国在旧大陆的自然地理位置是世界性三大极端环境——亚洲东北隅的“寒极”、西南亚至北非的“暖极”和中亚的“干极”——的过渡与交汇地区。我国东北地区距“寒极”很近。“暖极”就在青藏高原的南侧。“干极”本身就包括了我国的新疆。青藏高原则是世界上“高寒环境的极端”。受这四个“极端”的影响，我国现代自然环境的区域分异亦明显地呈现“四极”的分化，又因境内地形影响而变化复杂，可能世界上任何国家都无法与之相比。本章所提供的中国自然地理区带景观系统网络模式，力求反映自然地理主要因素的空间变化规律。即前已述及的东部季风区按纬度方向的变化，西部干旱区按经度方向的变化和青藏高寒区按高度趋势的变化。景观区的划分主要受局部地势的影响，往往就是地貌上的大单元。在网络系统表示中，它们的排列顺序基本上是一个理想模式（图 2.3）。东部季风区有 49 个景观区，西部干旱区有 20 个景观区，青藏高寒区有 21 个景观区，共计 90 个（图 2.2）。从当前我国动物地理学资料累积的情况来看，详细到景观区的生态地理学研究为数不多。然而，景观区的界线在探讨动物分布及若干生态地理现象间关系时，有重要的参考价值。

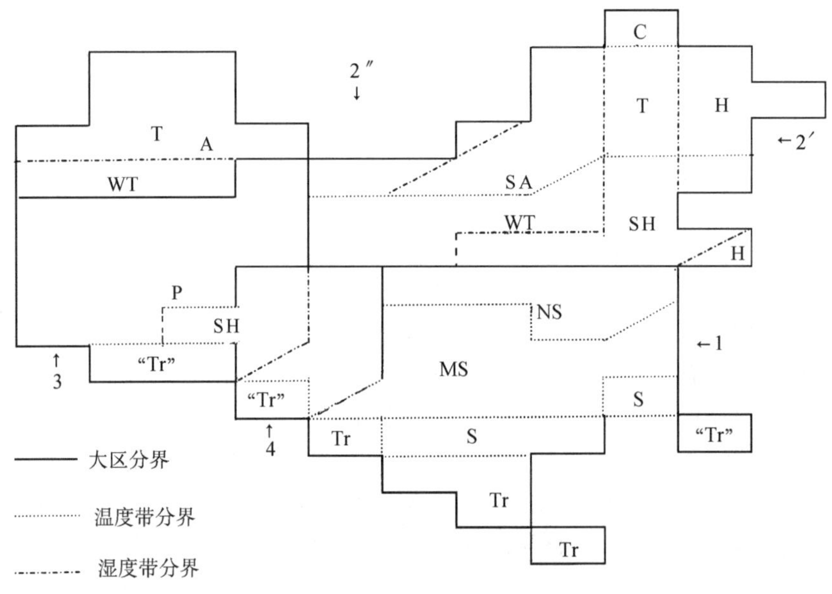

图 2.3　中国现代自然分带模式图

1. 季风区南部
2. 温带
2′. 季风区北部（湿润-半湿润）
2″. 西部地区（干旱-半干旱）
3. 青藏高原
4. 横断山区
（3～4 自然分带以垂直为主）

Tr. 热带
"Tr". 基带为热带
S. 南亚热带
MS. 中亚热带
NS. 北亚热带
WT. 暖温带
T. 中温带
C. 寒温带

H. 湿润
SH. 半湿润
SA. 半干旱
A. 干旱
P. 高原干旱-半干旱
（热带至亚热带为湿润带）

第四节　地质-古地理事件

在对动物现代分布作历史分析时，追溯到什么时候取决于研究门类的地质年龄，据我国古生物学家研究（周明镇，1964；李传夔等，1984；邱铸鼎，1996；童永生等，1995；Zheng and Han，1991），在哺乳类中，我国的许多现生科，自第三纪初（古近纪）开始，先后出现，取代古老的类群。淡水鱼类亦有类似的情况（刘焕章、陈宜瑜，1998）。至更新世大量现生种已出现，随着时间的推移，现代种的出现相对增多。

自第三纪早期，欧亚板块与印度板块缝合，印度板块向下俯冲，导致喜马拉雅造山运动的开始和青藏高原的抬升，被称为"青藏运动"（李吉均，1998）。这一运动对我国现代自然环境的形成产生了巨大的、决定性的影响，其过程可概述如下：

第三纪早期，经过喜马拉雅造山运动，我国陆地疆域的轮廓已基本形成，但全国的地势起伏都不大，青藏地区大致在 1000m 左右。全国境内自然地理分带简单，南北分属热带与亚热带-暖温带。晚期，南部与东部比较湿润，为季风森林区，向西逐渐发展为干热疏林草原（周廷儒，1984）。

整个第四纪，我国自然界的最大特点是具有轮回性的变化现象，即冰期和间冰期，海进和海退，地壳的上升和下降等交替现象（周廷儒，1984）。我国的古地理环境已发展得相当复杂，分述如下。

早更新世：前期，气候逐渐变冷，暖热气候带向南退缩。海平面下降，使台湾、海南和南洋群岛等部分发生广泛的陆连，日本海成为封闭的内陆湖（刘东生等，1964）。后期，气候转暖，热带亚热带向北伸展，由红土化分布范围推测，其北界沿我国东部沿海地区可能达到北纬40°左右。此时，早期沿海地区的陆连消失。由于内陆部分的干旱化，北方暖温带的东、西部分产生分化（Liu and Ding，1984），黄河中游开始堆积了黄土（刘东生等，1964）。原来广泛分布的森林被森林草原和草原所取代。当时秦岭已显示一定的分界作用，它是黄土分布的南界（周廷儒，1984）。当时，青藏高原上升幅度并不很大，在2000m左右。高原面上为暖温带针阔混交林和落叶阔叶林，山地则为云杉、冷杉林，少数高山发育有冰川（李吉均等，1979）。

中更新世：前期，发生我国已知的最大一次冰期，温度下降，我国东部沿海陆连的范围扩至最大。西部山地、川西和西藏高原都发育了冰川，东部局部山地，有山谷冰川。青藏高原上升幅度已至3000～3500m。高原高度增加，对南来湿润气流的屏障作用增强，使青藏高原内部与北侧干旱化进一步强化，在新疆南部地区，形成亚洲大陆的干旱中心，沙漠扩大，黄土堆积向东扩展。相反，在高原东南侧，形成了稳定而强大的亚洲季风系统。夏季将充沛的降水带至青藏高原东南部，并影响我国整个东部地区，在喜马拉雅南侧孟加拉北面形成了世界上最大的降水中心，奠定了我国自然地理环境分化的大势（图2.4）（施雅风，2000；汤懋仓，1995）。后期，进入间冰期，气候转暖，热带、亚热带沿东部沿海向北伸展更远，可至北纬43°左右。自然分带增多，东部分带已有4个，从热带至温带，西部的干旱带和青藏高原的高寒带也已形成，黄土高原一带则比较干热，早期沿海地区的陆连又一次消失（刘东生等，1964）。

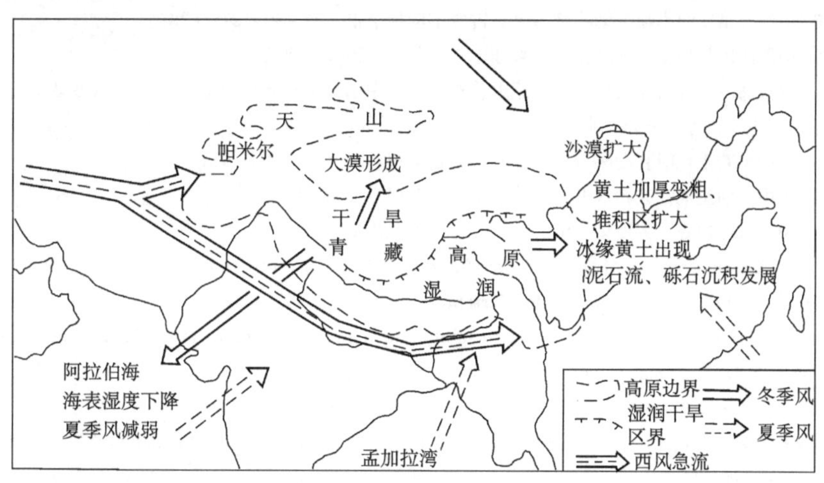

图2.4　青藏高原中更新世最大冰期对季风和环境的影响（施雅风，2000）

晚更新世：前期，气候转为寒冷，气候带南移，但各地冰川发育的程度不如中更新世。我国东部沿海的陆连又一次发生，但在规模上也远不及中更新世。后期，进入间冰期，西部地区冰川后退，东部地区的冰川融化消失，热带、亚热带气候北移，但大致伸展至长江沿岸，约为北纬30°附近，沿海陆连再次消失（刘东生等，1964）。末期，西部地区出现了最后一次冰期。对这个时期我国东部的陆连发生与否有不同看法。近期的资料表明，在晚更新世晚期台湾海峡并未成陆（陈园田，1991）。

从上述可见，在整个更新世中，发生冰期与间冰期的波动，虽然在冰期中我国气候出现不同程度的恶化，但尚未形成像欧亚大陆最北部大陆冰川而导致的毁灭性打击，特别在东部，成为喜暖物种冰期中的避难地，即地学界所称谓的"蓬蒂地"（Pantu ground）（Kahlke，1961），尤其是在华北地区以南。

全新世：青藏高原自全新世以来，抬升至现在平均海拔4700m的高度（李吉均等，1979），成为世界最高最大的气候严酷的高原，西北内陆高原与盆地变得愈加干燥，沙漠进一步扩大，东部季风区内纬度地带性的变化更趋明显（周廷儒，1984），形成现代我国三大自然区与各自然地带的分化格局。

参考文献

陈园田.1991. 台湾海峡和福建沿海晚更新世晚期海相地层.见：梁名胜，张吉林.中国海陆第四纪对比研究.北京:科学出版社

高由禧等.1984. 中国自然地理·气候.北京：科学出版社

黄秉维.1959. 中国综合自然区划（初稿）.北京：科学出版社

李传夔等.1984. 中国陆相新第三系的初步划分与对比.古脊椎动物学报，22（3）：167～177

李吉均.1998. 青藏高原对全球变化的影响.见：施雅风，李吉均，李炳元.青藏高原晚新生代隆升与环境演变.广州：广东科学技术出版社

李吉均等.1979. 青藏高原隆起的时代、幅度和形式的探讨.中国科学，（6）：608～616

刘东生等.1964. 中国第四纪沉积物区域分布特征的探讨.见：中国科学院地质研究所.第四纪地质问题.北京：科学出版社

刘焕章，陈宜瑜.1998. 中国淡水鱼的分布格局与东亚淡水鱼类的起源演化.动物分类学报，23（增刊）：10～16

邱铸鼎.1996. 中国晚第三纪小哺乳动物区系史.古脊椎动物学报，34（4）：279～296

施雅风.2000. 中国冰川与环境——现在、过去和未来.北京：科学出版社

汤懋仓.1995. 青藏高原隆升引发气候突变的原因分析.见：中国科学院青藏高原综合科学考察队.青藏高原项目1995年会论文集.北京：科学出版社

童永生等.1995. 中国新生代哺乳动物分期.古脊椎动物学报，33（4）：290～314

周明镇.1964. 中国第四纪动物区系演变.动物学杂志，7（4）：274～278

周廷儒.1984. 中国自然地理·古地理（上册）.北京：科学出版社

Kahlke H D. 1961. On the complex of the Stegodon-Ailuropoda fauna of southern China and the chronological position of *Gigantopithecus blacki* V. Koenigswald. Vertebrata PalAsiatica，2：85～103

Liu D S，Ding M L. 1984. The characteristics and evolution of the palaeoenvironment of China since the Late Tertiary. *In*：Wlyte R O. The Palaeoenvironment of East Asia from the Mid-Tertiary. Proceedings of the First Conference. Vol. 1. Centre of Asian Studies，University of Hong Kong

Patterson C. 1980. Cladistics-pattern versus process in nature：a personal view of a method and a controversy. Biologist，27（5）：234～240

Zheng S H，Han D F. 1991. Quaternary mammals of China. *In*：Liu T S. Quaternary Geology and Environment in China. Beijing：Science Press

Кузякин А п. 1962. Зоогеографця СССР. Ученые Запцски Том clx Бцогеографця，Выпуск первый：Москва

第三章　自然条件对动物分布的影响

生物地理学中经常使用术语“纬度”，以表达物种的分布，甚至被用来推测物种的起源、散布、分化等规律。然而对物种多样性随纬度的梯度变化，却找不到确切解释，而使人感到神秘（Pielou，1979；张文驹、陈家宽，2003）。笔者认为，问题的症结在于错将纬度视为生物存在的因素之一，并视为统计的单元。“纬度”一词虽然简明，但其内涵主要具天文学上的意义，在地理学上，只能简单地表示地理位置的南北和推知其气候上冷暖的大概趋势。而在同一纬度上，作为对生存具有直接意义的地理环境及生态因素的各项数值，如气温、降水量等，均因地面条件的差异而产生变化，甚至是很大的变化，绝非等值线性质，不适合视为对比基础或用作统计性质的单元。地理学中，曾有过采用空白地球，即应用只有经纬度的地图作为理论平台的错误（Taylor，1984）。生物地理学中也曾应用空白方格法，但应用时若不联系与栖息地的关系，只会得出随机的结果。而物种生存的决定因素是生态系统中相互关系的一组因素，并非随机的并置（Laubenfels，1970），生命忍耐度则对应于环境条件梯度（Putman，1984）。因而，生物地理学应该依据地理环境中可测量生态因素的实际变化，而不是没有生态学具体内容的人为指标，包括纬度、国界、行政区划等。张荣祖和林永烈（1985）虽曾以方格法统计兽类（除翼手类）物种密度在我国的分布趋势，但联系自然条件进行了分析。他们指出：物种密度不存在单纯的纬度梯度变化，因为动物生存的最重要因素之一的气候因素，明显脱离了纬度规律的影响，而主要表现为综合特征的影响；纪维江和陈服官（1990）曾对我国翼手类做过类似的分析，提出环境温度、湿度、降水量与植被等条件，在不同地区对物种密度的分布，有明显的影响。

一般而言，我国的自然带（区）的分异，对各类陆栖脊椎动物分布的影响具有共同性。前述我国综合自然地理研究所划分的三大自然区、各温度带和干湿区以及自然区-景观系统，在一定历史时期内对动物分布的正面（促进）和负面（阻障）效应，对于不同的种和不同的类群，有很大的差别。分析我国陆栖脊椎动物分布的现状与自然条件间的关系，可归纳为以下几点：

1）少数适应性很强的世界性或旧大陆广布的类群或种，几乎可见于全国各地，但在生态适应上产生不同程度的地理变异。鸟类中有迁徙习性的许多种类，分布广泛，可跨越几个区带，但其繁殖和迁徙受各地气候条件及其季节变化的影响，呈现了一定的地理规律。

2）绝大部分类群或种对自然条件有不同程度的依赖性。它们的分布均与一定的自然区、带相一致或近似。有些种类的分布比较狭窄，限于一个自然区或温度带，有些则可跨越几个自然区或温度带。

3）主要分布于某一自然区、带的动物类群或种，可在一定的条件下，向另一自然区、带渗透。渗透的程度，因不同种类而有很大的差异，取决于该种动物对分布区外缘环境的适应能力和扩展历史的长短。

4）有一些类群或种只出现于局部地区，分布区狭窄，另一些类群或种在同种或同属之间，呈现间断分布。这两种情况的产生，或由于本身历史的原因或由于人类的影响。

此外，尚有极少数的种在我国的分布，可能出于偶然的原因。

几乎遍布全国各地的种类，在我国往往被称为广布种，只见于鸟类和兽类。如鸟类中的［树］麻雀（*Passer montanus*）、喜鹊（*Pica pica*）、鸢（*Milvus korschun*）和红隼（*Falco tinnunculus*）等留鸟，除青藏高原的腹心地区外，几乎全国可见。因迁徙习性而几乎可见于全国各地的鸟类也较多，如豆雁（*Anser fabalis*）、赤麻鸭（*Tadorna ferruginea*）、大杜鹃（*Cuculus canorus*）、白腰草鹬（*Tringa ochropus*）、雀鹰（*Accipiter nisus*）、燕隼（*Falco subbuteo*）、戴胜（*Upupa epops*）、白鹡鸰（*Motacilla alba*）和家燕（*Hirundo rustica*）等。兽类中的狼（*Canis lupus*）、狐（*Vulpes vulpes*）和野猪（*Sus scrofa*）是人们熟悉的所谓广布种。然而，从它们种在全球范围的分布来看，并非真正广布，如狼和狐是北半球（全北界）的种类，野猪只见于欧亚大陆中、低纬地区，在国内青藏高原和西北干旱区的腹心地带不见其踪迹。鸟类中的豆雁、赤麻鸭和白腰草鹬等则在欧亚北方（古北界）繁殖。被认为旧大陆广布种的水獭（*Lutra lutra*），在我国实际主要见于季风区的湿润地带。伴随人类活动而扩展，具有真正世界性分布的小家鼠（*Mus musculus*），在我国除青藏高原的腹心地带外，为各地常见的家栖和田野鼠类。

第一节　三大自然区与动物分布

我国三大基本自然区——东部季风区、西北干旱区（蒙新高原）和青藏高寒区（青藏高原）对动物分布的影响，分别表现为以温度、湿润-干旱度和高寒条件为主的作用，并呈地带性（分别以纬向、经向与垂直为主的）特征。现分述如下。

一、东部季风区

全区自然地理条件共同的特点是受夏季季风的影响显著，各地湿润程度都较高，夏季南北温度差别小，冬季南北温度差别大。区内动物区系的主要特点是南、北方耐湿成分在区内相互渗透。许多主要分布在东南亚或旧大陆的耐湿种类，其分布区可沿季风区北伸，最北可达黑龙江流域。同时，一些欧亚大陆北部寒温带的耐湿动物，其分布区可沿季风区南伸，少数种可伸至两广和云南南部，甚至更南。它们在区内的分布，不受南北温度差异的影响。因此，我国东部的季风区是南北方耐湿动物分布的通道，被视为古北界和东洋界动物分布上最宽广的过渡地带。这类动物在脊椎动物各纲中均有。最突出的如主要属于热带、亚热带成分的猕猴（*Macaca mulatta*）和果子狸（*Paguma larvata*），其分布区可伸至华北，虎（*Panthera tigris*）、青鼬（*Martes flavigula*）和黑枕黄鹂（*Oriolus chinensis*）等可伸至黑龙江流域。北方动物分布区南伸的种类，可举大蟾蜍（*Bufo gargarizans*）、普通䴓（*Sitta europaea*）和小飞鼠（*Pteromys volans*）等为例。季风区不但是北方鸟类季节性迁徙的重要通道，而且有不少南、北方种类，可同在区内留居或繁殖。一般来说，各纲动物中分布区北伸的南方种类均明显地多于分布区南伸的北方种类。除南、北方成分外，区内还分布有一些特殊的种类，如鸟类中的长尾雉属（*Syrmaticus*）、勺鸡（*Pucrasia macrolopha*）、鸳鸯（*Aix galericulata*）和兽类中的貉（*Nyctereutes procyonoides*）等。在昆虫中，白蚁在我国的分布与暖温带以南的季风区的范围颇为吻合（黄复生等，2000）。

季风区内自然条件的差异，对动物分布的影响主要表现为：

1）最北部的东北地区及其北部邻近地区，是冷湿的中心。各类脊椎动物中均有自己特殊的区系成分，故在全国动物地理区划中，划为东北亚界的“东北区”。分布范围较广的种类，在此往往形成地理亚种。

2）东洋界区系成分，从南向北递减，至暖温带，减少最为明显。现举游蛇亚科为例（表3.1）。因而，北亚热带和暖温带的分界，是划分我国东部地区东洋界与古北界较理想的界线。

表3.1　游蛇亚科东洋界中两类成分在我国季风区各温度带的种数

温度带	南中国型（种数）	东洋型（种数）	共计
中温带	0	0	0
暖温带	4（10%）	7（22%）	11（16%）
热带至北亚热带	15（37%）	8（25%）	23（33%）
热带至中亚热带	29（72%）	17（53%）	46（63%）
热带至南亚热带	37（92%）	23（72%）	60（83%）
热带	40（100%）	32（100%）	72（100%）

注：括号内为与热带种数的比例，热带为100%。

3）东北西部及华北地区是季风区内湿度条件相对最低的地区，同时具有春旱有风沙和冬半年常有较强西北风的气候特点，景观开阔，少林，地形上与蒙新高原又无明显的屏障，因而成为干旱、半干旱地区某些动物如小沙百灵（*Calandrella rufescens*）、石鸡（*Alectoris chukar*）、斑翅山鹑（*Perdix dauuricae*）、草原沙蜥（*Phrynocephalus frontalis*）、达乌尔黄鼠（*Spermophilus dauricus*）和沙鼠（*Meriones*）等向季风区渗透的“通道”。相反，若干适应于湿润环境的种类，如两栖类中的小鲵科动物、雨蛙（*Hyla*），爬行类中的滑蜥（*Scincella*）、烙铁头蛇（*Trimeresurus*），鸟类中的榛鸡（*Tetrastes*）、几种柳莺（*Phylloscopus* spp.）、鹟（*Muscicapa*）、旋木雀（*Certhia*）和啄木鸟科中许多种类，兽类中的松鼠（*Sciurus vulgaris*）、巢鼠（*Micromys minutus*）、蹶鼠（*Sicista*）等，却避开这一半湿润的少林地区，成为地理分布上的一个“缺口”。因此在“东北区”内有必要划出一个“松辽平原亚区”。这个“通道”与“缺口”又几乎横贯华北区全区，成为华北区的主要特征之一。季风区对耐旱动物分布的阻障作用，除上述“通道”外，均比较明显。

季风区动物向外渗透，主要取决于湿度条件。一些向蒙新高原渗透的种类，其分布区主要沿山地及河谷的湿润环境向西延伸，如兽类中的狍（*Capreolus capreolus*）沿山地进入内蒙古阴山和青藏高原的祁连山地与横断山的北部；爬行类中的鳖（*Trionyx sinensis*）沿黄河流域伸入内蒙古中部水域。一些向青藏高原渗透的南方种类，则沿高原东部特别是横断山区的河谷森林北溯至高原边缘 2000～3000m 的高度，最高可达 4000 多米，如两栖类中的小鲵科（Hynobiidae）、角蟾科（Megophryidae）、蛙科（Ranidae）和蟾蜍（*Bufo* spp.），兽类中的鼩鼱科（Soricidae）、灵猫科（Viverridae）、猕猴、鼯鼠（*Petaurista* spp.）和鸟类中的翠鸟科（Alcedinidae）、鹦鹉（*Psittacula* spp.）、山椒鸟（*Pericrocotus* spp.）、噪鹛（*Garrulax* spp.）、姬鹟（*Ficedula* spp.）等。

二、西北干旱区（蒙新高原区）

本区东部为草原，向西逐渐变为半荒漠以至荒漠并出现大片的砾质荒漠和沙漠，虽有山脉横亘其间，但自然景色十分开阔。境内动物差不多都是适应于干旱气候的种类。有些种的分布几乎遍及全境，生态适应性十分突出，如两栖类中的塔里木蟾蜍（*Bufo pewzowi*），爬行类中的沙蟒（*Eryx* spp.）、沙蜥（*Phrynocephalus* spp.），鸟类中的鸨（*Otis* spp.）、沙鸡和石鸡以及兽类中的野骆驼、原羚、跳鼠和沙鼠等最为典型，特有种和特有类群较多。因而，这一广大的地区属于同一动物地理区——蒙新区。

从整个欧亚大陆来看，我国蒙新高原和中亚地区的干旱环境是耐湿动物分布颇为明显的障碍。在两栖类中只有极少数种的分布，局限于境内经常有较丰富的淡水水源的地方。鸟兽中耐湿动物仅见于森林和山地或河谷草甸带如天山山地和伊犁河谷。而阿尔泰山地森林带动物，在种以上的成分，大都与大兴安岭相同，属于亚洲北部寒温带针叶林类型。

蒙新高原湿度条件的地区差异，对于动物分布的影响，远比温度要大。东部的干草原地带和西部的荒漠地带，动物区系的组成和生态适应，均有较明显的差别，故在区划上分属两个亚区。两者之间则有过渡的半荒漠类型。而新疆北部和南部，虽分属温带和暖温带，并有天山分隔，但动物区系和生态特征的差别显然较小。然而，东部干草原中往往出现荒漠成分，特别在沙漠化环境，如兽类中的三趾跳鼠（*Dipus sagitta*）、五趾跳鼠（*Allactage sibirica*），爬行类中的沙蜥属等。同样，西部荒漠边缘的山地草原上，往往有草原的成分，如黄鼠属（*Spermophilus*）、旱獭属（*Marmota*）和田鼠属（*Microtus*）等。这一现象反映区内某些动物在全区范围内有较强的扩散能力，但对栖息地却有较明显的依赖性。

三、青藏高寒区（青藏高原区）

整体而言，这一世界上最高大、被高山所贯穿的高原，环境严酷，动物栖息的条件是恶劣的，因而动物种类很少。喜马拉雅山脉成为欧亚大陆动物分布上最大的阻障，是一些大类群的近乎“截然”的分布界线，如两栖类中的姬蛙科（Microhylidae）、树蛙科（Rhacophoridae），爬行类中的龟鳖目（Testudines），鸟类中的太阳鸟科（Nectariniidae）、卷尾科（Dicruridae）和绣眼鸟科（Zosteropidae），兽类中的灵长目（Primates）、鳞甲目（Pholidota）、灵猫科、豪猪科（Hystricidae）等南方类群。它们中一些种类，在我国东部均可越过秦岭-淮河一线，故有一广泛的过渡带，而在喜马拉雅山脉，除仅有的几个水气通道如南迦巴瓦峰地区雅鲁藏布江大拐弯和樟木、亚东等地垭口外，被少数种类利用的“通道”都不能超越高山带而进入青藏高原。同时，北方类群如鸟类中的岩鹨科（Prunellidae）、兽类中的鼠兔科（Ochotonidae）等，在高原上的分布南限，均止于喜马拉雅及其附近山地的亚高山与高山带。经对两栖爬行动物的调查（饶定齐，2000），喜马拉雅山几乎是南北两大区系的分水岭，虽然沙蜥属、齿突蟾属（*Scutiger*）和倭蛙属（*Nanorana*）动物越过了喜马拉雅山，进入南坡，但基本上分布在高海拔地段，没有与南坡中低海拔的物种交汇［仅锡金齿突蟾（*Scutiger sikkimensis*）例外］，也没有发现北方物种与南方物种的交汇带。但对鸟类与兽类，分界并非绝对。南方种类分布的最高阻障是高寒带上限（约海拔 4500m）；北方种类分布的最低阻障主要是山地亚热带上限（约海拔 1500m）。喜马拉雅山脉，在动物地理上早就被华莱士（Wallace，1876）认为是最为明显的动物分布在地形上的阻障。然而，当他审视该山系南麓动物分布后，他划出的古北和东洋两大界界线，却不是沿着山脊，而是山系南麓高山带以下。显然，这一界限不是地形的而是气候的。不同海拔形成的不同的温度带，对不同动物的阻障作用各异。因此，喜马拉雅山脉南麓是栖息环境垂直交错、动物分布现象比较复杂的地带。经过考察，现已有较清晰的认识（详见第五章第二节）。

青藏高原北缘，虽然缺乏类似横断山系深入高原的河系，但相对于喜马拉雅山系，它对动物分布的阻障作用明显减弱。这只能从这里干旱的气候条件与其北部干旱地区相似予以解释。中亚干旱、半干旱地区的一些种类，可适应较高寒的环境，其分布区可向高原扩展。在气候上，柴达木盆地为高原荒漠，是西北干旱区与青藏高原区的一个自然过渡的通道。在地形上，柴达木北缘的阿尔金山体与山区也是最容易克服的阻障。如爬行类中的沙蜥属，鸟类中的毛腿沙鸡属（*Syrrhaptes*）、沙百灵属（*Calandrella*），兽类中的几种跳鼠、子午沙鼠（*Meriones meridianus*）和鹅喉羚（*Gazella subgutturosa*）等。它们的分布区均经柴达木不同程度地扩展至高原。因而区划中将柴达木划属“蒙新区”。然而，高寒的气候条件，对于许多适应于暖温带和中温带的种类，仍具十分明显的阻障作用。它们在山脉北翼的分布高限，反映其对高寒条件的适应能力，特别是柴达木-青海湖盆以外的高原地区。适应于温带荒漠和草原的动物，向南大多止于昆仑山、祁连山一线，如爬行类中的几种麻蜥（*Eremias* spp.）和兽类中的大沙鼠（*Rhombomys opimus*）等。

高原东南部边缘，即以横断山系为主的地区，深受南北向峡谷的切割，海拔较低（3000～4000m），自然条件远较高原内部复杂，是南北方动物种相互渗透的通道。前已述及，一些南方种类可上溯最高达 4000 多米。因此，这里动物种类较多，是动物聚集的中心。随海拔增加及向高原西北部羌塘高原深进，栖息条件愈形不利，动物种类愈形稀少。但产有少数适应于高寒气候的特殊种类，如兽类中的藏羚（*Pantholops hodgsoni*）、野牦牛（*Bos gruniens*）、黑唇鼠兔（*Ochotona curzoniae*）等及鸟类中的雪鸡（*Tetraogallus* spp.）、黑颈鹤（*Grus nigricollis*）、藏雀（*Kozlowia roborowskii*）和藏鹀（*Emberiza koslowi*）等。高原外围的山地，地形上与高原有联系，气候上与高原相似，或逐渐过渡。因而，有些高原动物向外围山地扩展，最远可南伸至云贵高原。最突出的例子是兽类中的高原兔（*Lepus oiostolus*）及鸟类中的黑颈鹤和领岩鹨（*Prunella collaris*）等。青藏高原和蒙新高原都是地质时代中抬升的高原，但青藏高原的上升历史较晚，上升幅度也大，自然条件形成历史较短，是动物特有种类少的主要外在原因

(详见第五章)。

我国三大自然区自然条件对动物分布和生态的影响，构成了与其相适应的三大生态地理群，即耐湿动物群、耐旱动物群和耐寒动物群。三大自然区的界线，基本上也就是三大生态地理动物群的界线。三大动物群，在各自主要分布范围内的分布，无疑占主要的地位。在它们向外扩张时，不同的地势、气候、植被等自然条件，均可能形成不同程度的阻障。动物分布上的阻障，在很多情况下，是相对的。另外，某些动物分布上的阻障，往往是另一些动物分布上的通道。在三大自然区动物群之间，存在着程度不同的相互渗透现象，有一明显的相互渗透带（图 3.1），反映各自然区对动物分布阻障作用的大小和三大动物群间的关系。

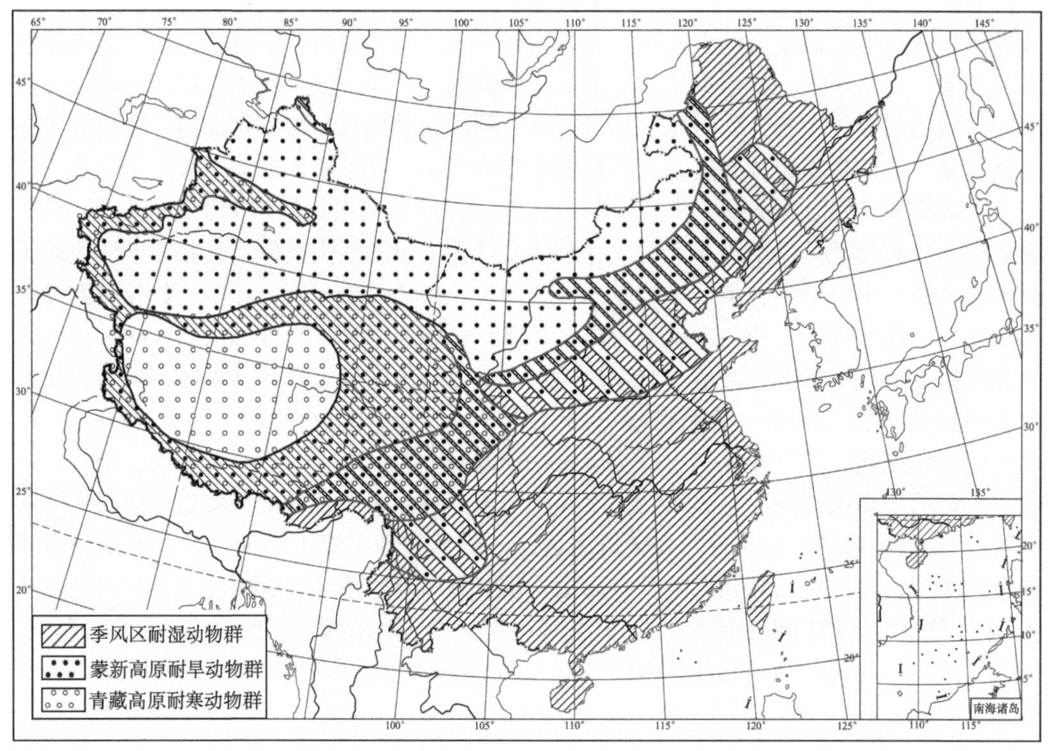

图 3.1　中国三大动物群的分布及相互渗透明显带

第二节　温度带的阻障作用

我国气温的地带性变化，受到巨大隆起的青藏高原的影响，在东部季风区得以明显地表现。因而，在此影响下的我国陆栖脊椎动物分布的地带性变化，主要反映在季风耐湿动物群中。

一般来说，我国陆栖脊椎动物，按种的分布，除典型的热带成分外，大都可跨越两个或两个以上的温度带，少数全北界科［兽类中的鼹科（Talpidae）及鸟类中的䴓科（Sittidae）］中的少数种可一直分布到热带，仅限于某一温度带的种很少。因而，我国温度带的区域变化对动物分布的影响，主要表现在某一温度带或亚带的南限或北限对于北方类群或南方类群在一定的历史时期内的阻障作用（鸟类以繁殖区为准）（图 3.3）。现对这一阻障现象做一归纳，分述如下。

一、寒温带南界

寒温带只有 1～4 个月平均温度达到 10～20℃。此带的南界亦为欧亚大陆针叶林（泰加林）的南界，经过我国新疆阿尔泰山区，往东再经蒙古北部至我国东北的北部，是寒温带典型动物分布的南限。著名的环北极圈分布的驯鹿（*Rangifer tarandus*）的分布南限（图 4.7），大致与此界相符。东北大兴安岭和新疆阿尔泰针叶林带中的动物，有许多种类是相同的。然而，更为重要的是此界为许多广泛分布于欧亚大陆中纬或低纬热带和温带动物的北限。整个来说，此界以北，动物种类显著减少，反映寒冷条件对动物分布的阻障作用。在两栖类和爬行类中特别明显，只有广布科中少数耐寒种类，可分布于此界以北。繁盛于热带的姬蛙科（Microhylidae）、龟鳖目（Testudines）、壁虎科（Gekkonidae）、石龙子科（Scincidae）中能够向北分布的少数种，均以此界为极限。鸟类中的佛法僧目（Coraciiformes）、夜鹰目（Caprimulgiformes）、鹮科（Threskiornithidae）、三趾鹑科（Turnicidae）、黄鹂科（Oriolidae）、山椒鸟科（Campephagidae）、椋鸟科（Sturnidae）和画眉亚科（Timaliinae）各科中可沿季风区北伸的少数南方种类，其分布区的北界均与东北北部针叶林南界相当或只稍向北深进。它们之中，有一些亦见于新疆西部，如蓝胸佛法僧（*Coracias garrulus*）、夜鹰（*Caprimulgus* spp.）、黄鹂（*Oriolus* spp.）和椋鸟（*Sturnus* spp.）等，其北限亦大致与此界相符。兽类中翼手目（Chiroptera）的菊头蝠科（Rhinolophidae）和犬吻蝠科（Molossidae）等，亦有同样的情况。这一界线相当于“东北区”中“大兴安岭亚区”的分界。

二、半湿润地区暖温带北界

沿华北山地北缘和内蒙古高原南缘，此界以南，夏季温度甚高，与亚热带无显著差异，冬季温度颇低，但冻结时间不长，天然植被主要由落叶阔叶树组成。有少数热带区系成分代表种类，沿季风区向北分布可延伸至暖温带，但不再进入该带以北。最突出的是前已提及的猕猴，其自然分布最北的地点是河北北部兴隆山地，是世界现存灵长目分布的最北纪录，即相当于半湿润地区暖温带北界，此界线相当于日均温≥10℃超过 200 天与日均温≥22℃超过 90 天的北界（图 3.2）。此外，兽类中的灵猫科（Viverridae）、爬行类中的龟科（Emydidae）等的分布北界以及鸟类中鹈鹕科（Pelecanidae）、彩鹬科（Rostratulidae）和卷尾科（Dicruridae）的繁殖北限，均大致与此界相符。广布科中的南方种类，能够进入暖温带繁殖的，为数不少。这种现象说明，华北地区夏季的高温，有利于一些南方动物的栖息，而冬季的条件对其中终年留居的种类并不具有严重的阻碍。昆虫中东亚飞蝗（*Locusta migratoria*）和白蚁在我国分布的北限亦与此接界相当（马世骏等，1965；黄复生等，2000）。暖温带北界相当于“华北区”的北界。

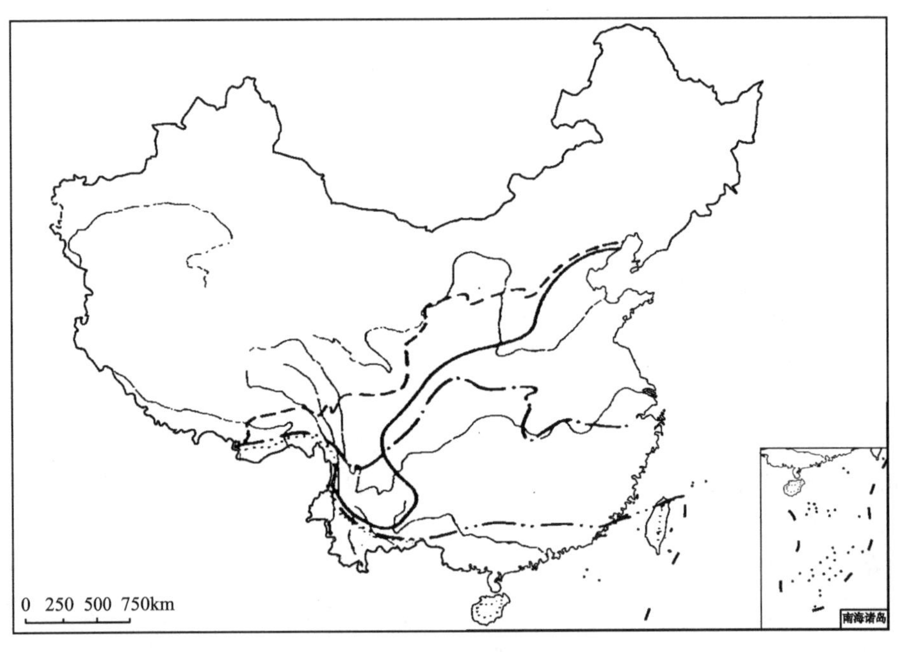

图 3.2 中国若干气候因素的北限

——— 日均温≥10℃天数超过 200 天 —·— 日均温≥10℃天数超过 225～280 天

—··— 日均温≥10℃天数超过 300 天 ——— 日均温≥22℃天数超过 90 天

········典型热带雨林

三、北亚热带北界

经过淮河、秦岭，与 1 月 0℃等温线及 750mm 等雨线一致，为常绿阔叶林和亚热带植被的北限。此界南北自然条件显著不同，界线以南，冬季较温和，河流冰封和土壤冻结仅偶尔出现。秦岭部分，还有地形上的阻隔。在我国东部动物分布广泛过渡的情况下，这条界线的影响，相对最为明显。有较多的热带代表性类群的分布，不越过或只稍越过此界，如两栖类中的树蛙科（Rhacophoridae），爬行类中的钝头蛇亚科（Pareinae），兽类中的豪猪科（Hystricidae）、竹鼠科（Rhizomyidae），以及鸟类中的雉鸻科（Jacanidae）、鹎科（Pycnonotidae）、啄花鸟科（Dicaeidae）等。灵长类中只有个别种类，即猕猴越过北亚热带北界。太阳（花蜜）鸟科（Nectariniidae）只有 1 种见于秦岭北坡，它们亦可视为受北界线限制的类群。有许多类群的分布，虽可越过秦岭北伸，但种类有限，或相对显著减少，如两栖类中的姬蛙科、雨蛙科（Hylidae）和蛙科（Ranidae），爬行类中的蛇亚目（Serpentes），鸟类中的三趾鹑科（Turnicidae）、杜鹃科（Cuculidae）、卷尾科、绣眼鸟科（Zosteropidae）等。这些类群，虽不完全限于东洋界，但大多数属、种是东洋界所特有。若干北方的代表类群，如爬行类中的麻蜥（*Eremias*），鸟类中的旋木雀科（Certhiidae）、岩鹨科（Prunellidae）、沙鸡科（Pteroclididae）、百灵鸟科（Alaudidae）的大多数种类等，以及兽类中的林跳鼠科（Zapodidae）等，可向西南延伸至横断山脉地区，但向南都不越过秦岭。有些类群只有少数种分布至秦岭以南，如鸟类中的鸦科（Corvidae）、鹪鹩科（Troglodytidae）、鳾科（Sittidae）、河乌科（Cinclidae）等和兽类中的鼠兔科（Ochotonidae）、鼹科（Talpidae）、仓鼠亚科（Cricetinae）和鼢鼠亚科（Myospalacinae）等。其中鼠兔科种类限于高山环境，实际上并不进入亚热带。所以，有理由把北亚热带北界作为古北和东洋两界在我国东部的分界。

四、中亚热带北界

西起四川盆地北缘的米仓山至大巴山地，向东经长江南岸而至杭州湾，为常绿阔叶林的北界。此界以南，冬季比较温暖，1 月平均温度在 4℃以上，春季温度增至 5℃的时间较早，有利于植物的生长，夏季特别炎热。北亚热带为一狭窄的地带，与中亚热带间没有明显的地形上的障碍。因而，中亚热带北界对动物分布的影响，主要是气候条件和与其相联系的栖息环境和食物等因素。两栖类中的蝾螈科（Salamandridae），爬行类中的平胸龟科（Platysternidae）、蛇蜥科（Anguidae）、盲蛇科（Typhlopidae）、闪鳞蛇科（Xenopeltidae）、眼镜蛇科（Elapidae），鸟类中的须䴕科（Capitonidae）、八色鸫科（Pittidae）和兽类中的蹄蝠科（Hipposideridae）、穿山甲科（Manidae）等，均大致以此界为分布的北限。其中闪鳞蛇科和平胸龟科为东洋界所特有。从秦岭南坡向大巴山，两栖类中的树蛙科（Rhacophoridae）和角蟾科（Megophryidae）的种类逐渐增多。蛙科中的湍蛙属（*Staurois*）、水蛙属（*Hylarana*）、臭蛙属（*Odorrana*）自此界以南开始出现。中亚热带北界与土白蚁（*Odontoterms*）的北界亦颇接近，以白蚁为食的穿山甲（*Manis pentadactyla*）的分布可能与此有关。北方的兽类中越过暖温带向南分布的鼢鼠（*Myospalax* spp.）和仓鼠（*Cricetulus* spp.），除极个别外，则不再越过此界。在进一步探讨“华中区”区划时，对这条界线应给予足够的重视。

五、南亚热带北界

西起云南最西端腾冲地区经无量山、哀牢山北缘，再大致沿南盘江、红水河而至南岭一线，向东止于福州。南亚热带冬季温度较高，日平均温度≥10℃天数超过 300 天（图 3.2），大部分地区全年无霜，自然条件最接近热带。许多热带动物在我国的分布，不限于热带，而可北伸至南亚热带，如爬行类中的双足蜥科（Dibamidae）、巨蜥科（Varanidae），鸟类中的和平鸟科（Irenidae）、燕鵙科（Artamidae）、咬鹃科（Trogonidae），以及兽类中的狐蝠科（Pteropodidae）和树鼩科（Tupaiidae）等，均大致以南亚热带为其分布北限。其中和平鸟科和树鼩科，均为东洋界所特有。前述不同程度向北伸展的南方类群，在此界以南，属、种均显较丰富。长臂猿科（Hylobatidae）在大陆部分的分布北限可伸展至此。所以，此界线实际上相当于东洋界热带区系即“华南区”的北界。

六、热带北界

在西段，沿云南南缘低海拔河谷地带向北不同程度地伸入，东段大致沿西江终止于珠江三角洲。相当于最冷月 16℃等值线。此线以南，自然植被为热带季雨林，各季气温都很高，极端最低温度，多年平均不低于 5℃，绝少降至 0℃以下。一些具有典型热带季雨林生态习性，为东南亚或旧大陆热带所特有的类群的分布北限，大致与此界相符，如鸟类中的阔嘴鸟科（Eurylaimidae）、鹦鹉科（Psittacidae）、犀鸟科（Bucerotidae），兽类中的懒猴科（Lorisidae）、鞘尾蝠科（Emballonuridae）、鼷鹿科（Tragulidae）和象科（Elephantidae）等。除鼷鹿和象外几乎均为树栖、食果和食虫为主的动物。它们在我国境内的分布多限于西南地区，为“华南区”中“滇南山地亚区”划分的主要依据。一些主要分布于南方，而分布区可向北伸展的科中，在此界以南的种类，大多可达到高峰，现举例如表 3.2。

表 3.2　某些主要分布于南方的科在中国热带的种数和比例

科别	全国（种数）	热带（种数）	热带种数所占比例/%
树蛙科 Rhacophoridae	50	28	56
姬蛙科 Microhylidae	14	9	64
壁虎科 Gekkonidae	30	18	60
蝰科 Viperidae	23	17	74
眼镜蛇科 Elapidae	7	7	100
蜂虎科 Meropidae	6	5	83
太阳鸟科 Nectariniidae	12	12	100
灵猫科 Virerridae	11	11	100
猴科 Cercopithecidae	13	10	77

七、高寒带下限

青藏高原的内部，地形起伏和缓，年均温在 0℃以下，高寒气候条件是许多动物分布上的明显阻障，前已述及。气候条件最为严酷的是平均海拔 4800～5100m 的腹心地区，即羌塘高原的北部。这里全年的日平均温度都低于 10℃，日最低气温几乎全年都在 0℃以下，全年降水均属雪、霰、雹等固体形态，是全国夏季温度最低的地区，成为绝大多数动物分布上真正的禁区。两栖、爬行类在此完全绝迹或极难发现。鸟类与兽类种类很少，数量也少，只有野牦牛、野驴、藏羚等极少数长距离游荡的有蹄种类可集为大群。群居性啮齿类在此数量分布极不均匀，只在少数水草条件较好的地方，有密度较高的种群。

综上所述并见图 3.3，北方代表性类群大多以北亚热带北界为其南限。南方代表性类群从热带向北递减。在亚热带的三个亚带中的递减率，分别为 15%、22%、52%，不及 50%或略有超过。至暖温带则为 68%，温带为 77%，南方代表性减少最为明显。北方代表性科从寒温带向南的递减则更为明显，递减率至中温带为 12%，至暖温带为 31%，至北亚热带锐增至 81%，至南亚热带为 87%，至热带则几乎完全消失。足见以亚热带北界作为我国古北界和东洋界的分界是合适的。

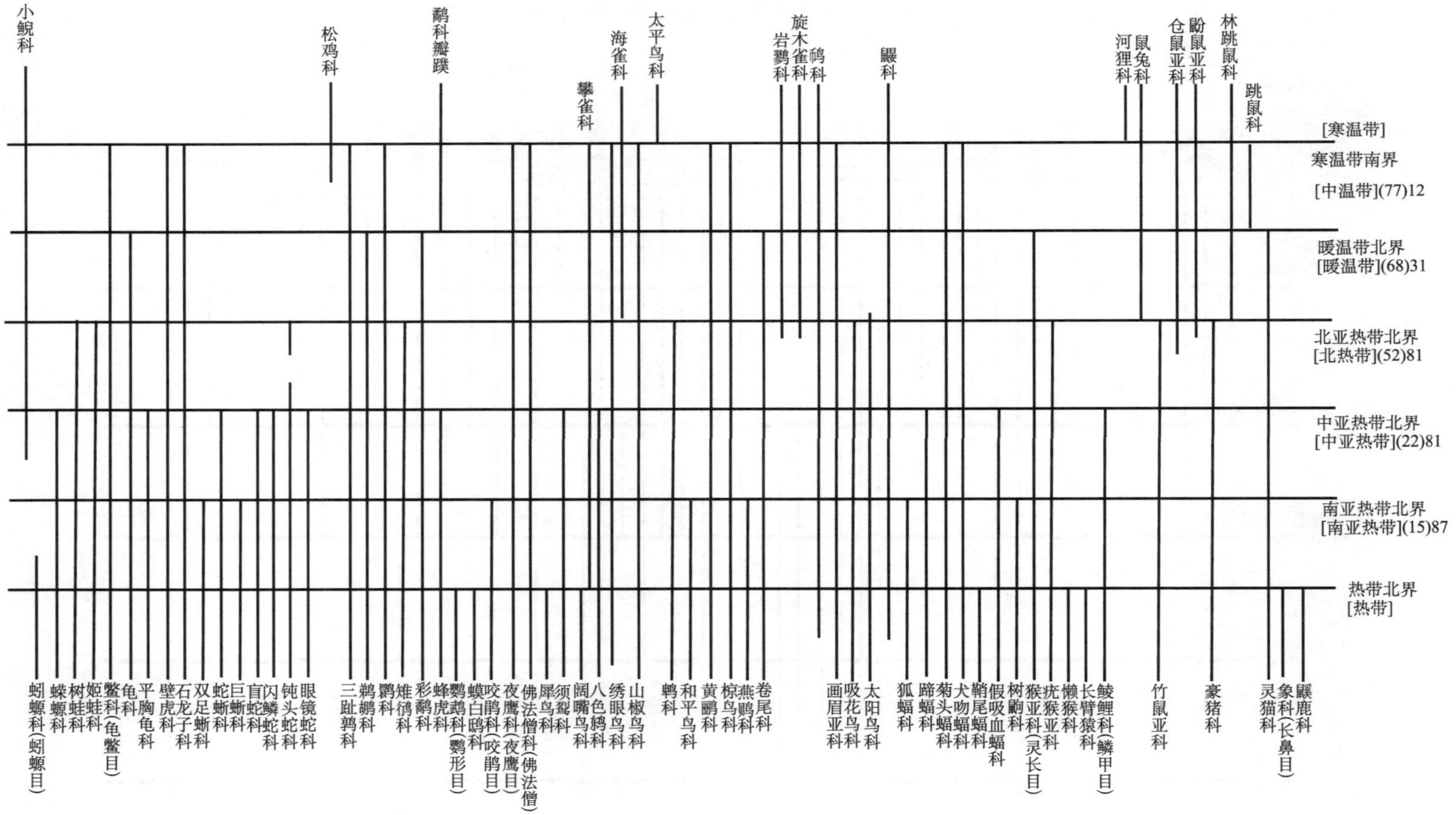

小鲵科
松鸡科
鹬科瓣蹼
攀雀科
海雀科
太平鸟科
岩鹨科
旋木雀科
䴓科
鼹科
河狸科
鼠兔科
仓鼠亚科
鼢鼠亚科
林跳鼠科
跳鼠科

[寒温带]
寒温带南界
[中温带](77)12
暖温带北界
[暖温带](68)31
北亚热带北界
[北热带](52)81
中亚热带北界
[中亚热带](22)81
南亚热带北界
[南亚热带](15)87
热带北界
[热带]

蚓螈科(蚓螈目)
蝾螈科
树蛙科
姬蛙科
鳖科(龟鳖目)
龟科
平胸龟科
壁虎科
石龙子科
双足蜥科
蛇蜥科
巨蜥科
盲蛇科
闪鳞蛇科
钝头蛇科
眼镜蛇科
三趾鹑科
鹈鹕科
鹮科
雉鸻科
彩鹬科
蜂虎科
鹦鹉科(鹦形目)
蟆口鸱科
咬鹃科(咬鹃目)
夜鹰科(夜鹰目)
佛法僧科(佛法僧)
犀鸟科
须䴕科
阔嘴鸟科
八色鸫科
绣眼鸟科
山椒鸟科
鹎科
和平鸟科
黄鹂科
椋鸟科
燕鵙科
卷尾科
画眉亚科
吸花鸟科
太阳鸟科
狐蝠科
蹄蝠科
菊头蝠科
犬吻蝠科
鞘尾蝠科
假吸血蝠科
树鼩科
猴亚科(灵长目)
疣猴亚科
懒猴科
长臂猿科
鲮鲤科(鳞甲目)
竹鼠亚科
豪猪科
灵猫科
象科(长鼻目)
鼷鹿科

图 3.3　中国各温度带对南北方陆栖脊椎动物群的阻障

各温度带后括号中的数字是南方类群向北递减的百分比，以热带为 100%；

括号外数字是北方类群向南递减的百分比，以寒温带为 100%

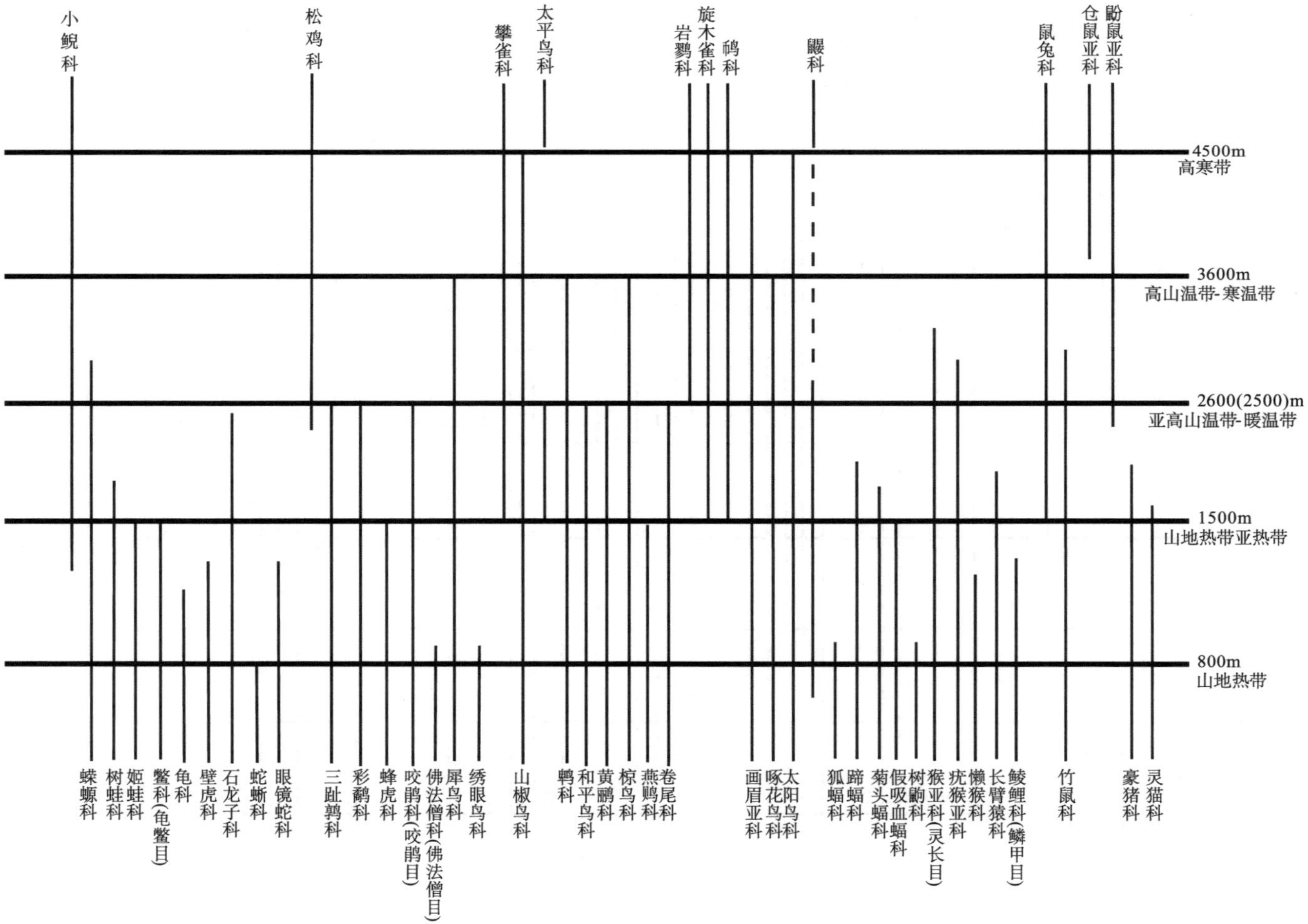

图 3.4 中国各垂直温度带对南北方陆栖脊椎动物群的阻障

我国东部地区水平分布的温度带和自然地带，西延至青藏高原东南的横断山脉，即转变为相应的山地垂直分带。动物的分布亦由水平转变为垂直（图 3.4）。但水平分布的影响仍然存在。例如，横贯欧亚大陆北部寒温带的松鸡科（Tetraonidae），可见于横断山脉北段的山地针叶林带，环球热带的鹦鹉科可见于该山脉南段的低山。然而，山地垂直自然分带的基本特性，不同于水平分带；同时，山地动物的季节迁徙，可在短距离、短时间内完成。故山地垂直自然分带对动物分布的阻障作用小于水平分带。加上横断山脉受南来暖气流的影响较大，更有利于南方动物向高处分布。如我国东部大致以亚热带北界为北限的太阳鸟科和以暖温带北界为北限的猴科（Cercopithecidae），在横断山脉及其附近山地均可分布至亚高山寒温带（夏季），分布幅度超过相应的水平地带（与图 3.3 对比）。因此，横断山脉地区南北动物的混杂现象，十分明显，是“西南区”的另一重要特征。此段山地古北界与东洋界界线的划分应做特殊的处理。

第三节　温度-雨量分布与生物地理现象

一、温　　度

从全国范围来看，气温的分布状况与陆栖脊椎动物各纲种数的地理分布，表现了不同程度的相关，见表 3.3。

表 3.3　我国各类动物种类与气温条件相关（$n=103$）

动物种类	年均温	1 月均温	7 月均温
两栖类	0.56	0.70	0.44
爬行类	0.65	0.72	0.56
鸟类			
留鸟	0.52	0.74	0.17
夏候鸟	0.01	0.09	0.03
冬候鸟	0.75	0.80	0.54
旅鸟	0.23	0.14	0.22
繁殖鸟	0.40	0.60	0.58
全部	0.40	0.76	0.32
兽类	0.33	0.54	0.20

1 月平均气温的分布与各纲动物种数分布之间的相关性，以鸟类中的冬候鸟与留鸟最为明显（图 3.5），反映冬季气温对它们的分布有较大的影响。其次是爬行类和两栖类，兽类垫后（图 3.6）。显然，旅鸟及夏候鸟几乎不存在关系。7 月均温的影响，在整体上远逊于 1 月均温。其中对繁殖鸟和爬行类的影响有一定的反映，其他均不明显。究其原因，可能与夏日在全国绝大部分地区，气温的地理差异远不及冬季明显有关，显示不出区域分异对动物分布的作用，特别是夏候鸟分布上的普遍性亦与气温的递变无一定的联系。夏候鸟的高值区出现在天山和东北山地，其次在北亚

热带山地，与这些地区优越的山地环境有关。冬候鸟的高值区出现在东南沿海（图3.7），则显然与这里冬日气温较高，水域不冰封有关。种数分布与年平均气温的相关，只是体现了两者的综合，以冬候鸟、爬行类与两栖类比较显著（图3.8至图3.10）。台湾与海南由于岛屿动物种类的贫乏化，亦看不出气温与种数的相关。与过境旅鸟的相关性很不明显。

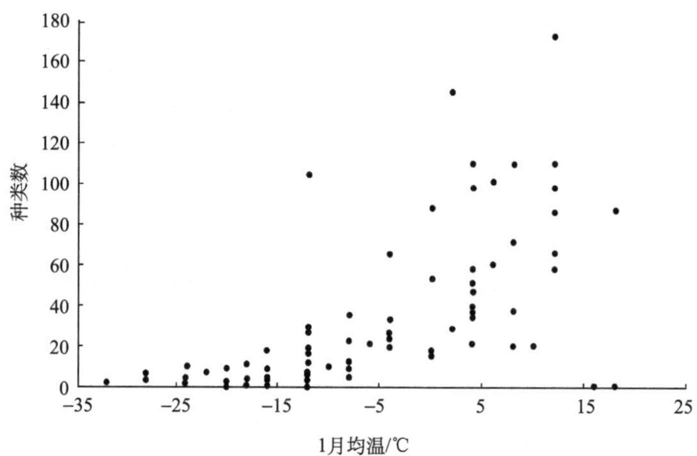

图3.5 我国冬候鸟种数与1月均温的关系

$r=0.68$，$n=103$

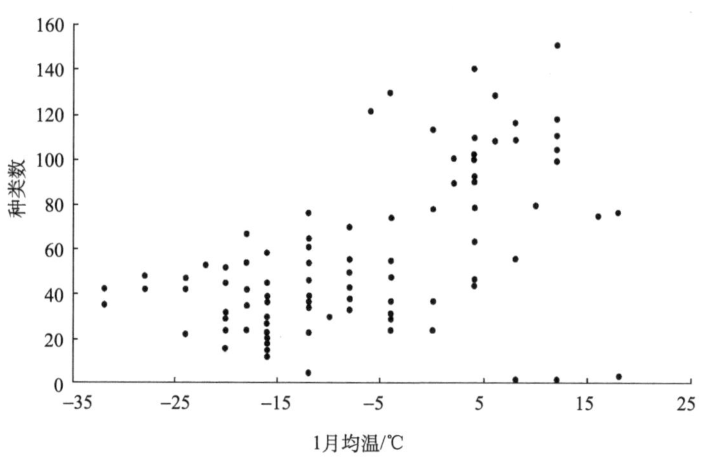

图3.6 我国兽类种数与1月均温的关系

$r=0.49$，$n=103$

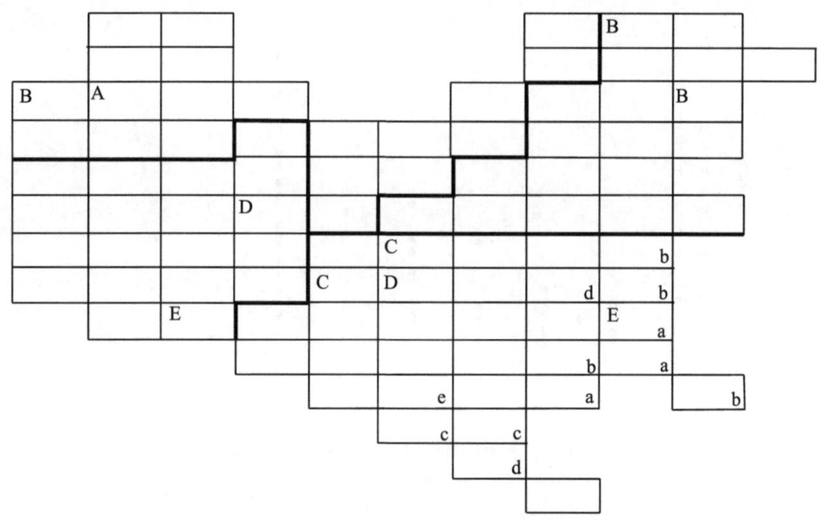

图 3.7　夏候鸟与冬候鸟高值区分布

夏候鸟高值区：A≥120 种；B≥100 种；C≥90 种；D≥80 种；E≥70 种

冬候鸟高值区：a≥140 种；b≥100 种；c≥90 种；d≥80 种；e≥70 种

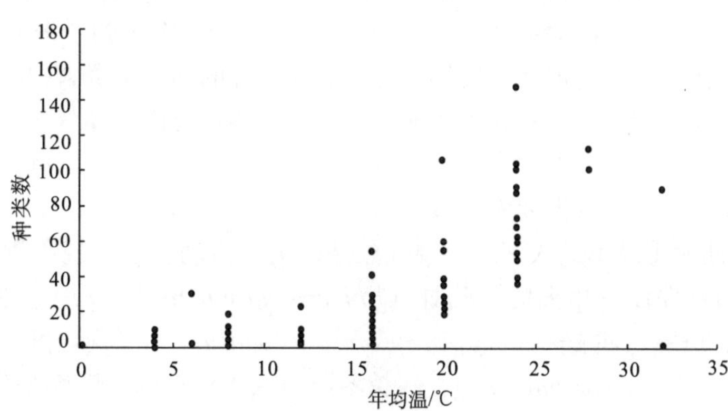

图 3.8　我国冬候鸟种类数与年均温的关系

r=0.73，n=103

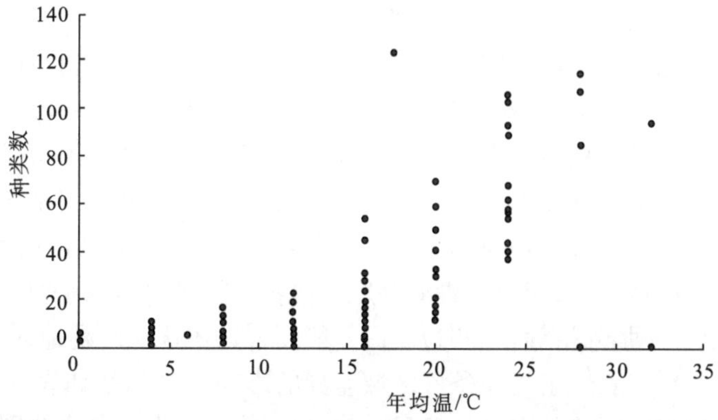

图 3.9　我国爬行类种数与年均温的关系

r=0.63，n=103

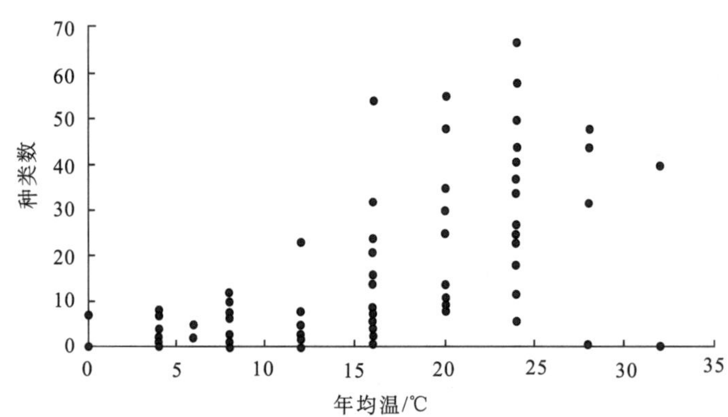

图 3.10　我国两栖类种数与年均温的关系

$r=0.53$，$n=103$

温度季节变化的区域差异对动物的影响是多方面的，最主要的莫过于冬日降温所引起的冬眠和长距离迁徙，在幅员辽阔的我国，有以下现象：

1）有些具冬眠习性的种类在热带、亚热带地区不进行冬眠。如黑熊（*Selenarctos thibetanus*）在海南岛和四川不冬眠（徐龙辉等，1983；胡锦矗等，1984）。两栖爬行类动物的冬眠现象比较普遍，但迄今所知的有关云南南部的动物学资料中，几乎没有关于冬眠的报道，至少说明这个现象并不明显。在我国，热带与南亚热带是在气候学上无真正冬日的地带。在广西南宁，除虎纹蛙（*Hoplobatrachus chinensis*）有冬眠现象外，其他蛙类冬眠现象均不明显（温业棠，1985）。

2）冬眠时期缩短或不进入深眠，视气象条件仍有活动。这一现象发生在热带和南亚热带地区，如在珠江三角洲的泽陆蛙（*Fejervarya multistriata*）、黑眶蟾蜍（*Bufo melanostictus*）、斑腿泛树蛙（*Polypedates megacephalus*）、花狭口蛙（*Kaloula pulchra*）、花姬蛙（*Microhyla pulchra*），在越冬期仍有找食活动（潘炯华等，1985），在广西的变色树蜥（*Calotes versicolor*）、长鬣蜥（*Physignathus cocincinus*）、蟒（*Python molurus*）（林吕何，1983，1984）亦是如此。个别种类，在中亚热带亦有此现象，如在福建、浙江与安徽的尖吻蝮（*Deinagkistrodon acutus*）（赵尔宓，1982；许节亮，1990），在安徽的眼镜蛇（*Naja naja*）（陈壁辉等，1991）。

3）有冬眠习性的种类特别是两栖、爬行动物普遍在大体相同的时间，即农历中霜降至惊蛰前后（10 月中下旬至翌年 3 月上中旬）为冬眠期。这一地区的跨度很大，自亚热带至中温带，包括青藏高原东缘。当气温持续降至 15～10℃以下冬眠种类即开始进入冬眠。当气温日升延续在 10～15℃以上即开始出蛰。因种类不同出入蛰时间有或多或少的差别，如狗獾（*Meles meles*）在四川海拔 3000m 以上区，比海拔低处入蛰时间要提前 1 旬（胡锦矗等，1984）。青海高原上的喜马拉雅旱獭入蛰时间，随气候不同，可相差 10 天至半月（张荣祖等，1964）。但一般而言，在这一广阔地区的南北，同种动物出入蛰时期的差别，表现了气候条件区域差异的影响，试列举如表 3.4。表 3.4 中同种动物冬眠期起始与长短的差别，入蛰只一旬（10 天）之差，出蛰差别最长可达 1 月，这与我国季风气候冬日之来势较猛，以及春来早迟的南北差别较大，有密切的关系。

表 3.4 我国几种两栖类冬眠时期

两栖类	中温带	暖温带	亚热带
花背蟾蜍 *Bufo raddei*	10 月下旬至翌年 4 月中旬	11 月上旬至翌年 4 月上旬	11 月上旬至翌年 3 月中旬
黑斑侧褶蛙 *Pelophylax nigromanculatus*	9 月下旬至翌年 5 月上旬	10 月中旬至翌年 4 月中旬	11 月上旬至翌年 3 月中旬
泽陆蛙 *Fejervarya multistriata*	10 月下旬至翌年 3 月中旬	10 月下旬至翌年 3 月中旬	11 月中下旬至翌年 3 月初中旬 (12 月至 2 月)
大蟾蜍 *Bufo gargarizans*	11 月至翌年 4 月中旬	11 月初至翌年 3 月上旬	11 月上旬至翌年 2 月下旬

资料来源：据赵文阁和方俊九（1995）、季达明等（1987）、黄美华等（1987）、邹寿昌（1965，1987）、陈壁辉等（1991）、晏安厚（1985，1991）、王所安等（1964）、黄永昭（1989）、姜雅风（1988）、张健等（1985）、潘炯华（1993，个人通信）等资料整理。

4）气温因季节变化而形成的区域变异最显著的影响是鸟类的长距离迁徙。这一现象在全国范围之内普遍发生。谭耀匡和郑作新（1979）指出，在繁殖鸟类中，纬度愈北，候鸟愈多；相反，纬度愈南，留鸟愈多，而夏候鸟却少得很。现依统计更可看出以下的地理差异：

① 在我国东部、北部及青藏高原中东部，候鸟的种数普遍明显超过留鸟的种数，候鸟在当地的区系组成中，位于主导的地位，除由于气候季节变化大外，还由于水域环境丰富，吸引了候鸟的栖息。相反的现象，发生在南部热带与南亚热带及广大的西部山地，前者气候条件的年变化较小，后者山地环境有利于鸟类留居和局部迁徙，除极少数例外，留鸟比例在南方以热带—亚热带西部地区最高，在北方以暖温带黄土高原最高。候鸟比例，在北方以内蒙古东部景观开阔地区最高，在南方以南沙群岛最高（图 3.11）。

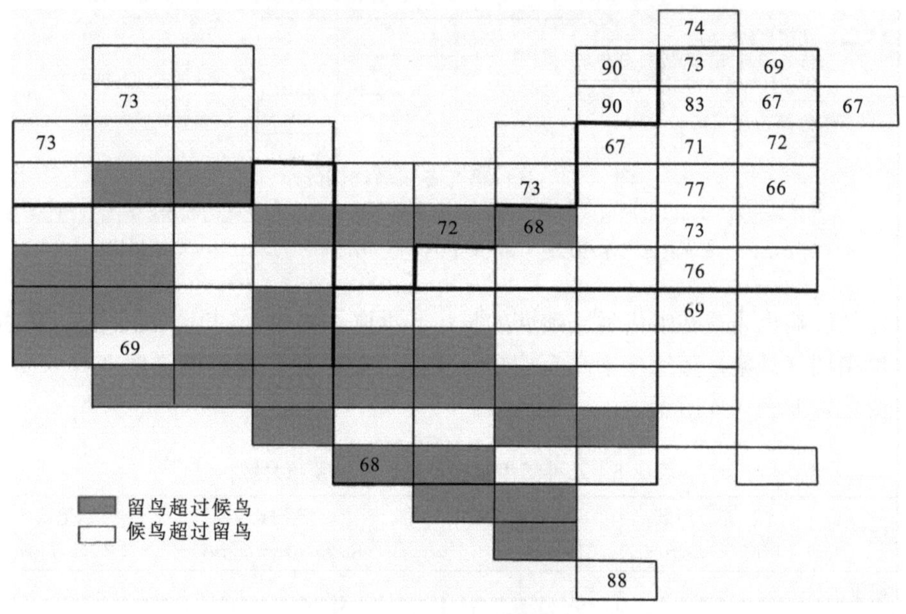

图 3.11 留鸟与候鸟比例分布（%）

未注数字单元为 50%～60%

② 广大的北方与高原山地，夏候鸟多于冬候鸟，而东南沿海地区反之，冬候鸟多于夏候鸟。前者之比例高于后者。可见，我国北方是夏候鸟的乐园，长江流域以南是冬候鸟的乐园。这一分界线从西向东，大致以云南南部沿贵州高原南缘而至长江—淮河下游地区。相当于 1 月均温 4（西部）~6℃（东部）的北界。在一地鸟类区系中，夏候鸟比例最高的地区是我国最北部和青藏高原；冬候鸟比例最高的地区在热带与南亚热带，恰为气候条件上的两个极端，但前者范围广泛，后者范围局限。几乎完全缺乏冬候鸟的地区是在南疆荒漠盆地和青藏高原腹心部分东部（图 3.12）。影响鸟类迁徙的因子不只是气温，某些鸟类冬季留居于我国北方，除本身的耐寒性，还受食物条件的影响（刘伯文、唐景文，1992）。上述情况只是一个总的趋势。在局部地区可能由于当地的条件不同，而有与此趋势不一致的现象，如成都冬季鸟类比夏季丰富，与武汉地区类似（张俊范、吴大均，1985）。

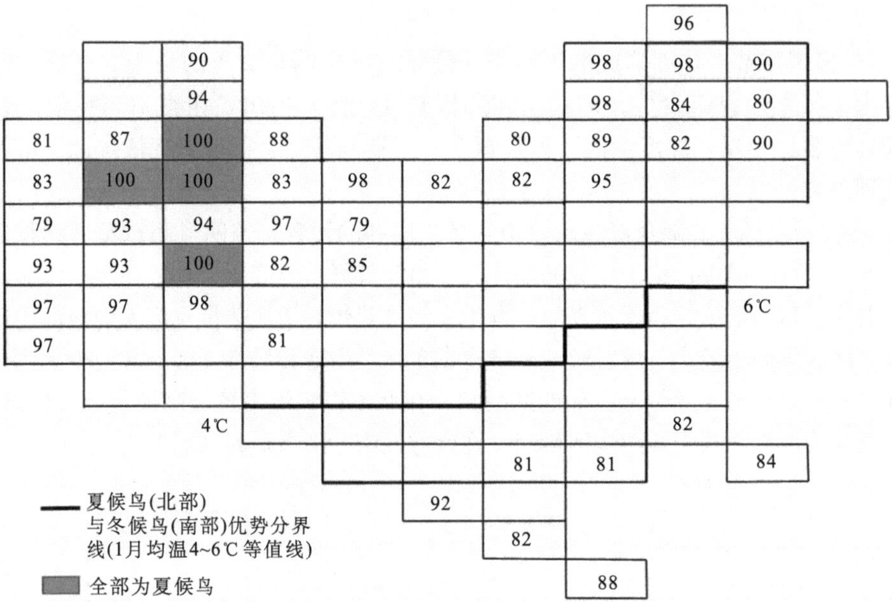

图 3.12 夏候鸟与冬候鸟比例分布

北部夏候鸟超过 80%以上的地区为中温带；南部冬候鸟超过 80%以上地区在南亚热带以南。

未注数字地区，北部夏候鸟未超过 4/5 或稍超过 1/2，南部冬候鸟未超过 4/5 或稍超过 1/2

温度的影响也表现在啮齿类繁殖期的长短。据张知彬等（1991）的研究，我国几种啮齿类繁殖期（月数）随纬度增高而缩短，实际上就是随环境温度梯度变异（温度带）的相应变化，如表 3.5 所示。

表 3.5 几种啮齿类在不同地带的繁殖月数

温度带	东方田鼠 (*Microtus fortis*)	黑线姬鼠 (*Apodemus agrarius*)	黄胸鼠 (*Rattus flavipectus*)	黄毛鼠 (*Rattus losea*)
中温带	5	5		
暖温带		8，9		
北亚热带				

续表

温度带	东方田鼠 (*Microtus fortis*)	黑线姬鼠 (*Apodemus agrarius*)	黄胸鼠 (*Rattus flavipectus*)	黄毛鼠 (*Rattus losea*)
中亚热带		9，10	8	8
南亚热带	12		12	10
热带			12	12

资料来源：据张知彬等（1991）资料整理。

二、雨　　量

全国雨量分布与陆栖脊椎动物种数分布的相关统计，得出结果如表 3.6 所示。除夏候鸟和旅鸟以外，其他种类的多少与年雨量的分布均有较为明显的相关，表明雨量的丰歉与环境条件，特别是与此相联系的植被条件的优劣与各地种类的多寡呈正相关。两栖类分布与环境的温度与水分最为密切，比较两栖类与爬行类，两者的分布趋势基本上是一致的，只在雨量最少地区，爬行类略多（图 3.13、图 3.14）。

表 3.6　中国陆栖脊椎动物分布与年雨量分布相关系数（$n=103$）

两栖类		0.71
爬行类		0.68
鸟类		
	留鸟	0.69
	夏候鸟	0.13
	冬候鸟	0.78
	旅鸟	0.14
	繁殖鸟	0.58
	全部	0.72
兽类		0.72

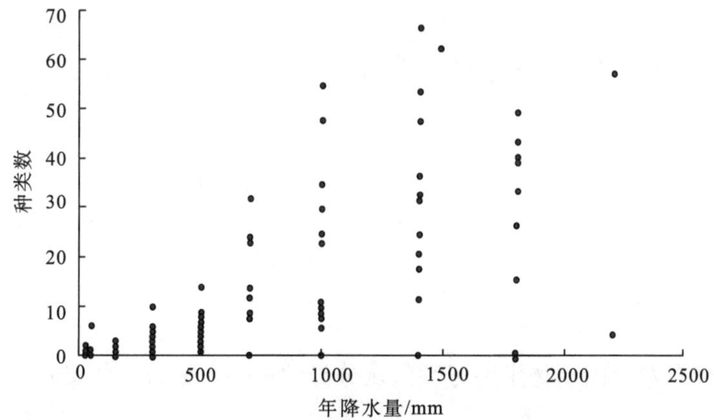

图 3.13　我国两栖类种数与年降水量的关系

$r=0.69$，$n=103$

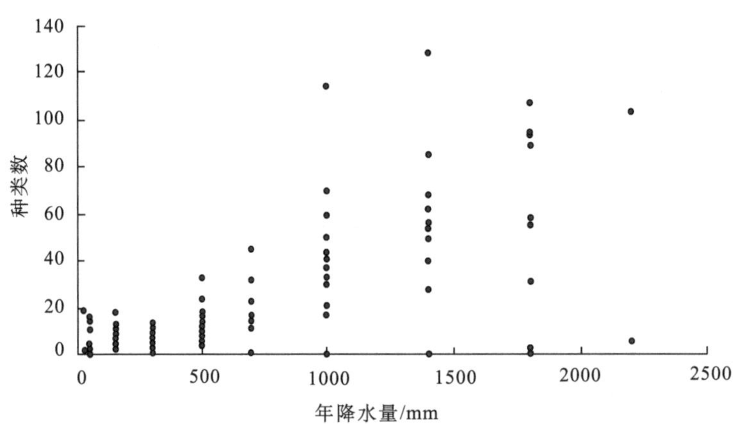

图 3.14　我国爬行类种类数与年均降水量的关系

$r=0.69$，$n=103$

我国雨量分布对陆栖脊椎动物分布的影响，主要表现在非湿润地区，许多中亚型的成分，其分布的东南限与干旱、半干旱的东南限是相符的。依自然区（带）两栖类种类统计，其低值（0～5 种）均发生在年降水量不及 50～200mm 的地区，高值区与雨量超过 800mm 的地区大体相符（图 3.15）。东北东部与青藏高原东南部雨量较丰，但两栖类相对贫乏，则与低温有关。动物中有些种类有依赖代谢水而抵御干旱的特性，特别是高等类群。而两栖动物对水分条件的依赖，十分显著。

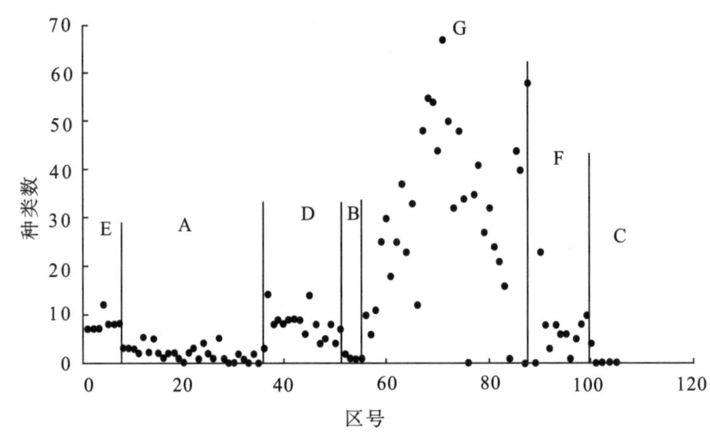

图 3.15　我国各地区两栖类的数量比较

降水量（大部分地区）分区：A. 内蒙古-北疆 200mm 以下；B. 南疆 50mm 以下；C. 羌塘及其附近 200mm 以下；D. 华北东部 700mm 以上；E. 东北 700mm 以上；F. 青藏高原东部 400～800mm；G. 华中-华南 800～1000mm 以上

我国雨量分布对两栖动物生态习性区域分异的影响，依目前的资料，可以看出以下的趋势：

在季风区东南部，冬季通常无旱象，春雨来临早。约在 2～4 月，即有一定的降水，是全国春季雨量最高的地区。在这里的两栖动物，于冬眠出蛰以后，绝大多数种类，

5月即进入繁殖季节（黄美华等，1987；陈壁辉等，1991）。

在云南高原，冬季有一明显的干季，春雨来临较晚，旱季以前，气温的回升很快，特别在南部热带与南亚热带地区，气温已接近夏季，个别“干旱河谷”5月均温还达到全年最高温。但也许是由于旱季的影响，在迄今所知的两栖类资料中，绝大多数种类的繁殖季节，在6月才开始。确切的资料表明，在这里，华南雨蛙（*Hyla simplex*）的繁殖产卵期，是在雨季到来之后（杨大同等，1989）。云南高原北部的普雄齿蟾（*Oreolalax puxiongensis*），迟至6月中旬出蛰（费梁，1984），均与雨季来临时间有关。

华北与东北地区有春温回升较快的特点，但一些蛙类出蛰，特别是繁殖产卵时期却与雨季的迟早密切联系，如北方狭口蛙（*Kaloula borealis*）在辽宁和山东的产卵期，以雨季早迟而定（季达明等，1987），在山西东南，每年的雨季是在6～8月，也是北方狭口蛙的繁殖季节（邢连鑫，1965）。

第四节　生态地理动物群

前面着重叙述与分析了我国气温条件及气温分带对我国陆栖动物分布的影响，并阐述了雨量对其的影响。然而，生物气候和植被等环境因素的综合作用所形成的外界生活条件，对动物有更为明显和直接的影响。在自然界中自然因子对动物的影响是综合性的。Southwick 等（1991）曾以猕猴为对象，对我国海南岛与河南太行山区两个不同亚种种群的若干生态特征进行了对比，获得的结果表明了相应的差别是明显的（表3.7）。概言之，热带雨林植物全年生长，动物食料丰富，其猕猴种群的承载能力明显地高出暖温带落叶林，而暖温带有较长的冬季，食料较单纯等，其猕猴种群的承载能力明显降低。

表3.7　猕猴在中国热带与暖温带种群特征对比（1987年）

生态因子	海南南湾	河南济源
栖息地	热带雨林	暖温带落叶林
1月均温	22.2℃	−1℃
7月均温	28.1℃	26.0℃
年雨量	1575mm	640mm
地形	丘陵高至255m	低山高至1962m
种群数量估计	1200个	＞2000个
种群密度估计	120个/km^2	7.2个/km^2
分群平均个体	59个	82个
平均繁殖率	77.8%	50.7%
平均家域大小	0.37km^2	16.0km^2

资料来源：据 Southwick 等（1991）。

我国三大自然区的三大生态地理动物群的分异，实际上反映了动物对大区域环境条件共同适应的结果。我国各个主要的气候-植被带，各具有不同的动物生活条件。所以在各个带中，动物的组成和生态基本上各不相同。虽然有些动物适应能力较强、分布区较广，可以生活于几个气候-植被带。然而每个带中都各有一群基本成分，对该带环境有较高的适应性，是该带生存竞争的优胜者，在数量上形成优势或常见种。各类动物群中各个成分，按数量对比，分别称为优势种、常见种、少见种和稀有种。一个分布较广的种，在某一环境中为优势种，在另一环境中可能会变为常见种或少见种，可以理解为种间对环境适应的优势替代和竞争的互补。优势种和常见种，对各带动物群的生态地理特征起决定的作用。动物并非单纯依赖于外界条件，在数量上达到一定程度时，能够对外界条件如植被、土壤等产生明显的作用，成为自然环境生态网络中的积极因素。优势种和常见种与人类经济活动有着最为密切的关系。

我国早期从生态地理角度对动物群落划分与制图的研究，当推在内蒙古地区大比例尺鼠类群落的划分（夏武平，1964）和在青甘地区中比例尺兽群落的划分（张荣祖等，1964）。在昆虫方面，有蝗区飞蝗群落及其不同类型发生地中大比例尺划分的研究（马世骏等，1965）。此后，在小范围内从此角度出发的调查研究不断出现。如在小比例尺基础上的工作有青海省（李德浩等，1989）、新疆北部的啮齿类（马勇等，1987）、陕西

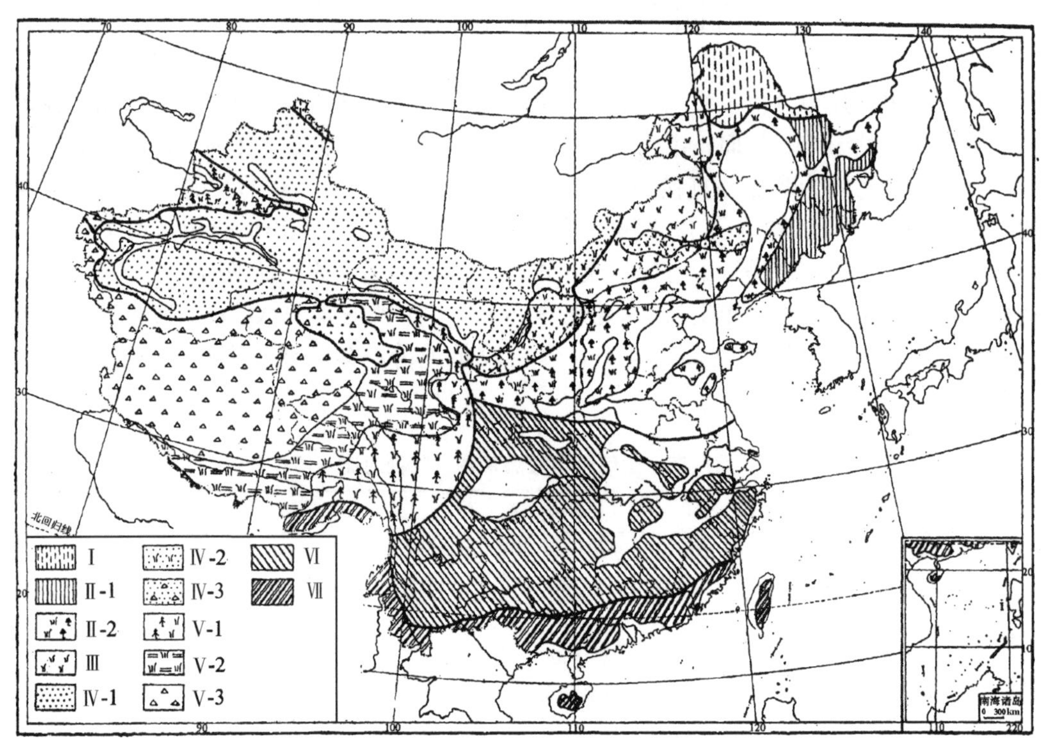

图 3.16 中国生态地理动物群分布图

Ⅰ. 寒温带针叶林动物群；

Ⅱ. 温带森林、森林草原、农田动物群；

Ⅱ-1 中温带森林、森林草原、农田动物群；

Ⅱ-2 暖温带森林—森林草原、农田动物群；

Ⅲ. 温带草原动物群；

Ⅳ. 温带荒漠、半荒漠动物群（包括山地下部）；

Ⅳ-1 中温带荒漠、半荒漠动物群；

Ⅳ-2 暖温带荒漠、半荒漠动物群；

Ⅳ-3 高寒荒漠动物群；

Ⅴ. 高地森林草原、草甸、寒漠动物群；

Ⅴ-1 亚高山森林草原、草甸动物群（Ⅴ1-1 北方，Ⅴ1-2 南方，岷山为界）；

Ⅴ-2 高地草原、草甸动物群；

Ⅴ-3 高地寒漠动物群；

Ⅵ. 亚热带森林-林灌草地、农田动物群；

Ⅶ. 热带森林、林灌草地、农田动物群

的兽类与啮齿类（王廷正等，1965；王廷正、许文贤，1992）、准噶尔盆地啮齿动物群落（张大铭等，1998）、大兴安岭针叶林带鸟类群落结构与栖息地划分（高玮、相桂权，1988）及西双版纳勐宋轮歇演替区鸟类（王直军等，2001）等。但这方面的工作在全国范围内很不平衡，尚难以在相似水平上予以总结。笔者 1979 年从全国出发，曾尝试从比较宏观的角度将前述我国三大生态地理动物群划分为七个基本的生态地理动物群，并再参考温度的水平与垂直分异细分至 12 个群（图 3.16）。

各个基本群的动物生态地理特征，随着各气候-植被带外界环境条件的地理变异而呈规律性变化。在同一气候-植被带中，不同的地形、水文和现存植被，以及不同的人类经济活动，均影响动物的栖居而构成不同性质的栖息地，现按各基本群将各群生态地理特征概括如下。

一、寒温带针叶林动物群

大兴安岭北部，相当于动物地理区划中的东北区大兴安岭亚区与北疆阿尔泰山地。寒冷期长，无夏，暖季短，但温度较高，温润。地势起伏不大，针叶林树种成分较简单，掩蔽条件季节变化较不明显。食料相对单纯，次生林暖季食料相对丰富，阔叶树枝叶及林下草木和地衣等是动物食料主要来源。动物组成较简单，但特别适应于此环境的动物种类在数量上却比较丰富。与寒冷相适应、冬眠、冬毛丰满、有些毛色冬季变白及冬季储粮、雪地生活等生态特征十分突出。冬季积雪对地栖动物生活有明显的作用，动物群组成简单，鸟类季节性集群现象较明显。地栖啮齿类挖掘活动不强，主要栖息地有针叶林、林间空地（林窗）及林缘落叶阔叶林、谷地湖沼及草甸，相互交错。特别在暖季，有蹄类、鸡类常聚集于后两类栖息地。在兽类中以驼鹿（*Alces alces*）、马鹿（*Cervus elaphus*）、麝（*Moschus moschiferus*）、狍（*Capreolus capreolus*）、野猪（*Sus scrofa*）最为常见。啮齿类中的优势种或常见种为树栖的松鼠（*Sciurus vulgaris*），半树栖的花鼠（*Eutamias sibirica*），地栖的大林姬鼠（*Apodemus penisulae*）、红背䶄（*Clethrionomys rutilus*）及棕背䶄（*C. rufocanus*）；食肉类中的黄鼬（*Mustela sibirica*）、香鼬（*M. altaica*）、白鼬（*M. erminea*）、狐、棕熊（*Ursus arctos*）、狗獾（*Meles meles*）等均甚普遍；森林中的鸟类，在东北北部以花尾榛鸡（*Bonasa bonasia*）、黑嘴松鸡（*Tetrao parvirostris*）、黑琴鸡（*Lyrurus tetrix*）较多，均为寒温带鸟类，季节性集群较明显；爬行类中胎生蜥蜴及棕黑锦蛇（*Elaphe schrenckii*）是北部针叶林典型种类；两栖类的种类，常见有中华大蟾蜍（*Bufo gargarizans*）、花背蟾蜍（*B. raddei*）、东北雨蛙（*Hyla ussuriensis*）和极北鲵（*Salmandrella keyserlingii*）等。

阿尔泰山区针叶林环境，完全缺乏我国季风区种类。动物组成更简单，但有一些欧洲-东西伯利亚的成分，如岩雷鸟（*Lagopus mutus*）和松鸡（*Tetrao urogallus*）等。林中兽类以麝、马鹿较常见。啮齿类中的松鼠、花鼠、长尾黄鼠（*Spermophilus undulatus*）最多。两栖、爬行类均少，有极北蝰（*Vipera berus*）栖息。

二、温带森林、森林草原动物群

分布于东北针叶林带以南至秦岭、淮河一线以北的广大温带季风地区，相当于动物地理区划东北区的长白山地和松辽平原两亚区以及全部华北区的范围。气候四季分明，温暖期自南向北缩短。长白山地和松辽平原属中温带，华北地区属暖温带。大面积森林是以红松为主的针阔混交林，主要分布在小兴安岭南部至长白山，森林动物丰富。向南至华北地区的黄土高原和黄淮海平原，由于森林破坏及历史悠久的农业开垦，大部分地区已变成灌丛、草地及农田，在这里只有适应于次生林灌的森林动物或森林草原动物，并且森林动物种类已减至最低限度。

东北东南部森林兽类中的狍、野猪、斑羚（*Naemorhedus goral*）、黄鼬、黑熊（*Selenarctos*，*thibetanus*）、貉、青鼬（*Martes flavigula*）、豹、东北兔（*Lepus mandshuricus*）、松鼠、两种䶄（*Clethrionomys* spp.）、缺齿鼹（*Mogera robusta*）、鼩鼱（*Sorex* spp.）、刺猬（*Erinaceus europaeus*）等和鸟类中的花尾榛鸡、黑琴鸡和极北柳莺（*Phyllascopus borealis*）均为常见或优势种类。

在东北及华北无大片森林的山地环境，以次生落叶阔叶为主的林地、荒山草灌坡和农田三者交替，主要为次生森林草原景观，在面积不大的森林中，林栖常见或优势种类与数量明显较东北东部山地为少。在此，岩松鼠（*Sciurotamias davidianus*）和隐纹花松鼠（*Tamiops swinhoei*）为优势种类，还出现旷野栖息的草兔（*Lepus capensis*）和岩洞生活的沟牙鼯鼠（*Aeretes melanopterus*）。啮齿类中的黑线姬鼠（*Apodemus agrarius*）、仓鼠、鼢鼠（*Myospalax* spp.）、小家鼠及食虫类的麝鼹（*Scaptochirus moschatus*）等在天然林灌地和次生林灌环境中均属常见种类。这一动物群中的鸟类在各地颇不一致，鸟类组成季节性变化很明显，特别是东北地区，有许多候鸟和旅鸟。但有共同的优势种和常见种如大山雀（*Parus major*）、沼泽山雀（*Parus palustris*）、三道眉草鹀（*Emberiza cioides*）、小鹀（*E. pusilla*）、灰鹡鸰（*Motacilla cinerea*）、喜鹊、灰喜鹊（*Cynanopica cyana*）、环颈雉（*Phasianus colchicus*）等。

爬行类中广泛见于各地的有虎斑颈槽蛇（*Rhobdophis tigrinus*）、黄脊游蛇（*Coluber spinalis*）、赤链蛇（*Dinodon rufozonatum*）、红点锦蛇（*Elaphe rufodorsata*）、丽斑麻蜥（*Eremias argus*）等。两栖类中优势种有中华大蟾蜍、花背蟾蜍、黑斑侧褶蛙（*Pelophylax nigromanculatus*）、北方狭口蛙、中国林蛙（*Rana chensinensis*）等。

三、温带草原动物群

内蒙古东部地势开阔，掩蔽条件差。半干旱，冬寒而长，夏不长，但温度相当高，夏季草本植物生长繁茂，动物食料丰富。这些生态条件影响动物群聚性、储藏、冬眠、地栖穴居和挖掘等本能的发展。雨量及积雪年变率大，影响植被的生长，年变化明显，致使草场丰歉很不均，是啮齿类数量年变率大的重要原因之一，各地鼠害此起彼伏与此有关。积雪作用影响有蹄类的冬季迁徙。

动物组成较简单，优势种少，但个体数量多。优势种的取食与挖掘活动对局地植被生长有重要的影响。丘陵、低丘地带栖息地随地形有明显的变化，动物组成及数量比亦随之变化。大面积草场栖息条件常随放牧程度而变化，并影响动物组成及数量。

温带草原动物群特别繁盛的啮齿类，有布氏田鼠（*Lasiopodonmys brandti*）、狭颅田鼠（*Microtus gregalis*）、黄鼠（*Spermophilus* spp.）、鼠兔（*Ochotona* spp.）、草原

旱獭（*Marmota bobak*）等。有蹄类种类不多，但数量甚多，黄羊（*Procapra gutturosa*）是其优势种类，常结成大群逐水草而做长距离迁移。食肉类中以狼、狐、艾鼬（*Mustela eversmanni*）、香鼬最为常见，多以啮齿类为食。草原上鸟的种类不多，普遍分布的优势种类有云雀（*Alauda arvensis*）、角百灵（*Eremophila alpestris*）、蒙古百灵（*Melanocorypha mongolian*）、穗䳭（*Oenanthe oenanthe*）、沙䳭（*Oenanthe isabellina*）、毛腿沙鸡（*Syrrhaptes paradoxus*）、鹰雕（*Aquila nipalensis*）等。爬行类中比较常见的有丽斑麻蜥（*Eremias argus*）、草原沙蜥（*Phrynocephalus frontalis*）、白条锦蛇（*Elaphe dione*）、中介蝮（*Gloydius intermedius*）等。两栖类因气候影响而比较贫乏，其中以花背蟾蜍、中国林蛙为常见种。

四、温带荒漠、半荒漠动物群

内蒙古西部至新疆及青海柴达木盆地，干旱，夏雨不足，降水年变率大。植被稀疏，灌木、半灌木成分由半荒漠至荒漠逐渐增多，分布和盖度不均匀，荒漠尤甚。掩蔽和食物条件变化很大，动物食料中种子和肉质叶的成分增多。干旱地区啮齿类生态特性较温带草原动物群更为强化，冬眠种类增多，有蹄类的结群不及草原地区大。沙漠和砾质戈壁大面积分布，环境差别明显。栖息地条件的微域变化较草原复杂，影响动物的多样性。山地中上部的森林草原和河湖附近的绿洲，栖息地条件较优，动物相对聚集，因而组成相对复杂。

本动物群中，兽类中以多种跳鼠、沙鼠为常见种类，有蹄类有鹅喉羚（*Gazella subgutturosa*）、野驴等。鸟类比较贫乏，常见的有沙䳭、漠䳭（*Oenanthe deserti*）、白顶䳭（*O. hispanica*）、凤头百灵（*Galerida cristata*）、角百灵、白尾地鸦（*Podoces biddulphi*）等。爬行类中适应于沙漠、戈壁环境的种类较多，以多种沙蜥和麻蜥为优势种；蛇类中以沙蟒（*Eryx* spp.）、花条蛇（*Psammophis lineolatus*）等较为常见。两栖类的种类和数量均极少，局部地区有绿蟾蜍（*Bufo viridis*）分布。这一动物群中的许多动物在形态和生态上均具有适应于极端干旱自然条件的高度特化，例如，沙地穴居、冬眠、冬储饲料、善于在沙地上奔跑、遁沙、耐旱与干季蛰伏等。由于荒漠、半荒漠地带所占面积十分辽阔，其中又有几个相对隔离的盆地，动物组成有较明显的区域变化，但亦大多局限于上述优势种类的种或亚种的迭换。另外，由于高原及草原耐旱种类的侵入，故其动物区系组成较草原类群复杂。

五、高地森林草原、草甸、寒漠动物群

位于青藏高原及其附近高山带，长冬，全年无夏，生长季短。雨量由东南向西北递减，由半湿润至干旱。植被由高山针叶林、草原向寒漠过渡，食物及掩蔽条件随之渐趋恶化，动物群组成亦随之贫乏化，优势种类愈形明显。高原上草原和寒漠中地形和植被类型的变化对动物组成影响不大，往往为同一优势种所占据，但在个体数量上，由草原至寒漠，愈形稀少，甚至于出现两栖类的禁区。储藏食物、冬眠等草原动物生态适应特征因寒冷而进一步强化，繁殖期缩短、延迟，有些动物减为一次。啮齿类只在局部地区

有密集的群体，有蹄类的集群除在迁徙繁殖季节外，通常不大。东部边缘山地森林和灌丛草原因坡向、高度不同，动物类群交替出现，相互交错，除大型兽类，分别各具优势成分。南、北方种类分处亚热带与温带，区系与生态特征各异。

这一动物群中兽类的优势成分有藏原羚（*Procapra picticaudata*）、藏羚、黑唇鼠兔（*Ochotona curzoninae*）、白尾松田鼠（*Pitymys leucurus*）和喜马拉雅旱獭（*Marmota himalayana*）等，鸟类有藏马鸡（*Crossoptilon harmani*）、蓝马鸡（*C. auritum*）、黑颈鹤（*Grus nigricollis*）、高原山鹑（*Perdix hodgsoniae*）、雪鹑（*Lerwa lerwa*）、褐背拟地鸦（*Pseudopodoces humilis*）及多种雪雀（*Montifringilla* spp.）等，爬行类较常见的有西藏沙蜥（*Phrynocephalus theobaldi*）等。在东部与东南部比较湿润的地区有白唇鹿（*Cervus albirostris*）、马麝（*Moschus sifanicus*）形成优势种群。有两栖类出现，较常见的有倭蛙（*Nanorana* spp.）。

随海拔的高低，山地森林草原、草甸、荒漠环境依次逐渐更替。可再分为亚高山森林草原、草甸动物群，高地草原、草甸动物群和高地寒漠动物群。

六、亚热带森林、林灌动物群

秦岭-淮河以南，横断山脉中部以东，为中、北亚热带。自北向南暖季温度差别小，湿润，雨量随距海远近而递减。以常绿阔叶林为主，地形复杂。森林灌丛环境食料丰富程度及稳定性由北向南增加。生态的季节现象，包括冬眠习性种的休眠期随之减弱或缩短，动物组成中某些成分在数量上形成优势的现象亦减弱，年变不显。无林环境优势现象较明显。地表植被丰富，地栖小兽挖掘能力减弱。鸟类组成的季节变化明显。冬候鸟比以上各带增多。次生灌丛、草坡和耕地相互交错和混杂。受人类经济活动影响，动物于各栖息地间有频繁的昼夜往返和季节性迁徙。大面积农田，特别是水田，形成特殊栖息环境，优势现象较热带明显。西部山地栖息地有垂直变化，动物组成亦有垂直变化，有季节性的垂直迁徙。

兽类中分布比较广泛的主要有猕猴、藏酋猴（*Macaca thibetana*）、赤腹松鼠（*Callosciurus* spp.）、长吻松鼠（*Dremomys* spp.）、松花鼠（*Tamiops* spp.）等。丘陵地区则常见小麂（*Muntiacus reevesi*）、毛冠鹿（*Elaphodus cephalophus*）、獐（*Hydropotes inermis*）、野猪、林麝（*Moschus berezovskii*）等。鸟类中以乌鸫（*Turdus merula*）、画眉（*Garrulax canorus*）、珠颈斑鸠（*Streptopelia chinensis*）、灰胸竹鸡（*Bambusicola thoracica*）为主；爬行类以游蛇（*Natrix* spp.）、眼镜蛇（*Naja naja*）、烙铁头蛇（*Trimeresurus* spp.）等南方种类最常见，还有蜥蜴类中的北方草蜥（*Takydromus septentrionalis*）、中国石龙子（*Eumeces chinensis*），龟鳖类中的鳖（*Trionyx sinensis*）、乌龟（*Chinemys reevesii*）等。两栖类中，泽陆蛙（*Fejervarya multistriata*）、黑斑侧褶蛙（青蛙）、金线侧褶蛙（*Pelophylax plancyi*）和大蟾蜍（*Bufo* spp.）等均为常见种类。

堪称本动物群中代表的熊猫、金丝猴（*Rhinopithecus* spp.）、羚牛（*Budorcas taxicolor*）、朱鹮（*Nipponia nippon*）、黑麂（*Muntiacus cronifrons*）等，均为在各地动物群落中残留或局地分布的成分。

七、热带森林、林灌动物群

喜马拉雅南坡下部、滇西南、滇南、东南沿海。热量丰富，多数地方全年无霜、无冬、湿润。南部为热带季雨林，北部为南亚热带季雨林成分的常绿阔叶林带。掩蔽条件良好，食料全年丰富、稳定。

这一动物群的主要特点是组成复杂，表现在具有许多特有种，某些广布类群在这里的种类也往往达到高峰。例如，两栖类的蛙科达50％以上，爬行类的游蛇科（Colubridae）85％以上，鸟类的啄木鸟科（Picidae）90％以上，兽类的鼬科（Mustelidae）63％以上。但由于这里具有复杂而多样的栖息环境及丰富的食物，动物的优势现象较之亚热带更趋不明显。另一特点是树栖、半树栖、果食、狭食和专食性种类多，其中树栖的有灵长类、翼手类、食肉类的许多种类以及两栖类的树蛙和多种雨蛙，爬行类的飞蜥（*Draco* spp.）等；狭食种类如专食白蚁的穿山甲（*Manis pentadactyla*）；专食性种类有专食某一类植物果实的鸟类以及专食蜜蜂的多种蜂虎（*Merops* spp.）等。其他生态现象如换毛、繁殖节律、迁移等的季节性变化均不明显，许多种类全年均可繁殖。种群数量年变率稳定。各地冬眠种类少或缺如，冬眠者往往不深眠。许多动物具有毛色艳丽、斑纹复杂的特征。热带森林的林下阴暗，地面潮湿，完全地栖的种类不多，只有在疏林及林缘，地栖种类才逐渐增多。常见的有几种鹿、野猪、豪猪（*Hystrix brachyura*）、扫尾豪猪（*Atherurus macrourus*）和多种家鼠（*Rattus*）等。森林砍伐后形成的次生林灌和草坡，兽类中地栖动物数量增加，形成优势。鸟类组成则更形复杂，各地常见或优势种类颇不一致，分布比较广泛的有太阳鸟（*Aethopyga* spp.）、鸦鹃（*Centropus* spp.）、山椒鸟（*Pericrocotus* spp.）、竹鸡（*Bambusicola* spp.）、原鸡（*Gallus gallus*）。在云南南部热带森林常见有孔雀雉（*Polyplectron bicalcaratum*）、啄花鸟和犀鸟（*Buceros* spp.）等。

印度象、长臂猿（*Hylobates* spp.）、懒猴（*Nycticebus* spp.）和绿孔雀（*Pavo muticus*）等典型热带动物，现主要残存于少数自然保护区内。

八、农田动物群

分布在全国各地的农田环境动物群，其成分主要是各地自然群落中适应和依赖于农田栖息条件的种类，如鸟类中的麻雀、大嘴乌鸦（*Corvus macrorhynchus*）、秃鼻乌鸦（*Corvus frugilegus*）、金腰燕（*Hirundo daurica*）、白鹡鸰（*Motacilla alba*）等均为广泛分布的种类。农田鼠类的优势种类，在上述不同动物群所属的地带内，则有差别。

寒温带针叶林带：黑线姬鼠（*Apodemus agrarius*）、东北鼢鼠（*Myospalax psilurus*）。

温带森林与森林草原带：仓鼠、姬鼠（*Apodemus* spp.）、鼢鼠（*Myospalax* spp.）、田鼠（*Microtus* spp.）。

温带草原带：田鼠、黄鼠（*Spermophilus* spp.）、沙鼠（*Meriones* spp.）。

温带荒漠带：沙鼠、大沙鼠（*Rhombomys opinus*）、小家鼠（*Mus musculus*）。

高山森林、草原、寒漠带：藏仓鼠（*Cricetulus kamensis*）、松田鼠（*Pitymys leucurus*）、黑唇鼠兔（*Ochotona curzoniae*）。

亚热带林灌带：黑线姬鼠、东方田鼠（*Microtus fortis*）、几种家鼠（*Rattus* spp.）。

热带林灌带：黄毛鼠（*Rattus losea*）、板齿鼠（*Bandicota indica*）、几种小家鼠（*Mus* spp.）

依生态动物地理学的观点，我国生态地理条件有两个最明显的极端，即海洋性温热气候（热带森林）与大陆性干旱气候（荒漠），与这两个极端相适应的两群动物是第七群的热带森林、林灌动物群与第四群的温带荒漠、半荒漠动物群，两者的动物组成和生态地理特征亦各趋极端。随地理位置与自然条件的变化，在此两极端间动物群组成的丰富程度和生态地理特征的相互转化趋势呈规律性的变化。我国热带范围狭窄，热带森林动物的组成和生态特征向湿寒两个方面的变化是迅速的，如在进入南亚热带或热带中海拔较高的山地时，特有种类即显著减少，某些动物，特别是变温动物，即可出现冬眠习性。另一极端（荒漠、半荒漠动物群）向湿寒方向（温带草原-寒温带森林）变化时，动物组成因特有种类减少而较简单，适应开阔干旱景观的生态地理特征，因植被条件改善和冬雪较多而趋减弱，至森林地带还出现雪下活动的种类，有蹄类只是季节性转移栖息地，而非长距离的迁徙。向高寒方向，则由于气候和植被条件恶化，随海拔增加，越偏离正常生活条件，群体结构趋于简单，如羌塘高原（高山草甸草原、寒漠）面积约相当于我国东部的亚热带或3倍于温带草原，但哺乳动物不及40种，贫乏程度为全国之最。高原上生长季节短促，迫使有蹄类长距离地迁徙找寻草场，甚至挖食幼苗和根茎。啮齿类越冬习性愈形强化，繁殖期缩短、延迟，有些种类减为一次。

生态地理动物群与主要依据区系组成而划分的动物区划之间，存在着一定的关系。两者的配合反映了现代生态因素和历史因素对我国动物界的影响，反映各动物区系的发展动态。最明显的是横断山脉地区。前已述及，由于该区垂直和水平分布上兼有古北界和东洋界的成分，同时由于历史的原因，具有许多特有的种类。因而，在动物区划中，划为独立的西南区。但从常见种和优势种的组成及其生态地理特点来看，西南区的西北部分主要为高山森林草原动物群，西南部分各地则主要是亚热带森林动物群。我国动物地理区划与生态地理动物群的关系如表3.8所示。

表3.8　中国动物地理区划与生态地理动物群的关系

界区		亚区	生态地理动物群
古北界	东北区	大兴安岭亚区	寒温带针叶林动物群
		长白山地亚区 松辽平原亚区	温带森林、森林草原动物群（中温带）
	华北区	黄淮平原亚区 西部山地亚区	温带森林、森林草原动物群（暖温带）
	蒙新区	东部草原亚区	温带草原动物群
		西部荒漠亚区	温带荒漠、半荒漠动物群
		天山山地亚区	亚高山森林草原、草甸动物群
	青藏区	羌塘高原亚区	高地草原、草甸、寒漠、荒漠动物群
		青海藏南亚区	高地草原草甸动物群

续表

界区		亚区	生态地理动物群
东洋界	西南区	西南山地亚区	亚高山森林草原、草甸动物群
		喜马拉雅亚区	亚热带森林、林灌动物群
	华中区	东部丘陵平原亚区 西部山地高原亚区	亚热带森林、林灌动物群
	华南区	闽广沿海亚区 滇南山地亚区 海南岛亚区 台湾亚区 南海诸岛亚区	热带森林、林灌动物群

参考文献

陈壁辉等．1991. 安徽两栖爬行动物志．合肥：安徽科学技术出版社

费梁．1984. 普雄齿蟾生态习性的研究．动物学报，30（3）：270～277

费梁，叶昌媛，黄永昭等．2005. 中国两栖动物检索及图解．成都：四川科学技术出版社

冯祚建等．1986. 西藏哺乳类．北京：科学出版社

高玮，相桂权．1988. 大兴安岭北部夏季森林鸟类群落结构的研究．野生动物，（6）：16～19

胡锦矗等．1984. 四川资源动物志（第二卷：兽类）．成都：四川科学技术出版社

黄复生等．2000. 中国动物志　昆虫纲　第十七卷　等翅目．北京：科学出版社

黄美华等．1987. 浙江动物志：两栖类、爬行类．杭州：浙江科学技术出版社

黄永昭．1989. 两栖纲　爬行纲．见：李德浩．青海经济动物志．西宁：青海人民出版社

纪维江，陈服官．1990. 翼手目物种密度分布与环境因素的关系．兽类学报，10（1）：23～30

季达明，刘明玉，温世生等．1987. 辽宁动物志．沈阳：辽宁科技出版社

姜雅风．1988. 花背蟾蜍冬眠生物学的初步研究．动物学杂志，23（4）：8～11

李德浩等．1989. 青海经济动物志．西宁：青海人民出版社

梁俊勋．1993. 广西农区小型害兽的调查报告（未刊）

林吕何．1983. 广西蟒蛇研究．动物学杂志，18（1）：8～10

林吕何．1984. 广西长鬣栖初步调查．两栖爬行动物学报，3（4）：75～80

刘伯文，唐景文．1992. 某些鸟类冬季留居于北方一些地区生态原因的探讨．野生动物，（5）：23，32，33

卢浩泉．1962. 山东费县小形啮齿类野外生态观察．山东学会年会

路纪琪，吕国强，李新民．1996. 河南啮齿动物志．郑州：河南科学技术出版社

罗蓉等．1993. 贵州兽类志．贵阳：贵州科技出版社

马世骏．1959. 中国昆虫生态地理概述．北京：科学出版社

马世骏等．1965. 中国东亚飞蝗蝗区的研究. 北京：科学出版社

马逸清等．1986. 黑龙江省兽类志．哈尔滨：黑龙江科学技术出版社

马勇，王逢桂，金善科等．1987. 新疆北部地区啮齿动物的分类和分布．北京：科学出版社

潘炯华等．1985. 珠江三角洲九种常见两栖动物的越冬现象．两栖爬行动物学报，4（1）：61

饶定齐．2000. 西藏两栖爬行动物多样性的补充调查及现状．四川动物，19（3）：107～111

谭耀匡，郑作新．1979. 不同纬度的繁殖鸟与迁徙的关系．动物学报，25（2）：188

王岐山等．1990. 安徽兽类志．合肥：安徽科学技术出版社

王思博，杨赣源．1983. 新疆啮齿动物志．乌鲁木齐：新疆人民出版社

王所安，刘庆余，柳殿均．1964. 天津两栖动物种类与分布．河北大学学报（自然科学），（3）：229～235

王廷正，许文贤．1992. 陕西啮齿动物志．西安：陕西师范大学出版社

王廷正等．1965. 陕北及宁夏东北部兽类区系和区划的研究．见：中国动物学会三十周年学术讨论会论文摘要汇编．北京：科学出版社
王学高，封明中．1981. 华北平原一些地区有害啮齿动物种群密度调查．兽类学报，1（2）：165，166
王直军，李国锋，曹敏等．2001. 西双版纳勐宋轮歇演替区鸟类多样性及食果鸟研究．动物学研究，22（3）：205～210
夏武平．1964. 谈谈草原啮齿动物的一些生态学问题．动物学杂志，7（4）：299～302
邢连鑫．1965. 晋东南无尾两栖类调查报告．动物学杂志，4：174，175
徐龙辉等．1983. 海南岛的鸟兽．北京：科学出版社
许节亮．1990. 尖吻蝮越冬生物学观察研究．见：赵尔宓．从水到陆．北京：中国林业出版社
晏安厚．1985. 扬州地区两栖动物调查报告．两栖爬行动物学报，4（2）：123，124
晏安厚．1991. 黑斑蛙繁殖生态的初步研究．见：钱燕文，赵尔宓，赵肯堂．动物学研究．北京：中国林业出版社
杨大同等．1989. 云南两栖类志．北京：中国林业出版社
温业棠．1985. 南宁两栖动物生活习性的初步调查．两栖动物学报，4（1）：61
詹绍琛，郑智民．1978. 福建的啮齿动物．动物学杂志，（3）：19～28
张大铭，艾尼瓦尔，姜涛等．1998. 准噶尔盆地啮齿动物群落多样性与物种变化的分析．生物多样性，6（2）：92～98
张健，刘俊仁，蔡明章．1985. 泽蛙卵巢季节性变异及生殖频率的研究．两栖爬行动物学报，4（4）：287～290
张俊范，吴大均．1985. 成都市郊鸟类的季节变动．四川大学学报，（4）：89～93
张荣祖．1979. 中国自然地理——动物地理．北京：科学出版社
张荣祖，林永烈．1985. 中国及其邻近地区兽类分布的趋势．动物学报，31（2）：187～197
张荣祖，张洁，王宗祎．1964. 青甘地区哺乳动物地理区划问题．动物学报，16（2）：315～321
张文驹，陈家宽．2003. 物种分布区研究进展．生物多样性，11（5）：364～369
张知彬等．1991. 中国啮齿类繁殖参数的地理变异．动物学报，37（1）：36～45
赵尔宓．1982. 尖吻蝮的地理分布．见：尖吻蝮——形态、生态、毒理及利用．两栖爬行动物学研究，6：10
赵肯堂．1978. 内蒙古两栖爬行动物调查．内蒙古大学学报，（2）：66～69
赵文阁，方俊九．1995. 黑龙江省两栖动物区系与地理区划．蛇蛙研究丛刊，（八）：79～83
诸葛阳，黄美华等．1988. 浙江省动物志——兽类．杭州：浙江科学技术出版社
邹寿昌．1965. 大蟾蜍越冬时期的生态观察．生物学通报，（5）：31，32
邹寿昌．1987. 花背蟾蜍秋冬季生态研究．两栖爬行动物学报，6（3）：4～8
de Laubenfels D J. 1970. A Geography of Plants and Animals . Dubuque，Iowa：W U C Brown Company Publishers
Pielou E C. 1979. Biogeography. New York：John Wiley & Sons
Putman R J. 1984. The geography of animal communities . *In*：Taylor J A. Themes in Biogeography . London & Sydney：Croom Helm
Southwick C et al. 1991. Comparative ecology of rhesus populational latitudinal extremes in China. *In*：Ehara A. Primatology Today. Elsevier：Science Publishers B V
Taylor J A. 1984. Biogeography：heritage and challenge . *In*：Taylor J A. Themes in Biogeography . London & Sydney：Croom Helm
Wallace A R. 1876. The Geographical Distribution of Animals. Vol 2. London：Macmillan

第四章　动物分布型

第一节　概　　论

动物的分布并非任意，特定的群体适应于特定的环境，受其环境的阻障程度所控制（Putman，1984）。动物分布区（area）的大小、形状、范围及其与生态地理条件相迭合（congruence）等方面，各具特点，反映动物分布与自然条件间存在着规律的联系，而形成一定的型式或格局（pattern）。总体上，物种分化与环境的时空变迁是同步进行的。现存动物分布型的形成，是动物适应环境历史变迁至现阶段的结果。

一、动物分布区

将某动物分布的记录点标示在地图上，连接其边缘记录点，圈出一个地理空间，就是该动物的分布区。在此区域内，该动物可出现于适合其生存的栖息地（habitat）。分布区的圈定，通常是由动物分类学家对自己研究的门类，分别完成的，缺乏统一的标准。分布记录为长期积累。分布边缘记录点，往往并非有意而获，不一定代表实际的分布外缘。外缘点的连接，可以有不同的方式，产生不同的结果。这一情况，不利于对分布型的分类及其与地理环境条件关系的研究。因而，有必要采取统一的地图，依统一的标准予以调整：

1）分布区界线应与该动物栖息环境分布的范围相联系，可依边缘记录点，参照有关资料，调整（扩大）该动物实际可能分布范围；

2）分布外缘记录点相距较远时，两点间的连接，可从已有记录地点与未有记录地点栖息条件的相似性予以判断，连线可能是非直线的，而应与相应的环境条件（如气候、地形等）等值线的走向相一致；

3）记录点间出现异常的间隔，可能出于记录欠缺，也可能是动物分布上的真实间断。在尚未做出判断以前，不勉强圈出分布范围。对偶尔出现的种类，主要是漂泊而至的迷鸟，动物地理学上视为“异常”。

上述调整是依据经验的判断，存在不确性和有限性，因而，具有假设的性质。有时，记录标志所表现的种的分布连续与不连续状态，往往令人困惑（Pielou，1979）。记录点所暗示的连续或不连续效应，随物种对栖息地的偏爱，移动能力与适应方向的差别而不同。换言之，动物分布区与边界的确定，是依据有限事实进行推断与假设的过程。这一过程，是探讨动物分布与生态地理环境可能存在的某种关系的过程。而单纯运用“记录点”连圈出“分布区”时，貌似客观，但往往因为记录的不完整性，连接的任意性，可能出现各式各样的误差，很难满意地反映上述两者之间可能存在的关系。

地理学研究的时空尺度往往较大，生态学则与其相反。两者在分布记录上的连续与不连续，其意义是历史与生态上的差别。因此，分布区的绘制，应根据研究地区的大小，动物分类阶元的高低，即时空尺度的不同，采取不同比例尺的地图：

1）1∶1000万或近似——联系世界范围，高级分类阶元，历史追溯较古远；

2）1∶4000万或近似——中国及邻近地区（亚洲），中高级分类阶元，历史追溯较近；

3）1∶250万～1∶150万或近似——涉及全国范围，种及种以上分类阶元，偏重探讨现代分布；

4）1∶50万～1∶100万——相当于中等省区范围，种及亚种为主，主要探讨分布区内生态分布；

5）1∶1万～1∶10万——适用于分布区内栖息地划分，整理亚种及种群等野外宏观生态记录。

本书应用的地图，主要属上述的第2）、3）种。

二、动物分布型（格局）的形成

自然地理环境是内在联系的统一整体。在这个整体中，一个要素的变化往往会引起其他要素的变化。任何一个地区的自然地理特征，是各个自然地理要素综合作用的结果（黄秉维，2003）。一切在不同时期形成的自然地理界线，对于不同的物种，在理论上，都可以看成是不同形式和不同性质的分布上的“阻障线”。事实上，有些种类可被阻于微小的阻障，有些则可越过严重的阻障。可以把物种与自然环境中阻障这两方面的关系归结如下：物种分化的程度与阻障效应的强弱及时间的长短成正比，与物种的扩展能力成反比。无论高级分类阶元的分化、地理亚种的形成，还是生态地理变异，都是物种适应环境时空变迁的结果。那么，物种分布格局及生态地理现象的地理分化均与一定地理环境分异相适应，就应该是一个自然规律。

物种在各个地区的生存受到各地自然地理要素综合作用的影响。地理环境综合作用的整体效应，具有普遍性。如果地质事件及其形成的地理与生态后果，对某一动物类群产生影响，必然亦会影响其他类群（Pielou，1983；Nilsson，1983；Briggs，1987）。也就是说，不同的类群具有相似的分布区，代表外在条件的共同影响。因为，它们不可能具有如此相似的扩展能力，而达到如此的相似性（Myers and Giller，1988；Pielou，1979）。分布型或格局就是物种在分布上趋同演化（convergent evolution）所形成的一组相似事件。地学对地表自然界地理环境分异规律的研究所提供的有关信息，包括自然历史过程和历史断代（date），为追溯动物分布型的时空变化过程提供了条件与佐证（Nilsson，1983）（图4.1）。

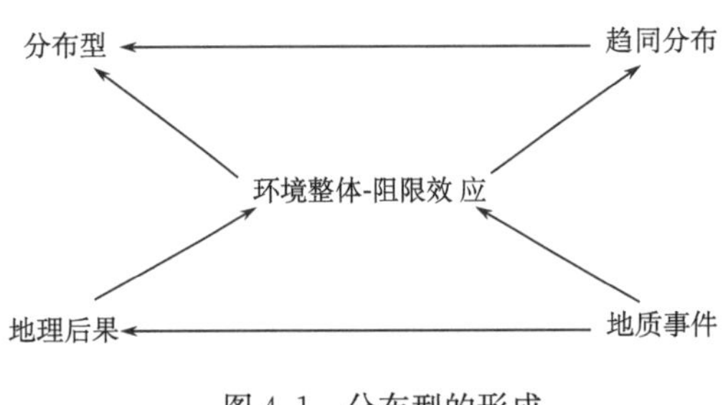

图4.1　分布型的形成

不同的动物类群，依历史渊源、外界环境条件、自身扩散能力，可产生不同的分布型。现按主要分类阶元，对其现代分布的主要趋势做以下的划分（表4.1）。

表 4.1 主要分类阶元分布的主要趋势

主要分类阶元	主要影响事件及断代	现代分布的主要趋势
纲	中生代三叠纪以前联合古陆	跨大陆
目，广布科、属	晚侏罗纪或早白垩纪以后联合古陆分离运动	跨大陆、大陆替代或跨地带
狭布科、属，现生种	第三纪-第四纪地质事件、新生代冰期等事件	地带性、区域性替代（省性）
各类中衰退或扩散能力弱的成分	现存因素或衰退因素	古狭区性、狭区性、间断性
新生成分	更新世以来有利因素	新狭区性
随人扩散成分	各种扩散条件	不同程度的广布性

资料来源：参照 Brown（1988）、Morain（1984）、Pielou（1979）再整理。

各分布型所在地所具有的类群，除迁入成分，均为该类型所在地的特有类群。往往有人将一些跨大陆、跨地带或跨地区的类群，亦视为广布类型。严格地说，只有真正随人分布的种类，可以在不同程度上，摆脱自然条件的限制，成为真正意义上的、世界范围的广布种。

第二节 分布型的分类

制约于前述环境的“整体效应”和“阻障效应”以及物种的“趋同分布”，物种的分布类型是有限的，通常对应于一定的自然环境，可以予以归类（型，即格局），其发育过程各异。这是生物地理学研究的中心。此项研究的进展，对不同的种类，差别很大，总体而言，是一个不断深化的过程。

分布型的归类是一种概括。物种分布区在不同程度上的相同或近似，是分布型归类的标准。已往，对分布型的分类，无不基于确切的地理空间，并依地理区域、气候带或其他自然条件特征划分，予以命名，如环北极型（circumpolar）、环热带型（pantropical）等（Darlington，1957；Udvardy，1967），反映在此地理空间分布的物种，对此空间的自然条件具有共同的或相似的适应性。

在动物分类系统中，只有基本单位——种具有客观的标准。因而，种的分布是客观存在的，特别受到动物地理学的重视。一地的动物区系，即由许多分类上明确的和分布上相互重叠的种所组成。属及以上的分类阶元（属、科、目、纲）所依据的各种生物学特征的分类学意义，虽以假设为基础，但均力求反映其亲缘关系的亲近性。因而，依“属”以上分类群的分布，可推测该类群动物在演化过程中空间上的联系性。

对动物分布区进行分类的工作不多。理论上，除非单一的寄主与寄生或共生关系，完全相同的分布区是难以找到的。动物的分布适应于历史发展，随物种的分化而产生差异。即使适应于同一环境的物种，在细节上，其分布区的形态与范围，或因自身的缘由，或因资料的原因，亦是千差万别，这是生物多样性的客观现实。所以，当试图对动物的分布区进行分类时，其困难不亚于对物种的分类。在理论上，可按动物分布区位的地理位置及其自然地理特征，以不同尺度和不同层次的相似性与差异性，予以归类与细分，类似动物分类中的纲、目、科、属、种。在整理动物分布资料时，对于动物分布区的地理位置及其自然地理，如气候、植被等特征的判断，可借助于自然地理学。对被视为“阻障线”的各类自然地理条件界线，需要有以下的认识，即几乎所有的自然地理界线，包括动物分布的界线，都是近似的。因为，自然现象的变化，绝大多数是渐变的，很少一线之隔，便决然不同。在同一地理区内，自然条件亦存在差异。对应于动物分布的适应，也是如此。不同的种类，在年龄、进化速率、起源地及扩展能力上，存在着差异。因而，对于宏观尺度的动物地理学研究，分布型的归类，应该是排除细节的概括；细分精确的程度，随研究的要求深度与研究资料的丰歉而异。

整理动物分布资料时，还常常要考虑动物物种在分类上的订正，特别是分类学研究尚未详尽的一些种类，难以得到大多数同行认同的意见，如我国两栖类中蛙属和兽类中家鼠属的种等。至于种下分类，即通常称的地理亚种，其研究的程度与水平，不同的类群差别很大。地理亚种的确定，要求有在地理上连续递变的分类学信息，而在实际工作中，此类信息往往并不理想，很容易产生不同意见。现仅举一例即可见一斑，如鸟类中血雉（*Ithaginis cruentus*）的种下分类，就有五六种划分法（杨岚等，1994）。因而，只有在每个时期分类学研究最有成效的类群，才能够被动物地理学家准确地综合，并有利于动物地理的研究（Pielou，1983）。

物种分布型研究，最强有力的假设都是基于共同的类型，在地质发展历史上的一致性（Briggs，1987）。首先，追溯到对现生种类分布开始产生影响的第三纪后期，当时我国主要处于热带-亚热带，但动物区系南北的分化已经开始（童永生等，1996；邱铸鼎，1996）。第四纪初期，以青藏高原为中心的剧烈隆升，使我国自然环境的南北分化更趋明显，并产生显著的区域差异。这对动物分布区的分化有重要的作用。

(1) 陆栖脊椎动物

我国所产陆栖脊椎动物，据目前所知，有 2600 多种，约占全世界全部种数的 10.2%（表 4.2）。其中鸟类所占比例最高，兽类次之，爬行类和两栖类居后。若与我国疆域面积占全球面积的 6.5% 相比，我国的陆栖脊椎动物颇为丰富。

表 4.2 中国陆栖脊椎动物各纲的科属种数与全世界的比较

类别	中国			世界			中国所占种数/%
	科	属	种	科	属	种	
两栖类	11	59	325	约 44	446	5504	5.9
爬行类	24	124	412	44	760	5500 余	7.5
鸟类	101	429	1331	203	2161	9721	13.7
兽类	55	230 余	600 余	153	1229	5416	11.1
共计	191	842 余	2668 余	约 444	4596	26 141 余	平均 10.2

资料来源：据费梁等（2005）、赵尔宓和鹰岩（1993）、赵尔宓等（2000）、郑光美（2002，2005）、Dickinson（2003）、Wilson 和 Reeder（2005）、王应祥（2003）和张荣祖等（1997）资料整理。

以中国现生陆栖脊椎动物基本分类单位——种的分布型为基础，进行归类整理，对应于地质-古地理事件及现代自然条件分异的形成，在南北分化的基础上，可再建立 9 个主要的分布型（表 4.3）。

表 4.3　中国现生陆栖脊椎动物基本分类单位——种的主要分布型

分布型	主要地质-古地理事件及现代自然条件
世界性地带型	联合古陆及分裂后的环球气候带
1. 北方（全北-古北）型	劳亚古陆及其后来的分裂，第四纪后冰期波动，泛北方（北半球或欧亚大陆）寒-温气候带
2. 东洋型	第三纪以来欧亚-中国-印度板块联合后的热带-亚热带
3. 旧大陆热带-亚热带型	第三纪以来欧亚-非洲板块联合后的热带-亚热带
中国为主区域型	第三纪至第四纪以来，古地中海消失后欧亚板块联合，青藏高原的抬升，冰期波动，自然环境的区域性分异
4. 东北型	欧亚大陆更新世冰盖消失后，在其东部形成的以寒湿为中心的环境
5. 中亚型	更新世以来，青藏高原抬升导致亚洲中部干旱化进一步发展的环境
6. 高地型	更新世以来，青藏高原及其毗连山地所形成的高寒环境
7. 喜马拉雅-横断山区型	上新世以来，青藏高原东南缘基带维持暖热气候的高山峡谷地区
8. 南中国型	更新世以来中国东南部秦岭—淮河一线以南亚热带-热带环境
9. 岛屿型	晚第三纪以来与大陆有过连接的陆缘岛和没有连接的大洋岛

表4.3中全北-古北型、东北型、中亚型、高地型属于北方类群，东洋型、旧大陆热带-亚热带型、喜马拉雅-横断山区型、南中国型属于南方类群。岛屿型视实际所在地理位置而定。

(2) 昆虫

因陆栖生活的共同性，脊椎动物物种分布型的划分，原则上对于昆虫及其他陆栖无脊椎动物亦是适用的，古北、东洋等术语及类似上述分布型划分的应用，十分普遍。现试以沫蝉和腊蝉分布区研究为例（梁爱萍，1998），就其重要的分布型与陆栖脊椎动物分布型进行类比：

1）东北：粒脉锥飞蚤（*Asiraca granulipennis*）等，类似陆栖脊椎动物中的“东北型”或“东北-华北型”；

2）西北：新疆蚁腊蝉（*Tettigometra* sp.）等，类似陆栖脊椎动物中的“中亚型”；

3）青藏高原：卵沫蝉（*Peuceptyelus* sp.）等，类似陆栖脊椎动物中的“高地型”；

4）华南：浙拟沫蝉（*Paracercoppis chekiangensis*）等，类似陆栖脊椎动物中的“南中国型”；

5）印度东北＋缅甸北部＋中国西南部：小凤沫蝉（*Paphnutius ostentus*）等，类似陆栖脊椎动物中的“喜马拉雅-横断山型”；

6）云南南部＋中南半岛：斑翅棘茎沫蝉（*Daha arietaria*）等，类似陆栖脊椎动物中的“东洋型”；

7）海南岛：海南亚洲沫蝉（*Asiacercopis hainanensis*）等，类似陆栖脊椎动物中的“岛屿型”；

8）台湾岛：台湾凤沫蝉（*Paphnutius formosanus*）等，类似陆栖脊椎动物中的“岛屿型”。

(3) 淡水鱼类

动物分布型的划分，对于淡水鱼类等水生动物，还必须特别考虑大江、大湖的发育与变化。据研究，现生淡水鱼类，在中国各地均以鲤科鱼类为主，其地理分布格局（型）主要有6个（图4.2）（刘焕章、陈宜瑜，1998），列述如下，并与陆栖脊椎动物分布型类比：

1）广布类型：如中华细鲫（*Aphyocypris chinensis*）、鳊（*Parabramis pekinensis*）等，类似陆栖脊椎动物中的“季风区型”；

2）长江以北：如鲹属（*Phoxinus*）、雅罗鱼属（*Leuciscus*）等；类似陆栖脊椎动物中的“泛东北型”（见下文“东北型”）；

3）长江及其以南：如倒刺鲃属（*Spinibarbus*）、圆吻鲴（*Distoechodon*）等，类似陆栖脊椎动物中的“南中国型”；

4）珠江流域：如瑶山鲤（*Yaoshanicus*）、唐鱼（*Tanichthys albonubes*）等，类似陆栖脊椎动物中的“东洋型”；

5）西南地区：如鲌亚科（Danioninae）、野鲮亚科（Labeoninae）的一些属，类似陆栖脊椎动物中的“喜马拉雅-横断山型”；

6）其他区域性分布。

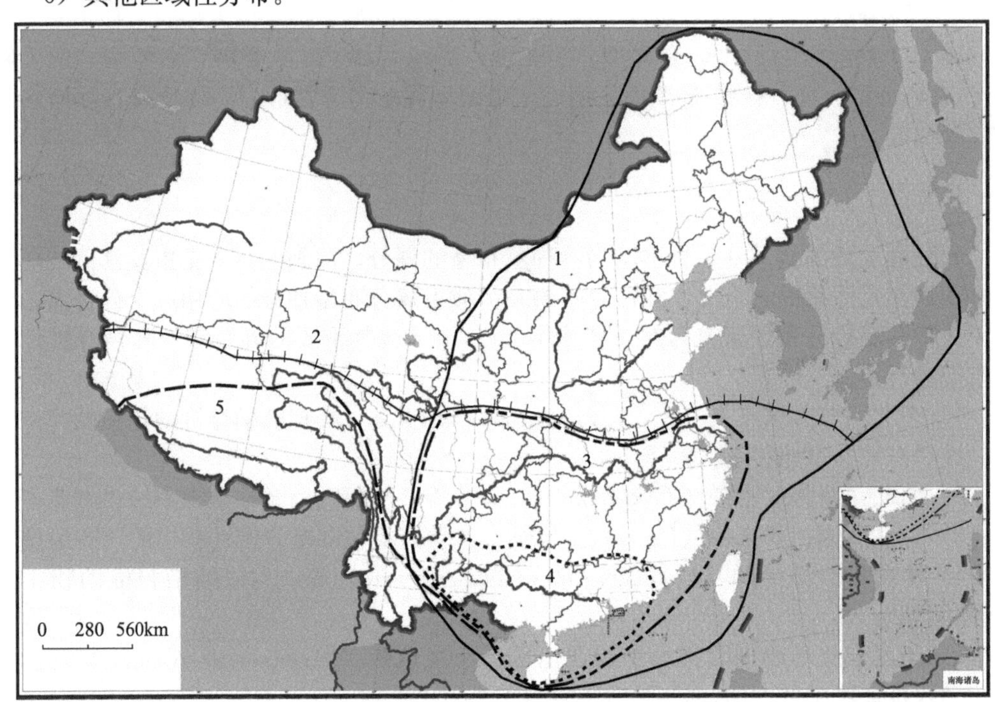

图4.2 中国鲤科鱼类分布类型（裂腹鱼类除外）

1. 广布类型；2. 长江以北；3. 长江及其以南分布；4. 珠江流域分布；5. 西南地区分布

资料来源：据刘焕章和陈宜瑜（1998）

水系格局对淡水鱼类分布的影响显而易见。然而，鱼类分布并非完全依循水系格局，也是显而易见的。地质事件及其形成的地理与生态后果对动物分布的影响是普遍存在的，从以下的实例即可说明：

1）由于适应高原环境，裂腹鱼类和高原鳅属鱼类在青藏高原获得了巨大的发展，特别是在处于黄河、长江、雅鲁藏布江等大河水系上游的高原腹地（陈宜瑜等，1996；陈毅峰、陈宜瑜，1998），类似陆栖脊椎动物的“高地型”。裂腹鱼类每一个属的分布，适应于不同海拔幅度，是随高原上升，环境条件分阶段垂直分化的结果（曹文宣等，1981）；

2）青海可可西里地区，由高原鳅属（*Triplophysa*）和裂腹鱼亚科（Schizothoracinae）种类组成的鱼类区系简单与水系格局的复杂性，形成明显的对比，充分体现了本区严酷的环境条件对鱼类生存的巨大影响（武云飞等，1994）；

3）淡水鱼类"长江以北分布"型的分界，既是水系的分界，更重要的是，它是从青藏高原向东连接秦岭—淮河一线的我国重要的自然地理分界线；

4）淡水鱼类"广布类型"（图 4.2）（伍献文等，1977；李思忠，1981）所覆盖的地区实际上相当于我国东部季风区，类似陆栖脊椎动物的"季风区型"，反映鱼类南北的交流与对季风气候区水域环境的适应。

在不同分布型的领域内，分别集中了适应于该领域环境的动物物种。在理论上，其中心部位，即动物栖息条件最优越的地方，动物物种的分布可达到最高密度。这些中心的存在与形成，是动物地理学最感兴趣的现象之一。在此中心范围内，动物物种的出现可能有以下几种情况：①分属于不同中高级分类单元（科、属以上）的种，即特化中心。②同为相同低级分类单位（属或属下类群）的种，即分化中心。③上述两种情况均有，既是特化中心，又是分化中心。

上述各类型中"种"的分布幅度，大多或多或少与该分布型的地理环境范围相当，但还存在两类极端的情况。一类是（除岛屿型）其分布外缘不同程度地向外围或沿某一方向伸展，表现其对邻近相类似环境的适应，如有些主要分布在欧亚北方寒温带森林地带的兽类，可沿相邻森林地带向南进入暖温带（图 4.5），有些主要分布在东南亚热带的种类，可沿我国季风区湿润环境向北延伸至温带（图 4.24）等。另一类是只出现在该分布型范围内的局部地区（图 4.8），甚至为孤立的地点（图 5.7）。后一类可能是该分布型的生物地理残留者（biogeographical relict）和系统残存者（phylogenetic survior）或新生物种。生物地理残留者的出现，其主要分布区呈间断破碎状态。系统残存者与新生物种，则同为狭区分布，如何确定其是系统残存者抑或是新生物种，需要进行系统学的研究。见于海岛，如海南岛和台湾岛的种类，均属孤立或间断分布，在讨论海岛与大陆动物地理关系时，备受关注。

由于各分布型中存在向外伸展的成分，各主要分布型之间，虽呈现地理替代，但并非彼此孤立，而是相互渗透，互有关系。在我国分布的主要分布型，其关系可以用图 4.3 表示。从图中可以看出：

1）北方各分布型的区域性是明显的，只在边缘地区互有重叠。这一现象反映我国北方及其邻近地区的自然环境区域变化十分明显，并各趋极端。在这种自然条件影响下，动物区系演化的结果，同样亦产生明显的区域分化。

2）南方的三个主要分布型，旧大陆热带-亚热带型、东洋型和南中国型，就区系的整体而言，是完全重叠的，但各自的中心呈现地理替代。喜马拉雅-横断山区型与上述 3 个分布型均部分地重叠，似乎镶嵌于 3 个型之间。换言之，南北方种类均可伸展至喜马拉雅-横断山区。这一现象恰与北方各分布型相反，反映南方动物区系的演化进程不同于北方。热带、亚热带动物栖息条件优越，在自然历史过程中的区域变化不如北方那么剧烈，这对动物区系的演化起相当重要的作用。在同一地区，分布历史不同的动物成分，共同组成当地的动物区系。

3）北方与南方各分布型之间亦有重叠，反映南北方动物的相互渗透。

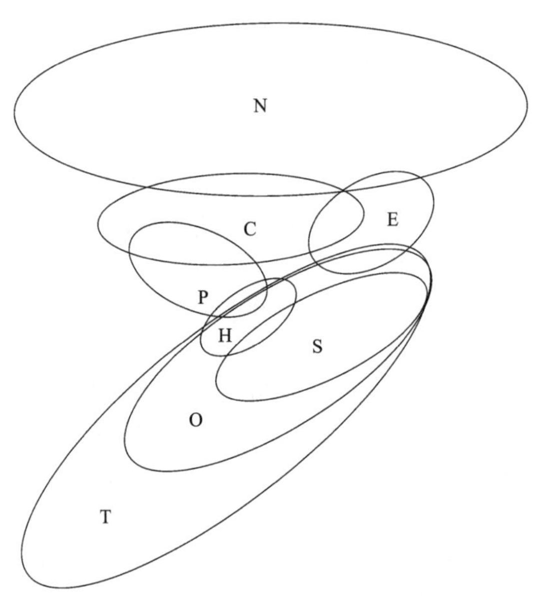

图 4.3 南、北方动物主要分布型在我国及其邻近地区的相互关系
省略岛屿型，环球热带型为旧大陆热带-亚热带型的延伸
N. 北方型；E. 东北型；C. 中亚型；P. 高地型；H. 喜马拉雅-横断山区型；
S. 南中国型；O. 东洋型；T. 旧大陆热带-亚热带型

上述各类型适合我国大部分的种类，但尚有一些种类的分布另具特征，如季风区分布、东北-华北区分布（图 4.9）、主要分布于地中海附近而扩展至我国的种类等。视研究的需要，可以增加类型，或在现在的主要类型下进一步划分出亚型或变型，如在中亚型中，有些种类分布并不广泛，而是占中亚地区的某一部分，在东部（草原）或西部（荒漠）等。鸟类在各地的出现有留鸟、夏候鸟、冬候鸟、旅鸟和迷鸟之分。因而，分布的情况比较复杂。现在的分类，只以繁殖区（留鸟、夏候鸟）的主要范围为准。为更明确地表示其分布情况，进行细分，可以采取类似分类学中的双名制，如中亚型（D)-阿拉善（d)——［Dd］、东洋型（W)-暖温带（e)——［We］、南中国型（S)-中亚热带(i)——［Si］等。本书附有我国陆栖脊椎动物分布型名录，笔者认为是初步结论，有待进一步整理与完善。

一、科的分布型

我国陆栖脊椎动物各纲高级分类单位——科的分布，除广泛分布和少数特殊分布或呈间断分布的，均可分属以下各类：①全北界特有；②主要分布于全北界；③古北界特有；④主要分布于古北界；⑤东洋界特有；⑥主要分布于东洋界；⑦旧大陆热带-亚热带特有；⑧主要分布于旧大陆热带-亚热带；⑨环球热带-亚热带特有；⑩主要分布于环球热带-亚热带。对应于古地中海消失欧亚大陆地理环境南北分化的影响，特别在我国境内的表现，可做更高一级的归类。属前 4 类的科，可称为北方代表性科。属后 6 类的科，可统称为南方代表性科。具体情况列表于表 4.4。

表 4.4　我国陆栖脊椎动物南、北方各代表性科（亚科）的分布（有括号者不见于我国，＊号者为我国特有）

类别＼分布	北方					南方							
	全北界特有	主要分布于全北界	古北界特有	主要分布于古北界	中国：世界	东洋界特有	主要分布于东洋界	旧大陆热带-亚热带特有	主要分布于旧大陆热带-亚热带	环球热带-亚热带特有	主要分布于环球热带-亚热带	中国：世界	中国：世界(总)
两栖纲		隐鳃鲵科		小鲵科	4：4				树蛙科	鱼螈科	姬蛙科	3：3	7：7(100%)
		蝾螈科											
		锄足蟾科											
爬行纲						平胸龟亚科	双足蜥科	（避役科）			盲蛇科	5：8	5：8(63%)
						鳄蜥科＊							
						闪鳞蛇科							
						（拟毒蜥科）							
						（食鱼鳄亚科）							
鸟纲	潜鸟科	太平鸟科		岩鹨科	9：9	和平鸟科	凤头雨燕科	（蟹鸻科）	三趾鹑科	鹟科	军舰鸟科	28：25	37：34(92%)
	松鸡科	■科					卷尾科	阔嘴鸟科	蜂虎科	鲣鸟科	（红鹳科）		
	瓣蹼鹬科	旋木雀科					燕■科		犀鸟科	鹮科	雉鸻科		
	海雀科	攀雀科					黄鹂科		八色鸫科	（日鳽科）	彩鹬科		
							椋鸟科		鹎科	咬鹃科	鹦鹉科		
							画眉亚科		太阳鸟科	■鴷科			
							啄花鸟科		绣眼鸟科				
哺乳纲	河狸科	鼹鼠科	（荒漠睡鼠科）		6：8	树鼩科		懒猴科	猴科	犬吻蝠科	鞘尾蝠科	19：22	25：30(83%)
	林跳鼠科		跳鼠科			（眼镜猴科）		长臂猿科	灵猫科		菊头蝠科		
	鼠兔科		睡鼠科			大熊猫科＊		（猩猩科）	穿山甲科				
			（鼹形鼠科）			猪尾鼠亚科		象科	（凹脸蝠科）				
								犀科	豪猪科				
								鼷鹿科	假吸血蝠科				
								竹鼠科	蹄蝠科				
									狐蝠科				
中国：世界	6：6	9：9	2：4	2：2	19：21(90%)	7：10	8：8	7：10	15：16	7：8	8：9	52：61(85%)	71：82(87%)

从表 4.4 中可以看出以下事实：

1）在 21 个北方代表性科中，有 19 科可见于我国，占 95%；在 61 个南方代表性科（包括亚科）中，有 52 科可见于我国，占 85%。

2）两栖类各科均见于我国。它们在我国的分布，南北几乎各占一半，分化比较明显。爬行类中只有特产于南方的科，其中又多为东洋界特产，半数以上可见于我国。

3）鸟、兽南北方代表性科的区域分化现象，比两栖和爬行类明显。两者见于我国的科，分别占 92%与 83%。

4）爬行类中的鳄蜥科（Shinisauridae）和兽类中的大熊猫科（Ailuropodidae）为我国特有。

这些事实均进一步说明我国陆栖脊椎动物区系的丰富。从全亚洲范围来看，北方类群在我国的比重相对较南方类群的要大。

这些代表性科在我国的分布（鸟类以繁殖区为准）的南北极限（参见第三章第二节）有以下的特点（图 4.4）。

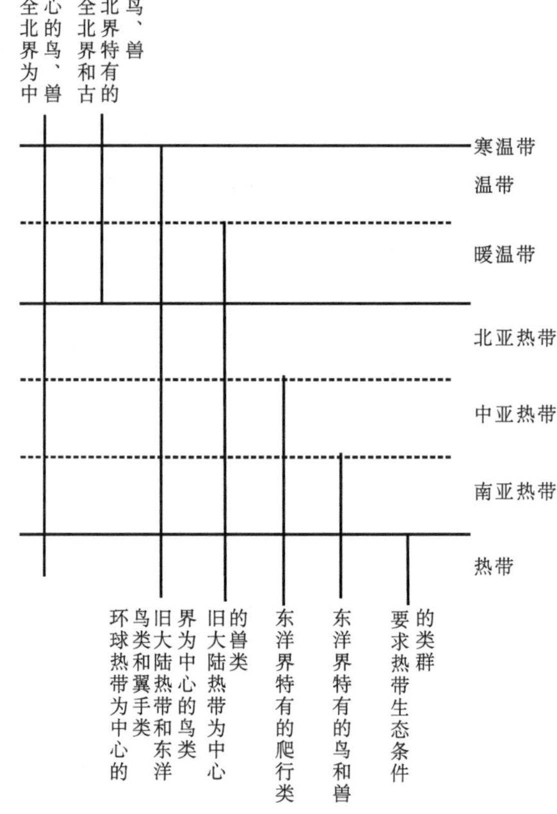

图 4.4　南北方各类群（科）在中国各自然地带分布的最北和最南限

1）几乎跨越我国全部地带的只有全北界为中心的少数类群［兽类中的鼹科（Talpidae）、鸟类中的䴓科（Sittidae）］。

2）环球热带为中心的一些爬行类［壁虎科（Gekkonidae）、石龙子科（Scincidae）、龟科（Emydidae）、鳖科（Trionychidae）］。鸟类［鹮科（Threskiornithidae）、佛法僧

科（Coraciidae）］和兽类中翼手目的一些科［犬吻蝠科（Molossidae）、菊头蝠科（Rhinolophidae）］可分布至温带。旧大陆热带和东洋界的一些鸟类［三趾鹑科、黄鹂科（Oriolidae）、画眉亚科（Timaliinae）］，也有同样情况。

3）以旧大陆热带为中心的兽类，其分布的最北限可至暖温带［猴科（Ceropithecidae）和灵猫科（Viverridae）］。

4）全北界和古北界特有的鸟、兽，最南只能分布至暖温带或稍有越过［海雀科（Alcidae）、岩鹨科（Prunellidae）、旋木雀科（Certhiidae）、鼠兔科（Ochotonidae）、跳鼠科（Dipodidae）、林跳鼠科（Zapodidae）等］。

5）东洋界特有的爬行类分布北限可至中亚热带北界［平胸龟科（Platysternidae）、闪鳞蛇科（Xenopeltidae）］。

6）东洋界特有的鸟兽除具有残留特征的大熊猫科和猪尾鼠亚科（Platacanthomyinae）外，分布北限只达南亚热带北界［和平鸟科（Irenidae）、树鼩科（Tupaiidae）］。

7）有些南方类群，在世界或旧大陆热带范围内有较广的分布，在我国只限于热带［鱼螈科（Ichthyophiidae）、鹦鹉科（Psittacidae）、犀鸟科（Bucerotidae）、阔嘴鸟科（Eurylaimidae）、鞘尾蝠科（Emballornuridae）、懒猴科（Lorisidae）和长臂猿科（Hylobatidae）等］。

以上特点反映分布历史（地质年龄）较长、分布较广的类群（属于全北界、环球热带以及旧大陆热带的类群）和形态生态上有利于扩展的类群（飞行等类型），在我国分布的幅度较大，反之较小，如东洋界特有的鸟、兽及限于热带分布、生态上有特殊要求的类群，如热带果食和树栖等种类。

二、种的分布型

现按上述我国陆栖脊椎动物各纲分类基本单位——种的分布型（表 4.3），分述如下。

（一）北 方 型

分布区环绕北半球北部。有两种情况：一种是横贯欧亚大陆寒温带，分布区的南部通过我国最北部（东北北部及新疆北部），为古北型（Palearctic）；另一种情况是，有些种类的分布还包括北美洲，反映我国北方动物区系与环球寒-温带和极地间的关系，为全北型（Holarctic）。它们之中有一些种类的分布，还沿我国季风区向南不同程度地伸展，视其对温度适应的幅度而异（图 4.5）。在更新世最大冰期中，北方大陆北部，曾几乎全被大陆冰川所覆盖，第三纪时存在的喜暖动物被迫南迁，在冻原、冰缘和间冰期时从冰川中解放出来的土地上发展了适应高纬地带寒冷气候的北方型动物，是生物地理上最年轻的动物群（Illies，1974；Morain，1984）。更新世中因冰期与间冰期交替，寒冷气候带曾发生过南北的摆动，对动物的分布产生影响。

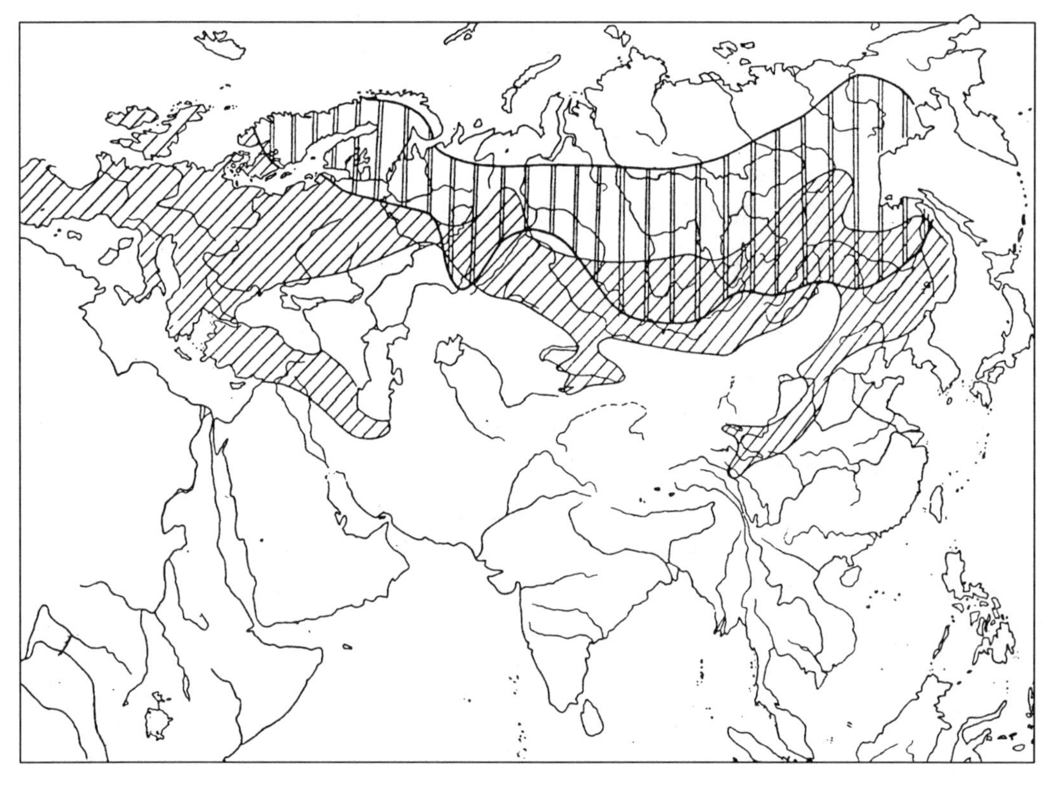

狍(*Capreolus capreolus*)　林旅鼠(*Myopus schisticolor*)

图 4.5　两种古北型兽类的分布

1. 两栖类

极北鲵（*Salamandrella keyserlingii*）是我国两栖类中其分布可达到北极圈内的唯一种类。它主要分布在西伯利亚，其东缘向南延伸，包括库页岛、北海道和我国东北。这一连续分布区的南限大约止于辽宁昌图—康平一线（季达明等，1978），大致为我国东北中温带的南界。另在河南桐柏-大别山地发现有此动物孤立分布的记录（吴淑辉、瞿文元，1984）。此孤立分布点与北方主要分布区，隔以广阔的华北区（图 4.6），属地理残留性质，表明过去它曾南伸甚远。当时，其分布中心应在我国东北区，即现在的季风区中温带。因此，也可以将它归入东北型。黑龙江林蛙（*Rana amurensis*）主要分布在西伯利亚，沿东部伸至我国东北，还见于北疆（袁国映等，1991）。

2. 爬行类

我国爬行类动物中，属北方型的为数不多，有胎生蜥蜴（*Lacerta vivipara*）、捷蜥蜴（*L. agilis*）、极北蝰（*Vipera berus*）、水游蛇（*Natrix natrix*）、白条锦蛇（*Elaphe dione*）和黄脊游蛇（*Coluber spinalis*）等。其中胎生蜥蜴和极北蝰，最北可分布至北极圈内，分布南界大体与寒温带针叶林带南界相当，在我国见于大兴安岭和阿尔泰山

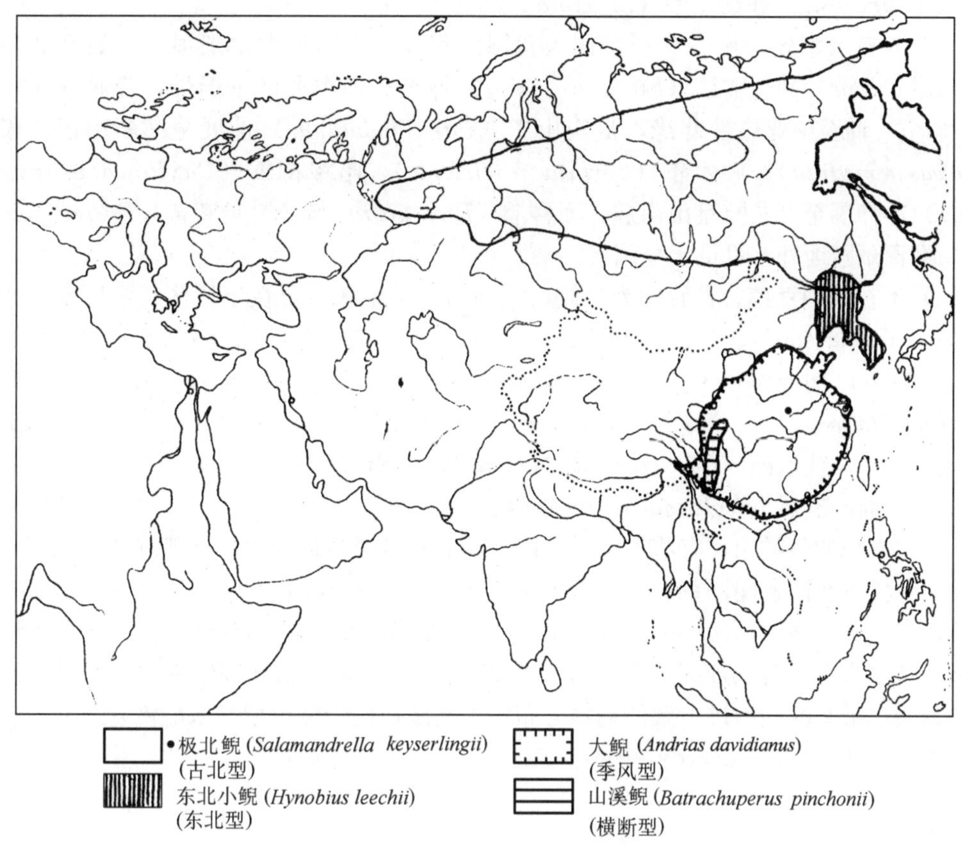

图 4.6　几种有尾两栖类的分布

地。其他几种在欧亚北部分布均比较广泛，白条锦蛇和黄脊游蛇还在沿我国东部季风区南伸，但很少越过秦岭—淮河一线。捷蜥蜴和游蛇只见于我国北疆（袁国映等，1991）。胎生蜥蜴与前述极北鲵相似，也有一地理残留分布点，发现在秦岭南坡（宋鸣涛，1987）。

3. 鸟类

属于全北型和古北型的种类为北方苔原或寒带-寒温带繁殖鸟，是该气候带的代表种类，其分布于中国的情况可分以下几类：

1）其分布（繁殖）区不同程度地包括我国北方，见于我国东北或再见于新疆，一般不超过中温带南界，如柳雷鸟（*Lagopus lagopus*）、岩雷鸟（*L. mutus*）、松鸡（*Tetro urogallus*）、花尾榛鸡（*Tetrastes bonasia*）和黑琴鸡（*Lyrurus tetrix*）等。

2）繁殖区类似上一类或还可见于西部高地，越冬区多在长江以南的中亚热带，如凤头麦鸡（*Vanellus vanellus*）、大天鹅（*Cygnus cygnus*）、针尾鸭（*Anas acuta*）、绿头鸭（*A. platyrhynchos*）、秋沙鸭（*Mergus merganser*）、赤麻鸭（*Tadorna ferruginea*）、灰鹤（*Grus grus*）、白鹤（*G. leucogeranus*）、银鸥（*Larus argentatus*）、红嘴鸥（*L. ridibundus*）、针尾沙锥（*Capella stenura*）、攀雀（*Remiz pendulinus*）、云雀

(*Alauda arvensis*) 和红点颏 (*Luscinia calliope*) 等。

3) 分布 (繁殖) 区较广泛，伸入我国的程度，不同种类差别很大，如小嘴乌鸦 (*Corvus corone*) 和红喉鹟 (*Ficedula parva*) 伸至东部季风区中温带，普通䴓 (*Sitta europaea*) 伸至中亚热带北缘，褐头山雀 (*Parus montanus*) 伸展至横断山区，寒鸦 (*Corvus monedula*)、旋木雀 (*Certhia familiaris*)、暗绿柳莺 (*Phylloscopus trochiloides*) 还伸展至喜马拉雅山南麓，而喜鹊 (*Pica pica*) 与 (树) 麻雀 (*Passer montanus*) 除青藏腹地外，可见于全国等。

4) 不在我国繁殖，在我国为冬候鸟或旅鸟，越冬区主要在季风区长江以南，如几种潜鸟 (*Gavia* spp.)、角䴙䴘 (*Podiceps auritus*)、白额雁 (*Anser albifrons*)、豆雁 (*A. fabalis*)、小天鹅 (*Cygnus columbianus*)、中杓鹬 (*Numenius phaeopus*)、大沙锥 (*Capella megala*)、海鸥 (*Larus canus*)、雪鸮 (*Nyctea scandiaca*)、毛脚𫛭 (*Buteo lagopus*)、铁爪鹀 (*Calcarius lapponicus*)、小鹀 (*Emberiza pusilla*)、田鹀 (*E. rustica*) 和松雀 (*Pinicola enucleator*) 等。

在北方型的鸟类中，有些种类在我国中部亚热带或暖温带出现的孤立的繁殖区，与其北方主要分布区是间断的，如长尾林鸮 (*Strix uralensis*)、灰喜鹊 (*Cyanopica cyana*)、三趾啄木鸟 (*Picoides tridactylus*) 和灰伯劳 (*Lanius excubitor*) 等，应为地理残留。其中灰喜鹊与三趾啄木鸟 (图 5.18 和图 5.19) 是动物地理学中，用以说明欧亚大陆第四纪最大冰期南进，致使动物分布发生间断，而于冰后期又未能恢复原来连续分布的著名事例之一 (Udvardy，1967)。

4. 兽类

在我国的兽类中，属于全北型的种类，不乏人们所熟知的种类，如驯鹿 (*Rangifer tarandus*)、驼鹿 (*Alces alces*) (图 4.7)、狼獾 (*Gulo gulo*)、白鼬 (*Mustela erminea*)、雪兔 (*Lepus timidus*)、马鹿、棕熊 (*Ursus arctos*)、猞猁 (*Felis lynx*)、狼 (*Canis lupus*) 和赤狐 (*Vulpes vulpes*) 等。前 5 种均属于为北半球寒温带至寒带的针叶林及针叶林苔原带代表动物。其中，除驯鹿由我国鄂温克族同胞半驯养保留在大兴安岭北部外，在我国均可见于新疆阿尔泰和东北大兴安岭或至更南的小兴安岭等地。白鼬的分布，包括森林与草原，在我国可伸至暖温带南限。马鹿和猞猁广泛分布于我国北方森林及森林草原地带，并可沿山地延伸至喜马拉雅山南麓。华北地区于 20 世纪 30 年代仍有马鹿的记录 (Allen，1938)。棕熊在我国分布的南限在东北区止于中温带南缘，在西部止于暖温带南缘，即青藏高原的北麓。狼和赤狐在我国除台湾和海南外，广泛分布，被认为是广泛分布种。

我国属古北型的兽类显然较多，这些在分布上横贯欧亚大陆寒温带的种类，其分布区的南缘伸入我国的程度大体可归以下两类：

1) 分布区南缘通过我国东北区或更包括新疆北部，如水鼩 (*Neomys fodiens*)、紫貂 (*Martes zibellina*)、林旅鼠 (*Myopus schisticolor*) (图 4.5)、水䶄 (*Arvicola terrestris*) 和河狸 (*Castor fiber*) 等。后者只见于新疆阿尔泰山区的乌伦古河中、上游 (王思博、杨赣源，1983)。

2) 分布区在东南部分沿我国东部，即属于湿润半湿润的季风地区向南深进，深入

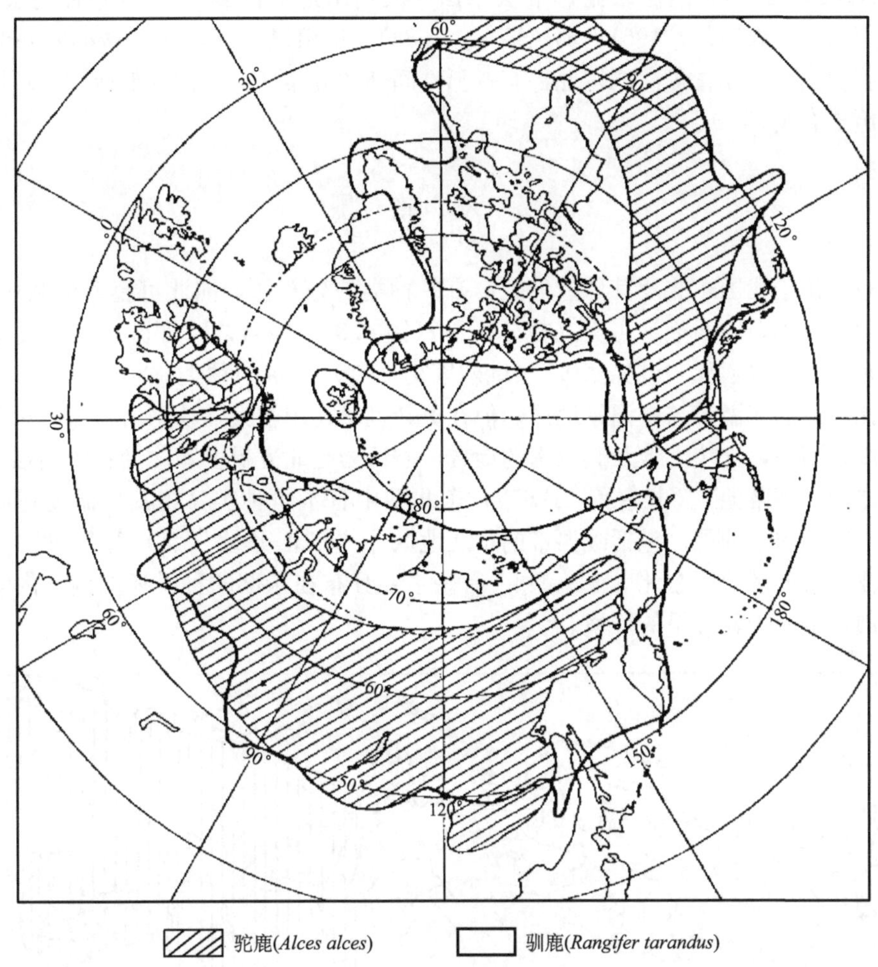

图 4.7　驯鹿和驼鹿的分布

的情况，各不相同，举例如下：

①南伸不超过中温带或暖温带：黑田鼠（*Microtus agrestis*）、普通田鼠（*Microtus arvalis*）和棕背䶄（*Clethrionomys rufocanus*）等，均不超过中温带。狭颅田鼠（*Microtus gregalis*）可进入暖热带。

②南伸进入亚热带：狍（*Capreolus capreolus*）（图 4.5）、艾鼬（*Mustela eversmanni*）、飞鼠（*Pteromys volans*）和花鼠（*Eutamias sibirieus*）等。

③南伸进入热带：狗獾（*Meles meles*）、黄鼬（*Mustela sibirica*）、大棕蝠（*Eptesicus serotinus*）和巢鼠（*Micromys minutus*）等。

在我国属北方型的兽类中，地理残留分布现象比鸟类要多。其中刺猬（*Erinaceus europeaus*）在我国与欧洲的间断分布（图 5.6），与前述灰喜鹊和三趾啄木鸟类似，亦被认为是在第四纪冰期中向南退缩，而在冰后期未能恢复原来分布的著例。另外，伶鼬（*Mustela nivalis*）在我国见于东北区内蒙古东部和新疆，另在横断山北部有一孤立的分布区（Allen，1938；胡锦矗、王酉之，1984）。松鼠（*Sciurus vulgaris*）伸至暖温带北缘（Allen，1940），但在北亚热带伏牛山—大别山地有间断孤立的分布记录（Fu，1935；周家兴、郭田岱，1961；葛凤翔等，1984）。根田鼠（*Microtus oeconomus*）分布至我国新疆北部，在青藏高原东北部有一孤立间断的分布区。它们的形成均与环境变迁及分布历史有关。

（二）东　北　型

分布区位于我国东北及其邻近地区，有些种类的分布区，向北可至西伯利亚东部，向东可包括日本，向西最远可至乌拉尔山脉（图 4.8）。换言之，即分布区主要位于亚洲大陆东北部，以素称“世界寒极”（维尔霍扬斯克）一带的种类。对我国而言，东北地区是比较冷的寒温带与中温带地区。但在更新世时，未被大陆冰川所覆盖，只经历过冰缘环境，因而，这块土地及其以南的地方，被认为是北方畏惧寒冷动物的避难地，地学界称之为“蓬蒂地”（卡尔克，1961）。东北型中有不少种类，视其对温度适应的幅度，分布区还向南伸展，包括暖温带的华北地区［“东北-华北（亚）型”，图 4.9］或更南的亚热带地区［泛东北（亚）型］。有些主要分布在东部的种类还向西（内蒙古草原）扩展，适应于较干旱的环境。

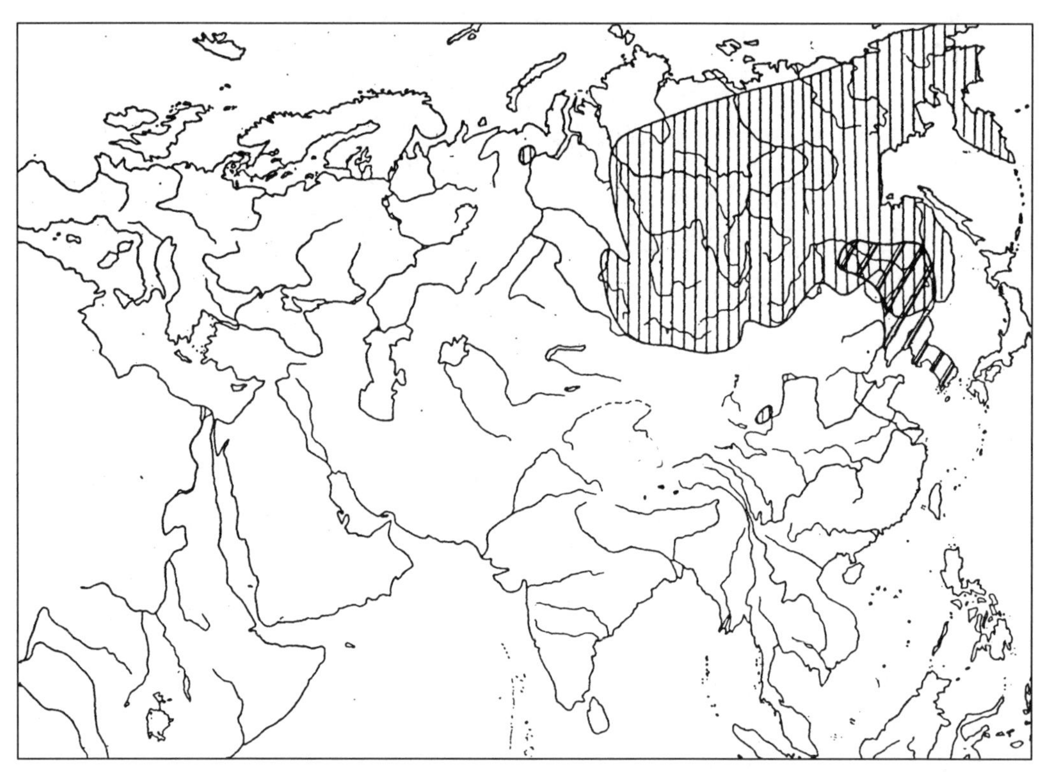

高山鼠兔(*Ochotona alpina*)　 东北兔(*Lepus mandschuricus*)

图 4.8　两种东北型兽类的分布

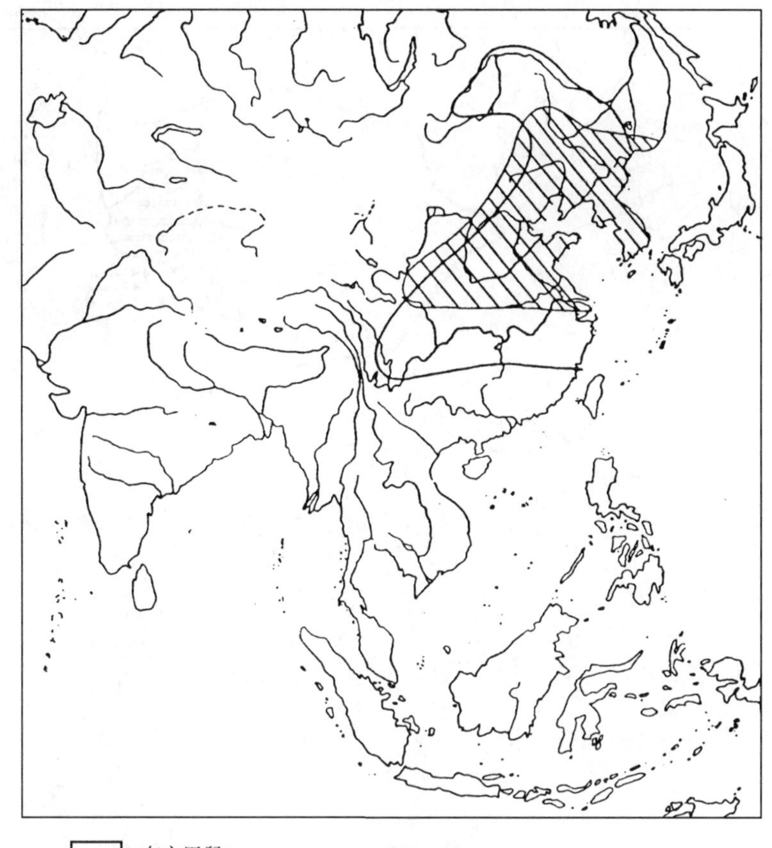

东方田鼠(*Microtus fortis*) (季风区型)

大仓鼠(*Cricetulus triton*) (东北-华北型)

图 4.9 东方田鼠和大仓鼠的分布

1. 两栖类

东北小鲵（*Hynobius leechii*）（图 4.6）、爪鲵（*Onychodactylus fischeri*）、东北粗皮蛙（*Rugosa emeljanovi*）、史氏蟾蜍（*Bufo stejnegeri*）等，它们的分布中心均在我国东北地区，分布上有不同程度的重叠。东方铃蟾（*Bombina orientalis*）和北方狭口蛙向南分布至暖温带南缘，可称为“东北-华北型”，后者还延伸至乌苏里区和朝鲜半岛。花背蟾蜍（*Bufo raddei*）分布较广泛，还包括蒙古和俄罗斯典型寒温带针叶林以南的地方，向西可伸展至新疆东端，分布区南界，大体为亚热带北限，西部可进入青藏高原东北，东部可见于淮河北部地区（图 4.10）可视为泛东北型。桓仁林蛙（*Rana huanrenensis*）则只见于辽东半岛。

2. 爬行类

桓仁滑蜥（*Scincella huanrenensis*）、北草蜥（*Takydromus septentrionalis*）、黑龙江草蜥（*Takydromus amurensis*）、乌苏里蝮（*Gloydius ussuriensis*）、黑眉蝮（*A. saxatilis*）、团花锦蛇（*Elaphe davidi*）和灰亚腹链蛇（*Amphiesma vibakari*）等种类，

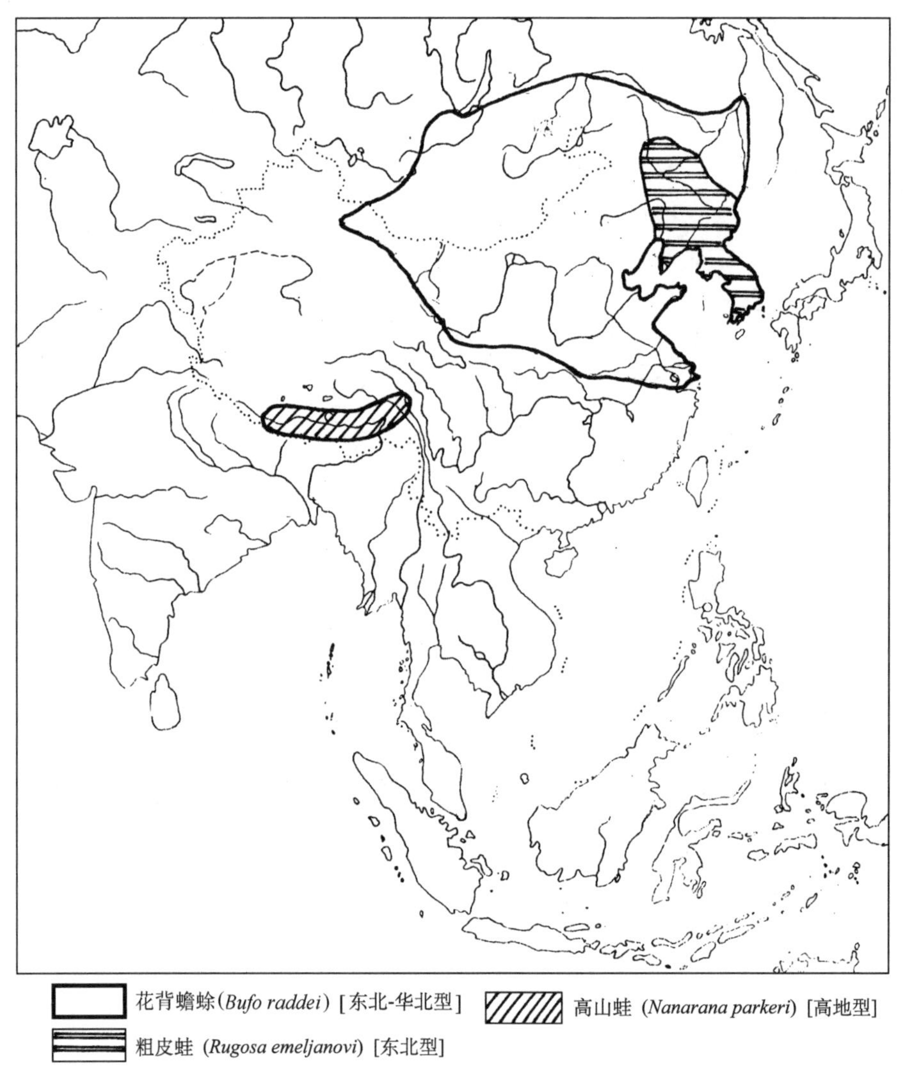

图 4.10　几种北方类型无尾两栖类的分布

迄今所知，其分布仅或主要限于我国东北地区。

3. 鸟类

有以下几种情况：

1）繁殖区主要在东西伯利亚，南伸至我国东北或还包括其附近地区，如黑嘴松鸡（*Tetrao parvirostris*）、镰翅鸡（*Falcipennis falcipennis*）、矛斑蝗莺（*Locustella lanceolata*）、苍眉蝗莺（*L. fasciolata*）、巨嘴柳莺（*Phylloscopus schwarzi*）、灰脚柳莺（*P. tenellipes*）、斑背大尾莺（*Megalurus pryeri*）和芦莺（*Phragamaticola aedon*）等。有些种类伸展较远，如小蝗莺（*Locustella certhiola*）还分布至新疆；黑眉苇莺（*Acrocephalus bistrigiceps*）和树莺（*Cettia diphone*）等，分布至季风区北亚热带及其附近。

2）繁殖区主要在东西伯利亚，其南部伸入我国东北地区，越冬范围主要在横断山以东的中亚热带至南亚热带，属此类型的种类很多，如鸿雁（*Anser cygnoides*）、罗纹鸭（*Anas falcata*）、鸳鸯（*Aix galericulata*）、中华秋沙鸭（*Mergus squamatus*）、青头潜鸭（*Aythya baeri*）、灰脸鵟鹰（*Butastur indicus*）、鹊鹞（*Circus melanoleucos*）、丹顶鹤（*Grus japonensis*）、白枕鹤（*G. vipio*）、白头鹤（*G. monacha*）、歌鸲（*Luscinia akahige*）、北红尾鸲（*Phoenicurus auroreus*）、蓝头矶鸫（*Monticola cinclorhynchus*）、白眉地鸫（*Zoothera sibirica*）、灰背鸫（*Turdus hortulorum*）、黑头蜡嘴雀（*Eophona personata*）和栗鹀（*Emberiza rutila*）等，在东南沿海一带越冬的有大杓鹬（*Numenius madagascariensis*）、漂鹬（*Heteroscelus incana*），多种滨鹬（*Calidris* spp.）和勺嘴鹬（*Eurynorhynchus pygmeus*），等等。

3）在东北地区繁殖，冬日迁东南亚一带越冬，如灰山椒鸟（*Pericrocotus divaricatus*）和紫背椋鸟（*Sturnus philippensis*）等，后者在冬日南迁东南亚一带途经我国东南沿海时，还留在我国台湾南部的兰屿越冬。

4）繁殖区不包括我国，只在南迁时旅经我国东部沿海地区，为数甚少，有北蝗莺（*Locustella ochotensis*）、小杓鹬（*Numenius borealis*）和小青脚鹬（*Tringa guttifer*）等。

5）繁殖区从东北地区扩大至华北，可称东北-华北型，越冬区则主要在热带至南亚热带，如虎纹伯劳（*Lanius tigrinus*）、牛头伯劳（*L. bucephalus*）和红尾伯劳（*L. cristatus*）、北椋鸟（*Sturnus sturninus*）和灰椋鸟（*S. cineraceus*）、斑胁田鸡（*Porzana paykullii*）等。

6）繁殖区，除南伸至我国东北地区或还包括新疆西北部，还在我国西南部山地繁殖，中间隔以华北地区，形成间断分布，如褐柳莺（*Phylloscopus fuscatus*）、黄腰柳莺（*P. proregulus*）和黄眉柳莺（*P. inornatus*），间断分布于青藏高原的东部，冕柳莺（*P. coronatus*）则另见于四川局部地区。

4. 兽类

只见于小型兽类，以东北兔（*Lepus mandshuricus*）、小艾鼬（*Mustela amurensis*）和大鼩鼱（*Sorex mirabilis*）等为代表，分布范围较窄，主要在我国东北地区。在境外，前两种见于阿穆尔—乌苏里地区和朝鲜半岛，后者只见于兴凯湖南部。分布范围较宽的种类较多，如长爪鼩鼱（*Sorex unguiculatus*）和栗齿鼩鼱（*S. daphaenodon*）还北伸至西伯利亚。又如长尾黄鼠（*Spermophilus undulatus*）和高山鼠兔（*Ochotona alpina*）（图 4.8）主要分布在东西伯利亚，其分布区的南缘均伸入我国东北和新疆阿尔泰山，后者还见于内蒙古（最西的分布记录在银川一带）（Allen，1938）和祁连山地（郑涛等，1991）。还有黑线仓鼠（*Cricetulus barabensis*）、大仓鼠（*C. triton*）（图 4.9）、棕色田鼠（*Microtus mandarinus*）和东北鼢鼠（*Myospalax psilurus*）等，主要分布在东北地区中温带，但向南越过我国季风区暖温带或再进入亚热带，可称为华北-东北型。

（三）中 亚 型

分布于亚洲大陆中心部分的种类，在我国主要见于蒙新高原，包括青藏高原的柴达木盆地和青海湖盆，为荒漠-草原栖居者，适应于自第三纪晚期古地中海消失与青藏高原隆起后，不断强化的干旱、半干旱环境。分布限于西部荒漠、半荒漠地带的，为荒漠（亚）型；主要限于东部草原地带的，为草原（亚）型。有些种类的分布区，不同程度地向外围扩展。高原上的柴达木盆地和青海湖盆地，在气候和植被上归属于中亚干旱地带，是许多中亚型成分扩展其分布的场所。

1. 两栖类

我国属于中亚型的两栖类很少，有尾类中仅有小鲵科动物即北鲵（*Ranadon sibiricus*）一种，分布于新疆西北山地湿润环境，分布区孤立而狭窄。无尾类中有绿蟾蜍（*Bufo viridis*）和塔里木蟾蜍（*B. pewzowi*）。前者是主要分布在地中海周边干旱地区的种，我国新疆与西藏西部是它分布区的东缘；后者分布在中亚，包括我国新疆西部和蒙古西部。另有中亚侧褶蛙（*Pelophylax terentievi*）、中亚林蛙（*Rana. asistica*）和阿尔泰林蛙（*R. altaica*），均见于新疆北部的局部地区。

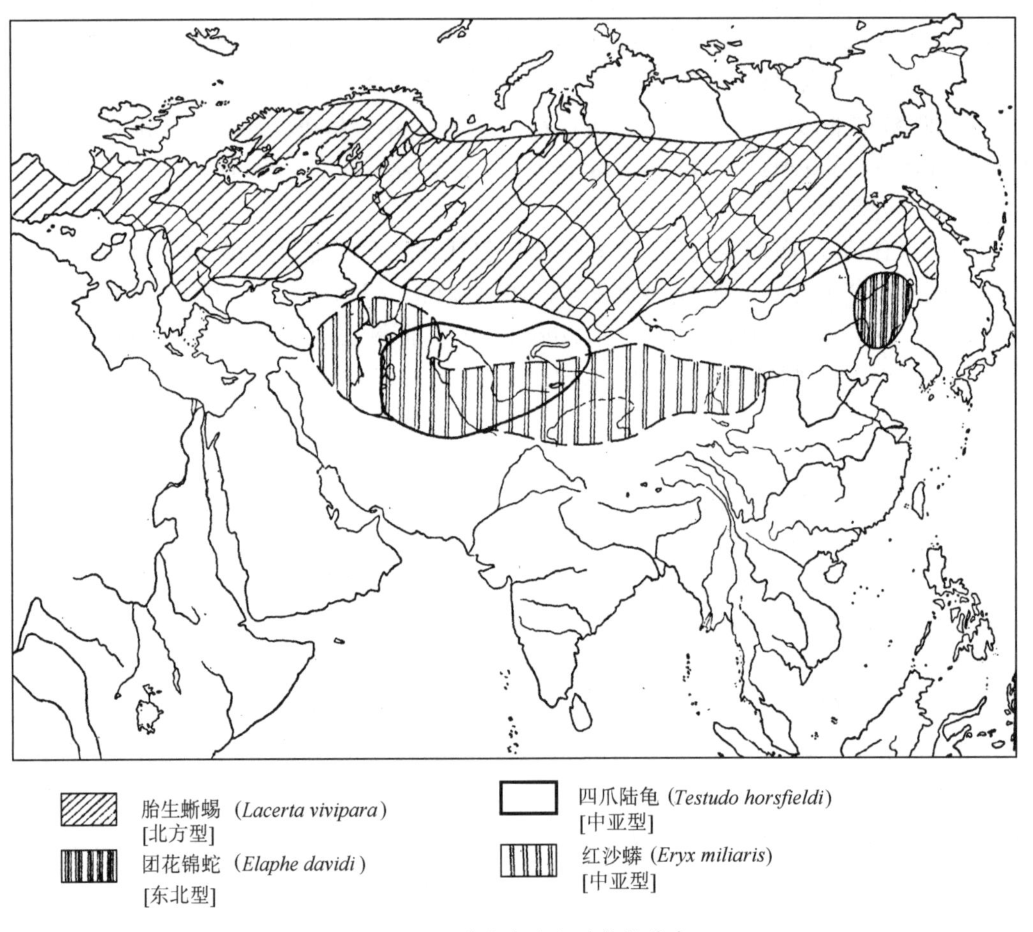

图 4.11　几种北方爬行动物的分布

2. 爬行类

爬行类首推沙蜥属（*Phrynocephalus*）的种类为代表。在我国此属共约 18 种，绝大多数为中亚型，种类密集中心在塔里木盆地及其附近，即干旱中心，属荒漠型种，如荒漠沙蜥（*P. przewalskii*）、白条沙蜥（*P. albolineatus*）、叶城沙蜥（*P. axillaris*）、大耳沙蜥（*P. mystaceus*）等。向东出现草原型种，有草原沙蜥（*P. frontalis*）和无斑沙蜥（*P. immaculatug*），前者还扩展至华北地区。蛇类中的两种沙蟒（*Eryx miliaris* 和 *E. tataricus*）和草原蝰（*Vipera ursini*）均属中亚型，是中亚及其邻近干旱地区为人们熟知的蛇类。龟类中的四爪陆龟（*Testudo horsfieldi*，俗名草龟）亦属此类型（图 4.11），分布于中亚与南亚干旱区。在我国，迄今所知，此龟孤立地分布于新疆霍城天山山前黄土丘陵（许设科、张富春，1992）。

3. 鸟类

鸟类分布只限于中亚干旱-半干旱环境包括我国西部的种类，如毛腿沙鸡（*Syrrhaptes paradoxus*）（图 4.12）、白翅百灵（*Melanocorypha leucoptera*）、二斑百灵（*M. bimaculata*）、漠莺（*Sylvia nana*）、黑尾地鸦（*Podoces hendersoni*）（图 4.13）、白尾地鸦（*P. biddulphi*）、巨嘴沙雀（*Rhodopechys obsoleta*）、沙色朱雀（*Carpodacus synoicus*）、褐头鹀（*Emberiza bruniceps*）、黑顶麻雀（*Passer ammodendri*）和遗鸥

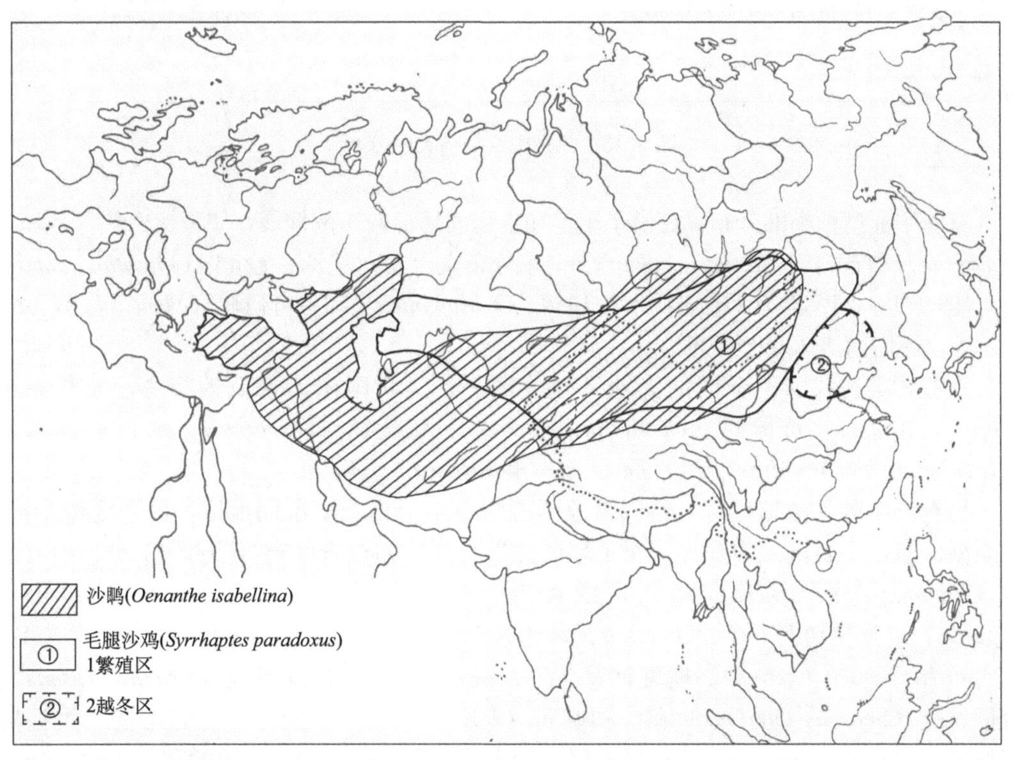

图 4.12　几种中亚型鸟类的分布

(*Larus relictus*)等，堪称代表。有些分布区狭窄，为我国干旱区地方土著种，如贺兰山红尾鸲(*Phoenicurus alaschanicus*)——贺兰山；红背红尾鸲(*P. erythronotus*)、蓝头红尾鸲(*P. caeruleocephalus*)——天山或再包括附近山地。

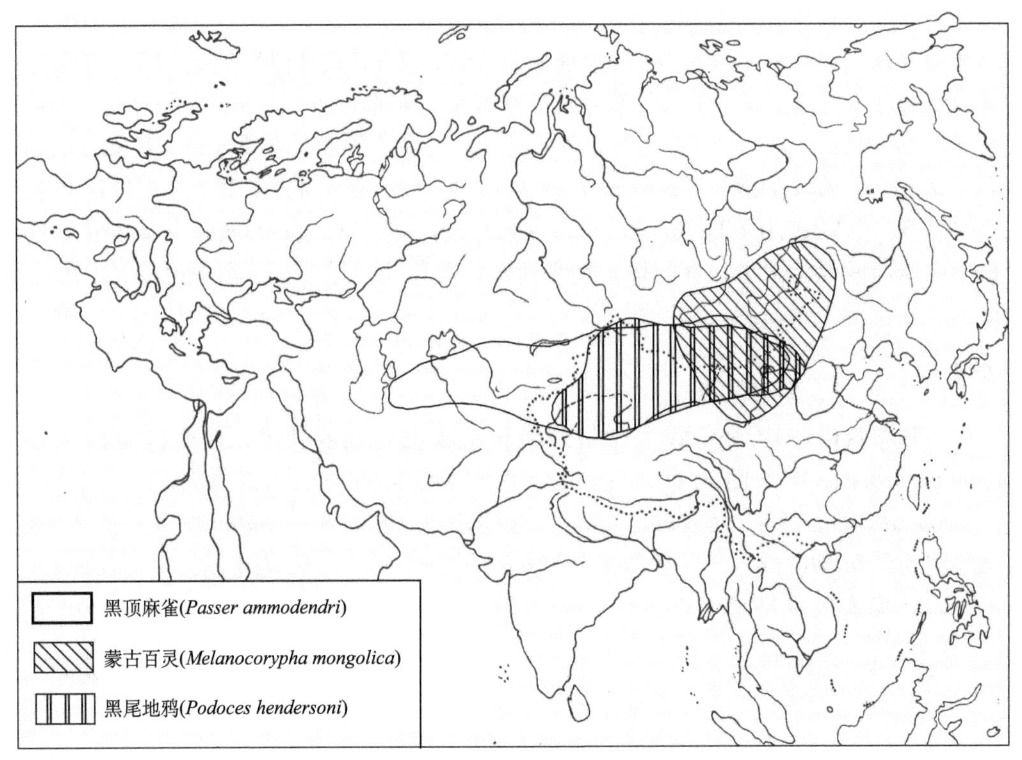

图 4.13　几种中亚型鸟类的分布

有些中亚型种类的分布，还沿半干旱和半湿润环境向东南伸展，如斑翅山鹑(*Perdix dauuricae*)和石鸡(*Alectoris chukar*)，向东分布直至东北平原；沙鵰(*Oenanthe isabellina*)(图 4.12)、漠鵰(*O. deserti*)、白顶鵰(*O. hispanica*)和白背矶鸫(*Monticola saxatilis*)等，还向南进入黄土高原。

有些种类在我国干旱区的高地繁殖或度夏，至我国东南部低地越冬，如草原雕(*Aquila rapax*)、草原鹞(*Circus macrourus*)、乌灰鹞(*C. pygargus*)、玉带海雕(*Haliaeetus leucoryphus*)和大鵟(*Buteo hemilasius*)等。

另有许多种类的繁殖区，还包括地中海沿岸半干旱和半湿润地区，可视为地中海-中亚型。它们在我国大多只伸入至干旱区的最西部，如长脚秧鸡(*Crex crex*)、中亚夜鹰(*Caprimulgus centralasicus*)、欧夜鹰(*C. europaeus*)、岩燕(*Ptyonoprogne rupestris*)、宽尾树莺(*Cettia cetti*)、黑斑蝗莺(*Locustella naevia*)、水蒲苇莺(*Acrocephalus schoenobaenus*)、横斑林莺(*Sylvia nisoria*)、粉红椋鸟(*Sturnus roseus*)、金额丝雀(*Serinus pusillus*)和黑胸麻雀(*Passer hispaniolensis*)等。有些种类还向东伸展，并在我国东南一带建有越冬区，如大鸨(*Otis tarda*)、白眼潜鸭(*Aythya nyroca*)、白肩雕(*Aquila heliaca*)、白头鹞(*Circus aeruginosus*)、秃鹫(*Aegypius monachus*)和胡兀鹫(*Gypaetus barbatus*)等。

4. 兽类

野马（*Equus przewalskii*）和野驴（*E. hemionus*）可谓是中亚型中的代表兽类。其中野马，从20世纪50年代以来，前苏联学者的调查表明其存在于蒙古西南和我国新疆的交界地区（Банников，1959）。另据一记录，在甘肃省肃北县野马泉与明水间曾捕获一只（郑涛等，1991）。但经多年考察，在我国境内未能再有发现（高行宜和谷景和，1989）。近年，由英国引进一批半放养群，放养于甘肃安西自然保护区，并试放归野外，获得成功。野驴，分布较为广泛，包括小亚细亚一带，在我国，除新疆与内蒙古西部，过去还可见于内蒙古东部（Банников，1959）。几种羚羊也是中亚型的代表，它们是黄羊（*Procapra gutturosa*）、蒲氏原羚（*P. przewalskii*）（图4.14）、鹅喉羚（*Gazella subgutturosa*）（图4.15）和赛加羚羊（*Saiga tatarica*）。它们的分布地区和主要栖息环境，大体上依次是：东部——草原，中部——半荒漠，中西部——荒漠、半荒漠，西部——荒漠。后者，在我国境内，野外种群据称于20世纪60年代已消失[①]。

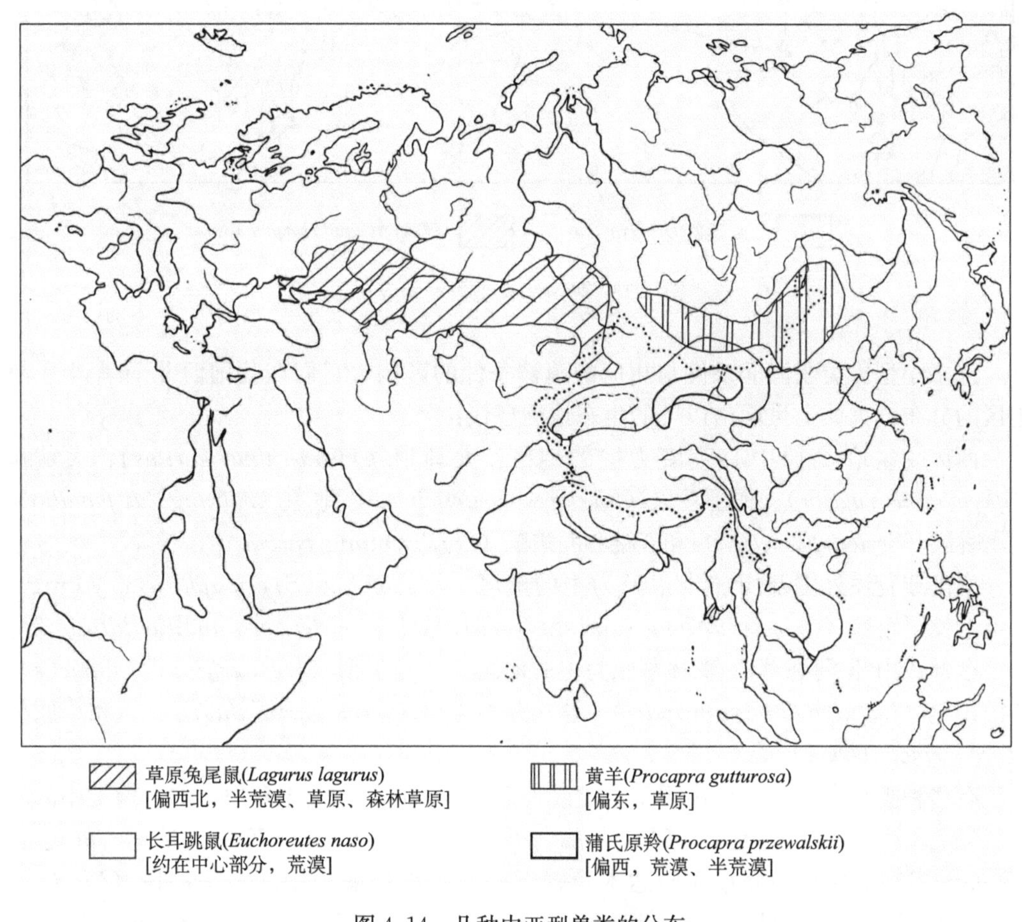

图4.14　几种中亚型兽类的分布

① 据中国科学院动物研究所朱靖同志在新疆调查后向笔者陈述。

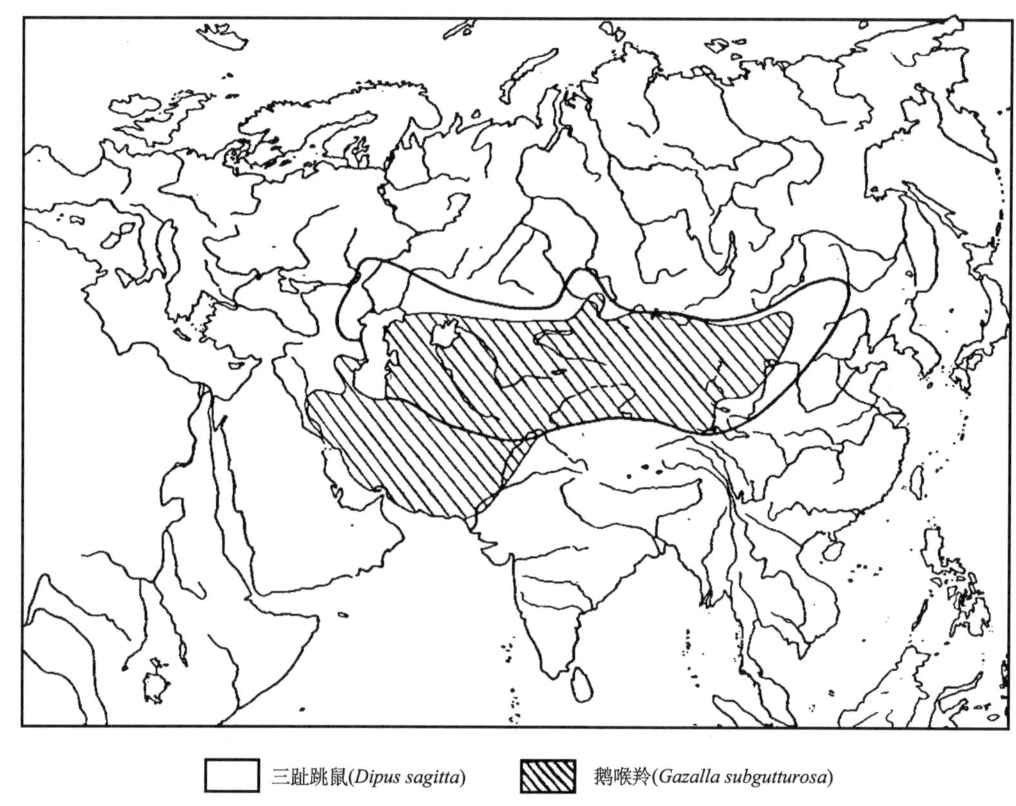

图 4.15　两种中亚型兽类的分布

许多小型兽类受湿润条件与相应的植被条件的影响，它们在我国西北干旱-半干旱地区的分布，大体上呈现出以下的生态地理替代：

西部或盆地-高原中心荒漠为主的地区：大耳猬（*Hemiechinus auritus*）、大黄鼠（*Spermophilus major*）、柽柳沙鼠（*Meriones tamariscinus*）、地兔（*Alactagulus pumilio*）、羽尾跳鼠（*Stylodipus telum*）和五趾心颅跳鼠（*Cardiocranius paradoxus*）等；

中部或荒漠外围及山麓半荒漠为主的地区：红颊黄鼠（*Spermophilus erythrogenys*）、长尾仓鼠（*Cricetulus longicaudatus*）和长爪沙鼠（*Meriones unguiculatus*）等；

东部或山麓-河谷草原-森林草原为主的地区：达乌尔猬（*Hemiechinus dauuricus*）、布氏田鼠（*Lasiopodonmys brandti*）、达乌尔黄鼠（*Spermophilus dauricus*）和草原旱獭（*Marmota bobak*）等。

有些种类分布较广，可出现于全境或大部分地区，从荒漠至草原，如食肉类中的沙狐（*Vulpes corsac*）、虎鼬（*Vormela peregusna*）、漠猫（*Felis bieti*）和兔狲（*F. manul*），后两种还分布在柴达木及附近高原。小型兽类中的子午沙鼠（*Meriones meridianus*）、三趾跳鼠（*Dipus sagitta*）（图 4.15）、五趾跳鼠（*Allactaga sibirica*）和黄兔尾鼠（*Lagurus luteus*）等，在中亚型区域内分布较广，包括青藏高原的柴达木盆地和青海湖盆地。相反，有些种类分布局限，成为地方特有种，如短耳沙鼠（*Brachiones przewalskii*）是塔里木盆地的特有种，最东的分布记录见于河西走廊居延海地区（Бихнер，1888～1894；王定国，1988）。吐鲁番沙鼠（*Meriones chengi*）是天山中部至吐鲁番一带局地分布的种（汪松，1964；侯兰新等，1986）。塔里木兔（*Lepus yarkandensis*）只分布于塔里木盆地。

（四）高 地 型

高地型种类的分布只限于或主要在青藏高原，包括北起昆仑山脉、祁连山脉，南至横断山脉北部和喜马拉雅高山带的种类，有些还扩展至附近与青藏高原毗连的高山，如帕米尔、天山及云贵高原等地，适应于高寒环境（图 4.16 至图 4.18）。由于青藏高原及其附近高地，自更新世以来因不断隆起，导致高寒环境的形成与发展，在此过程中，经过 3～4 次冰期-间冰期旋回。总的趋势是，高原西北部气候趋向高寒干旱，为高寒荒漠草原带；东南部气候趋向高寒湿润-半湿润，为高寒草甸或森林草甸带。高地型动物的分布也有相应的亚型分化现象。

1. 两栖类

属于高地型的两栖类，十分稀少，现仅知有倭蛙（*Nanorana pleskei*）和高山倭蛙（*N. parkeri*）两种。前者分布在横断山的最北部和黄河中上游地段，地理环境属高寒地区。后者分布在雅鲁藏布江中游地区，向东还见于昌都地区横断山中西段，向南只见于喜马拉雅山高海拔环境（图 4.10）。其实，这两种动物避开了最寒冷高原腹心地带，趋向于高原东南部。因而，也可视为喜马拉雅-横断山型的一种变式。

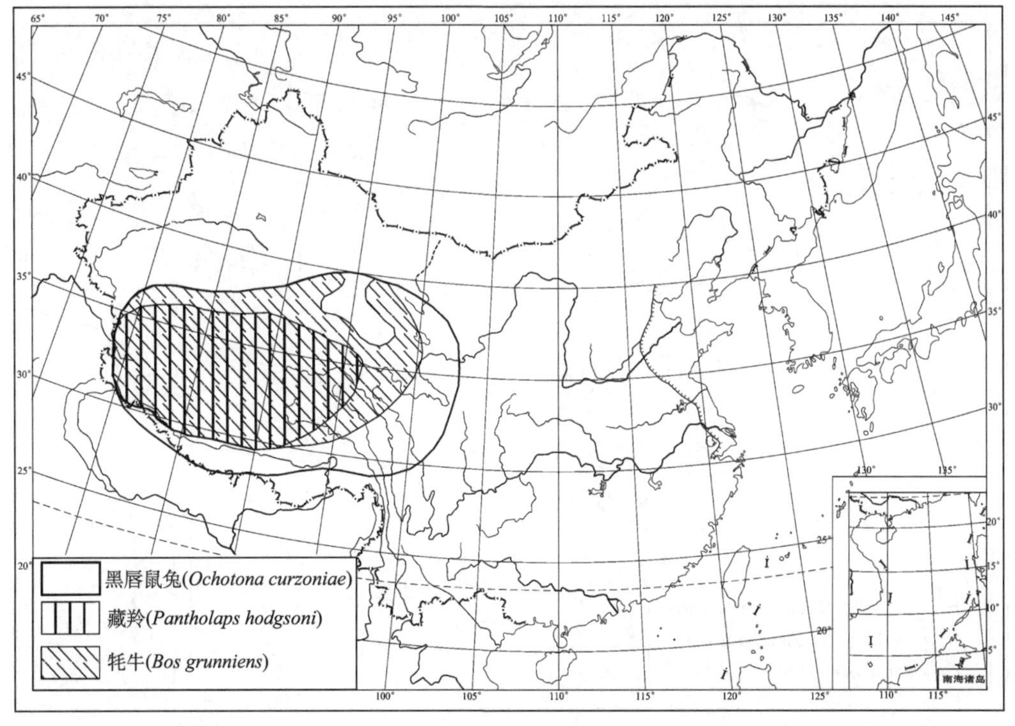

图 4.16　几种高地型兽类的分布

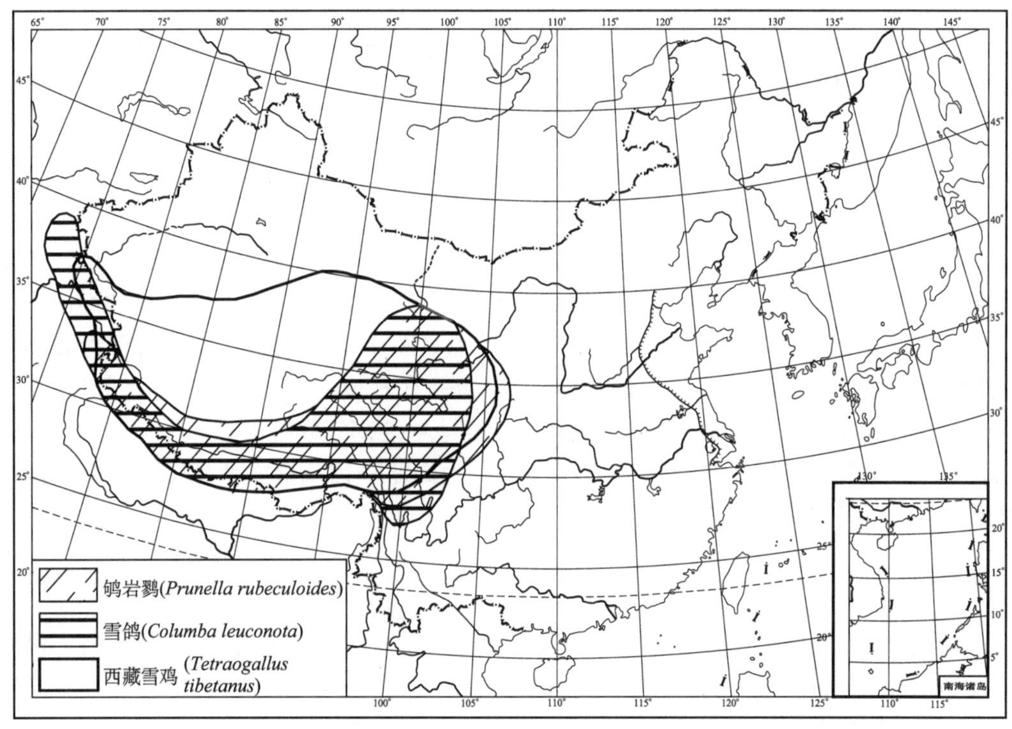

图 4.17　几种高地型鸟类的分布

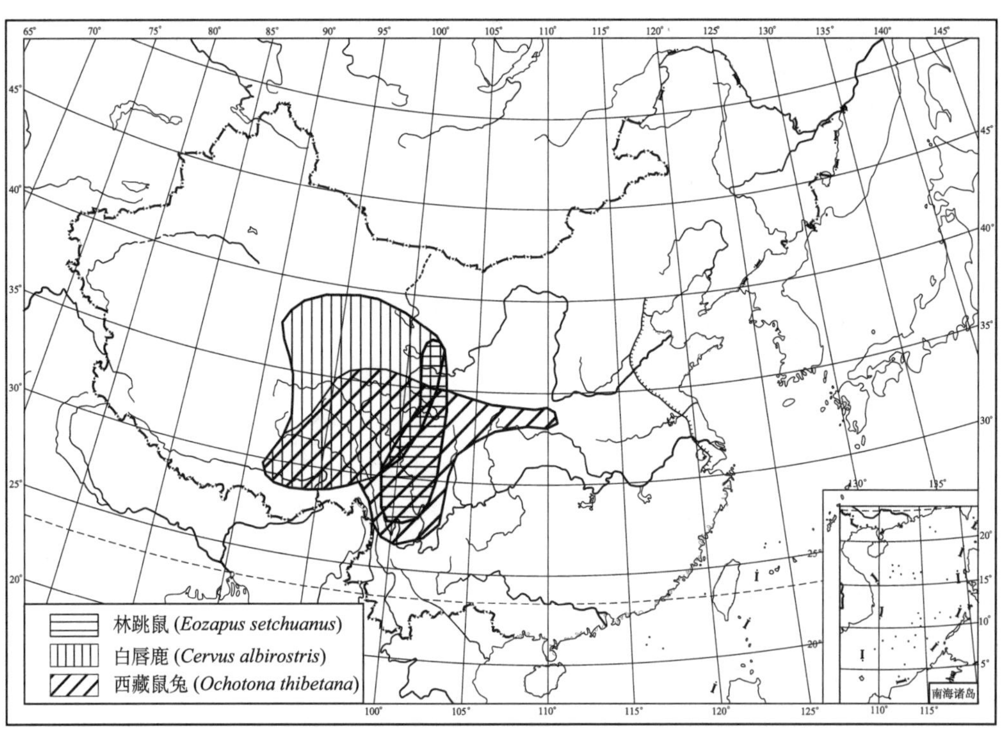

图 4.18　几种主要分布在青藏高原东部的兽类的分布

2. 爬行类

爬行类类似两栖类，属于高地型的种类也十分稀少，迄今所知有南亚鬣蜥（*Laudakia tuberculata*）、拉萨岩蜥（*L. sacra*）、藏北沙蜥（*Phrynocephalus erythrurus*）、青海沙蜥（*P. vlangalii*）和温泉蛇（*Thermophis baileyi*）。其中，只有藏北沙蜥分布在青藏高原腹心地带。温泉蛇分布于雅鲁藏布北岸的冈底斯-念青唐古拉山区，因栖息在温泉附近而得名，近来还在四川高原西部（理塘）发现（刘少英、赵尔宓，2004）。

3. 鸟类

鸟类最具代表性的种类，即现分布在青藏高原的留鸟，如藏雪鸡（*Tetraogallus tibetanus*）（图 4.17）、高山雪鸡（*T. himalayensis*）、高原山鹑（*Perdix hodgsoniae*）、蓝马鸡（*Crossoptilon auritum*）、大石鸡（*Alectoris magna*）、西藏毛腿沙鸡（*Syrrhaptes tibetanus*）、褐背拟地鸦（*Pseudopodoces humilis*）和几乎全部雪雀（*Montifrigilla* spp.）等。有些种类分布区偏于高原东部，如白眉山雀（*Parus superciliosus*）、红腹山雀（*P. davidi*）、朱鹀（*Urocynchramus pylzowi*）、藏鹀（*Emberiza koslowi*）和藏雀（*Kozlowia roborowskii*）等。它们均为青藏高原的特有种。

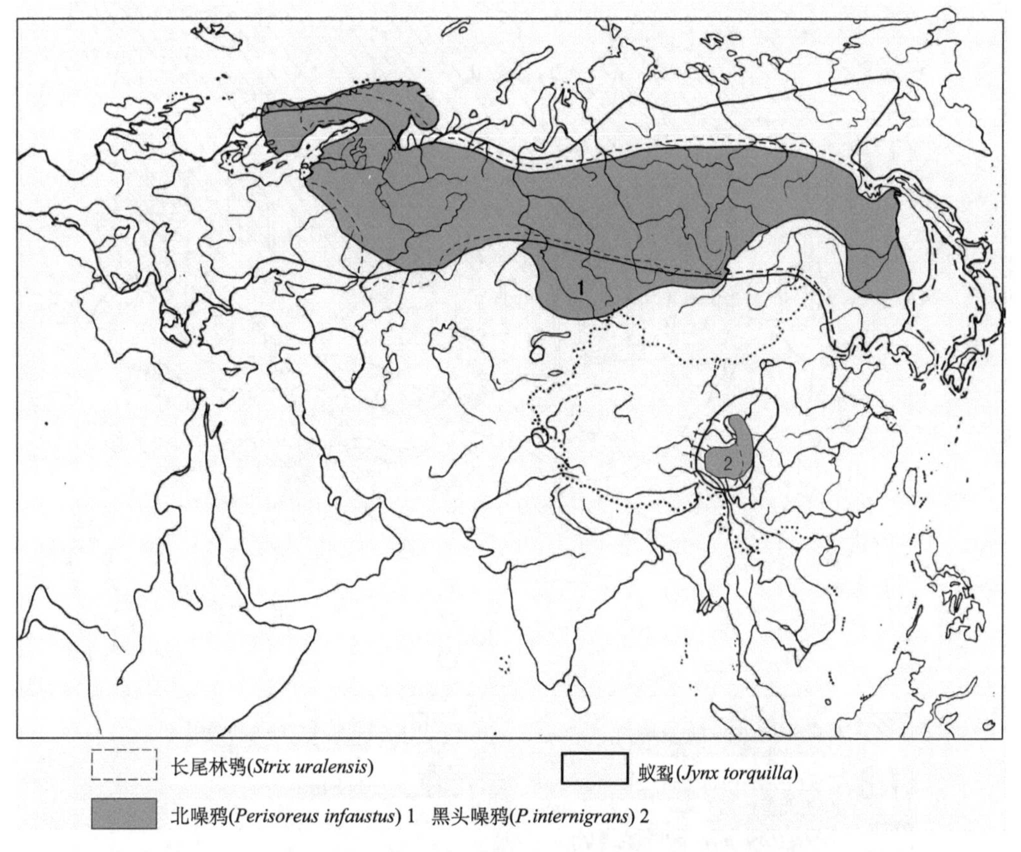

长尾林鸮(*Strix uralensis*)　　蚁䴕(*Jynx torquilla*)

北噪鸦(*Perisoreus infaustus*) 1　黑头噪鸦(*P.internigrans*) 2

图 4.19　几种古北型鸟类在横断山区或再包括附近地区的间断分布

分布范围不限于青藏高原，还包括北部的帕米尔、天山和阿尔泰山，东部的四川盆地西缘山地，或更向东伸至秦巴山地，如灰柳莺（*Phylloscopus griseolus*）、花彩雀莺（*Leptopoecile sophiae*）、黑喉岩鹨（*Prunella atrogularis*）、褐岩鹨（*P. fulvescens*），两种岭雀（*Leucosticte nemoricola*，*L. bandti*）、白翅拟蜡嘴雀（*Mycerobas carnipes*）和三种朱雀（*Carpodacus rubicilla*，*C. rubicilloides*，*C. punlceus*）等。

黑头噪鸦（*Perisoreus internigrans*）分布在青藏高原东北部。它与北方的同属种类北噪鸦（*P. infaustus*），被我国北方广大少林或无林地区所分隔（图 4.19）。这一间断分布的形成，可能反映地理环境变迁的影响，在更新世冰期中，冰缘地带的针叶林可能曾沿华北高山与横断山区针叶林相接，而成为北方物种向西南方向分布的外界条件（Zhang，1988）。

另有一些种类，繁殖在青藏高原，冬季迁至高原东南部低海拔处越冬，如斑头雁（*Anser indicus*），繁殖在青藏高原及其北部高地，冬季迁至印度半岛越冬，黑颈鹤（*Grus nigricollis*）繁殖区在青藏高原东北部，冬日迁喜马拉雅-横断山区及贵州高原海拔较低处越冬（图 4.20），棕头鸥（*Larus brunnicephalus*）繁殖区在青藏高原和帕米尔—天山一带，冬时迁至孟加拉湾沿海一带，包括我国的云南，长嘴百灵（*Melanocorypha maxima*）和细嘴沙百灵（*Calandrella acutirostris*），只分布在青藏高原及其附

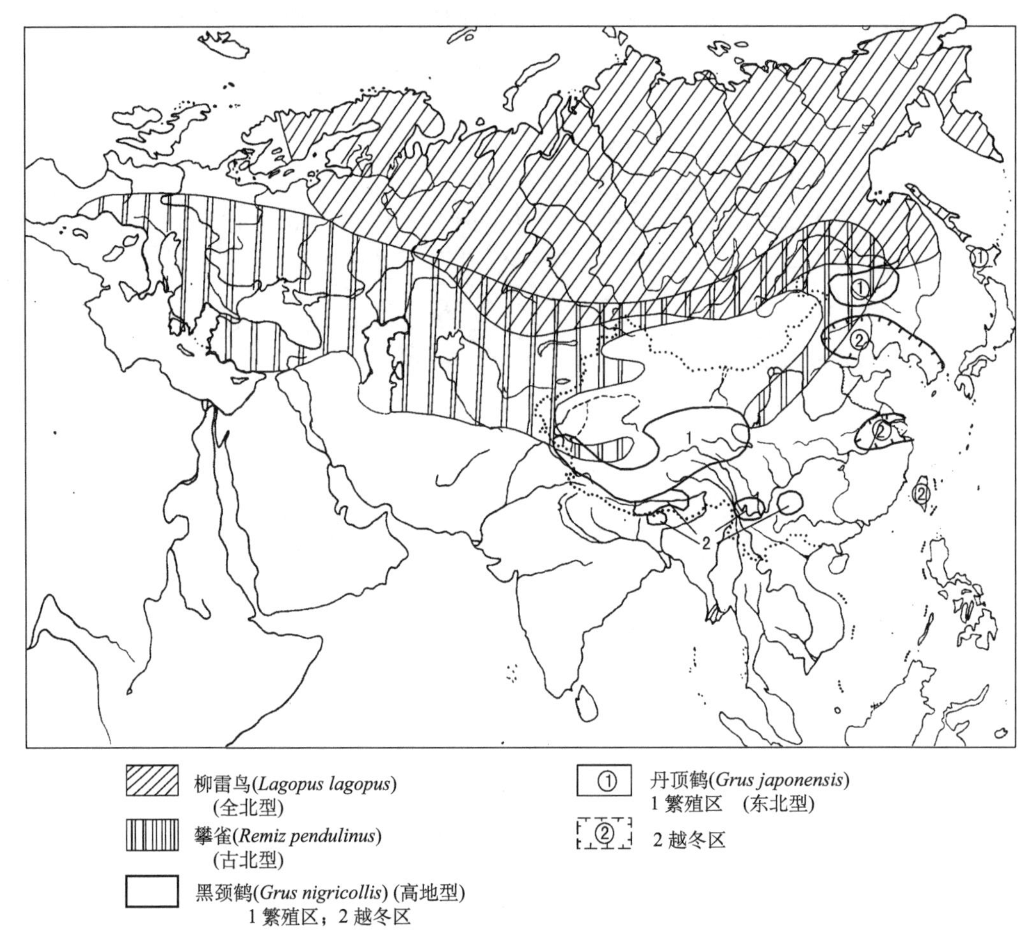

图 4.20 几种北方鸟类的分布

近高地，冬时至印度半岛越冬等。

4. 兽类

最具代表的种类，莫过于现已闻名于世，分布于青藏高原腹心地区的藏羚（*Pantholops hodgsoni*）、野牦牛（*Bos grunniens*）和藏野驴（*Equus kiang*）。藏野驴是独立的种抑或为前述中亚型野驴的地理亚种（*E. hemionus kiang*），有不同意见（Wilson and Reeder，2005），至少表明它们的关系十分亲近，其地理分化与青藏高原的隆起有关。白唇鹿（*Cervus albirostris*）亦颇引人注意，分布限于青藏高原东部，包括横断山西北部（图 4.18），是本高原上亚高山森林、灌丛-草甸带的代表动物。

藏狐（*Vulpes ferrilata*）和马熊（*Ursus pruinosus*）只分布在青藏高原和横断山区中北部，与同属相近种类在高地型以外地区的分布，呈明显的地理替代。有蹄类中的藏原羚（*Procapra picticaudata*）也属此情况。

有些种类分布比较广泛，向南可至喜马拉雅山南麓一带，向北可至帕米尔、天山、阿尔泰和萨彦岭山地，向东北可分布至贺兰山、阴山山地，向东分布至横断山北段，甚至秦岭西段，不同种类不尽相同，如雪豹（*Panthera uncia*）、岩羊（*Pseudois nayaur*）、盘羊（*Ovis ammon*）、北山羊（*Capra ibex*）、喜马拉雅旱獭（*Marmota himalayana*）、高原高山䶄（*Alticola stoliczkanus*）、黑唇鼠兔（*Ochotona curzoniae*）（图 4.16）和藏仓鼠（*Cricetulus kamensis*）等。

相反，有些种类分布比较局限，或在高原上呈地理替代，如小岩羊（*Pseudois schaeferi*）局限分布于横断山区北段、金沙江与澜沧江谷地（北纬 28°～32°）（蔡昌平等，1990）。长尾旱獭（*Marmota caudata*）只分布于帕米尔及其附近。青海田鼠（*Microtus fuscus*）限分布在青藏高原东北长江源以东（郑昌琳等，1989）。几种鼠兔的局限分布：狭颅鼠兔（*Ochotona thomasi*）、间颅鼠兔（*O. cansus*）——高原东部，包括祁连山地和横断山区北部，间颅鼠兔还在山西中北部有间断孤立的分布记录（Allen，1938）；拉达克鼠兔（*O. ladcensis*）——高原西部；红耳鼠兔（*O. erythrotis*）——高原东北部；川西鼠兔（*O. gloveri*）——高原东南部，即横断山中北部三江上游地区。几种田鼠呈地理替代，松田鼠（*Pitymys irene*）、白尾松田鼠（*P. leucurus*）和帕米尔松田鼠（*P. juldaschi*）在青藏高原包括横断山区北部的分布，从东到西，以在高原中部的白尾松田鼠分布最广泛，帕米尔松田鼠分布最狭窄，只见于青藏高原的西北和帕米尔高原一带（张荣祖等，1997）。

另外，迄今所知，银高山䶄（*Alticola argentata*）见于青藏高原东北祁连山、甘南山地，库蒙高山䶄（*A. stracheyi*）分布在青藏高原的南（喜马拉雅山区）、北（祁连山区）两侧（冯祚建等，1986；郑昌琳等，1989）的天山和内蒙古，分布区均不相连续。

（五）喜马拉雅-横断山型

喜马拉雅-横断山型为主要分布在横断山脉中、低山或再延伸至喜马拉雅南坡的种类，主要为山地森林栖居者，属东洋界成分。横断山脉与喜马拉雅山脉，在地形上，是青藏高原的东南斜面，但因其地势起伏很大，主要为高山峡谷地区，自然条件垂直分布明显，其基带为热带-亚热带，动物栖息环境复杂多样，与地形起伏相对平缓、气候寒冷的青藏高原显然有别。追溯古地理发育历史，青藏高原自上新世隆起后，气候趋向恶化，在更新世末次冰期最盛时，气候寒冷干旱，高原环境向高寒荒漠与草原发展，森林植被则向高原东南边缘退缩（施雅风，2000），横断山区与喜马拉雅山区成为接纳喜暖湿种类的摇篮。有些种类的分布区还包括周围山地。可视各种类分布在此山区内的地理位置和范围再分亚型。

1. 两栖类

我国两栖类动物中，某些类群集中分布于喜马拉雅-横断山区的现象，十分突出，约占全部两栖类的1/5强，主要属于山溪鲵、齿蟾（*Oreolalax*）、齿突蟾（*Scutiger*）、角蟾（*Megophrys*）、蟾蜍（*Bufo*）和帕棘蛙（*Paa*）等属，而呈现了现代分化中心的特点。按各个种主要的分布区的地理位置，又分以下4种情况（或亚型）：

1）横断山区：如山溪鲵（*Batrachuperus pinchonii*）（图4.6）、西藏山溪鲵（*B. thibetanus*）、大齿蟾（*Oreolalax major*）、峨眉齿蟾（*O. omeimontis*）、宝兴齿蟾（*O. popei*）、无蹼齿蟾（*O. schmidti*）、普雄齿蟾（*O. puxiongensis*）、景东齿蟾（*O. jingdongensis*）、大花角蟾（*Megophrys gigantius*）、峨眉角蟾（*M. omeimontis*）和沙坪角蟾（*M. shapingensis*）等；

2）喜马拉雅山区：如山湍蛙（*Amolops monticola*）、错那蛙（*Paa conaensis*）、尼泊尔蛙（*P. polunini*）、肯氏角蟾（*Megophrys kempii*）、凸肛角蟾（*M. pachyproctus*）、墨脱角蟾（*M. medogensis*）、林芝齿突蟾（*Scutiger nyingchiensis*）、锡金齿突蟾（*S. sikkimensis*）等；

3）喜马拉雅与横断两山系交汇地区：察隅棘蛙（*Paa chayuensis*）、眼斑棘蛙（*P. feae*）、西藏舌突蛙（*Liurana xizangensis*）、圆疣树蛙（*Rhacophorus tuberculatus*）、疣足树蛙（*R. verrucopus*）、仁更小树蛙（*Philautus argus*）、墨脱小树蛙（*P. medogensis*）、棘棱皮树蛙（*Theloderma moloch*）和墨脱舌突蛙（*Liurana medogensis*）（费梁等，1999）等；

4）喜马拉雅—横断山区：西藏齿突蟾（*Scutiger bonlengeri*）和胸腺齿突蟾（*S. glandulatus*）等。

一般来说，属本类型的大多数种的分布范围均不宽，有些还显见狭窄。在两栖类中特别明显。但也有些种类向外伸展较宽，如主要分布于横断山区的峨山掌突蟾（*Paramegophrys oshanensis*）和沙巴拟髭蟾（*Leptobrachium chapaensis*），前者还见于贵州高原和大巴山地，后者还伸展至中南半岛北部，另棘皮湍蛙（*Amolops granulosus*）还见于秦巴山地，仙琴水蛙（*Hylorana daunchia*）亦分布在云贵高原，云南小狭口蛙（*Calluella yunnanensis*）还分布至滇东高原一带（杨大同等，1989）等。

2. 爬行类

我国爬行类动物的某些类群，在喜马拉雅—横断山区特别集中的现象，远不如两栖类。按各个种主要的分布区的地理位置，如同两栖类，亦分以下4种情况（或亚型）：

1）横断山区：如多种滑蜥，如长肢滑蜥（*Scincella doriae*）、瓦山滑蜥（*S. schmidti*）、康定滑蜥（*S. potanini*）、山滑蜥（*S. monticola*）、大渡石龙子（*Eumeces tunganus*）

和美姑脊蛇（*Achalinus meiguensis*）等；有一些主要分布于横断山区而又再向外伸展，如峨眉地蜥（*Platyplacopus intermedius*）稍向东南，草绿攀蜥（*Japalura flaviceps*）和丽纹攀蜥（*J. splendida*）可再分布至四川盆地周围，前者还见于山西南部（邢庆云，1975）、贵州东南部（伍律等，1985）和湖南南部（梁启燊，1994，个人通信）等。

2）喜马拉雅山区：如喉褶蜥（*Phyatolaemus gularis*）、异鳞蜥（*Oriocalotes paulus*）、锡金滑蜥（*Scincella sikkimensis*）、拉达克滑蜥（*S. ladacensis*）和喜山滑蜥（*S. himalayana*）、西藏竹叶青（*Trimeresurus tibetanus*）、南峰锦蛇（*Elaphe hodgsonii*）、喜山颈槽蛇（*Rhobdophis himalayanus*）、小头坭蛇（*Trachischium tenuiceps*）和两种腹链蛇（*Amphiesma parallella* 和 *A. platyceps*）等。

3）喜马拉雅—横断山区：如长肢攀蜥（*Japalura andersoniana*）、黑线乌梢蛇（*Zaocys nigromarginatus*）及白链蛇（*Dinodon septentrionalis*）等。

4）喜马拉雅—横断山系交汇地区：如卡西裸趾虎（*Cyrtodactylus khasiensis*）、墨脱弓趾虎（*C. medogensis*）、墨脱竹叶青（*Trimeresurus medoensis*）、喜山小头蛇（*Oligodon albocinctus*）、黑带小头蛇（*O. melanozonatus*）、黄腹杆蛇（*Rhabdops bicolor*）、喜山过树蛇（*Dendrelaphis gorei*）、山坭蛇（*Trachischium monticola*）、珠光蛇（*Blythia reticulata*）、卡西腹链蛇（*Amphiesma khasiensis*）等。

类似两栖类，本类型中一些种的分布范围，显见狭窄，如喜马拉雅—横断山系交汇地区的一些种，以目前所知，就是如此，如西藏裸趾虎（*Cyrtodacylus tibetanus*）——雅鲁藏布江中游；锡金滑蜥（*Scincella sikkimensis*）、拉达克滑蜥（*S. ladacensis*）和喜山滑蜥（*S. himalayana*）、喉褶蜥（*Phyatolaemus gularis*）、异鳞蜥（*Oriocalotes paulus*）——喜马拉雅山中部南麓；墨脱蜓蜥（*Sphenomorphus courcyanus*）——局限于墨脱地区。还有西域滑蜥（*S. przewalskii*）——甘肃最南部（赵尔宓等，1993）；乡城原矛头蝮（*Protobothrops xiangchengensis*）——四川西南一带横断山等，从目前分布状态看，似为地方土著种。但为残留抑或新生，需系统学的研究。而少数种类的不连续分布现象，可能表明其残留的特征，如四川攀蜥（*Japalura szechwanensis*）呈间断分布，分别见于横断山北部（赵尔宓等，1989）、贵州茂兰（李德俊等，1987）和广西大瑶山（申兰田等，1988）。喜山钝头蛇（*Pareas monticola*）主要分布在喜马拉雅南麓（胡淑琴等，1987）至高黎贡山（杨大同等，1983）一带，近来又发现于湖南西南部（梁启燊，1994，个人通信），相隔甚远。

3. 鸟类

主要分布范围大体上与喜马拉雅—横断山系相当，如雪鹑（*Lerwa lerwa*）、雉鹑（*Tetraophasis obscurus*）、血雉（*Ithaginis cruentus*）、藏马鸡（*Crossoptilon crossoptilon*）、铜鸡（*Chrysolophus amherstiae*）、雪鸽（*Columba leuconota*）、紫宽嘴鸫（*Cochoa purpurea*）、长尾地鸫（*Zoothera dixoni*）、黄颈啄木鸟（*Dendrocopos darjellensis*）、灰背伯劳（*Lanius tephronotus*）、黄嘴蓝鹊（*Cissa flavirostris*）、高原岩鹨（*Prunella himalayana*）、鸲岩鹨（*P. rubeculoides*），还有多种角雉（*Tragopan* spp.）、虹雉（*Lophophorus* spp.）、鸫（*Turdus* spp.）、歌鸲（*Luscinia* spp.）、林鸲（*Tarsiger* spp.）、红尾鸲（*Phoenicurus* spp.）、噪鹛（*Garrulax* spp.）、雀鹛（*Alcippe* spp.）、树莺（*Cettia* spp.）、柳莺（*Phylloscopus* spp.）、姬鹟（*Ficedula* spp.）

和朱雀（*Carpodacus* spp.）等，几乎全属留鸟或夏候鸟。它们大多种类还不同程度地向东部外围山地伸展，如火帽雀（*Cephalopyrus flammiceps*）分布至秦岭南坡，棕眉柳莺（*Phylloscopus armandii*）、白顶溪鸲（*Chaimarrornis leucocephalus*）、红眉朱雀（*Carpodacus pulcherrimus*）和灰头灰雀（*Pyrrhula erythaca*）等向东伸展甚远，可至华北山地。其中，白顶溪鸲还至长江中下游度夏，在华南-华中一带越冬。高山旋木雀（*Certhia himalayana*）的分布还包括至秦岭与贵州高原的西南部。黑冠山雀（*Parus rubidiventris*）围绕青藏高原东、南、西部周边山地分布，还包括秦岭、喀什米尔、帕米尔和天山，而不见于高原腹心地带（郑作新，1987）。凡此，均反映青藏高原腹心高寒环境的阻障效应。

本类型中有不少种类只见于局部山区，可分以下几类（亚型）。

横断山区：如斑尾榛鸡（*Tetrastes sewerzowi*）、宝兴鹛雀（*Moupinia poecilotis*）、高山雀鹛（*Alcippe striaticollis*）和酒红朱雀（*Carpodacus vinaecus*）等。

喜马拉雅山区：如黑喉毛脚燕（*Delichon nipalensis*）、玫红眉朱雀（*Carpodacus rhodochrous*）、红头灰雀（*Pyrrhula erythrocephala*）、杂色噪鹛（*Garrulax variegatus*）、纹头斑翅鹛（*Actinodura nipalensis*）和黑头奇鹛（*Heterophasia capistrata*）等，只分布在喜马拉雅山南翼，前者，在我国境内还见于云南贡山（Cheng，1987）。

喜马拉雅—横断山交汇地带：如血雀（*Haematospiza sipahi*）、金头黑雀（*Pyrrhoplectes epauletta*）、纹胸斑翅鹛（*Actinodura waldeni*）、灰奇鹛（*Heterophasia gracilis*）、白项凤鹛（*Yuhina bakeri*）和黑眉鸦雀（*Paradoxornis atrosupercillaris*）等。

间断分布现象也有存在，如主要分布在喜马拉雅—横断山区的短翅鸲（*Hodgsonius phoenicuroides*），在河北北部另有一孤立留居点，白眉林鸲（*Tarsiger indicus*）远在台湾另有 1 亚种；白尾斑地鸲（*Cinclidium leucurum*）则还在海南和台湾各有 1 亚种，均与分布在本山区的种群遥相分隔。又如前述主要分布在横断山的宝兴歌鸫（*Turdus mupinensis*），另在河北北部有一孤立留居点，分布在横断山区的斑尾榛鸡与主要分布在东北区的同属种类花尾榛鸡（*Tetrastes bonasia*）亦呈间断分布，均可能与历史变迁有关（见本章第三节）。

4. 兽类

属此类型的兽类，按其分布或主要分布范围可分以下几类（亚型）：

1）横断山区：大熊猫（*Ailuopoda melanoleuca*）可作为代表，它主要分布在横断山东部，南起大凉山北至岷山白水江流域并延伸到秦岭南坡，这是更新世以来历史退缩的结果（图 5.16）。有同样的情况的还有著名的川金丝猴（*Rhinopithecus roxellanae*）。滇金丝猴（*R. biet*）的分布孤立于云南西北与川藏交界的金沙江—澜沧江分水岭地带。马麝（*Moschus sifanicus*）分布较宽，还见于青藏高原东部，另在贺兰山地（王香亭等，1977）和秦岭（禹瀚，1958）有分布记录。小型兽类中，如川西长尾鼩（*Soriculus hypsibius*）、川鼩（*Blarinella quadraticauda*），长尾鼩鼹（*Scaptonyx fusicaudus*）、甘肃鼹（*Scapanulus oweni*）、灰鼯鼠（*Petaurista xanthotis*）、林跳鼠（*Eozapus setchuanus*）、大耳姬鼠（*Apodemus latronum*）、西南兔（*Lepus comus*）等。它们大多还向东、东北或东南方向不同程度地延伸。有些种类的分布则比较局限，如多种绒鼠

(*Eothenomys* spp.）分别分布在横断山区东南部、中部或东北部；侧纹岩松鼠（*Sciurotamias forresti*）分布在横断山南端及其附近；拉达克鼠兔（*Ochotona ladacensis*）——西部；红耳鼠兔（*O. erythrotis*）——东北部；川西鼠兔（*O. gloveri*）——东南部，即横断山中北部三江上游地区；峨眉鼹（*Talpa grandis*）——峨眉山；景东树鼠（*Chiropodomys jingdongensis*）——无量山（吴德林等，1984）；毛尾睡鼠（*Chaetocaud sichuanensis*）——四川平武王朗地区（王酉之，1985）。

2）喜马拉雅山区：如喜马拉雅塔尔羊（*Hemitragus jemlahicus*）、喜马拉雅麝（*Moschus chrysogaster*）、拟大管鼻蝠（*Murina rubex*）、锡金长尾鼩（*Soriculus nigrescens*）、帕米尔鼩鼱（*Sorex buchariensis*）、栗褐鼯鼠（*Petaurista magnificus*）、锡金松田鼠（*Pitymys sikimensis*）、喜马拉雅鼠兔（*Ochotona himalayana*）等。

3）横断山—喜马拉雅山区：小熊猫（*Ailurus fulgens*）和羚牛（*Budorcas taxicolor*）颇为典型，主要分布在横断山，向西分布至喜马拉雅东段，向东止于秦岭，向北止于岷山地区。小型兽类中如印度长尾鼩（*Soriculus leucops*）、四川水麝鼩（*Chimarrogale styani*）、蹼麝鼩（*Netogales elegans*）、橙腹长吻松鼠（*Dremomys lokriah*）、灰鼠兔（*Ochotona roylei*）和藏鼠兔（*O. thibetana*）等。

4）喜马拉雅—横断山交汇区：以红斑羚（*Naemorhedus cranbrooki*）和褐（黑）麝（*Moschus fuscus*）为代表，分布于喜马拉雅山与高黎贡山山地之间（冯祚建等，1986；张词祖等，1988）。小型兽中，如小泡灰鼠（*Berylmys manipulus*）（杨光荣等，1989）等。

本类型中有些种类的间断分布记录，颇引人注意，如云南攀鼠（*Vernaya fulva*），迄今所知，主要分布在横断山南端，即云南南部热带，另见于横断山东北部的四川王朗（张国修等，1991）、秦岭南坡（王正廷等，1992）和渭水北侧的陇县（宋世英，1984），川西长尾鼩在北京地区也有发现（Allen，1938；张洁，1984），是孤立分布的记录。长尾鼩（*Soriculus caudatus*）和另一台湾土著种，台湾长尾鼩（*S. fumidus*）与大陆上同属种类，在分布上有较宽的间断。小鼯鼠（*Petaurista elegans*）在我国主要分布在横断山南段，并伸展至广西与湘西山地，另有间断孤立分布于秦岭南坡的记录（巩会生，1993）。另一种羊绒鼯鼠（*Eupetaurus cinereus*），已知国外分布在喜马拉雅西端的克什米尔地区（Ellerman et al.，1950），国内见于横断山区的高黎贡山（杨光荣等，1989），分布记录不相连续。沟牙鼯鼠（*Aeretes melanopterus*）主要分布在横断山北段，另有一孤立间断的记录见于北京东北的兴隆山地（Allen，1938）。

（六）南 中 国 型

南中国型为分布或主要分布在我国季风地区中亚热带的喜暖湿种类，与东南亚热带-亚热带型（东洋型）形成北-南的地理替代，但互有重叠。其中，有些种类沿季风地区东部不同程度地向北方伸展，反映其对较低温气候适应的幅度。还有不少成分再向南伸入中南半岛北部，或沿喜马拉雅山南麓再向西分布。这些扩展的种类可以归为季风区（亚）型。在更新世期间，我国东部的暖湿气候带，曾因冰期-间冰期的轮回而南北向波动，最北曾移至华北地区（Liu et al.，1984），对此类动物的分布产生影响。

1. 两栖类

我国两栖类中，属于南中国型的种类很多，稍逊于喜马拉雅-横断山区型，大约占全部种类的1/5，大体上分两类：

1）分布比较广泛，如小角蟾（*Megophrys minor*）、淡肩角蟾（*M. boettgeri*）、华南湍蛙（*Amolops ricketti*）、弹琴蛙（*Hylorana adenopleura*）、花臭蛙（*Odorrana schmackeri*）、湖北侧褶蛙（*Pelophylax hubeiensis*）、大树蛙（*Rhacophorus dennysi*）、经甫树蛙（*Rhacophorus chenfui*）和红蹼树蛙（*Rhacophorus rhodopus*）等。中华蟾蜍（*Bufo gargarizans*）与黑斑侧褶蛙（*Pelophylax nigromaculatus*，俗称青蛙）几乎遍布我国季风地区中亚热带至寒温带，前者还见于乌苏里与朝鲜，可另称为季风区型（亚型）。

2）分布狭窄，如几种小鲵（*Hynobius* spp.）、几种北鲵（*Ranodon* spp.）、细痣疣螈（*Tylototriton asperimus*）、贵州疣螈（*T. kweichowensis*）、蓝尾蝾螈（*Cynops cyanurus*）、尾斑瘰螈（*Paramestriton caudopunctatus*）、小腺蛙（*Glandirana minima*）、光雾臭蛙（*Odorrana kuangwuensis*）、沙巴湍蛙（*Amolops chapaensis*）、瑶山树蛙（*Rhacophorus yaoshanensis*）、广西棱皮蛙（*Theloderma kwangsiensis*）和金秀小树蛙（*Philautus jinxiuensis*）等。髭蟾属（*Vibrissaphora*）分布在北回归线以北至北纬30°附近，种的分布狭窄，并相对孤立，为地方土著种（刘承钊等，1980）。

间断分布现象在南中国类型中比较突出，据迄今所知的记录，如白斑小树蛙（*Philautus albopunctatus*）——雅鲁藏布江大拐弯（费梁等，1990）和广西大瑶山（申兰田等，1988；龙国珍等，1988）；红吸盘小树蛙（*P. rhododiscus*）——福建崇安、广西大瑶山和南宁（费梁，1990）；锯腿小树蛙（*P. cavirostris*）——我国西南部（费梁，1990）和斯里兰卡（赵尔宓，1993）；黑点泛树蛙（*Polypedetes nigropunctatus*）——云南龙陵（杨大同等，1989）、贵州高原（伍律等，1986）和安徽岳西（陈壁辉等，1991）；洪佛树蛙（*Rhacophorus hungfuensis*）——四川灌县、汶川（费梁，1990）和广西大瑶山（申兰田等，1988）；合征姬蛙（*Microhyla mixtura*）主要分布北亚热带山地（秦岭至大别山），但亦见贵州高原个别地点（伍律等，1986）；秦岭雨蛙（*Hyla tsinlingensis*）主要分布在四川盆地东部与北部，另在安徽大别山区有发现（陈壁辉，1991）等。

2. 爬行类

我国爬行类中的龟鳖目种类约有76%分布上属南中国型，如多种闭壳龟（*Cuora* spp.）、斑鳖（*Refetus swinhoei*）、大头乌龟（*Chinemys megalocephala*）、广西水龟（*Mauremys iversoni*）和斑鼋（*Pelochelys maculatus*）等。其中绝大多数的分布区均狭窄或分布记录零星。分布在两广与云南南部的山瑞鳖（*Palea steindachneri*），有一记录发现在大巴山地（宋鸣涛，1987a）。分布于南方沿海的眼斑水龟（*Sacalia bealei*）也有两个孤立于长江中下游的记录，即贵州东北（伍律等，1985）和安徽南部（陈壁辉等，1991）。在秦岭南坡发现的（宋鸣涛，1984）平利闭壳龟（*Cuon pani*）与安徽南部的金头闭壳龟（*C. aurocapitata*）均与分布于热带-南亚热带的同属龟类有较宽的间隔。

属于南中国型的其他种类中，分布区狭窄的现象也比较普遍，如铅山壁虎（*Gekko hokouensis*）、荔波壁虎（*G. lioensis*）、米仓攀蜥（*Japalura micangshanensis*）、莽山烙铁头

(*Trimeresurus mangshanensis*)和井冈山脊蛇(*Achalinus jingganensis*),由其命名即可知。著名的扬子鳄(*Alligator sinensis*)历史上在我国曾有较广泛的分布,但现代主要在华中区的长江中下游沿岸及太湖周围,相当于中亚热带与北亚热带之间的一狭长地带内,残存在安徽南部(陈壁辉等,1991)、江苏南部(周开亚,1964)和浙江北部(张淑德,1987)。

本类型中分布比较广泛的较少,多属主要分布在中亚热带的种类,如银环蛇(*Bungarus multicinctus*)、福建丽纹蛇(*Calliophis kelloggi*)、尖吻蝮(*Deinagkistrodon actus*)、棕脊蛇(*Achalinus rufescens*)和黑脊蛇(*A. spinalis*)、原矛头蝮(*Protobothrops mucrosquamatus*)和菜花烙铁头(*P. jerdonii*)等。其中,银环蛇、福建丽纹蛇和尖吻蝮均还可见于中南半岛北部,伸入热带。尖吻蝮还见于台湾。

分布跨越亚热带与暖温带的,如红点锦蛇(*Elaphe rufodorsata*)、棕黑锦蛇(*E. schrenckii*)、赤链蛇(*Dindon rufozonatum*)和虎斑颈槽蛇(*Rhabdophis tigrinus*),前两种分布偏北,国外见于远东地区,后两种分布偏南,主要分布在中温带以南,其中赤链蛇还分布在台湾与海南,虎斑颈槽蛇还见于台湾,可归为季风区(亚)型。

本型内呈间断分布的,如四川龙蜥(*Japalura szechwanensis*)分别见于横断山北部(赵尔宓等,1989)、贵州茂兰(李德俊等,1987)和广西大瑶山(申兰田等,1988)。白眶蛇(*Amphiesmoides ornaticeps*)分布在福建南部(丁汉波等,1980)、广西大瑶山(申兰田等,1988)和海南(赵尔宓等,1993)。主要分布在闽北、浙南一带的福建钝头蛇(*Pareas stanleyi*),在贵州雷山、荔波也有发现(伍律等,1985;李德俊等,1987)。多疣壁虎(*Gekko japonicus*)分布在中亚热带,还见于日本与朝鲜。颇引人注意的珍稀物种鳄蜥(*Shinisaurus crocodilurus*),以往了解仅分布在广西金秀大瑶山、贺县和昭平县境内,呈残存状态,现又在广东曲江境内发现(张玉霞等,1991;陆舟等,2003;黎振昌等,2003),似为不连续分布。

3. 鸟类

鸟类主要见于我国季风区亚热带以南,其中有些种类,向南还可见于中南半岛北部。依它们在我国分布的北界,有以下几种情况:

1)中亚热带或北亚热带:如白颈长尾雉(*Syrmaticus ellioti*)、两种竹鸡(*Bambusicola fytchii* 和 *B. thoracica*)、黄腹角雉(*Tragopan caboti*)和白额山鹧鸪(*Arborophila gingica*)、棕颈钩嘴鹛(*Pomatorhinus ruficollis*)、红头穗鹛(*Stachyris ruficeps*)、黑脸噪鹛(*Garrulax perspicillatus*)、画眉(*G. canorus*)、白颊噪鹛(*G. sannio*)、黄嘴鸦雀(*Paradoxornis flavirostris*)、橙背鸦雀(*P. nipalensis*)、黄腹山雀(*Parus venustulus*)、白斑尾柳莺(*Phylloscopus davisoni*)、白喉林鹟(*Rhinomyias brunneata*)和海南蓝仙鹟(*Niltava hainana*)等。

2)暖温带:如白冠长尾雉(*Syrmaticus reevesii*)、勺鸡(*Pucrasia macrolopha*)、白颈鸦(*Corvus torquatus*)、锈脸钩嘴鹛(*Pomatorhinus erythrogenys*)、灰翅噪鹛(*Garrulax cineraceus*)、褐头雀鹛(*Alcippe cinereiceps*)和山麻雀(*Passer rutilans*)等。

3)中温带:如棕头鸦雀(*Paradoxornis webbianus*)。

上述各类中,有些种类还经横断山南部再向西沿喜马拉雅山南翼分布,在此形成一突出的狭长分布带,如山鹨(*Anthus sylvanus*)、小燕尾(*Enicurus scouleri*)、栗胸矶鸫（*Monticola rufiventris*）、黄腹树莺（*Cettia acanthizoides*）、棕褐短翅莺（*Bradypterus luteoventris*）、黄胸柳莺（*Phylloscopus cantator*）、金眶鹟莺（*Seicercus burkii*）、棕脸鹟莺（*S. albogularis*）和蓝喉太阳鸟（*Aethopyga gouldiae*）等。

有些种类分布较宽，可称为季风型（亚型），如大嘴乌鸦（*Corvus macorhynchos*）分布在全部季风区，包括喜马拉雅山南麓，北限为暖温带北界，金翅［雀］（*Carduelis sinica*）自季风区南亚热带分布至中温带，在国外还见于自堪察加至日本一带，为留鸟。还有紫背苇鳽（*Ixobrychus eurhythmus*），其繁殖区亦包括乌苏里，日本北部与库页岛，冬时迁至东南亚一带。

有些种类分布区显见狭窄，或呈间断状态，反映残存或衰退特征，其中以鸦雀类最多，如暗色鸦雀（*Paradoxornis zappeyi*）分布于横断山中段；灰冠鸦雀（*P. przewalskii*）分布于甘南山地；挂墩鸦雀（*P. davidianus*）分布于福建中部；震旦鸦雀（*P. heudei*）间断分布在长江下游地区和东北地区（图 4.21）；丽星鹩鹛（*Spelaeornis*

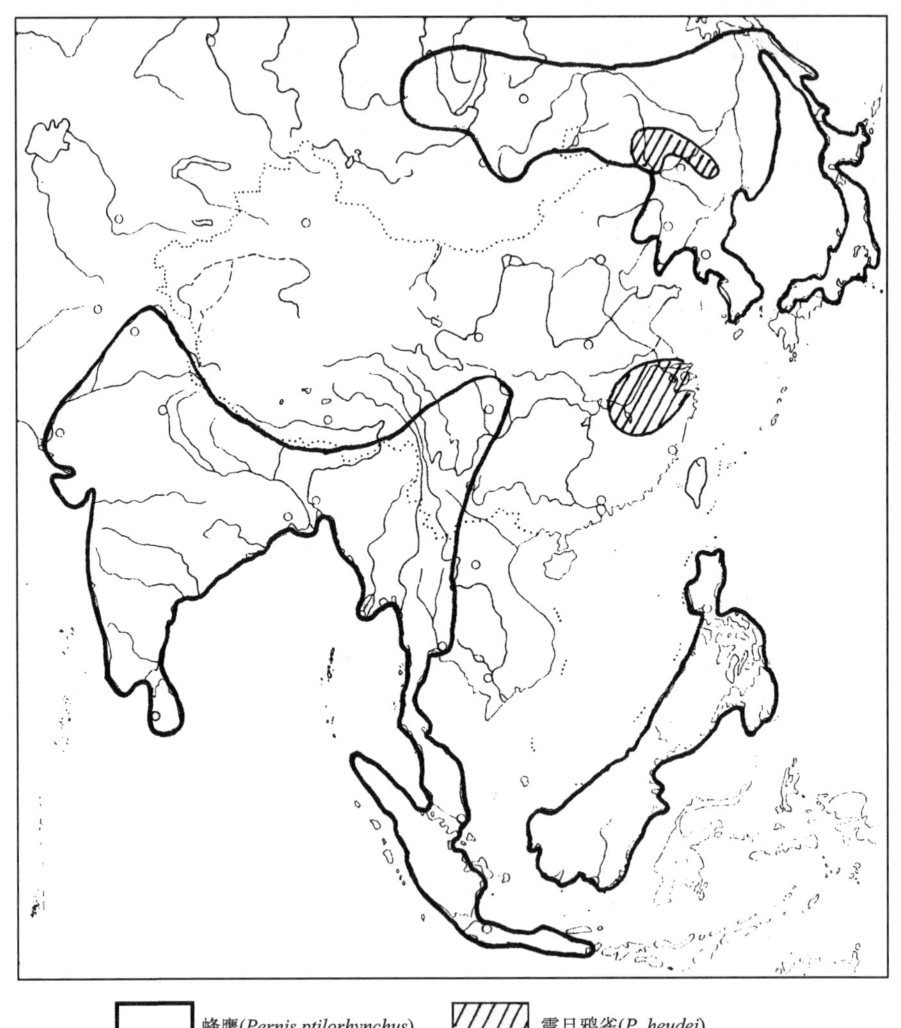

图 4.21　蜂鹰和震旦鸦雀的分布

formosus）间断分布在喜马拉雅、横断山南段和福建武夷山地等。受到关注的濒危物种朱鹮（*Nipponia nippon*）是季风型中近期成为残存的种类，它原来在繁殖区的北界自长白山地附近至秦岭—岷山地区，南界沿伏牛大别山至浙江北部，越冬在繁殖区的南部，有时亦见于台湾与海南，在国外见于日本（郑作新，1976），现在只残存于秦岭南麓洋县境内（刘荫增，1981），经保护后，种群数量已明显不断增加。

4. 兽类

猕猴属（*Macaca*）中的藏酋猴（*M. thibetana*）和金丝猴属（*Rhinopithecus*）中的黔金丝猴（*R. brelichi*）是我国中亚热带的特有种，前者分布的南北限亦与该带的分布大致相符，后者现只残存于贵州梵净山。小麂（*Muntiacus reevesi*）和毛冠鹿（*Elaphodus cephalophus*）的分布，几乎遍及季风区亚热带以南。小麂还见于台湾。毛冠鹿向北进入暖温带南缘，向南可至中南半岛北部，向西伸至喜马拉雅南麓。林麝（*Moschus berezovskii*）分布于季风区热带-亚热带山地森林，在岷山白水江及六盘山一带也进入暖温带南缘。黑麂（*Muntiacus crinifrons*）分布在季风区中亚热带的东南部，范围不大。它们均可视为南中国型兽类中的范例。

属此类型的小型兽类，依它们在我国东部季风区北伸程度的不同，归类如下：

1）中亚热带：如华南缺齿鼹（*Mogera insularis*）、小菊头蝠（*Rhinolophus blythi*）、红腿长吻松鼠（*Dremomys pyrrhomerus*）；

2）北亚热带：如长吻鼹（*Talpa longirostris*）、猪尾鼠（*Typhomys cinereus*）、中华姬鼠（*Apodemus draco*）、黑腹绒鼠（*Eothenomys melanogaster*）、泊氏长吻松鼠（*Dremomys pernyi*）、黄腹鼬（*Mustela kathiah*）和鼬獾（*Melogale moschata*）；

3）暖温带：如灰麝鼩（*Crocidura attenuata*）、绒山蝠（*Nyctalus velutinus*）、小鼠耳蝠（*Myotis davidi*）和北京鼠耳蝠（*M. pequinius*）等。

可归属为季风区（亚）型的，最具代表性的是梅花鹿（*Cervus nippon*），其主要分布区在我国的季风区，包括台湾，北部见于乌苏里、朝鲜半岛和日本。四川西北部若尔盖红原地区的种群（郭倬甫等，1978），已达季风区的西部边缘。属此类型的，还有斑羚（*Naemorhedus goral*）和貉（*Nyctereutes procyonoides*），前者从喜马拉雅南麓向东北遍布我国季风区至中温带北缘，后者还分布至乌苏里、朝鲜半岛和日本。属此类型的小型兽中，以东方田鼠（*Microtus fortis*）为代表，从中温带分布至中亚热带，但避开黄土高原区的大部分地区，在内蒙古西部只沿湿润地段栖息。

本类型中的间断分布，有以下几种引人注意的种类。华南兔（*Lepus sinensis*）分布于我国季风区东南部，自热带至中亚热带南部，另间断分布在台湾和朝鲜半岛，在我国长白山也有记录（罗泽珣，1988）。河麂，即獐（*Hydropotes inermis*）的分布，限于中亚热带自长江中下游（盛和林等，1992）至西江北部支流（广西西北）一带（韦振逸等，1985），另间断分布于朝鲜半岛（Ellerman et al.，1950）。毛耳飞鼠（*Belomys pearsoni*）主要分布在我国热带-亚热带西部地区，在伏牛山地区有孤立间断的分布（周家兴等，1961；葛凤翔等，1984），另见于台湾，与大陆分布区间亦有较宽的间断。其形成原因与历史变迁有关（参见本章第三节）。

（七）东南亚热带-亚热带型（东洋型）

东南亚热带-亚热带型（东洋型）为主要分布在中南半岛、印度半岛或更包括附近岛屿的种类，分布区的中心处于东南亚的热带地区。分布进入我国的种类，向北伸展的程度，反映其对温度条件适应的幅度。典型的热带种类大多只伸入我国西南和华南热带和南亚热带（图 4.22）。有些种类可不同程度地沿我国季风区北伸，甚至远至东北的中温带（图 4.23）。更新世期间，因冰期-间冰期的轮回，亚洲东部热带-亚热带曾几度南北摆动，海岸线发生进退，大陆与近海岛屿间的陆连亦随之发生变化（Liu et al.，1984）。凡此，均影响此类动物的分布。

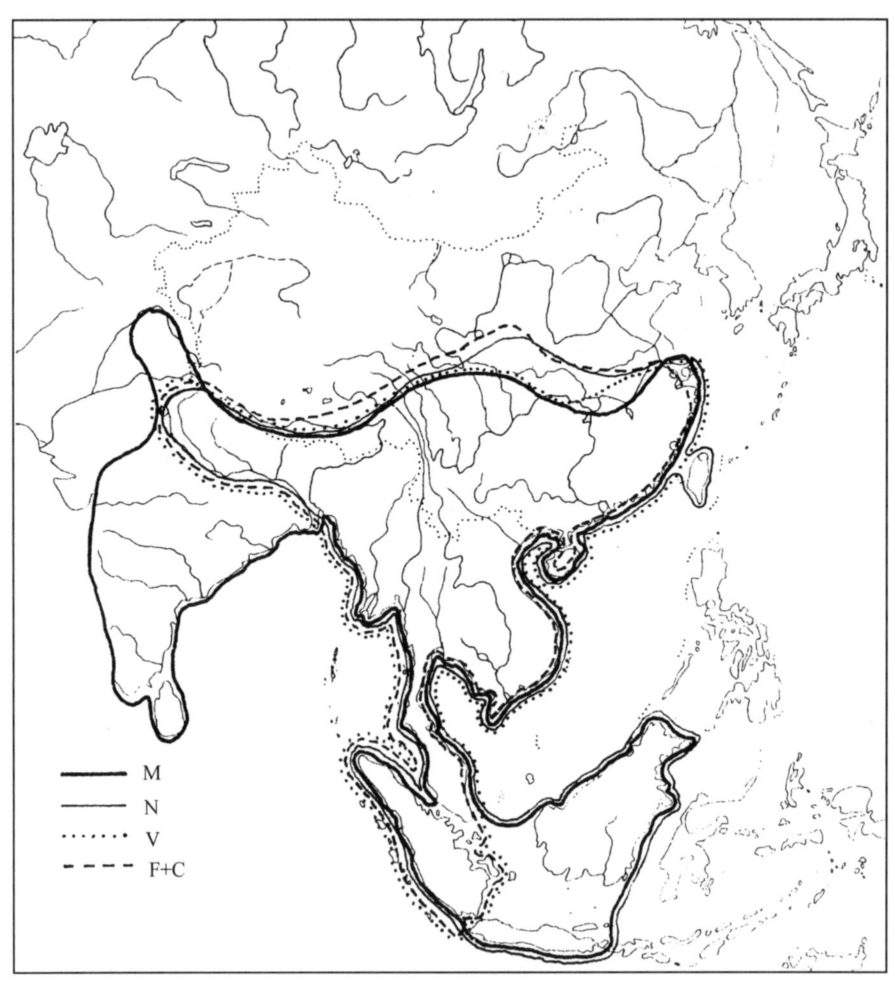

图 4.22　若干东洋型兽类的分布

M. 赤麂（*Muntiacus muntjak*）；N. 云豹（*Neofelis nebulosa*）；V. 大灵猫（*Viverra zibetha*）；F+C. 金猫（*Felis temmincki*）和鬣羚（*Capricornis sumatraensis*）

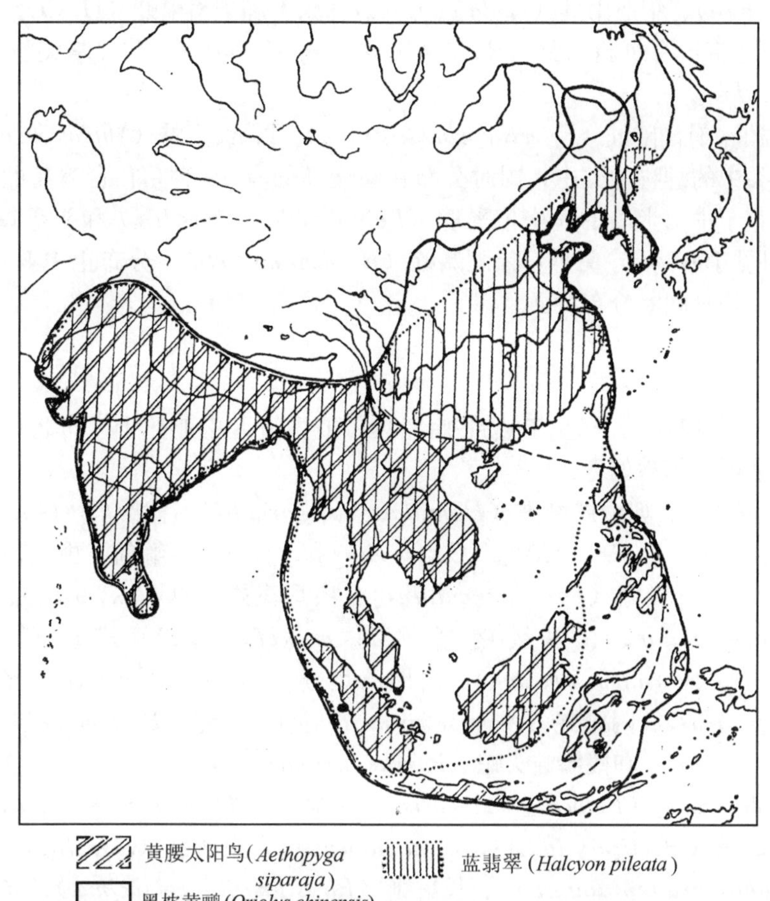

图 4.23　几种东洋型鸟类分布区伸入中国的情况

在华南区均为留鸟，蓝翡翠与黑枕黄鹂只在夏季从留居区北伸

1. 两栖类

它们分布至我国东部季风区的北限，因种而异，但大体可分为以下几类：

1）热带：如黑蹼树蛙（*Rhacophorus reinwardtii*）、双斑树蛙（*R. bipunctatus*）、棕褶树蛙（*Rhacophorus feae*）、粗皮小树蛙（*Philautus asper*）、长吻湍蛙（*Amolops nasicus*）、版纳大头蛙（*Limnonectes bannanensis*）、海陆蛙（*Feiervarya cancrivora* ）、大姬蛙（*Microhyla fourleri*）和德力小姬蛙（*Micryletta inormata*）等；

2）南亚热带：如腺角蟾（*Megophrus glandulosa*）、凹顶角蟾（*M. parva*）、白颊小树蛙（*Philautus palpebralis*）、背条跳树蛙（*Chirixalus doriae*）、圆蟾舌蛙（*Phrynoglossus martensii*）、长趾纤蛙（*Hylarana macrodactyla*）、花细狭口蛙（*Kalophrynus P. pleurostigma*）和花狭口蛙（*Kaloula pulchra*）等；

3）中亚热带：如侧条跳树蛙（*Chirixalus vittatus*）、大绿臭蛙（*Odorrana livida*）、虎纹蛙（*Hoplobatrachus chinensis*）、花狭口蛙（*Microhyla pulchra*）、小弧斑姬

蛙（*M. heymonsi*）、华西雨蛙（*Hyla gongshanensis*）和华南雨蛙（*H. simplex*）等；

4）北亚热带：有斑腿树蛙（*Rhacophorus megacephalus*）和擎掌突蟾（*Leptolulax pelodytoides*）；

5）暖温带：有泽陆蛙（*Fejervarya multistriata*）和饰纹姬蛙（*Microhyla ornata*）。

上述种类中的蛙科种类中，同时分布在海南岛的有 10 种，在台湾岛的为其一半。另，主要分布于中南半岛的海南拟髭蟾（*Leptobrachium hassltii*）和头盔蟾蜍（*Bufo galeatus*）只见于海南岛。另外，黑眶蟾蜍（*B. melanostictus*）分布至中亚热带，还分布在台湾岛，均具间断分布特征。

2. 爬行类

向我国伸展的种类大都止于热带-南亚热带或再进入中亚热带，向北则明显减少，按其分布的北限，列举如下：

热带-南亚热带：如锯尾蜥虎（*Hemidactylus garnotii*）、截趾虎（*Gehyra mutilata*）、大壁虎（*Gekko gecko*）、蝎虎（*Cosymbotus platyurus*）、缅甸棱蜥（*Tropidophorus berdmorei*）、斑飞蜥（*Draco maculatus*）、裸耳飞蜥（*D. blanfordii*）、长尾南蜥（*Mabuya longicaudata*）、多线南蜥（*M. multifasciata*）、蜡皮蜥（*Leiolepis reevesii*）、巨蜥（*Varanus salvator*）、白尾双足蜥（*Dibamus bourreti*）、管状小头蛇（*Oligodon cyclurus*）、闪鳞蛇（*Xenopeltis unicolor*）、蟒蛇（*Python molurus*）、园斑蝰（*Vipera russellii*）和棱鳞钝头蛇（*Pareas carinatus*）等。

中亚热带：如鼋（*Pelochelys sinensis*）、平胸龟（*Platysternon megacephalum*）、云南半叶趾蝎虎（*Hemiphyllodactylus yunnanensis*）、南滑蜥（*Scinella reevesii*）、丽棘蜥（*Acanthosaura lepidogaster*）、长鬣蜥（*Physignathus cocincinus*）、光蜥（*Ateuchosaurus chinensis*）、四线石龙子（*Eumeces quadrilineatus*）、渔游蛇（*Xenochrophis piscator*）、金环蛇（*Bungarus fasciatus*）和眼镜王蛇（*Ophiophagus hannah*）等。

北亚热带：如铜蜓蜥（*Sphenomor indicus*）、钩盲蛇（*Ramphotyphlops braminus*）、紫沙蛇（*Psammodynastes pulverulentus*）、白唇竹叶青（*Trimeresurus albolabris*）、山烙铁头（*Ovophis monticola*）等。

暖温带：如宁波滑蜥（*Scincella modesta*）、双全白环蛇（*Ophires fasciatus*）和玉斑锦蛇（*Elaphe mandarinus*）等。

中温带：黑眉锦蛇（*Elaphe taeniura*）。

有些种类不分布至大陆，如多棱南蜥（*Mabuya multicarinata*）、岛蜥（*Emoia atrocostalata*）、鳞趾蝎虎（*Lepidodactylus lugubris*）和半叶趾蝎虎（*Hemiphyllodactylus typus*）等，只见于台湾岛；长棘蜥（*Acanthosaura armata*）、瘰鳞蛇（*Acrochordus granulatus*）、东京烙铁头（*Ovophis tonkinensis*）（戴维，2001）等，只见于海南岛。另有几种主要分布至中亚热带蛇类，在北部有孤立分布点：丽纹蛇（*Calliophis macclellandi*）——陕西宁强（宋鸣涛，1987）和甘肃南部库县（冯孝义，1991）；眼镜蛇（*Naja naja*）——兰州（陈强等，1993）；竹叶青（*Trimeresurus stejnegeri*）——东北长白山（赵尔宓、严促凯，1979），均可能为残留孑遗现象（详见本章第三节）。

3. 鸟类

属本类型的鸟类在我国的分布（度夏繁殖或留居），主要集中在亚热带以南，并以热带-中亚热带的西部偏多，其中还有许多再分布至喜马拉雅南翼。越向北，特别北亚热带以北，种类越少。按其分布伸入我国大陆的北限，可分以下各类：

1）热带：如绿孔雀（*Pavo muticus*）、孔雀雉（*Polyplectron bicalcaratum*）、原鸡（*Gallus gallus*）、黑颈长尾雉（*Syrmaticus humiae*）、铜翅水雉（*Metopidius indicus*）、赤颈鹤（*Grus antigone*）、棕背田鸡（*Porzana bicolor*）、厚嘴啄花鸟（*Dicaeum agile*）、短尾鹦鹉（*Loriculus vernalis*）、黑冠黄鹎（*Pycnonotus melanicterus*）、绿翅短脚鹎（*Hypsipetes mcclellandii*）、古铜色卷尾（*Dicrurus aeneus*）、白腰鹊鸲（*Copsychus malabaricus*）、淡脚树莺（*Cettia pallidipes*）、紫花密鸟（*Nectarinia asiatica*）、黄腹花密鸟（*N. jugularis*）、黑胸太阳鸟（*Aethopygas saturata*）、黄腰太阳鸟（*Aethopyga siparaja*）（图 4.23）、长嘴捕蛛鸟（*Arachnothera longirostris*）、黑喉织布鸟（*Ploceus benghalensis*）、黑颈鸬鹚（*Phalacrocorax niger*）、林雕（*Ictinaetus malayensis*）、红腿小隼（*Microhierax caerulescens*）、褐冠鹃隼（*Aviceda jerdoni*）、棕腹隼雕（*Hieraaetus kienerii*）、斑头大鱼狗（*Alcedo hercules*）、三趾翠鸟（*Ceyx erithacus*）、鹳嘴翡翠（*Pelargopsis capensis*）、黑胸蜂虎（*Merops leschenaulti*）、蓝须夜蜂虎（*Nyctyornis athertoni*）、棕胸佛法僧（*Coracias benghalensis*）、棕啄木鸟（*Sasia ochracea*）、纹胸啄木鸟（*Dendrocopos atratus*）、金背啄木鸟（*Chrysocolaptes lucidus*）、白喉犀鸟（*Anorrihinus tickelli*）、双角犀鸟（*Buceros bicornis*）、斑头绿拟啄木鸟（*Megalaima zeylanica*）、红胸织布鸟［红梅花雀］（*Estrilda amandava*）、绿宽嘴鸫（*Cochoa viridis*）、珠颈斑鸠（*Streptopelia chinensis*）、绿背金鸠（*Chalcophaps indica*），还有多种鹦鹉（*Psittacula* spp.）、多种八色鸫（*Pitta* spp.）、多种嘴鹛（*Pomatorhinus* spp.）、多种穗鹛（*Stachyris* spp.）、多种噪鹛（*Garrulax* spp.）和多种雀鹛（*Alcippe* spp.），等等。绿鸠（*Treron*）、鹃鸠（*Macropygia*）和皇鸠（*Ducula*）几属分布至我国的全部种类，均属此类。

2）南亚热带：如紫金鹃（*Chalcites xanthorhynchus*）、绿嘴地鹃（*Phaenicophaeus tristis*）、褐翅鸦鹃（*Centropus sinensis*）、小鸦鹃（*C. toulou*）、八声杜鹃（*Cuculus merulinus*）、黄嘴角鸮（*Otus spilocephalus*）、栗啄木鸟（*Micropternus brachyurus*）、黄冠绿啄木鸟（*Picus chlorolophus*）、竹啄木鸟（*Gecinulus grantia*）。林鵙（*Tephrodornis gularis*）、栗背伯劳（*Lanius collurioides*）、林八哥（*Acridotheres grandis*）、灰燕鵙（*Artamus fuscus*）、金冠树八哥（*Ampeliceps coronatus*）、鹩哥（*Gracula religiosa*）、白眶鹟莺（*Seicercus affinis*）、长尾缝叶莺（*Orthotomus sutourius*）、黄腹鹪莺（*Prinia flaviventris*）、灰腹地莺（*Tesia cyaniventer*）、沼泽大尾莺（*Megalurus palustris*）、白眉扇尾鹟（*Rhipidura aureola*）、橙胸姬鹟（*Ficedula strophiata*）、冕雀（*Melanochlora sultanea*）和褐灰雀（*Pyrrhula nipalensis*），还有多种椋鸟（*Sturnus* spp.）和多种仙鹟（*Niltava* spp.）等。

3）中亚热带：如中白鹭（*Egretta intermedia*）、黑鳽（*Dupetor flavicollis*）、栗头虎斑鳽（*Gorsachius goisagi*）等；水雉（*Hydrophasianus chirurgus*）、树鸭（*Dendrocygna javanica*）、棉凫（*Nettapus coromandelianus*）、栗鸢（*Haliastur indus*）、赤腹

鹰（*Accipiter soloensis*）、蛇雕（*Spilornis cheela*）、小隼（*Microhierax melanoleucos*）、大拟啄木鸟（*Megalanina virens*）、大黄冠绿啄木鸟（*Picus flavinucha*）、白腹黑啄木鸟（*Dryocopus javensis*）、灰喉山椒鸟（*Pericrocotus solaris*）、赤红山椒鸟（*Pericrocotus flammeus*）、褐背鹟鵙（*Hemipus picatus*）、金头缝叶莺（*Orthotomus cuculatus*）、暗冕鹪莺（*Prinia rufescens*）、棕背伯劳（*Lanius chach*）、灰头椋鸟（*Sturnus malabaricus*）、家八哥（*Acridotheres tristis*）、栗头蜂虎（*Merops viridis*）、小鳞鹪鹛（*Pnoepyga pusilla*）、红翅鵙鹛（*Pteruthius flaviscapis*）、灰眶雀鹛（*Alcippe morrisonia*）、黑颏凤鹛（*Yuhina nigrimenta*）、灰头鸦雀（*Parodoxornis gularis*）、褐雀鹛（*Alcippe brunnea*）、金头扇尾莺（*Cisticola exilis*）、高山短翅莺（*Bradypterus seebohmi*）、南大苇莺（*Acrocephalus stentoreus*）、灰胸鹪莺（*Prinia hodgsonii*）、金冠地莺（*Tesia olivea*）、小斑姬鹟（*Ficedula westermanni*）、白喉扇尾鹟（*Rhipidura albicollis*）、铜蓝鹟（*Muscicapa thalassina*）、方尾鹟（*Culicicapa ceylonensis*）、黄颊山雀（*Parus xanthogenys*）、纯色啄花鸟（*Dicaeum concolor*）、灰腹绣眼鸟（*Zosterops palpebrosa*）、斑文鸟（*Lonchura punctulata*），还有多种鹎（*Pycnonotus* spp.）、绿鹊（*Cissa* spp.）、树鹊（*Crypsirina* spp.）、噪鹛（*Garrulax* spp.）、黄腰响蜜䴕（*Indicator xanthonotus*）等。

4）北亚热带：如牛背鹭（*Bubulcus ibis*）、白鹭（*Egretta garaetta*）、红翅绿鸠（*Treona sieboldii*）、翠金鹃（*Chalcites maculatus*）、红翅凤头鹃（*Clamator coromandus*）、鹰鹃（*Cuculus sparverioides*）、乌鹃（*Surniculus lugubris*）和噪鹃（*Eudynamys scolopacea*）等。领鸺鹠（*Glaucidium brodiei*）、黄脚鱼鸮（*Ketupa flavipes*）、褐林鸮（*Strix leptogrammica*）、斑姬啄木鸟（*Picumnus innominatus*）、黄嘴噪啄木鸟（*Blythipicus pyrrhotis*）、粉红山椒鸟（*Pericrocotus roseus*）、八哥（*Acridotheres cristatellus*）、蓝短翅鸫（*Brachypteryx montana*）、鹊鸲（*Copsychus saularis*）、灰背燕尾（*Enicurus schistaceus*）、强脚树莺（*Cettia fortipes*）、冠纹柳莺（*Phylloscopus reguloides*）、栗头鹟莺（*Seicercus castaniceps*）、褐头鹪莺（*Prinia subflava*）、红胸啄花鸟（*Dicaeum ignipectus*）、白腰文鸟（*Lonchura striata*），还有多种卷尾（*Dicrurus* spp.）等。

5）暖温带：栗苇鳽（*Ixobrychus cinnamomeus*）、松雀鹰（*Accipiter virgatus*）、白腹山雕（*Aquila fasciata*）、董鸡（*Gallicrex cinerea*）、棕腹杜鹃（*Cuculus nisicolor*）、小杜鹃（*C. poliocephalus*）、领角鸮（*Otus bakkamoena*）、鹰鸮（*Ninox scutulata*）、暗灰鹃鵙（*Coracina melaschistos*）、红嘴蓝鹊（*Cissa eryhrorhyncha*）、红尾水鸲（*Phyacornis fuliginosus*）、紫啸鸫（*Myiophoneus caeruleus*）、褐头鸫（*Turdus feai*）和蓝翡翠（*Halcyon pileata*）（图 4.23）等。

6）中温带：如池鹭（*Ardeola bacchus*）、黄斑苇鳽（*Ixobrychus sinensis*）、斑嘴鸭（*Anas poecilorhyncha*）、四声杜鹃（*Cuculus micropterus*）、黑头啄木鸟（*Denhrocopes canicapillus*）、赤翡翠（*Halcyon coromanda*）、寿带［鸟］（*Terpsiphone paradisi*）、红头长尾山雀（*Aegithalos conicinnus*）、褐河乌（*Cinclus pallasii*）、黑枕黄鹂（*Oriolus chinensis*）（图 4.23）和三宝鸟（*Eurystomus orientalis*）等，都被称为广布我国东部地区的种类。

在本类型中有少数种类不见于大陆，如爪哇金丝燕（*Aerodramus fuciphagus*）只繁殖在海南，岛鸫（*Turdus poliocephalus*）和黑喉红臀鹎（*Pycnonotus cafer*），只见于台湾。有少数种类除了海峡的隔离，还在大陆上有较宽的间隔，如蓝背八色鸫

(*Pitta soror*)，只见于广西大瑶山和海南，与在中南半岛分布的似不相连续。绿背山雀(*Parus monticolus*)与在台湾的同种鸟类，有较宽的间断区。

4. 兽类

本类型种类在我国的分布，与鸟类相似，主要集中在亚热带以南，并以热带-中亚热带的西部偏多，有些还再分布至喜马拉雅南翼。自北亚热带向北，种类明显减少。按其分布伸入我国大陆的北限，可分以下各类：

1) 热带：与中南半岛比邻的我国西部热带，即云南最南部，是许多东南亚典型热带成分在我国聚集的地区。最令人注目的有亚洲象(*Elephas maximus*)、野牛(*Bos gaurus* 和 *B. banleng*)、几种长臂猿[黑长臂猿 *Hylobates* (*Nomascus*) *concolor*、白颊长臂猿 *H* (*N*). *leucogenys*、白掌长臂猿 *H* (*N*). *lar* 和白眉长臂猿 *H* (*N*). *hoolock*]、马来熊(*Helarctos malayanus*)等。还有小毛猬(*Hylomys suillus*)、白尾鼹(*Parascaptor leucurus*)、长舌果蝠(*Eonycteris spelaca*)、蜂猴(*Nycticebus coucang*)、江獭(*Lutra prespicillata*)、缟灵猫(*Chrotogale owstoni*)、豚鹿(*Axis porcinus*)、粗尾穿山甲(*Manis crassicaudata*)、爪哇穿山甲(*M. javanicus*)(吴诗宝等，2005)、大竹鼠(*Rhizomys sumatrensis*)、条纹松鼠(*Menetes berdmorei*)、黄足松鼠(*Callosciurus phayrei*)(杨光荣、王应祥，1989)、拟狨鼠(*Hapalomys delacouri*)、大泡灰鼠(*Berylmys berdmorei*)和王鼠(*Maxomys rajah*)等。有些种类还见于喜马拉雅南麓，如菲氏麂(*Muntiacus feae*)、蓝腹松鼠(*Callosciurus pygerythrus*)和小竹鼠(*Cannomys badius*)等(冯祚建等，1986；何晓瑞等，1991)。另外，戴帽叶猴(*Presbytis pileatus*)是横断山西侧至喜马拉雅东南侧局部地区的土著种，在我国只见于云南西南边境地区(李致祥、林正玉，1983)。

2) 南亚热带：如短尾猴(*Macaca arctoides*)、熊狸(*Arctictis binturong*)、大斑灵猫(*Viverra megaspila*)、红颊獴(*Herpestes javanicus*)、棕果蝠(*Rousettus leschenaulti*)、犬蝠(*Cynoterus sphinx*)、巨松鼠(*Ratufa bicolor*)、橙喉长吻松鼠(*Dremomys gularis*)、花白竹鼠(*Rhizomys pruinosus*)、卡氏鼠(*Mus cardi*)，等等。豚尾猴(*Macaca nemestrina*)分布至横断山南段和雅鲁藏布江大拐弯以南地区(冯祚建等，1986)，相当于南亚热带的北界。明纹花松鼠(*Tamiops macclelladi*)，主要分布至南亚热带，另在秦岭—伏牛山地有间断孤立分布区(Fu，1935；葛凤翔等，1984)。另外，菲氏叶猴(*Presbytis phayrei*)主要分布在中南半岛，我国云南横断山南段热带雨林与季雨林亦为此猴最适宜的栖息环境，其北限则可至横断山中段亚热带常绿阔叶林带。还有长尾叶猴(*P. entellus*)是印度半岛的猴类，它的分布北限在我国喜马拉雅山南麓山地常绿阔叶林带(2500m)，相当于此类型。

3) 中亚热带：中亚热带北部，如黑叶猴(*Presbytis francoisi*)、赤麂(*Muntiacus muntjak*)(图 4.22)、椰子猫(*Paradoxurus hermaphroditus*)、斑林狸(*Prionodon pardicolor*)和食蟹獴(*Herpestes urva*)、穿山甲(*Manis pentadactyla*)、扫尾豪猪(*Atherurus macrourus*)、黑白飞鼠(*Hylopetes alboniger*)等。小型兽中如树鼩(*Tupaia belangeri*)、短翼菊头蝠(*Rhinolophus lepidus*)、印度伏翼(*Pipistrellus coromandra*)、圆耳管鼻蝠(*Murina cyclotis*)(陈延熹等，1989；卢立仁，1987)、彩蝠(*Kerivoula picta*)、红颊长吻松鼠(*Dremomys rufigenis*)；中亚热带：黑家鼠(*Rattus rattus*)、青毛鼠(*Berylmys bow-*

ersi)、黑尾鼠（*Niviventer cremoriventer*）、板齿鼠（*Bandicota indica*）等。

4）北亚热带：如云豹（*Neofelis nebulosa*）、金猫（*Felis temmincki*）、大灵猫（*Viverra zibetha*）（图 4.22）、小灵猫（*Viverricula indica*）、鬣羚（*Capricornis sumatraensis*）和豪猪（*Hystrix brachyura*）等。小型兽中如南小麝鼩（*Crocidura horsfieldi*）、中菊头蝠（*Rhinolophus affinis*）、大蹄蝠（*Hipposideros armiger*）、棕鼯鼠（*Petaurista petaurista*）、赤腹松鼠（*Callosciurus erythraeus*）、中华竹鼠（*Rhizomys sinensis*）、白腹巨鼠（*Leopoldamys edwardsi*）和大足鼠（*Rattus nitidus*）等。

5）暖温带：著名的有猕猴（*Macaca mulatta*）和果子狸（*Paguma larvata*）(图 4.24)。两者的自然分布，最北均大致为暖温带的北缘。据近年调查，原分布在北京兴隆的猕猴因人类的捕杀，于 20 世纪 60 年代初已绝灭（全国强等，1993）。因此，当今猕猴分布区在东部的北限，已南退达 650km 至中条山，此处已是暖温带的南缘。另外猪獾（*Arctonyx collaris*）、黄胸鼠（*Rattus flavipectus*）、针毛鼠（*Niviventer fulvescens*）和白腹鼠（*N. andersomi*）等，均为从南方进入暖温带的常见种类。其中，黄胸鼠还分布在新疆乌鲁木齐、哈密（王思博、杨赣源，1983），显然是由于运输的传带。

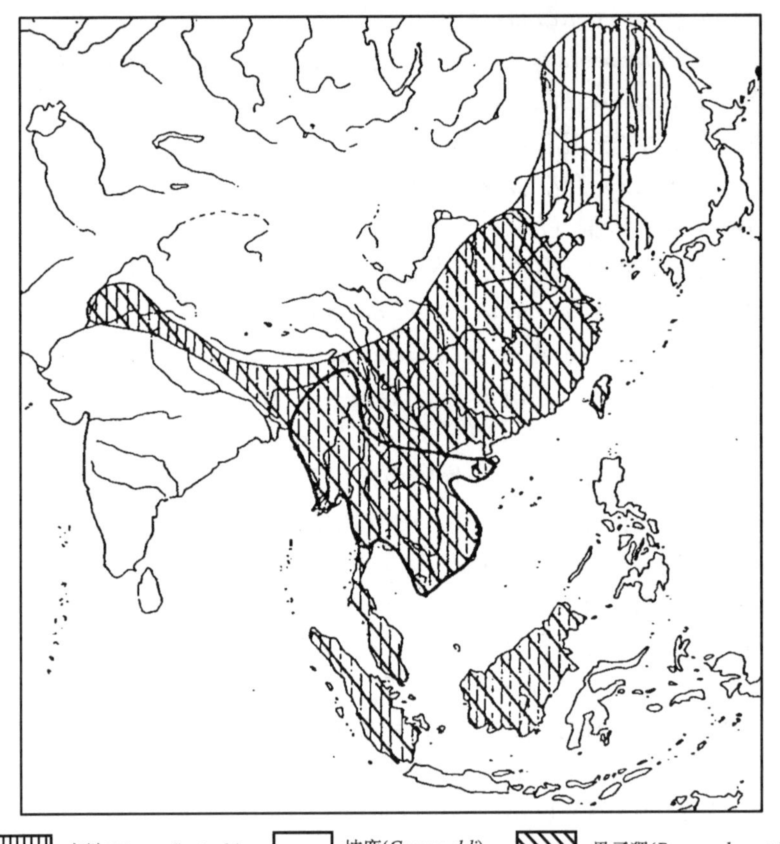

图 4.24　几种东洋型兽类分布北限的差别

6）中温带：本型中深入我国季风区最北部的种类很少，但颇引人注意，如虎（*Panthera tigris*）。虎曾在亚洲有广泛的分布，在我国塔里木盆地曾有分布

(Пржевальский，1888；高耀亭等，1987)，在我国现最北可分布至中温带北缘，即东北虎（亚种 *P. t. tigris*）。另还有黑熊（*Selenarctos thibetanus*）和青鼬（*Martes flavigula*）（图 4.24）。黑熊在小兴安岭—长白山地，与全北型棕熊的分布是重叠的。小型兽中有社鼠（*Niviventer confucianus*）。

本类型中有些种类不分布至大陆，在我国只见于岛屿，如坡鹿（*Cervus eldi*）是中南半岛的代表种，在我国只分布在海南，隔以海洋，同种间呈间断分布（图 4.24）。渔猫（*Felis viverrina*）和郝氏鼠耳蝠（*Myotis adversus*），只分布至台湾。南长翼蝠（*Miniopterus pusillus*）只至海南和香港（Philips and Wilson，1968）。小缅鼠（*Rattus exulans*）只见于西沙群岛（刘振华等，1983）。

（八）旧大陆热带-亚热带型

旧大陆热带-亚热带型为主要分布于欧亚非（旧）大陆的低纬至中纬，跨热带与亚热带的种类。自晚第三纪以来，该地区一直处于比较稳定的热带与亚热带气候环境。随青藏地区 3 次大幅度隆升和世界气候的变化而导致的气候带南北向摆动，主要只发生在其北部的中国东部和地中海地区（Liu and Ding，1984；Morain，1984）。在所有的类型中，此类型空间跨度最大，所经历的具有比较稳定环境的时间最长。属此分布型的种类，在我国只有鸟类和兽类，两栖类与爬行类缺如。它们向我国的伸展，大多沿东部季风区或西部山地。有些种类的分布区更包括大洋洲或西半球热带-亚热带，可分别视为亚型，即东半球热带-温带亚型和环球热带-温带亚型。

1. 鸟类

鸟类分布至我国的主要分两类：①留居或度夏；②留居度夏和越冬。

1）留居或度夏，按其伸入我国的北限差别，又分：

热带：非洲棕雨燕（*Cypsiurus parvus*）、紫水鸡（*Porphyrio porphyrio*）、褐喉沙燕（*Riparia paludicola*）分布至我国热带最西部，前者还见于海南，后者还见于台湾。白胸翡翠（*Halcyon smyrnensis*）只见于台湾及兰屿。

南亚热带：小白腰雨燕（*Apus affinis*）和栗喉蜂虎（*Merops philippinus*）（图 4.25），前者包括台湾和海南岛，后者包括海南。

中亚热带：斑鱼狗（*Ceryle rudis*）（图 4.25）。

暖温带：冠鱼狗（*C. lugubris*）、灰林鸮（*Strix aluco*）。

中温带：小鸊鷉（*Podiceps ruficollis*）、普通翠鸟（*Alcedo atthis*）、红角鸮（*Otus scops*）、金腰燕（*Hirundo daurica*）广泛见于我国季风区，包括青藏高原东部与南部。前 3 种，亦见于新疆西北部。

2）留居度夏和越冬。

在旧大陆温带繁殖，包括我国长江以北各地，东南亚的热带-亚热带地区是其主要越冬地，包括我国长江以南，如红隼（*Falco tinnunculus*）、鸬鹚（*Phalacrocorax carbo*）、鹌鹑（*Coturnix coturnix*）、反嘴鹬（*Recurvirostra avosetta*）、黑喉石䳭（*Saxicola torquata*）、凤头鸊鷉（*Podiceps cristatus*）等。另戴胜（*Upupa epops*）广布旧大陆，在我国于长江以

南为留鸟，以北为夏候鸟，在河北亦有少数冬候鸟（郑作新，1976）。

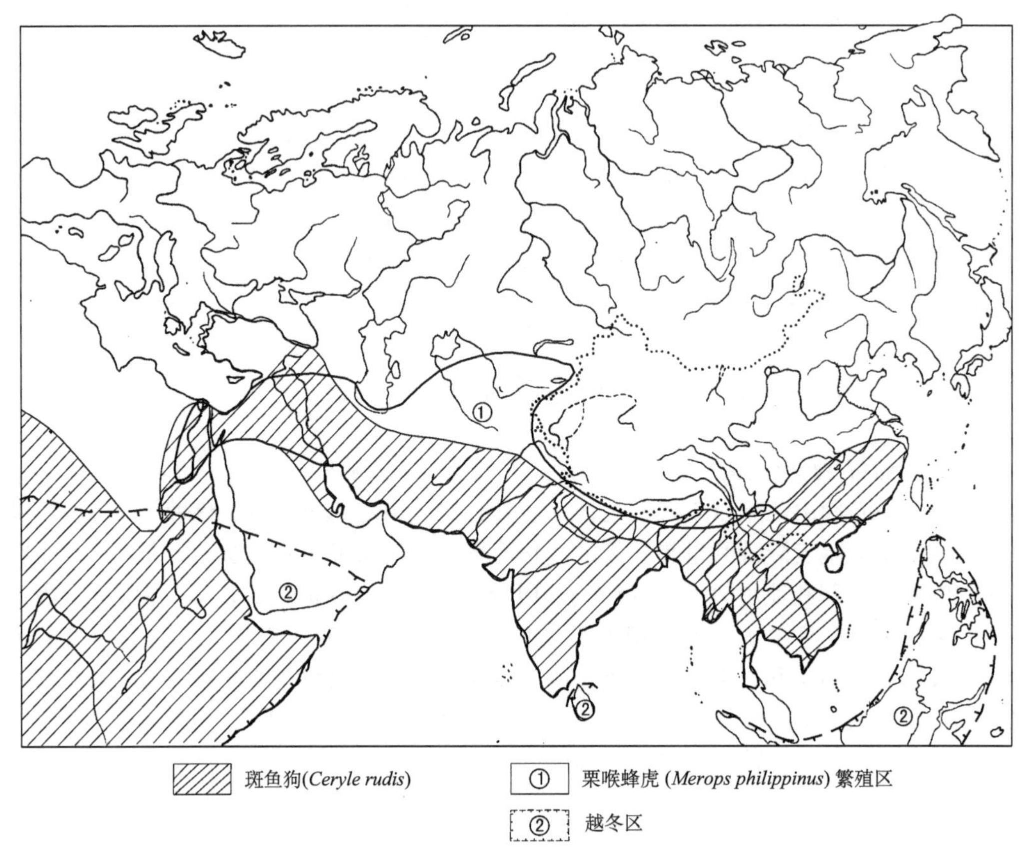

图 4.25　两种旧大陆热带-亚热带型鸟类的分布

2. 兽类

兽类中属此分布型的，以豹（*Panthera pardus*）为代表。该兽广泛分布于非洲、东南亚、小亚细亚、中亚至地中海一带，在我国广布东南半壁，自喜马拉雅南麓和青藏高原东部直至东北区中温带，即小兴安岭。另有两种野猫：草原斑猫（*Felis libyca*）广泛分布于非洲、中亚和印度西北干旱地区，在我国只分布在蒙新区西部；丛林猫（*F. chaus*）在非洲限分布在地中海沿岸，在印度半岛广泛分布，还见于中南半岛北部，在我国分布于喜马拉雅南麓、横断山区和塔里木盆地，另在伊克昭盟（赵肯堂，1982）和福建建瓯（詹绍琛，1981）有分布记录。草兔（*Lepus capensis*）广泛分布于非洲、地中海地区、欧洲和中亚，包括蒙古，在我国广泛见于北方，但不见于塔里木盆地，在秦岭—淮河一线以南也有分布。在东部，大致以季风区和长江为其南限。在西部，则分布至四川盆地和贵州高原一带，是旧大陆在分布上跨越气候带最为广泛的野兔。

1）东半球热带-温带（亚）型。

只见于鸟类，如须浮鸥（*Chlidonias hybrida*）、褐翅燕鸥（*Sterna anaethetus*）、白燕鸥（*Gygis alba*）和几种风头燕鸥（*Thalasseus* spp.）等，是广布东南亚及大洋洲岛

屿的鸟类，在我国见于西沙群岛和澳门（郑作新，1976）。大苇莺（*Acrocephalus arundinaceus*）和扇尾莺（*Cisticola juncidis*）在我国季风区热带至亚热带度夏，后者还在热带至南亚热带越冬。另，骨顶鸡（*Fulica atra*）和小田鸡（*Porzana pusilla*）的繁殖区在非洲、中亚、南亚和大洋洲，但均避开干旱区。在我国的分布，亦分隔以西部干旱区，冬时至广东越冬。

2）环球热带-温带（亚）型。

环球热带-温带（亚）型只见于鸟类，如绿鹭（*Butorides striatus*）、大白鹭（*Egretta alba*）和夜鹭（*Nycticora nycticorax*），在我国分布于东部季风区，大都为夏候鸟，后两者在最南部为留鸟。夜鹭还见于新疆塔里木河流域，为夏候鸟（马鸣等，1992）。还有黑水鸡（*Gallinula chlorophus*），其留居和繁殖区被大面积干旱区（撒哈拉、我国西部干旱区包括青藏高原腹地）所分隔，在我国分别在新疆天山及其附近和长江以南繁殖与留居，为不同亚种。黑翅长脚鹬（*Himantopus himantopus*）在我国只见于西北部，为繁殖鸟，冬时迁台湾与大陆最南部越冬。另有多种海鸥在我国分布情况各异：如红嘴巨鸥（*Hydroprogne caspia*）在沿海为留鸟、夏候鸟或旅鸟；白额燕鸥（*Sterna albifrons*）在东部为夏候鸟或旅鸟；白顶黑燕鸥（*Anous stolidus*）于台湾海峡为留鸟。

在旧大陆热带-亚热带型分布比较广泛的鸟类中，间断分布的事例不少，可举出：

斑胸短翅莺（*Bradypterus thoracicus*）：繁殖区主要在我国，但分为东北（东北地区至西伯利亚南缘）和西南（喜马拉雅-横断山区及其东部山地）两片，间隔以华北地区。

黄雀（*Carduelis spinus*）：分东（乌苏里区库页岛、北海道）、西（欧洲）两片，我国东北东部属于东片，两片之间隔以中亚干旱、半干旱地区。冬日迁至我国长江中下游及东南沿海包括台湾越冬。

黄嘴朱顶雀（*Carduelis flavirostris*）：亦分为两片，一片在英伦三岛及其附近和挪威北部海岸，另一片在中亚山地，在我国包括新疆和青藏高原-横断山北段，为留鸟。两片之间隔以前述黄雀的分布区，似为种间地理替代。但它们在英伦三岛和小亚细亚半岛部分为同域分布。

朱雀（*Carpodaeus erythrinus*）：繁殖区分南北两片，南片从地中海东岸沿山地伸展至我国西部山地，北片从波罗的海东岸伸展至堪察加半岛，包括我国东北北部。因此，朱雀在我国的分布分属南北两个不相连续的分布区，间隔以干旱-半干旱地带。冬日，两片的朱雀均可见于我国长江以南越冬。

长尾雀（*Uragus sibiricus*）在西伯利亚的主要分布区，南伸至我国新疆阿尔泰山和东北东部山地，但在我国横断山至秦岭一带，另有一孤立留居区。

黄喉鹀（*Emberiza elegans*）、灰头鹀（*E. spodocephala*）和赤胸鹀（*E. fucata*）：繁殖区主要分布在我国东北及其附近地区，或更包括日本，而在我国即横断山至秦岭及贵州高原一带，另有一繁殖区，其中赤胸鹀还在长江下游和福建再有一繁殖区（郑作新，1976）。冬日，它们迁至东南亚一带越冬，有些则留在我国热带-南亚热带。

对鸟类而言，上述间断事例，其地理距离并非阻障因素，而生态条件如干旱（对于黄雀、朱雀）、间断区栖息环境条件相对较差（对于虎斑地鸫、斑胸短翅莺、长尾雀和几种鹀）以及种间关系（对于黄嘴朱顶雀）可能是繁殖与留居区间断分布的主要原因。

（九）岛 屿 型

岛屿型为孤立分布在岛屿上的特有种。台湾和海南为陆缘型岛屿，于第四纪中曾与大陆有过数次的连通和接触，动物种的分化与特有种形成，明显受大陆动物区系的影响。相反，南海诸岛的许多珊瑚岛，为海洋型岛屿，动物区系另具特点。

1. 两栖类

海南：海南疣源（*Tylototriton hainanensis*）、鳞皮小蟾（*Parapelophryne scalpta*）、小湍蛙（*Amolops torrentis*）、海南湍蛙（*A. hainanensis*）、细刺水蛙（*Hylarana spinulosa*）、脆皮大头蛙（*Limnonectes fragilis*）、眼斑小树蛙（*Philautus ocellatus*）、海南小树蛙（*P. hainanus*）和海南溪树蛙（*Buergeria oxycephala*）。

台湾：玉山小鲵（*Hynobius yiwusenis*）、台湾小鲵（*H. formosanus*）、阿里山小鲵（*H. arisanemsi*）、琉球棘螈（*Echinotriton andersoni*）、盘古蟾蜍（*Bufo bankoensis*）、台湾拟湍蛙（*Pseudoamolops sauteri*）、台岛臭蛙（*Odorrana taiwaniana*）、棕背臭蛙（*O. swinhoana*）、莫氏树蛙（*Rhacophorus moltrechti*）、台北树蛙（*R. taipeianus*）、翡翠树蛙（*R. prasinabus*）、田园树蛙（*R. arvalis*）和橙腹树蛙（*R. aurantiventris*），还有台湾小姬蛙（*Micryletta steingeri*）、面天小树蛙（*Philautus idiooctus*）和壮溪树蛙（*Buergeria robusta*）（吕光洋，1989）。琉球原指树蛙（*Kurixalus eiffingeri*）见于台湾和琉球群岛（费梁等，2005）。日本溪树蛙（*B. japonica*）见于台湾和日本。

香港：香港湍蛙（*Amolops honghongensis*）和罗默小树蛙（*Philautus romeri*）。

2. 爬行类

台湾：蜥蜴中有4种草蜥，即雪山草蜥（*Takyromus hsuehshansis*）、高雄草蜥（*T. sauteri*）、台湾草蜥（*T. formosanus*）和蓬莱草蜥（*T. stejnegri*），还有台湾脆蛇蜥（*Ophisaurus formosensis*）、台湾滑蜥（*Scincella formosensis*）和台湾蜓蜥（*Phenomorphus taiwanensis*）（吕光洋，1989）。蛇类中有高雄盲蛇（*Typhlops koshnensis*）（赵尔宓、鹰岩，1993）、台湾烙铁头（*Trimeresurus gracilis*）、台湾脊蛇（*Achalinus formosanus*）、阿里山脊蛇（*A. niger*）、台湾钝头蛇（*Pareas formosensis*）和驹井氏钝头蛇（*P. komaii*）（吕光洋，1989），还有台北腹链蛇（金丝蛇）（*Amphiesma miyajimae*）和台湾颈槽蛇（*Rhabodophis swinhonis*）。另外，兰屿壁虎（*Gekko kikuchii*）和雅美鳞趾蝎虎（*Lepidodactylus yami*），只见于台湾的兰屿岛。

海南：海南脆蛇蜥（*Ophisaurus hainanensis*）（杨戎生，1983）、海南脊蛇（*Achalinus hainanus*）、黄腹颈槽蛇（*Rhabodophis chrysargus*）和粉链蛇（*Dinodon rosozonatum*）。

香港：香港后棱蛇（*Opisthotropis andersonii*）（赵尔宓、鹰岩，1993）。

3. 鸟类

台湾：栗背林鸲（*Tarsiger johnstoniae*）、台湾紫啸鸫（*Myophoneus horsfieldii*）、玉山噪鹛（*Garrulax morrisonianus*）、黄胸薮鹛（*Liocichla steerii*）、栗头斑翅鹛（*Actinodura morrisoniana*）、白耳奇鹛（*Heterophasia auricularis*）、褐头凤鹛（*Yuhina brunneiceps*）和台湾黄山雀（*Parus holsti*）。

海南：海南山鹧鸪（*Arbrophila ardens*）。

4. 兽类

台湾：台湾猴（*Macaca cyclopis*）、台湾长尾鼩（*Soriculus fumidus*）、台湾鼯鼠（*P. pectoralis*）、台湾田鼠（*Microtus kikuchii*）和台湾鼬（*Mustela formosana*）（Lin and Harada，1998）。

海南：海南新毛猬（*Neohylomys hainanensis*）、海南鼯鼠（*Petaurista hainana*）和海南兔（*Lepus hainanus*）。只见于海南岛的海南长臂猿，其分类地位存在争议。近来，有意见将它恢复为独立的种，*Hylobates hainanus*（王应祥，2003），或将它归属冠长臂猿（*Nomascus*）（陈辈乐等，2005）。

（十）其　　他

其他，从上述可见，主要的分布类型，包括了绝大多数种类，反映了地理环境分异对动物分布影响的普遍性。但生物界的发展，不同的类群存在的各种差异而独具特色，可谓千差万别，有些种类甚至无法归类，其地理适应的主要地区，难以类比，特别是鸟类，如：

曳尾鹱（*Puffinus pacificus*）、澳南沙锥（*Capella hardwicikii*）与红脚鲣鸟（*Sula sula*）：主要分布在自东南亚群岛至澳大利亚的太平洋地区，可自成一类型。前两者偶见于我国东部沿海，后者只见于西沙群岛。

山斑鸠（*Streotopelia orientalis*）：繁殖留居区主要分布在我国，并向外围扩展，远至欧洲、西伯利亚、日本、印度与中南半岛，越冬主要在分布区最南部。

家麻雀（*Passer domesticus*）：自欧亚、北非向东分布，至青藏高原分为两部分，北部可至西伯利亚，南部可至中南半岛西部。在我国，可见于青藏高原的最西缘，新疆西北和东北西北部，为留鸟。

白鹈鹕（*Pelecanus onocrotalus*）：主要繁殖在中亚干旱地区，还繁殖于南非，在我国主要是冬候鸟。

雉鸡（*Phasianus colchicus*）：自地中海以东分布直至中国，在我国除青藏高原内部与海南以外，广泛分布（郑作新，1976）。

原鸽（*Columba livia*）、斑尾林鸽（*C. palumbus*）、欧鸽（*C. oenas*）、中亚鸽（*C. oversmanni*）：主要在地中海周边地区，分布区向外扩展，扩展程度不一，最广可至非洲及印度。它们的分布区均可伸入我国西部。其中原鸽还有一断裂繁殖区在内蒙古东部。

虎斑地鸫（*Zoothera dauma*）：分布在东亚和澳大利亚一带，其繁殖与留居区零星分散，包括日本等岛屿。我国有两个不相连续的繁殖区，一在喜马拉雅-横断山区及其东部山地，一在台湾，为留鸟。南亚热带和东部沿岸地区是它的越冬区（郑光美，2005）。

在兽类中，可举出香鼬（*Mustela altaica*），据迄今所知的资料，在南部，主要分布在青藏高原及周边山区，在北部，见于天山、阿尔泰至东北地区以及我国境外的邻近地区，其间为一宽广的记录空缺带。另，睡鼠（*Dryomys nitedula*）自地中海北岸沿山地向东一直分布至萨彦岭山地，在我国见于新疆天山至阿尔泰山一带，分布上特殊。它与产于四川平武王朗地区的土著（属）种毛尾睡鼠（*Chaetocauda sichuanensis*）（王酉之，1985）同属一科。两者分布上不相连续。

属此类事例，还可举出一些，反映我国幅员广大，在生物地理上与邻近地区的关系复杂多样。目前我国有关动物分布型的研究是初步的，对普遍事例与特殊事例的认识，相辅相成，今后有待进一步深入研究。

有极少数种类分布上难以归属某一类型，如白头硬尾鸭（*Oxyura leucocephala*）见于欧洲，在我国于天山繁殖，冬时偶至长江中游。还有少数种类，它们出现在我国可能是出乎偶然的原因，多为迷鸟，如埃及雁（*Alopochen aegyptiaca*）、雪雁（*Anser caerulescens*）和黑海翻鸭（*Melanitta nigra*），等等。

有些种类，只有极少数局部地点的分布记录，可归入相应的地区类型或暂作局部分布。本书所附的“中国陆栖脊椎动物分区分布与分布型”是一个初步的整理，有待进一步完善。

三、鸟类迁徙与分布型

前述鸟类分布型的划分，主要依据鸟类繁殖区，并不完善，还应考虑迁徙与越冬的范围。但我国有关这方面的信息，不够充分。这与我国鸟类环志工作起步较晚有关。经由国家林业局主持开展的，对始自1983年10多年来中国鸟类环志放飞、回收信息的分析与研究，已为我国鸟类迁徙规律研究奠定了基础，也填补了中国鸟类迁徙研究及世界鸟类环志研究在亚洲东部这一重要领域中的空白（张孚允、杨若莉，1997）。该工作已证实，中国候鸟的迁徙，大致有三大迁徙区和三条不同的路线（图4.26），引述如下。

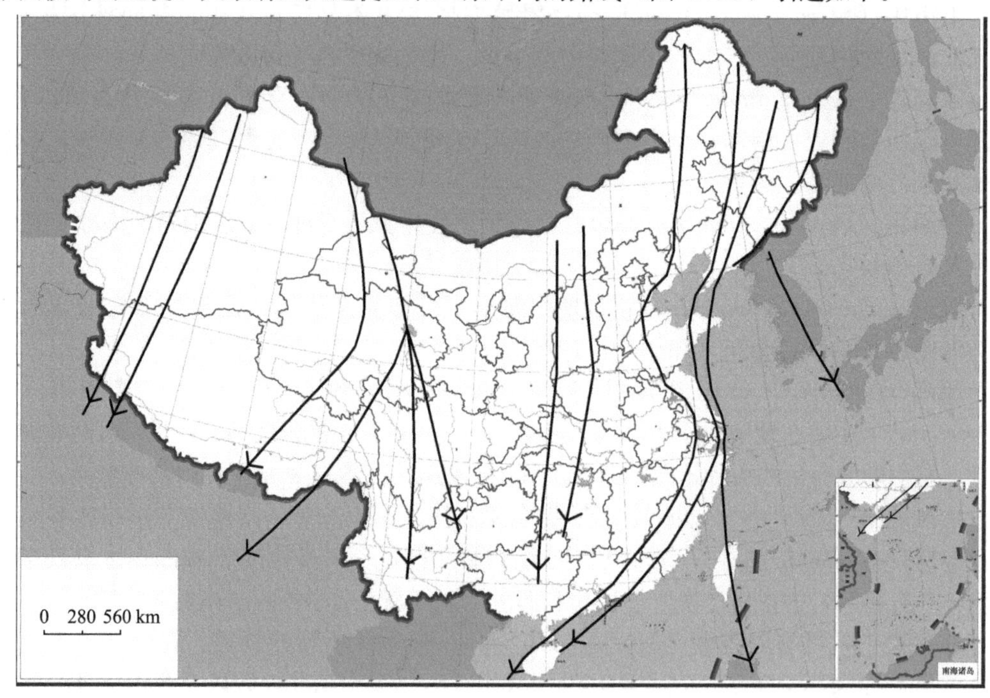

图4.26 中国候鸟迁徙通道

据张孚允、杨若莉（1997）简化

1. 西部候鸟迁徙区

该区在北方，包括在内蒙古西部、宁夏、甘肃、青海和西藏等地干草原、半荒漠和高山草甸草原等地繁殖的夏候鸟。它们沿阿尼玛卿、巴颜喀拉、邛崃等山脉向南沿横断山脉至四川盆地西部、云南高原甚至印度半岛越冬。西藏地区候鸟除东部可沿唐古拉山和喜马拉雅山向东南方向迁徙外，估计部分大中型候鸟可能飞越喜马拉雅山脉至印度、尼泊尔等地区越冬，如斑头雁、渔鸥等。

2. 中部候鸟迁徙区

该区在北方，包括在内蒙古中东部、华北区西部繁殖的候鸟，冬季可沿太行山、吕梁山越过秦岭和大巴山进入四川盆地和华中及更南地区越冬。

3. 东部候鸟迁徙区

该区在北方，包括在我国东北地区、华北东部繁殖的候鸟。它们沿海岸向南迁飞至华中或华南，甚至迁到东南亚各国；或由海岸直接到日本、马来西亚、菲律宾及澳大利亚等地越冬。

此外，还有由蒙古和原苏联亚洲部分迁来我国越冬的冬候鸟，以及青藏高原、云贵高原某些种类的候鸟所进行的较短距离的迁徙。

现试就已有信息，联系各个种类的分布型及越冬地（表 4.5）作一分析，可以看出以下的现象。

表 4.5　中国迁徙鸟类（部分）分布型、迁徙路线与越冬地

种类	分布型	西路	中路	东路	越冬地
猛禽					
苍鹰 *Accipiter gentiles*	C			×	东南亚-太平洋岛屿、中美洲地区热带
雀鹰 *Accipiter nisus*	U			×	旧大陆热带-亚热带
松雀鹰 *Accipiter virgatus*	W			×	东南亚-太平洋岛屿热带
普通鵟 *Buteo buteo*	U			×	旧大陆热带-亚热带
红隼 *Falco tinnunculus*	U			×	旧大陆-太平洋岛屿热带
长耳鸮 *Asio otus*	C	×		×	中国长江流域以南
红角鸮 *Otus scops*	W			×	非洲热带
水禽					
斑头雁 *Anser indicus*	P	×			印度半岛
白额雁 *Anser albifrons*	C			×	我国季风区东部
豆雁 *Anser fabalis*	U			×	新疆、华中、华南
赤嘴潜鸭 *Nette rufina*	O	×			印度半岛、中南半岛
绿翅鸭 *Anas crecca*	C		×	×	旧大陆热带-温带、中美洲
针尾鸭 *Anas acuta*	C			×	环球热带-亚热带
渔鸥 *Larus ichthyaetus*	D	×			旧大陆热带-亚热带
银鸥 *Larus argentatus*	C		×	×	我国季风区东部中南半岛、中美洲地区

续表

种类	分布型	西路	中路	东路	越冬地
红嘴鸥 *Larus ridibundus*	U		×	×	旧大陆-太平洋热带-亚热带
遗鸥 *Larus relictus*	D	×			不明
乌燕鸥 *Sterna fuscata*	O			×	环球热带-亚热带
红嘴巨鸥 *Hydroprogne caspia*	O	×	×	×	环球热带海岸
鸬鹚 *Phalacrocorax carbo*	O		×	×	东半球热带-亚热带
涉禽					
草鹭 *Ardea purpurea*	U			×	旧大陆-太平洋热带-亚热带
苍鹭 *Ardea cinerea*	U			×	旧大陆-太平洋热带-亚热带
白鹭 *Egretta garzetta*	W			×	东半球热带-亚热带
中白鹭 *Egretta intermedia*	W			×	东半球热带-亚热带
夜鹭 *Nycticorax nycticora*×	O			×	旧大陆-太平洋热带-亚热带
牛背鹭 *Bubulcus ibis*	W			×	东半球热带-亚热带
白琵鹭 *Platalea leucorodia*	O			×	旧大陆热带-亚热带
白鹳 *Ciconia ciconia*	U			×	旧大陆热带-亚热带
黄脚三趾鹑 *Turnix tanki*	W			×	印度半岛、中南半岛及长江流域以南
丹顶鹤 *Grus japonensis*	M			×	长江流域下游地区
白枕鹤 *Grus vipio*	M			×	长江流域
黑颈鹤 *Grus nigricollis*	P	×			印度半岛，我国西南地区
蓑羽鹤 *Anthropoides virgo*	D			×	非洲、印度、日本
蛎鹬 *Haematopus ostralegus*	C			×	东半球热带-亚热带
蒙古沙鸻 *Charadrius mongolus*	D			×	东半球热带-亚热带
铁嘴沙鸻 *Charadrius leschenaultia*	D			×	东半球热带-亚热带
金鸻 *Pluvialis fulva*	C			×	环球热带-亚热带（除中、南美洲）
红脚鹬 *Tringa tetanus*	U			×	旧大陆-太平洋热带-亚热带
翘嘴鹬 *Xenus cinereus*	U			×	东半球热带-亚热带
丘鹬 *Scolopax rusticola*	U			×	印度半岛、中南半岛及长江流域以南
斑尾塍鹬 *Limosa lapponica*	U			×	环球热带-亚热带（除中、南美洲）
翻石鹬 *Arenaria interpres*	C			×	环球热带-亚热带
青脚滨鹬 *Calidris temminckii*	U	×			旧大陆-太平洋热带-亚热带
弯嘴滨鹬 *Calidris ferruginea*	U			×	东半球热带-亚热带
尖尾滨鹬 *Calidris acuminate*	M			×	中南半岛、太平洋-大洋洲热带
红颈滨鹬 *Calidris ruficollis*	C			×	环球热带（除中、南美洲）
大滨鹬 *Calidris tenuirostris*	M			×	印度半岛、中南半岛及太平洋-大洋洲热带
红腹滨鹬 *Calidris canutus*	C			×	环球热带（除印度半岛）
黑腹滨鹬 *Calidris alpina*	C			×	环球热带（除大洋洲）
鸣禽及其他					
山斑鸠 *Streptopelia orientalis*	E			×	印度半岛-中南半岛，太平洋热带岛屿
雨燕 *Apus apus*	O			×	非洲南部
白腰雨燕 *Apus pacificus*	M			×	亚洲-太平洋岛屿-大洋洲热带
家燕 *Hirundo rustica*	C			×	环球热带（除大洋洲）
白腹鸫 *Turdus pallidus*	M			×	中南半岛-太平洋热带岛屿、长江以南地区

续表

种类	分布型	西路	中路	东路	越冬地
灰翅鸫 *Turdus boulboul*	H			×	印度半岛-中南半岛，太平洋热带岛屿
大苇莺 *Acrocephalus arundinaceus*	O			×	旧大陆热带
黄腹山雀 *Parus venustulus*	S			×	中南半岛
红胁绣眼鸟 *Zosterops erythropteura*	C			×	中南半岛、云南
燕雀 *Fringilla montifringlla*	U			×	印度半岛-中南半岛，太平洋热带岛屿、中国季风区
白腰朱顶雀 *Carduelis flammea*	C	×		×	中国天山、季风区东北部

注：表中分布型：C. 全北、U. 古北、M. 东北、E. 季风区、D. 中亚、P. 高地、H. 喜马拉雅-横断山区、S. 南中国、W. 东洋，O. 分布区多属广泛或另具特点者（进一步细分详见本书附录）。西、中、东指迁徙路线。×. 途经该路。

资料来源：张孚允和杨若莉（1997）、王岐山和颜重威（2002）、郑光美（2002，2005）、郑作新（1976）。

1）取道西路的种类不多，限于中亚型（D）与高地型（P）的种类，另有少数全北型（C）和古北型（U）的种类。其中高地型种类的迁徙距离虽短，但它所跨越的温度带的差距（从高寒带至山地亚热带）类似属北方类型的全北型与古北型种类，是南北水平迁徙现象在垂直方向上的重演，如斑头雁和黑颈鹤。

2）取经中路的种类最少，并有从中途转入东路的，或同一种类中有些种群，同时另行单独取道东路。它们分属全北型（C）、古北型（U）和广布型（O）。

3）东路集中了绝大部分种类，几乎包括除了高原型以外的所有类型，还容纳转道的种类。这反映我国季风区，特别是东部沿海地区，植被、湿地等栖息条件优越。

4）绝大部分全北型与古北型的种类，其在低纬热带-亚热带地区越冬的范围，大多亦相应广泛，全北型种类多在环球热带-亚热带，古北型种类多在旧大陆热带-亚热带。一些在北方繁殖，分布广泛（O）的种类，越冬地亦较广泛，但范围不尽相同。

5）东洋型（W）种类越冬地，大多限于各自分布区的南部，即东南亚的热带亚热带或再包括太平洋-大洋洲地区。分布型分布范围比较小的类型，如东北型（M）、季风区型（E）、喜马拉雅-横断山型（H）和南中国型（S），其种类越冬范围大多相应较小，有些主要只在我国范围，如丹顶鹤、白枕鹤，成为我国的特有种或主要分布于我国的种。

总的来说，经多年来鸟类环志的研究，“可以看出，在同一系列地区不同种的迁徙路线不同，即使同一种群的不同群体，它们的迁徙路线也有所不同”（张孚允、杨若莉，1997）。由繁殖（度夏）区、越冬区、迁徙路线所构成的种的（复合）分布区，其动物地理现象远比单纯留居区或繁殖区的要复杂，是一个诱人的研究领域。

四、特有种分布

特有种（endemic species）指分布上只限于某一地区而不见于其他地区的种。其实，前述各分布型中分布限于目前某特定地区的种，常被称为该地特有种。但若追究其起源，对于原产某地区的种，则称为该地的土著种或固有种（indigenous species）。对某种动物的分布历史，做切实的探究，需要进行系统发育的研究和古生物的证据。一般所谓特有种，通常均视为分布限于某地的种。

上述我国的陆栖动物的各个分布型中，有不少种类为我国所特有或主要分布于我国，并为全世界所关注的种类。其中最著名的如兽类中的大熊猫、金丝猴、羚牛、毛冠鹿（*Elaphodus cephalophus*）和梅花鹿；鸟类中的马鸡（*Crossoptilon* spp.）、丹顶鹤、长尾雉（*Syrmaticus* spp.）、鸳鸯（*Aix galericulata*）等。大熊猫现分布于我国横断山脉北部及其附近。我国新疆和蒙古交界的砾质荒漠（戈壁）地带，可能尚保存现今唯一生存的野马。柴达木西部和塔里木沙漠深处的双峰驼（*Camelus bactrianus*），可能是野生的。曾残存在洞庭湖和长江下游白鳍豚（*Lipotes vexillifer*）是世界留存到现代的5种淡水鲸的一种，据报道最近已消失。长江中下游一带的扬子鳄（*Alligator sinensis*）是世界上罕见的鳄类之一。南起华南，北至华北都有分布的大鲵，即娃娃鱼（*Andrias davidianus*），是世界上现存最大的两栖类。有许多分布已知只限于局部地区均被视为该地区的特有种。最突出的如两栖类中的爪鲵（*Onychodactylus fischeri*），限于东北南部及其毗连的乌苏里和朝鲜。滇池蝾螈（*Hypselotriton wolterstorffi*）只见于川西和云南的局部地区。倭蛙（*Nanorana pleskei*）只见于川西高原。爬行类中的鳄蜥（*Shinisaurus crocodilurus*），自成一独立的鳄蜥科（Shinisauridae），见于广西大瑶山及其附近极少数地点。后来，又在广东曲江山区发现（黎振昌、肖智，2003）。鸟类中的四川山鹧鸪（*Arborophila rufipectus*）仅发现在横断山脉极狭窄的范围内（四川甘洛、屏山）。挂墩鸦雀（*Paradoxornis davidiana*）仅见于福建西北等。

对特有种分布的研究，在动物地理学上的意义是追溯物种的特化中心与起源地。前述野马和大熊猫等的现有分布范围十分局限或分散。在这一类动物分布区的外围，均存在着相当广泛的完全相同或极为相似的栖息环境。“实际分布区”与“可能分布区”的面积，形成不同程度的、甚至是巨大的相差。除确认是新分化的类型，局部分布大都可解释为受人为的影响或该动物处于自然衰退的状态。大熊猫是一个典型的例子。大熊猫栖息地与亚高山针叶林箭竹（*Fargesia*）丛群落相一致，而目前亚高山针叶林箭竹丛的分布远比大熊猫的分布广泛，向西可伸至喜马拉雅山脉南侧。古生物学材料认为发现于我国云南禄丰等地中新世的始熊猫（*Ailuractos lufengensis*）是大熊猫属（*Ailuopoda*）动物的祖先（邱占祥、祁国琴，1989）。大熊猫化石最早发现于更新世初期，于更新世中期，曾遍布我国南方。化石发现的最北地点疑是北京周口店（王将克，1974）。大熊猫分布上的退缩与其自身食性高度专化（主要食箭竹等几种竹类）、繁殖能力下降（现在远不如熊类）、抵抗能力低等内在因素，有重要的关系。联系其地史上分布区的逐渐退缩和体型上逐渐变小的情况来看，是处于历史的衰退中（裴文中，1974）。外界环境的变化及人类的捕杀亦有一定的、甚至是很大的影响。

据现有资料（费梁等，1990，2005；赵尔宓、鹰岩，1993；郑作新，1976；郑光美，2002；雷富民等，2002；王应祥，2003；张荣祖等，1997；Cheng，1987）整理，分布只限于或主要分布于我国境内的可视为我国特有或准特有种的陆栖脊椎动物，共有655种，占世界总数的2.5%，占全国总数的24.6%。最引人注意的一些种类已于前述。全部特有种的名称可从书末附表中查检，依统计（表4.6）我国特产的陆栖脊椎动物，无论按种类或按其在全国与全球该类中的比例，均以两栖类为首，爬行类次之，兽类再次之，鸟类殿后，与其类群的运动能力成反比。这可能是各地特产种类分布的普遍规律。

表 4.6　我国陆栖脊椎动物特产及准特产种统计

陆栖脊椎动物	世界	中国	特产及准特产种	占世界种数/%	占全国种数/%
两栖类	5504	325	226	4.1	69.5
爬行类	5500 余	412	224	4.07	54.4
鸟类	9721	1331	66	0.7	5.0
兽类	5416	600 余	139	2.6	23.2
共计	26 141 余	2668 余	655	2.5	24.6

特产种类的分布型以南中国型和喜马拉雅-横断山型最丰富，分别占全部特有种34.0%与31.5%，其次是岛屿（陆缘岛）型，约占13.1%。其他分布型中的特产种均少（表4.7）。

表 4.7　中国陆栖脊椎动物特产种分布型统计

陆栖脊椎动物	东北	华北	南中国	喜横	云贵	季风	中亚	高地	岛屿	小计	比例/%
两栖类	10	1	80	89	12	3	1	2	28	226	34.5
爬行类	9	5	101	55	2	8	10	7	27	224	34.2
鸟类	0	2	13	21	0	1	3	12	14	66	10.1
兽类	7	5	29	41	2	4	8	26	17	139	21.2
共计	26	13	223	206	16	16	22	47	86	655	
比例/%	3.97	1.98	34.0	31.5	2.4	2.4	3.4	7.2	13.1		100.0

注：比例指占全部特产-准特产种数的百分比。

前两类型种类的分布中心地区，即长江流域以南的南中国型和喜马拉雅-横断山地区，自更新世以来，气候条件相对优越，变幅相对较小的地区，有利于物种的生存，而形成某些类群的特化中心。陆缘岛的岛屿环境亦有利于特产种的形成与保存，与其生存面积相比，特产种较附近大陆丰富。台湾与海南亦不例外。台湾特有种显比海南多的原因，可能由于山地垂直幅较大，环境复杂。

第三节　动物分布的历史变迁

动物现代分布格局的形成是历史发展至现阶段的结果，对其形成过程的探索是动物地理学的主要任务之一。对动物分布历史的了解主要依赖于化石资料，其难易的程度通常取决于物种的年龄和追溯的时空尺度。有些种类虽无化石资料，但在变迁时，在原地留有残留种群，孤立分布于该物种变迁后的主要分布区之外或形成相互间断分布的种群，称为生物地理残留（biogeographical relict）（Udvardy，1969），在前述各分布型事例中均有，为探索分布区变迁历史及古环境变迁提供了依据。

动物分布的变化，可能是生物对环境因素变迁最为敏感的现象之一。如候鸟的提前来临，总与当年的“早寒”或“早暖”相联系。当今地球上温室效应致使气候变暖，已是不争的现实。地学研究中亦希望从生物现象，包括物候及动物分布区的近期变化等方面，即异常分布信息，获得佐证。

一、历史变迁总趋势

1. 哺乳类

我国古哺乳类的研究有较久的历史，最早可追溯至第三纪早期。晚中新世时哺乳类已出现南北的分异（童永生，1995；童永生等，1996；邱铸鼎，1996）。据古生物化石分布与现生种分布的对比（张荣祖，1999），可以看出我国哺乳动物现生种（类）化石（更新世为主）的分布区与现代分布区变迁的总趋势。

1）分布区向南退缩：大量的南方成分属于东洋型或旧大陆热带-亚热带型，在更新

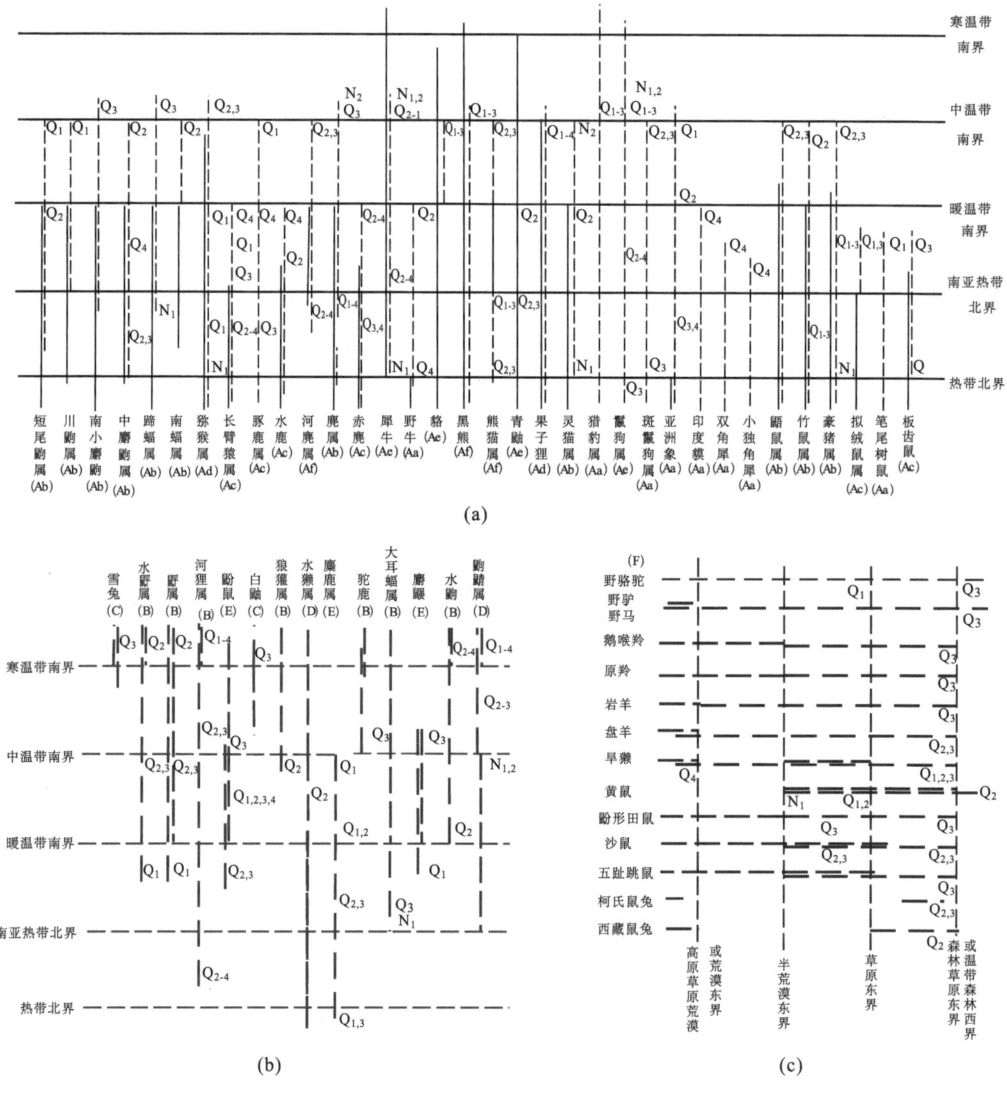

图 4.27 我国哺乳动物现生种（属）分布地史变迁

实线：现代分布；虚线：化石分布；$Q_{1,2,3,4}$. 第四纪不同时期；$N_{1,2,3}$. 新第三纪（新近纪）不同时期

资料来源：据张荣祖（1999）

世期间的分布可远至北方，而现代分布大多限于亚热带以南，表现了自更新世以来，我国哺乳动物向南退缩的总趋势（A），还可做以下的细分［图 4.27（a）］：

① 退缩幅度很大，完全或几乎退出我国范围（Aa），它们是猎豹（*Acinomyx*）、鬣狗（*Hyaena*）、斑鬣狗（*Crocuta*）、貘（*Tapirus*）、犀牛、野牛（*Bos*）、亚洲象（*Elephas maximus*）和豚鹿（*Axis*），还有小型兽中的笔尾树鼠（*Chiropodomys*）等。

② 在更新世时曾向北分布至现代中温带南限附近，现已向南退缩至亚热带北限附近（Ab），属此情况的种类最多，如短尾鼩（*Anourosorex squamipes*）、蹄蝠（*Hipposideros*）、南蝠（*Ia*）、麂（*Muntiacus*）（图 4.28）、鼯鼠（*Petaurista*）、竹鼠（*Rhizomys*）、豪猪（*Hystris*）和灵猫（*Viverra*）等。

③ 更新世时曾向北分布至现代暖温带南限（亚热带北限），现代分布退缩幅度不大。大多数种（属）的北限仍在我国中亚热带或南亚热带（Ac），如长臂猿（*Hylobates*）、水鹿（*Cervus unicolor*）、赤鹿（*C. elaphus*）、拟绒鼠（*Eothenomys*）和板齿鼠（*Bandicota indica*）等。

④ 更新世时分布与现代分布相似或差别不大，若有退缩，在自然状态下，南退幅度只限某一地带之内（Ad），如猕猴（*Macaca*）和果子狸（*Paguma*）。

⑤ 在南撤总趋势中有少数种类的现代分布较化石分布记录向北推移，表现了迁移上的相反波动（Ae），它们是麝（*Moschus*）、黑熊、青鼬（*Martes flavigula*）和貉（*Nyctereutes*）。这些种的共同特点是，它们的现代分布区主要在我国的季风地区。

⑥ 现代分布区从外围向中心或局部地区退缩（Af），有河麂（*Hydropotes*）、大熊猫和黑熊，它们在更新世时均分布在我国季风区。华南兔（*Lepus sinensis*）亦可能属此类型。它们的退出区主要在华北区。

2）分布区南进或又北退：属于全北型或古北型，以及东北型或华北-东北型的种类，明显少于南方种类，其分布区的变迁有以下几种趋势［图 4.27（b）］：

① 在更新世时曾向南分布，而现代分布则有不同程度的北退（B），属此情况的种类较多，如驼鹿（*Alces alces*）、狼獾（*Gulo*）、水䶄（*Arvicola terrestris*）、水鼩（*Neomys fodiens*）和长耳蝠等。

② 现代分布表明自更新世以来已向南迁移（C）。它们是白鼬（*Mustela erminea*）和雪兔（*Lepus timidus*）等。

③ 有些北方种类，它们的分布变迁另具特点。现代分布广泛的鼩鼱（*Sorex*）和水獭（*Lutra lutra*），其化石记录，迄今所知，总的来说，未超出现代分布范围（D）。现代分布限于我国北方，更新世时化石曾见于南方，如麝鼹（*Scaptochirus moschatus*）和鼢鼠（*Myospalax*）等。还有已成为驯化种的麋鹿［四不像（*Elaphusus*）］，于更新世时，曾广布于我国东部暖温带以南（E）。

3）分布区向东伸进：属于中亚或高地分布型的一些种类，在更新世时几乎无一例外地曾于更新世的某 1～2 个时期或全部期间向东分布达华北平原或包括辽东半岛，已进入森林草原及温带森林地带（F）。现存野牦牛（*Bos grunnicus*）则可视为该属喜寒种类在高山环境中的保留（张荣祖、郑昌琳，1985）［图 4.27（c）］。

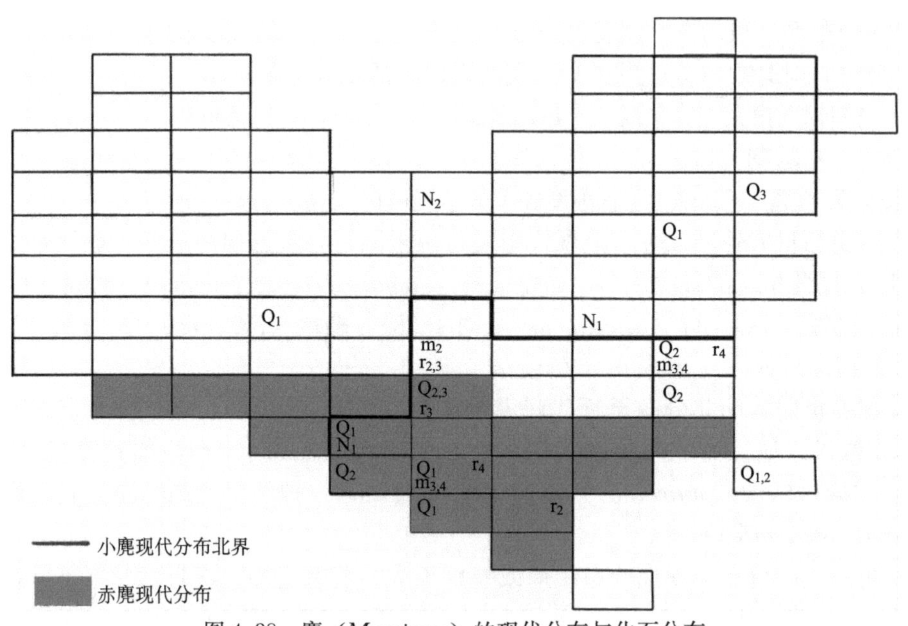

图 4.28　麂（*Muntiacus*）的现代分布与化石分布

N_1. 中新世；N_2. 上新世；$Q_{1,2,3}$. 更新世早、中、晚期；Q_4. 全新世；$m_{2,3,4}$. *M. muntjak* 中、晚更新世和全新世；$r_{2,3,4}$. *M. reevesi*（同上）

资料来源：据张荣祖（1999）

2. 淡水鱼类

据对中国化石鱼类的研究表明，中新世时已出现很多现生属；上新世时，淡水鱼类区系已经和现在的鱼类区系非常接近。同时，在始新世时，中国鱼类区系就存在南北的差异。陈宜瑜等（1986）系统地总结了喜马拉雅造山运动和第三纪后期全球性气候变化以及第四纪冰期对东亚淡水鱼类的影响（刘焕章、陈宜瑜，1998）。引述如下：

1）北方地区温度下降，产生了雅罗鱼亚科（Leuciscinae）、鮈亚科（Gobioninae）鱼类，同时鲑鳟鱼类由极地向南扩展。

2）由于青藏高原抬升，高原周围出现强烈的切割，形成急流环境，产生了野鲮亚科（Labeoninae）、平鳍鳅科（Homalopteridae）、鮡科（Sisoridae）等适应急流环境的鱼类。

3）青藏高原急剧抬升后，形成特殊的高寒环境，产生了裂腹鱼（*Schizothorax*）和无鳞条鳅类。

4）青藏高原抬升的同时，我国东部发育了较大范围的冲积平原，在东亚季风的影响下，江河水位季节变化显著，从而产生了长江中下游这样的大江大河，派生出鲢亚科（Hypophthalmichthyinae）、鲌亚科（Culterinae）、鲴亚科（Xenocyprinae）、鳑鲏亚科（Acheilognathinae）、鳅鮀亚科（Gobiobotinae）等鱼类。

5）在第四纪冰期，物种整体向南退缩，不同水系之间发生鱼类区系交换；在间冰期，不同的物种分别向北扩散，造成广布种和孑遗种，即生物地理残留种的存在，例如，一些广布种在黑龙江流域的分布和洛氏鲅（*Phoxinus lagowskii*）在长江流域的分布。

6）冰期和间冰期的变化同时造成了长江等大河上、中、下游各支流之间鱼类区系的交流，并促成了上、中、下游物种分化事件的发生，形成诸多区域性分布，例如，厚颌鲂等种类在长江上游的分化。

二、生物地理残留分布

我国爬行类中的扬子鳄（*Alligator sinensis*）与分布于北美洲密西西比河的同属动物密河鳄（*A. mississipiensis*）之间，隔以广阔的海洋和陆地，两地距离几为地球的半圈；鸟类中的灰喜鹊（*Cyanopica cyana*）、兽类中的刺猬（*Erinaceus europaeus*）（图5.6）和鱼类中的纵带泥鳅（*Misqurnus fossilis*）和龙江鳑鲏（*Rhodeus sericeus*），目前均间断分布于我国东部与欧洲大陆，两地遥相隔离，在动物地理学中都是很有名的例子。前者被用以说明北美大陆与欧亚大陆之间在历史时期的陆连关系。后者被用以说明第四纪时欧亚大陆在冰期、间冰期波动中动物南北迁徙时在避难地中的残留现象（Illies，1974；Udvardy，1969）。经研究在我国陆栖脊椎动物中，具有生物地理残留分布性质的种类共计超过80种（Zhang，2004），按其残留性质可分以下3类，现仅各举若干事例予以说明。

1. 北方-高山成分残留

发生于全北（古北）分布型中适应于耐寒的种类，为更新世冰期气候波动中曾向南移至我国中部山地，而在后来北退时残留下来的部分种类。例如，两栖类中的极北鲵（*Salamandrella keyselingii*）的主要分布区相当于西伯利亚泰加林带，南延至我国东北大兴安岭地区，约北纬45°，有一残留分布记录发现在河南桐柏-大巴山区，约北纬32°（图4.6）（吴淑辉、瞿文元，1984）。爬行类中的极北蝰（*Vipera berus*），主要分布在泰加林带西南部，包括我国新疆和东北北部，其地理残留种群发现在秦岭南坡约北纬33°（宋鸣涛，1989）。鸟类中可举出古北型种类长尾林鸮（*Strix uralensis*）有一残留种群孤立分布在横断山区北部，为北纬30°～34°。泰加林带的三趾啄木鸟在我国四川西部有一残留分布区（图5.19）（Cheng，1987）。兽类中的两种古北型啮齿类根田鼠（*Microtus eoconomus*）和狭颅田鼠（*M. gregalis*）是冰缘环境栖息种类，但并非典型北方冻原成分（Povolny，1966），前者有一残留种群见于青藏高原西北边缘，北纬32°～40°，后者的残留种群见于河南伏牛山。主要分布在东西伯利亚的高山鼠兔（*Ochotona alpine*）在东祁连山地及附近的种群（Allen，1938；郑涛等，1991）亦属此类的地理残留（图4.8）。斑翅榛鸡（*Tetrestes sewerzowi*）与黑头噪鸦（*Pertsoreus internigraus*）在青藏高原东部的孤立分布，与北方泰加林的同属鸟类北噪鸦（*P. infaustus*）的分布，相隔甚远（图4.19）。

2. 热带-亚热带成分残留

在第四纪气候变冷以前，我国大部分地区为热带-亚热带森林地区，生活着如今分布在东洋界的喜暖的动物（周廷儒，1984）。更新世气候恶化，特别是进入冷期后，它们被迫南迁（Zheng and Han，1991；计宏祥，1985）。在此过程中，当它们主要分布区向低纬度地区南移时，在北方具备避难地条件环境中可能保有残留的种群。例如，两栖类中的大绿臭蛙（*Odorrana livida*）有一残留种群在秦岭南部约北纬 34°，而此蛙的主要分布区则已退至长江以南。爬行类中的竹叶青（*Trimeresurus stejnegeri*）在东北长白山留有残留分布点，此处已是中温带，约北纬 42°。这类东洋界种类的在我国主要分布区的北限，大多相当于北亚热带北界（图 4.29）。丽纹蛇（*Calliophis macclellandi*）主要分布区的北限更退至中亚热带北界，它的残留种群发现在甘肃与陕西交界处约北纬 33°（Zhao and Adler，1993）。哺乳类中可举出主要分布在我国东部季风区中亚热带的华南兔（*Lepus sinensis*），在朝鲜半岛的间断分布区，为地理残留性质，有一残留种群记录见于我国东北长白山，约在北纬 42°，前已述及。另如猕猴（*Macaca mulatta*），于 20 世纪 80 年代末尚有残留种群分布在北京北部山区，约北纬 42°，属暖温带北缘。现在该猴在太行山地的残留种群是现存分布最北的记录，属暖温带南缘约北纬 35°，接近亚热带北界。巨松鼠（*Ratufa bicolor*）主要分布区南移更甚，几乎全进入中南半岛，在我国境内，只包括云南边境，在海南岛的残留种群，是在更新世中大陆与海南岛陆连时分布至岛上的。

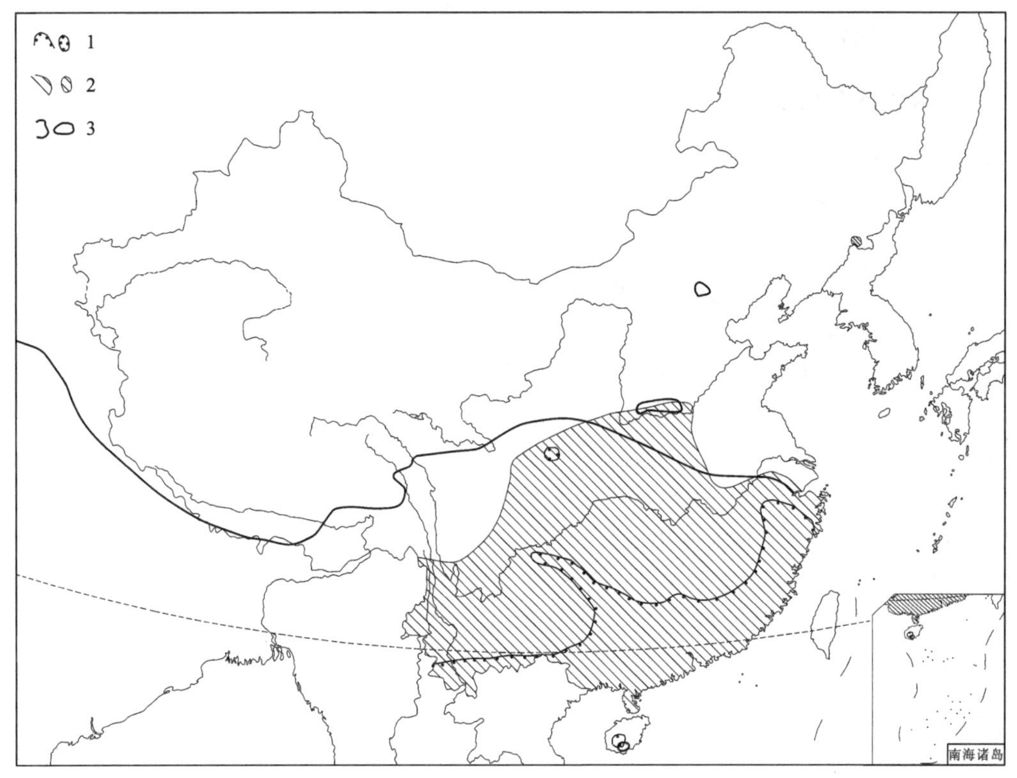

图 4.29　大绿臭蛙（*Odorrana livida*，1）、竹叶青（*Trimeresurus stejnegeri*，2）与猕猴（*Macaca mulatta*，3）的分布

3. 温暖-湿润成分残留（图 4.30）

自早更新世，我国北方气候恶化、黄土堆积，开始发生在秦岭以北，至晚更新世扩

大到长江流域中下游。许多适应于温暖湿润环境中的动物可能消失，只残存在境内外局部或多或少尚适宜栖息的环境。例如，两栖类中的北方狭口蛙（*Kaloula borealis*）现只退缩分布在华北地区的东部，有一残留种群见于甘肃西南的属于湿润亚热带边缘的文县地区（费梁等，1999）。爬行类中的黑龙江草蜥（*Takydromus amurensis*）现主要分布在东北东部，有一残留种群见于甘肃东南部（姚崇勇、张绳祖，1981），而在华北半干旱半湿润地区完全消失。鸟类中的震旦鸦雀（*Paradoxornis heudei*）有类似的情况，只在气候湿润的东北中部和浙江等地留地理残留分布种群。在兽类中可举出几种小兽，如缺齿鼹（*Mogera wogura*）主要分布在朝鲜半岛、辽东半岛和日本岛，而在黄河和长江下游各有一残留分布种群。蹶鼠（*Scista concolor*）有 5 处间断残留点，分散在锡赫特山-乌苏里、祁连山-秦岭、西天山、兴都库什及高加索各山区（Flint et al.，1965；Corbet，1978；张荣祖等，1997）。大麝鼩（*Crocidura lasiura*）主要分布于朝鲜半岛-乌苏里及我国东北东部山地，而有一残留分布见于长江最下游地区，被半干旱-半湿润的华北大平原分隔（图 5.7）。川西长尾鼩（*Soriculus hypsibius*）主要分布于四川盆地北缘山地，有一残留分布种群见于北京附近。

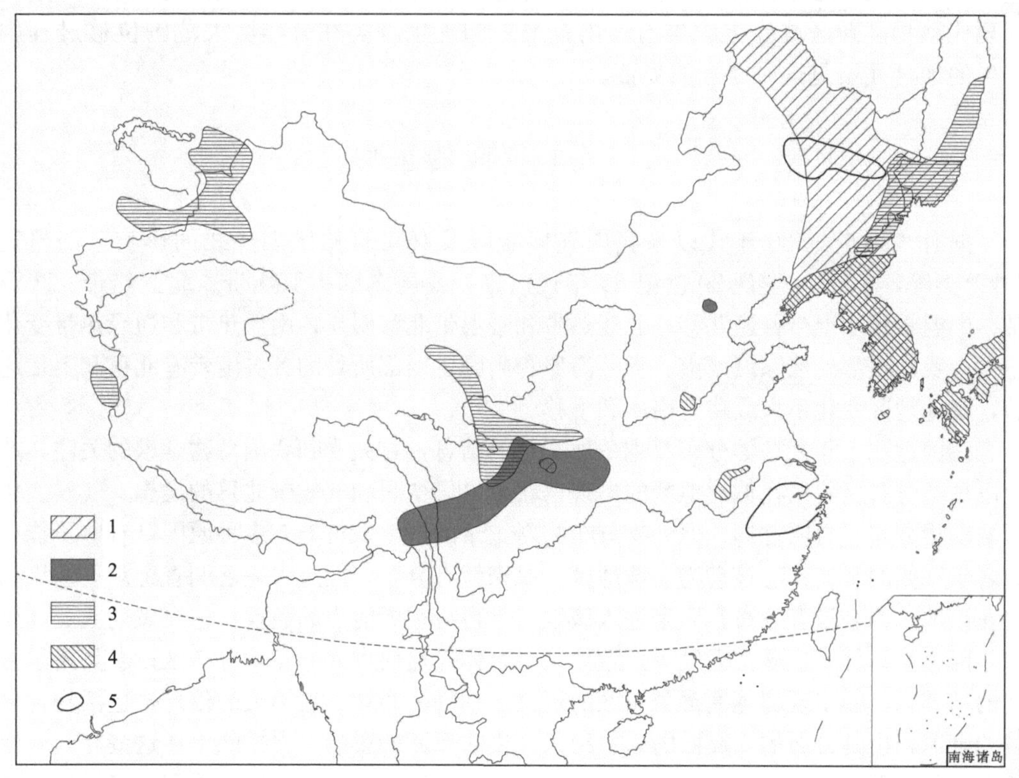

图 4.30　黑龙江草蜥（*Takydromus amurensis*，1）、川西长尾鼩（*Soriculus hypsibius*，2）、蹶鼠（*Scista concolor*，3）、缺齿鼹（*Mogera wogura*，4）与震旦鸦雀（*Paradoxornis heudei*，5）的分布

综上所述，自第三纪早期，我国哺乳类和鱼类，已出现南北的分异。现生种类的分布变迁，说明自更新世以来物种分布的总趋势，是从北向南的撤退（图 4.27）。在

此总趋势中，因冰期-间冰期的影响，有往返的波动，但从未发生类似欧亚北部因大陆冰川而致动物消失或完全南撤的事件。青藏高原的隆起导致我国地理环境的区域分异。我国东部季风区内的中亚热带至暖温带，在更新世时，并非冰川广泛发育的环境，不但是动物在冰期中的避难所，而且是一个广阔的南方种（类）往返迁移的地带。与南北波动相联系的一些北方种（类）在中温带亦有较小幅度的南北迁移。在中温带以南，夏季温度特别小，冬季寒潮影响范围较大。较大的生态变幅要求分布区内动物有较宽的适应性。换言之，除若干对气候条件（寒冷或暖热）有较严格要求的种（类）外，有较强适应性的南北方种类均可在这一广阔的地带内生存。华北地区不但有南、北方种类的交汇，还有西部干旱区的一些种类渗入。因为它是我国东部季风区内相对干旱的环境。同时，一些喜湿的种类在华北地区消失或衰退而难以发现，形成间断分布，表现其受相反的影响。这一现象表明，在更新世时，我国不但已出现动物区系的南北分化，而且还出现了适应干旱气候的中亚型内陆的动物区系，并曾向东扩展。南北分野大致在中亚热带和暖温带之间，东西分野则在西部干旱-半干旱和半湿润-湿润区之间。同时，在青藏高原发育了高寒环境和喜寒的种类。它们之间，在不同时期，随气候的变迁而相互消长或渗透。这一区域分异是我国现代动物区系区域分化的雏形。化石纪录和现生种类在分布区大范围位移过程中产生的地理残留是这一变迁的见证。

三、气候变暖的影响

据对“20世纪80年代以来我国气候变暖及其对自然区划界线的影响”的研究(沙万英等，2002)，发现20世纪80年代以来，我国东部中亚热带、北亚热带、暖温带、中温带和寒温带普遍北移；北亚热带和暖温带北移明显；南亚热带和边缘热带变化不大；我国西部地区除滇西南、青藏高原和内蒙古西部所处的各温度带有北移和上抬趋势，其他地区变化不大或略有南压和下移。

我国近二十年来鸟类分布及越冬地变化的信息，首先受到我国动物学家的关注，产生以鸟类分布新纪录在偏北地区的出现，联系气候变暖和气候带北移的设想。气候变化影响动物分布是自明之理。但动物分布的新纪录的产生，可能有多种原因，有些不能只归之于气候的影响：①该动物在该地区，原来就有分布，但过去缺乏调查纪录；②该动物在该地区原来没有分布，后来进入该地，是自身扩展能力的表现；③在飞翔或迁徙途中，因突然事件，如异常天气等，致使某些个体迷途而进入非正常分布区；④具漫游习性的鸟类，可能出现超越通常分布区的现象。动物分布在一地消失的信息，包括物种自身的衰退，也是分布的（反面的）新纪录，反映反面的影响。要排除上述这些与气候变迁无关或关系不大的新纪录，并不容易，而常令人困惑。而同时应该看到，气候变迁的影响是普遍的，波及整个生态系统。从整体上看，生态系统与生物区系的改变需要有一个较长的适应过程，滞后于气候带的移动。但可以认为，动物是生态系统中，属于对环境因素变迁最敏感的成分，而且不乏先锋分子，其分布变化具有先兆的性质。因此，我们依据近二十年来的鸟类分布新资料（表4.8），依经验判断，假设有可能因气候变迁而产生的一些分布新纪录，对不同种类新分布点北移的现象，以原有动物分布型和原有自然地理区-带的划分为基础，做一比较分析，可以看出以下的现象：

表 4.8　二十三种鸟类分布型、分布区、分布新记录

名称	分布型代号（新代号）	发现地点/原分布区北限	发现人及时间
1. 黑领椋鸟 *Sturnus nigricollis*	Wa（Wc）	重庆，长江中下游一带（繁殖），昆明/南亚热带	罗键等，2006
2. 褐翅鸦鹃 *Centropus sinensis*	Wb（Wc）	四川南充 /南亚热带-中亚热带南部留鸟	郭延蜀，2004
3. 小鸦鹃 *Centropus bengalensis*	Wc（We）	河北南大港北纬 38°33′/长江中下游以南	张彦威等，2003
4. 棕腹大仙鹟 *Niltiava davidi*	Wc（Wd）	陕西汉中/峨嵋、宝兴（北界）	张宏杰、王中裕，1987
5. 红翅凤头鹃 *Clamator coromandus*	Wd（We）	山东省青岛市/中亚热带（黄河）以南各省	刘岱基、辛美云，1998
6. 棕背伯劳 *Lanius schach*	Wd（We）	山东与江苏东海交界处/长江以南各省	柏亮、柏玉琨，1991
7. 牛背鹭 *Bubulcus ibis*	Wd（We）	辽宁旅顺/中亚热带以南（繁）欧、亚、非热带地区（冬）	裴晓鸣，1990*
8. 斑嘴鸭 *Anas poecilorhyncha*	We（We′）	东北华北（夏）渤海湾近海（留）/长江中下游（留）	刘明玉，1993
9. 池鹭 *Ardeola bacchus*	We（We′）	黑龙江孙吴县/长江以南各省	刘晓龙等，1998
10. 灰斑鸠 *Streptopelia decacto*	We（We′）	黑龙江高峰北纬 49°12′/主要在暖温带繁殖	李显达等，2006
11. 红胸田鸡 *Porzana fusca*	We（We′）	小兴安岭逊克、孙吴/暖温带以南	刘晓龙等，1998
12. 山麻雀 *Passer rutilans*	Sh（Sv）	北京（繁）/青海东部-秦岭-中条-山东一线以南	李晓京等，2004
13. 叉尾太阳鸟 *Aethopyga christinae*	Sc（Sd）	河南省/中亚热带以南	姚孝宗等，1997
14. 黄腹山雀 *Parus venustulus*	Sh（Sv）	黑龙江尚志县-北京以南、辽宁大连/中亚热带以南（留）	常家传，1996*
15. 黄嘴白鹭 *Egretta eulophotes*	M（M′）	辽宁长海繁殖/广东、福建、海南（夏）	尹祚华等，2000
16. 雪雁 *Anser caerulescens*	Ca（Ca′）	黄河三角洲/北美北极、西伯利亚东部（繁）	朱书玉等，2000
17. 灰鹤 *Grus grus*	Ub（Ub′）	天津郊区（留居），辽宁（冬）/黄河以南越冬	袁良等，2000
18. 棕扇尾莺 *Cisticola juncidis*	Uh（Uh′）	鸭绿江湿地（繁殖）/中亚热带以南-西南亚	高明，2006

续表

名称	分布型代号（新代号）	发现地点/原分布区北限	发现人及时间
19. 草鸮 *Tytocapensis chinensis*	01（01′）	河北兴海，南充（繁）重庆/长江以南中亚热	胡锦矗，2000
20. 斑背大苇莺 *Megalurus pryeri*	O（O′）	黑龙江扎龙/湖北、河北、辽宁朝阳等地	鲁长虎、李佩，1997
21. 灰背伯劳 *Lanius tephronotus*	Hm（P）	塔什库尔干南 3465m/兰州、云南南部、雅江河谷	马鸣，2004
22. 灰椋鸟 *Sturnus cineraceus*	X（X′）	北京地区（越冬）/长江流域以南（越冬）	叶宗耀，2009＊＊
23. 白头鹎 *Pycnonotus sinensis*	S（S′）	北京地区（越冬）/东南沿海、海南（越冬）	叶宗耀，2009＊＊

注：分布型代号见本书附录，新代号只用作个例对比，凡注以′的代号如 We′、Ca′等，均表示未有适当的对比代号。

＊据孙全辉和张正旺（2000）。

＊＊据动物学工作者叶宗耀连续三年的观察。

1）在现有信息中有近半的种类属于东洋（热带-亚热带）型（W），依过去长期以来的纪录，它们深入我国的情况，最北可不同程度地进入温带（We），但几乎不到寒温带，最南只进入边缘热带（Wa）。目前这类鸟类向北扩展，大多从中亚热带（Wc）-北亚热带（Wd）移至暖温带和中温带（We），即从长江流域一带扩展至华北和东北中南部。有数例，如池鹭、灰斑鸠和红胸田鸡还进入寒温带，全属新的情况。又如斑嘴鸭过去只在长江流域一带留居，而新纪录发现在渤海湾一带有留居的种群。

2）几种习见于亚热带以南，即长江流域以南分布的鸟类，山麻雀、叉尾太阳鸟和黄腹山雀属南中国型（S），其新分布纪录均见于暖温带的华北；后者，还再见于东北地区中温带，均已向北延伸一个温度带。

3）属于北方类型的古北型（C）、全北型（U）和东北型（M）或者分布较广泛（O）的种类，它们越冬地的北移或由越冬转变为留居，另有些种类原来只在我国南方（亚热带以南）越冬，近年来却见在北方（暖温带）越冬，均表明可能与近年来北方气候变暖食物条件改善有关。

4）分布区垂直的变迁是山地的种类对气候变化的反应，上述事例中灰背伯劳（P）新分布记录出现于帕米尔高原更高海拔山地，可能即反映温度带的上抬。

上述现象，虽然基本上对应于 20 世纪 80 年代以来我国气候地带变化的趋势，特别是第 1）、第 2）两类，似乎对应于上述“北亚热带和暖温带北移明显”的现象。但这些信息，属于“先锋成分”的水平，而生态系统与生物区系的改变，以及新分布纪录的稳定存在，可能才是气候变化进入稳定期的标记。今后，要进一步关注在一定时期内，在同一方向重复发生的动物分布新纪录，以及新迁物种在新迁生态系统中重复出现的频率与稳定生存的趋势，需要对生物分布现象做长期的监测。有些区域性动物区系不同时间的对比信息值得我们注意。如东北大兴安岭鸟类，近 20 年纪录的前后对比，东洋界种类增加了 1.8 倍（马逸清，1989；高玮，2006）；又以山东省为例，20 世纪 60 年代以来，共发现鸟类新记录38种（截至1993年），其中留鸟新记录12种和亚种，冬候鸟新记录19种，东洋种明显多于古北种（柏亮、柏玉琨，1991）等，均可能表明南方种类在这一时期中北移较多。

参考文献

柏亮，柏玉琨．1991. 山东鸟类调查．见：高玮．中国鸟类研究．北京：科学出版社

蔡昌平，胡锦矗，彭基泰．1990. 川西的矮岩羊．华东师范大学学报（哺乳动物生态学专辑），(9)：90～95

曹文宣，陈宜瑜，武云飞等．1981. 裂腹鱼类的起源和演化及其与青藏高原隆起的关系．见：中国科学院青藏高原综合科学考察队．青藏高原隆起的时代、幅度和形式问题．北京：科学出版社

陈辈乐，费乐思，托马斯等．2005. 海南长臂猿状况调查及保护行动计划．嘉道理农场暨植物园专题报告：中文版第3号

陈强，冯孝义，马文秀．1993. 甘肃眼镜蛇科一种新纪录——眼镜蛇．见：赵尔宓，陈壁辉，Papenfuss T J. 中国黄山国际两栖爬行动物学学术会议论文集．北京：中国林业出版社

陈延熹等．1989. 赣南翼手类初步调查．兽类学报，9（3)：226，227

陈宜瑜，陈毅峰，刘焕章．1996. 青藏高原动物地理区的地位和东部界线问题．水生生物学报，20（2)：97～103

陈宜瑜等．1986. 珠江的鱼类区系及其动物地理学分析．水生生物学报，19：228～236

陈毅峰，陈宜瑜．1998. 裂腹鱼类（鲤形目：鲤科）系统发育和分布格局的研究Ⅱ. 分布格局与黄河溯源侵袭问题．动物分类学报，23（赠刊)：26～33

丁汉波等．1980. 福建两栖和爬行类的地理分布及区系研究．福建师大学报（自然科学版），(1)：57～74

费梁等．1990. 中国两栖动物检索．重庆：科学技术文献出版社重庆分社

费梁等．1999. 中国两栖动物图鉴．郑州：河南科技出版社

费梁等．2005. 中国两栖动物检索及图解．成都：四川科学技术出版社

冯孝义．1991. 爬行纲．见：王香亭．甘肃脊椎动物志．兰州：甘肃科学技术出版社

冯祚建等．1986. 西藏哺乳类．北京：科学出版社

高行宜，谷景和．1987. 马科在中国的分布与现状．兽类学报，9（4)：269～274

高明．2006. 东北鸟类新纪录——棕扇苇莺．四川动物，25（4)：890

高玮．2006. 中国东北地区鸟类及其生态学研究．北京：科学出版社

高耀亭等．1987. 中国动物志（兽纲第八卷食肉目）．北京：科学出版社

葛凤翔，李新民，张尚仁．1984. 河南省啮齿动物调查报告．动物学杂志，(3)：43～46

巩会生．1993. 佛坪国家级自然保护区兽类补遗．四川动物，12（4)：31

郭延蜀．2004. 四川省南充市发现褐翅鸦鹃．四川动物，23（02)：130，131

郭倬甫，陈恩渝，王酉之．1978. 梅花鹿的一新亚种——四川梅花鹿．动物学报，24（2)：187～192

何晓瑞等．1991. 中国小竹鼠生态的初步研究．动物学研究，12（1)：41

侯兰新等．1986. 新疆乌鲁木齐县达坂城——柴窝堡啮齿动物调查．兽类学报，6（4)：315，316

胡锦矗．2000. 四川省一种鸟类补述．四川动物，19（11)：21

胡锦矗，王酉之．1984. 四川资源动物志．第二卷：兽类．成都：四川科学技术出版社

胡淑琴等．1987. 西藏两栖爬行动物．北京：科学出版社

黄秉维．2003. 关于综合自然区划的若干问题．见：《黄秉维文集》编辑组．地理学综合研究——黄秉维文集．北京：商务印书馆

计宏祥．1985. 中国第四纪哺乳动物群的地理分布及其所反映的气候变迁．见：中国第四纪冰川冰缘学术讨论会文集．北京:科学出版社

季达明等．1978. 辽宁动物志、两栖类、爬行类．沈阳：辽宁科学技术出版社

卡尔克（Kahlke H D）．1961. 关于中国南方剑齿象——熊猫动物群和巨猿时代．古脊椎动物与古人类学报，2：85～193

雷富民，屈延华，卢建利等．2002. 关于中国鸟类特有种名录的核定．动物分类学报，27（4）857～864

黎振昌，肖智．2003. 广东省曲江发现鳄蜥．动物学杂志，37（5）：76
李德俊等．1987. 茂兰喀斯特森林区爬行类调查报告．茂兰喀斯特森林科学考察集．贵阳：贵州人民出版社
李思忠．1981. 中国淡水鱼的分布区划．北京：科学出版社
李显达，方克艰，郭玉民．2006. 黑龙江鸟类新纪录——灰斑鸠．动物学杂志，41（01）：52
李晓京，薄文浩，武森等．2004. 北京市鸟类新纪录——山麻雀．动物学研究，25（6）：490
李致祥，林正玉．1983. 云南灵长类的分类分布．动物学报，2：111～119
梁爱萍．1998. 中国及其周边地区沫蝉和蜡蝉总科（昆虫纲：同翅目）．昆虫的支序生物地理学．动物分类学报，23（增刊）：132～164
梁启燊等．1988. 湖南省的爬行动物区系．暨南理医学报，（3）：65～72
刘伯文．1992. 某些鸟类冬季留居与北方一些地区生态原因探讨．动物学杂志，27（5）：32
刘承钊，胡淑琴，赵尔宓．1980. 髭蟾属 *Vibrissaphora* 和种的初步探讨，及其与分类学有关问题的讨论．两栖爬行动物研究，3（1）：1～9
刘岱基，辛美云．1998. 山东鸟类新记录——红翅风头鹃．四川动物，17（4）：175
刘焕章，陈宜瑜．1998. 中国淡水鱼的分布格局与东亚淡水鱼的起源演化．动物分类学报，23（增刊）：10～16
刘明玉．1993. 辽宁沿海水鸟调查报告．野生动物，106（3）：16，17
刘少英，赵尔宓．2004. 西藏特有种温泉蛇在四川理塘县发现．四川动物．23（3）：234，235
刘晓龙，赵文阁，郭玉民等．1998. 黑龙江鸟类新记录．四川动物，（03）：175.
刘荫增．1981. 朱鹮在秦岭的重新发现．动物学报，27（3）：273
刘振华．1983. 西沙群岛的鼠类．动物学杂志，（6）：40～42
卢立仁．1987. 广西翼手类调查．兽类学报，7（1）：79，80
卢向东，李方满，丁永良．1999. 红翅悬壁雀新分布．野生动物，112（6）：23
鲁长虎，李佩．1997. 黑龙江省鸟类新纪录种——斑背大尾莺．四川动物，16（3）：104
陆舟，周放，谢邦杰等．2003. 广西昭平县七冲林区发现濒危珍稀动物——鳄蜥．四川动物，22（2）：8
吕光洋．1989. 由两栖爬行动物相探讨台湾和大陆之关系．见：台北市动物园保育组．台湾动物地理渊源研讨会专集．台北市立动物园．99～125
罗键，王宇，黄竹等．2006. 重庆市鸟类一新纪录——黑领椋鸟．四川动物，25（04）：862
罗泽珣．1988. 中国野兔．北京：中国林业出版社
马鸣．2004. 新疆发现灰背伯劳．动物学杂志，39（4）：21
马鸣等．1992. 新疆鸟类新记录两种——夜鹭和白尾海雕．干旱区研究，9（1）：61，62
裴文中．1974. 大熊猫发展历史．动物学报，20（2）：188～190
邱占祥，祁国琴．1989. 云南禄丰中新世的大熊猫化石．古脊椎动物学报，27（3）：153～189
全国强，林永烈，张荣祖等．1993. 猕猴在河北兴隆的消失．见：夏武平，张洁．人类活动影响下兽类的演变．北京：中国科学技术出版
邱铸鼎．1996. 中国晚第三纪小哺乳动物区系史．古脊椎动物学报，34（4）：279～296
沙万英，邵雪梅，黄玫．2002. 20 世纪 80 年代以来中国气候变暖及其对自然区域界线的影响．中国科学（辑），32（4）：317～326
申兰田等．1988. 广西陆栖脊椎动物分布名录．漓江：广西师范大学出版社
盛和林等．1992. 中国鹿类动物．上海：华东师范大学出版社
施雅风．2000. 中国冰川与环境——现在、过去和将来．北京：科学出版社
宋鸣涛．1987. 陕西南部爬行动物研究．两栖爬行动物学报，6（1）：59～64
宋鸣涛．1989. 陕西两栖爬行动物区系分析．两栖爬行动物学报，6（4）：63～73
宋世英．1984. 陕西陇山地区兽类的区系调查．动物学杂志，5：42
孙全辉，张正旺．2000. 气候变暖对我国鸟类分布的影响．动物学杂志，35（6）45～48
童永生．1995. 中国新生代哺乳动物分期．古脊椎动物学报，33（4）290～314
童永生等．1996. 中国新生代哺乳动物区系演变．古脊椎动物学报，34（4）：215～227
汪松．1964. 新疆兽类新种与新亚种记述．动物分类学报，1（1）：6～15

王定国．1988. 额济纳旗和肃北马鬃山北部边境地区啮齿动物调查．动物学杂志，23（6）：21～23
王将克．1974. 关于大熊猫种的划分、地史分布及演化历史的探讨．动物学报，20（2）：192～201
王岐山，颜重威．2002. 中国的鹤、秧鸡和鸨．南投（中国台湾）：凤凰谷鸟园
王思博，杨赣源．1983. 新疆啮齿动物志．乌鲁木齐：新疆人民出版社
王廷正，许文贤．1992. 陕西啮齿动物志．西安：陕西师范大学出版社
王香亭．1977. 甘肃的大熊猫．兰州大学学报，（3）：87～99
王应祥．2003. 中国哺乳动物种和亚种分类名录与分布大全．北京：中国林业出版社
王酉之．1985. 睡鼠科一新属新种——四川毛尾睡鼠．兽类学报，5（1）：67～75
韦振逸，吴名川．1985. 广西野生动物分布名录．广西壮族自治区林业厅．1～100
吴德林，邓向福．1984. 中国树鼠属一新种．兽类学报，4（3）：207～212
吴诗宝，王应祥，冯庆．2005. 中国兽类一新纪录——爪哇穿山甲．动物分类学报，30（2）：440～443
吴淑辉，瞿文元．1984. 河南省两栖动物区系初步研究．新乡师范学院学报，1：83～89
吴毅．1991. 我国特区产动物——矮岩羊．四川动物，10（1）：38
伍律等．1985. 贵州爬行类志．贵阳：贵州人民出版社
伍献文等．1977. 中国鲤科鱼类志（下）．上海：上海人民出版社
武云飞，吴翠珍，于登攀．1994. 青海可可西里地区的鱼类区系和地理区划．高原生物学集刊，12：127～142
邢庆云，陈进明．1975. 山西运城地区两栖类初步调查．医卫通讯，3（3）：38～43
许设科，张富春．1992. 四爪陆龟的研究现状及保护对策．国外畜牧学——草食家畜，（增刊）：69，70
许设科等．1980. 新疆蜥蜴类的新记录．新疆大学学报，（2）：95，96
杨大同．1993. 中国横断山生态环境和两栖类物种多样性形成和演化及其与横断山抬升的关系的研究．见：吴征镒．云南生物多样性学术讨论会论文集．昆明：云南科技出版社
杨大同等．1989. 云南两栖类志．北京：中国林业出版社
杨光荣，王应祥．1989. 云南省啮齿动物名录及与疾病的关系．中国鼠类防制杂志，5（4）：222～229
杨岚，文贤继，杨晓君．1994. 血雉属的分类研究．动物学研究，15（4）：384
杨岚．1995. 血雉属的分类研究．动物学研究，16（4）：21～30
杨戎生．1983. 我国蛇蜥属一新种——海南蛇蜥 *Ophisaurus hainanensis*．两栖爬行动物学报，2（4）：67～69
姚崇勇，张绳祖．1981. 甘肃爬行类三种新记录．两栖爬行动物研究，5（9）：65～68
姚孝宗，刘玉卿，李延娟．1997. 河南省鸟类新纪录——叉尾太阳鸟．四川动物，16（1）：31，47
尹秉高，刘务林．1993. 西藏珍稀野生动物与保护．北京：中国林业出版社
尹祚华，雷富民，丁长青等．2000. 长山列岛发现黄嘴白鹭繁殖种群．动物学杂志，35（5）：39
禹瀚．1958. 秦岭麝鹿（*Moschus moschiferus sifanicus*）的研究．动物学杂志，2（3）：17
袁国映等．1991. 新疆脊椎动物简志．乌鲁木齐：新疆人民出版社
袁良，肖岩，张淑萍等．2000. 天津迁徙水鸟初报．见：中国鸟类学会，台北野鸟协会，中国野生动物保护协会．中国鸟类学研究．北京：中国林业出版社
詹绍琛．1981. 闽北建瓯食肉目动物调查．武夷科学，1：168～172
张词祖，周建华．1988. 红斑羚饲养繁殖生态．野生动物，4：36
张孚允，杨若莉．1997. 中国鸟类迁徙研究．北京：中国林业出版社
张国修等．1991. 王朗自然保护区小型兽类的调查．四川动物，10（2）：41
张宏杰，王中裕．1987. 陕西省鸟类新纪录．四川动物，6（3）：43
张洁．1984. 北京地区鼠类群落结构的研究．兽类学报，4（4）：265～271
张荣祖，郑昌琳．1985. 青藏高原哺乳动物地理分布特征及区系演变．地理学报，40（3）：187～197
张荣祖．1999. 中国动物地理．北京：科学出版社
张荣祖等．1997. 中国哺乳动物分布．北京：中国林业出版社
张淑德．1987. 爬行纲．见：黄美华．浙江动物志——两栖类爬行类．杭州：浙江科学技术出版社
张彦威，吴跃峰，武明录．2003. 河北省鸟类新纪录——小鸦鹃．动物学研究，24（5）：348
张玉霞．1991. 中国鳄蜥．北京：中国林业出版社

张跃文．1993. 辽宁首次发现灰鹤越冬种群．野生动物，(4)：26
赵尔宓，高正发．1989. 四川龙蜥生态的初步观察．野生动物，6 (52)：70～72
赵尔宓，严促凯．1979. 竹叶青蛇在长白山的发现及其地理分布的探讨．两栖爬行动物学报，1 (1)：1～3
赵尔宓，鹰岩．1993. 中国两栖爬行动物学（英文）．成都：蛇蛙研究会与中国蛇蛙研究会
赵尔宓等．2000. 中国两栖纲和爬行纲动物校正名录．四川动物，19 (3)：196～207
赵肯堂．1982. 鄂尔多斯地区兽类初报．内蒙古大学学报（自然科学版），13 (1)：77～86
郑昌琳，蔡桂全．1989. 哺乳纲．见：李德浩等．青海经济动物志．西宁：青海人民出版社
郑光美．2002. 世界鸟类分类与分布名录．北京：科学出版社
郑光美．2005. 中国鸟类分类与分布名录．北京：科学出版社
郑涛等．1991. 哺乳纲．见：王香亭．甘肃脊椎动物志．兰州：甘肃科技出版社
郑作新．1976. 中国鸟类分布名录．第二版．北京：科学出版社
周家兴，郭田岱．1961. 河南省哺乳动物目录．新乡师范学院学报，(2)：45～52
周廷儒．1984. 中国自然地理——古地理．上册．北京：科学出版社
朱书玉，吕卷章，王立冬．2000. 雪雁在中国的重新发现．动物学杂志，35 (3)：35～37
Allen G M. 1938. The Mammals of China and Mongolia. Pt. 1. New York：The American Museum of Natural History
Allen G M. 1940. The Mammals of China and Mongolia. Pt. 2. New York：The American Museum of Natural History
Bannikov A G. 1954. The Mammals of the Mongolian People's Republic. Publishing House of the Academy of Sciences of USSR，Moscow. Issue 53 (in Russian)
Briggs J C. 1987. Biogeography and Plate Tectonics. Amsterdam，Oxford，New York，Tokyo：Elsevier
Brown J H. 1988. Species diversity. *In*：Myers A A，Giller P S. Analytical Biogeography. London，New York：Chapman & Hall
Cheng Tso-hsin（郑作新）. 1987. A Synopsis of the Avifauna of China. Beijing：Science Press；Hamburg and Berlin：Paul Parey Scientific Publishers
Corbet G B. 1978. The Mammals of the Palaearctic Region：A Taxonomic Review. London：Cornell University Press
Flint V E，Chuganov U D，Smirin V M. 1965. Mammals of USSR. Moscow：Meisle Press
Darlington P J Jr. 1957. Zoogeography：the Geographical Distribution of Animals. New York：John Willy & Sons Inc
Dickinson E. 2003. The Howard and Moore Complete Checklist of the Birds of the World. 3rd ed. London：Christopher Helm，London
Fu T S. 1936. The Squirrel of Sung Shan and its Vicinity. Bull Fan Mem Inst Biol Peiping，Zool，6：255～262
Illies J. 1974. Introduction to Zoogeography. The Hague：W Junk BV Publishers
Lin L K，Harada M. 1998. A new species of *Mustela* from Taiwan. Euro-American Mammal Congress，Spain
Liu D S，Ding M L. 1984. The characteristics and evolution of the palaeoenvironment of China since the late tertiary. *In*：Wlyte R O. The Palaeoenvironment of East Asia from the Mid-Tertiary. Proceedings of the First Conference Vol. 1. Centre of Asian Studies，University of HongKong
Monda Keri，Rachei E Simmons，Philipp Kressirer et al. 2007. Mitochondrial DNA hypervariable region-1 sequence variation and phylogeny of the concolor gibbons，*nomascus*. American Journal of Primatology，69 (11)：1285～1306
Morain S A. 1984. Systematic Regional Biogeography. New York：Van Nostrand Reinhold Company
Myers A A，Giller P S. 1988. Analytical Biogeography. London，New York：Chapman & Hall
Nilsson G. 1983. Historical perspectives with implications for the future. *In*：Sims R W et al. The Systematics Association Special Volume No. 23 Evolution，Time and Space：The Emergence of the Biosphere. London，New York：Academic Press
Patterson C. 1983. Aims and methods in biogeography. *In*：Sims R W et al. The Systematics Association Special Volume No. 23 Evolution，Time and Space：The Emergence of the Biosphere. London，New York：Academic Press
Patrick D. 2001. 山烙铁头蛇属在中国海南岛的发现．动物分类学报，26 (3)：388～393
Philips C J，Wilson N. 1968. A collection of bats from Hong Kong. J Mammal，(49)：128～133
Pielou E C. 1983. Spatial and temporal change in biogeography：gradual or abrupt? *In*：Sims R W et al. The Systemat-

ics Association Special Volume No. 23 Evolution, Time and Space: The Emergence of the Biosphere. London, New York: Academic Press

Pielou E C. 1979. Biogeography. New York: A Wiley-Interscience Publication John Wiley & Sons

Povolny D. 1966. The fauna of central europe: its origin and evolution. Systematic Zoology, 45: 46～53

Putman R J. 1984. The geography of animal communities. *In*: Taylor J A. Themes in Biogeography. London & Sydney: Croom Helm

Rosen B R. Biogeographic patterns: a perceptual overview. *In*: Myers A A, Giller P S. Analytical Biogeography. London, New York: Chapman & Hall

Udvardy M. 1967. Dynamic zoogeography with special reference to land animals. New York & London: Van Nostrand Reinhold Co

Wilson D E, Reeder D M. 2005. Mammal Species of the World. Baltimore: The Johns Hopkins University Press

Zhang R Z (Zhang Y Z) . 2004. Relict distribution of land vertebrates and quaternary glaciation in China. Acta Zoologica Sinica, 50 (5): 841～851

Zhang Y Z. 1988. Preliminary analysis of the quaternary zoogeography of China based on distributional phenomena among land vertebrates. In: Whyte P. The Palaeoenvironment of East Asia from the Mid-Tertiary Proceedings of the Second Conference Vol. 11 Oceanography, Palaeozoology and Palaeoanthropology. Centre of Asian Studies, University of Hong Kong

Zhao E M, Adler K. 1993. Herpetology of China. Oxford, Ohio: Society for the Study of Amphibians and Reptiles

Zheng S H, Han D F. 1991. Quaternary mammals of China. In: Liu T S. Quaternary Geology and Environment in China. Beijing: Science Press

Банников А Г. 1959. О. Лошади пржевальского совренное состояние и биология лошади В Защиту Природы. 1977. Определитель земноводных и пресмыкающихся фауны СССР. Москва

Бихнер Е А. 1888 ～ 1894. Научные резуль татыпутешествий Н. М. Пржеваль ского по Центральной Азии Отд. Зоологический Млекопитающие Вып. 1～5. Петербугь

Пржевальский Н. М. 1888. Кяхты на Истокои Желтой Реки, иследован ные Северной Окраины Тибета и Путь через Лобь Норь по Бассейну Тарима. С. Петербургь

Пржевальский Н. М. 1883. Мз Зайсана через Хамми в Тибеь и на Верховья Желтой Реки. С. Петербугь

第五章　动物地理区划

第一节　概　　论

早在18世纪，科学探险家就已发现生物界分布与一定地理区域相适应，从而产生生物地理区的观点。至19世纪后期，至少出现了20个动物区划方案（Briggs，1987；Udvardy，1969；Brown and Gibson，1983）。对各大洲和各地区，分别基于不同动、植物类群或是生态类型的区划细分，即生物地理区（region）级划分或生物地理“省”（province）级划分，一直是生物地理学中的主要内容之一。一般来说，生物地理界线如果对某一类群适合，对其他类群亦可能适合。由 Wallace（1876）划分的世界（陆地）动物地理界（Realm），被大多数学者所认可，迄今仍以其为基础，阐述全球动、植物分布的大致趋势（Pielou，1979）。

在世界动物地理区划分级中（表5.1），中国的南、北方，分别属于东洋界（Oriental）与古北界（Palearctic）。因而，中国的动物分布，在整体上具有全球性两大区系及其过渡的特征。在反映亲缘关系、历史渊源的区划系统中，上述两大界分别属于古热带（超）界（Paleotropical）和全北（超）界（Holarctic）。更高一级的归并是再加上古（旧）热带界（埃塞俄比亚界）同归属北（总）界（Arctogea）。我国与同属同一亚界地区间的区系关系最为密切。

表5.1　世界动物地理区划分级

总界	超界	界	亚界
北界 Arctogea	全北	新北	新大陆极地
		加勒比	加拿大、阿帕拉契、西部美国、索诺拉、中美、西印第安
		古北	中国西北部—欧洲、西伯利亚、阿尔美尼亚、地中海、旧大陆极地
	古热带	东洋	中国东南部—中南半岛、印度、斯里兰卡、马来亚、西里伯斯
		埃塞俄比亚 马拉加什	西非、南非、塞舌尔群岛、马达加斯加、马斯卡林群岛
新热带 Neogea	新热带	新热带	亚马孙、东部巴西、智利
南界 Notogea	大洋洲	大洋洲	大洋洲
		巴布亚	巴布亚
		新西兰	新西兰
	南极洲	南极洲	南极洲
		大洋洲	大洋洲

资料来源：据 Darlington（1957）、Pielou（1979）整理。

陆地动物地理各级区划间的差异取决于分区界线的历史与年龄，区划界线代表了分布的阻障（barrier）。界线之形成和变迁，与大陆漂移、分离与结合以及在此变动中经历的地形、气候等变化是同步进行的。淡水鱼类区划还需考虑河流水系的演变。阻障存在的时间越长，两侧区系越古老，特有类群分类等级越高，反之则越年轻，等级越低。

动物地理区划系统是一种规范化的地理标准，反映整体的平均状态与动物分布的普遍规律。动物分类和动物地理分布资料的基础越是广泛，动物地理区划也就越有成效（Darlington，1957）。从实用观点，世界动物地理区划通常简化为六个地区，分称古北界、新北界、旧热带界、东洋界、新热带界、大洋洲界。后来又将南极洲另立为界（图5.1）。在“界”的范围内，具有一系列特有的属、科或个别特有的目。“界”的界线，往往就是大陆的边界或巨大的山脉和沙漠等形成的自然屏障，在长期地质年代中，对动物的分布有显著的影响。缺乏上述条件的地方，动物区系则呈现广泛的过渡性。古北界与新北界动物区系在第四纪最大冰期中，由于白令海峡的陆连而混杂，第三纪时形成的两地的差异消减。因此，有些学者将两者合并为全北界。可以从世界动物区划中我国与邻近各界的区系关系来了解我国在全球动物分布上最一般的特点（表5.2）。中国动物地理区划研究是在世界动物地理基础上的区域性细分。这一研究可对全球动物地理区划进行检验与修订。

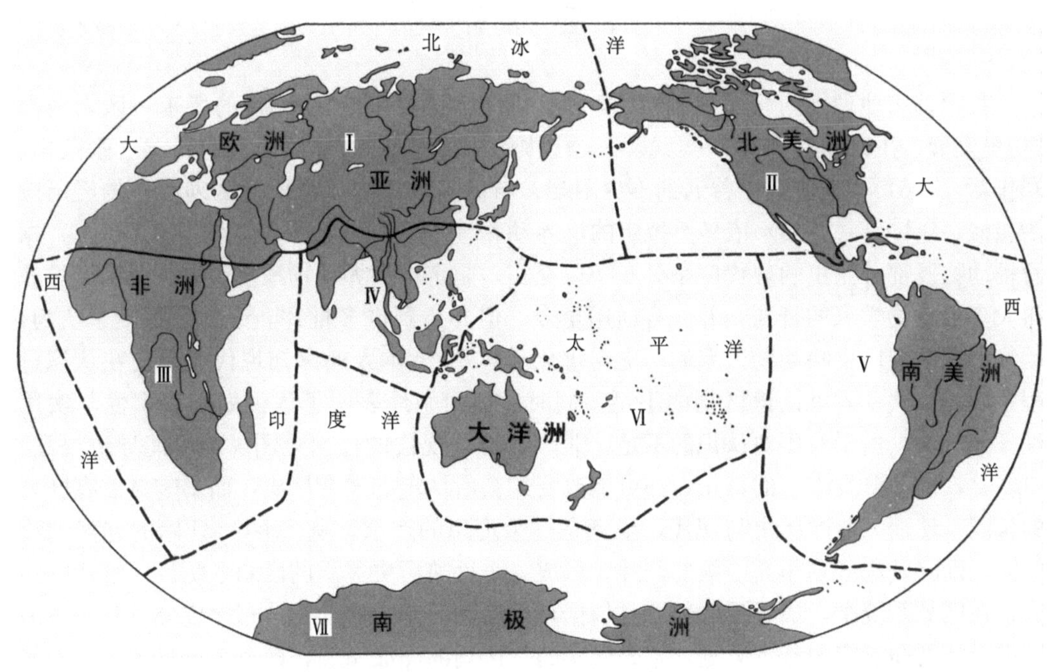

图 5.1　世界动物地理区划

Ⅰ. 古北界；Ⅱ. 新北界；Ⅲ. 旧热带界；Ⅳ. 东洋界；Ⅴ. 新热带界；Ⅵ. 大洋洲界；Ⅶ. 南极洲界

表 5.2　陆地动物地理区间关系

区间区系交流主要方向	阻障性质及区系分化主要水平
新北—古北 （可能双向）	水域（更新世时陆连） 冻原-无种下分化 寒带-亚种分化 温带-种的分化
古北—东洋 （南向）	高山与气候 属的分化
古北— 埃塞俄比亚 （南向）	干旱沙漠气候（古新世古地中海） 属的分化
东洋—埃塞俄比亚 （可能双向）	干旱气候与水域 属的分化
东洋—大洋洲 （南向）	水域 目、科的分化
大洋洲—南极 （南向）	水域 纲、目

资料来源：据 Pielou（1979）、Darlington（1957）、Illies（1974）和 Briggs（1987）整理。

一、区划评述

我国动物地理区划研究始于 20 世纪 50 年代初期，因生产建设的要求，区划遵循“历史发展、生态适应和生产实践”三项原则的结合，是一个理论上的要求（张荣祖、郑作新，1961），在实践中曾遇到不少困难，与世界范围内动物地理区划工作的经历颇为相似。Sclater（1858）依鸟类拟定的世界动物地理区划，后来被 Wallace（1876）据脊椎动物及部分昆虫的现代区系分布予以充实，制定出世界动物地理区划。此区划虽获得大多数动物学家的赞同，并一直通用至今，但亦遭到许多批评。许多动物学家认为，动物地理区划应反映动物区系的历史与进化。Wallace 本人亦深知现代与历史在认识过程中的相互关系，承认该区划的不足。同时，他坦率地表明了该区划的现实性与实用性。他认为，由于对历史认识的不足，兼顾历史与现代的任何企图，均可能导致混乱。事实上，即使分类学上的订正，亦可能改变过去所认定的发育历史，而影响对已有区划的认同。然而，兼顾历史与现代，毕竟是一个理想的追求。从 Sclater 开始的许多动物学家，即将基本区划作高一级的归并，形成一个反映历史关系的区划系统。依笔者的体会，在区划系统中，最重要的部分是依据现代动物区系，即动物分布型成分及其在各地的组成特征而制定的基本区划，它是现实的。区划的高级系统，则较多地受到认识不足和主观上的限制。区划工作中遇到的另一个实际困难是界线的确定，在对区划的意见或修改中，最具体的莫过于界线的问题。动物地理区划的界线，无疑是动物区系中大多数成分的分布边界。在实际工作中，动物分布边界的确定，除外缘分布记录，往往要借助于具有阻障作用的自然地理界线。对自然地理界线应有以下的认识：

1）在小比例尺地图上，一条界线覆盖的实际上是一条带。而且，所有区划的界线都是近似的，因为自然地理现象的变化绝大多数是渐变的，很少一线之隔，便判然不同；

2）愈是接近边界，相对于中心部分的“整体效应”通常愈呈减弱趋势，而相异性则趋强，自然条件及种群的波动性与脆弱性增大；

3）边界部分往往出现复合栖息地，又称复合生境（ecotone），不同分布型间物种接触增加，物种多样性增大，区划的归属与划界易产生争议。

对于有着不同历史及不同生态的所有类群来说，地球上充满了许多不同类型的阻障。但是，自然界确实存在对动物区系有着共同影响的阻障。现代生物地理学各派无一不承认，地理环境的变化是导致生物区系分化的主要原因。不同的地理环境对各地的动物区系特征起了决定性的作用。实际工作表明，许多动物种的分布界线和不同动物区系的分野，往往就是那些明显的自然地理分界线。在这种情况下，自然地理分界线即被赋予了动物地理学性质。而不与一定自然地理界线相符或大体相符的动物分布界线是很难找到的。在世界动物区划工作中，有学者依世界性自然地理阻障，对基本区划做高一级归并，建立区划系统（Darlington，1957），以此了解区系起源关系，就反映了这一观点。依据陆栖脊椎动物分布制定的我国动物地理区划，常常也被无脊椎动物学家所参照，其原因就是若干重要的自然阻障对不同类群的分布有着共同的作用。然而，舍去各门类的差异性而制定一个简化的（综合性）区划系统，可能会受到不同门类研究者的非议。其原因就在于综合性区划及其界线只是一个“平均状态”的尺度，它只为各种实际上的偏离提供一个准绳。然而，它的重要作用也在于此（Darlington，1957）。对于不同门类的研究者，参照平均状态，以此标尺度量，其结果是一致还是偏离，可能反映各门类分布的自身特点。而综合性区划亦因各门类的研究得以修订而日趋完善。

动物地理区划旨在表明动物分布的区域差异，各地的动物区系各具特点是历史发展至现阶段的结果。依据动物现代分布而制定的基本区划——区与亚区，再行分类、归并，形成区划系统，其准则即区系发展上的亲疏。动物区系“成分”（regional fauna）和动物区系“分区”（faunal region），亦即动物地理区划，两者为不同的概念，但彼此密切相关。由于“成分”是真实的，因此“分区”也是真实的（Darlington，1957）。一个地区动物区系“成分”的总体，构成一地的动物“区系”。动物区系的地区差异构成动物地理“分区”。本书第四章叙述的动物分布型，实际上即相当于区系“成分”。区系“成分”的分布由于各自历史和生态的不同，各具特点。分布狭窄的可能只出现在一个“区划”单元中，甚至单元中的局部地区。分布广泛的，可以出现在两个或更多的“区划”单元中。“区划”单元之所以成立，是由于每一个区划单元均各具一组主要适应于该地区的“成分”，再结合其他区划单元的扩展成分。因而，区划中的成分不可能单一。然而，正由于区划中区系成分的主次地位，构成了区域间的从属与亲疏关系。我国各动物地理区（图 5.2）的动物区系，多以一个代表的分布型为基础，结合有其他分布型的扩展成分，形成各区区系组成上的特点，并反映前述各成分向外渗透的强度。在我国广大的东部地区，缺乏明显的阻障，加以地质历史时期曾是动物分布变迁中的避难所，以横断山区为中心的西南地区是动物分布的南北通道，结果形成了古北与东洋此两大区系的过渡。正如 Darlington（1957）所说的广泛而充分的过渡（full transition）。在过渡地区，邻区成分相互混杂，在不同地区形成各具特色的与自然环境相对应的组合，亦成为区划的特征（表 5.3、图 5.3）。

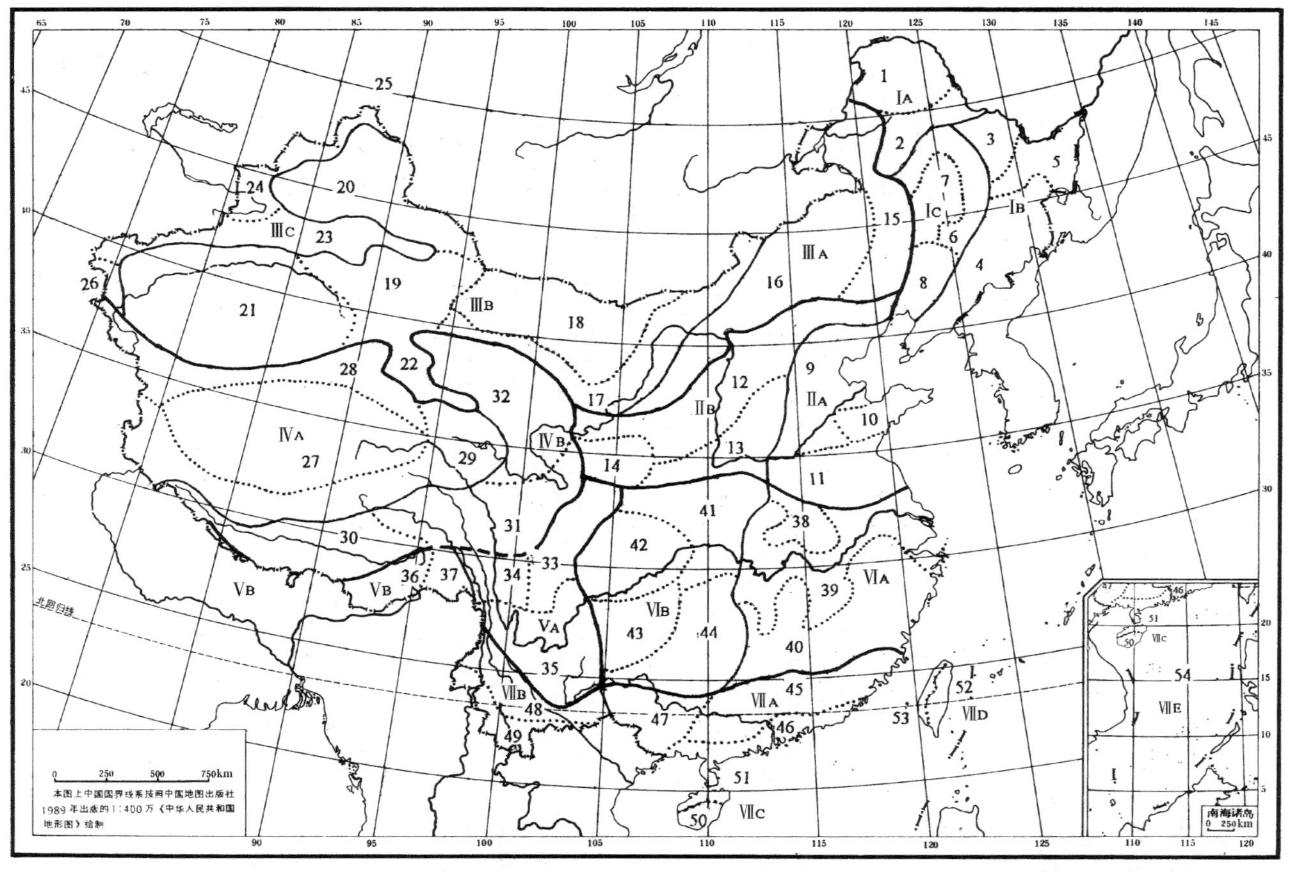

图 5.2　中国动物地理区划图(再修订)

图例:古北界:Ⅰ东北区,ⅠA 大兴安岭亚区、ⅠB 长白山地亚区、ⅠC 松辽平原亚区;Ⅱ华北区,ⅡA 黄淮平原亚区、ⅡA 黄土高原亚区;Ⅲ蒙新区,ⅢA 东部草原亚区、ⅢB 西部荒漠亚区、ⅢC 天山山地亚区;Ⅳ青藏区,ⅣA 羌塘高原亚区、ⅣB 青海藏南亚区;东洋界:Ⅴ. 西南区,ⅤA 西南山地亚区、ⅤB 喜马拉雅亚区;Ⅵ华中区,ⅥA 东部丘陵平原亚区、ⅥB 西部山地高原亚区;Ⅶ华南区,ⅦA 闽广沿海亚区、ⅦB 滇南山地亚区、ⅦC 海南岛亚区、ⅦD 台湾亚区、ⅦE 南海诸岛亚区。1～54"省"级区划(见正文)

表 5.3 我国各动物地理区划分布型间组成特点

界	亚界	区	代表性分布型	相结合的主要分布型
古北界	东北亚界	东北区	东北型	北方型
		华北区	本身成分、东北型扩展成分	其他各北方型和南方型
	中亚亚界	蒙新区	中亚型	其他各北方型
		青藏区	高地型	中亚型
东洋界	中印亚界	西南区	喜马拉雅-横断山脉型	其他各南方类型和某些北方类型
		南中国型		
		华中区	东南亚热带-亚热带型	其他各南方类型和某些北方类型
		华南区	东南亚热带-亚热带型、南中国型、岛屿型	其他各南方类型和某些北方类型

动物地理区划受到肯定的重要原因之一就是它的实用性。例如，“东洋界”就在世界范围内以其简单而确切的名称表明了“热带与亚热带亚洲及其附近岛屿的动物区系”。在国内，“华南区”表明了我国南部及东南沿海热带和南亚热带，包括台湾、海南和南海诸岛等。

郑作新等（1959）首次提出“中国动物地理区划与中国昆虫地理区划”。其中，以陆栖脊椎动物为基础的“中国动物地理区划”（以下简称“区划”）经过近 20 年的应用后，于 1978 年经由集体讨论，做了修订（张荣祖、赵肯堂，1978）。主要的变更是将亚区由 16 个增至 19 个，并在界线上做了调整。修改后的 10 年中，“区划”继续得到国内动物学界及医学界（自然疫源地研究方面）的认可，如“中国农林昆虫地理区划”（章士美等，1997）即基于该“区划”。许多动物学家在应用该“区划”时，依据自己所研究的类群和地区，对“区划”的有关部分提出肯定、补充或界线修改等意见。有些研究，在自己研究的地区内，增加了第三级（省）或再加以第四级（州）的区划，如“中国两栖动物地理区划”（赵尔宓等，1995）。基于这些意见，笔者于 1998 年对该区划再做了一次讨论与修订（张荣祖，1998）。近 10 年来，有关动物区划的工作不断出现，特别是爬行动物方面基于各行政省的三级以下的划分。显然，旨在反映普遍规律的综合性动物地理区划，必然在经受各个门类检验的同时，得到进一步的完善。如“中国原尾虫区系和分布特点”（尹文英等，2000）、“中国蚋类区系分布和地理区划”（陈汉彬，2002）和“中国狼蛛科蜘蛛地理区划”（陈军、宋大祥，1998）三项研究，均基本上依循该“区划”，但后者对我国西部区划系统中的区间关系提出新的见解。在淡水鱼类方面，还对世界性动物地理区划体系提出重大修订意见。

二、存 在 问 题

目前，我国动物地理区划存在以下三个仍有争议的问题：

1）在现有的世界性动物地理区划中，我国分属于南、北两个“界”，东洋界与古北界。我国长江中、下游流域以南，与印度半岛、中南半岛、马来半岛及其附近岛屿同属东洋界，为亚洲东部热带动物现代分布的中心地区；北部自东北经华北和内蒙古、新疆至青藏高原，与广阔的亚洲北部、欧洲和非洲北部同属于古北界，为旧大陆寒温带动物的现代分布中心地区。动物区系的这一分异的大势为世界学者所公认。 古北和东洋此

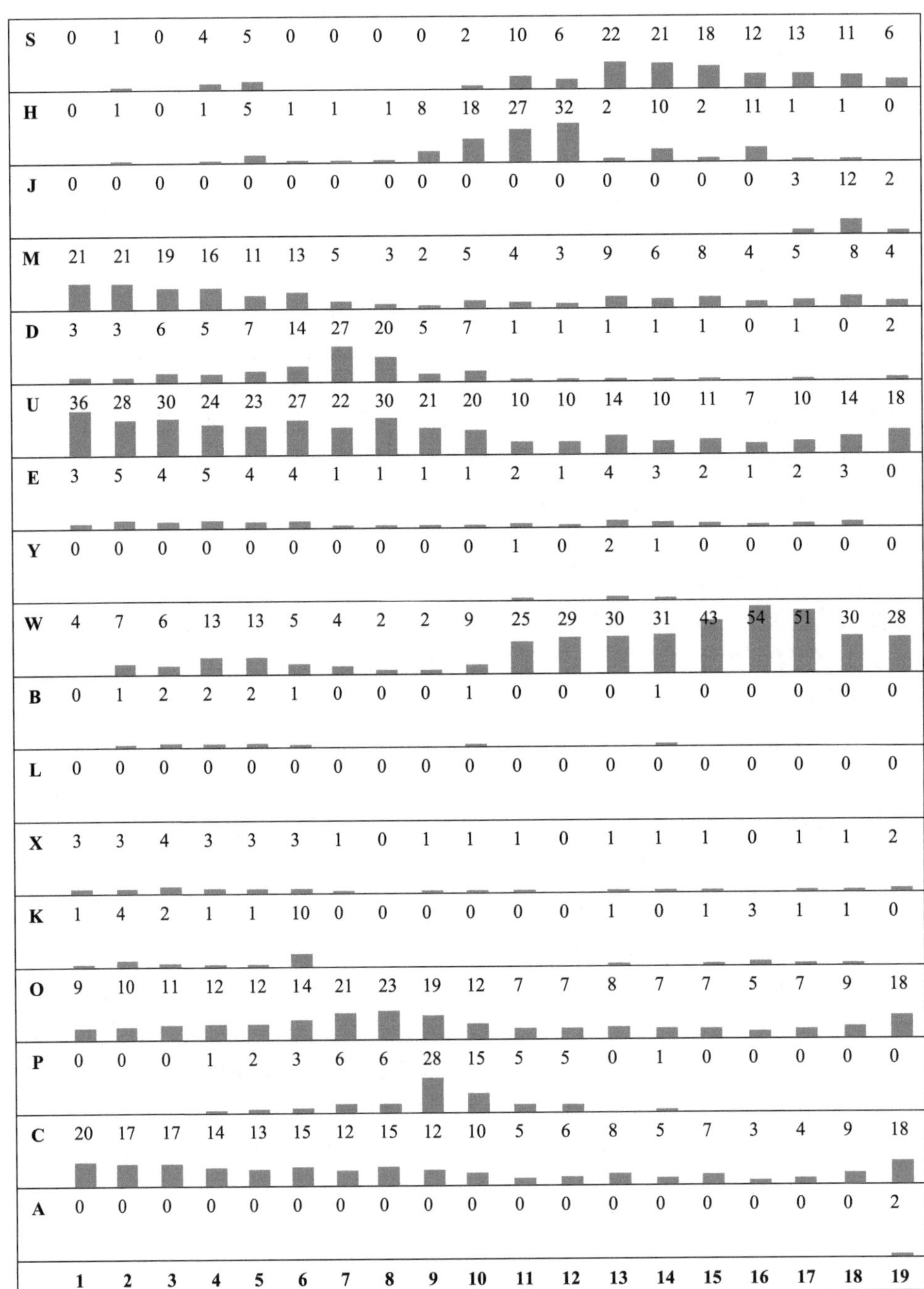

图 5.3　各亚区主要分布型种数所占比例（全部=100%）

图中柱状体和其上数值均表示该分布型在相应分布区种类中所占百分比（比值 4 舍 5 入）。

S. 南中国；H. 喜马拉雅-横断；J. 岛屿；M. 东北；D. 中亚；U. 古北；E. 季风区；Y. 云贵高原；W. 东洋；B. 华北；L. 局地；X. 东北-华北；K. 东北（东部为主）；O. 较广泛，未定；P. 高地；C. 全北；A. 澳大利亚-东南亚（见附录）

东北区（1. 大兴安岭亚区，2. 长白山亚区，3. 松辽平原亚区）；华北区（4. 黄淮平原亚区，5. 黄土高原亚区）；蒙新区（6. 东部草原亚区，7. 西部荒漠亚区，8. 天山山地亚区）；青藏区（9. 羌塘高原亚区，10. 青海藏南亚区）；西南区（11. 西南山地亚区，12. 喜马拉雅亚区）；华中区（13. 东部丘陵平原亚区，14. 西部山地高原亚区）；华南区（15. 闽广沿海亚区，16. 滇南山地亚区，17. 海南亚区，18. 台湾亚区，19. 南海诸岛亚区）

两大界在我国的分界，在西部，以喜马拉雅山脉部分的阻障作用最明显，为世界学者所公认。而在我国广大的东部季风地区，即前述充分的过渡区。两大界区系成分相互混杂，以致两大界分界在此季风区的划分意见上产生较大分歧。最合理的分界何在一直被认为是动物地理学上悬而未决的问题，自 20 世纪 20 年代末至今，对探讨此问题的兴趣未有消减。

2）在青藏高原东缘的横断山脉地区，由于独特的南北向并列的山脉-峡谷地貌，明显地形成南北动物区系交流的通道。在海拔较高的地方，有不少古北界的种类沿山脊部分向南伸展；而不少热带种类则沿河谷向北分布，两界动物成分混杂，但在整体上倾向于东洋界。该现象自早期提出以来（张荣祖，1979），现已成为大家的共识。两界之间的分界，即为属于古北界的青藏区与属于东洋界的西南区的分界，因呈明显的垂直变化，不易确定，成为探讨的焦点。

3）自 20 世纪 60 年代后期至 80 年代间，通过我国地学与生物学界对青藏高原的科学考察，我们充分地认识到，青藏高原地区始于第三纪后期的隆起，对我国自然地理环境区域分异及动物区系的演化有巨大的作用。高原本身独特的环境导致高原动物高寒适应性的形成，特别是淡水鱼类的特化现象，致使产生一个新的见解：应把青藏高原划为一个独立的动物地理“界”（陈宜瑜等，1996，1998）。这是一个新的问题。

现就上述三个问题分别陈述如下。

（1）古北界与东洋界在我国东部的分界

迄今为止，有关古北界与东洋界在我国东部分界的不同意见有 19 种之多，最北的界线可至辽河下游，最南的可至北回归线，分歧很大。界线波动范围，大致分别相当于从暖温带北界至南亚热带南界（Darlington，1957；波布林斯基，1959；Pielou，1979；Illies，1974；Hoffman，2001；Zhang，2002；郑作新等，1959；李思忠，1981；陈宜瑜等，1998；张荣祖，1999；黄复生等，2000；陈领，2004；Chen et al.，2008）：

1）辽河下游：Berg，1933，伍献文，1977，鱼类。

2）黄河北岸：Sclater，1858，鸟类。

3）黄河—长江：Corbet，1978，兽类啮齿类。

4）秦岭北坡与黄土高原之间：王廷正，1990，兽类啮齿类。

5）秦岭—伏牛山—淮河—苏北灌渠总渠：Zhang，2002 ，兽类；黄复生，2000，白蚁；马世骏，1965，蝗虫。

6）秦岭—淮河 ：郑作新等，1956，张荣祖等，1978，陆栖脊椎动物。

7）淮河流域：Sclater 和 Sclater，1899，La Touche，1926，鸟类。

8）秦岭南—武当山之北—江南丘陵北侧—杭州湾南：马世骏，1959，昆虫。

9）秦岭：宋鸣涛，1995，两栖类；姚崇勇，1995，两栖类；陈景星等，1986，鱼类。

10）长江流域：Heilprin，1887，Lydekker，1899，波布林斯基，1959，Morain，1984，综合。

11）长江：Huang，1985，兽类；杨维义，1937，昆虫（蟒象）。

12）北纬 30°：冯兰洲，1939，昆虫（蚊虫）。

13）北纬 25°：潘非洛夫，1957，昆虫。

14）喜马拉雅山—南岭：Wallace，1876；De Lattin，1967，综合；伍献文，1977，李思忠，1981，张春霖，1954，鱼类。

15）北回归线：Darlington，1957，综合。

16）尼泊尔往东到闽江与台湾北侧：Mori，1936，鱼类。

近年来，一些研究者按两大界动物成分数量比的地理变化划出过渡带，并依优势度的转换来确定两界的分野，有以下不同的结果：

17）喜马拉雅山南麓东延至长江流域为过渡带。青藏高原南缘—秦岭—中下游长江为过渡带的北界，即优势度转换的分野：Hoffman，2001，兽类。

18）整个分野为一过渡带，北界沿秦岭—伏牛山—淮河—苏北灌渠总渠，南界沿伏牛山—桐柏、大别山—淮南丘陵—通扬运河：陈领，2004，两栖类。

19）过渡带北起辽河下游（暖温带北界）南至南岭（南亚热带南界）。优势度转换分野为秦岭—伏牛山—淮河—苏北灌渠总渠（盐城）：Zhang，2002，兽类。

笔者认为，东部季风区在更新世冰期与间冰期的轮回中，发生过数次自然地带的南北推移，其跨度很宽，北至辽河下游，南至南岭（Liu and Ding，1984）。与其相对应，古北与东洋两界成分在区内混杂而形成的过渡区的幅度，应大体与此相当。上述的各个门类的分歧意见，均发生在此幅度之内。只有最后的意见（19），能较全面地表达过渡区的幅度、南北界限与过渡带中两大界成分优势度转换的分野，即秦岭—伏牛山—淮河—苏北灌渠总渠一线。此线大致与现有常绿阔叶林带的北界一致，对于大多数东洋型种而言，它是向北扩散的最北界限。

（2）古北界与东洋界在横断山部分的分界

各家按各自研究的门类在横断山区水平与垂直分布而确定的“西南区”与“青藏区”分界，也就是该地段古北界与东洋界的分界，迄今为止有以下的意见：

1）巴塘、理塘、康定、丹巴、黑水、若尔盖一线 ：张荣祖和赵肯堂（1978），综合 ；苏承业等（1986），两栖类。

2）巴塘、理塘、康定-四川盆地西部边缘山地：吴贯夫和赵尔宓（1995），两栖类；赵尔宓（2002），爬行类。

3）沙鲁山南部：唐蟾珠等（1996），鸟类。

4）昌都地区以下（东洋界）：马世骏（1959），昆虫。

5）贡嘎岭、松潘、黑水、鹧鸪山、邛崃山—折多山、贡嘎山—木里、金沙江第一弯至中甸、德钦、芒康、左贡一线：王书永等（1992），昆虫。

6）松巴峡至龙羊峡（黄河）、松潘附近（珉江）、宝兴—天全附近（青衣江）、泸定附近至石棉（大渡河）、理塘河口的锦屏山（雅砻江）、虎跳峡（金沙江）、维西至兰坪（澜沧江）、怒山与高黎贡山挟持段（怒江）、南格哈特峡（印度河）：曹文宣和伍献文，1962，刘成汉，1964，武云飞和吴翠珍，1992，鱼类。

7）为一过渡带：北线——凤县、迭布、阿坝、巴塘、波密、林芝；南线——太白、凤县、文县、松潘、康定、稻城、中甸、墨脱、波密 ：Chen 等（2008），两栖类。

这些意见所划之界限，详尽不一，但大体趋势相差不大，基本上均大体将峡谷深切段，作为东洋界物种北进的通道（corridor）地段，划属“西南区”，或作为“过渡带”，而将高原面保存较好，高原和北方物种占优势的河流上游段，划归“青藏区”。至于东洋界和古北界成分在山地自然垂直分带渗透的优势转换带，依兽类（张荣祖，1999）、鸟类（唐蟾珠等，1996）和昆虫（王书永等，1992）等门类的研究，均位于常绿阔叶林带-针阔混交林带。这是青藏高原东南部高山峡谷地带的普遍的现象，包括喜马拉雅山区。但鉴于本山区自然界线复杂的三度空间变化，两界确切的分野，依目前的调查，尚不易确定，似应仍暂以虚线表示。

(3) 青藏高原区在动物地理区划系统中的地位

把青藏高原划为一个独立的动物地理“界”的主要理论依据（陈宜瑜等，1996，1998）是：地质和生物演化的研究表明，青藏高原的隆升和全球性气候变冷几乎是同时发生的，波及的范围都是巨大的。青藏高原的隆升和全球性气候变冷，在欧亚大陆共同促成了古北区、东洋区特有类群的分化，也促成了青藏高原区大范围的特有类群的分化，形成了独特的鱼类区系，以裂腹鱼类和高原鳅属为典型代表。作为对这些地史事件反映的青藏高原区、古北区和东洋区，在动物地理区划上的地位应当是相等的。

动物区系的演化在时空上是同步进行的。现有全球动物地理区划的等级划分，反映动物区系形成的时空分化，在理论上应该对应于环境的时空变迁，但具体的分化有自己的特点，应做进一步分析。

动物地理学的研究早已明确第四纪以来欧亚大陆发生过数次冰期，大量的第三纪喜暖动物总的趋势是向南部撤退或被消灭。同时，一些适应于冰缘地带的喜寒种类在北方形成，动物区系产生古北界与东洋界的分化。第三纪时，全北界最昌盛的动物群是三趾马动物群。在更新世早期，三趾马动物群在我国产生了分化，在古北界出现泥河湾动物群，在东洋界出现巨猿动物群（周明镇，1964）。在这一过程中，青藏高原发生了大幅度的整体抬升，随高度增加，古地理环境的变迁更为剧烈，我国大陆分异出向三个不同方向演变的自然地域：东部季风区、西部干旱区、青藏高寒区（施雅风等，1998；汤懋仓，1995），对动物区系的演化产生重要的影响。这一过程一直延续至今：

东部季风区：在整个更新世时，虽然在冰期中我国气候遭受不同程度的恶化，但尚未形成像欧亚大陆最北部大陆冰川所导致的毁灭性打击，特别是在东部，因而成为喜暖物种冰期中的避难地，即前已述及的“蓬蒂地”（Kahlke，1961），尤其是在华北地区以南。环境变迁对动物影响的总趋势是喜暖动物的南撤，喜寒动物的南进。冰期与间冰期的波动则导致自然地带的摆动。在此过程中，东洋界与古北界动物产生混杂。

西部干旱区：青藏高原随地壳抬升，高度增加，对南来湿润气流的屏障作用增强，使亚洲内陆地区早已存在的干旱气候进一步强化，在新疆南部地区，形成亚洲大陆的干旱中心，沙漠扩大，黄土堆积向东扩展（刘东生等，1964；李吉均等，1979）。古北界中中亚成分形成发展并随之东移（周廷儒，1984；张荣祖，1999）。

青藏高原区：自然条件变化相当剧烈。在此过程中，欧亚北部草原向高原西北部扩展，原有的森林环境向高原东南部退缩，包括喜马拉雅山和横断山区（施雅风等，1998），动物的分布亦呈相应的变化。后者由于南北向高山峡谷的通道效应，产生古北界与东洋界动物区系的相互渗透。与此同时，在高海拔地区逐渐孕育了适应高寒环境的种类。但从地质时间上看，高寒环境的形成是相对短促的。与其他地区比较，这些种类分化的水平较低（张荣祖、郑昌琳，1985；陈宜瑜等，1998）。

从上述青藏高原的隆升而导致的我国自然环境的区域分化和动物区系演变的时空尺度来看，我国自然环境地带性分异在前，区域性分异在后。与此相对应，古北界与东洋界动物区系的分异，亦早于三大自然地域动物区系的形成。其中青藏高原动物区系在环境演变过程中，亦参与了地带性分异，高寒环境及其动物区系的稳定形成相对滞后。笔者认为，青藏高原区在动物地理区划上的地位，对应于自然环境的区域分化，仍应放在第三级，与蒙新区等同级，较为合理。

在我国范围内，古北界和东洋界动物区系在系统上的区域差异，通常反映在较低级分类系统——种、属的替代，但有时还有科的不同，可进一步划分为动物地理区。同一“区”的动物，在近代发展史上有密切的关系，同时与现代自然条件有较明显的联系，通常表现为对区域气候条件的适应。同一动物地理区内，地形和植被的地区变化，往往导致区内动物组成的差别或亚种的分化以及在群落中优势地位的替代，因而有必要做进一步的“亚区”划分。在我国的七个基本区之下，分有19个亚区（图5.2）。它们均与我国的自然条件的区域分化（区-带）相符，区划的分界线亦与相应的自然分界线相当或大体相当，见表5.4。生态地理动物群与主要依据区系组成而划分的动物区划之间，存在着密切的关系。在理论上，两者应构成一个整体，综合地从历史与生态两个方面反映动物分布的区域分异。而且，现代生态环境也是古环境发展至现阶段的产物。

在叙述各区动物区系与生态地理特点之前，有必要概括地了解我国陆栖脊椎动物区系的起源和古环境的演变。

表5.4　中国动物地理区划及其与自然区划的关系

<table>
<tr><td rowspan="10">古北界</td><td rowspan="5">东北亚界</td><td rowspan="5">季风区北</td><td rowspan="3">I东北区（寒温带、温带湿润、半湿润地区）</td><td>IA大兴安岭亚区</td><td>1</td><td>针叶林地带（湿润地区）</td></tr>
<tr><td>IB长白山亚区</td><td>2</td><td>针叶与落叶阔叶混交林地带（湿润地区）</td></tr>
<tr><td>IC松辽平原亚区</td><td>3</td><td>森林草原、草甸草原地带（半湿润地区）</td></tr>
<tr><td rowspan="2">II华北区（暖温带半湿润干旱地区）</td><td>IIA黄淮平原亚区</td><td>4</td><td>落叶阔叶林与森林草原地带（半湿润地区）</td></tr>
<tr><td>IIB西部山地亚区</td><td>5</td><td>同上（半干旱地区）</td></tr>
<tr><td rowspan="5">中亚亚界</td><td rowspan="5">西部高原</td><td rowspan="3">III蒙新区（蒙新高原，温带、暖温带、干旱、半干旱地区）</td><td>IIIA东部草原亚区</td><td>6</td><td>干草原地带（半干旱地区）</td></tr>
<tr><td>IIIB西部荒漠亚区</td><td>7</td><td>荒漠与半荒漠地带（干旱地区）</td></tr>
<tr><td>IIIC天山山地亚区</td><td>8</td><td>山地森林、森林草原（半干旱、半湿润</td></tr>
<tr><td rowspan="2">IV青藏区（青藏高原、半湿润、半干旱、干旱地区）</td><td>IVA羌塘高原亚区</td><td>9</td><td>草甸草原、草甸与高寒荒漠地带（干旱、半干旱）</td></tr>
<tr><td>IVB青海藏南亚区</td><td>10</td><td>森林、草甸与草甸草原地带（半湿润、半干旱）</td></tr>
</table>

续表

东洋界	中印亚界	季风区南	V 西南区（横断山脉及其附近高山区）	VA 西南山地亚区	11	山地草甸与山地森林（垂直变化明显）
				VB 喜马拉雅亚区	12	山地草甸与山地森林（垂直变化明显）
			VI 华中区（中、北亚热带湿润地区）	VIA 东部丘陵平原亚区	13	东部落叶阔叶、常绿阔叶混交林及常绿阔叶林地带
				VIB 西部山地高原亚区	14	西部同上地带
			VII 华南区（热带、南亚热带湿润地区）	VIIA 闽广沿海亚区	15	南亚热带常绿阔叶林及东部热带季雨林地带
				VIIB 滇南山地亚区	16	西部热带季雨林地带
				VIIC 海南岛亚区	17	热带季雨林
				VIID 台湾亚区	18	热带季雨林，山地南、中亚热带常绿阔叶林
				VIIE 南海诸岛亚区	19	海洋性热带岛屿森林

第二节　动物区系的起源和历史演变

据周明镇（1964）的研究，我国现存陆栖脊椎动物区系的起源，至少可追溯到第三纪晚期。当时（中新世末）我国哺乳动物的科和部分现代的属都已先后出现。南北方的动物群基本上都同属于一个区系，通常称为“三趾马（*Hipparion*）动物区系”或“地中海动物区系”，分布范围包括欧亚大陆及非洲的大部分。据近期研究（徐钦琦，1997，个人通信），当时在这个广大的区域内，动物区系的南北分化已经开始。我国北方当时位于亚热带—温带，有较广的草原和森林草原，草原动物较丰富，如各种羚羊、马属（*Equus*）、犀属（*Rhinoceros*）、鸵鸟等。南方属热带，森林动物占优势，草原动物很少。爬行类的龟科（Emydidae）、鳖科（Trionychidae）、鳄类的历史至少可追溯到中生代（侏罗纪）并在整个新生代期间都相当繁荣，且分布很广。蟾蜍（*Bufo*）、蛙（*Rana*）、有尾两栖类和钝吻鳄属（*Alligator*）在我国中新世地层中都有化石发现。陆龟属（*Testudo*）的化石在北方上新世后才绝灭；在南方延续到第四纪初期（叶祥奎，1982）。

前已述及，自第三纪后期，中国西部以青藏高原为中心的地面开始剧烈上升（喜马拉雅造山运动），形成大面积的高原，并促使亚洲大陆中心荒漠化，我国自然环境产生明显的区域差异，这对我国动物区系的地区分化有重大的作用。在整个更新世期间，在世界范围内，气候发生了多次有节奏的波动，冰川曾多次扩张和退缩，气候带发生过南北的移动和东（湿润）西（干旱）的分化，致使动物的分布发生位移。在气候变化的影响下，动物群的演变、分化和迁移趋于剧烈，特别是在北方。许多大型陆栖动物都在这个时期趋于绝灭，并同时产生了一些新的类型。

第四纪初期即更新世早期，我国动物区系南北的差别已比较明显。根据古脊椎动物学的研究（裴文中，1957；周明镇，1964），当时在我国南方生活的动物属于巨猿动物区系，该区系已显示有现代东洋界的特色。在我国北方古北界生活的动物，属于泥河湾动物区系，该区系中已经出现与现代相近似的一些种类，但仍具有大量现在只分布于南方的种类。到更新世中期，南北方动物区系的差别更趋明显。南方的巨猿动物区系发展为大熊猫剑齿象（*Ailuropoda-Stegodon*）动物区系。这一动物区系的性质，在当时已经近似于现代我国东洋界的动物区系，到更新世晚期，则更趋接近。其中有一些种、属，现在在我国境内已经绝灭，如猩猩（*Pongo*）、鬣狗（*Hyaena*）、貘（*Tapirus*）、犀等，有一些种、属在我国境内的分布区已大为缩小，如象（*Elephas*）、长臂猿（*Hylobates*）、大熊猫（*Ailuropoda*）等。在北方，更新世中期时，泥河湾动物区系发展为中国猿人（*Gigantopitheus*）动物区系。到更新世晚期，发展为沙拉乌苏动物区系，后来又产生分化。在东北部分，包括现在的东北、内蒙古东部和河北北部，分化为猛犸象-披毛犀（*Mammuthus-Coelodonta*）动物区系。这群动物中的河狸（*Castor*）、鹿（*Cervus*）、驼鹿（*Alces*）、狍（*Capreolus*）、麂（*Muntiacus*）和熊貂（狼獾 *Gulo*）、野马、野驴等，一直生存到今天，但分布情况有很大的变化。在华北一带，沙拉乌苏动物区系分化为“山顶洞”动物群。当时的气候较现在温暖湿润，森林的面积比现代大，草原也比较宽广。森林动物中出现很接近于现代的种类，如猕猴（*Macaca*）、麝（*Moschus*）、多种鹿、牛（*Bos*）等。草原动物中的旱獭（*Marmota*）、鼢鼠（*Myospalax*）和野马、野驴等，曾广泛分布。这个动物群主要分布于西部，曾一直延伸到东北的辽东地区。从第三纪晚期起一直在北方分布很广的鬣狗和鸵鸟等则趋绝灭。至全新世初期，我国动物群的地区分化基本上已和现代的区域分化相似（图 5.4）。

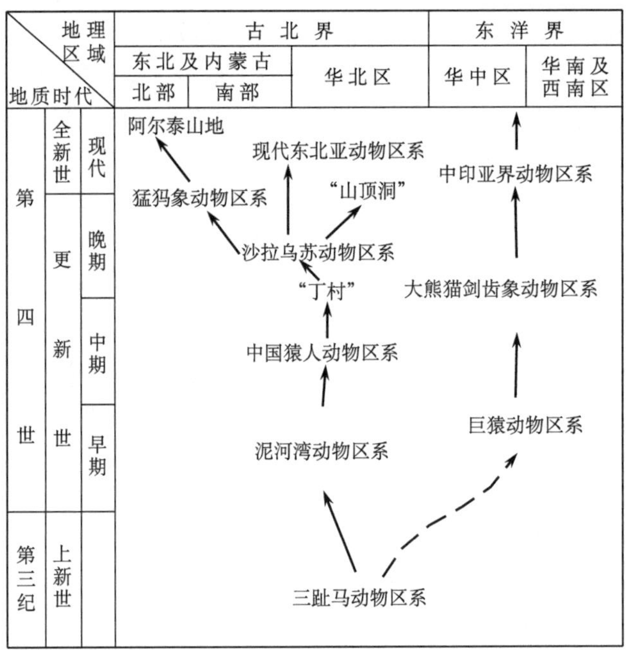

图 5.4 中国第四纪动物区系演变示意图

资料来源：据周明镇（1964）

第三节　分区特征

一、古　北　界

古北界与新北界之间，在最大冰期中，动物区系曾因白令海峡的连通而混杂，表现在鸟兽中有不少共有的种，即第四章各纲分布型叙述中的全北型成分。最具代表性的有绿翅鸭（*Anas crecca*）、大天鹅（*Cygnus cygnus*）与小天鹅（*C. columbianus*）（图5.5）、雷鸟（*Lagapus* spp.）、红背䶄（*Clethrionomys rutilus*）、雪兔（*Lepus timidus*）、驯鹿、驼鹿（图4.7）、猞猁（*Felis lynx*）、狼、狐和棕熊（*Ursus arctos*）等。它们在我国的分布（或繁殖）范围，狭者，见于我国最北缘寒温带，宽者，可见于全国。但大多数主要限于我国北方古北界范围之内。两栖类与爬行类中大多只能在属级分类阶元上反映两者的关系，其历史较久远，如广泛见于全北界的蛙、蟾蜍、雨蛙（*Hyla*）、鳖（*Pelodiscus*）和游蛇（*Coluber*）等。它们的出现具有类群竞争互补（complementarity）的性质（Darlington，1957），其分布历史早于全北界的形成。

古北界的种类中，以古北型成分的分布最广泛，其次是中亚型。两者均具有地带性的特点，其他成分（东北型、高地型等）均属区域性的。古北型中分布广泛具代表性的种类有两栖类中的极北鲵（*Salamandrella keyserlingii*），爬行类中的胎生蜥蜴（*Lacerta vivipara*）（图4.11）和极北蝰。鸟兽中种类很多，最具代表性的花尾榛鸡（*Tetrastes bonasia*）、攀雀（*Remiz pendulinus*）（图4.20）、几种沙锥（*Capella* sp.）、红嘴鸥（*Larus ridibundus*）、狍（*Capreolus capreolus*）、林旅鼠（*Myopus schisticolor*）、棕背䶄（*Clethrionomys rufocanus*）、根田鼠（*Microtus oeconomus*）、普通田鼠（*M. arvalis*）等。

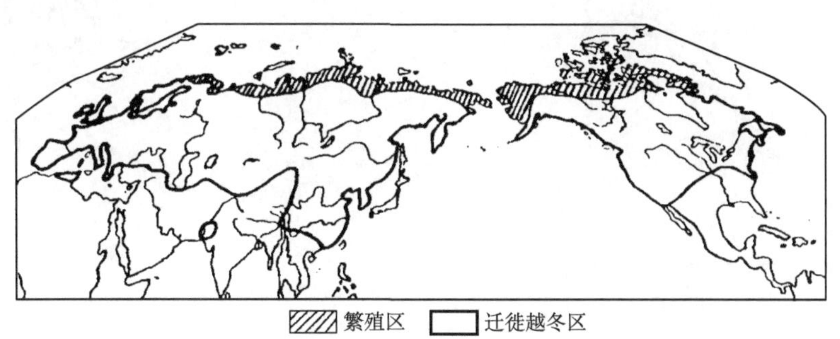

图5.5　小天鹅（*Cygnus columbianus*）的分布

我国是古北界区系最丰富的地方，这与我国的地理位置偏南，未受大陆冰川的严重影响，及古环境发展历史促进了地理条件的区域分化有密切的关系。

古北界于我国可下分两个亚界：东北亚界与中亚亚界。

（一）东 北 亚 界

本亚界包括我国东北和华北地区，属于季风区北部，还有朝鲜、俄罗斯东西伯利亚及乌苏里地区和日本。在我国境内，其南界相当于暖温带的南界。动物区系的代表成分是东北型，但北方型的成分比例甚高，其他成分则随地理位置而异。

本亚界有若干种类与欧洲部分的同类是不连续的，前已述及。在动物地理学上，这一现象一直被认为是受到第四纪冰期影响的结果。其中灰喜鹊（*Cyanopica cyana*）和刺猬（*Erinaceus europaeus*）（图 5.6）颇为典型。此外，主要分布在长白山区的大麝鼩（*Crocidura lasiura*）有两个孤立分布点，分别远在小亚细亚和上海地区，可能也是证明，前已述及。黑线姬鼠（*Apodemus agrarius*）的间断分布，可看做是在冰川消退以后恢复分布，但尚未完全合拢的实例（图 5.7）。由此可见，本亚界动物群在第四纪最大冰期时，曾免遭全部覆灭之劫难，至少是在本亚界的南部。本亚界中的东北型成分，可能是在冰缘环境下形成的，是东亚地区最为年轻的一个适应于较寒冷环境的动物群。

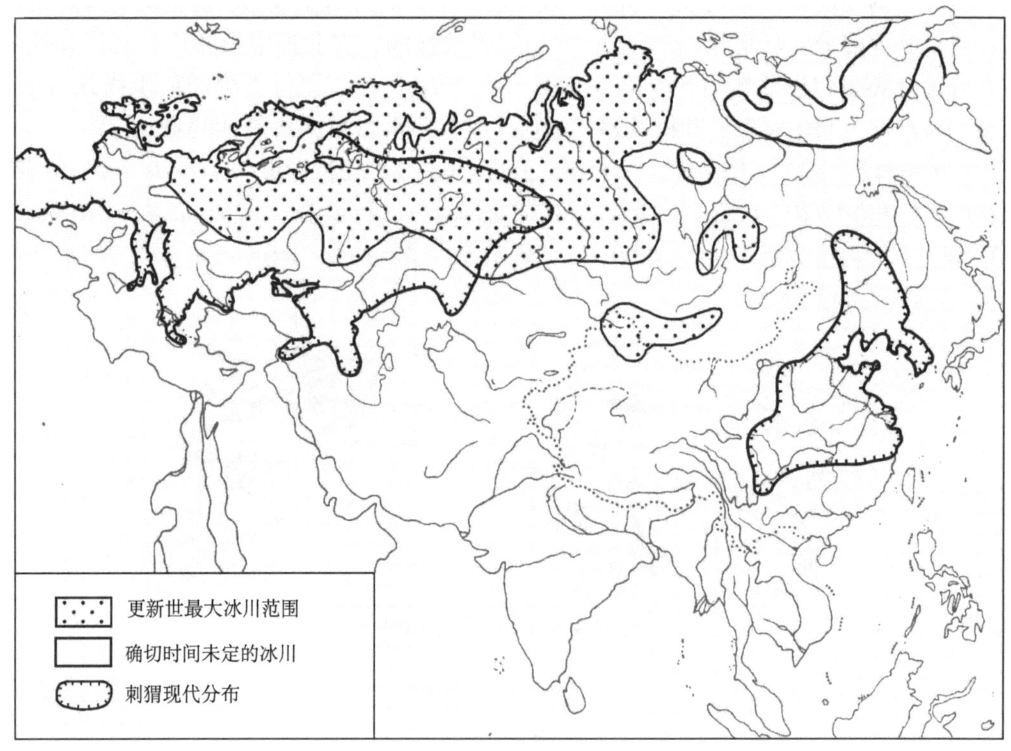

图 5.6　更新世最大冰期冰川分布与刺猬分布

资料来源：冰川范围据 Nilsson（1984）

本亚界在我国境内分东北区和华北区。

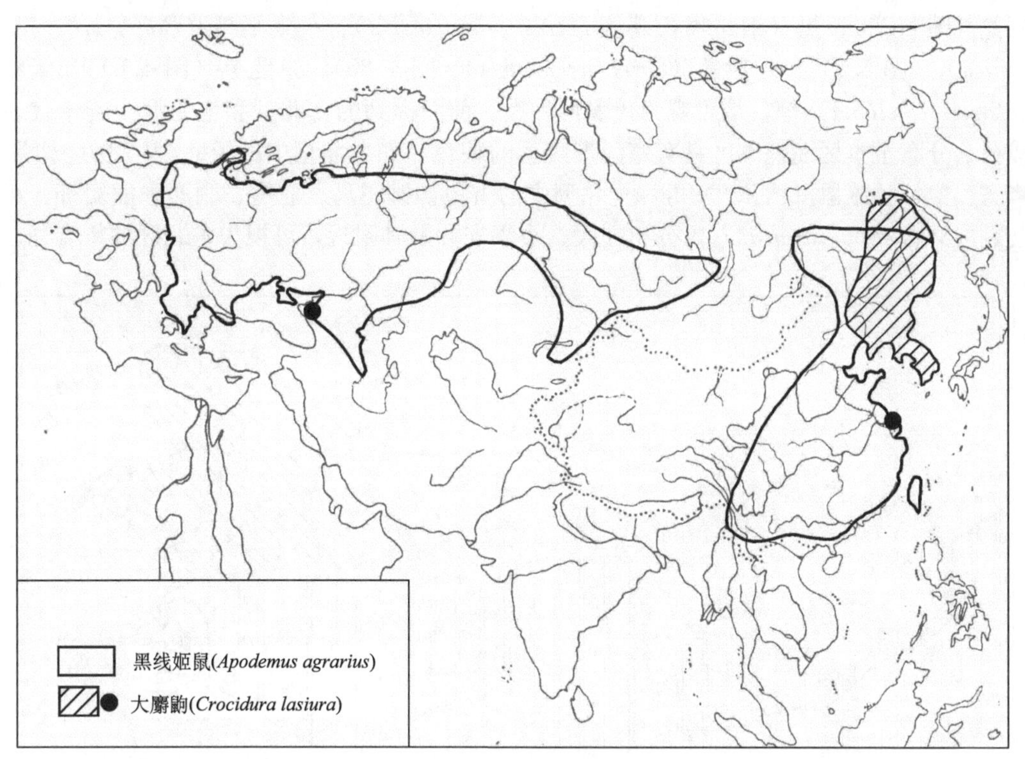

图 5.7　黑线姬鼠和大麝鼩的分布

1. 东北区（Ⅰ）

本区陆栖脊椎动物研究的成果主要集中于省动物志中，它们是《黑龙江省兽类志》（马逸清等，1986a），《辽宁动物志——两栖类、爬行类》（季达明等，1987），《辽宁动物志——兽类》（肖增祜等，1988），《辽宁动物志——鸟类》（黄沐朋等，1989）。还有一些涉及动物地理的专著，主要有《东北兽类调查报告》（寿振黄等，1958），《吉林省动物地理区划》（傅桐生等，1981），《吉林省陆栖脊椎动物的生态地理分布》（陈鹏、金岚，1981），《长白山鸟类志》（赵正阶，1985），《黑龙江省两栖动物区系与地理区划》（赵文阁、方俊九，1995），《黑龙江省鸟类区系特征及区划拟议》（李佩珣、刘晓龙，1991），《大兴安岭地区野生动物》（马逸清等，1989），《兴凯湖自然保护区野生动物资源与研究》（李文发等，1994），《辽宁省两栖动物地理分布与区划》（刘明玉等，1995），《吉林省两栖动物的地理分布》（马常夫，1995），《黑龙江爬行动物区系和地理区划》（赵文阁，2002），《辽宁爬行动物区系》（姜雅风等，2002）和《中国东北地区鸟类及其生态学研究》（高玮，2006）等。

本区包括北部的大、小兴安岭，东部的张广才岭、老爷岭及长白山地，西部的松花江和辽河平原，东部的三江平原。气候寒、温而湿润。大兴安岭冬长而无夏，长白山地冬季为5～7个月，夏季约有3个月。陆栖脊椎动物各纲中的东北型成分为本区的代表，分布区大多相互重叠，如东北小鲵（*Hynobius leechii*）、东北粗皮蛙（*Rugosa emeljanovi*）、黑龙江林蛙（*Rana amurensis*）、黑龙江草蜥（*Takydromus amurensis*）、团花锦蛇（图 4.11）、黑（细）嘴松鸡（*Tetrao porvirostris*）、小太平鸟（*Bombycilla japonica*）（图 5.8）、丹顶鹤（*Grus japonensis*）（图 4.20）、东北兔（图 4.8）和紫貂（*Martes zibellina*）等，均可视为代表性种类。前面提到的古北型和全北型中若干代表成分，分布至本区而使本区具有寒温带区系的特色，如古北型中的极北鲵、胎生蜥蜴、攀雀、狍、林旅鼠（图 4.5）等和全北型中的雪兔如柳雷鸟、驼鹿、驯鹿和熊貂等。小艾鼬（*Mustela amurensis*）仅分布在大、小兴安岭及其附近，可视为东北区的特有种。

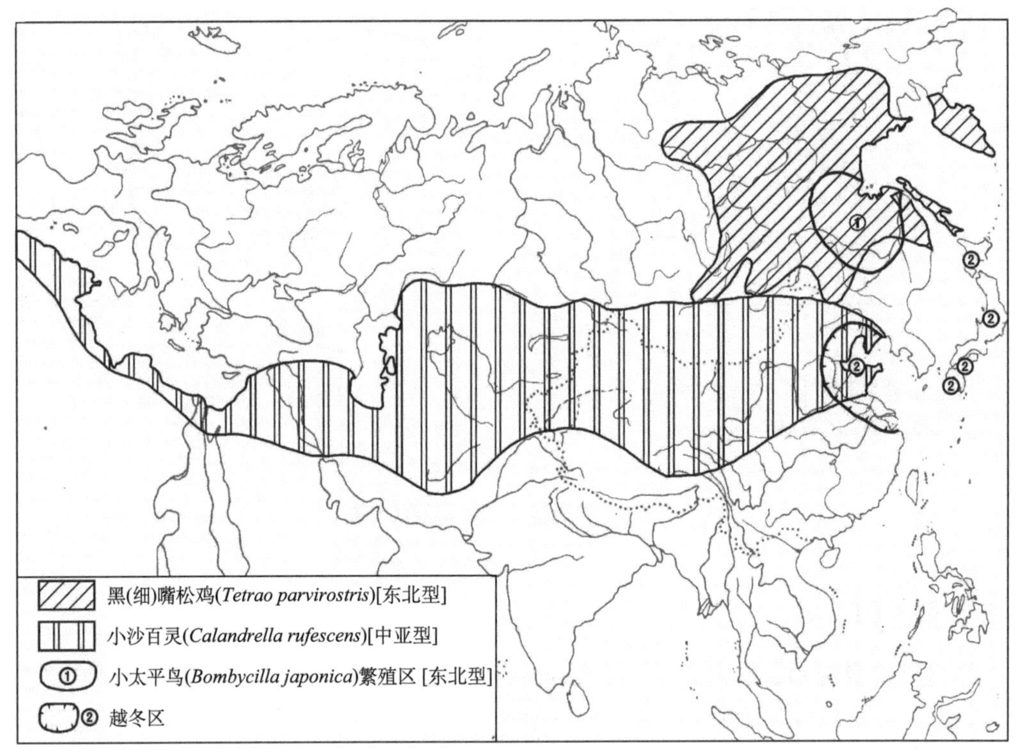

图 5.8　几种北方鸟类的分布

本区下分大兴安岭、长白山地和松辽平原三个亚区。

(1) **大兴安岭亚区**（ⅠA）

该亚区包括大兴安岭和小兴安岭的大部分，是西伯利亚寒温带针叶林带（泰加林）向南延伸部分。动物区系主要由古北型和东北型所组成。两栖类与爬行类中，完全缺乏南方的类型。鸟兽中只有极少数东洋型中广布的种类。上述全北型中的若干代表成分，大多限于或主要分布于本亚区。中亚型和季风型成分可分布至本亚区的种类也很少。

本亚区气候寒冷，号称为我国的“寒极”，冬季酷寒而漫长，生活条件较严酷。许多广布于东部季风地区的类群，在种数上，至本带降到最低，与在我国热带森林达到最高峰的情况恰恰形成两个极端。例如，两栖类中的蛙科（Ranidae）除边缘地带，分布至针叶林带的，只有 2～3 种；爬行类中的游蛇科，分布至本带的只有 2 种；鸟类中的啄木鸟科（Picidae），在本带只有 7 种，只占我国该科种类的 2%；兽类中的猫科（Felidae)，在本带只有一种，即猞猁。许多南方广泛向北方渗透的种类绝大多数均止于本亚区的南界。两栖、爬行动物各有 7 种（赵文阁、方俊九，1995；马逸清等，1989）。所以，动物的组成比较简单。但特别适应于此环境的动物种类，在数量上却比较丰富。与寒冷相适应的冬眠、羽毛丰满、储藏冬粮、雪地生活等生态特征十分突出。

大兴安岭的寒温带针叶林以兴安落叶松（*Larix dahurica*）林为主，所占面积最大，常与多种桦树、山杨和蒙古栎（*Quercus mongolica*）等落叶阔叶树及樟子松（*Pinus sylvestris* var. *mongolica*）混生，林下灌木和草本植物茂盛，以杜鹃（*Rhododendron* spp.）最多。樟子松有时形成小片纯林。小兴安岭北部则是以红松（*Pinus koraiensis*）为主的针阔混交林。森林中，掩蔽条件良好，但食料比较单纯，阔叶树的枝叶、林下草本和地衣、真菌等低等植物在动物的食料中占重要的地位。有蹄类以驼鹿、马鹿、麝、狍和野猪最为普通。驼鹿亦称犴，是针叶林带的典型栖居者，被称为针叶林带的“巨人”，在大小兴安岭北部是优势种，在林中广泛栖息，但多出现于采伐迹地和沼泽地以及混生有杨、桦等阔叶树的林缘和林间，主要以杨、榆等嫩枝叶为食，结群生活（徐学良，1989）。驼鹿和马鹿及狍在食物及栖息地上均有不同程度的重叠（李玉柱等，1992)，与食物资源的共同性有关。作为北半球寒温带—极地代表的驯鹿，在我国已无野生种，鄂温克族以半散放方式饲养着一批作役用，活动于大兴安岭西北部，主要食料为石蕊、地衣和问荆（蕨类）等低等植物，数百成群。20 世纪晚期由俄罗斯引进数百头以改善其遗传特性（艾春霖，1987，个人通信）。在本带的南部，马鹿的数量明显较驼鹿多。这里的阔叶树种以栎为主，栎树的种子是马鹿的主要食料之一。麝多栖于密林与高处岩石多的陡坡，以松、冷杉的嫩枝、叶及各种野果为食，并喜食附生低等植物松萝和苔藓等。有蹄类在针叶林的觅食和休憩场所随季节而变化，冬日的不冻泉和夏季的“咸泡子”（水质盐咸化的沼泽）是它们饮水和舐盐的聚集中心。

食虫类种类不多，普通鼩鼱（*Sorex araneus*）和中鼩鼱（*S. caecutiens*）比较常见。翼手类中常见的有普通长耳蝠（*Plecotus auritus*）。它们都是古北型的种类。小型兽啮齿类中的优势种或常见种，首推树栖的松鼠（*Sciurus vulgaris*）、半树栖的花鼠（*Eutamias sibiricus*）和地栖的大林姬鼠（*Apodemus penisulae*）及两种䶄（*Clethrionomys* spp.）。树栖的小飞鼠（*Pteromys volans*）亦甚为常见。松鼠在针叶林带中，一向是最常见的皮毛兽之一，它的数量每 2～3 年繁盛一次，正与松子的大熟相适应，但亦常发生因食物缺乏而大量迁徙的现象。冬时虽不冬眠，但储粮越冬，很少活动。花鼠的数量较少，冬日储粮习性很突出，亦见外出活动。其储藏洞常被棕熊挖开盗食。地栖小型啮齿类，在各个生境中的种类比较单纯，优势种明显。在落叶松原始林中，以红背䶄占绝对优势。谷地和洼地的沼泽草甸则以莫氏田鼠（*Microtus maximowiczii*）为主。在东北田野常见的黑线姬鼠，在此主要栖息于家舍。作为针叶林带代表的林旅鼠，在林中数量很少。冬日积雪有利于地栖啮齿类的雪下活动，于雪中挖掘许多通道。原生活在北美后移迁入欧亚大陆北部的麝鼠（*Ondatra zibethicus*），于 1946 年开始迁入我国东北地区，在本带的河湖沼泽沿岸逐渐扩大其栖息范围，已成为本动物群中的重要成分，是优良的毛皮兽类。雪兔在针叶林带普遍分布，冬日毛色变白，为特殊的适应。高山鼠兔（*Ochotona alpine*）栖息于岩屑坡，甚为常见。林缘及开阔的环境，有长尾黄鼠（*Spermophilus undulates*）栖息。

食肉类中的黄鼬（*Mustela sibirica* ）、香鼬（*M. altica*）、小艾鼬、狐、狼、棕熊、水獭（*Lutra lutra*）、狗獾（*Meles meles*）等均甚普遍，以黄鼬占优势。紫貂过去曾为东北盛产之贵重毛皮兽，因过度捕猎，现已甚为少见。冬季毛色变白的伶鼬（*M. nivalis*）、白鼬（*M. erminea*）比较少见。猞猁和狼獾是针叶林带典型的中型猛兽，前者较为常见。过去狼危害驯鹿，曾一度被视为大害。其他食肉兽，过去均为重要狩猎对象，针叶林带的食肉兽冬毛丰满，裘皮质量最高。依 20 世纪 80 年代末的调查（马逸清等，1989），若干常见大中型兽类的遇见率可以反映它们在群落中的优势程度，见表 5.5。它们之中以狍最常见，驼鹿与麝比马鹿与野猪要多些，食肉兽中只有两种鼬比较常见。据多年来的调查，现已可肯定，虎、豹（*P. pardus*）在本亚区已经绝迹（马逸清，1997，个人通信）。

表 5.5 大兴安岭若干兽类的遇见率

种类	驼鹿	马鹿	狍	麝	野猪	狼	狐	紫貂	狼獾	黄鼬与青鼬	水獭	猞猁	棕熊
遇见率	10.0	3.8	30.0	9.56	3.13	1.71	0.47	0.3	0.1	8.9	0.2	1.61	0.1

资料来原：据马逸清等（1989）。

关于森林的采伐对兽类分布的影响，罗泽珣 1959 年在本亚区内的调查仍可代表一般的趋势，试归纳为以下 4 点：

1）非皆伐迹地，兽类组成变化不大。但大型兽熊、马鹿等及典型林栖小兽林旅鼠等消失或很少出现。

2）非皆伐迹地，由于林间空地及次生阔叶树增多，原始林中适应于此环境种类的数量亦有所增加，如驼鹿和棕背䶄等。

3）皆伐后，有许多开阔景观的种类侵入，如黑线仓鼠（*Cricetulus barabensis*）、普通田鼠、巢鼠（*Micromys minutus*）、大林姬鼠、黑线姬鼠和褐家鼠、小家鼠（*Mus musculus*）等。依赖鼠类为食的鼬科动物，数量亦相对增多。

4）皆伐迹地，环境条件变化太大，除岩栖的高山鼠兔、半地栖的花鼠、栖息地较广的红背䶄等，许多林栖种类均消失。而上述侵入非皆伐迹地的鼠类，除个别种类外，亦普遍侵入，包括草原类型的东北鼢鼠（*Myospalax psilurus*）。

本亚区的鸟类，明显地具有北方类型的特点，如黑（细）嘴松鸡（图 5.8）、黑琴鸡、柳雷鸟、花尾榛鸡、林鸮（*Strix uralensis* ）、鬼鸮（*Aegolius funereus*）、北噪鸦（*Perisoreus infaustus* ）、松雀（*Pinicola enucleator*）、苇鹀（*Emberiza pallasi*）、白头鹀（*E. leucocephala*）等。其中花尾榛鸡、黑嘴松鸡和黑琴鸡等均为典型的寒温带鸟类，冬季均能适应寒冷的雪野生活。榛鸡和松鸡常在雪中挖穴而匿。黑琴鸡于第一次雪后便群集活动，至次年积雪融化后才分散。此外，松鸦（*Garrulus glandarius*）、星鸦（*Nucifraga caryocatactes*）、戴菊（*Regulus regulus*）、黄眉柳莺（*Phylloscopus inornatus*）、普通䴓、三趾啄木鸟、黑啄木鸟（*Dryocopus martius* ）、小斑啄木鸟（*Dendrocopos minor*）和松雀鹰（*Accipiter virgatus*）均为林中常见的种类。水域中有绿翅鸭、赤麻鸭（*Tadorna ferruginea*）、翘鼻麻鸭（ *T. tadorta*）、灰雁（*Anser anser*）等，均在本带内繁殖。一些主要在西伯利亚一带繁殖的种类，如柳雷鸟、雪鹀（*Plectrophenax nicalis*）、雪鸮（*Nyctea scandiaca*）等，冬季迁至我国大兴安岭一带，大致以针叶林带为其越冬的南限。林缘及灌丛中环颈雉（*Phasianus colchicus*）不少。由于冬季酷寒，日照时间短，在此越冬的鸟类很少（李佩珣、刘晓龙，1991；刘伯文、唐景文，1992）。

依据徐昂杨等（1990）的调查，大兴安岭呼中地区的留鸟与冬候鸟中完全缺乏东洋界的种类，古北界鸟类亦只占全部古北界种类的 3.9%。据高玮和相桂全（1988），针叶林中，树种比较单一，海拔的变化也不显著，鸟类的垂直变化不大，但林内植物群落局地变化明显。所以，林中有 3 个鸟类生态群落：① 树鹨（*Anthus hodgsoni*）＋黄雀（*Carduelis spinus*）＋灰头鹀（*Emberiza spodocephala*）群落（山地落叶松林）；② 黄胸鹀（*E. aureola*）＋ 鸲［姬］鹟（*Ficedula mugimaki*）＋灰鹡鸰（*Motacilla cinera*）群落（沼泽-落叶松林）；③ 极北柳莺（*Phylloscopus borealis*）＋树鹨＋黄雀群落（落叶松-白桦林）。这一小尺度的生态地理分化现象应是普遍的。

爬行类中，胎生蜥蜴及极北蝰是寒温带针叶林典型的种类，但比较少见。比较常见的是黑龙江草蜥和黑眉（岩栖）蝮蛇（*Gloydius saxatilis*）（马逸清等，1989；赵肯堂，1995）。在我国北方分布比较广泛的白条锦蛇（*Elaphe dione*）和广泛见于我国东部季风区的红点锦蛇（*E. rufodorsata*），则以本亚区为其分布北限。广泛见于华中区的北草蜥（*Takydromus septentrionalis*），曾在本亚区西南缘采到（赵肯堂，1995）。

两栖类种类很少，尤其是北部。如东方铃蟾（*Bombina orientalis*）、东北雨蛙（*Hyla ussuriemsis*）、中国林蛙（*Rana chensinensis*）、北方狭口蛙（*Kaloula borealis*）等，在东北中部或南部为常见种，而在小兴安岭北部只生活于低湿地温度较高的地段。在更北部的鸥浦一带，只可以遇到广布种花背蟾蜍（*Bufo raddei*）、中华大蟾蜍（*Bufo gargarizams*）和黑斑侧褶蛙（*Pelophylax nigromaculatus*）等。及至大兴安岭北部的漠河地区，只有极北小鲵、东北雨蛙和黑龙江林蛙。漠河地区的这些种类似最能耐寒耐旱，生理生态上最有适应特性。形态上以躯干特别小为特征，反映温度、湿度条件对两栖类分布均有显著影响（张孟闻、方俊九，1963）。从全亚区来看，两栖类中以黑龙江林蛙、中国林蛙为优势种。极北鲵、中华大蟾蜍、东北雨蛙为普通种，黑斑侧褶蛙数量最少（赵文阁、方俊九，1995）。后者为广泛分布于我国东部季风区的种类，本亚区为其分布的最北极限。

本亚区，可再分为两个动物地理省：① 大兴安岭北部省（IA1）——典型亚寒带针叶林、沼地动物群；② 大兴安岭南部省（IA2）——落叶松为主针阔混交林动物群。

(2) 长白山亚区（ⅠB)

该亚区包括自小兴安岭主峰以南至长白山的山地地区。气候属中温带，较上一亚区暖而湿，冬季较短，高温与多雨期一致。植被为针阔混交林，生长繁茂。

本亚区是东北型成分分布区的重叠中心。陆栖脊椎动物分布型的组成类似前亚区，只另有少数南中国型和极个别喜马拉雅—横断山区型的成分（图 5.3）。北方型中的代表成分，有少数可见于本亚区，如极北小鲵、胎生蜥蜴、攀雀、雪兔等。驼鹿，在少数地点偶有发现。古北型的水䶄（*Arvicola terrestris*），迄今所知，在我国境内只见于本亚区。一些在季风区内北伸的南方种类，包括某些夏候鸟，如领角鸮（*Otus bakkamoena*）、蓝翡翠、黑枕黄鹂（图 4.23）等，以及东洋型中广泛分布的黑熊、青鼬

(图 4.24)、豺和豹，在本亚区达到了它们的分布最北限。因此，与大兴安岭比较，本亚区的动物区系明显丰富。还有一些为东北区或本亚区的代表成分，如大鼩鼱（*Sorex mirabilis*）、缺齿鼹（*Mogera robusta*）、东北兔（图 4.8）、东北粗皮蛙和东方铃蟾等。陆栖脊椎动物各纲中，分布广泛的种类，在本亚区多有地理亚种的分化。地理环境条件对动物区系的影响是明显的。

在长白山地区发现的华南兔（*Lepus sinensis*）和蛇类竹叶青（*Trimeresurus stejnegeri*）与南方同种动物呈间断分布，表明本亚区冰期后期的环境条件比华北区优越，而使这些种类得以保留。前述大麝鼩在华北区的缺失可能出于同样的原因（见第四章第三节）。

本亚区内现存大面积温带森林，只保存于东北的东北部山地（小兴安岭南部至长白山），红松为主的针阔混交林是本亚区的面积最为广泛的植被类型。虽然林业开发较甚，但林地面积仍广，林栖动物仍相当丰富。森林边缘地区，由于农业的迅速发展，已沦为森林草原和农田环境。栎、杨、榆及红松、樟子松、落叶松幼树的次生林地和农田毗连或交错。针阔混交林中的大、中型兽类，以有蹄类的狍、野猪、马鹿、麝、斑羚（青羊 *Nemorhaedus goral*）等最为常见。著名的梅花鹿，野生种群尚有少数保存。狍、野猪和马鹿在林区普遍可见，是优势种。据在长白山区森林开发较晚地段的调查，狍的数量约为 8.1 只/km^2（何敬杰，1988，个人通信）。森林砍伐后，若次生阔叶林生长良好，为它们提供丰富的食料，有利于它们数量的增长。但由于天然森林的破坏，减少了马鹿的栖息地，显著影响马鹿的数量。麝和青羊主要活动于岩峭坡梁，亦是林中的代表成分。混交林中的食肉兽有黑熊、棕熊、貉（*Nyctereutes procyonides*）、青鼬、豹猫（*Files bengalensis*）、虎、豹等南方或季风区的种类。通常黑熊多于棕熊。虎作为重要保护对象，现仅保存于少数地点，豹则已在全境内绝迹（马逸清，1997，个人通信）。紫貂的分布比大小兴安岭北部针叶林带广泛，数量也较多。饲养的水貂（*Mustela vison*）在有些地方逃逸或放出野外，已成为野生动物群的一员，但尚未产生明显的影响。小型啮齿类中的松鼠和小飞鼠的数量，受森林采伐的影响较大，几乎不见于次生幼林。花鼠则可见于多种环境。林姬鼠（*Apodemus sylvaticus*）、棕背䶄、红背䶄、缺齿鼹、刺猬、普通鼩鼱和中鼩鼱等，为林下常见种和优势种。不同环境，组成的差别不大，但优势种的组成，由于各地环境条件的局地变化，包括栖地的植被和海拔等，往往有显著的不同。如长白山山区北部，针阔混交林中的鼠类，数量最复杂，优势种为棕背䶄、大林姬鼠，还有两种鼩鼱。栎林中相反，种类单纯，数量最低，林姬鼠是绝对优势种。河岸树林居二者之间。在沼泽草甸，黑线姬鼠占绝对优势，还出现典型的湿地鼠类，如东方田鼠（*Microtus fortis*）和莫氏田鼠（孙儒泳等，1962）。在长白山西麓的针叶林带中以棕背䶄为优势；针阔混交林中以大林姬鼠为优势，棕背䶄为次优势；阔叶林中以黑线姬鼠为优势，大林姬鼠为次优势，人为破坏后的次生林的和农田环境，对优势鼠类组成的演替有明显的影响（杨春文等，1991，1993）。这里的高山鼠兔，习性类似寒温带针叶林带的同种动物，在长白山高山带的裸岩区数量甚多。主要分布在寒温带的雪兔，在本带数量很少，而为东北兔所替代。

据李佩珣和刘晓龙（1991）及赵正阶（1985）的研究，本亚区鸟类中虽以北方类型为主，但因有许多东北型而具特色。与大兴安岭亚区比较，则有较多的东洋型或南中国型成分，如松雀鹰、棕腹杜鹃（*Cuculus fugax*）、领角鸮、三宝鸟（*Eurystomus orientalis*）、黄鹂等，它们于夏日沿季风区向北延伸至此。但林中有不少种类与大兴安岭亚区所共有，如黑琴鸡、黑嘴松鸡、花尾榛鸡、小斑啄木鸟、三趾啄木鸟、长尾林鸮（*Strix uralensis*）、巨嘴柳莺（*Phylloscopus schwarzi*）、黄腰柳莺（*P. proregulus*）、极北柳莺（*P. borealis*）等，主要分布于针叶林。另有一些蒙新区的成分，于夏日迁来本亚区，如毛腿沙鸡、云雀（*Alauda arvensis*）、大短趾百灵（*Calandrella brachydactyla*）等。本亚区的候鸟，以夏候鸟占绝对的多数。它们大多自 3 月初开始迁入，最迟 11 月中完全迁出。留居短者为 4 个月，长者达 7 个多月（表 5.6）。夏季，林中鸟类及其他动物的活动十分活跃。冬日来临，夏候鸟南迁，加以不少兽类，如刺猬、黑熊和棕熊、貉、獾等均进行冬眠，储粮过冬的松鼠、花鼠等很少外出活动，森林中也就显得景色萧瑟。

表 5.6　长白山的亚区候鸟迁入、迁出与留居期

	游禽	涉禽	猛禽	鹑鸡	鸠鸽		攀禽	鸣禽	
夏候鸟	18	29	8	1	1		7	76	
冬候鸟	0	0	0	0		1	0	8	
					夏	冬		夏	冬
最早	3 月初	3 月末	3 月初	4 月中	3 月中	11 月中	4 月下	3 月中	10 月中
最迟	11 月中	11 月初	11 月中	9 月中	10 月末	9 月中	10 月初	11 月中	5 月末
留居/月	5～7	5～7	5～6	5 个多	5	7 个多	4～5	4～7 个多	4～6

资料来源：据赵正阶（1985）资料整理。

本亚区的两栖类与爬行类是东北区中最为丰富的，特别在本亚区最南部的长白山及辽东半岛，几乎拥有东北型的全部种类，还具有为本亚区所特有的地方土著种，如桓仁林蛙、史氏蟾蜍（*Bufo stejnegeri*）、桓仁滑蜥（*Scincella huanrenensis*）、灰链（东亚）游蛇（*Amphiesma vibakari*）等。作为东北型代表成分的粗皮蛙、东方铃蟾和爪鲵（*Onychodactylus fischeri*）在东北区中只见于本亚区，姬蛙科是唯一出现于北方的北方狭口蛙，以本亚区的南部为其北限。山地林灌以东北雨蛙、黑龙江林蛙和中国林蛙为优势，极北鲵、中华大蟾蜍、花背蟾蜍和黑斑侧褶蛙为常见（赵文阁、方俊九，1995）。爬行类中本亚区显较大兴安岭亚区增多，表明中温带环境条件对冷血动物显较寒温带优越，有较多的北方与南方种类出现于本亚区，如鳖、无蹼壁虎（*Gekko swinhonis*）、白条草蜥（*Takydromus wolteris*）、丽斑麻蜥（*Eremias argus*）、黄脊游蛇（*Coluber spinalis*）、赤链蛇（*Dinodon rufozonatum*）、团花锦蛇、棕黑锦蛇（*E. sehrenckii*）等。山地林灌中以乌苏里蝮（*Gloydius ussuriensis*）为优势；颈槽虎游蛇（*Rhadophis tigrinus*）、红点锦蛇（*Elaphe rufodorsata*）及白条锦蛇（*E. dione*）比较常见（季达明、温世生，1991）。

位于辽东半岛南端西侧渤海中的蛇岛，为蛇岛蝮（*Agkistrodon shedaoensis*）所栖居，主要以过路的旅鸟为食。蛇岛蝮对栖地的选择与鸟类活动规律密切相关，随蛇体大小和取食鸟类体形大小而变化（李建立、栾永贵，1991）。此蛇与大陆（辽东半岛千山）同种动物隔海分布（赵尔宓，1980）。

长白山的主峰地区，海拔有 2000 多米，是温带山地的代表，动物群落的分布具较明显的垂直分布特点。现据陈鹏和金岚（1981）及赵正阶（1985）的调查资料整理，简述如下：

1）山地苔原：2000m 以上的苔原，气候严寒，常见的只有高山鼠兔和大嘴乌鸦（*Corvus macrohynchos*），偶见花鼠。夏日有黑熊、马鹿、领岩鹨（*Prunella rubeculoides*）、白腰雨燕（*Apus pacificus*）、树鹨和鹪鹩（*Troglodytes troglodytes*）等分布至此。

2）山地岳桦林带：位于 1800～2000m。常见有花鼠、松鼠，岩裸地段有高山鼠兔。鸟类有树鹨、红胁蓝尾鸲（*Tarsiger cyanurus*）、鹪鹩、朱雀（*Carpodacus erythrinus*）等。两栖类中有极北小鲵和中国林蛙。

3）针叶林带：在 1100～1800m 的针叶林带，常有松鼠、小飞鼠。紫貂主要在此林带活动。花鼠、大林姬鼠、棕背䶄、黄鼬、香鼬、豹猫等比较常见。大型兽类狍、野猪、狗獾、狐等亦比较常见。黑熊与棕熊亦多在本带活动。鸟类中以大山雀（*Parus major*）、沼泽山雀（*P. palustris*）、普通䴓、巨嘴柳莺、黄腰柳莺、斑啄木鸟（*Dendrocopos major*）、绿啄木鸟（*Picus canus*）、灰头鹀、星鸦、榛鸡（*Tetrastes bonasis*）等比较常见。爬行类中主要有黑龙江草蜥、白条草蜥，两栖类常见的有中国林蛙、东方铃蟾和雨蛙等。

4）针阔叶林混交林带：海拔 800m 以下，包括一些次生落叶阔叶林。林中以大林姬鼠、黑线姬鼠、花鼠、东北兔、刺猬、大麝鼩、北小麝鼩（*Crocidura suaveolens*）等较多。狍和野猪亦属常见。食肉类中有黄鼬、香鼬、豹猫、狐和狗獾等。鸟类中常见的有黑尾蜡嘴雀（*Eophona migratoria*）、黑枕黄鹂、冕柳莺（*Phylloscopus coronatus*）、寿带鸟（*Terpsiphone paradise*）、灰喜鹊、山斑鸠（*Streptopelia orientalis*）和寒鸦（*Corvus monedula*）等。常在林缘活动的有三道眉草鹀（*Emberiza cioides*）、短翅树莺（*Cettia diphone*）、红尾伯劳（*Lanius cristatus*）等。爬行类中以颈槽虎游蛇、红点锦蛇、白条锦蛇和蝮蛇（*Gloydius* sp.）等为常见，两栖类常见的有花背蟾蜍、大蟾蜍、雨蛙和黑斑侧褶蛙等。

森林的砍伐或破坏对林栖动物的影响是普遍的，试以长白山图们江流域为例，由于林地的减少，兽类中的梅花鹿、猞猁、虎、紫貂、麝等和鸟类中的松鸡、榛鸡、啄木鸟、杜鹃（*Cuculus* spp.）、蓝头矶鸫（*Monticola cinclorhynchus*）等以及许多食虫鸟类的数量都在不断地减少（陈鹏，1984；关秉钧、王贵礼，1984）。

三江平原景观开阔，为山前平原-沼泽地带。栖息于此的动物在兽类中，主要是小型啮齿类，在沼泽环境中以东方田鼠、莫氏田鼠、普通田鼠及麝鼠等为优势；在开垦地以黑线姬鼠数量最高；在森林草原环境，常有狍和东北兔出没。食肉类中主要有狼、狐及黄鼬（马逸清等，1986a）。鸟类中具有一些北方类型的种类，但远较森林地带贫乏。水域鸟类在这里比较丰富，种类与数量均较多，如赤颈䴙䴘（*Podiceps grisegena*）、大天鹅、鹊鸭（*Bucephala clancula*）、丹顶鹤、大杓鹬（*Numenius madagascariensis*）等。在沼泽中的岛状林丛中有一些典型的林栖鸟类，如黑头蜡嘴雀（*Eophona personata*）、黄鹂、灰山椒鸟（*Pericrocotus divaricato*r）、鹪鹩、锡嘴雀（*Coccothraustes coccothraustes*）、红胁绣眼鸟（*Zosterops erythropleura*）等（李佩珣、刘晓龙，1991）。爬行类种类较林地为少，以兴凯湖地区为例，以白条锦蛇较常见（李文发等，1994）。

两栖类中以黑龙江林蛙和黑斑蛙为优势，东北雨蛙、中华大蟾蜍、花背蟾蜍和极北鲵为普通种，中国林蛙和东方铃蟾则不多见（赵文阁、方俊九，1995）。

本亚区可再分为 3 个动物地理省：③小兴安岭省——红松为主针阔混交林动物群（IB1）；④ 长白山地省——温带山地垂直分布动物群（IB2）；⑤三江平原省——沼泽、草甸、农田动物群（IB3）。

(3) 松辽平原亚区（ⅠC）

本亚区包括东北平原及其外围的山麓地带，景观开阔。动物区系主要是前两亚区各成分的贫乏化，由它们之中适应于森林草原、草甸草原、沼泽以及农耕环境的种类所组成，如兽类中的狍、花鼠、狭颅田鼠（*Microtus gregalis*）、东方田鼠、东北鼢鼠（*Myospalax psilurus*）、黑线姬鼠，鸟类中的松鸦、丹顶鹤、灰喜鹊、灰椋鸟（*Sturnus cincraceus*）、金翅雀（*Carduelis sinica*）、牛头伯劳（*Lanius bucephalus*）、鸲鹟等。两栖类中有北方狭口蛙、黑龙江林蛙、东北粗皮蛙、黑斑侧褶蛙等。它们还向西伸展进入内蒙古干草原东缘。同时，本亚区恰处于若干中亚型成分向东分布的边缘，如小沙百灵（*Calandrella rufescens*）（图 5.8）、毛腿沙鸡、达乌尔黄鼠（*Spermophilus dauricus*）、五趾跳鼠（*Allactage sibirica*）、三趾跳鼠（*Dipus sagitta*）、小毛足鼠（*Phodopus roborovskii*）、兔狲（*Felis manul*）等。它们已渗入本亚区的西部。因而，在本亚区具有东北区与蒙新区间的过渡特征，以致曾将其划属为蒙新区（郑作新等，1959）。

本亚区原始自然景观为森林草原，由于长期以来的农业开发，绝大部分土地已被开垦。但气候条件仍有利于树木生成，故从山麓至平原均有零散的次生阔叶树林，保持森林草原的景色。低洼地区则为沼泽草甸，本亚区西部接近干草原地带，还有局部的沙化现象。动物分布的特点亦与此相适应。

山前丘陵台地环境：动物群成分介于山地森林与开阔草原之间。地栖小兽丰富，如黑线姬鼠、大仓鼠（*Cricetulus triron*）、东北鼢鼠、东北兔、刺猬、大麝鼩和黄鼬等。沿低湿草地以东方田鼠和普通田鼠为常见。林灌环境有花鼠出没。鸟类中常见的有秃鼻乌鸦（*Corvus frugilegus*）、寒鸦、喜鹊（*Pica pica*）、三道眉草鹀、红尾伯劳、云雀、黄胸鹀和戴胜（*Upupa epops*）等。水域丰富的环境则有大白鹭（*Egretta alba*）、罗纹鸭（*Anas falcate*）、青头潜鸭（*Aythya baeri*）、绿翅鸭、鹊鸭、丹顶鹤、白骨顶（*Fulica atra*）、黑眉苇莺（*Acrocephalus bistrigiceps*）、鸥、鸬鹚（*Phalacrocorax carbo*）、麦鸡（*Vanellus* spp.）等。爬行类中主要有虎斑游蛇（*Rhabdophis tigrinus*）、红点锦蛇等。两栖类在许多地方以黑斑蛙、花背蟾蜍和中华大蟾蜍为优势。

广大的农田地带：以几种鼠类为优势。它们是小家鼠、黑线仓鼠和黑线姬鼠。湖沼或低洼稻田常见有东方田鼠、普通田鼠和莫氏田鼠等。鸟类种类贫乏，常见有麻雀、乌鸦、喜鹊、云雀、沙百灵，黄胸鹀则在迁徙路过时形成短期的优势。在田间活动的爬行类和两栖类主要是麻蜥和蟾蜍。

湖沼盐沼地带和草甸草原地带：鸟类中有丰富的与水域环境有联系的种类，以札龙自然保护区的调查（吕晓平、许杰，1992）为例，主要优势鸟类有鹤（*Grus* spp.）、鹭（*Ardea* spp.）、骨顶鸡（*Fulica atra*）、鸭类、雁（*Anser* spp.）、沙锥、鹬类、麦鸡（*Vanellus* spp.）、鹳（*Ciconia* spp.）、白鹮（*Threskiornis aethiopicus*）、鸬鹚

(*Phalacrocorax* spp.)、燕鸻（*Glareola maldivarum*）等。

本亚区可再分3个动物地理省：⑥山前丘陵省——森林草原、草甸动物群（IC1）；⑦嫩江平原省——沼泽草、农田动物群（IC2）；⑧辽河平原省——农田、草地动物群（IC3）。

2. 华北区（Ⅱ）

本区北临蒙新区与东北区，南抵秦岭、淮河，西起西倾山，东临黄海和渤海，包括西部的黄土高原，北部的冀热山地及东部的黄淮平原，属暖温带。属于本区特有或主要分布于本区的可以称为华北型的种类少，可以举出的只有无蹼壁虎、山噪鹛（*Garrulax davidi*）、褐马鸡（*Crossoptilon mantchuricum*）、麝鼹（*Scaptochirus moschalus*）、大仓鼠和棕色毛足田鼠（*Lasiopodonmys mandarinus*）、几种鼢鼠（*Myospalax* spp.）等。动物区系中，全北型和古北型的一些种类由东北区向本区延伸。东北型见于本区的种类以型中的广布成分为主。南北方喜湿动物在季风区的相互渗透现象在本区表现最为明显，如东洋型的泽蛙（*Fejervarya multistriata*）、黑眉锦蛇（*Elaphe taeniura*）、灰斑鸠（*Streptopelia decaocto*）、珠颈斑鸠、领角鸮、猕猴、果子狸（*Paguma larvata*）、猪獾（*Arctonyx collaris*）等，均以本区为它们分布的北限或接近北限。东北型的东方铃蟾、东北雨蛙和古北型或北方广泛分布的黄脊游蛇、白条锦蛇、黑水鸡（*Gallinula chloropus*）、普通䴓、黑头䴓（*Sitta villosa*）、银喉长尾山雀（*Aegithalod caudatus*）、鸭、雁、鹭类以及北小麝鼩、山蝠（*Nyctalus noctula*）等，它们的向南分布均经过或止于本区。本区的南界与暖温带南界大致相符，为南北方类群较明显的分界线。即自然地理上最为明显的秦岭—淮河一线。然而仍有一些典型南方种类出现在此线以北。一些对湿度特别敏感的种类，在本区缺失，形成分布上的中断，如小鲵科、松鸡科、旋木雀科、鹟（*Muscicapa*）、鼩鼱、水獭和草蜥（*Takydrormus*），或在本区特形贫乏，如雨蛙（*Hyla*）、铃蟾（*Bombina*）、姬鹟（*Ficedula*）等，可能是由于本区在季风内相对干旱，春日常出现大风的原因。同时，一些中亚型（蒙新区）成分，如小沙百灵、凤头百灵（*Galerida cristata*）、毛腿沙鸡、石鸡（*Alectoris chukar*）、斑翅山鹑（*Petdix dauurica*）、达乌尔黄鼠和草原沙蜥（*Phrynocephalus frontalis*）等向季风区的渗透带，几乎贯穿全区。所以，本区既是南、北动物，又是季风区及蒙新区动物相互混杂的地带。

华北区天然林十分有限，几乎全为栎和松的次生林。广泛的山地、丘陵成为次生草、灌丛和农田。在这种环境里，一部分是适应于次生林灌、田野生活的森林动物，一部分则为草原动物，组成次生的森林草原动物群。黄土高原和黄淮平原，人类活动及农业开发的历史极为悠久，原来的森林动物群几乎完全改变。大型偶蹄类马鹿、梅花鹿在本区消失或近乎消失的趋势，在20世纪末和21世纪初已开始。麋鹿（*Elaphurus davidianus*）的最后消失，虽是由于战乱和洪灾，但实际上在它们原来栖息地，即华北平原的沼泽草甸地带的其原始种群，于历史时期早已匿迹。适应于农耕环境的种类，如地栖穴居小兽，特形繁盛。本区夏热冬寒，动物群的组成和生态习性的季节变化均甚为明显。

本区下分黄淮平原和黄土高原两个亚区。

(1) 黄淮平原亚区（ⅡA）

该亚区包括淮河以北、伏牛山、太行山以东、燕山以南的广大地区，几全为开阔的农耕景观。动物区系显较贫乏，优势成分是适应于农耕环境包括田间稀疏林地的种类，沿我国东部沿海迁徙的候鸟和旅鸟使鸟类区系复杂化的现象比较突出，其中旅鸟占全部鸟类的54%，为全国之最。本亚区的兽类最普遍的是田野生活的小型啮齿动物，如黑线仓鼠、大仓鼠、黑线姬鼠、小家鼠和褐家鼠、鼢鼠，还有食虫小兽麝鼹等。它们分布广泛，各地的差异主要是数量的多少，试概括各地的调查（表5.7），即可反映此基本特征。值得注意的差别是在局部地区有些非本区的代表种类出现，或形成优势。如在北部平原及滨海平原，有达呼尔黄鼠、子午沙鼠（*Meriones meridianus*）和小毛足鼠等中亚型成分。东洋型的黄胸鼠（*Rattus flavipectus*）可见于河南南部，社鼠（*Niviventer confucianus*）则分布至更北地区（李恩庆，1990；武润，1986）。食肉兽中以黄鼬、豹猫和狐、艾鼬（*Mustela eversmanni*）、獾、貉等为常见，其中以黄鼬数量最多。平原地区鸟类依郑光美（1962a及未发表资料）的调查，有以下特点：①大面积的田野中，种类十分贫乏；②田间的小片林地和树木面积虽很小，但树栖鸟类较多；③公园和水域是鸟类最为集中的环境；④鸟类季节相比较明显。现按优势种与常见种将冬夏鸟类列于表5.8。这些特点也许能代表本亚区一般的情况。

表5.7 华北平原啮齿动物的分布和相对数量

地区	(1)	(2)	(3)	(4)	(5)	(6)	(7)	资料来源
北京	+++	+++	++	+	+−			张洁（1984）
天津	+	++	++	+++	+−			郭全宝和张凤敏（1988）
天津西	+	++	+++	+−	+			张凤敏等（1984）
唐山	+++	+++	+	+	+			王日旭等（1986）
邯郸	+++	+++	+	+	+			苗章发等（1988）
费县	+++	++	+++		++			卢浩泉（1962）
兰考	+++	++	+	+	+			王学高和封明中（1981）
登封		+	+++	+	++	++	+−	邓址等（1987）

注：+++：多；++：中等；+：少；+−：很少。(1) 黑线仓鼠（*Cricetulus barabensis*），(2) 黑线姬鼠（*Apodemus agrarius*），(3) 大仓鼠（*C. triton*），(4) 小家鼠（*Mus musculus*），(5) 褐家鼠（*Rattus norvegicus*），(6) 长尾仓鼠（*C. longicaudatus*），(7) 黄胸鼠（*Rattus flavipectus*）。

表5.8 北京平原地区最优势和最常见鸟类在三大类环境中的生态分布

鸟类	田野		公园		水域	
	冬	夏	冬	夏	冬	夏
豆雁 *Anser fabalis*					+	
绿头鸭 *Anas platyrhynchos*					+	
赤麻鸭 *Anas platyrhynchos*					+	
鹊鸭 *Bucephala clangula*						+
白翅浮鸥 *Chlidonias leucoptera*						+

续表

鸟类	田野		公园		水域	
	冬	夏	冬	夏	冬	夏
白额燕鸥 *Sterna albifrons*						+
凤头百灵 *Galerida cristata*	+					
家燕 *Hirundo rustica*		+		+		
北京雨燕 *Apus apus*		+		+		
金腰燕 *Hirundo daurica*		+		+		
水鹨 *Anthus spinoletta*					+	
寒鸦 *Corvus monedula*	+		+			
秃鼻乌鸦 *Corvus frugilegus*	+		+			
大嘴乌鸦 *C. macrorhunchas*	+		+			
斑鸠 *Turdus maumanni*				+		
大（白脸）山雀 *Parus major*			+	+		
麻雀 *Passer montanus*	+	+	+	+		
小鹀 *Emberiza pusilla*	+				+	
苇鹀 *E. pallasi*					+	
田鹀 *E. rustica*	+					
白头鹀 *E. leucocephala*	+					
大苇莺 *Acrocephalus arundinaceus*						+
燕雀 *Fringilla montifringilla*			+			
锡嘴雀 *Coccothraustes coccothraustes*			+			

资料来源：据郑光美（1962a）和1974个人通信材料整理。

沿海地带对鸟类有特殊的意义，是我国鸟类迁徙三大路线东部路线的必经之途（张孚允、杨若莉，1997）。特别是沿海岛屿，据山东庙岛群岛的调查（纪加义、于新建，1989），计有88种（分别隶属于18目34科）鸟类，每年3月中旬至5月初和8月中旬至10月中旬两次，有大批候鸟成群往返迁徙而旅经该群岛。另据张阴荪等（1985）调查，冬日有25种猛禽自东北区南下，沿辽东半岛及河北海岸并在旅大地区分两支越过渤海向南飞迁至山东一带。又据陶宇等（1991）的调查，在河北沿海有近30种雁、鸭类，除鹊鸭在沿海越冬外，均属过境旅鸟，常见的为豆雁（*Anser fabalis*）、斑嘴鸭（*Anas poecilorhyncha*）、赤麻鸭、普通秋沙鸭（*Mergus merganser*）、白眉鸭（*Anas querquedula*）等。迁徙的高峰发生在10月末及11月初。黄河三角洲是灰鹤（*Grus grus*）、丹顶鹤、白枕鹤（*G. vipio*）和蓑羽鹤（*Anthropoides virgo*）越冬的优良环境。在山东荣成沿海滩涂（纪加义、于新建，1989）和江苏盐城沿海滩涂（严凤涛，1991）也有丹顶鹤越冬。

本亚区爬行类据已有报道（郝天和、曹玉茹，1982；康景贵，1985；瞿文元，1985；路纪琪等，1999；张盛周、陈壁辉，2002）有17～21种，大多为广泛见于我国季风区或北方的种类，其中黄脊游蛇和白条锦蛇为古北型的代表。还有不少产于我国南方的种类，如蜓蜥（*Sphenomorphus indicus*）、玉斑锦蛇（*Elaphe mandarinus*）和黑眉锦蛇是东洋型的代表，石龙子（ *Emoia chinensis*）为南中国型成分。后者还见于山东日照市平岛上（张守富，1992）。但在田野常见的，大多属广泛见于季风区和北方的种类。除上述两种古北型代表，还有丽斑麻蜥、无蹼壁虎、红点锦蛇、棕黑锦蛇和虎斑游蛇等。在山东丘陵地区山地麻蜥（*E. brenchleyi*）、团花锦蛇数量也较多。本亚区的两栖类颇为贫乏。据王所安等（1995）、邹寿昌（1995）、卢浩泉（1992，个人通信）和陈壁辉（1995）及柳殿均（1991）的研究，大部分地区只有 5～8 种，本亚区最南部的淮北平原东部种类较多，约有 10 种。分布上有以下几个特点：

1）几种广泛见于季风区的种类，中华大蟾蜍、黑斑蛙和主要分布于北方温带地区的花背蟾蜍、北方狭口蛙和金线侧褶蛙（*Pelophylax plancyi*）等，均为本亚区内普遍可见的种类。

2）东北型的东方铃蟾，可见于山东半岛与沿岸某些小岛以及淮北平原，表明了渤海湾南北的某种联系。

3）东北区与华北区黄土高原亚区普遍可见的中国林蛙，在本亚区只见于最北缘。

4）南方种类中，东洋型的泽蛙最北可分布到华北平原，即暖温带的北缘，而饰纹姬蛙（*Microhyla ornate*）和南中国型的中国雨蛙只见于淮北平原。

这些特点说明本亚区边缘地带的东北部倾向于东北区，南部倾向于华中区。它们在区内随地区的不同和环境的差异，数量亦发生变化，一般来说，几种普遍分布的种类数量均较多。在滨海盐碱化低地两栖类种类相似，但数量较少。干旱少雨和河流断流对两栖类的数量和生态分布影响很大，有些地方种类很少，甚至缺乏。

本亚区可再分为 3 个动物地理省：⑨华北平原省——平原农田、林灌、草地动物群（ⅡA1）；⑩山东丘陵省——丘陵林灌、草地、湖沼动物群（ⅡA2）；⑪淮北平原省——农田、林灌、草地、湖泽动物群（ⅡB3）。

(2) 黄土高原亚区 (IIB)

该亚区包括山西、陕西和甘肃南部的黄土高原及冀热山地。陆栖脊椎动物在东北亚界中最为复杂，南北种类混杂特征比较突出。中亚型及喜马拉雅-横断山区型的成分较前一亚区为多。这与本亚区的地理位置及有较多的山地有关。广泛分布于本亚区的种有些则发生了亚种分化。这一现象在各类陆栖脊椎动物中均有表现。

本亚区的南缘，秦岭山地，是华北区与华中区的分界，也是我国东洋界与古北界在东部最突出的分野。但它在动物地理上的阻障作用不若喜马拉雅山地明显，前已述及。有不少南方的种类可出现在秦岭山脉的北翼，并吸引了一些山区生活的种类，而与动物种类贫乏的黄土高原有明显的差别。经调查，秦岭西延部分（甘肃境内），两栖类南北坡差异分明：在南坡，东洋界成分占 75％；在北坡，古北界成分占 40％，东洋界成分占 30％（姚崇勇，1995）。嘉陵江切割的上游段河谷属亚热带湿润气候区，植被为常绿阔叶和落叶阔叶混交林带过渡地带，爬行动物区系最为丰富，古北界与东洋界成分混杂，东洋界种类可能是由“陇南山地省”延伸至本区的（王丕贤等，1990）。秦岭以东，伏牛至中条山一带，地形上的阻障作用更为减弱，南方种类有不同程度的渗入而形成优势（Zhang，2002；陈领，2004）。

本亚区北缘大部分与蒙新区接壤，黄土高原森林草原景观向草原过渡。环境条件的变化远不若山脉明显，其阻障作用亦小，有一些中亚型成分渗入。在东北缘河北山地丘陵，经两栖爬行动物调查，种类与华北区的相似程度大些，与东北区的辽河平原和小兴安岭的相似程度小些。医巫闾山山脉应是华北区的东北界（刘明玉等，1995，姜雅风等，2002）。内蒙古大青山南麓及呼和浩特平原的动物区系基本上反映了华北区的特征，如大青山南坡有花鼠、红背䶄、社鼠、巢鼠、斑羚（*Naemorhedus goral*）、狍等；呼和浩特平原有黑线仓鼠、大仓鼠、长尾仓鼠、中华（原）鼢鼠（*Myospalax fontanierii*）、棕色毛足田鼠等；鸟类中有大杜鹃（*Cuculus canorus*）、翠鸟（*Alcedo atthis*）、雨燕（*Apus* spp.）、红尾伯劳、山噪鹛，均属华北区常见种类，故应划入本亚区。

本亚区黄土高原及河谷地带有悠久的农业开发历史，自然景观已为黄土塬、梁、峁和河阶地上的农田和零星分散的林地所替代，只在黄土塬上的山地，尚保有少数天然状况的林地。大型兽类在很多地方已经绝迹。其中狍因适应于次生稀疏林地和草灌丛，在某些地方保有一定数量，曾一度成为重要的出口资源（胡金元、袁西安，1985）。原麝（*Moschus moschiferus*）和林麝（*M. berezovskii*）只见于个别山地天然森林保存较好的局部范围，如山西吕梁山中段的原麝（郝映红等，1990）和兰州东南兴隆山、马寒山的林麝（陈钧、胡政平，1990）。广大的黄土高原环境则为适应于荒野生活的种类所占据，最主要的是啮齿动物。据王廷正和许文贤（1992）、梁俊勋和张俊（1985）、李晓晨和王廷正（1996）、赵亚军和王廷正（1996）的研究，可将其分布特征概括如下：

1）作为更新世以来黄土高原典型代表的鼢鼠，其现代分布区已不限黄土高原，还沿黄土堆积地带扩展。其中以中华鼢鼠分布最广泛，甘肃鼢鼠（*Myospalax smithi*）分布于南部，东北鼢鼠向东分布，均已超出本亚区。

2）作为我国北方季风区广泛分布的长尾仓鼠、大仓鼠、黑线仓鼠、岩松鼠（*Sciurotamias davidianus*）、花鼠等，在本亚区亦广泛分布，其中黑线仓鼠在榆林地区数量较多。

3）北部与蒙新区接壤，气候上的差异虽相当明显，但地形上无明显的阻障，有些中亚型的种类渗入，如达乌尔鼠兔（*Ochotona daurica*）、长爪沙鼠（*Meriones unguiculatus*）、子午沙鼠和五趾跳鼠。其中子午沙鼠渗入范围最为广泛，20 世纪 80 年代以来已向南扩展至秦岭北麓的黄土塬。

4）秦岭—大别—中条—太行一线，包括渭河和汾河各地，是一些南方种和喜湿成分渗入和分布比较集中的地带，如巢鼠、大林姬鼠、黑线姬鼠、黄胸鼠、社鼠、东方田鼠、棕色毛足田鼠等，在山地森林环境还有古北型的棕背䶄和飞鼠（*Pteromys volans*）。但这些种类有些也见于黄土高原中部林灌较多的环境。

5）个别典型的南方类型可进入本亚区的南缘，如云南攀鼠（*Vernaya fulva*）见于陇县（宋世英，1984）。豪猪（*Hystrix brachyura*）可在秦岭和大别—伏牛一线以北的一些地方发现。

6）总体上，黄土高原啮齿动物与秦岭山地有明显的差别，在啮齿动物地理分区中，被划入古北界（王廷正，1992）。

黄土高原上广泛可见的食肉兽有狐、猪獾、狗獾、黄鼬、艾鼬、豹猫等，均属适应荒野的种类。其中以黄鼬数量最多。东洋型的果子狸、青鼬亦广泛可见（王福麟，

1974）。果子狸还有“冬休”习性，以适应北方的冬季（张保良等，1991）。在太行山地和燕山山地历史上曾有猕猴分布的记载（文焕然、文榕生，1996）。现生猕猴（*Macaca mulatta*）与果子狸同是东洋型种类，曾有北伸至我国暖温带的突出事例。20 世纪 50 年代以来，曾有少数种群分布在北京北部兴隆县，最后一只被当地猎人消灭约在 1987 年（全国强等，1993）。目前，此猴在我国最北的分布地区是在本亚区东南的太行山脉南端。这样它现今自然分布的北限向南退缩了约 650km。

涉及动物地理区划中秦岭的阻障作用，从兽类看，依吴家炎等（1978）①的调查，秦岭太白山南北坡有不少共同的种类，有些典型的南方类型如川金丝猴（*Rhinopithecus roxellanae*）、中华竹鼠（*Rhizomys sinensis*）、泊氏长吻松鼠（*Dremomys pernyi*）等亦见于北坡。但有些种类仅见于南坡，如针毛鼠（*Niviventer fulvescens*）、白腹巨鼠（*Leopoldamys edwardsi*）、马铁菊头蝠（*Rhinolophus ferrumequinum*）等，另一些种类只在北坡分布，如藏鼠兔（*Ochotona thibetana*）、根田鼠、狗獾等。而在海拔 2500m 以上，南、北两坡即无甚差异。在此，藏鼠兔为优势种，属横断山型成分。因而秦岭虽作为两界分界线，但本身仍具有过渡的特点。这是自然分界线的普遍现象。

有关本亚区鸟类分布的主要论著出自郑光美（1962b）、唐蟾珠等（1965）、郑作新等（1973）、刘焕金等（1982，1986）、王香亭等（1991）、刘迺发等（1985）、郭冷和阎宏（1986）及姚建初和郑永烈（1986）等，其中除对太原盆地鸟类的研究外，均基于山地的调查研究。通过这些论著，可以对本亚区鸟类的分布规律有一概括的认识。

黄土高原上的山地，通常有 4～5 个垂直带，由于林地的破坏，灌丛和草地环境广泛分布，可见于不同高度与高原密切相关的山麓带，即村落、农田环境，是高原上最广泛的景观之一。有一些鸟类广泛见于境内，是各地的优势种或常见种。它们主要是麻雀、山雀、三道眉草鹀、喜鹊、鸦（*Corvus* spp.）、红嘴山鸦（*Pyrrhocorax pyrrhocorax*）、鹡鸰（*Motacilla* spp.）、岩鸽（*Columba leuconota*）等。境内因水域和小片林地等环境的影响，鸟类有明显的生态分布。太原盆地鸟类研究的结果可视为一个例子（刘焕金等，1982）。该盆地在下列的环境中，除麻雀是共同的优势种外，其他优势种和共有种数各不相同：

水域河漫滩：寒鸦、白鹡鸰（*Motacilla alba*）、乌脚滨鹬（*Calidris temminckii*），共 113 种。

阶地农田：寒鸦、小鹀（*Emberiza pusilla*），共 69 种。

丘陵：寒鸦、红嘴山鸦、岩鸽、凤头百灵、小鹀，共 71 种。

人工林：家燕（*Hirundo rustica*）、燕雀（*Fringilla montifringilla*）、田鹀（*E. rustica*），共 85 种。

在不同的地区，由于地理位置不同或区内环境的差别，鸟类的生态分布则有不同。如在中条山的人工竹林中有黑脸噪鹛（*Garrulax perspicillayus*）（唐蟾珠等，1965）。太白山下溪流环境有画眉（*Garrulax canorus*）、黄臀鹎（*Pycnonotus xanthorrhous*）等。在秦岭北坡有栗苇鳽（*Ixobrychus cinnamomeus*）、白头鹎（*P. sinensis*）等（郑作新等，1973）。于五台山，在林地有褐马鸡，在岩峭环境毛脚燕（*Delichon urbica*）数

---

① 吴家炎等 . 1978. 秦岭兽类区系调查（初稿）（未刊）

量多（郭冷、阎宏，1986）等。

本亚区山地鸟类群落的垂直分布与各地气候条件特别是植被的垂直变化是一致的。但不同的种类，由于生态适应特性的差别，垂直分布的幅度不同，有的不及一个垂直带、有的在两带之间或跨越2～3个更多的带。这一现象是普遍的。另一现象是针叶林带鸟类均不若混交林带或阔叶林带多。针叶林以上的高山带鸟类更是明显减少。在自然植被破坏较甚的地区，山麓带人工林生长较好，散布有村落与农田的环境，鸟类则较多（表5.9）。

秦岭鸟类的分布与前述兽类相似，亦具有过渡性，不过总体上古北界的成分稍高。其中只见于南坡的种类有28种，占全部东洋界种类的26%，只见于北坡的种类有20种，占全部古北界种的18%（郑作新等，1973）。在分布型上，两坡则呈现明显的差别，说明秦岭对两界动物分布具有比较明显的阻障作用：

只限于南坡的种类：

东洋型：牛背鹭（*Bubulcus ibis*）、红翅凤头鹃（*Clamator coromandus*）、斑头鸺鹠（*Glaucidium cuculoides*）、发冠卷尾（*Dicrurus hodttentottus*）、小（鳞胸）鹪鹛（*Pnocepyga pusilla*）、黑领噪鹛（*Garrulax pectoralis*）、褐山鹪莺（*Prinia polycychroa*）、蓝喉鹟（*Niltava rubeculoides*）、红头［长尾］山雀（*Aegithalos concinnus*）、红胸啄花鸟（*Dicaeum ignipectus*）、八哥（*Acridotheres crestatellus*）、红嘴相思鸟（*Leiothrix lutea*）。

南中国型：灰胸竹鸡（*Bambusicola thoracica*）、红翅绿鸠（*Treron sieboldii*）、白头鹎、丝光椋鸟（*Sturnus sericeus*）、红顶穗鹛（*Stachyris ruficeps*）、棕（橙）背雅雀（*Paradoxornis mipalensis*）。

喜马拉雅-横断山型：白尾地鸲（*Cinclidum leucurum*）、金胸雀鹛（*Alcippe chrysotis*）。

表5.9　只限于北坡的种类：华北各山地鸟类种数统计

分带	芦芽山	五台山	中条山	太白山	秦岭
山顶带，高山灌丛草甸	4（4）	1（1.2）	4（4.4）	2（1.18）	8（4.4）
高山带针叶林（栎林）	35（38）	3～4（3.7～4.9）	53（58.9）	30（17.7）	38（20.8）
中山带混交林或阔叶林（灌丛）	43（47）	5（6.2）	52（57.9）	92（54.12）	114（62.3）
低山，人工林为主	46（51）	29（35.8）	40（44.4）	133（78.24）	132（72.1）
山麓-平原 草灌-农田	51（56）	65（80.2）	32（35.6）		116（63.4）
总数	91*	81**	约90*	170*	183
依据	刘焕金等（1986）	郭冷和阎宏（1986）	唐蟾珠等（1965）	姚建初和郑永烈（1986）	郑作新等（1973）

注：（）中为中条山部分；括号中数字为比例（%）。

*繁殖鸟。

**夏候鸟。

只限于北坡的种类：

全北型：金雕（*Aquila chrysaetos*）、普通燕鸥（*Sterna hirundo*）、戴菊、旋木雀

(*Certhia familiaris*)。

古北型：领岩鹨、黄眉柳莺。

东北型：黑眉苇莺、长尾雀（*Uragus sibiricus*）。

喜马拉雅-横断山型：白喉红尾鸲（*Phoenicurus schisticeps*）、异色树莺（*Cettia flavolivaceus*）、橙斑翅柳莺（ *Phylloscopus pulcher*）、褐冠山雀（*Parus dichrous*）、赤胸灰雀（*Pyrrhoplectes erythrocephala*）。

高地型：林岭雀（*Leucosticte nemoricola*）、白翅拟蜡嘴雀（*Mycerobas carnipes*）。

中亚型：山鹛（*Rhopophilus pekinensis*）。

地中海-中亚型：红嘴山鸦。

华北-华中特有：白冠长尾雉（*Syrmaticus reevesii*）、红腹山雀（*Parus davidi*）。

本亚区鸟类中的候鸟在大部分地区超过留鸟，全年的鸟类组成有明显的季节变化。以太原为例（刘焕金等，1982），春、秋为两个候鸟高峰期，冬、夏两季相对稳定，个体密度以冬季为高，夏季为低，见图 5.9。另外，刘焕金等（1988）认为贯穿本亚区南北的黄河及其支流汾河是鹳形目鸟类每年迁徙往返的主要路线。

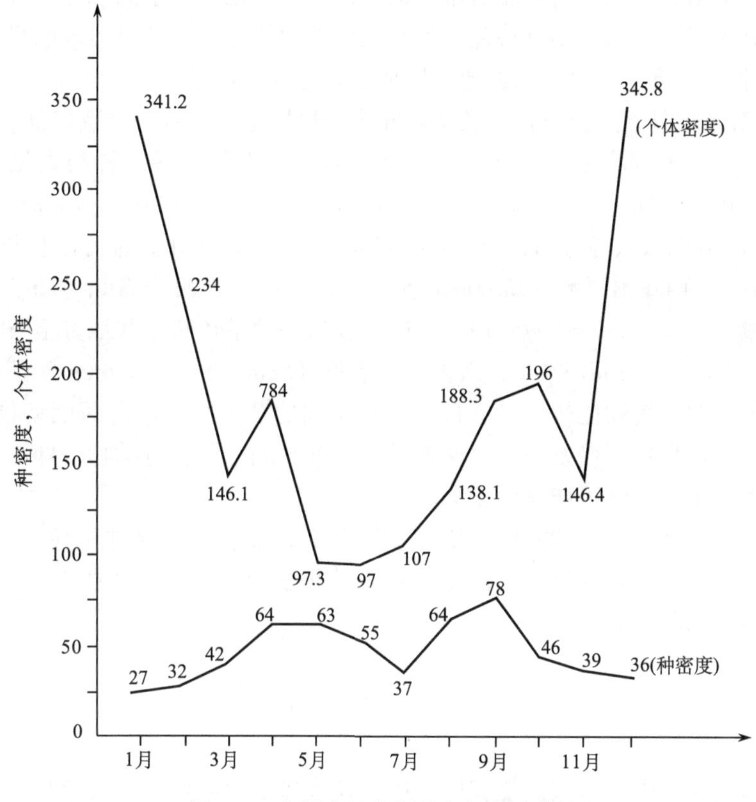

图 5.9　太原盆地全年的鸟相变动曲线

资料来源：据刘焕金等（1982）

黄土高原地区的爬行类是比较贫乏的，几乎均属于黄淮平原共有的广泛见于华北区的种类。稍有差别的是，中亚型的中介蝮蛇（*Gloydius intermedius*）分布比较广泛（宋鸣涛，1987a）。在本区西北边缘，如陇东地区，则有变色沙蜥（*Phrynocephalus versicolor*）、草原沙蜥和密点麻蜥（*Eremias multiocellata*）等中亚型成分渗入（王丕贤等，1990）。另外，本亚区产有黄土高原土著种耳疣壁虎（*Gekko auriverrucosus*）。秦岭北翼及伏牛山北坡至中条山、太行山一带的爬行类种类明显增多，是黄土高原的 3～4 倍［依宋鸣涛（1987a，1987b）及其他材料的统计］，增多的种类主要是南方的类型。如蜓蜥、黑脊蛇（*Achalinus spinalis*）、玉斑锦蛇、黑眉锦蛇、乌梢蛇（*Zaocys dhumandes*）、菜花烙铁头（*Protobothrops jerdonii*）等（宋鸣涛，1987b）。在伏牛—太行一带，还有颈棱蛇（*Macropisthodon rudis*）、翠青蛇（*Cyclophiops major*）及竹叶青等（瞿文元，1985）。在陇东地区还有东洋型的双全白环蛇（*Ophires fasciatus*）渗入（王丕贤等，1990）。此外，在秦岭北坡还产有土著种米仓龙蜥（*Japalura micangshanensis*）和太白壁虎（*Gekko taibaiensis*）。

本亚区两栖类的分布，依王所安等（1995）、瞿文元等（1995）、宋鸣涛（1995）、姚崇勇（1995）、张显理和于有志（1995）、刑连鑫（1965）及邢庆云和陈进明（1975）的调查研究，可明显地看出，本亚区的主要部分即黄土高原地区两栖动物与爬行动物类似，种类亦比较贫乏。普遍可见的种类，也是黄淮平原上的常见种，如中华大蟾蜍、花背蟾蜍和黑斑侧褶蛙。还有在东北区常见的中国林蛙，也可见于高原的大部分地区。除有些地方产有大鲵外，似乎不具特色。但本亚区的边缘地区，却显出较明显差异：

1）在东北缘，黄土高原冀北山地接壤地带，有东方铃蟾；

2）在东南缘，黄土高原与晋南及豫西北山地接壤地带，有北方狭口蛙；

3）在黄土高原南部与秦岭北坡—中条山—伏牛山北坡一线，种类显见丰富。有两个南方类型的种渗入局部地区，它们是南中国型的日本林蛙（*Rana japonica*）、花臭蛙（*Odorrana schmackeri*）、隆肛蛙（*Paa quadranus*）和横断山型的无指盘臭蛙（*Odorrana grahami*）、西藏山溪鲵（*Batrachuperus tibetana*）、西藏蟾蜍（*Bufo tibetanus*）和西藏齿突蟾（*Scutiger boulengeri*）。同时，在这一地带还有一些地方土著种出现，如岷山大蟾蜍（*Bufo minshanicus*）、六盘山齿突蟾（*Scutiger. liupanensis*）。

这一现象说明，气候比较干旱、自然景观单调的黄土高原，对两栖动物是不利的，而在边缘地区山地自然环境复杂，对两栖动物生存有利。与爬行动物一样，对越过秦岭的一些两栖类真正的阻障可能是黄土高原。

本亚区可再分为 3 个动物地理省：⑫冀晋陕北部省——森林草原、农田动物群（ⅡB1）；⑬晋南-渭河-伏牛省——林灌、农田动物群（ⅡB2）；⑭甘南-六盘省——常绿、落叶林灌动物群（ⅡB3）。

（二）中 亚 亚 界

本亚界包括亚洲中部地区。在我国境内，自大兴安岭以西，喜马拉雅、横断山脉北段及华北区以北的广大草原、荒漠和青藏高原均属于本亚界。动物区系在整体上主要由中亚型成分组成，其次是北方类型，高地型等的种类比例很少。两栖类贫乏。爬行类中，以蜥蜴目占主要地位。鸟类中，百灵（*Melanocorypha*）、沙鸡（*Syrrhaptes*）、地鸦（*Podoces*）、雪雀（*Montifringilla*）等属的种类可见于全境。兽类中，以有蹄类和啮齿类最多，食虫类和翼手类很少。因地域广大，区内动物分布有一定的区域分化现象，但不同分布型的成分在分类学上的分化水平低，表明本亚界内动物区系的关系十分密切。在干旱区内的山地，如天山、阴山、贺兰山等，由于水热条件的差别，往往拥有一定的森林环境，成为“绿岛”。这种山地环境对动物的分布具有特殊的意义，对某些非干旱区成分具有吸引力，特别是候鸟，往往形成季节性的鸟类聚集地，同时也是若干喜湿动物的避难地。最突出的例子，有两栖类中的新疆北鲵（*Ranodon sibiricus*）和爬行类中的四爪陆龟（*Testudo horsfieldii*），兽类中的天山䶄（*Clethrionomys frater*）和蹶鼠（*Sicista* spp.）等。

本亚界在我国境内分蒙新区和青藏区。

1. 蒙新区（Ⅲ）

本区包括内蒙古和鄂尔多斯高原、阿拉善（包括河西走廊）、塔里木、柴达木、准噶尔等盆地和天山、阿尔泰山地等。境内大部分为典型的大陆性气候，属荒漠和草原地带。荒漠中的山地则出现森林与草原。阿尔泰的南缘经过我国边境，作为阿尔泰山的一部分，动物区系上属欧洲-西伯利亚亚界。由于这个山地在我国面积太小，同时属于阿尔泰山地生态系统的组成部分，从综合观点，可作为蒙新区的一个部分。但从区系观点，在讨论阿尔泰山区亚高山针叶林时，应充分注意其与欧洲-西伯利亚亚界关系的特殊性。

有关本区陆栖脊椎动物分布的主要专著，早期有《新疆南部的鸟兽》（钱燕文等，1965）、《新疆啮齿动物志》（王思博、杨赣源，1983）、《新疆北部啮齿动物的分类和分布》（马勇等，1987）、《北疆蛇类初步调查》（赵尔宓、江耀明，1979）、《新疆蜥蜴调查》（赵肯堂，1985）、《内蒙古啮齿动物》（赵肯堂等，1981），后来有《新疆脊椎动物简志》（袁国映等，1991）、《新疆的鸟类区系与动物地理区划》（高行宜，1995①）、《内蒙古自治区两栖爬行动物及地理区划》（赵肯堂、毕俊怀，1995a；赵肯堂，2002）、《中国西北地区脊椎动物系统检索与分布》（郑生武、李保国，1999）、《内蒙古动物志》（第二卷）（旭日干，2001）、《内蒙古脊椎动物名录及分布》（杨贵生、邢莲莲，1998）、《内蒙古乌梁素海鸟类志》（邢莲莲、杨贵生，1996）、《宁夏爬行动物区划》（张显理、于有志，2002）和《新疆维吾尔自治区爬行动物区系与地理区划》（时磊等，2002）等。

在本区内分布的陆栖脊椎动物，最主要的是中亚型和北方类型的成分，两种成分的偏重不同类群各不相同。爬行类和兽类以中亚干旱型成分为多。两栖类和鸟类以北方型成分为多，完全缺乏南中国型（表5.10）。

表5.10 蒙新区陆栖脊椎动物主要分布类型种数与比例

种类	北方	中亚	东洋	横断
两栖类（10）	4（40%）	6（60%）	0	0
爬行类（50）	8（16%）	42（84%）	0	0
留鸟（81）	43（53%）	35（43%）	3（4%）	0
繁殖鸟（315）	202（64%）	92（29%）	13（4%）	8（3%）
冬候鸟（48）	40（83%）	1（2.5%）	0	7（14.5%）
兽类（150）	66（44%）	78（52%）	4（2.7%）	2（1.3%）

① 未刊资料

广泛分布于全区，堪称为荒漠-草原的代表种类，在兽类中有子午沙鼠（*Meriones meridianus*）、五趾跳鼠（*Allactaga sibirica*）和三趾跳鼠（*Dipus sagitta*）（图 4.15），前者还伸展至华北区。在鸟类中有草原雕（*Aquila rapax*）、秃鹫（*Aegypius monachus*）、白头鹞（*Circus aeruginosus*）、反嘴鹬（*Recurvirostra avosetta*）、毛腿沙鸡（*Syrrhaptes paradoxus*）和沙鵰（*Oenanthe isabellina*）（图 4.12）、小沙百灵（*Calandrella rufescens*）等，它们还向华北区和青藏区伸展（图 5.8）。爬行类中只有白条锦蛇（*Elaphe dione*）沿比较湿润的草原地带，分布比较广泛。两栖类中没有分布于全境的种类。

区内，东部草原和西部荒漠的区系分化比较明显。两种原羚（*Procapra*）在区内呈明显的地理替代：黄羊（*P. gutturosa*）分布于东部；蒲氏原羚（*P. przewaskii*）分布于阿拉善柴达木（图 4.14）。黄羊的分布界线基本上与干草原一致。冬季为躲避大雪和寻找草场，分布区北部的黄羊由南向北迁徙，而分布区南部的黄羊则由北向南或向东迁徙。每当寒流横扫蒙古草原，大群的黄羊从北向南长驱进入中国内蒙草原，直至到达我国北方部分省份；春季气温回暖，黄羊又北迁到草原区停歇、繁衍（Bannikov，1954；张自学等，1995；李俊生等，2001）。鹅喉羚（*Gazella subgutturosa*）的分布界线与荒漠、半荒漠大体相似。它们在冬季常作长距离迁徙，觅找无雪或薄雪草场。此时，两种羊在中部便有混群现象。东西两部分成分，在中部半荒漠地带的重叠分布，还可举鸟类中的蒙古百灵（*Melanocorypha mongolica*）（草原-半荒漠）、黑顶麻雀（*Passer ammodendri*）和黑尾地鸦（*Podoces hendersoni*）（荒漠-半荒漠）的分布为例（图 4.13）。在西部，还呈现东南（阿拉善-塔里木）和西北（准噶尔-喀什克斯坦）的区域分异，可以长耳跳鼠（*Euchoreutes naso*）及草原兔尾鼠为例（图 4.14）。

柴达木海拔在 3000m 以上，地形上属青藏高原的一部分，有一些高地型的成分，如雪鸽（*Columba leuconota*）、棕头鸥（*Larus brunnicephalus*）、灰尾兔（*Lepus oiostolus*）、白尾松田鼠（*Pitymys leucurus*）、黑唇鼠兔（*Ochotona curzoniae*）和藏原羚（*Procapra picticaudata*）等，使柴达木动物区系具有蒙新区向青藏区过渡的特征。

本区天山山地、西部边界山地和北部阿尔泰的山地气候、植被条件相对优越，形成干旱环境中“绿洲”。不少在欧亚北部森林及森林草原的成分，包括少数全北型成分的分布区南缘，沿这些山地伸展，又吸引了不少夏候鸟，而使这些山地同时具有中亚干旱区和北方森林及森林草原的某些代表成分。

本区再分为三个亚区：东部草原亚区、西部荒漠亚区和天山山地亚区。

(1) 东部草原亚区（IIIA）

自大兴安岭南端至内蒙古高原东部边缘为东界。在河套地区，界线略向西弯曲，因一些华北或南方种类，如鳖、大仓鼠和社鼠等在黄河沿岸稍向西伸入。西界约止于二连浩特—银川一线，为草原与半荒漠分界线。本亚区动物区系主要由典型的草原成分（中亚型的东部成分）所组成。兽类中的代表种类有达乌尔猬（*Hemiechinus dauuricus*）、黄羊、草原旱獭（*Marmota bobak*）、布氏（毛足）田鼠（*Lasiopodonmya brandti*）、长爪沙鼠和达乌尔鼠兔。此外，还有一些分布在东南部较为湿润地区的种类。它们是黑线仓鼠、草原鼢鼠（*Myospalax aspalax*）、中华鼢鼠、狭颅田鼠、莫氏田鼠和大林姬鼠

(*Apodemus peninsulae*)。其中，黑线仓鼠、莫氏田鼠和大林姬鼠属于东北-华北型种类，足见本区东南部具有过渡的特征。本亚区与西部亚区各地区的关系，从共有种来看，与以准噶尔为主的北疆地区比较密切。特别是啮齿类，如长尾仓鼠（*Cricetulus longicaudatus*）、短尾仓鼠（*Allocricetulus eversmanni*）、黑线毛蹠鼠（*Phodopus sungorus*）、大沙鼠（*Rhombomys opimus*）（图 5.10）、赤颊黄鼠（*Spermophilus erythrogenys*）、鼹形田鼠（*Ellobius talpinus*）、五趾跳鼠、羽尾跳鼠（*Stylodipus telum*）、地兔（*Alactagulus pumilio*）等（图 5.11）。这一分布格局可能与阿尔泰山及天山之间有一经蒙古而伸入我国内蒙古的自然通道有关，同时，两地气候条件同属中温带。显然，它们的分布避开了暖温带。

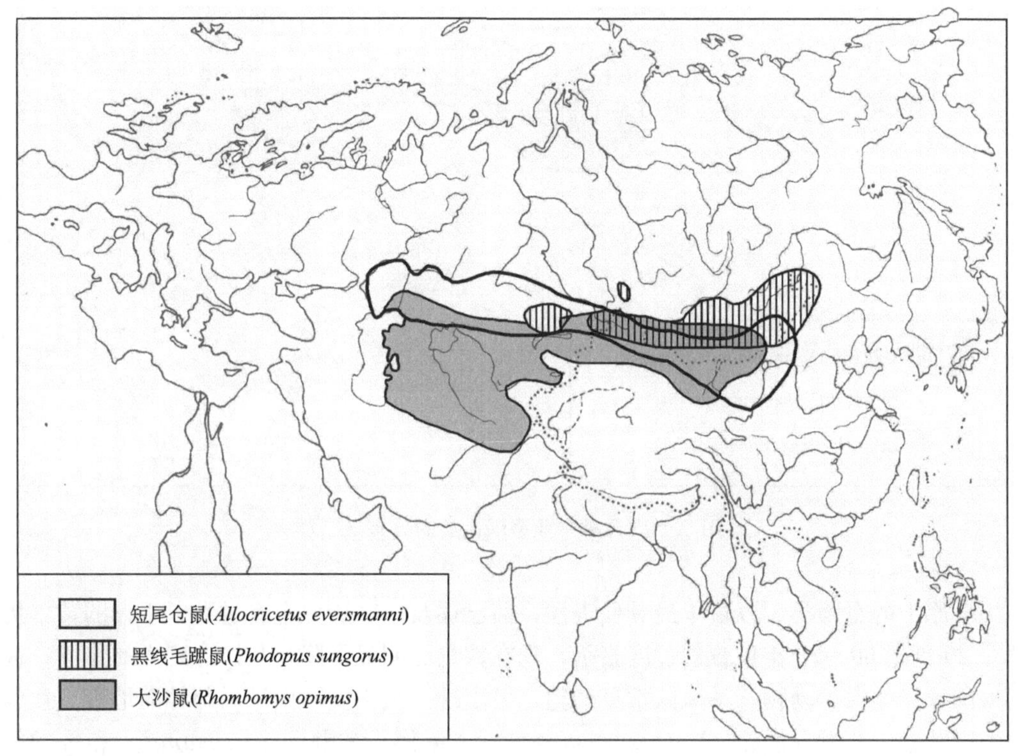

图 5.10　几种中亚型啮齿类的分布（一）

干草原自然环境比较单纯，植被以几种针茅（*Stipa* spp.）、羊草（*Aneurolepidium chinense*）、赖草（*A. dasystachys*）、冰草（*Agropyron cristatum*）、芨芨草（*Achnatherum splendens*）和蒿属（*Artemisia*）等为主，景色开阔。动物的组成较森林及森林草原地带简单。兽类中以草本植物绿色部分为食的啮齿类特别繁盛，大多是群聚性动物。在景色开阔的草原上，啮齿动物发展了洞穴生活的能力；有蹄类具有迅速奔跑的能力，两者均有利于躲避食肉兽和猛禽等天敌的袭击。鸟类中有利用鼠洞栖居的现象，亦为对草原生活的适应。草原气候的特点对动物生态有重要的意义。生长季短促，寒冷期较长，春季干旱是动物繁殖期集中，冬眠和储藏习性突出的外在因素。气温日较差大，变化急剧和降水率变大，均易于引起突然的自然灾害，致使草场产草量丰歉不均，对动物生存不利，是草原啮齿类动物数量年变化很大的一个重要的原因。有蹄类为觅找饲料常长距离迁徙。从东向西草原气候的上述特点愈趋极端，植被条件逐渐变劣，动物的上述习性更突出。

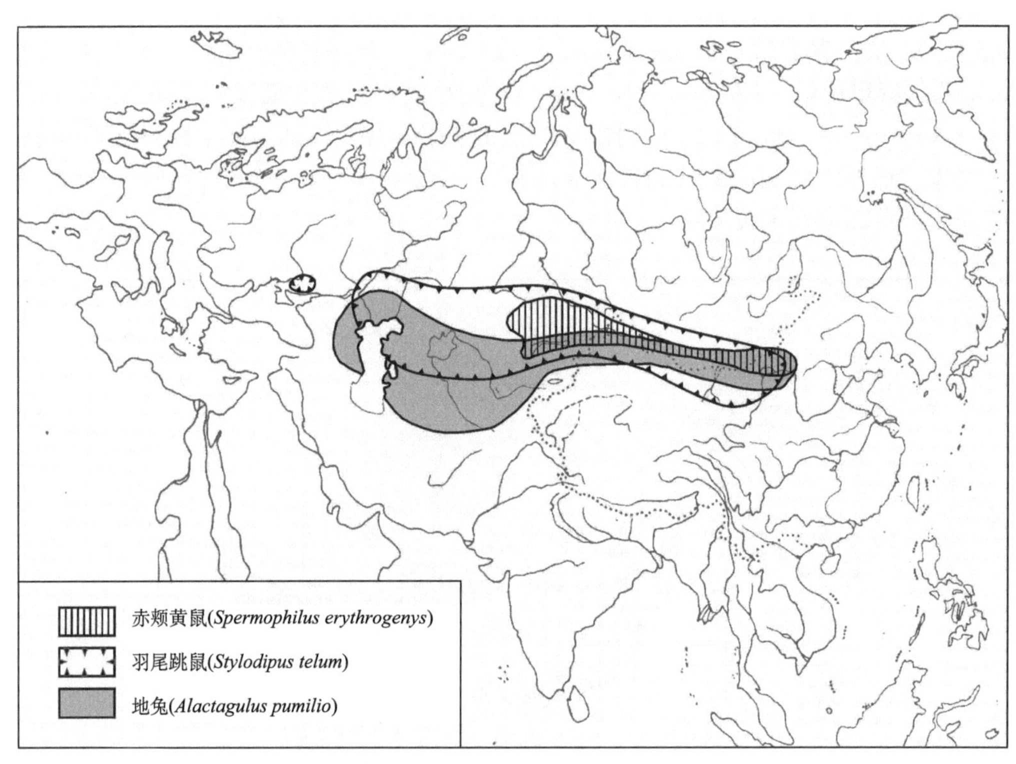

图 5.11　几种中亚型啮齿类的分布（二）

草原上的有蹄类，以黄羊最具代表性，前已述及。在历史上有过数以千计的黄羊集群在 20 世纪 60～70 年代曾遭过度猎杀，现在数量已明显下降，难以遇到大的集群，被列入国家二类保护动物。季风区常见的狍，可出现于大兴安岭南部局部林灌地带。食肉兽中以黄鼬、艾鼬、沙狐（*Vulpes corsac*）、狐、兔狲、虎鼬（*Felis manul*）和香鼬等最常见，它们对压制草原啮齿类有一定的作用。草原灭鼠对食肉类数量有明显影响，如沙狐在大规模灭鼠的次年，其毛皮收购量即大为下降。

草原啮齿类动物，以田鼠、鼢鼠、黄鼠（*Spermophilus*）、旱獭和鼠兔（*Ochotona*）等属中的少数种类为主要成分。据赵肯堂（1982）、王廷正（1990）、李晓晨和王廷正（1996）报道整理，在区内各地均属共有的种类以中部最多，东部次之，西部较少（表 5.11）。因各地栖息地条件不尽相同，组成及优势种的区域变化比较明显。最突出的是两种田鼠——布氏田鼠和狭颅田鼠。布氏田鼠几乎分布于整个内蒙古干草原，在许多地区均为优势种，营群聚生活，可以形成极高数量的种群，洞穴非常密集，特别是在退化草场。有些地方，每公顷鼠洞高达 3000～6000 个，甚至上万，严重地破坏草场，从而也破坏了鼠类自身的生活条件。自身生活条件的破坏、灾害性的气候（寒冷少雪、大雪早溶、暴雨和干旱等）、产草量的年变和种群本身的疾病，均可使草原田鼠大量死亡和迁移。因此，其数量常常剧烈波动，对草原的危害“此起彼伏”。狭颅田鼠主要分布于针叶林带，在草原带东部比较湿润的环境中数量亦很高，波动也大。这两种田鼠有些地方可同时存在。但据近年调查，由于草原退化（沙荒化）有所增长，草本植物生长稀疏和短矮，有利于布氏田鼠的繁殖，因而布氏田鼠逐渐排斥狭颅田鼠成为优势，并扩大其栖息的范围。数量居次的是草原鼢鼠、达乌尔黄鼠、达乌尔鼠兔和草原旱獭等。前三者栖于多种类型的草场，大多以退化草场的数量最高。草原鼢鼠以家族相聚，过地下生活。其他二种均为群聚性鼠类。草原旱獭是与山地草原有密切关系的种，主要分布在北部低山丘陵地区。近来，它们的栖息地还向大兴安岭西南麓森林砍伐后的草坡扩展。黑线毛蹠鼠（*Phodopus sungorus*）是草原动物的代表，但一般不形成优势。这些种类的数量波动没有前面所述两种田鼠那么剧烈。从东北向西南，随着气候干旱程度的加深，出现荒漠草原代表种，如长爪沙鼠和小毛足鼠等。长爪沙鼠在本带西部的局部沙荒地和轻度盐碱化地区数量较高，在新垦地区往往代替达乌尔黄鼠成为优势种，危害垦荒地作物。主要分布于中亚干旱地区的三趾跳鼠和五趾跳鼠，在草原上数量不多。主要分布于东北东部森林草原及黄土高原的黑线仓鼠，在本带亦甚为常见，但几乎在各地都不形成优势，主要栖息于相对湿润的环境。主要分布于温带森林带的大林姬鼠和东方田鼠亦可沿大兴安岭西麓南部的湿润环境伸入本带。在草原的林灌环境还有花鼠栖息，但数量不多。带内的丘陵地区还栖息有主要属于山地草原的平（扁）颅高山䶄（*Alticola strelzowi*）和达乌尔鼠兔等。所以，草原动物群在边缘及局部地区是比较复杂的。啮齿动物的活动，除啃食草类影响产草量外，频繁的挖掘活动致使形成许多土质贫瘠的土丘，显著地破坏草地，干扰植被的正常演替。开始土丘上只生长质量低劣的草，要在相当长的时期内，才能恢复到原来植被。而往往在植被恢复到一定阶段时，又被鼠类再次破坏，再次沦为土丘，形成恶性循环。这种地方进一步恶化而丧失栖息条件时，鼠类即转向它处集中活动，草场才能进入恢复阶段。上述各种鼠类中，黄鼠和旱獭进行冬眠，其他则储存干草越冬，消耗草量更甚。因而草原鼠类的大量繁殖是草原局部性退化的一个重要原因。据钟文勤等（1985）的调查研究，在内蒙古草场的主要害鼠自东向西呈规律的变化，在本亚区境内分东西两部分：

表 5.11　东部草原亚区各地兔形目与啮齿目种数对比

科名	伊盟东	陕北	乌盟	正-察旗	锡盟
兔科（Leporidae）	1	1	1	1	2
鼠兔科（Ochotonidae）	0	1	3	2	2
松鼠科（Sciuridae）	3	2	4	3	3
仓鼠亚科（Cricetinae）	2	2	4	5	3
鼢鼠亚科（Myospalacinae）	1	1	0	0	1
田鼢亚科（Microtinae）	2	3	4	8	5
沙鼠亚科（Gerbillinae）	2	2	2	1	1
鼠亚科（Murinae）	2	2	2	3	4
跳鼠科（Dipodidae）	2	3	6	3	1
共计	15	17	26	26	22

东部（陈巴尔虎旗—锡林郭勒盟—鄂尔多斯东部）草甸草原：狭颅田鼠与草原鼢鼠；

西部（呼伦贝尔—锡林郭勒）典型干草原：布氏田鼠与达乌尔鼠兔。

温带草原动物群与我国西部高山草原动物群有密切的关系，不但具有不少共同的或相近的区系成分，生态习性也很相似，最为典型的是达乌尔鼠兔和中华鼢鼠。

本亚区的鸟类，在繁殖鸟中以北方类型为主，其次是中亚型，冬候鸟则全为北方类型（表 5.12），过境旅鸟为蒙新区中之最。

表 5.12　东部草原亚区鸟类主要分布型的比例（%）

鸟类	北方	南方	中亚	喜-横	高地
繁殖鸟	74.7	6.0	15.6	3.6	0.1
冬候鸟	100	0	0	0	0

草原上鸟类的种类和数量均不多，广泛分布而又最常见、在多种栖息地均为优势种的有云雀、角百灵（*Eremophila alpestris*）、蒙古百灵、穗䳭（*Oenanthe oenanthe*）、沙䳭等。其中只有蒙古百灵为本亚区的特有种。在沙丘地区沙百灵亦可成为优势。草原东部鸟类组成比较复杂，有一些季节性迁来或路过的鸟类，如黄胸鹀、灰头鹀和白腰雨燕等，在某些生境中也占重要地位。草原上最引人注意的是大鸨和毛腿沙鸡，它们以草食为主，善于在开阔的地面奔走。草原中的水域及其附近，是鸟类最丰富的地方。夏季，白骨顶常大量聚集，成为优势种。其他如大苇莺（*Acrocephalus aurundinaceus*）、凤头麦鸡（*Vanellus vanellus*）、苍鹭（*Ardea cinerea*）、鸥类、田鹨（*Anthus novaeseelandiae*）、翘鼻麻鸭、罗纹鸭（*Anas falcate*）、琵嘴鸭（*A. clypeata*）、花脸鸭（*A. formosa*）、鸿雁（*Anser cygnoides*）、疣鼻天鹅（*Cygnus olor*）、大麻鳽（*Botaurus stellaris*）等亦迁来繁殖（张荫荪等，1963）。几种鹤（灰鹤、白枕鹤、丹顶鹤、蓑羽鹤）夏初开始迁来繁殖（马逸清等，1986；童墉昌、童骏，1986）。草原上的山地很少，山势起伏不大，但山地环境为鸟类提供了较多的栖息环境。例如，在大青山地区，鸟类于不同高度的不同环境中形成不同的生态类群（赵国钦、张文广，1989）。在开阔的草原上，鸟类在地面营巢，翘鼻麻鸭还可利用旱獭的废弃洞穴，产卵繁殖。主要依赖啮齿动物为食的猛禽以鸢（*Milyus korschun*）、金雕、雀鹰（*Accipiter nisus*）、苍鹰、大鵟（*Buteo hemilasius*）等比较常见。

草原上的爬行动物，蜥蜴中以丽斑麻蜥、山地麻蜥、密点麻蜥和草原（榆林）沙蜥比较常见。蛇类中，白条锦蛇、红点锦蛇和虎斑游蛇是草原上的优势种。黄脊游蛇在北部甚为常见。中介蝮蛇也很普遍。两栖类中只有花背蟾蜍比较普通，数量较多。其次是中国林蛙和黑斑侧褶蛙。由于气候的影响，两栖类较其他动物贫乏，而且向西部愈趋稀少。

本亚区可再分为两个动物地理省：⑮呼伦贝尔-辽西省——森林草原、草甸草原动物群（ⅢA1）；⑯内蒙古东部省——干草原动物群（ⅢA2）。

(2) 西部荒漠亚区（ⅢB）

该亚区包括阴山北部的戈壁、鄂尔多斯西部、阿拉善、塔里木、柴达木及准噶尔等盆地。境内为大片沙丘、砾漠和盐碱滩，景色荒凉，只在沿河及山麓有高山冰雪融水长期灌溉的地段才有绿洲。流沙累累的荒漠环境表面几乎没有动物栖息，但事实却非如此。据对塔克拉玛干沙漠腹地动物调查（马鸣等，1992），共记录动物30余种，包括人类伴生种类和迁飞路过的种类，其中堪称沙漠代表的是叶域沙蜥（*Phryaocc phalus axilla*）、毛腿沙鸡、小沙百灵、白尾地鸦（*Podoces biddulphi*）、赤狐与沙狐（*Vulpes corsac*）、野骆驼、塔里木兔（*Lepus yarkandensis*）、三趾跳鼠等。

本亚区的陆栖脊椎动物，除柴达木外，兽类以中亚型成分居多，北方类型次之，有个别东洋型成分（蝙蝠）。鸟类在繁殖鸟中，北方种类居首，中亚型成分次之。爬行类以中亚型占绝对优势。两栖类中北方类型与中亚类型各半。在柴达木，兽类、爬行类和繁殖鸟中，虽出现高地型成分，但仍以中亚型占主要地位，完全缺乏两栖类，见表5.13。可见，柴达木具明显的过渡特征，在其归属问题上有过争论。但全面衡量，仍稍倾向于其属于蒙新区。

表5.13　西部荒漠亚区陆栖脊椎动物主要分布型比例（%）

类别		分布型				
		(1)	(2)	(3)	(4)	(5)
兽	Ⅰ	34.8	2.2	60.8	2.2	0
	Ⅱ	22.2	2.8	36.1	2.8	36.1
繁殖鸟	Ⅰ	56	3.7	37.6	2.7	13
	Ⅱ	82.1	0	0	17.9	0
冬候鸟	Ⅰ	26.6	9.4	42.2	7.8	14.0
	Ⅱ	100	0	0	0	0
爬行	Ⅰ	11	0	89	0	0
	Ⅱ	0	0	66.7	0	33.3
两栖	Ⅰ	50	0	50	0	0
	Ⅱ	0	0	0	0	0

注：Ⅰ.除柴达木外本亚区各地；Ⅱ.柴达木。(1) 北方类型；(2) 南方类型；(3) 中亚型；(4) 喜马拉雅-横断山型；(5) 高地型。

在兽类中堪称为代表的有鹅喉羚（*Gazella subgutturosa*）、野驴、草原斑猫（*Felis libyca*）。小型兽中有大耳猬（*Hemiechinus auritus*）、灰仓鼠（*Cricetulus migratorius*）、小林姬鼠（*Apodemus sylvaticus*）等。在本亚区范围内，自然条件的区域差异比较显著，塔里木为暖温带，准噶尔属中温带，柴达木属高寒带。它们因有个别土著种或仅见于当地的种而具有特色。如兽类中的塔里木兔为塔里木所特有；短耳沙鼠（*Brachiones przewalskii*）为塔里木至河西走廊西部的特有种；黑田鼠（*Microtus agrestis*）仅见于准噶尔；印度地鼠（*Nesokia indica*）仅见于塔里木。柴达木则具有一些高地型的种类，如灰尾兔、白尾松田鼠、高原（斯氏）高山鼮（*Alticoala stoticzkanus*）、喜马拉雅旱獭（*Marmota himalayana*）和几种鼠兔（*Ochotona* spp.）。不少典型荒漠种类的分布亦有区域变化。以跳鼠和沙鼠为例，可见一斑（表5.14）。准噶尔与阿拉善种类甚多，并有不少共有种（8种），可能与前述自然通道及同属中温带有关。这些种类的分布东限大体止于鄂尔多斯，与半荒漠东界相当（图5.11），塔里木与柴达木种类显少。

荒漠中砾质戈壁和砂丘分布很广。主要生长以白刺（*Nitraria* spp.）、梭梭（*Haloxylon* spp.）、骆驼刺（*Alhagi sparsifolia*）、红砂（*Reaumuria songarica*）、柽柳（*Tamarix* spp.）、沙拐枣（*Calligonum mongolicum*）、麻黄（*Ephedra* spp.）、锦

表 5.14 西部荒漠亚区沙鼠和跳鼠的分布

沙鼠和跳鼠	准噶尔	塔里木	阿拉善	柴达木
柽柳沙鼠（*Meriones tameriscinus*）	+		+	
短耳沙鼠（*Brachiones przewalskii*）		+	+	
红尾沙鼠（*Meriones erythrourus*）	+			
大沙鼠（*Rhombomys opimus*）	+		+	
子午沙鼠（*Meriones meridianus*）	+	+	+	+
五趾心颅跳鼠（*Cardiocranius paradoxus*）	+		+	
三趾心颅跳鼠（*Salpingotus kozlovi*）		+	+	
肥尾心颅跳鼠（*Salpingotus crassicauda*）	+			
长耳跳鼠（*Euchoreutes naso*）		+	+	+
五趾跳鼠（*Allactaga sibirica*）	+		+	+
小五趾跳鼠（*Allactage elater*）	+			
巨泡五趾跳鼠（*Allactage bullata*）			+	
羽尾跳鼠（*Stylodipus telum*）	+		+	
三趾跳鼠（*Dipus sagttta*）	+	+	+	+
地兔（*Alactatulus pumilio*）	+		+	

鸡儿（*Caragana* spp.）等旱生灌木。半荒漠主要位于内蒙古西部和甘肃、新疆的山前地带，以针茅、狐茅及蒿属等植物为主。柴达木荒漠海拔2600m以上，地形上属青藏高原的一部分，但气候与植被接近新疆南部荒漠。在山麓至湖沼间广大的洪积扇上，除生长勃氏麻黄（*Ephedra przewalskii*）、梭梭、柽柳、沙拐枣外，海拔高的山麓和山坡还生长有优若藜（*Ceratoides*）等灌木与半灌木，草本很少。

荒漠动物群在兽类中与草原相似，也以啮齿类和有蹄类动物繁盛为特征，但由于生活条件比草原差，群聚性种类数量分布的区域性变化比草原为大。据钱燕文等（1965）、赵肯堂（1982）、邢莲莲和杨贵生（1982）、王思博和杨赣源（1983）、马勇等（1987）、郑昌琳等（1989）、秦长育（1991）、郑涛和张迎梅（1990）、张显理和于有志（1995）的调查资料整理，结果表明（表5.15），本亚区内各地的啮齿类除前已提及的个别地方外，土著种均属共有成分。种类以准噶尔最多，河西走廊次之，塔里木和伊盟西-阿拉善再次之，柴达木与塔里木最少。

表 5.15 西部荒漠亚区各地兔形目与啮齿目种数

类别	柴达木	塔里木	准噶尔	河西	伊盟西-阿拉善
兔科（Leporidae）	1	2	1	2	1
鼠兔科（Ochotonidae）	4	2	1	1	1
松鼠科（Sciuridae）	1	0	1	1	1
仓鼠亚科（Cricetinae）	3	1	6	4	4
鼢鼠亚科（Myospalacinae）	0	0	0	0	1
田鼠亚科（Microtinae）	4	2	6	4	2
沙鼠亚科（Gerbillinae）	1	3	4	5	2
鼠亚科（Murinae）	1	3	2	2	2
跳鼠科（Dipodidae）	2	4	9	8	6
共计	17	17	30	27	20

为适应极端干旱的自然条件，许多动物的形态或生态有高度的专化。荒漠动物的穴居生活、冬眠、储藏冬季饲料或善于奔跑等习性，比之草原动物有进一步的发展。小型动物具有耐旱的生理特点，能直接自植物体中取得水分和依靠特殊的代谢方式获得所需的水分，并在减少水分消耗方面有一系列的生理生态适应机制。由于植被条件比较单纯，各种环境中往往只为很少数的种类占据。又因植被生长极不均匀，动物栖息环境亦很分散。局部水草丰盛的地点成为许多动物聚集的地方。绿洲农业地区在人为的影响下形成特殊的动物生活环境，这种环境近年来有了很大的扩展。半荒漠动物群实际上是荒漠和草原动物群的过渡类型。区系组成主要是荒漠和草原成分的混杂，只有少数半荒漠典型的种类，如前已述及的蒲氏原羚，还有巨泡五趾跳鼠（*Allactage bullata*）。其水平分布位于内蒙古东部草原与新疆荒漠之间，垂直分布则位于盆地或平原荒漠和山地草原之间，往往占据山麓和低山地带。

荒漠、半荒漠啮齿类动物，无论种类或数量，均以跳鼠和沙鼠两个类群为主。前者主要栖息于砾质荒漠（戈壁），后者主要栖息于沙质荒漠。沙鼠有5～6种，大多为群聚性鼠类，全年活动，冬季活动减弱，储存饲料。在重叠分布区内，沙鼠经常混居，形成沙鼠群，亦有不相混杂或互相替代的现象。其中以子午沙鼠分布最广泛，整个荒漠、半荒漠地带均有，并向黄土高原北部森林草原延伸，垂直分布由海拔低于海平面150m的吐鲁番盆地，至青海高原海拔3000m左右的柴达木盆地和湟水河谷，能栖息于多种环境，群体不大，在西部地区（新疆、青海和甘肃西部）为普遍的优势种，在东部地区（宁夏东部、内蒙古西部）则让位于半荒漠的典型成分——长爪沙鼠（*Meriones unguiculatus*）。大沙鼠（*Rhombomys opimus*）的栖息地与梭梭、柽柳、盐爪爪（*Kalidium foliatum*）、白刺等盐生灌木丛相联系，在梭梭灌丛中数量特别多，目前的分布范围，大致亦与梭梭荒漠一致，而避开暖温带的塔里木盆地，同时亦不分布至柴达木盆地。大沙鼠主要食梭梭肉质多汁的叶子，在梭梭植物丛生的地方，能形成大的群体，在局部地区数量很高。它们有惊人的筑洞能力，还能在砾石层挖掘，洞群往往连成一片，洞道将整个沙丘或地面密集贯穿。大沙鼠对梭梭有很大的破坏作用。在沙鼠混居群中，大沙鼠数量仅次于子午沙鼠，有些地方则形成绝对优势，数量波动较明显，常有大片弃洞，形成“岛状”的、分布极不均匀的种群。柽柳沙鼠（*Meriones tamarscinus*）的分布类似大沙鼠，但最东只分布至河西走廊西部，栖息于柽柳生长繁茂的环境，因而得名。在沙鼠群中数量不高，但在伊犁河谷旱作区，数量不少，危害农作物。红尾沙鼠（*M. erythrourus*）分布局限于天山北麓和东疆局部地区，是半荒漠的种类，在天山北麓的半荒漠带完全代替子午沙鼠，并成为优势种。短耳沙鼠分布局限，数量不多。

准噶尔盆地啮齿动物群落据调查（张大铭等，1998）可划分为：①以灰仓鼠+小家鼠为主的农田鼠类群落；②以红尾沙鼠+灰仓鼠为主的砾石荒漠鼠类群落；③以褐家鼠（*Rattus norvegicus*）+小家鼠为主的城镇居民点鼠类群落；④以子午沙鼠+三趾跳鼠为主的梭梭荒漠鼠类群落。随着人类经济活动的增长，农田的大量开垦和新兴市镇的涌现使得原来以沙鼠属（*Meriones*）和跳鼠科（Dipodidae）为主要成分的荒漠鼠类群落逐渐被喜潮湿的灰仓鼠和小家鼠所替代，有些地区还出现了以褐家鼠为主的分布新格局。

柴达木盆地啮齿类种类较单纯，数量不高，有子午沙鼠、长耳跳鼠、五趾跳鼠、三趾跳鼠、小毛足鼠等。主要分布于青藏高原高山草原环境的高原兔、白尾松田鼠和长尾仓鼠亦可见于盆地。在局部水草丰富的地方，白尾松田鼠密度较大。在广大的荒漠半荒漠中，动物数量均甚低。

在本亚区生活的跳鼠有11种之多，形态上几乎都有适应于沙漠、戈壁环境的特化，共同的特点是后肢特长，适于迅速跳跃，有些种类中间三个蹠骨愈合，甚至形成一根骨棒。前肢极小，仅用于摄食和挖掘，而不用于奔跑。尾一般极长，有些种类末端有扁平的长毛束，有利于跳跃中平衡身体。戈壁上，植物生长稀疏并多为有刺灌木，在此环境中，跳鼠主要食植物种子和昆虫。由于食物条件的限制，跳鼠营非群聚的生活，夜间活动，长距离地觅找食物以及冬季蛰眠等。分布广泛数量最多的是五趾跳鼠和三趾跳鼠。五趾跳鼠在我国荒漠、半荒漠和干草原均有，并见于柴达木盆地和青海东北部高山草原（3000多米），向南可伸至黄土高原北部，但不见于暖温带的南疆，栖息环境一般避开沙丘。三趾跳鼠的分布与五趾跳鼠大致相似，但包括南疆而不见于祁连山的高山草原，一般多栖于沙丘环境。因而，这两种跳鼠在同一地区常形成明显的生态替代。其他种类如长耳跳鼠、地兔、小五趾跳鼠（*Allactaga elater*）、羽尾跳鼠、五趾心颅跳鼠（*Cardiocranius paradoxus*）等，分布均较狭窄，主要限于中蒙交界的砾质荒漠、半荒漠地带，只在少数地区数量较多。如在北疆将军戈壁一带，地兔、小五趾跳鼠和羽尾跳鼠等数量甚多，肥尾心颅跳鼠（*Salpingotus crassicauda*）也容易遇到。夜间，在砾石累累的灌木、半灌木丛中，用灯光照射，很容易发现跳鼠的频繁活动，使人感到砾质戈壁的确是跳鼠的乐园。跳鼠数量的年变化一般不大。故在同一地区，沙鼠数量起落明显，跳鼠数量相对稳定。

一般来说，除绿洲环境，在开阔盆地和平原的绝大部分地区，小型兽类成分均比较单纯，跳鼠和沙鼠之外，普遍分布的只有野兔（*Lepus* spp.）、大耳猬、鼹形田鼠、灰仓鼠和小毛足鼠等。通常均不形成优势。印度地鼠（*Nesokia indica*）只分布在塔里木南缘的部分芦苇地中，数量较高。

山麓和低山半荒漠地带，小型兽类组成比较复杂。除上述红尾沙鼠外，兔尾鼠（*Lagurus*）、黄鼠在不同的地区，亦可成为优势种。天山山麓还有林姬鼠、田鼠（*Microtus* spp.）自高山草原沿湿润地段下伸。兔尾鼠有数量急剧波动的特点，在内蒙古西部、准噶尔盆地周围（黄兔尾鼠 *Lagurus luteus*）和天山西部间山盆地（草原兔尾鼠 *L. lagurus*）的半荒漠环境中，均有过数量暴涨的大发生，形成严重的灾害。

据陈延熹（1965）、钟文勤等（1985）、陈钧和王定国（1985）、王定国（1988）、袁国映等（1989）、胡德夫等（1990）的调查研究，试将本亚区的东部从半荒漠（荒漠草原）至荒漠的主要害鼠（优势）的变化归纳如下：

内蒙古中部（集二线—乌拉特中后旗—鄂尔多斯西部毛乌素）半荒漠及部分干草原中撂荒地：长爪沙鼠。

内蒙古西部（潮格旗西—阿拉善）荒漠：大沙鼠。

河西走廊-塔里木：子午沙鼠、三趾跳鼠、长耳跳鼠。

准噶尔：子午沙鼠、大沙鼠、小家鼠。

有蹄类中最普遍的是鹅喉羚，常3～5或十数只成群，活动于砾质和土质戈壁。野驴于偏僻地区常结成10～20头的小群，在准噶尔北部和柴达木西北比较常见。食肉兽中最常见的是狐、沙狐、虎鼬、荒漠猫（*Felis bieti*）和狼。

荒漠、半荒漠地带，经常出现大片流动沙丘和几乎没有植被的砾质滩，有些湖岸则因严重盐渍而寸草不生。这些环境几乎没有动物栖息。而在局部水草丰富的地段，动物则经常聚集。在戈壁滩上常可看到地下水溢出的“泉眼”和小股流水的地方有鹰、鸦飞翔，鹅喉羚或野驴聚集饮水，而狼也经常在此活动。至于大片的绿洲农区，动物则更为集中。在此，小型兽类子午沙鼠、红尾沙鼠、灰仓鼠、跳鼠、林姬鼠、田鼠和大耳猬等最为常见。农田的开垦使原来的荒漠动物数量减少或只保存于小片未垦地中。同时，伴随人类活动的小家鼠和原来栖于比较湿润环境的林姬鼠、灰仓鼠、普通田鼠（*Microtus arvalis*），以及麻雀和家燕等数量增加。如在新疆，小家鼠由于居民点的增加和农业的发展，蔓延极为迅速，有些年份数量大量暴发，形成严重的危害（青海省生物研究所新疆鼠害研究组，1977）。赤颊黄鼠、沙鼠、跳鼠等亦侵入农田，在克拉玛依荒漠灌丛中为优势的多种沙鼠及灰仓鼠侵入人工林（赵梅等，2006）。在内蒙古半荒漠地区，开荒前达乌尔黄鼠占优势，开荒后则让位于长爪沙鼠。属古北型的褐家鼠和东洋型的黄胸鼠则因运输的携带由季风区进入南疆（王思博、杨赣源，1983；王思博等，1987；张大铭等，1993）。

荒漠、半荒漠开阔地带，鸟类十分稀少，最常见的是沙䳭、白顶䳭（*O. hispanica*）、凤头百灵、角百灵、短趾沙百灵（*Calandrella cinerea*）、漠䳭（*O. deserti*）和白尾地鸦等，其中凤头百灵是比较普遍的优势种，但经常在 0.5～1.0 km 才能遇见 1～2 只，有时几十公里不见 1 只。接近山麓及河谷地区有毛腿沙鸡、黑腹沙鸡（*Pterocles oricntalis*）、岩鸽、原鸽（*C. livia*）和斑鸠（*Streptopelia* spp.）等。还有一些鸟类，它们的分布在本区仅限于本亚区，如黑顶麻雀、巨嘴沙雀（*Rhodopechys obsoleta*）、铁嘴沙鸻（*Charadrius leschenaultii*）、漠（林）莺（*Sylvia nana*）等。

绿洲中河湖沿岸往往有成片的灌丛、胡杨林或草甸。许多地区的绿洲已开垦了成片的农田，人造林带十分繁茂。夏日在绿洲环境，山斑鸠、灰斑鸠、原鸽、戴胜、红尾伯劳、紫翅椋鸟（*Sturnus vulgaris*）、白鹡鸰、黄头鹡鸰（*Motacilla citreola*）和家燕等，均为普遍而数量较多的留居或繁殖鸟类。在塔里木河流域，夏日有不少水禽在此繁殖，如黑颈䴙䴘（*Podiceps nigricollis*）、凤头䴙䴘（*P. cristatus*）、灰雁、绿头鸭（*Anas platyrhynchos*）、赤麻鸭、赤颈鸭（*Anas penelope*）、赤嘴潜鸭（*Netta rufina*）、红骨顶（黑水鸡）（*Gallinula chloropus*）、黑鹳（*Ciconia nigra*）、白鹭（*Egretta garaetta*）、夜鹭（*Nycticorax nycticorax*）、鸬鹚（*Phalacrocorax carbo*）、秧鸡（*Rallus aquaticus*）、姬田鸡（*Porzana parva*），以及一些鸻（*Charadrius* spp.）、鹬、鸥等，数量十分可观（马鸣等，1995）。冬日本亚区盆地中，特别是天山南麓，有一些鸟类来此越冬，包括在天山繁殖的夏候鸟，形成一局地往返迁徙场所。越冬的鸟类主要是一些水禽。本亚区内水体的封冰与否与冬候鸟的栖息有很大关系。在完全封冻的水域，则未见有水禽栖息（张大铭等，1992；万军等，1988）。除在中亚和远东，还在阿拉善和鄂尔多斯等地相对独立繁殖的遗鸥（*Larus relictus*）是世界濒危物种，在本区的桃力庙-阿拉善湾海子为优势种，其越冬种群的分布至今仍是个谜（张荫荪等，1991，1993；高铁军等，1992；何芬奇等，2002）。

荒漠境内，大多数河流经常只在多年一遇的短暂暴雨时才有流水。湖沼地带不定期地蓄积和干涸，含盐分较多，这些现象较普遍严重地影响两栖类的生存。两栖类中，只有绿蟾蜍（*Bufo viridis*）分布比较普遍。但干旱时，绿蟾蜍潜入洞中蛰伏，只活动在绿洲农区水源稳定、水质良好的一些地方，如塔里木北缘绿蟾蜍的数量较多。但对爬行类，这些现象的限制作用并不明显，蜥蜴的种类和数量都甚为丰富，特别是沙丘地带。据赵肯堂（1985）的调查，在本亚区有沙蜥（*Phrynocephalus*）10 多种，鬣蜥（*Agama*）4 种，沙虎（*Teratoscincus*）4 种，林虎（*Alsophylax*）2 种，麻蜥（*Eremias*）4 种。其中有地方特有种，如吐鲁番沙虎（*T. roborowskii*）。以沙蜥和麻蜥为优势，有些地方于半公里内可遇见 40～50 只。沙蜥能在沙面温度高达 48℃时活动。麻蜥常在灌丛下活动。沙地温度过高时，它们均有爬上灌丛避热的习性。沙蜥在沙地活动非常敏捷，遇敌可以潜沙而遁。荒漠中的蛇类，以沙蟒（*Eryx* spp.）和花条蛇（*Psammophis lineolatus*）最常见。上一亚区较常见的虎斑游蛇和红点锦蛇，则不再见于本亚区（赵肯堂，1978；黄永昭，1988）。蛇类在此常栖废弃鼠洞中。在半荒漠地带以中介蝮蛇最多，常危害畜群，咬伤致死。在柴达木只有青海沙蜥（*Phrynocephalus vlangalii*）与密点麻蜥，完全没有两栖类。据马鸣和戴昆（1989）在昆仑北麓的调查，2000m 以下爬行类的组成全为本亚区的成分。

本亚区可再分为 6 个动物地理省：⑰河套-河西省——半荒漠、农田动物群（ⅢB1）；⑱阿拉善-北山省——荒漠动物群（ⅢB2）；⑲东疆戈壁省——戈壁荒漠动物群（ⅢB3）；⑳准噶尔盆地省——中温带荒漠动物群（ⅢB4）；㉑塔里木盆地省——暖温带荒漠动物群（ⅢB5）；㉒柴达木盆地省——高原荒漠动物群（ⅢB6）。

(3) 天山山地亚区（ⅢC）

该亚区主要为新疆的天山山系，向北至塔尔巴哈台山地，还包括阿尔泰山即北疆山地。山地环境比较湿润，动物区系与盆地有较明显的差别。山间盆地及山地草原环境中，有如伊犁河谷中亚型中的一些能适应于比较湿润环境的种类，如灰仓鼠、草原兔尾鼠、子午沙鼠、沙鹏、漠鹏和石鸡等均为主要成分，还有山地草原的典型种灰旱獭和高山雪鸡（*Tetraogallus himalayensis*）。在森林环境中出现一些北方型的种类，如旋木雀、攀雀、马鹿、狍和红背䶄、林睡鼠（*Dryomys nitedula*）、水䶄、小林姬鼠、根田鼠等。

北疆山地的生态地理特征基本上与天山相同。针叶林只见于阴坡，与阳坡的高山草甸和草原交错分布，至东天山针叶林逐渐消失，高山之巅则多有冰雪覆盖。整体来说高山带以高山草甸的环境为主。动物群的优势种类，在兽类中，以灰旱獭（*Marmota baibacina*）为主。高山䶄（*Alticola roylei*）、天山林䶄（*Clethrionomys frater*）、红背䶄、狭颅田鼠等甚为常见，多活动于森林边缘和森林中，潮湿地段还有小鼩鼱（*Sorex minutus*）栖息。林栖鸟类有星鸦、喜鹊、灰蓝山雀（*Parus cyanus*）、旋木雀及多种柳莺（*Phylloscopus* spp.）等；灌丛间有花彩雀莺（*Leptopoecile sophiae*）、蓝点颏（*Luscinia svecica*）、黑喉石鹏（*Saxicola torquata*）等；草地间以金额丝雀（*Serinus pusillus*）、灰眉岩鹀（*Emberiza cia*）、白斑翅雪雀（*Montifringilla nivalis*）等为常见。常见的有蹄类是马鹿、狍、野猪、盘羊（*Ovis ammon*）和北山羊（*Capra ibex*）。活动于森林与草地间的食肉兽，有石貂（*Martes foina*）、伶鼬、猞猁和雪豹（*Panthera uncia*）。按马勇等（1981，1987）的调查资料进行分析，北疆山地啮齿动物分布的特点为：① 高山草甸与泰加林种类的分布较窄，反映其生态上的专化；② 荒漠的成分可分布至山地半荒漠（荒漠草原）；③ 草原成分大多可广泛分布于山地中部的多种草原环境，为本亚区的主要成分，这一情况从表 5.16 中亦可反映。

表 5.16　新疆北部啮齿动物种数的垂直分布

垂直带	限于或主要限于本带	与上方带共有	与下方带共有	与上下方带共有	本带共有
高山与亚高山草甸	6		8		8
泰加密林	5		8	1	14
森林草原	3	6	(15)	3	27
山地草原	1	4	8	(13)	26
荒漠草原	0	6	8	(14)	28
荒漠	7	23*			30

* 其中有 11 种只见于荒漠草原交界附近，括号中的数据表示以广泛分布于各类草原的成分最多。

资料来源：据马勇等（1987）资料整理。

爬行类在山地草原以草原蝰、中介蝮蛇、棋斑游蛇（*Natrix tessellate*）、捷蜥蜴（*Lacerta agilis*）和敏麻蜥（*Eremias arguta*）等最为常见（赵尔宓、江耀明，1979；袁国映等，1991），在山麓荒漠地带则分布有几种沙蜥。古北型的胎生蜥蜴和极北蝰见于阿尔泰山地。四爪陆龟分布于西南亚，在我国仅见于新疆霍城，当地又称“旱龟”，是适应于黄土丘陵的龟类，栖息于近溪流土质湿润的环境，属孤立分布区，为孑遗现象（许设科等，1994；时磊等，2002）。本亚区的两栖类常见的有绿蟾蜍，另有中亚侧褶蛙（*Pelophylax terentievi*）分布于天山，阿尔泰林蛙（*Rana altaica*）和黑龙江林蛙见于阿尔泰山地（袁国映等，1991）。新疆北鲵孤立分布于天山西端（我国境内为霍城与温泉地区），数量稀少，为孑遗种（王秀玲等，1992）。阿尔泰山地动物区系在森林环境主要属北方型成分，与大兴安岭有不少共同的种类，过去将它暂划为东北区大兴安岭亚区（张荣祖、赵肯堂，1978）。但其在山地草原环境则有中亚成分，如灰仓鼠、鼹形田鼠、五趾跳鼠和沙鵰等，具过渡的性质。由于阿尔泰山具有驼鹿、狼獾、紫貂、原麝、棕背鼯等典型的全北型或古北型成分，故马勇等（1981）将阿尔泰山单独划出归属欧洲-西伯利亚亚界。张大铭和胡德夫①、高行宜等（1987）均同意这一改变。笔者对这些事实和意见都是同意的。只是考虑到从实用观点，应避免对面积不大的过渡地区另立高级系统的层次，从而提出将阿尔泰山区按低一级（“省”级）的特殊处理方案处理，理由如下：

1）阿尔泰山地处于亚寒带针叶林带边缘，又处于中亚干旱地区的边缘。山地垂直分带和坡向等山地地形和气候的影响，使两者的动物区系相互交错渗透。自然界中的界线在绝大多数情况下不是截然的分野，在两大区系交错地区，往往要借助于优势（种类、数量和空间）情况予以处理。这一特征为它在区划系统中的归属提供了灵活可变的理由。

2）整个阿尔泰山由西北至东南荒漠化加剧，随不同地段而异，海拔 800～1500m

① 张大铭，胡德夫．1986．准噶尔盆地北沿与阿尔泰山地的兽类及其在地理区划中的地位和作用（未刊稿）

以下为荒漠，800～1800m为山地草原，1300～1800m以上为森林（高行宜等，1987）。亚寒带泰加林在此实为相对孤立于干旱环境中的“岛屿”，这一特征可以作为它归属蒙新区的理由。

3）一个区划单元中，有时不可避免地有另一区划单元中个别类型的存在（相对面积较小），而每一个区划单元在逻辑上应避免将被归并者做跨系统处理，避免以过小的空间而增加区划系统。当被归并者的范围在所应用的地图上占有一定地位时，可做特殊的低级区划处理。

然而，这一处理不能忽视阿尔泰山区的特殊性。在讨论动物区系时，应了解其与欧洲-西伯利亚亚界的关系。马勇等（1981，1987）、张大铭和胡德夫[①]、高行宜（1987）及谷景和和高行宜（1991）等分别对天山-阿尔泰山地兽类和鸟类的动物地理进行过详细研究。按他们的研究可以看出阿尔泰山与天山的倾向性，即北方型和高地型成分的增多（鸟类）和两个山地的差别（啮齿类），见表5.17、表5.18。他们还依栖息地水平与垂直分化进行了调查，划分了5个“省级”区划——鸟类（高行宜等，1987）及4个“省”和10个“州”级区划——啮齿类（马勇等，1987），反映了山地环境多样性对动物组成的影响（图5.12）。喜湿种类只出现于山地，而且只在阿尔泰山占重要的地位。

表5.17　中亚亚区鸟类主要分布型种类与比例

分布型	阿尔泰	天山	塔里木	准噶尔
北方型	98（60.1）	60（47.6）	41（41）	55（51）
中亚型	46（28.2）	46（36.5）	45（45）	43（40）
高地型	14（8.6）	19（15.1）	12（12）	7（6.5）
东北型	5（3.1）	1（0.8）	2（2）	3（2.5）
总计	163	126	100	108

注：括号中数字为百分比。

资料来源：据高行宜等（1987）资料简化。

表5.18　天山亚区啮齿类主要分布型比例

分布型	阿尔泰（西端）	天山	准噶尔
北方型	19（76）	13（33）	2（7）
中亚型	6（24）	26（67）	26（93）
总计	25	39	28

注：括号中数字为百分比。

资料来源：据马勇等（1981）资料再整理。

本亚区再分4个动物地理省：㉓天山山地省——山地森林、草原动物群（ⅢC1）；㉔准噶尔界山省——山地灌丛、荒漠草原动物群（ⅢC2）；㉕阿尔泰山地省——山地泰加林、草原动物群（ⅢC3）；㉖帕米尔高原省——高山草原动物群（ⅢC4）。

2. 青藏区Ⅳ

本区包括青海、西藏和四川西部，东由横断山脉北端，南由喜马拉雅山脉，北由昆

① 张大铭，胡德夫.1986. 准噶尔盆地北沿与阿尔泰山地的兽类及其在地理区划中的地位和作用（未刊稿）

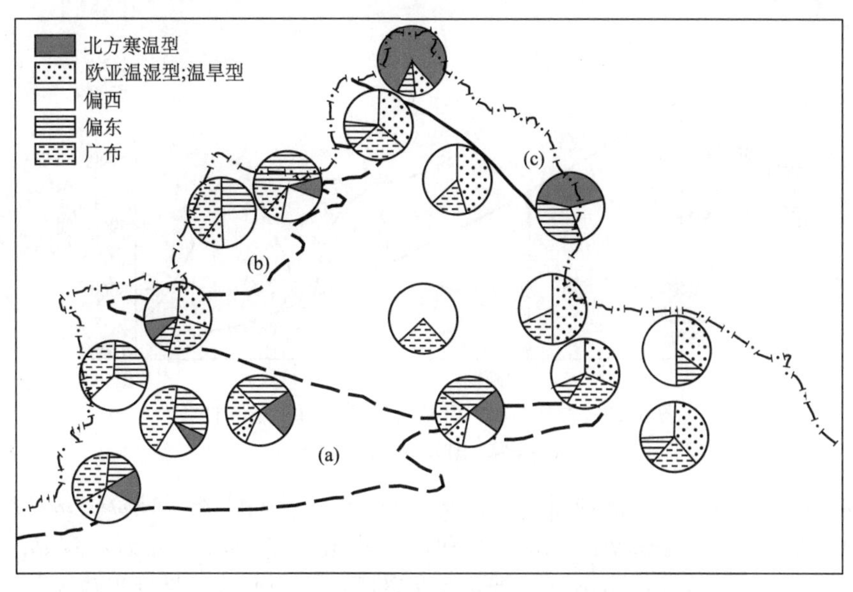

图 5.12　新疆北部各地啮齿动物的分布型组成

(a) 天山山地；(b) 准噶尔泰山；(c) 阿尔泰山

资料来源：据马勇等（1987）

仑、阿尔金和祁连各山脉所围绕的青藏高原，海拔平均在 4500m 以上。

自 20 世纪 60 年代后期至 80 年代初期，陆续开展的西藏高原科学综合考察对本区陆栖脊椎动物曾进行了全面的调查，其成果集中于《西藏兽类志》（冯祚建等，1986）、《西藏鸟类志》（郑作新等，1983）、《西藏两栖爬行动物》（胡淑琴等，1987）、《青海经济动物志》（李德浩等，1989）和《西藏阿里地区动植物考察报告》（郑昌琳，1979）。还有不少专题性的动物学考察报告，如《西藏哺乳动物区系特征及其形成历史》（沈考宙，1963）、《青藏高原陆栖脊椎动物区系及其演变的探讨》（郑作新等，1981）和《青藏高原哺乳动物地理分布特征及其区系演变》（张荣祖、郑昌琳，1985）等。从一开始，考察者就提出，青藏高原上的动物是否曾因大面积的冰盖而消失过？早在 20 世纪 50 年代，前苏联鸟类学家柯是洛娃（1953）据对高原上鸟类形态的研究，对此问题持否定的态度。中国科学院在青藏高原多次综合科学考察后证实，青藏高原在更新世冰期中并未形成连续的冰盖（施雅风，2000）。因而，动物区系从未发生过类似北半球北部由于大陆冰盖而消失的事件。第三纪晚期以来，在青藏高原隆起的过程中，自然地理条件变迁最为剧烈的是高原的西北部，即羌塘高原，从西北部向东南部变幅迅速减小（图 5.13）。再向东至横断山区的主体部分，在海拔较低的环境，自然景观几乎没有受到冰期气候变迁的剧烈影响。青藏高原自然条件变迁的过程，表现在动物区系演变上的总的特点是喜暖湿（南方林栖为主）的动物向东南撤退，喜干凉（中亚开阔景观栖息）动物从西北干旱地区向高原伸展，以及耐高寒（高地型）动物在高原冰缘环境中产生与发展。

高原气候长冬而无夏，生长期短，植被包括高山草甸、高山草原和高寒荒漠。动物区系主要由高地型的成分所组成。最典型的代表有兽类中的野牦牛（*Bos grunniens*）、藏羚（*Pantholops hodgsoni*）和藏野驴（*Equus kiang*），鸟类中的雪鸡（*Tetraogallus* spp.）、

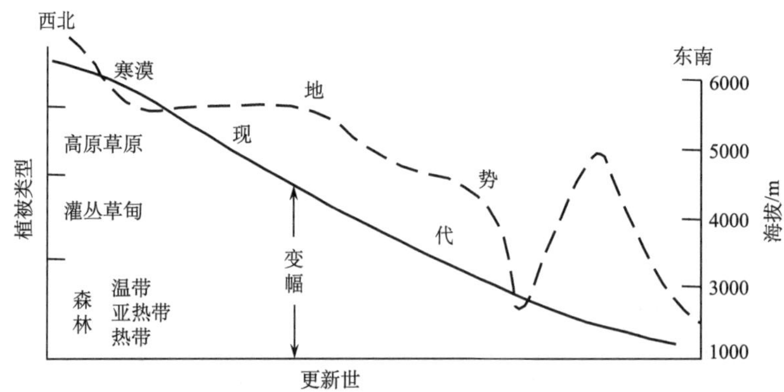

图 5.13 青藏高原抬升及自然条件的变迁与变幅

资料来源：据 Zhang 等（1981）

雪鸽（*Columba leuconota*）、黑颈鹤（*Grus nigricollis*）和多种雪雀（*Montifringilla* spp.），爬行类中的温泉蛇（*Thermophis baileyi*）和西藏沙蜥（*Phrynocephalus theobaldi*）、青海沙蜥。高山倭蛙（*Nanorana parkeri*）是高原内部唯一的两栖类，只见于雅鲁藏布江中游地区。但在这些代表种类中，真正在冰缘环境中特化为高原类型的属，只有藏羚、高山倭蛙和温泉蛇等，为数很少，其他的属种大多与蒙新区相同，呈属下或种下的分化，如西藏野驴、藏雪鸡（*Tetraogallus tibetanus*）等。另据研究，属于中亚型的沙蜥，其西藏沙蜥种组的祖先在向东扩展的过程中，产生了分化，分化出西藏沙蜥、泽当沙蜥（*P. zetanensis*）和红尾沙蜥（*P. erythrurus*）（王跃招等，1999）。

这一现象反映青藏高原的抬升，从地质时间上来看是短促的。所以，纵然青藏地区在形成高原以后自然条件与蒙新区的差别相当明显（在自然地理区划中，分为两个大的地理单元），然而，在隆起后能够进入高原并继续生活于高原的中亚干旱地区成分的分化程度，在陆栖脊椎动物中，绝大多数只达到种和亚种的水平。

高原的腹心部分（羌塘高原）与东南边缘部分（青海藏南）动物界有明显的差别。前者以贫乏为特征，后者则表现了较为复杂的成分。这两部分种类的分布，前者较广泛，后者则多偏于东部（图 4.16 至图 4.18）。我国东南部东洋界成分的分布至此遇到了高原的阻障。但由于高原边缘河流的深切，提供了动物向高原渗入的现代通道。从历史观点看，这一通道的深入，随河流的向源侵蚀是不断前进的。然而，在整个高原抬升与世界气候变化的过程中，动物对高原的适应随高原气候的不断强化，处于发展的阶段。而东洋界成分，在整体上，则处于向东南低地退缩的地位。比较此两部分陆栖脊椎动物的主要分布型的成分比例，即可反映这一差异（表 5.19）。

表 5.19 青由藏区羌塘高原与青海藏南地区陆栖脊椎动物主要分布型比例（%）

种类		北方	南方	中亚	喜-横	高地
兽类	Ⅳa	7	0	3	4	17
	%	22.6	0	9.7	12.9	54.8
	Ⅳb	21	24	13	13	20
	%	23.1	26.4	14.3	14.3	21.9
繁殖鸟	Ⅳa	28	0	3	15	12
	%	48.3	0	5.2	25.9	20.6

续表

种类		北方	南方	中亚	喜-横	高地
繁殖鸟	Ⅳb	63	40	11	38	23
	%	35.2	22.3	6.1	21.2	15.2
冬候鸟	Ⅳa	0	0	0	0	0
	%	0	0	0	0	0
	Ⅳb	10	0	0	2	0
	%	83.3	0	0	16.7	0
爬行	Ⅳa	0	0	0	1	1
	%	0	0	0	50	50
	Ⅳb	2	0	1	5	1
	%	22	0	11.5	55	11.5
两栖	Ⅳa	0	0	0	0	0
	%	0	0	0	0	0
	Ⅳb	2	0	0	10	0
	%	17	0	0	83	0

注：Ⅳa：羌塘高原；Ⅳb：青海藏南；喜-横：喜马拉雅-横断山型。

1）羌塘高原完全缺乏冬候鸟和两栖类。

2）青海藏南的兽类和繁殖鸟均是羌塘高原的3倍；爬行类为2倍多。

3）青海藏南的兽类和繁殖鸟有超过1/5的南方类型，而羌塘高原则完全缺乏。

4）青海藏南的喜马拉雅-横断山型和高地型均多于羌塘高原。

青藏高原上现在的鱼类主要是适应于寒冷气候的裂腹鱼类（Schizothoracinae）。此类鱼类是由原来适应于温暖气候和湖泊静水环境，分布于欧亚大陆的原始鲃亚科（Barbinae）鱼类演化而来的。裂腹鱼类在形态特征方面表现出来的阶段性分化及分布范围的阶梯性与高原的阶段性隆升相吻合（曹文宣等，1981；武云飞、吴翠珍，1992）。青藏高原鱼类区系最主要的特点是组成上的单一性、贫乏性，但特有性明显，表现为对高寒环境条件的适应，以及分化水平低（陈宜瑜等，1998），与上述陆栖脊椎动物类似。

对青藏高原昆虫区系发展的研究（黄复生，1981），除说明青藏高原的隆升对动物区系的影响，还进一步阐明冰期与间冰期交替的影响。随冰期的到来，北方昆虫南迁并进入青藏地区，并发育了耐高寒环境的适应性。间冰期气候转暖时，它们又北移，但在高山寒冷环境仍残留个别种类。皱膝蝗（*Angaracris*）种在青藏高原孤立于北方同属种类分布区的存在即为一例。相反，原来喜暖的南方种类在冰期中则南迁，但有些种类能适应于高寒环境，在间冰期时还向外扩展，冰期再次来临时，大部分种类又退缩到青藏高原，而有少部分则残留在北方。适应于喜马拉雅山不同海拔的喜马象属（*Leptomias*）就是一个突出的例子，反映了动物对高原气候变迁的适应。

本区由高地森林草原-草原、寒漠动物群所占据，这群动物主要由高地型区系成分所组成。在青藏大高原的东南边缘，森林与草原交错，自然环境比较复杂，动物栖息条件较好。但从整个高山高原来说，分布最广泛的环境是高山草原和高寒荒漠。高山草原气候严酷，寒冷而风大，全年无夏，高原内部和高海拔地区生长期只有2～3个月。草类生长短小，草场的分布比较分散，对动物的生活有较多的限制。动物界是贫乏的，尤其是两栖类和爬行类。然而，那些特别能适应于此种环境的种类，竞争对象较少，得以大量繁殖。高地森林草原和草原动物不但在区系关系上与内蒙古草原接近，而且在生态特点上亦与内蒙古草原相似。动物的穴居、冬眠、储草和迁徙等习性因气候寒冷而进一步强化。由于高原植物生产量的限制，草食性群聚动物大量密集的现象没有内蒙古草原那么普遍。寒漠地带，气候更是严酷，加以空气稀薄，栖居条件更是极端。小型食草兽的优势种，种群死亡率高，寿命短（王学高、Smith，1988；王学高、戴克华，1991）。气候条件的异常变化，如干旱或大雪对动物种群数量均有明显的影响（王祖望等，1973，1987；宗浩等，1986；Schaller and Junrang，1988；Schaller and Miller，1996）。笔者曾见到野驴用蹄挖食早春未长出的草芽。小型兽的大量弃洞则表明种群数量起伏很大，而弃洞经常为鸟类所栖居。

本区分羌塘高原亚区和青海藏南亚区。

(1) 羌塘高原亚区（IVA）

本亚区指西藏高原冈底斯、念青唐古拉、昆仑和可可西里各山脉的“羌塘高原”，并包括西喜马拉雅山及其北麓高原，平均海拔多为4500～5000m。自东南向西北，由低至高，植被由高山荒漠草原至高山寒漠，生长矮小稀疏。动物区系亦随之贫乏化。上述青藏区的鸟、兽代表种类亦为本亚区的主要成分。两种沙蜥的分布高限约在4800m。本亚区几乎完全缺乏两栖类，只在最西南端的象泉河谷地见有主要分布于地中海周边地区——中亚一带的绿蟾蜍（*Bufo viridus*）。

本亚区大部分地区属于内流流域，羌塘高原是它的主体，自然条件单纯，境内主要由针茅（*Stipa* spp.）、蒿属（*Artemisia*）、硬叶薹草（*Carex moocroftii*）和小半灌木垫状驼绒藜（*Ceratoides compacta*）等为主的荒漠草原和高寒荒漠。高寒荒漠的环境要比高山草原广泛。动物种类不多，但少数适应于高寒条件的种类可占据广泛的地域，成为优势种。但它们的数量无法与低地草原或荒漠地带相比。

本亚区兽类种数很少（表5.20），不及30种，其中食虫类和翼手类均十分稀少。食肉类、有蹄类、兔形类和啮齿类均为5～7种，主要属高地型成分（63%）。食肉类中香鼬分布型特殊，是主要分布于青藏大高原及其周边地区的种类。有蹄类中最普遍的是藏野驴、藏原羚、岩羊（*Pseudois nayaur*）和盘羊。前两者多栖于高原上的盆地和河谷，后两者多栖于山地。由于气候寒冷，山上夏日亦有降雪，生长季很短。冬日，当盆地和河谷被积雪掩盖时，它们漂泊到无雪或薄雪的山岭上觅食。堪称为寒漠代表的是藏羚和野牦牛。前者于夏至秋初在高海拔水草丰足的地方栖息繁殖，其他季节在海拔低处活动，迁徙时结成大群（周用武等，2005）。后者在高原的外围比较少见，在羌塘高原则常可以遇到数只至几十只的小群（原洪等，1986；邵孟明等，1991）。啮齿类中以黑唇鼠兔和灰尾（高原）兔最普遍。黑唇鼠兔在不少地区数量可以很高，特别是在沼泽草甸的环境。它的挖掘活动明显地影响草地微地形和植被的发育。其次是喜马拉雅旱獭（*Marmota himalayana*）、白尾松田鼠、藏仓鼠（*Cricetulus kamensis*）和高原鼾（*Alticola stoliczkanus*）等。它们虽不如黑唇鼠兔和灰尾（高原）兔普遍，但对高山条件的适应亦很强。在喜马拉雅山北坡，旱獭可生活在离永久冰雪带不远的地方。高原鼾在藏南高山的冰碛石堆中数量很多。白尾松田鼠是藏北高原谷地草甸环境中常见的种类，在一些地方的数量可以很高，危害草场。高寒气候对兽类生活的影响，一般是推延繁殖时期或减少繁殖次数。高山草原和寒漠的食肉兽有狼、狐、猞猁、兔狲、马熊（*Ursus pruinosus*）、艾鼬和香鼬。其中，最常见的是香鼬，经常出没于鼠洞。雪豹最能适应高山寒漠的环境，在雪线附近仍有活动。

表 5.20　羌塘亚区兽类分布型统计

种类	种数	(1)	(2)	(3)	(4)	(5)	(6)
食虫目	1	1					
翼手目	2	1				1	
食肉目	7	3		3			1
有蹄目	6			5	1		
兔形目	5			4	1		
啮齿目	6		1	5			
总计	27	5	1	17 (63%)	2	1	1

注：(1) 全北型；(2) 古北型；(3) 高地型；(4) 中亚型；(5) 喜马拉雅-横断山型；(6) 其他。

高山草原、寒漠的鸟类，最普遍数量最多的是褐背地鸦（*Pseudopodoces humilis*）、棕颈雪雀（*Montifringilla ruficollis*）、棕背雪雀（*M. blanfordi*）、白腰雪雀（*M. taczanowskii*）和褐翅雪雀（*M. adamsi*）、藏雪鸡、西藏毛腿沙鸡（*Syrrhaptes tibetanus*）、漠鹏等几种留鸟，其中藏雪鸡于冬日有些迁往藏南，西藏毛腿沙鸡则迁至 4000m 以下（郑作新等，1983）。它们经常出没于旱獭和鼠兔等的弃洞躲避敌害和不良天气或利用为巢穴，这种“鸟鼠同穴”的现象在高原上十分普遍。高原的湖泊和沼泽地区水禽很多，最普遍数量占优势的留居鸟，有棕头鸥（*Larus brunnicephalus*）、斑头雁、赤麻鸭、秋沙鸭（*Mergus merganser*）、燕鸥（*Sterna hirundo*）和鹮嘴鹬（*Ibidorhyncha struthersii*）。高海拔山地鸟类稀少，但能生活于此的种类均有高度的适应能力。栖息于高寒灌丛的血雉（*Ithaginis cruentes*）可以苔藓植物为食（姚建初，1992）。黑颈鹤是高原沼泽地唯一的鹤类，在高原腹心和北部繁殖，在雅鲁藏布江中游谷地及其南部喜马拉雅南麓、滇西北横断山区和贵州高原西北草海一带越冬（吕宗宝，1988；吴至康等，1993）。西藏雪鸡可作为高原鸟类的代表，常在高山草甸、灌丛带栖息，浅灰的毛色与岩块相似，不易被发现，以高山植物嫩叶和花为食，并能在冰川和永久积雪带附近活动，冬季不作垂直迁徙，对严寒无所畏惧，在积雪山地岩羊、盘羊踩开的地方觅食。红嘴山鸦、黄嘴山鸦（*Pyrrhocorax graculus*）、胡兀鹫（*Gypaetus barbatus*）、岩鸽、雪鸽等均为高山常见鸟类，可在高山岩隙中营巢。

藏北高原可能是两栖类的“禁地”。笔者随中国科学院青藏高原综合科学考察队在西藏高原考察，5～9 月的植物生长季内，在藏北高原没有见过两栖类动物。爬行类十分稀少，只有红尾沙蜥比较普通，栖息于沙质环境，可分布至 4800m 的高度，但在高山草甸不见其踪迹。西藏沙蜥在雅鲁藏布江河谷和阿里地区的河谷地带均很常见。

本亚区北部边缘北临塔里木盆地，从高山至山麓，动物分布反映从蒙新区向青藏区的转变，也与自然条件的垂直带结构有密切的关系（谷景和，1987；马鸣、戴昆，

1989；谷景和、高行宜，1991；戴昆等，1991）。

本亚区再分3个动物地理省：㉗羌塘高寒省——高地寒漠动物群（ⅣA1）；㉘昆仑省——高山寒漠动物群（ⅣA2）；㉙高原湖盆山地省——高地草原、草甸动物群（ⅣA3）。

(2) 青海藏南亚区（ⅣB）

本亚区包括由青海东部的祁连山向南至昌都地区喜马拉雅中、东段高山带及北麓谷地（雅鲁藏布江），处于青藏高原的东南部边缘，地形复杂，河流外流，河谷切入高原，大多偏于南北走向，受南来气流的影响较大。自然条件的垂直变化比较明显，气候随海拔降低而渐温暖。在东部和东南部边缘，即黄河、长江、澜沧江和怒江的中上游地区，谷坡上部有森林生长，主要是山地针叶林，以云杉、冷杉、松为主，下部针阔混交林和落叶阔叶林中的阔叶树种以桦、杨、栎为主。在高山带以杜鹃和高山草甸为主。高原面则主要是草甸草原，以蒿草（*Kobresia* spp.）或针茅（*Stipa* spp.）、蒿属（*Artemisia*）为主，形成亚高山森林和草原景观。山地森林和草原动物相互混杂和渗透，构成高地森林草原动物群，如白唇鹿（*Cervus albirostris*）、马鹿、麝、狍、鼠兔、中华鼢鼠、血雉、马鸡（*Crossoptilon* spp.）、雉鹑（*Tetraophasis obscurus*）、灰腹噪鹛（*Garrulax henrici*）等。据冯祚建等（1986）和李德浩等（1989）、张荣祖和王宗祎（1964）分别对西藏、青海和青甘地区兽类调查的专著、若干综合性调查研究报告（张洁、王宗祎，1963；郑作新等，1981；张荣祖、郑昌琳，1985）及许多的对高原上优势有蹄类和小型兽的有关生态地理现象的调查，依统计（表5.21）可对本亚区兽类地理分布特征归纳如下：

表5.21 青海藏南亚区兽类分布型统计

种类	(1)	(2)	(3)	(4)	(5)	(6)	(7)	(8)	(9)	(10)	a	b
食虫目［9］		4									7	2
翼手目［4］		2									3	1
灵长目［1］											1	
食肉目［22］	3	5	3	3		4	1		3		10	8
有蹄目［18］		3	9	1		1	1	1	2		6	3
啮齿目［26］		6	7	3	3	1	3		2	1	9	2
兔形目［11］												
共计［91］	3	20	25	8	3	6	13	1	10	2	36	16
	—	—	(59) 65%	—			—	(24) 26%	—			

注：(1) 全北型；(2) 古北型；(3) 高地型；(4) 中亚型；(5) 华北型；(6) 季风区型；(7) 喜马拉雅-横断山型；(8) 南中国型；(9) 东洋型；(10) 其他；a. 森林边缘分布；b. 森林分布。

1）啮齿类和食肉类在兽类区系中占主要地位，有蹄类次之，食虫类与翼手类稀少，这是中亚亚界的共同现象。啮齿类中的青海田鼠（*Lasiopodonmys fuscus*）为本亚区所特有。兔形类占一定比重。本亚区是鼠兔属（*Ochotona*）的分布中心。灵长类1种（猕猴），只见于东南边缘森林地区，达到它分布的最高限3700～4200m（郑生武，1986）。

2）北方类型和南方类型成分的比例为 65∶26。此外，有少数广布于季风区的种类（6.5%）和个别特殊种类［广布于欧亚非的草兔（*Lepus capensis*）和人为迁入的麝鼠］。

3）出现于本亚区的南方种类，主要是喜马拉雅-横断山型（占南方类型的 54%），其次是东洋型（42%），几乎全集中在青藏高原东南边缘，即自昌都、玉树、班玛、黄南一线，是南方类型向南撤退的最后沿。

4）北方类型中主要是高地型（占北方类型的 42%）和古北型（33%），有一定数量的中亚型成分（13.5%）。

5）山地森林-草原或林线以上山地灌丛草甸环境中的有蹄类［白唇鹿 、麝（*Moschus* spp.）等］通常集为小群。高原上物候的区域性差异明显，对有蹄类繁殖期的起始及季节性栖地选择（海拔和坡向等）有明显的影响（蔡桂全，1988；郑生武、皮南林，1979）。

6）小型草食兽类的优势现象十分明显，通常只 1～3 种如黑唇（高原）鼠兔、中华鼢鼠、旱獭等，在高原各类草场上分布比较广泛。但草场上植被条件（建群成分、覆盖度、高度等性状）及其他生态地理因子的差别，对小兽种群有明显的影响，表现为同种小兽往往有许多不同的栖息地，具有不同的密度与种间关系（张荣祖、王宗祎，1964；梁杰荣等，1982；施银柱，1983；王权业等，1989）。反过来，小兽对草场的选择，包括季节性变迁及其数量的起伏，对草场亦有明显的作用（张荣祖、王宗祎，1964；皮南林，1973；刘季科等，1980；沈世英、陈一耕，1984）。旱獭冬眠的出、入蛰时间随海拔和坡向而变化，在同一地区往往也有很大的差别（张荣祖、王宗祎，1964）。

兽类中的有蹄类大多在森林与草原间活动或作季节性迁徙，如白唇鹿、马鹿、马麝（*Moschus sifanicus*）及狍等。其中白唇鹿和马麝是高原动物中的代表，甚为常见，主要栖息于林间草地及灌丛带。马鹿可见于整个高原的东南部，直至喜马拉雅山脉；狍只限于高原东缘，自祁连山至横断山北部，是北方森林草原带动物中伸入高原的种类。啮齿类中的优势种和常见种主要属于草原成分，但可栖息于多种环境，如主要生活于草原的高原兔、喜马拉雅旱獭、中华鼢鼠、长尾仓鼠和松田鼠（*Pitymys irene*）等也栖于灌丛、林缘或林间草地。根田鼠同时栖于森林和草地。分布上重叠的多种鼠兔栖地分化现象则甚为明显，如在横断山脉北部至东祁连山一带，藏鼠兔栖于林缘和林间草地；间颅鼠兔（*Ochotona cansus*）栖于草甸草原和灌丛；狭颅鼠兔（*O. thomasi*）栖于高山灌丛；而黑唇鼠兔和红耳鼠兔（*O. erythrotis*）除森林外广泛栖息。高山环境对啮齿动物数量的影响很明显，例如，在东祁连山区的草甸草原上禾本科、莎草科植物丰富，啮齿类种类较多，主要食植物绿色部分，群聚生活的旱獭、鼠兔成为优势种，其中以黑唇鼠兔数量最多，是主要的害鼠，常严重危害草场。在比较湿润的草甸草原有较多的双子叶植物，其地下部分多为中华鼢鼠的食料，特别是委陵菜（*Potentilla anserina*）的地下球茎。这种地方中华鼢鼠很多，亦严重破坏牧场。草甸草原上往往鲜花缤纷，昆虫较多，兼食植物种子和昆虫的长尾仓鼠数量也不少。出没于森林与草原间的食肉兽，有狼、狐、猞猁、石貂、马熊、艾鼬和香鼬等，还有季风区常见的豹猫。

前已提及，与羌塘高原亚区相比，本亚区的鸟类显较丰富，主要原因是本亚区境内，特别是与西南区接壤的边缘地带，有不少喜马拉雅-横断山区型的土著种，亦可分布至本亚区。有关本亚区鸟类地理分布的研究，除前已提及的西藏与青海专著外，还有姚建初等（1991）、冼耀华等（1964）、郑作新等（1983）、王祖祥（1989）以及王祖祥和叶晓堤（1990）的专题报告。据他们的研究，本亚区鸟类地理分布有以下的特征：

1）本亚区因地理位置的不同，从北至南，东洋界成分明显减少而消失，从沿本亚区东部的几个地区的调查可以表明，见表 5.22。

表 5.22 青海藏南亚区自北向南鸟类成分比例

地区	总数	东洋	古北	广布	特有	其他
龙羊峡地区	72*	0	55	10	3	4
		(0)	(80)	(15)	(4)	(5)
托索湖地区	28	1	18	3	3	3
		(3.6)	(64.3)	(10.7)	(10.7)	(10.7)
昂久白札地区	70	4	50	16		
		(5.7)	(71)	(23.3)		
那曲	96	9	55	18	14	0
		(9.4)	(57.3)	(18.7)	(14.6)	

注：（）中为百分含量。

*繁殖鸟。

资料来源：据王祖祥和叶晓堤（1990）及姚建初等（1991）资料整理。

2）本亚区鸟类与横断山区的关系表现在有不少土著种为两地所共有，例如，雉鹑、血雉、绿尾虹雉（*Lophophorus lhuysii*）、白（藏）马鸡（*Crossoptilon crossoptilon*）、雪鸽等，不下 25 种。但也有少数土著种只见于本亚区局部地区，它们是藏雀（*Kozlowia roborowskii*）、朱鹀（*Urocynchramus pylzowi*）和藏鹀（*Emberiza koslowi*）。

3）遍于青藏区及蒙新区的中亚型成分为数更多。据在青海境内的统计，约有 55 种左右（冼耀华等，1964），说明青藏高原虽处于亚热带的纬度，但其高原气候上的干寒特点有利于中亚干旱成分的渗入，而具有中亚亚界的特征。

4）本亚区最普遍的自然景观为山地森林（针叶林与针阔混交林）与山地草甸草原-灌丛的交错。在这种环境中，鸟种类较为繁杂，并各有一些土著种或在本亚区范围内特有的种（郑作新等，1981），列述如下：

祁连青南山地：朱鹀、藏雀、黑颈鹤、绿尾虹雉等为土著种，位于本亚区的青海湖，湖中的海心洲是著名的鸟岛，有水禽、涉禽 20 余种，包括两种天鹅（*Cygnus cygnus* 与 *C. dor*）。

藏东山地：雉鹑、藏鹀、凤头雀莺（*Lophobasileus elegans*）、棕草鹛（*Babax koslowi*）等。前已提及的古北型泰加林代表成分，在我国呈属间间断分布的斑翅榛鸡（*Tetrastes sewerzowi*）与黑头噪鸦（*Perisoreus internigrans*），亦见于本山地。

藏南山地：高山金翅（*Carduelis spinoides*）、绣红腹旋木雀（*Certhia nipalensis*）为喜马拉雅山特有种，地鸦与雪雀也有分布。个别东洋界的种类，如大草鹛（*Babax waddeeelli*）、噪鹛（*Garrulax* spp.）等，亦可见于本山地。

本亚区的两栖爬行类明显地较前一亚区丰富，并有较明显的区域分化，只有西藏齿突蟾广泛见于全亚区。在北部，即横断山三江流域的最上游和青海东部有一些横断山区型的种类，在两栖类中有山溪鲵（*Batrachuperus pinchonii*）、西藏山溪鲵、花齿突蟾

(*Scutiger maculates*)、刺胸齿突蟾（*S. mammatus*)、西藏蟾蜍等；爬行类中有高原蝮（*Gloydius strauchi*)、青海沙蜥、红原沙蜥（*P. hongyuanensis*）等。而在南部则有一些喜马拉雅型的种类，在两栖类中有高山倭蛙；在爬行类中有西藏沙蜥、西藏裸趾（漠）虎（*Cyrtodactylus tibetanus*)、拉萨鬣蜥（*Laudakia sacra*)、拉达克滑蜥（*Scincella ladacensis*）和温泉蛇等。

在本亚区北部青海西北，还有少数北方类型和中亚型成分渗入，如白条锦蛇、丽纹麻蜥和密点麻蜥等，还有季风区广布的大鲵（*Andrias davidianus*)。秦岭地区附近的土著种岷山大蟾蜍和秦岭滑蜥（*Scincella tsinlingensis*）也见于该地。可见本亚区北部反映该地区处于华北、蒙新、西南和华中各区的交汇地区，区系成分比较复杂。

在本亚区的雅鲁藏布江流域，两栖爬行类显少，但分布上具高原特色。高山倭蛙在此是唯一的两栖类，它行动缓慢，无声囊，广泛分布于雅鲁藏布江中游河谷和盆地沼泽地带，但越往西部数量越少，往往在几千平方米的沼泽地中，只发现 3～5 只，由于大风与干旱被迫离开水体后，很容易引起死亡。喜山鬣蜥（*Acanthosaura himalayana*）在拉萨附近山地可以遇见甚多。温泉蛇见于当雄羊八井、南木林、太昭等地温泉附近，比较常见，是我国特有的种类。它的种群分布随温泉的分布不相连续，这似乎是一种孑遗的现象或者应具在高寒环境的长距离迁移的能力，究竟如何目前尚不得而知。

本亚区再分 3 个动物地理省：㉚藏南高原谷地省——灌丛草甸、草原动物群(IVB1)；㉛青藏东部省——高地针叶森林草原动物群（IVB2)；㉜祁连湟南省——山地针叶森林、草甸动物群（IVB3)。

二、东　洋　界

我国范围内的东洋界，属中印亚界。

中印亚界为亚洲大陆的东南部，还包括印度半岛、中南半岛和马来半岛及附近岛屿。我国境内，从秦岭山脉和淮河以南的大陆和台湾岛、海南岛以及南海诸岛，均属于本亚界。动物区系主要由东南亚热带-亚热带分布型（东洋型)、南中国型和喜马拉雅-横断山型组成。后两种分布型也是东洋界的地区性成分。尚有一些旧大陆热带-亚热带的成分和少数环球热带-亚热带的成分。海南与台湾有不少岛屿特有种。全北型和古北型成分比例少，并愈向南愈形减少。

古北和东洋两大界在我国的分野，在西部因喜马拉雅山脉高山部分的阻障作用而最为明显；在东部因缺乏明显的阻障，而形成两大区系的广泛过渡。但两者成分优势的转换，约相当于北亚热带北缘，大致沿秦岭—伏牛及淮河，终于江苏盐城一带，前已述及。在横断山区，两界动物的分布同时呈现水平与垂直的过渡状态，分界不太明显，建议以虚线表示。垂直方向可划在南麓山地森林带与高山无林带之间；水平方向大致自雅鲁藏布江大拐弯经巴塘、康定至若尔盖一线，岷山地区白水江流域为其最北限，相当于许多代表性南方种类（东洋型和旧大陆热带亚热带型）的分布北限（图 5.14)。

整个东洋界与古北界不同，它的区域分化现象不明显。在我国境内的基本特征是热带成分（东洋界、旧大陆热带和环球热带）从南到北由丰富到贫乏的逐渐变化(图 3.3)。从历史和动态的观点出发，这一现象实际上是自更新世全球进入第四次大冰

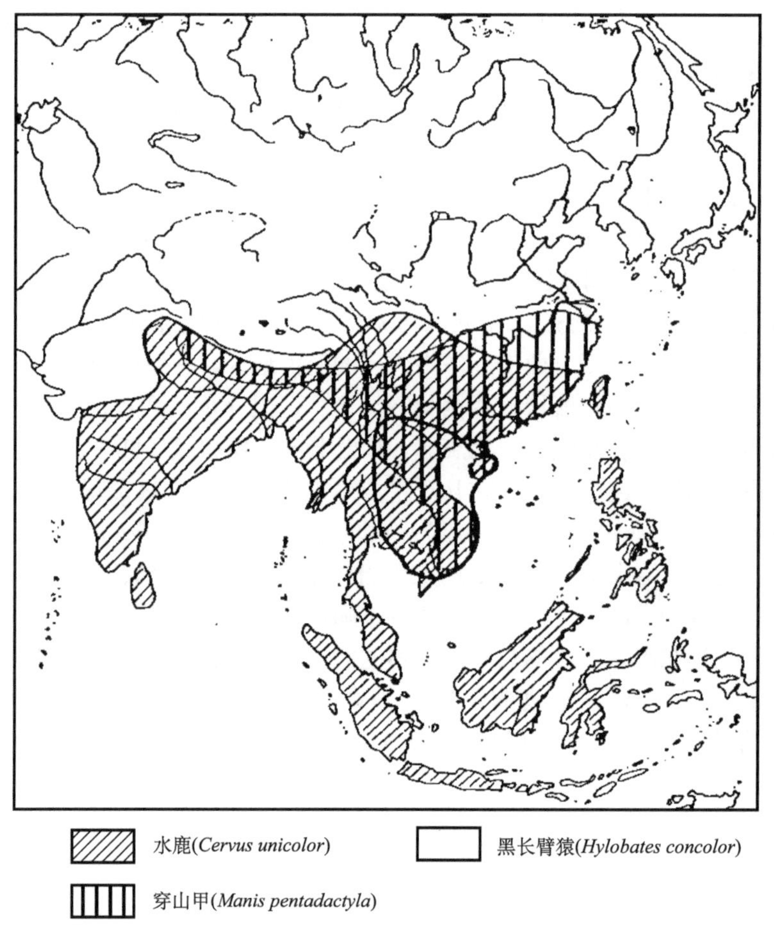

图 5.14　几种东南亚热带亚热带型（东洋型）兽类的分布（最近在分类上将黑长臂猿归为冠长臂猿属，*Nomascus*）

资料来源：据陈辈乐等（2005）、Monda 等（2007）

期以来，热带动物区系向南退缩的变化［图 4.27（a）］延续至现阶段的反映。但也有少数种类呈向北伸展的趋势，最北可至寒温带南缘（图 4.24）。本界的西部位于青藏高原的东南边缘，即喜马拉雅山脉及横断山脉部分。此部分是喜马拉雅-横断山型成分的分布中心。在全球第四次大冰期以来，这个地区由于热带-亚热带的地理位置及明显的地势起伏，古地理环境的变迁主要是垂直的变化。低山及谷地的热带-亚热带环境比较稳定，成为优良的动物避难地，还有不少较原始的动物保留于此。同时，有不少类群在此特形繁盛，成为现代的分化中心。第四纪冰期的发生和全球气候的变迁，曾导致海平面的数次升降，中国海域因而数次成陆，岛屿则在海进时孤立于海中（Liu and Ding，1984）。这一变迁必然使该地区大陆与海岛间的动物发生多次交往和岛屿的特化。

第三纪（古近纪-新近纪）时，青藏高原隆起，古地中海消失，原来分离的印度次大陆与欧亚大陆（劳亚板块）碰撞"缝合"（常承法等，1982）。在中生代，印度是冈瓦纳大陆的一部分，而且与马达加斯加紧密相连。在板块漂移中，剧烈的构造运动严重地破坏了印度的冈瓦纳动物区系，而被从欧亚大陆迁入和重移居来的动物区系所取代。因此，印度的化石哺乳动物区系表现出与埃塞俄比亚（旧热带）界动物区系的关系比与现生的印度动物区系更为接近（Illies，1974）。然而，在昆虫区系中，即使是现生类群亦与非洲部分极为接近。如在西藏发现的缝隔蝗（*Stristernum*）、寄蝇（*Aplomyia* spp.）、针长吻虻（*Philoliche longrostris*）、长肢叶甲（*Merilia* spp.）均属无翅或飞翔力弱的种类，它们均与非洲同类群有极为近缘的关系。无疑，它们在喜马拉雅山南麓分布的由来可追溯大陆板块的漂移（黄复生，1981）。然而，在青藏大高原崛起形成巨大阻障作用的同时，在它的南侧与东侧，喜马拉雅山脉南麓与横断山脉部分形成了在欧亚大陆与次大陆（印度半岛-中南半岛）间动物分布的重要通道（图 5.15）。

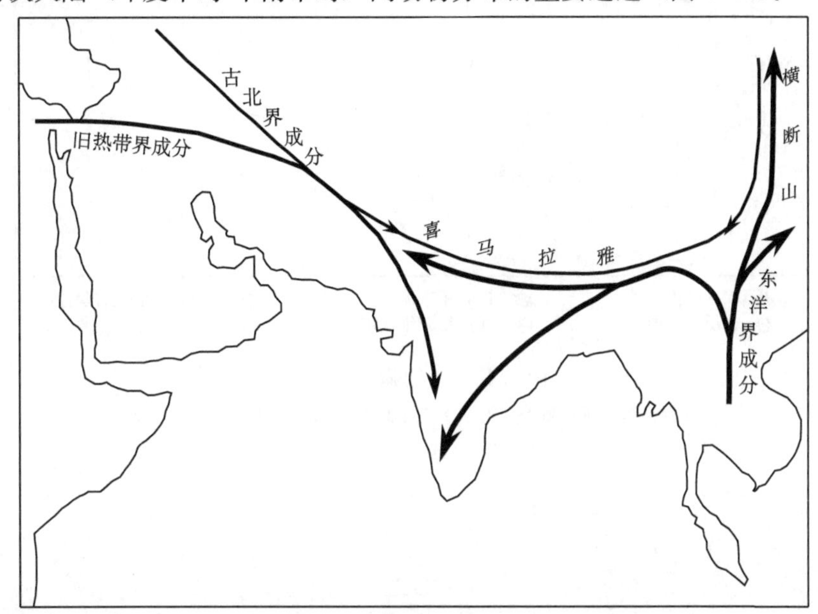

图 5.15　青藏高原南麓陆栖脊椎动物成分流向

本亚界包括西南区、华中区和华南区。

1. 西南区（Ⅴ）

西南区包括四川西部、昌都地区东部，北起青海与甘肃南缘，南抵云南北部，即横断山脉部分，再向西包括喜马拉雅南坡针叶林带以下的山地。境内布满高山峡谷，地形起伏很大，自然条件的垂直差异显著。在喜马拉雅山南翼，自国境线至主脊山地，从1000 多米至针叶林上限的 4500m，相对高差 3000 多米。喜马拉雅山以东，从西藏察隅地区至四川盆地之间，一系列山脉河流，即博布藏布、伯舒拉岭、高黎贡山、怒江、他念他翁山、怒山、澜沧江、宁静山、云岭、金沙江、沙鲁里山、雅砻江、大雪山、大渡河、邛崃山、大凉山，南北并列，相互夹峙，气势非凡。与此相适应，本区动物的分布以明显的垂直变化包括季节性垂直迁移为特征。由于地理位置、海拔、坡向、山谷走向等因素而形成的地形气候导致自然垂直分带的变化，有时还产生带序倒置，这些均影响动物分布和对栖息环境选择的时空变化。本区动物区系成分，南北方类型和高地型成分均有渗入，但以南方类型的喜马拉雅-横断山分布型和东洋型（热带亚热带型）的种类为代表。

兽类中的大熊猫（图 5.16）、小熊猫（*Ailurus fulgens*）（图 5.17）、羚牛（*Bu-*

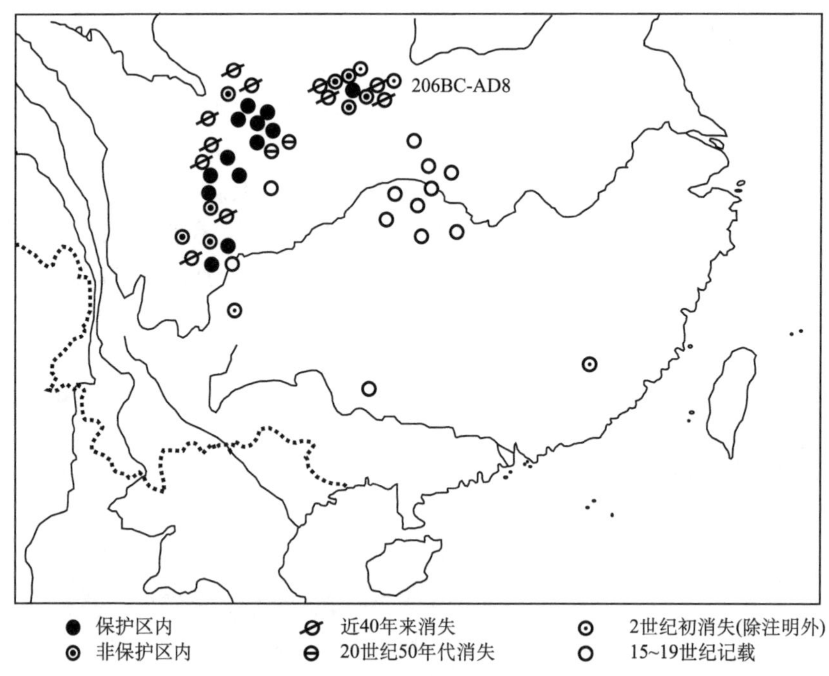

图 5.16　大熊猫近期分布

资料来源：据胡锦矗（1993）、何业恒（1989）、马国瑶（1988）

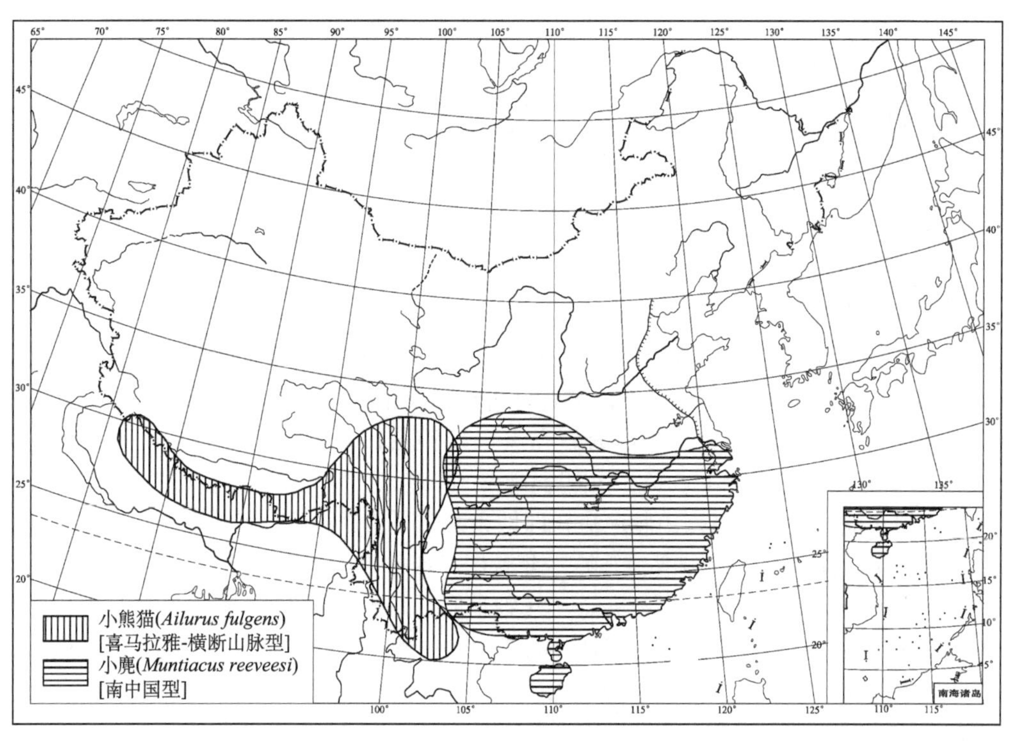

图 5.17　小麂和小熊猫的分布

dorcas taxicolor）和鸟类中的血雉、虹雉（*Lophophorus* spp.）是典型的代表。特产或现生种主要分布于本区的种类很多，横断山脉为某些类群的集中地，如两栖类中的角蟾科（Megophryidae）、湍蛙（*Staurois*）；鸟类中的画眉亚科和雉科；兽类中的鼠兔、绒鼠和食虫类小兽等，在此种类特多。有些类群，分布范围虽广，但种的分布区在本区或多或少地彼此重叠，相对集中，如麝、鹿和绒鼠（*Eothenomys*）。狍的分布由北方向此伸展，与麝呈边缘重叠，加之某些类群的相近种或亚种在本区及其附近的系统替代现象（水平的或垂直的）相当明显，因而被认为可能是物种保存的中心或形成中心。横断山脉地区的这一特殊性一直被动物学工作者所注意。据近年来对横断山脉古冰川的调查研究，证实在更新世时横断山脉如同青藏高原一样，并未发生过广泛的冰盖。古冰川的性质属于山谷冰川和山麓冰川。这一事实对说明上述本区的特殊性有重要意义。本区高山冰川与森林似乎近在咫尺的景观十分普遍，古北区的种类可见于高处，主要分布于热带的或东洋界的种类，则主要分布于谷地，动物区系组成相当复杂。

在更新世时，本区无大面积冰盖，自然景观应与现代类似。当时由于冰期与间冰期的交替，冰川的进退只引起自然带的垂直位移。这种位移的尺度较小（以百米计），不像平原地区，一个水平自然地带的移动往往达几百至数千公里（以千米计）。而且在低海拔的河谷地区，气候温暖，主要景观带在冰期中不但从未消失，其变迁还相对稳定。复杂的垂直带又为动物提供多种栖息环境 。纵向的平行峡谷以及高海拔的山峰，对于动物都是良好的相对隔离的环境。而动物季节性的垂直迁徙又极易完成。凡此种种，无论从历史观点或生态观点，对动物的保存和分化都是有利的。一些属北方类型的种类在本亚区的分布是间断而孤立的，如鸟类中的榛鸡（*Tetrastes bonasia*）（图 5.18）、噪鸦（*Perisoreus* spp.）、长尾林鸮、蚁䴕（*Jynx torquilla*）（图 4.19）、三趾啄木鸟（图 5.19）等，兽类中的普通鼩鼱、蹶鼠。在四川平武发现的毛尾睡鼠（*Chaetocauda sichuanensis*）与北方的同科种类亦为间断的孤立分布。这种分布格式均说明本区高山和亚高山生态条件与北方寒温带接近，具有北方动物避难地的特点。

若干高原山地种类，如岩羊、喜马拉雅旱獭等，沿高山草原可南伸至云南。而峡谷部分不少适应于热带种类沿峡谷北伸，如鹦鹉（*Psittacula* spp.）、太阳鸟（*Aethopyga* spp.）、猕猴、黑熊、猪獾等，最远可伸入到横断山脉的北段。前面提到的古北与东洋两界界线在本地段不易确定亦缘于此。据本地区的鸟兽调查结果，均证明有两界成分混杂交错的现象。故各家对此段两界分界的确定均感不易，已于前述。据鸟类的研究，在四川西北的石渠、德格、白玉、理塘、龙日坝、若尔盖一线（相当于高寒草甸灌丛南限）以北，古北界成分占绝对优势，占两界成分的 95%；松潘、马尔康、巴塘、康定一线（相当于亚高山针叶林区）以北，古北界成分仍多达 80%～90%（郑作新等，1965)。另一意见是将此线划在沙鲁山南部（唐蟾珠等，1996)。据兽类调查研究，在巴塘、理塘、康定、丹巴、黑水、若尔盖一线，东洋界的成分占 34%，古北界占 66%；此线以南属东洋界的有 84.2%，此线以北属古北界的增至 88%。综合鸟、兽资料分析，可以认为此段两大“界”界线的划分，似应自东北的若尔盖经黑水、马尔康、康定、理塘而至巴塘。但高山峡谷区两界动物过渡交错现象相当普遍，故将两界的分野以虚线表示（张荣祖、赵肯堂，1978)。对横断山中段两栖类垂直分布的研究（苏承业等，1986）在原则上与此意见一致。

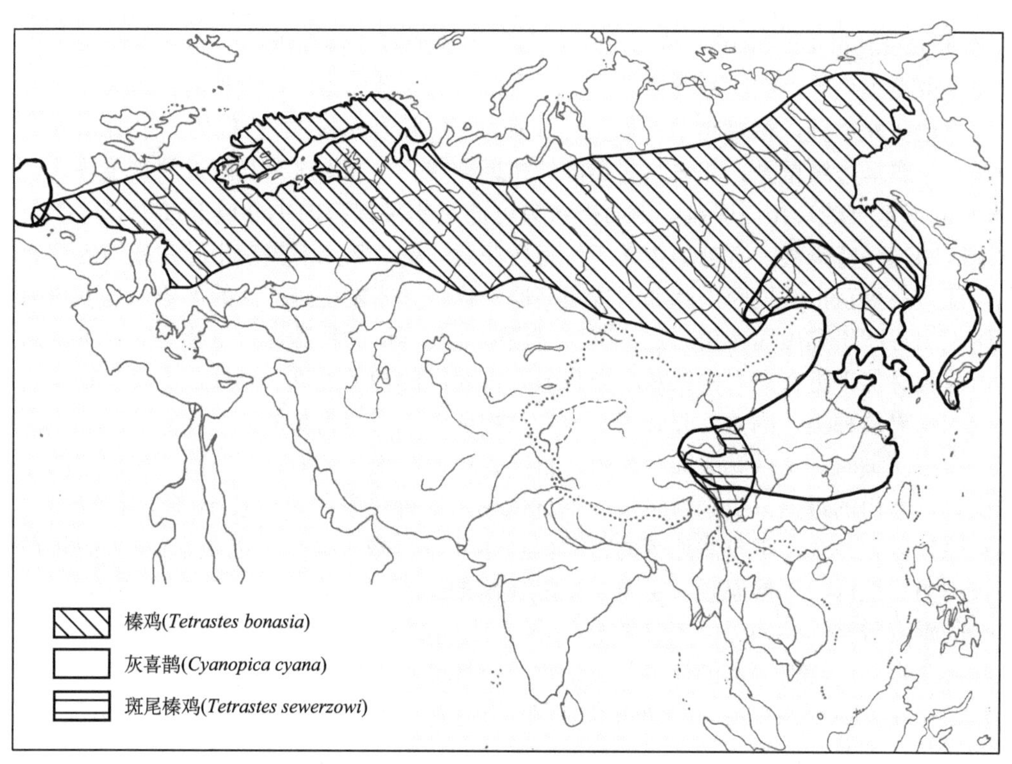

图 5.18　两种榛鸡和灰喜鹊的间断分布

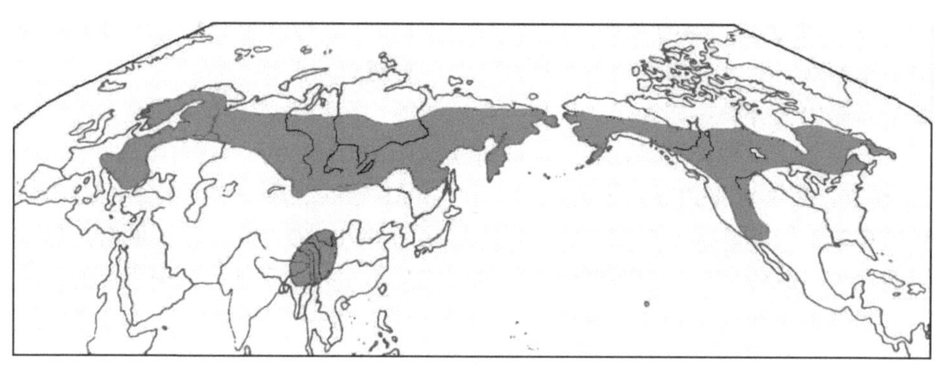

图 5.19　三趾啄木鸟（*Picoides tridactylus*）的分布

随地理位置的北移，两大界成分发生相应的变化，据对本区的最北部岷山地区的调查（胡锦矗，2002），古北界成分占 1/3 强，而东洋界成分仍占 1/2 强，其中以喜马拉雅-横断山型和东洋型（热带亚热带型）为主（表 5.23），说明对本区虽两界成分混杂交错，但总体上倾向于东洋界。

表 5.23　岷山山系陆栖脊椎动物分布型的种数和百分比

分布型	两栖类	爬行类	鸟类	兽类	总计
古北界	3 11.55	1 3.57	133 43.89	30 32.61	167 37.19
北方型	1 3.85	1 3.57	98 32.34	18 19.57	11 8 26.28
中亚型	9 2.97	2 2.17			11 2.45
高地型	2 7.70		26 8.58	10 10.87	38 8.56
东洋界	21 80.77	23 82.14	145 47.85	59 64.12	248 55.16
喜马拉雅-横断山脉型	12 46.15	5 17.86	58 19.14	28 30.43	103 22.94
热带亚热带型	3 11.54	6 21.43	65 21.45	19 20.65	93 20.71
南中国型	6 23.08	12 42.86	22 7.26	12 13.04	52 11.51
季风、广布型	2 7.70	4 14.28	27 8.25	5 3.26	38 7.57
总计	26 100.0	28 99.99	305 99.99	94 99.99	453 99.92

注：此处表格依原资料所指“种数”和“百分比”，表中数字空格前的数字为种数，空格后带小数点的数字为百分数。

资料来源：据胡锦矗（2002）。

本区分西南山地亚区和喜马拉雅亚区。

(1) 西南山地亚区（VA）

该亚区指横断山脉部分，从南部的高黎贡山到北部的甘孜、阿坝地区，多为南北走向的高山峡谷，有利于南北方动物的交流。山地自然垂直分布，呈三度空间的变化，并随不同的地理位置、海拔及坡向而变化，十分复杂，但有一定的规律。地理位置偏南及海拔偏低的谷地，其基带在雨影坡为干热河谷，在水汽通道上则为热带或亚热带雨林或常绿阔叶林。越向东部，雨影效应越强。越向北部，海拔越高，谷地基带则逐渐变为暖温带阔叶林。垂直带的数目及宽度则随山地绝对与相对高度而增减。这一变化趋势对动物水平及垂直分布亦产生相应的影响。动物区系中南北成分的混杂现象是明显的。但愈向南部，特别是横断山脉西南，我国边境部分包括高黎贡山和察隅地区东洋界成分显著增多。某些种类的季节性垂直迁徙，可以跨越几个垂直地带。

各纲中均有为本亚区所特有或主要分布于本亚区的种类，如两栖类中的山溪鲵，爬行类中的高原蝮（*Gloydius strauchi*）、美姑脊蛇（*Achalinus meiguensis*），鸟类中的花背噪鹛（*Garrulax maximus*）、灰胸薮鹛（*Liocichla omeiensis*）、藏马鸡（*Crossoptilon crossoptilon*）、绿尾虹雉、锦鸡（*Chrysolophus* spp.），兽类中的滇金丝猴（*Rhinopithecus bieti*）、大熊猫、羚牛和林跳鼠（图 4.18）等大多为残存的种类。其中大熊猫和羚牛在学术上颇受重视。角蟾科为两栖类中比较原始的类群，该科中不少属别，在本亚区内分布颇为集中。食虫类中的鼩鼹（*Uropsilus soricipes*）、多齿鼩鼹（*Nasillus gracilis*）、长尾鼩鼹（*Scaptonyx fusicaudus*）、甘肃鼹（*Scapanulus oweni*）、川鼩（*Blarinella quaraticauda*）、蹼麝鼩（*Nectogale elegans*）等均在分类学上属单型种或少种属，其分布中心均在本亚区。鹿属（*Cervus*）多数种的中心亦在本亚区（张荣祖、郑昌琳，1985）。我国姬鼠（*Apodemus*）的全部种类均可见于本亚区。有一些种类在本区及其周围地区内的亚种分化甚多，如画眉亚科的噪鹛、雀鹛（*Alcippe*）、钩嘴鹛

(*Pomatorhinus*) 等属中的一些种。这些现象均足以说明本亚区不但是原始类型保存较多的中心，而且也是一些种类现代分化的中心。

20 世纪 50 年代对本亚区兽类的普查，规模较大的当推彭鸿绥等（1962），范围包括本亚区的大部分地区。专类的考察则主要集中在大熊猫、滇金丝猴、羚牛等个别种类，尤其是大熊猫。发表的专著专论很多，最具代表性的是《卧龙的大熊猫》一书（胡锦矗等，1985）。滇金丝猴亦颇受关注，中国科学院昆明动物研究所对它的研究较多。还有一些对自然保护区的考察，亦积累了不少兽类地理分布的资料。《四川资源动物志——兽类》（胡锦矗、王酉之，1984）则做了比较系统的整理。

本亚区兽类中，凡属横断山型或喜马拉雅-横断山型的种类，有不少是局限或主要分布在本亚区的种，均可视为代表成分。其中最特殊的莫过于大熊猫，前已述及。大熊猫在本亚区的分布是历史退缩的结果。它在本亚区内的生态分布反映了这种专化为食竹为生的动物受到竹子的限制，主要在冷箭竹林中活动（图 5.20）。因而，推测更新世以来，因气候变迁竹子分布区的扩大和缩小与大熊猫分布区的进退可能是相联系的。大熊猫在本亚区的分布北限，沿甘肃最南缘，是混生有竹子的亚热带山地森林的北限。南限在大小凉山一带，显然不存在类似北限的阻障。大熊猫垂直分布的上限与竹林上限一致，在冷箭竹与大箭竹林中数量最高（图 5.21）；分布下限受人为因素影响。森林与竹子的破坏使大熊猫不再存在（胡锦矗等，1985）。竹子开花后大面积枯死，是自然界中规律性现象，对于濒危的大熊猫无疑是一个严重的打击，但它们可改变觅食对象（非枯死竹类），转移栖地以渡过难关（胡锦矗等，1990）。

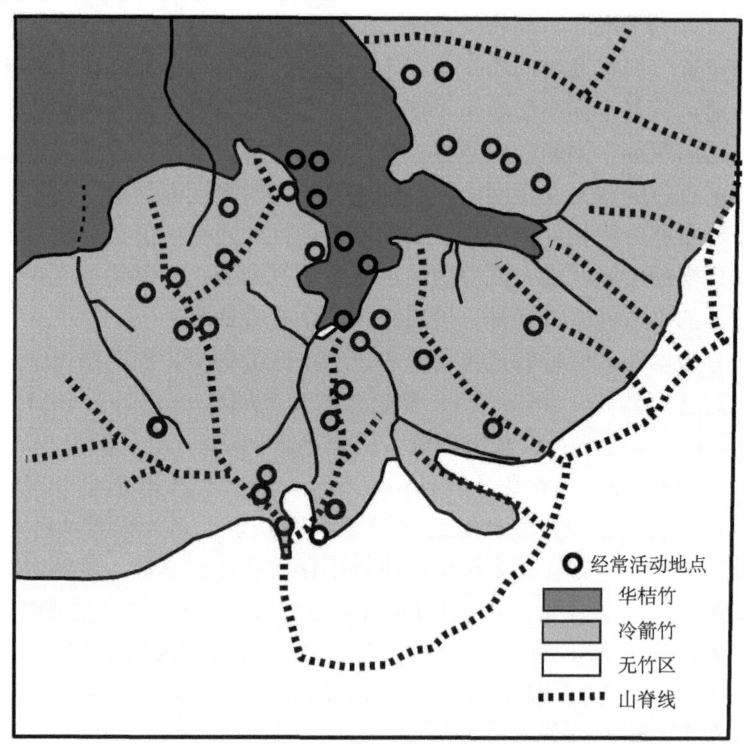

图 5.20　卧龙自然保护区内竹林分布与熊猫经常活动地点

资料来源：据胡锦矗等（1985）布置竹子样方地点和置放捕捉笼地点图简化

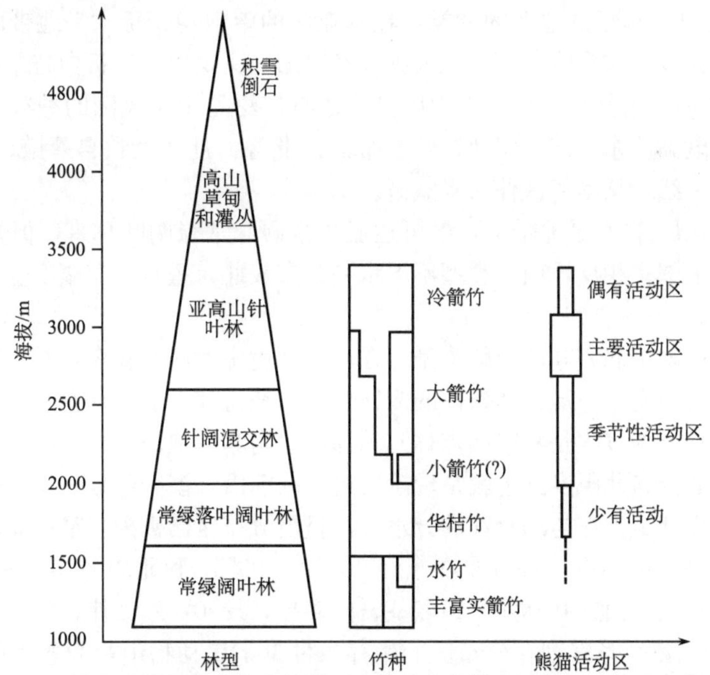

图 5.21　卧龙自然保护区境内的林型、竹种和熊猫占用栖息地的垂直带谱图

资料来源：据胡锦矗等（1985）

在大型兽类中，类似大熊猫分布，主要限于本亚区的种类很少。它们大多分别属于南方或北方的类型，而在本亚区交错分布，现以一些偶蹄类为例，如图 5.22 所示，揭示其特点：

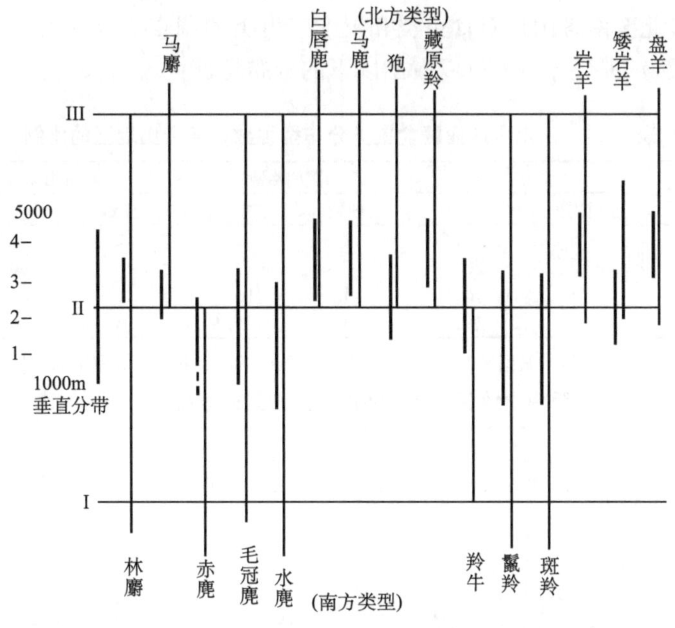

图 5.22　西南山地亚区有蹄类的水平分布与垂直分布

水平地带：I. 热带北限；II. 亚热带山地硬叶阔叶林带北限；III. 青藏高原边缘亚高山南方针叶林带北（上）限；垂直分带：1. 低山谷地带；2. 中山带；3. 亚高山带；4. 高山带

资料来源：据胡锦矗和王酉之（1984）、杨奇森等（1990）、吴毅等（1990）、吴家炎（1986）等资料整理

1）北方类型，包括高地型的种类，在本亚区的南限均止于水平地带的硬叶常绿阔叶林的北缘，此线大致自雅鲁藏布江大拐弯经巴塘至康定以东，折向若尔盖以东一线。

2）南方类型，包括东洋型、南中国型，还有广泛见于季风区的种类，在本亚区的分布可直达青藏高原东南部，山地针叶林带的西北缘。此线大致自囊谦、玉树、班玛、玛曲至若尔盖一线，从本亚区伸入青藏区。

3）北方类型，在水平地带上，虽可达亚热带硬叶常绿阔叶林带，但垂直分布幅度较小，多偏于上部；相反，南方类型不但水平分布较北，垂直分布幅度也较大，可从低谷到亚高山带。

上述特点反映了北方和高地的类型，在山地环境中适应性较窄，对寒冷条件的依赖性较强。南方类型由于山地自然条件的多样性，却获得较大的生存空间。从历史发展观点，青藏高原抬升的过程是喜暖（森林）动物向东南和低地即横断山区撤退的过程。因而，南方种类的分布北限实际上就是现阶段退缩的前沿。滇金丝猴，局限分布在本亚区西缘川藏滇交界处金沙江与澜沧江的分水岭，目前分布区已极为狭窄孤立，与姐妹种间不相连续。据最近的调查，仅分布在东经 98°61′～99°81′和北纬 26°31′～30°00′，栖息于针阔混交林及亚高山针叶林间（邹淑荃、白寿昌，1990；木文伟、杨德华，1982；龙勇诚等，1995）。滇金丝猴现存分布区的生存条件是本属动物中最为恶劣的。与姐妹种不同，它缺乏明显的季节性垂直迁移现象，只偶至针阔混交林中活动。食物中虽并不乏阔叶树种（木文伟、杨德华，1982），但主要食针叶林叶芽及附生的地衣、苔藓（马世来等，1989）。这一食性，无疑与现存有限的生存空间和食物条件息息相关。近代历史时期人类活动的结果已改变了河谷地带的植被环境与生存条件。

现试综合自北至南各山地对食虫类和鼠形啮齿类的调查研究（表 5.24、表 5.25 与图 5.23、图 5.24）进行分析，可以看出以下的分布特征：

表 5.24　西南山地亚区食虫类分布型种数在 4 个山地区的比例

地点	种数	北方类型		南方类型		横断山型		依据
		种数	%	种数	%	种数	%	
白水江	9	5	55.6	2	22.2	2	22.2	1
平武	10	2	20	2	20	6	60	2
甲午	10	1	10	1	10	8	80	3
贡山	8	1	12.5	3	37.5	4	50	4

资料来源：据马国瑶（1988）、张国修等（1991）、Wang 等（1985）、龚正达和解宝琦（1989）等资料整理。

表 5.25　西南山地亚区鼠形啮齿类分布型种数在 8 个山区的比例

地点	种数	北方类型		高地型		南方类型		横断山型		依据
		种数	%	种数	%	种数	%	种数	%	
白水江	10	5	50	0	0	5	50	0	0	1
王朗	13	4	31	1	8	5	38	3	23	2
康定	11	4	36.4	1	9.1	2	18.1	4	36.4	3
白芒雪山	8	0	0	0	0	6	75	2	25	4
甲午雪山	10	0	0	2	20	6	60	2	20	5
老君山	9	2	22.2	0	0	6	67	1	10.8	6
高黎贡山	11	0	0	1	9.2	6	54.5	4	36.3	8
碧罗雪山	11	0	0	1	9.2	7	63.6	3	27.2	7

资料来源：据马国瑶（1988）、张国修等（1991）、郭天宇和杨国华（1994）、云南省流行病防治研究所（1978）、Wang 等（1985）、杨光荣和陶开会（1986）、龚正达和解宝琦（1989）、吴德林（1980）资料整理。

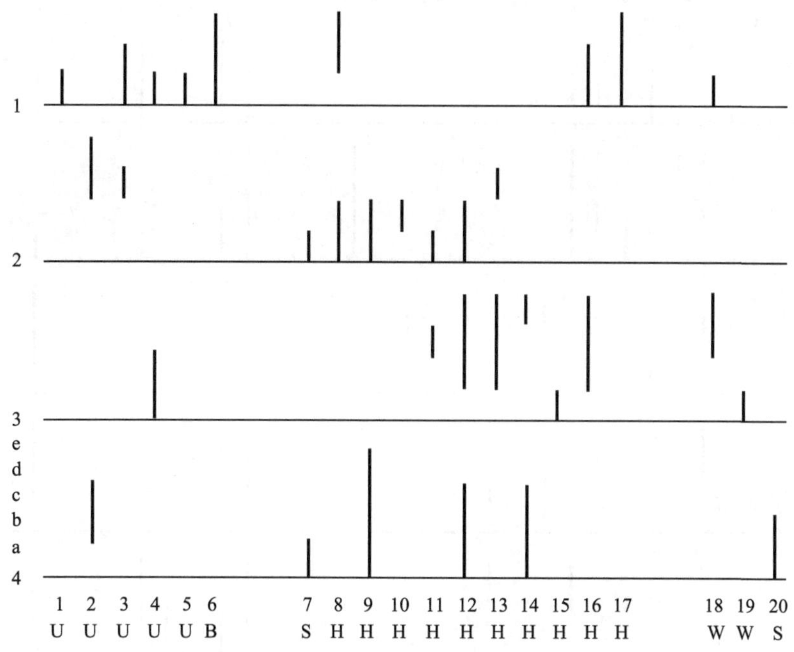

图 5.23　西南山地亚区食虫类水平分布与垂直分布

a. 山麓带；b. 低山带；c. 中山带；d. 亚高山带；e. 高山带

1. 刺猬（*Erinaceus europaeus*）U；2. 普通鼩鼱（*Sorex araneus*）U；3. 小鼩鼱（*S. minutus*）U；4. 中鼩鼱（*S. caecutiens*）U；5. 北小麝鼩（*Crocidura suaveolens*）U；6. 麝鼹（*Scaptochirus moschalus*）B；7. 长吻鼩鼹（*Talpa longirostrs*）S；8. 鼩鼹（*Uropsilus soricipes*）H；9. 多齿鼩鼹（*Nasillus gracilis*）H；10. 甘肃鼩鼹（*Scapamulus oweni*）H；11. 川鼩（*Blarinella quadraticauda*）H；12. 纹背鼩鼱（*Sorex cylindricauda*）H；13. 印度长尾鼩（*Soriculus leucops*）H；14. 长尾鼩（*S. candatus*）H；15. 四川水麝鼩（*Chimarrogale styani*）H；16. 蹼麝鼩（*Nectogale elegans*）H；17. 小纹背鼩鼱（*Sorex bedfordiae*）H；18. 臭鼩（*Suncus murinus*）W；19. 南小麝鼩（*Crocidura horsfieldi*）W；20. 中国鼩猬（*Neotetracus sinensis*）S

1～4 地点同表 5.24，分布型代号 U. 古北型；B. 华北型；S. 南中国型；H. 喜马拉雅-横断山型；W. 东洋型

1）北方种类与南方种类南北伸展与垂直分布的一般趋势与前述偶蹄类有相似之处。但北方种类的南伸较远，不少种类水平分布超过亚热带硬叶阔叶林带；北方种类向南分布时垂直分布大多偏高，南方种类在各地垂直分布大多偏低的情况则较有蹄类明显。

2）许多属于横断山型的种类，特别是食虫类，除最北部其所占比重均高，分布上看不出明显的规律。大体上，水平分布较宽的种，垂直分布幅度亦较宽。反之，水平分布较狭窄的种，其垂直分布亦较狭窄。

3）鼠形啮齿类因地理位置不同，各地组成产生差别。南部与西部南方类型比重较大，有一定数量的高地型成分（9.2%～22%）；中部横断山型成分增多（25%～36.4%）；位于最北端的白水江地区北方类型与南方成分各占一半，可能与地形上有利于南方成分的北渗有关（图 5.25）。

20 世纪 50 年代后，本亚区的鸟类调查规模最大、覆盖面最广的首推中国科学院青藏高原综合科学考察队在横断山区的工作。该队出版的《横断山区鸟类》（唐蟾珠等，1996）和早年出版的《云南鸟类名录》（彭燕章等，1987），以及对亚区内若干著名山地及地区性的鸟类调查，如四川峨眉山（郑作新等，1963）、二郎山、凉山、宝兴、雅安

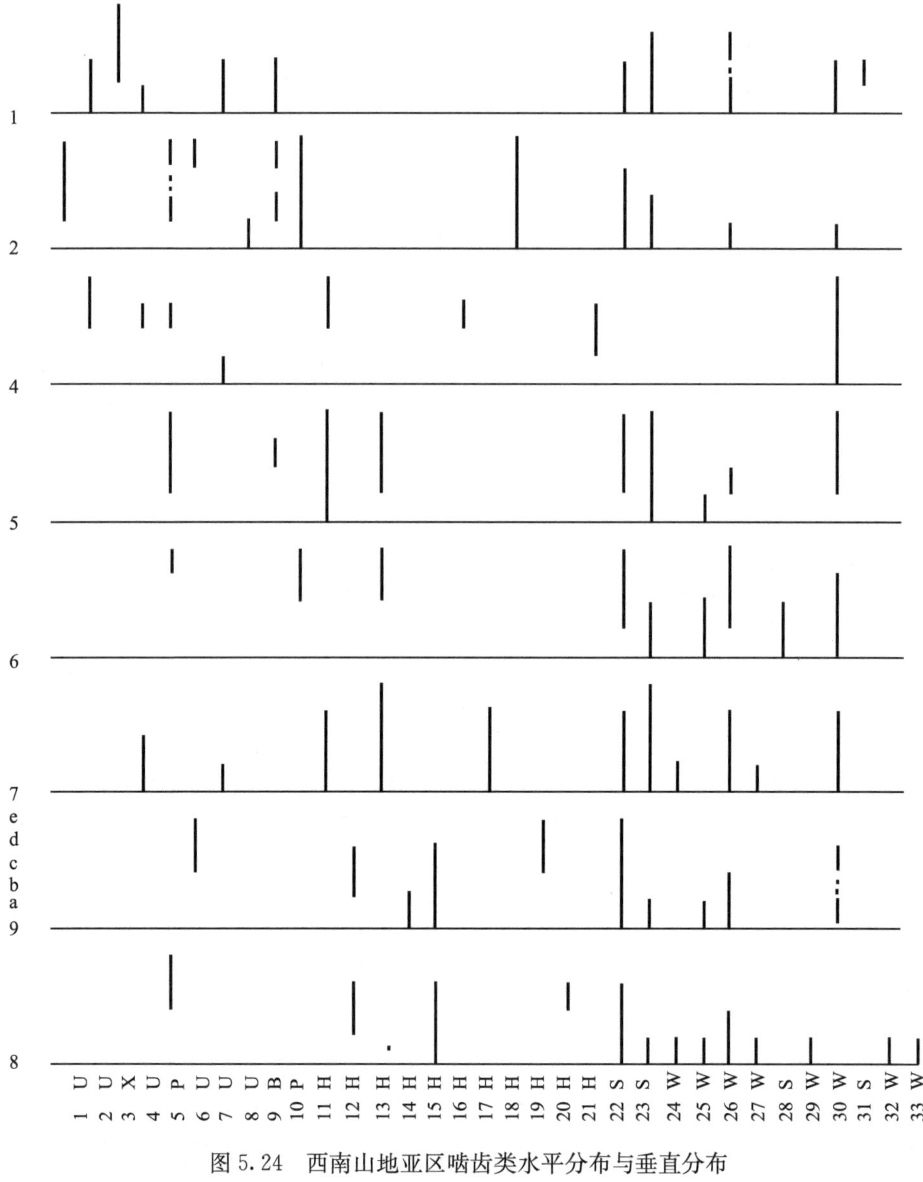

图 5.24 西南山地亚区啮齿类水平分布与垂直分布

a. 山麓带；b. 低山带；c. 中山带；d. 亚高山带；e. 高山带

1. 蹶鼠（*Scista concolor*）U；2. 黑线姬鼠（*Apodemus agrarius*）U；3. 大林姬鼠（*A. peninsulae*）X；4. 褐家鼠（*Rattus norvegicus*）U；5. 松田鼠（*Pitymys irene*）P；6. 根田鼠（*Microtus oeconomus*）U；7. 小家鼠（*MUs musculus*）U；8. 巢鼠（*Miicromys minutus*）U；9. 中华鼢鼠（*Myospalax fontanieri*）B；10. 林跳鼠（*Eozapus setchuanus*）P；11. 大耳姬鼠（*Apodemus latronum*）H；12. 灰腹鼠（*Niviventer eha*）H；13. 西南绒鼠（*Eothenomys custos*）H；14. 克钦绒鼠（*E. cachinus*）H；15. 滇绒鼠（*E. eleusis*）H；16. 中华绒鼠（*E. chinensis*）H；17. 大绒鼠（*E. miletus*）H；18. 绒鼠（*Caryomys eva*）U；19. 克氏田鼠（*Microtus clarkei*）H；20. 云南攀鼠（*Vernaya fulva*）H；21. 四川毛尾睡鼠（*Chaetocauda sichuanensis*）H；22. 中华姬鼠（*Apodemus draco*）S；23. 齐氏姬鼠（*A. chevieri*）S；24. 针毛鼠（*Niviventer fulvescens*）W；25. 大足鼠（*Rsttus nitidus*）W；26. 白腹鼠（*Niviventer andersoni*）W；27. 黄胸鼠（*Rattus flavipectus*）W；28. 拟家（中亚）鼠（*R. turkestanicus*）S；29. 黑家鼠（*R. rattus*）W；30. 社鼠（*Niviventer confucianus*）W；31. 黑腹绒鼠（*E. melanogaster*）S；32. 长尾攀鼠（*Vandeleuria oleracea*）W；33. 锡金小家鼠（*Mus pahari*）W

1～8 为地点，同表 5.25，分布型代号 X. 东北-华北型；P. 高地型；其他同表 5.23

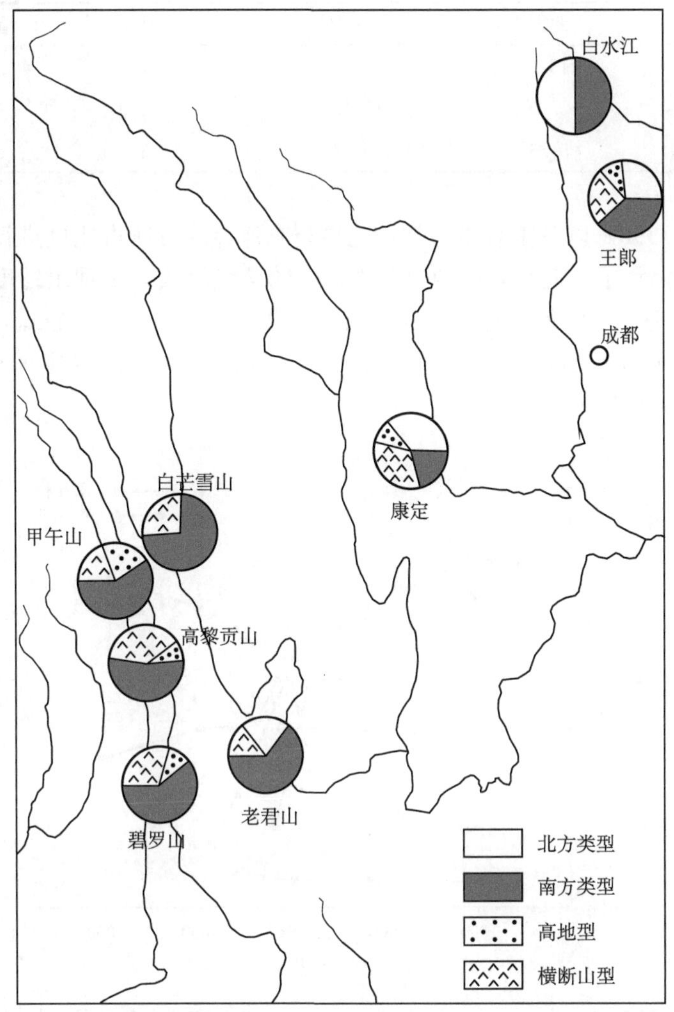

图 5.25　西南山地亚区鼠形啮齿类分布型比例分布

(李桂桓等，1963，1964，1976，1984)，云南玉龙山（谭耀匡、郑作新，1964)、高黎贡山（杨岚，1995)，四川西南与云南西北地区（郑作新等，1963，1965）和《云南鸟类志》(上、下册)（杨岚，1995，2004)，均对各地鸟类垂直分布特征进行过较详细的分析。郑宝赉和杨岚（1986）在对沙鲁里山南段鸟类区系分析时指出，在整理该山区繁殖鸟类区系时，无法完全遵循许多学者的常规作法，将其简单地归属于“古北界”或“东洋界”。因为本亚区有不少横断山-喜马拉雅的成分，早期把这部分种类视为特有种（郑作新等，1963)。依统计，本亚区留鸟与繁殖鸟除南方类型（包括东洋型与南中国型）外，喜马拉雅-横断山型成分占有相当的比重，绝大部分为本山区所特有。冬候鸟则以北方类型为主（表 5.26)。

表 5.26　西南山地亚区鸟类分布型比例（%）

鸟类	北方	南方	中亚	喜马拉雅-横断山型
留鸟	13.2	42.5	7.4	36.9
繁殖鸟	22.9	40.2	6.0	30.9
冬候鸟	89.5	0	3.5	7.0

唐蟾珠等（1996）以各垂直带鸟类古北界与东洋界成分所占比例进行双曲线坐标作图（图 5.26），揭示了古北和东洋两界在本亚区的交汇界线，呈现出纬度越低交汇界线的海拔越高的趋势，说明低纬地区东洋界成分垂直分布较高，反之较低，符合了自然垂直分带的规律。研究指出，这一结果“为两界之间的界线不易确定的观点（张荣祖，1979），提供了一个论据”。

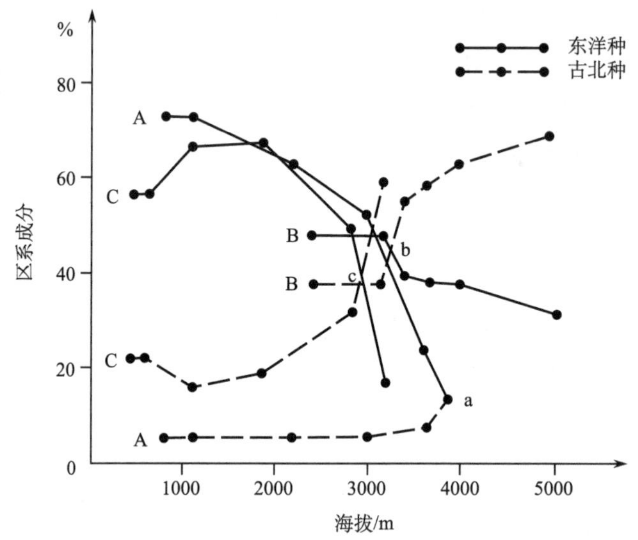

图 5.26　古北、东洋两界鸟类区系成分的垂直分布种数的比例

A. 高黎贡山；B. 玉龙山；C. 峨眉山。a、b、c. 交汇点

资料来源：据唐蟾珠等（1996）

此观点认为，“在横断山脉地区，动物区系的组成在整体上倾向于东洋界，但在海拔较高的地方，有不少古北界的种类沿山脊部分向南伸展，而沿河谷有不少热带种类向北分布，两界动物成分混杂而呈垂直变化，水平分界线不明显”。

横断山区鸟类的另一个特点是特有种丰富，表现了鸟类物种多样性的丰富程度。据统计，在一些代表种中，特有种在本亚区比例占全国总数 50%以上的科别达 10 科，如表 5.27 所示。

国内学者对横断山区两栖爬行动物的地理分布的研究甚多，最感兴趣的问题是横断山区现代环境和古环境变迁与这两类动物区系形成和进化的关系，其次是水平与垂直分布和区划问题（杨大同等，1983；苏承业等，1986；胡其雄，1985；江耀明、赵尔宓，1992，1993；何晓瑞、周希琴，2002）。费梁于 1995 年在未刊文章《横断山区两栖爬行动物地理分布》中绘制了整个西南区两栖动物分布型比例分布图（图 5.27），表

表 5.27　横断山区若干代表性鸟类科的属种比例

鸟类	中国产		横断山		
	属	种	属	种	占全国比例/%
东洋界					
咬鹃科（Trogonidae）	1	3	1	2	67
鹎科（Prcnonotidae）	4	20	3	10	50
卷尾科（Dicruridae）	1	7	1	6	85.7
椋鸟科（Sturnidae）	4	18	2	10	65.5
画眉亚科（Timaliinae）	29	131	19	73	56.1
啄花鸟科（Dicaeidae）	1	5	1	3	60
绣眼鸟科（Zosteropidae）	1	3	1	2	66.6
古北界					
岩鹨科（Prunellidae）	1	9	1	6	66
鳾科（Sittidae）	2	10	1	6	60
旋木雀科（Certhiidae）	1	4	1	3	75

资料来源：据唐蟾珠等（1996）简化。

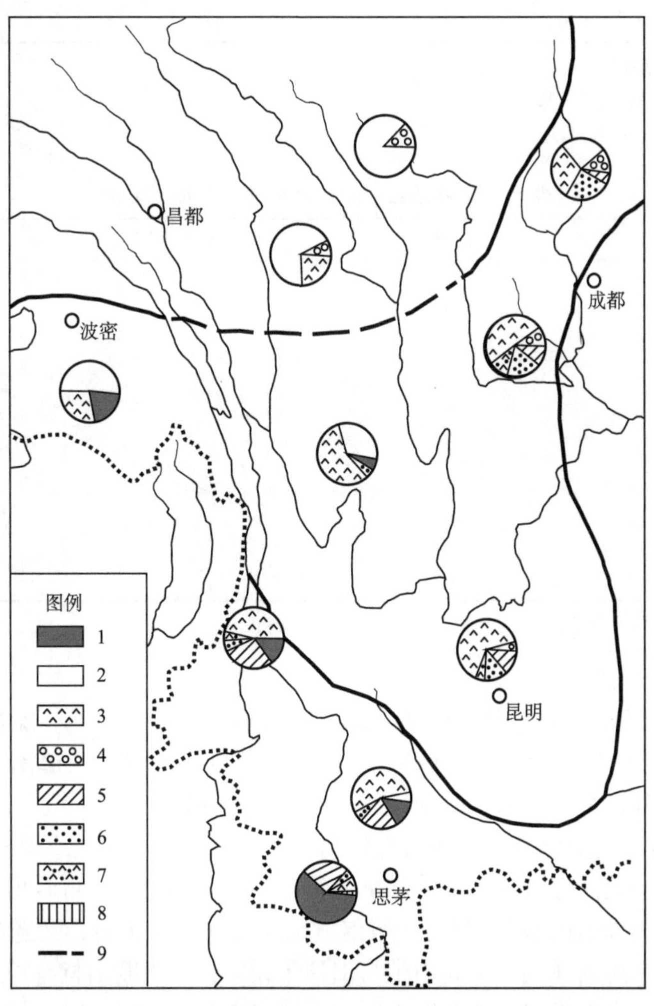

图 5.27　横断山区两栖类区系成分比例分布

1. 华南成分；2. 古北成分；3. 西南成分；4. 广泛成分；5. 华中-华南成分；6. 华中成分；7. 西南-华中成分；8. 西南-华南成分；9. 西南区区界

资料来源：据费梁（1995 未刊）

明了各类成分的组成随地理条件呈规律的变化。据对四川泗耳自然保护区及邻近地区两栖爬行动物的调查，该地两栖爬行动物区系以东洋界成分为主，占75%，且以西南区成分最多，占56%，说明中国动物地理区划中将该地区划入东洋界西南区是正确的(郑渝池等，2003)。

基于这些学者的研究，可将本山区两栖爬行动物地理分布特征概括如下：

1）横断山区跨越将近10个纬度，地势南低北高，两栖爬行动物水平分布呈现了较明显的南北差异。概言之，北方类型及南中国型成分主要分布于北部，东洋型及横断山区成分主要分布于南部（表5.28)，即使在山区中部的南、北段也是如此（表5.29)。

表5.28　横断山区两栖类区系成分统计

地段	总数	广布种	古北界	西南区**	西南-华中	华中区	华中-华南	华南
北段	53种	4	10	20	3	12	4	0
中段	69种	2	8	38	2	6	6	7
南段*	60种	0	0	14	0	2	12	32

*华南区西部山地亚区。

**相当于喜马拉雅-横断山脉。

资料来源：据费梁（1995)。

表5.29　横断山区爬行动物种的分布型比较

分布类型	种数	南段	北段
共有	97	75	47
古北界成分	8	4	7
北方型	2	1	1
东北型	3	2	1
中亚型	2	0	2
高地型	1	1	1
东洋界成分	89	71	40
东洋型	38	35	11
横断山脉	32	26	15
南中国型	19	10	14

注：相当于表5.28的中段。

资料来源：据江耀明和赵尔宓（1992)。

2）区系成分的南北分异大致自雅鲁藏布江大拐弯至石棉一线。除横断山的最南部（云南南部）和最西北部（四川西北与青海东南）分别属于华南区滇南山地亚区和青藏区青海藏南亚区外，整个横断山的中段属于西南山地亚区。

3）垂直分带变化十分明显，纬向与经向的变化趋势占次要地位，非地带因素起了主导的作用。依杨大同等（1983）和苏承业等（1986）的研究，可看出本亚区两栖爬行动物：①几乎全属横断山型[①]，只有少数南方类型分布在山脚带；②随海拔增高，种类自山脚带至中山带逐渐递减，至高山带与山顶带锐减；③横断山特有种集中于中山带以下，以山脚带至低山带最多（表5.30)。

---

① 笔者认为若干分布于山地上部的种类可视为横断山型之亚型，而不必全归高地型（高原分布型）

表 5.30　横断山中段两栖类的垂直分布统计

	山脚带	低山带	中山带	高山带	山顶带
总数	13	12	11	4	2
主要分布于本地段或本地段所有	7	4	5	0	0
横断山-喜马拉雅型	11	12	11	4	2
横断山特有	8	8	5	2	0
南方类型	2	0	0	0	0

资料来源：据苏承业等（1986）资料整理。

4）土著种多，地理分化明显，相近属、种的地理替代现象明显，举两栖类中的某些属、种为例，即可见一斑，见表 5.31。原始类型保存最多，如两栖类中有一些种类在世界范围内呈明显的间断分布，并保有较多原始性状，与我国其他山区比较，在本亚区保存最多，均属残存的原始物种，见表 5.32（胡其雄，1985）。可见，在第四纪冰期中我国整个东洋界成为动物避难地时，横断山区由于得天独厚的亚热带地理位置与较复杂的山势，最有利于物种的保存和分化。在无尾目中我国有特有的 4 个属，均集中分布在横断山区。胡其雄（1985）认为，横断山的高海拔对成种过程的影响也很显著。同时指出，分布海拔愈高的种，分布范围愈趋狭小，几乎都是横断山特有种。其实，高山种类的分布大多是因山体间断而孤立的。这一分布格局在理论上有利于物种的进一步分化。地面抬升则加速了这一进程，同时产生了对高山高原的适应性状（杨大同等，1983）。因而，低海拔种类常保留较多的祖征；高海拔种类形成的新征较多，对齿蟾属的研究即可见一斑（徐宁等，1992）。

表 5.31　横断山区某些属种的地理替代

	川藏山原	川西山区	川滇高原	滇中山地
髭蟾 *Vibrissaphora*	——	——	——	——
拟髭蟾 *Ophryophryne*				——
齿突蟾 *Scutiger*		——	——	
树蛙 *Polypedates*			——	
小树蛙 *Philautus*				——
齿蟾 *Oreolalax*		乡城齿蟾 *O. xiangchengensis*	疣刺齿蟾 *O.rugosu*	景东齿蟾 *O. sjingdongensis*
角蟾 *Megophrys*		沙坪角蟾 *M. shapingensis*	白领大角蟾 *M. tateralis*	大花角蟾 *M. giganticus* 腺角蟾 *M. glandulosa*
蟾蜍 *Bufo*	岷山大蟾蜍 *B. minshanics*	中华大蟾蜍 *B. gargarizans*	——黑眶蟾蜍—— *B. melanosticyus*	——
棘蛙 *Paa*		棘腹蛙 *P. boulengeri*	——双团棘胸蛙—— *P. yannanensis*	——

资料来源：据费梁（1995）提供的手稿简化。

表 5.32 横断山区与其他地区两栖动物原始类群的比较

地区	山脉走向	小鲵科 (Hynobiidae)	大鲵属 (*Andrias*)	疣螈属 (*Tytotriton*)	铃蟾属 (*Bombina*)	角蟾类群 (*Megophrys*)	齿蟾类群 (*Oreolalax*)	总计
横断山区	西北-东南	4	1	3	2	8	16	34
大娄山区	东北-西南	1	1	1		2	2	7
巫山区		2	1		1	1	3	8
雷山区			1	1		3	3	8
大瑶山区	东北-西南		1	1	1	3	1	7
武夷山区		1	1			2	2	6

资料来源：据胡其雄（1985）。

本亚区再分 3 个动物地理省：㉝东北山地省——亚热带森林动物群（VA1）；㉞三江横断省——热带亚热带山地森林动物群（VA2）；㉟云南高原省——高原林灌、农田动物群（VA3）。

(2) 喜马拉雅亚区（VB）

该亚区包括喜马拉雅南坡及波密-察隅针叶林带以下的山区。由于地处边陲，交通不便，境内动物学调查研究较少，过去主要由青藏高原综合科学考察队进行。近年有一些针对珍稀野生动物的调查。已有的资料与本亚区复杂的自然条件和野生动物的可能丰富程度相比，显然是不够充分的。

本亚区自然条件的垂直变化较上一亚区更为明显。随海拔不同，古北界和东洋界的成分作相应的变化。阔叶林带以下，动物区系几乎全为东洋界成分。许多东洋型和南中国型的成分从东部季风区延伸至此，沿喜马拉雅山南麓中低山带分布，在第四章中已有很多事例。在植物中也有很多种类有这种分布格局，因而植物地理学中有中国-喜马拉雅区系的划分。可见，本山区与我国东部的关系远胜于与印度半岛的关系。本亚区内还具有不少仅为喜马拉雅山区所有的种类，如两栖类中的喜山蟾蜍（*Bufo himalayanus*）、西藏舌突蛙（*Liurana xizangensis*）、几种齿突蟾（*Scutiger* spp.），爬行类中的南亚鬣蜥（*Agama tuberculata*）、喜山小头蛇（*Oligodon albocinctus*）、喜山钝头蛇（*Pareas monticola*），鸟类中的红胸角雉（*Tragopan satyra*）、棕尾虹雉（*Lophophorus impejanus*），兽类中的塔尔羊（*Hemitragus jemlahicus*）、喜马拉雅鼠兔（*Ochotona himalayana*）等。察隅-波密地区是喜马拉雅山系与横断山系的交汇地带，又与印度半岛及中南半岛毗连，因而动物区系与这些地区有密切关系，还有不少迄今所知仅仅或主要分布于这一交汇地带的种类，如兽类中的孟加拉虎（*Panthera tigris tigris*）、黑麝（*Moschus fuscus*）、喜马拉雅麝（*M. chrysogaster*）、红斑羚（*Naemorhedus cranbrooki*）和小灰泡鼠（*Berylmys manipulus*），鸟类中的黄嘴蓝鹊（*Cissa flavirostris*）、纹胸斑翅鹛（*Actinodura waldeni*）、白眉雀鹛（*Alcippe vinipectus*）、血雀（*Haematospiza sipahi*）和金头黑雀（*Pyrrhoplectes eppauletta*），爬行类中的墨脱竹叶青（*Trimeresurus medoensis*）、喜山小头蛇和卡西（腹链）蛇（*Amphiesma khasiense*），两栖类中的几种角蟾、几种（泛）树蛙（*Polypedates* spp.）和小树蛙（*Philautus* spp.）等。

本亚区陆栖脊椎动物的分布明显地受到自然条件垂直分带的影响。喜马拉雅山的南麓自下而上国境线内分：①低山热带雨林带（1100m 以下）；②山地亚热带常绿阔叶林带(1100～2300m)；③山地暖温带针阔叶混交林带（2300～3800m）；④山地寒温带暗针叶林带（3800～4200m）；⑤高山草甸、灌丛、寒漠冰雪带（4200m 以上）。高山带的自然条件南北坡无明显的分别。据冯祚建等（1986）、尹秉高和刘务林（1993）的报道，高山带南北坡兽类的组成亦相似。暗针叶林带才开始出现东洋界的种类。再依统计（表 5.33、表 5.34）可将本亚区兽类垂直分布的特点试做以下的归纳。

表 5.33 喜马拉雅山亚区兽类各目在各垂直带的种数

林带	食虫目	翼手目	灵长目	食肉目	偶蹄目	兔形目	啮齿目
针叶林	4	1	0	10	9	7	13
混交林	5	3	1	8	6	3	12
亚热带阔叶林	7	6	3	11	6	0	14
热带阔叶林	1	5	2	5	3	0	8
共计 95 种	10	12	3	21	14	7	28

资料来源：据冯祚建等（1986）资料整理。

表 5.34 喜马拉雅亚区兽类各分布型在各垂直带的种数

林带	全北	古北	高地	季风	喜横	南中	东洋	其他
针叶林	3	5	6	2	16	1	7	0
混交林	1	7	0	4	16	2	8	1
亚热带阔叶林	0	0	0	5	6	7	22	1
热带阔叶林	0	0	0	4	1	2	17	2
共计 95 种	3	10	6	6	26	8	32	4

注：喜横＝喜马拉雅-横断山型；季风＝季风区型；南中＝南中国型。

资料来源：据冯祚建等（1986）资料整理。

1）兽类中各目种类数量由多至少依次为啮齿目、食肉目、偶蹄目、翼手目、兔形目、食虫目和灵长目。

2）作为东洋界代表的灵长类共 3 种，其中只有 1 种，即猕猴，分布至山地暖温带针阔叶混交林。与它在我国其他地区水平分布及垂直分布止于暖温带和山地暖温带针阔混交林或针叶林带相当。

3）兔形目种类分属喜马拉雅-横断山型和高地型，只出现在山地暖温带以上各带。

4）在山地亚热带阔叶林以下，除具有广布性质的野猪，完全缺乏北方类型的种类，而南方的类型中的许多种类可以分布至暗针叶林带，这一趋势与前一亚区相似。

5）季风区类型和几种南方类型沿青藏大高原南斜面的分布有以下的差异：

喜马拉雅-横断山型种类以森林垂直带上部为多，如羚牛、小熊猫、几种麝等代表种类；南中国型种类的分布以亚热带阔叶林为主；东洋型以亚热带阔叶林和热带阔叶林为多，在山地暖温带则明显减少；季风区型种类多在山地暖温带以下分布。

它们大多有季节性垂直迁移现象，与它们同种的动物在国内其他各地的水平分布大多止于亚热带，最多止于暖温带相比，在本亚区的垂直分布已进入（山地）寒温带，并在种类上远超过北方类型，这一趋势与上一亚区也是相似的。因而，东洋界与北古界在喜马拉雅山的分界并非沿山脊顶部，两界成分沿山地暗针叶林上缘相互交错。所以，一向被誉为东洋及古北两界最明显分野的喜马拉雅山脉地形上的主脊，并非两界成分截然的分界，而取决于山地气候条件。目前，喜马拉雅山的主脊由于河流的强烈侵蚀，已向北移动，一些大河已切通山体伸入主脉的北翼，成为一些喜暖湿动物向北扩展的通道，如南迦巴瓦峰地区雅鲁藏布江大拐弯和樟木、亚东等通道。但这些通道只是狭窄的暖湿河谷地带，高原寒冷气候带仍是生活于南方和低海拔暖湿地区动物分布的严重阻障。分布至喜马拉雅山南坡高海拔的种类如两栖爬行类中的齿突蟾、高山蛙和沙蜥均属适应高寒的类型。只有很少的种类，如墨脱裸趾虎（*Cyrtodactylus medogensis*）有可能是古北界裸趾虎属由北向南伸展并在较低海拔环境分化而成的物种（赵肯堂，1998）。又如跨越峡谷两边的岩蜥（*Laudakia*）已明显地分化为两个不同的物种，即墨脱的吴氏岩蜥（*L. wui*）和米林派区的拉萨岩蜥（*L. sacra*）（饶定齐，2000）。但这种阻障的跨越，与喜马拉雅山脉与青藏大高原所形成的高寒环境的阻障无可比拟。然而，有个别高地型种类仍保留在高原边缘河流伸进过程中残留的平台草地，面临着暖湿的河谷环境。如在珠峰南麓地区卡玛曲河谷上的平台，还有喜马拉雅旱獭的分布（钱燕文等，1974），就是例子。从历史动态观点出发，更远的追溯是大陆板块漂移的影响。两大板块的缝合与喜马拉雅山脉-横断山脉的崛起形成巨大阻障作用，而在它们的南侧与东侧，则形成了在欧亚大陆与次大陆（印度半岛-中南半岛）之间动物分布的重要通道，前已论及。在近期，南方类型在本亚区的出现是随河谷北伸而至。这一过程与大高原地貌的发育趋势（图 5.28）即切割地形（地形切割回春带）发展和高原面退缩是一致的。

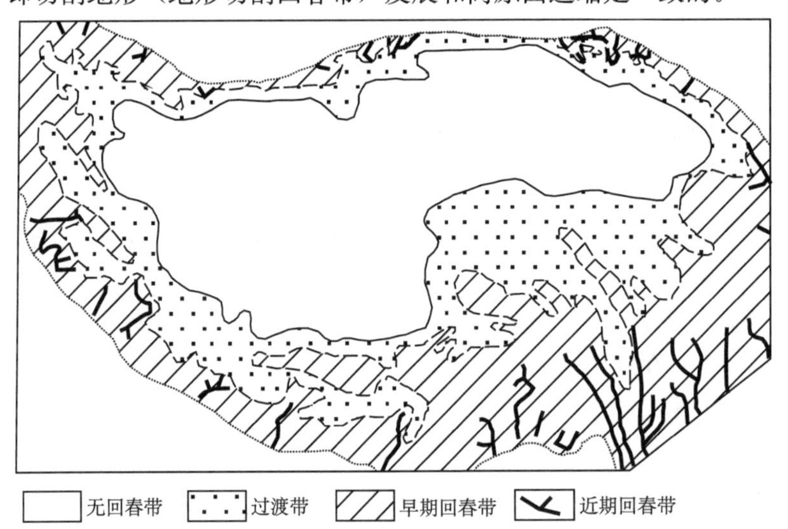

图 5.28　青藏高原的地形回春

资料来源：据 Zhang 等（1981）

另外，在蜿蜒千余公里的喜马拉雅山南翼，可以预想，可能存在着区域的变化。前述在最东部的两大山脉交汇处即属此情况。但应在南麓，包括国境外，进行全面调查后，方可获得全面的了解。

20 世纪 50 年代后，我国对青藏高原的科学考察多次进入喜马拉雅山南翼，包括墨脱、察隅地区进行动物学调查，其中鸟类分布方面的考察成果汇集在《西藏鸟类志》

(郑作新等，1983）中，另有对喜马拉雅山南翼（王祖祥，1982a，1982b)、青藏东南部（李德浩等，1978）及林芝（刘少初，1986）的专门报道。依这些报告和统计（表5.35)，可将本亚区鸟类地理分布的特点归纳如下：

表 5.35 喜马拉雅山南翼若干代表性鸟类的垂直分布与分布型

高山灌丛草甸带（4000～4800m)：

粉红胸鹨（*Anthus roseatus*）Hm、雪鸽（*Columba leuconota*）Hm、黑喉红尾鸲（*Phoenicurus hodgsoni*）Hm、蓝额红尾鸲（*P. frontalis*）Hm、黑喉石䳭（*Saxicola torquata*）U、蓝矶鸫（*Monticola solitarius*）U、领岩鹨（*Prunella collaris*）U、高山岭雀（*Leucosticte brandti*）P、雪雀（*Montifringilla* spp.）P

亚高山针叶林带（3200～4000m)：

红头长尾山雀（*Aegithalos concinus*）Wd、玫红眉朱雀（*Carpodacus rhodochrous*）Hb、黑头金翅雀（*Carduelis ambigua*）Hm、红头灰雀（*Pyrrhala erythrocephala*）Ha、红额金翅雀（*Carduelis carduelis*）O、黄腰柳莺（*Phylloscopus proregulus*）U、橙斑翅柳莺（*P. pulcher*）Hm、红眉朱雀（*Carpodacus pulcherrimus*）Hm、红额松雀（*Pinicola subhimachala*）Hm、拟大朱雀（*Carpodacus rubicilloides*）P、白翅拟蜡嘴雀（*Mycerobas carnipes*）P、红胸角雉（*Tragopan satyra*）Ha

山地针阔混交林带（2600～3200m)：

黑短脚鹎（*Hypsipetes madagascariensis*）Wd、粟胸矶鸫（*Monticola rufiventris*）Sd、杂色噪鹛（*Garrulax variegates*）Ha、火尾太阳鸟（*Aethopyga ignicauda*）Ha、绿背山雀（*Parus monticodus*）Wd、煤山雀（*P. ater*）U、棕尾虹雉（*Lophophorus impejanus*）Ha、白眉雀鹛（*Alcippe vinipectus*）Hm、长尾山椒鸟（*Pericrocotus ethologus*）Hm、蓝喉太阳鸟（*Aethopyga gouldiae*）Sd、黄眉柳莺（*Phylloscopus inornatus*）U、灰腹角雉（*Tragopan blythi*）He（1900～3400m)、棕尾虹雉（*Lophophorus impejanus*）Ha（2000～3000m)

山地常绿阔叶林带（2600m 以下)：

楔尾绿鸠（*Treron sphenura*）Wb、条纹噪鹛（*Garrulax striatus*）Hm、红嘴相思鸟（*Leiothrix lutea*）Wd、黑头奇鹛（*Heterphasia capistrata*）Ha、铜蓝鹟（*Muscicapa thalassina*）Wd、白喉扇尾鹟（*Rhipidura albicollis*）Wa、绿喉太阳鸟（*Aethopyga nipalensis*） Hm、血雀（*Haematospiza sipahi*）Hm、黑鹇（*Lophura leucomelana*）He、灰林䳭（*Saxicola ferrea*）Wd、细纹噪鹛（*Garrulax lineatus*）Ha、灰腹角雉（*Tragopan blythi*）He（1900～3400m)、棕尾虹雉（*Lophophorus impejanus*）Ha（2000～3000m)、锈红腹旋木雀（*Certhia nipalensis*）Ha（2000m)、赤朱雀（*Carpodacus rubescens*）Hm（2000m)、红头灰雀（*Pyrrhala erythrocephala*）Ha（2000m)

注：U：古北型；Hm：喜马拉雅-横断山区型；Wd：东洋型（北限北亚带)；P：高地型；Ha：喜马拉雅南坡；Sd：南中国型（北限北亚热带)；O：地中海-中亚型；Hb：喜马拉雅型；Wa：东洋型（北限热带)；He：喜马拉雅东南部；Wb：东洋型（北限南亚热带)；Hd：雅江流域。

资料来源：据王祖祥（1982b)、郑作新等（1983）再整理。

1）青藏高原的南麓与高原内部有明显的差别，东洋界的成分明显增加，如在林芝，东洋界鸟类有 65 种，占鸟类总数的 59%（刘少初，1986)，至墨脱地区东洋界鸟类增至 67 种，占鸟类总数的 88.2%（王祖祥，1982a，1982b)。

2）具有较多的只分布于喜马拉雅及其东部的土著种类，如红胸角雉、灰腹角雉（*Tragopan blythi*)、棕尾虹雉、锈红腹旋木雀、红头灰雀（*Pyrrhala erythrocephala*）等。

3）有十分明显的垂直分布，其中喜马拉雅-横断山型的成分在各个垂直带均可发现；喜马拉雅型成分的分布则在亚高山针叶林带以下；东洋型成分以山地常绿阔叶带最多，最高可至亚高山带；古北界种类以高山带最多，最低可至山地针阔混交林带，反映了各自的适应特点。

4）在青藏高原东南缘特别繁盛的画眉亚科，除极少数可分布至高山带下缘外，都在海拔 4000m 以下，反映其东洋界的特征（郑作新等，1983）。

两栖爬行类分布方面的考察成果汇集在《西藏两栖爬行动物》一书中（胡淑琴等，1987），该书对西藏地区，包括本亚区范围的两栖与爬行动物区系及地理区划有比较详细的讨论，可将其要点归纳如下：

1）本亚区面积虽不大，但东（藏东南地区）西（喜马拉雅南翼）之间有比较明显的差别，同时分布较狭窄的地方性土著种比较丰富，尤其是在西部，即喜马拉雅山南翼。

2）垂直分布，在低山带（热带、亚热带常绿阔叶林带）、中山带（阔叶针叶混交林带）和高山带（高山草甸草原灌丛带）之间有明显的差别。低山带东洋界种占优势。高山带种类显见贫乏，在两栖类中完全缺乏树蛙。从整个高原斜面来看，两栖类热带（华南）种类主要分布于低海拔山地，面积不大。因而，热带成分在区系中的比例，较滇南热带为少（图 5.27）。

3）雅鲁藏布江大拐弯地区在地形上是一个水汽通道，同时也是东洋界成分沿此通道向北伸延的豁口。据爬行类的统计此处共获 44 种，占西藏全境总种数的 81.48%。两栖类在此处则表现出了南部（察隅）偏重于东洋界成分，北部（波密）偏重于古北界成分，反映了此通道上的过渡特点。

4）间断分布迄今所知只一例，即蝎虎（*Cosymbotus platyurus*），在我国还见于广东（赵尔宓、鹰岩，1993），反映本亚区与附近地区的历史关系。

本亚区再分 2 个动物地理省：㊱喜马拉雅省——西部热带山地森林动物群（VB1）；㊲察隅-贡山省——东部热带山地森林动物群（VB2）。

2. 华中区（VI）

本区相当于四川盆地与贵州高原及其以东的长江流域。西半部北起秦岭，南至西江上游，除四川盆地外，主要是山地和高原。东半部为长江中下游流域，并包括东南沿海丘陵的北部，主要是平原和丘陵。本区的南北跨度较宽，最宽处几达 10 个纬度，包括整个中、北亚热带。本区的南界，大致与南亚热带北界相当，自福州向西鹫峰山-武夷山区经南岭南侧、广西大瑶山北缘至南盘江上游。有建议南界在福建境内划在戴云山（谢进金等，2003），即相当于南亚热带北界。本区北界自秦岭 -伏牛山一线向东，大致沿淮河，而终于长江以北的通扬运河一线。

总的来说，华中区动物区系是华南区的贫乏化。所有分布于本区的各类热带-亚热带成分，包括东洋型、南中国型、旧大陆或环球热带-亚热带型的种类，绝大多数均与华南区所共有。由华南区向华中区，热带成分有明显减少，以典型的类群（科）计算，减少约三分之一。从本区南部中亚热带至北部北亚热带，又进一步减少，仅为华南区的一半。对这一趋势，在第四章已列有大量的事例。但与华北区比较，本区陆栖脊椎动物区系显见丰富，特别是食虫类和翼手类。这一现象主要受气候条件的影响。对于许多东洋型或南中国型的成分，秦岭-淮河一线是它们分布上的北限。山栖种类包括一些鹿科（Cervidae）的南方类型和灵猫科（Viverridae）动物等，在东段大体止于大别山-天目山一线。南中国型为本区的代表成分，但只限于本区，而不见于华南区的很少，如两栖类中的东方蝾螈（*Cynops orientalis*）、隆肛蛙，鸟类中的灰胸竹鸡、矛纹草鹛（*Babax lanceolatus*)和叉尾太阳鸟（*Aethopyga christinae*）(图 5.29)；兽类中的藏酋猴（*Macaca thibetana*）、黔金丝猴（*Rhinopithecus brelichi*）、獐（*Hydropotes inermis*）、黑麂（*Muntiacus crinifrons*）、小麂（图 5.17）和毛冠鹿（*Elaphodus cephalophus*）等。獐还见于朝鲜半岛，形成间断分布。藏酋猴虽亦见于西南区的北部，但主要分布于本区，可视为本区的代表种。本区与华北区共有的动物大都为广泛分布于我国东部的北方成分。在本区的西部则有一些喜马拉雅-横断山区型成分，甚至有高地型成分渗入。

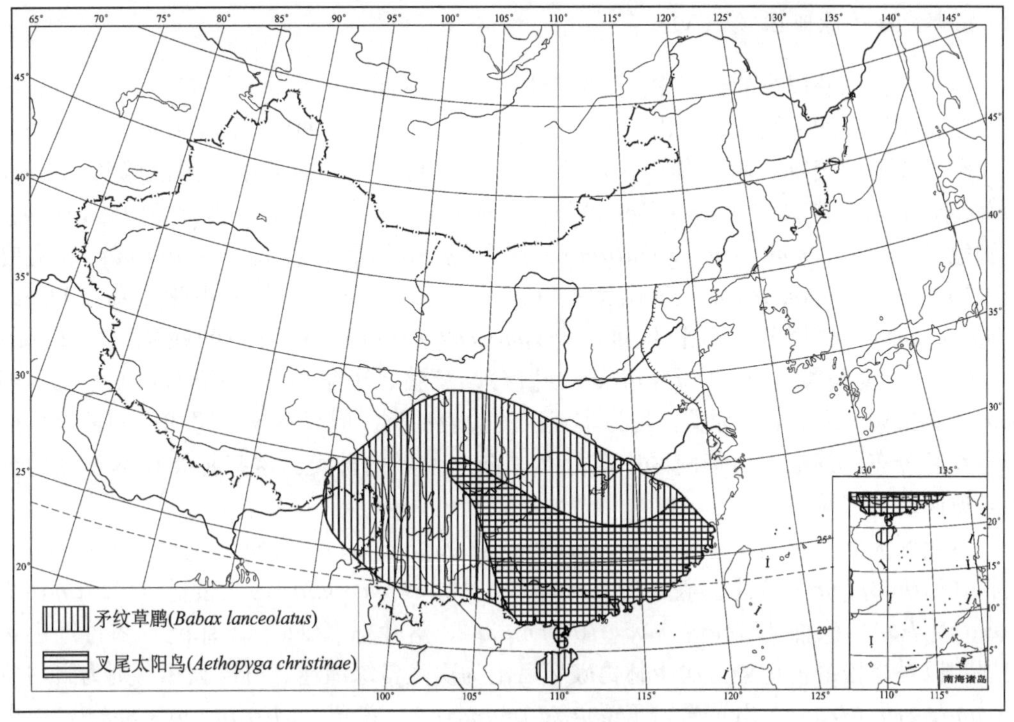

图 5.29　两种南中国型鸟类的分布

秦岭以西，山体受嘉陵江上游的切割，形成暖湿气流的通道，为亚热带湿润气候，植被为常绿阔叶、落叶阔叶混交林带，有利于一些南方种类的北伸，最明显的就是川金丝猴和大熊猫在白龙江河谷地带的分布，还有毛冠鹿、鬣羚（*Capricornis sumatraensis*）、豪猪等更进入陇南-陇东地区。爬行动物在此亦处于古北界与东洋界的过渡状态（王丕贤等，1990）。

本区的北缘山地不但南北成分交错分布，而且还有一些地理残留成分，反映本区在历史上曾为动物分布的避难地（见第四章），如两栖类中的极北鲵，爬行类中的极北蝰，兽类中的松鼠（古北型）和明纹花松鼠（*Tamops macclellandi*）、毛耳飞鼠（*Belomys pearsoni*）（南方类型）。它们均发现于亚热带北缘山地的局部范围，并与其同种动物呈现间断分布。间断分布在本亚区与北方同种动物遥遥相对的种类，还可举出大麝鼩（*Crociduro lasiura*）（图 5.7）与震旦鸦雀（图 4.21）等，前已述及。它们在华北区的缺失或极为罕见，远可追溯至黄土高原的形成，近则可能与华北区的相对干旱有关。震旦鸦雀现已处于濒危，除见于黑龙江外，主要栖息于本亚区长江下游及沿海的芦苇滩，冬季亦进入村舍林灌丛（马世全，1988）。

残留分布最为突出的是扬子鳄（*Alligator sinensis*）。扬子鳄现今生活的地区，年中有3个月月均温在5℃以下的冬天。在它的生活史中，每年至少有半年的蛰伏休眠期，长期过着水下穴居的生活，生态习性与一般热带产鳄类已大不相同。长江中下游曾有世界上残留的为我国所特有的白鳍豚，据媒体报道，现已消失。

本区再分东部丘陵平原亚区和西部山地高原亚区。

(1) 东部丘陵平原亚区（VIA）

本亚区指三峡以东的长江中、下游流域，包括沿江冲积平原和下游的长江三角洲，以及散布于境内的大别山、黄山、武夷山、罗霄山和福建、两广北部等丘陵，北与华北区黄淮平原亚区接壤，南与华南区闽广沿海亚区毗连。两栖类中的黑眶蟾蜍（*Bufo melanostictus*）、虎纹蛙（*Hoplobatrachus chinensis*）和饰纹姬蛙，爬行类中的扬子鳄、平胸龟（*Platysternom megacephalum*）、钓盲蛇（*Ramphotyphlops braminus*）、尖吻蝮（*Deinagkistrodon acutus*）和眼镜蛇（*Naja atra*），鸟类中的大拟啄木鸟（*Megalaima virens*）、画眉和白颈长尾雉（*Syrmaticus ellioti*），兽类中的鼬獾（*Melogale moschata*）、食蟹蠓（*Herpestes urva*）、鬣羚、豪猪、中华竹鼠（*Rhizomys sinensis*）和多种家鼠属（*Rattus*）种类，均为本亚区的代表种类。但只有扬子鳄和白颈长尾雉限于本亚区分布，其他均为华南区广泛分布并向北伸展的种类。这些种类在本亚区的分布，愈向北愈趋减少。

本亚区天然植物是常绿阔叶林，以栲槠（*Castanopsis*）、青枫（*Cyclobalanopsis*）、石栎（*Lithocarpus*）为主。破坏后，马尾松（*Pinus massoniana*）、苦槠（*Castanopsis sclerophylla*）、枫香（*Liquidambar formosana*）、落叶栎（*Quercus* spp.）和竹等迅速发展，以马尾松最占优势。次生林再破坏后沦为次生常绿灌丛。再经破坏，则为野古草（*Arundinella hirta*）、山黄草（*Themeda triandra*）、芒草（*Miscanthus sinensis*）、白茅（*Imperata cylindrica*）、芒萁（*Dicranopteris dichotoma*）等高草地。境内农业开发的历史亦甚为悠久，绝大部分山地丘陵的原始森林，早经砍伐并人工经营。次生林地和灌丛、草坡所占面积很大。平原及谷地几乎全为农耕地区，大部分是水田。亚热带森林动物群的原来面貌有极大的改变，绝大部分地区沦为次生林灌、草地和农田动物群。

对本亚区兽类地理分布的调查研究成果，集中反映在两部省动物志（兽类）——安徽省（王岐山等，1990）、浙江省（诸葛阳等，1986）中，还有许多专题（专类或地区）的报道，其中最多的首推啮齿类，如河南啮齿动物志（路纪琪等，1997）。对其分布特征可作以下的概括：

1）绝大部分东洋型成分，在本亚区内的分布，除赤腹松鼠（*Callosciurus erythraeus*）、隐纹花松鼠（*Tamiops swinhoei*）分布北限可达北亚热带外，大多限于中亚热带，亦即大别山—天目山一线，如赤腹松鼠、长吻松鼠（*Dremomys* spp.）、中华竹鼠、猪尾鼠（*Typhlomys cinereus*）、针毛鼠、青毛鼠（*Berylmys bowersi*）、白腹巨鼠（*Leopoldamys edwardsi*）等，大多属林栖种类。

2）广泛见于本亚区，在大多数地区均为优势的种类，在田野是黑线姬鼠，在近水湿润环境是东方田鼠，在家舍是黄胸鼠。除黄胸鼠为东洋型成分外，其他两种均为北方类型。

3）田野中黑线姬鼠的优势越向南部越形减弱，而逐渐被黄毛鼠（*Rattus rattoides*）的优势所替代，两者有一相当广泛的交错带（陈安国等，1988；洪朝长，1982）。

4）鼠类中，在本亚区北部的北亚热带有北方成分，如黑线仓鼠、大仓鼠、东北鼢鼠（在田野）、岩松鼠（在山区）参与，或成为次优势种；而在南部则有南方成分的针毛鼠、青毛鼠、社鼠等参与，或成为次优势（王岐山等，1990；诸葛阳等，1986；洪朝长，1982）。古北型的褐家鼠则广泛见于本亚区的南北。

从上述特征中可以看出，古北型种类的南渗力量较强，尤其是黑线姬鼠，它是一个十分活跃的成分。前述在东北区和华北区黑线姬鼠主要生活于森林及森林草原地带，并侵入伐后森林，形成优势，在亚热带低地获得了很大的发展，成为普遍的优势种，甚至可沿河岸一直分布至山顶（王岐山等，1990；刘春生等，1986）。此兽在暖冬年中可以全年繁殖，一年有 2～3 次繁殖高峰（王勇等，1994）。

前述情况一方面说明亚热带次生动物群中，少数北方种类型可以形成优势，另一方面，表明亚热带次生环境的单纯化较之热带地区明显。因而，动物成分的优势现象比热带地区亦较明显。相反，在天然森林保存较好的地方，即使位于偏北地区，其动物的组成亦较偏南地区的农业开垦的次生环境为丰富。如福建的啮齿类种类由北向南逐渐减少，即属此原因（詹绍琛、郑智民，1978）。

长江在下游地段对某些小型兽类有明显的阻隔作用。如北方类型的草兔、大仓鼠、棕色（毛足）田鼠（*Lasiopodonmys mandarinus*），限分布于江北；南方类型的华南兔（*Lepus sinenis*）、红腹松鼠（*Callosciurus erythraeus*）、豪猪，限分布于江南（周开亚等，1981；王岐山等，1990）。山地啮齿动物的垂直分布现象主要表现在数量及优势种组合上的变化，与平原地区主要的差别在于增加了一些前已述及的林栖种类，还有黑腹绒鼠（*Eothenomys melanogaster*）等。在平原地区成为绝对优势的黑线姬鼠，在天然林地生长良好的垂直带中，则多让位于社鼠，不形成优势或消失，如在天目山等地（鲍毅新、诸葛阳，1987；刘春生等，1986）。食虫类中常见的有臭鼩（*Suncus murinus*）、北小麝鼩（*Crocidura suaveolens*）、长尾大麝鼩（*Crocidura dracula*）等。有些种类在田间或室内可形成一定的优势（詹绍琛、王伟成，1991；吴化前、祝龙彪，1991）。

本亚区的有蹄类相当丰富，特别是鹿科动物，成为重要的动物资源。限分布于本亚区的，有獐、黑麂，分布广泛几见于全区的有毛冠鹿和小麂。小麂、毛冠鹿和黑麂三者在丘陵山区的生态分布（盛和林等，1992）表明它们的呈自下而上的垂直替代。黑麂和小麂全年繁殖的习性（盛和林等，1992）表明它们具有典型热带-亚热带动物繁殖缺乏节律的特点。水鹿（*Cervus unicolor*）分布于中亚热带南部至热带。梅花鹿只在局部地区发现（盛和林、陆厚基，1985）。林地的破坏对它们是最大的威胁。小麂在许多地区是主要的优势种，除大雪年份一般生活于山地次生林灌，食果实、种子、嫩叶和芽等，偶有至耕地觅食，食料全年不缺。獐在长江流域沿河芦苇沼泽地为优势种之一，春天盛行收割芦苇时，它们便迁往附近低山，秋天于芦苇重生时，又偕幼獐回到沿河带。它们还适应农田环境，啃食作物。獐还见于浙江沿海岛屿，有一定的数量（诸葛阳等，1988）。本亚区的食肉兽具有灵猫科的一些种类，如大灵猫（*Viverra zibetha*）、小灵猫（*Viverricula indica*）、花面狸（*Paguma larvata*）和食蟹獴等。鼬科中的青鼬和猫科中的豹猫（*Felis bengalensis*）为常见种类。大型食肉兽华南虎、豹和云豹（*Neofelis nebulosa*）均属十分濒危的种类。相反，小型食虫兽黄鼬的数量居首位。

鸟类中最普遍的优势种主要是与人类活动有密切关系或栖息于农耕环境的许多种类，如麻雀、大嘴乌鸦、秃鼻乌鸦、金腰燕（*Hirundo daurica*）、白鹡鸰 、棕头鸦雀（*Paradoxornis webbianus*）、黄臀鹎、绿鹦嘴鹎（*Spizixos semitorques*）等，数量较多。其次是喜鹊、珠颈斑鸠、山斑鸠、大山雀、画眉、环颈雉等。它们大多能在多种环境留居或季节性地迁来生活。由于地区不同及各种人为环境的复杂性，加以候鸟和旅鸟的往返，各地的优势种类有很大的差别。长江下游一带，有红头山雀、白眶雀鹛（*Alcippe morrisonia*）、白头鹎、白腰文鸟（*Lonchura striata*）、发冠卷尾（*Dicruru shottentotus*）、黄眉鹀（*Emberiza chrysophrys*）、竹鸡（*Bambusicola thoracica*）、红脚苦恶鸟（*Amaurornis akool*）、白眉姬鹟（*Ficedula zanthopygia*）等。本带由于候鸟、旅鸟过境频繁，年中有周期性的变动。如对东部沿海的研究，在春、秋两季各为两个动乱期，夏、冬两季为两个平稳期（钱国桢、王培潮，1983）。这种现象应为本带普遍现象。据统计，冬日，来本亚区越冬的北方类型的鸟类占全部冬候鸟的 84.2%，南方类型留此过冬的只有 6.8%。相反，夏日在此繁殖的鸟类以南方类型为主，占 76.9%，北方类型只占 23.1%。

本亚区湖泊众多，在冬季为多种雁、鸭、潜鸭（*Aythya* spp.）、麻鸭（*Tadorna* spp.）、秋沙鸭（*Mergus* spp.）、天鹅（*Cygnus* spp.）等水禽的越冬场所，不下 30 余种。其中绿翅鸭、斑嘴鸭（*Anas poccilorhyncha*）、绿头鸭在各地均占优势，由于水域开阔，数量可观，少时数十百余，多则以千万计。夏季生活于东北的丹顶鹤亦至长江中、下游一带及沿海滩涂越冬。本亚区中三个最大的湖泊湿地，冬日来此越冬的鸟类很多，包括一些重要的珍稀种类（表 5.36）。

表 5.36　三大湖泊越冬重要水涉禽

湖泊	重要水涉禽	雁鸭类*	其他水涉禽	依据
洪泽湖	丹顶鹤（*Grus japonensis*）、灰鹤（*G. grus*）	12	2	刘白等，1988.1**
洞庭湖	白头鹤（*G. monacha*）、白枕鹤（*G. vipio*）			宋宗法等，1985**
	白鹤（*G. leucogeranus*）、灰鹤（*G. grus*）	15	31	沈猷慧，1960
	小天鹅（*Cygnus columbianus*）、天鹅（*C. cygnus*）			
鄱阳湖	小天鹅（*C. columbianus*）、白头鹤（*G. monacha*）	22	14	陆健健，1990
	灰鹤（*Grus grus*）、天鹅（*Cygnus cygnus*）			

* 不计鹅类。

* * 引自陆健健（1990）。

本亚区山地不高，有不少鸟类可沿河自下而上分布，有一些鸟类则随海拔和垂直植被带具有不同的分布。可以黄山夏季常见鸟类的分布为例，其中北方类型与横断山型成分均在山上，东洋型成分则多在山脚，南中国型成分整体分布幅度较宽，但各种在各垂直带各自形成优势（图 5.30），这可能是同一分布型种类生态适应互补的现象，有待进一步了解。低山林地鸟类比较丰富（王岐山，1965；王岐山等，1978）。

20 世纪 50 年代后，有关本亚区两栖爬行类地理分布与区划研究的结果可见于以下

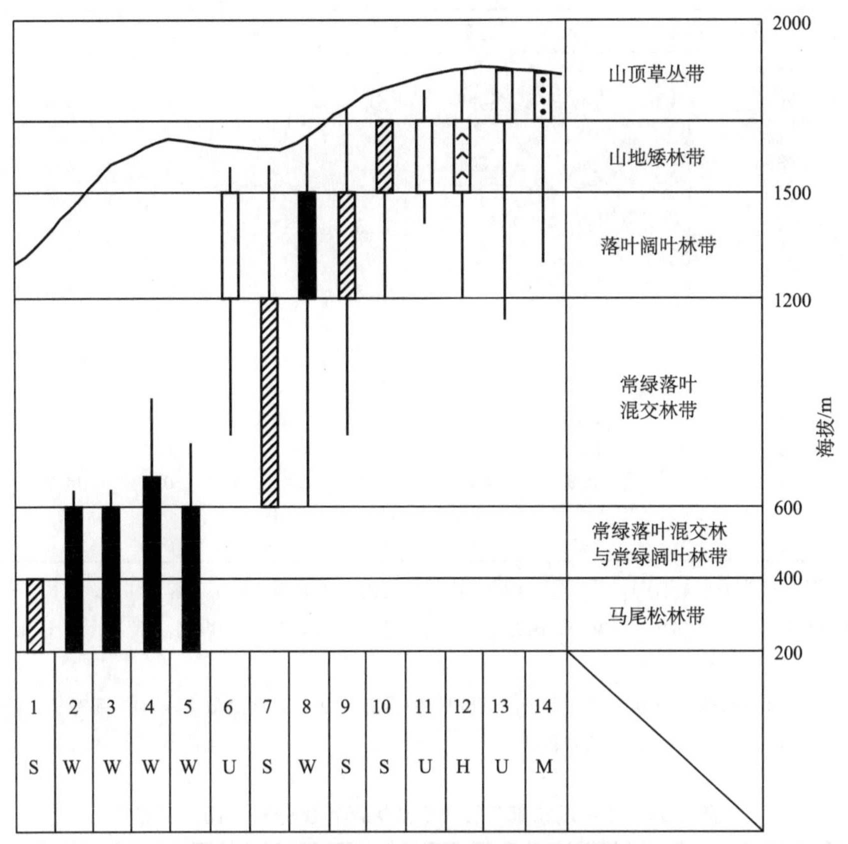

图 5.30 黄山夏季几种常见鸟类的垂直分布

S. 南中国型；W. 东洋型；U. 古北型；H. 横断山型；M. 东北型

1. 丝光椋鸟（*Sturnus sericeus*）S；2. 黑枕黄鹂（*Oriolus chinensis*）W；3. 暗灰鹃𫛰（*Coracina melaschistos*）W；4. 灰树鹊（*Crypsirina formosae*）W；5. 红嘴蓝鹊（*Cissa erythrorhyncha*）W；6. 松鸦（*Garrulus glandarius*）U；7. 棕脸鹟莺（*Seicercus albogularis*）S；8. 黑鹎（*Hypsipetes madagascariensis*）W；9. 红嘴相思鸟（*Liocichla lutea*）S；10. 黄腹山雀（*Parus venustulus*）S；11. 煤山雀（*P. ater*）U；12. 蓝鹀（*Emberiza siemsseni*）H；13. 毛脚燕（*Delichona urbica*）U；14. 白腰雨燕（*Apus pacificus*）M

资料来源：据王岐山等（1978）再整理

各位学者的著作：丁汉波等（1980），丁汉波和郑辑（1981），郑辑（1993）——福建；胡步青等（1965），黄美华等（1987），顾辉清和阮蓉文（1995）——浙江；钟昌富和吴贯夫（1981），钟昌富（1995，2004）——江西；沈猷慧（1983，1995），梁启燊等（1988）——湖南；费梁（1982），蔡三元（1995）——湖北；周开亚（1964），常青等（1995），邹寿昌（1995），邹寿昌和陈才法（2002）——江苏；陈壁辉等（1991），陈壁辉（1995）、陈壁辉等（2003），张盛周和陈壁辉（2002）——安徽；瞿文元（1985），瞿文元等（1995），路纪琪等（1999）——河南。据他们的分析和提供的资料（表 5.37、表 5.38），可将本亚区两栖爬行动物地理分布的特点归纳如下：

表 5.37 华中区东部丘陵平原亚区两栖类分布型比例分布

分区	共计(比例)	古北	季风	华北东北	南中国	横断	云贵高原	东洋	特有
Ⅰ	19	1	4	3	8	0	0	3	0
	%	5.4	21	15.8	42	0	0	15.8	0
Ⅱ	10	0	3	2	1	0	0	3	1
	%	0	30	20	10	0	0	30	10
Ⅲ	19	0	3	5	6	0	0	5	0
	%	0	59	26.3	31.5	0	0	26.3	0
Ⅳ	32	0	4	1	19	0	0	7	1
	%	0	12.5	3.2	59.3	0	0	21.8	3.2
Ⅴ	52	0	3	0	34	2	2	11	0
	%	0	5.8	0	65.4	3.8	3.8	21.2	0
Ⅵ	38	0	4	0	21	1	0	12	0
	%	0	10.5	0	55.3	2.6	0	31.6	0
Ⅶ	42	0	4	2	24 (25?)	0	0	11	1 (2?)
	%	0	9.5	4.8	57.1	0	0	26.2	2.4
Ⅷ	40	0	4	0	21	0	0	12	3
	%	0	10	0	52.5	0	0	30.0	7.5

注：Ⅰ. 桐柏大别山地（河南）；Ⅱ. 长江下游（江苏、安徽）-北；Ⅲ. 长江下游（江苏、安徽）-南；Ⅳ. 长江中下游（安徽南）；Ⅴ. 湘鄂平原（湖南、湖北）；Ⅵ. 赣浙西部（江西）；Ⅶ. 赣浙东部（浙江）；Ⅷ. 闽北丘陵（福建）。

资料来源：据丁汉波等（1980）、黄美华等（1987）、钟昌富（1995）、沈猷慧（1995）、邹寿昌（1995）、陈壁辉（1995）、吴淑辉和瞿文元（1984）资料整理。

表 5.38 华中区东部丘陵平原亚区爬行类分布型比例分布

分区	共计(比例)	古北	季风	华北Ⅰ东北	南中国	横Ⅰ喜	云贵高原	东洋	特有
Ⅰ	26	(2)	(4)	(0)	(15)	(0)	(0)	(5)	(0)
	%	7.7	15.4	0	57.7	0	0	19.2	0
Ⅱ	26	1	7	3	11	0	0	3	(1)
	%	3.8	26.9	11.5	42.3	0	0	11.5	3.8
Ⅲ	39	1 (2?)	6	2	23	0	0	6	(1)
	%	2.6	15.2	5.2	61.8	0	0	15.2	0
Ⅳ	63	1	8	1	36	0	0	16	1
	%	1.6	12.9	1.6	57.1	0	0	25.2	1.6
Ⅴ	70	0	7	0	40	1	1	21	0
	%	0	10	0	57.2	1.4	1.4	30	0
Ⅵ	68	0	6	1	43	0	0	18	0
	%	0	8.8	1.5	63.2	0	0	26.5	0
Ⅶ	70	0	7	0	43	0	0	19	(1)
	%	0	10	0	61.4	0	0	27.1	1.5
Ⅷ	83	0	6	0	43	0	0	32	2
	%	0	7.2	0	51.8	0	0	38.5	2.5

注：Ⅰ. 桐柏大别山地（河南）；Ⅱ. 长江下游（江苏、安徽）-北；Ⅲ. 长江下游（江苏、安徽）-南；Ⅳ. 长江中下游（安徽南）；Ⅴ. 浙鄂平原（湖南、湖北）；Ⅵ. 浙赣西部（浙江）；Ⅶ. 浙赣东部（江西）；Ⅷ. 闽北福建。Ⅰ～Ⅲ. 主要为北亚热带；Ⅳ～Ⅷ主要为中亚热带；（ ）只限陆栖。

资料来源：据丁汉波和郑辑（1981）、黄美华等（1987）、钟昌富和吴贯夫（1981）、梁启燊等（1988）、周开亚（1964）、陈壁辉（1991）、瞿文元（1985）资料整理。

1）从南向北，两栖爬行类的区系成分具明显的过渡特征，总的趋势是从中亚热带向北亚热带：①种类减少；②东洋型成分比例减少，特别在北亚热带；③北方类型包括季风区型成分增多。

2）南中国型在大多数地区均占优势，又以中亚热带北部最多。

3）西部有少数横断山型和云贵高原成分渗入。

4）有少数特有种类，包括了残存的扬子鳄和极北鲵，反映了本亚区在第四纪冰期中的避难地性质。

爬行类中，大部分地区最常见的蛇类是乌（华）游蛇（*Sinonatrix percarinata*）、赤链（华）游蛇（*S. annularis*）、草游蛇（*Amphiesma stotata*）、眼镜蛇、烙铁头（*Trimeresurus* spp.）等南方种类。季风区广布种中的红点锦蛇和虎斑游蛇等亦较常见。北方的短吻蝮（*Gloydius brevicaudus*）在本带为其分布的南限，但亦甚为普遍。有些蛇类与人类活动的关系甚为密切，如江苏南部常把黑眉锦蛇称为家蛇。蜥蜴类中最常见的是北（方）草蜥、中国石龙子（*Eumeces chinensis*）、蓝尾石龙子（*E. elegans*）、蜓蜥等。龟鳖类中最普遍的是鳖、乌龟和大头平胸龟（*Platysternom megacephalum*）等，后者只见于南部。爬行动物的冬眠现象亦较明显。本带南部开始出现气候平均温≤10℃的持续日数，至北部可增至 90～120 天。蝮蛇在 10℃以下，眼镜蛇在 15℃以下即少活动（胡步青等，1965）。几种蜥蜴、红点锦蛇、银环蛇（*Bungarus multicinctus*）等，在长江中下游一带平均气温降至 10℃左右即行入蛰，自 11 月至翌年 3 月或 4 月均为冬眠期。

两栖类在耕作环境中最普遍的优势种有泽蛙、黑斑（青）蛙、金线蛙和大蟾蜍（*Bufo gargarizans*），其次是多种姬蛙、虎纹蛙。在丘陵次生林灌中，以日本林蛙、棘胸蛙（*Paa spinosa*）、斑腿泛树蛙（*Polypedates megacephalus*）为优势或常见。此外，尚有一些种，在不同地区可成为优势种，如秦巴山地的隆肛蛙（*Paa quadranus*）、秦岭雨蛙（*Hyla tsinlingensis*）、合征姬蛙（*Microhyla mixtura*）和有尾类的秦巴北鲵（*Ranodon tsinpaensis*）等。在东南部山地有棘胸蛙、隆肛蛙、淡肩角蟾（*Megophrys boettgeri*）、三港雨蛙（*Hyla sanchiangensis*）、花臭蛙、华南湍蛙（*Amolops ricketti*）、小弧斑姬蛙（*Microhyla heymonsi*）等和有尾类的肥螈（*Pachytriton brevipes*）、东方蝾螈等。

本亚区再分 3 个动物地理省：㊳伏牛-大别省——亚热带落叶-常绿阔叶林灌动物群（VIA1）；㊴长江沿岸平原省——农田湿地动物群（VIA2）；㊵江南丘陵省——亚热带林灌农田动物群（VIA3）。

(2) 西部山地高原亚区（VIB）

该亚区包括秦岭、淮阳山地西部、四川盆地、云贵高原的东部和西江上游的南岭山地，西部和西南部与横断山区相连。自然条件与前一亚区的主要区别是海拔较高，地形较崎岖，气候除四川盆地外，亦比较温凉。动物区系比上一亚区复杂，不少喜马拉雅-横断山区型成分分布至本区。尚有一些为本亚区所特有和主要分布于本亚区的种，如秦巴北鲵、巫山北鲵（*Lina shihi*）、华西雨蛙（*Hyla annectans*）、菜花铁烙头、四川金丝猴（*Rhinopithecus roxellanac*）、黔金丝猴、豪猪（*Hystrix brachyura*）、金鸡

(*Chrysolophu spictus*）等。喜马拉雅-横断山区型成分的渗入主要在秦岭部分，如峨山掌突蟾（*Paramegophrys oshanensis*）、棘皮湍蛙（*Amolops granulosus*）、几种龙蜥（*Japalura* spp.）、血雉、画眉科中的一些种类，羚牛、小熊猫（图 5.17）、绒鼠、西（云）南兔（*Lepus comus*）和藏鼠兔等。另有一些鸟兽为与东部丘陵平原所共有，但常有不同亚种分化，如毛冠鹿、中华竹鼠和画眉亚科的一些种。

大熊猫的历史分布区主要在我国季风区的南半部，包括整个华中与华南区。更新世以后，逐渐退缩到横断山区东部和秦岭南麓。金丝猴的分布历史也有大体类似的情况。因此，本亚区与西南区的西南亚区之间，不但历史上关系密切，且至今仍有一些跨区分布的种类。

涉及本亚区兽类地理分布的专著主要有《四川资源动物志——兽类》（胡锦矗、王酉之，1984）、《贵州兽类志》（罗蓉等，1993）。此外，尚有一些地区性的综合或专类的报道，综合性的主要有秦巴山地（陈服官等，1980）、秦岭地区（吴家炎等，1978①，1982；郑永烈，1982）、梵净山（辜永河、罗蓉，1990）、贵州茂兰地区（谢家骅，1987）等，专类报告则以啮齿类为主。

依已有资料进行分析，本亚区的兽类分布有以下特征：

1）从中亚热带至北亚热带，热带成分逐渐低减的趋势在本亚区兽类中亦有表现。同时，在最北部的秦岭地区增加了一些北方代表性种类，因而本亚区的南、北形成较明显的差别，列举如下：

秦岭南坡的北方成分：刺猬（古北型）、麝鼹（华北型）、藏鼠兔［横断山（高山）型］、大耳姬鼠（*Apodemus latronum*）、大仓鼠（东北-华北型）、中华鼢鼠（华北型）等。

贵州与广西交界山地的南方成分：树鼩（*Tupaia belangeri*）、三叶蹄蝠（*Hipposideros wheeleri*）、黑叶猴（*Presbytis francoisi*）、斑灵狸（*Prionodom paradicolor*）（东洋型）、中国鼩猬（*Neotetracus sinensis*）、华南兔（南中国型）、藏酋猴（中亚热带型）、西（云）南兔［横断山（低山）型］。

2）典型的林栖动物只保存于少数面积不大的森林中。如秦岭、大巴山区、金佛山、神农架、梵净山、雷山等山区，尚有为数不多的猕猴和藏酋猴，它们亦栖岩洞，半树栖的特性甚为明显。金丝猴、黑叶猴几乎是残留状态，受到国家的保护。赤腹松鼠、长吻松鼠、松花鼠（*Tamiops* spp.）等在许多地区为林中优势种，由于树木稀疏，亦营地栖生活。岩栖的岩松鼠是林区的常见种类，多栖于高处。林麝为针阔混交林的典型动物。毛冠鹿多生活于较偏僻的山区。小麂、赤麂、野猪等则较能适应次生林灌环境。分布在秦岭的大熊猫，其分布北限与天然竹林分布的现状是一致的（田星群，1990）。无疑，森林在人类影响下的缩小与破碎，对林栖动物的分布与数量有决定性影响。

3）在广大的农耕地区，兽类种类贫乏，广泛分布、数量众多的是鼠类，食虫类中少数种类亦属常见。与东部丘陵平原亚区相比较，无论是田野或家舍，鼠类组成均较复杂，南部又比北部多，而且各自有一些南北方的成分。同时，以黑线姬鼠为优势的情况则有所减弱。秦岭南部，黑线姬鼠仍占主要地位（王廷正、许文贤，1992；甘去非等，

---

① 未刊调查报告

1986)；在湖北西北部有时让位于黄毛鼠（潘会明等，1991）；在成都平原一带的大部分地区让位于褐家鼠、小家鼠或大足鼠（*Rattus nitidus*）（蒋光藻、谭向红，1989）；在贵州大部分地区仍以黑线姬鼠为优势，但在西北部让位于齐氏姬鼠（*Apodemus chevrieri*）（黎道洪、罗蓉，1996）。在贵州省南部约在北纬26°附近，黑线姬鼠即开始减少，至北纬26°以南则很难发现。当地优势鼠种已是黄胸鼠、大足鼠或针毛鼠（李纯矩，1989；罗蓉等，1993；王昭孝等，1988）。灭鼠后，（四川）短尾鼩（*Anourosorex squamipes*）在四川可形成优势（蒋光藻等，1990；张中干等，1993）。随各地海拔的差别，自然条件不同，田野啮齿类的分布亦有所变化。

金丝猴在历史时期曾广泛分布于秦岭-淮河一线以南（何业恒，1989）。目前间断分布于秦岭、湖北西北神农架和贵州东北梵净山的现状大约发生在19世纪末至20世纪初。现今林栖大型动物的间断与孤立分布的情况在本亚区是普遍的。大型有蹄类中，在秦岭尚有羚牛，水鹿在贵州于20世纪70年代尚有少数，现已绝灭（罗蓉等，1993提供）。虎、黑熊、豹、云豹等均处于濒危状态。中小型食肉兽以黄鼬、豹猫等为常见。

本亚区鸟类地理分布资料，比较系统的有《四川资源动物志——鸟类》（李桂垣等，1985）、《贵州鸟类志》（吴至康等，1986）。此外，还有不少地区性鸟类调查报告，其中比较重要的，有闵芝兰和陈服官（1983）——陕西商洛地区，郑作新等（1962）——秦岭大巴山地，郑光美（1962b）——秦岭南坡，余志伟等（1980）——大巴山、米仓山和金佛山及李若贤（1986）——草海等的调查报告。

由于山区环境及所处地理位置，本亚区鸟类分布的区域变化比较明显，垂直分布随海拔与相对地势的增加，较前一亚区明显，据已有关于亚区内各地的鸟类区系的调查研究，可将本亚区鸟类地理分布特征概括如下。

1）在本区的北部，即秦岭地区，处于亚热带与暖温带气候与植被的过渡地带，受其影响鸟类的水平分带亦具过渡的特点，从北向南，北方种类逐渐减少，南方种类逐渐增多，如在商洛地区的南部，东洋界种类即占主要地位，表明该地已进入东洋界范围（闵芝兰、陈服官，1983）。

2）秦岭以南秦巴-米仓山地，在低山带以东洋界鸟类为主，山地不高时，如大巴-米仓从山麓至山顶，东洋界种类虽减少，但始终占主要地位（余志伟等，1986），山地较高时，如秦岭中山带，则具过渡性质；高山针叶林带以上，即以古北界种类为主（郑光美，1962b）。从秦巴地区山地优势种的分布也可看出这一趋势（郑作新等，1962）（图5.31）。在位于更南的金佛山，山地不高，则从山脚至山顶矮林草甸，均以东洋界种类为主（余志伟等，1980）。

3）处于南部的贵州高原部分，西南部与华南区西部毗连，西部与西南区相接，故鸟类区系在黔西南倾向于华南区，黔东地区倾向于本区的东部亚区，黔西地区则倾向于西南区（吴至康等，1986）。

4）本亚区内，天然森林破坏严重，主要景观为农耕及次生林灌所取代。典型森林鸟类贫乏，而与村落农田环境相联系的种类成为优势，随人类活动的强度增大，鸟类的种类及数量亦有相应的改变（曹发君等，1988；吴先智，1988）。

5）四川盆地的水域环境与江河通道及盆地中孤立山地对候鸟的迁徙和栖息繁殖均很有利（邓其祥等，1980）。

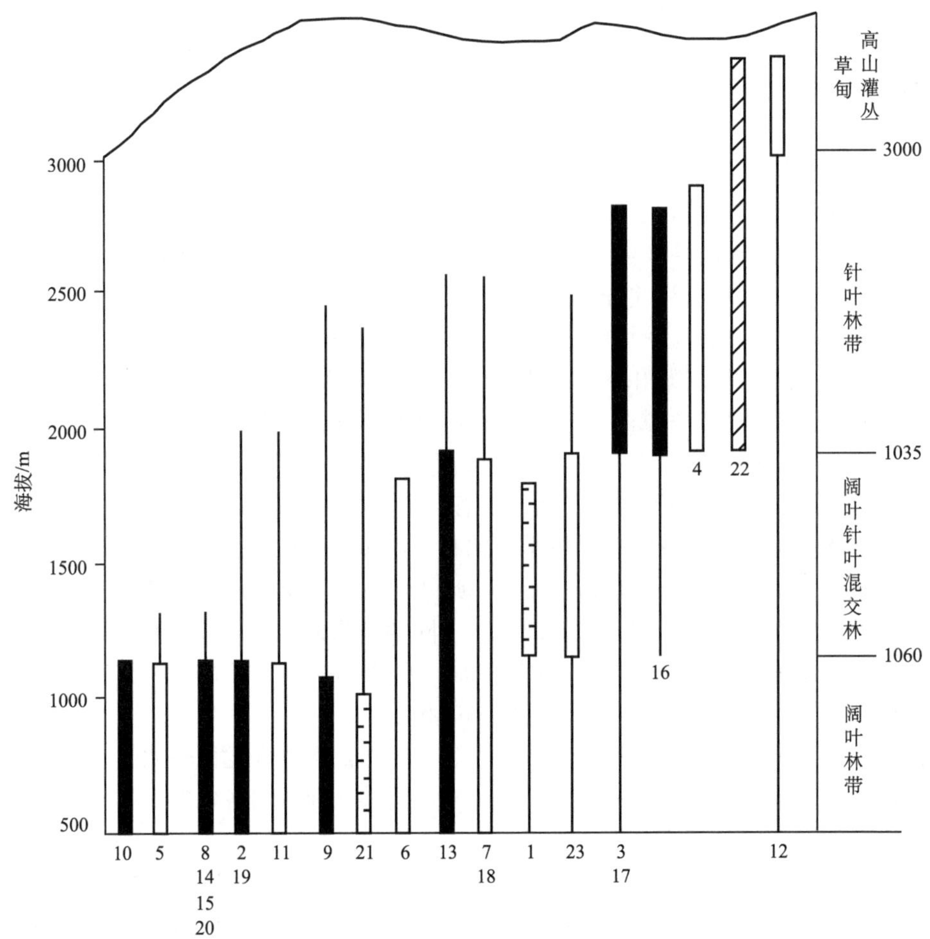

图 5.31　秦巴地区鸟类优势种垂直分布

1. 山斑鸠（*Streptopelia orientalis*）E；2. 珠颈斑鸠（*S. chinensis*）W；3. 短嘴金丝燕（*Aerodramus brevirostris*）W；4. 白腰雨燕（*Apus pacificus*）M；5. 家燕（*Hirundo rustica*）U；6. 金腰燕（*H. daurica*）U；7. 白鹡鸰（*Motacilla alba*）U；8. 黄臀鹎（*Pycnonotus xanthorrhous*）W；9. 绿鹦嘴鹎（*Spizixos semitorques*）W；10. 黑卷尾（*Dicrurus macrocercus*）W；11. 喜鹊（*Pica pica*）U；12. 蓝矶鸫（*Monticola solitorius*）U；13. 棕头鸦雀（*Paradoxornis webbianus*）W；14. 画眉（*Garrulax canorus*）W；15. 白颊噪鹛（*G. sannio*）W；16. 白领凤鹛（*Yuhina diademata*）W；17. 金眶鹟莺（*Seicercus barkii*）W；18. 大山雀（*Parus major*）U；19. 暗绿锈眼鸟（*Zosterops japonica*）W；20. 麻雀（*Passer domesticus*）W；21. 金翅雀（*Carduelis sinica*）E；22. 赤胸灰雀（*Pyrrhula erythaca*）H；23. 黄喉鹀（*Emberiza elegans*）U

在我国境内的分布：古北界（U，M），东洋界（W，S，H），季风区（E）[U：古北型，M：东北型，W：东洋型，S：南中国型，H：喜马拉雅-横断山区型]

资料来源：据郑作新等（1962）资料再整理

6）与东部亚区相比，本亚区天然湖沼极少，仅有的贵州草海成为十分重要的水禽、涉禽和其他鸟类的栖息地，这些鸟类据调查有 110 种，为贵州鸟类总数的 21.4%。青藏高原上特有黑颈鹤冬季迁此越冬（李若贤，1986）。

曾一度认为已经在亚洲野外绝灭（日曾仅保存人工饲养的 2 只）的朱鹮（*Nippo-*

nia nippon)在秦岭南麓洋县重新发现（2 对成体，3 只幼体）（刘荫增，1981）引起国际重视，现已受到我国的保护包括人工饲养（曹永汉、卢西荣，1994），种群逐渐恢复。

有关本亚区两栖爬行动物地理分布与区划研究的成果，见于宋鸣涛（1987a，1987b）、原洪（1985）——陕西；赵尔宓（2002）、江耀明和赵尔宓（1992）、吴贯夫和赵尔宓（1995）——四川；刘承钊（1962）、胡淑琴等（1978）、伍律等（1985，1987）——贵州的著作中。试依他们的研究结果和所提供的比较全面的资料，以分布型再行分析（表 5.39、表 5.40），可将本亚区两栖爬行动物的地理分布特征归纳如下：

表 5.39　华中区西部山地高原亚区两栖动物分布型比例分布

分区	共计（比例）	(1)	(2)	(3)	(4)	(5)	(6)	(7)	(8)
秦巴地区	26	0	2	4	12	0	4	3	1
（北亚热带）	%	0	7.7	15.4	46.2	0	15.4	11.5	3.8
四川盆地	11	0	3	0	2	0	2	4	0
（中亚热带）	%	0	27.3	0	18.15	0	18.15	36.4	0
贵州高原	52	0	2	0	24	4	7	11	4
（中亚热带）	%	0	3.8	0	46.2	7.7	13.5	21.2	7.6

注：（1）古北型；（2）季风区型；（3）华北-东北型；（4）南中国型；（5）云贵高原型；（6）喜马拉雅-横断山型；（7）东洋型；（8）其中特有种类。

资料来源：据宋鸣涛（1987a）、吴贯夫和赵尔宓（1995）、伍律等（1987）资料整理。

表 5.40　华中区西部山地高原亚区爬行动物分布型比例分布

分区	共计（比例）	(1)	(2)	(3)	(4)	(5)	(6)	(7)	(8)
秦巴地区	42	3	6	3	17	0	1	9	3
（北亚热带）	%	7.1	14.3	7.1	40.5	0	2.4	21.5	7.1
四川盆地	41	0	6	0	25	0	2	8	0
（中亚热带）	%	0	14.6	0	61.0	0	4.9	19.5	0
贵州高原	92	0	5	0	48	1	3	32	3
（中亚热带）	%	0	5.4	0	52.17	1.08	3.26	34.83	3.26

注：（1）古北型；（2）季风区型；（3）华北-东北型；（4）南中国型；（5）云贵高原型；（6）喜马拉雅-横断山型；（7）东洋型；（8）其中特有种类。

资料来源：据宋鸣涛（1987a）、吴贯夫和赵尔宓（1995）、伍律等（1985）资料整理。

1）本亚区贵州高原与秦巴地区明显地分别倾向于华南区和华北区，表现在南中国型及东洋型成分比例上的差别，前者两种类型的成分比例均较高；

2）四川盆地与前两者均不相同，特别是两栖类比较贫乏，可能与农业活动强度较大有关；

3）与前一亚区比较，本亚区出现较多的横断山型成分，显然与其毗连横断山地有密切的关系；

4）本亚区出现较多的土著种，反映山地高原环境对物种保存与分化的优越性。

广泛见于本亚区的种类有大鲵、泽陆蛙、黑斑侧褶蛙、隆肛蛙、棘腹蛙（*Paa boulen-geri*）、饰纹姬蛙、斑腿树蛙（*Polypedates megacephalus*）、蜓蜥、北草蜥、虎斑游蛇、乌（华）游蛇、乌梢蛇、王锦蛇（*Elaphe carinata*）、玉斑锦蛇、黑眉锦蛇和紫灰锦蛇（*E. porphyracen*）等。

本亚区两栖爬行动物分布的区域性差异比较明显。依两栖爬行动物，宋鸣涛（1987a，1987b）将秦巴山地再划分为3个动物地理省，伍律等将贵州再划分为4个动物地理省，赵尔宓将四川再划为6个省。

本亚区再分4个动物地理省：㊶秦巴-武当省——亚热带落叶-常绿阔叶林动物群（VIB1）；㊷四川盆地省——农田-亚热带林灌动物群（VIB2）；㊸贵州高原省——亚热带常绿阔叶林灌-农田动物群（VIB3）；㊹黔桂湘低山丘陵省——低山丘陵亚热带林灌-农田动物群（VIB4）。

3. 华南区（VII）

本区包括云南与两广的大部分，福建省东南沿海一带，以及台湾、海南岛和南海各群岛。大陆部分北部属南亚热带，最南部属热带。本区的北界大体与南亚热带北缘相当。西起横断山的最南部，即云南西南保山地区与无量山地，沿云南高原南缘、广西中北部（百色-河池-瑶山）、南岭山地至福建武夷鹫峰山之南缘。此界线的南伸北延，主要受寒潮南下途径的影响。本亚区内植物生长繁茂，自然植被主要属热带-亚热带常绿阔叶林。

本区动物区系中，以各类热带-亚热带类型（东洋）的成分最为集中，特别是西部。以几种两栖类的分布在区内重叠的情况为例（图5.32），即可见一斑，在第三、第四章中已有许多事例。若干典型的热带成分，它们的分布北限偏南，大体与热带北缘相符或

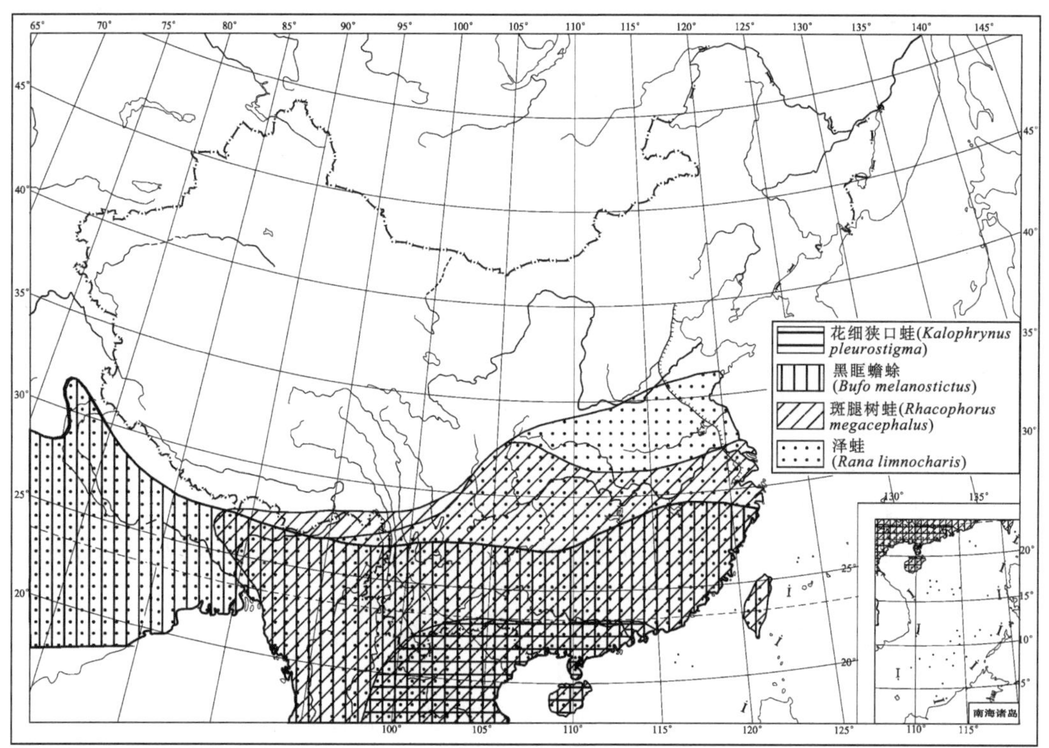

图5.32　几种东洋型无尾两栖动物分布

稍有超过。如两栖类中的花细狭口蛙（*Kalophrynus pleurostigma*）、几种树蛙、长吻湍蛙（*Amolops nasicus*），爬行类中的巨蜥（*Varanus* spp.），鸟类中的红头咬鹃（*Harpactes erythrocephalus*）、灰燕鵙（*Artamus fuscus*）、橙腹叶鹎（*Chloropsis hardwic-kei*），兽类中的棕果蝠（*Rousettus leschenaulti*）等，均属典型热带的种。此外还有一些在区内分布比较广泛的种类，如两栖类中的台北蛙、花细狭口蛙，爬行类中的变色树蜥（*Calotes versicolor*）、长鬣蜥（*Physignathus cocincinus*）、中国壁虎（*Gekko chinensis*），鸟类中的鹧鸪（*Arborophila* spp.）、白鹇（*Lophura nythemera*）、竹啄木鸟（*Gecinulus grantia*）、牛背啄花鸟（*Dicaeum cruentatum*）及兽类中的红颊獴（*Herpestes javanicus*）、白花竹鼠（*Rhizomys pruinosus*）、青毛（巨）鼠和明纹花松鼠等。

华南区占有我国热带与南亚热带狭长的最南缘。从东到西自然条件的区域变化对区内动物的影响，表现在组成的差异和种的替代上。这一趋势，在陆栖脊椎动物的每一纲中均有，只是程度上的差别，现仅举彭燕章等 1980 年对鸟类的研究作为一典型事例（参见表 5.41）予以分析：

表 5.41　若干鸟类在华南区内东西的替代

种类	滇南山地亚区			闽广沿海亚区
	西南	南部	东南	
单独出现的种类	19	17	0	0
替代种	红腿小隼	白腿小隼	白腿小隼	白腿小隼
	白颊山鹧鸪	绿脚山鹧鸪	—	白额山鹧鸪
	—	栗鸮	栗鸮	栗鸮
	鳞喉绿啄木	鳞腹绿啄木	红玉绿啄木	—
	—	和平鸟	和平鸟	—
	—	金冠八哥	—	金冠树八哥
	紫花蜜鸟	黄腹花蜜鸟	黄腹花蜜鸟	黄腹花蜜鸟
地貌	中山起伏		高原及山地	低山丘陵为主

注：红腿小隼（*Microhierax caerulescens*）、白腿小隼（*M. melanoleucos*）、白颊山鹧鸪（*Arborophila atrogularis*）、绿脚山鹧鸪（*A. chloropus*）、白额山鹧鸪（*A. atrogularis*）、栗鸮（*Phodilus badius*）、鳞喉绿啄木（*Picus xanthopygaeus*）、鳞腹绿啄木（*P. vittatus*）、红玉绿啄木（*P. rabieri*）、和平鸟（*Irena pulla*）、金冠树八哥（*Ampeliceps coronatus*）、紫花蜜鸟（*Nectarinia asiatica*）、黄腹花蜜鸟（*N. jugularis*）。

资料来源：据彭燕章等（1980）重新整理。

1）滇南山地亚区鸟类组成远比闽广沿海亚区复杂，在本亚区内即有明显的区域替代现象。而闽广沿海亚区鸟类组成者大多与前者相似，但种数减少，显然是前者的简化。

2）滇南山地亚区中又以滇西南与滇南最复杂，滇东南则是它们的简化。

3）滇西南与滇南各具明显的特色。究其原因，可能与两地已进入横断山区，环境比较复杂有关。

4）总的趋势是本区自西向东鸟类种类逐渐减少，但从横断山区向东则有一明显的锐减。

5）种间替代的范围因种而异，似无规律可循。但替代的交替与环境的更替有一定的联系。

台湾和海南两岛，动物种类与大陆相似，但因地理环境孤立，种类比较贫乏，而有一些特有种和亚种的分化。同时，有一些分布于大陆的相近种，在两岛交替出现，在鸟、兽中最为明显，如鸟类中的毛脚鱼鸮（*Ketupa flavipes*）见于台湾、褐鱼鸮（*K. zeylonensis*）见于海南；小燕尾（*Enicurus scouleri*）见于台湾、黑背燕尾（*E. leschenaulti*）见于海南；橙背鸦雀（*Paradoxornis nipalensis*）见于台湾、灰头鸦雀（*P. gularis*）见于海南等。可能这是岛屿上近亲种间斗争较剧烈的一种反映。兽类中的替代现象还反映两岛与大陆的关系。虽然两岛均属华南区，但台湾的热带特征相对减弱。大陆上的相近种类分布偏南的，多见于海南岛，分布偏北的，多见于台湾岛（表5.42）。台湾淡水鱼类与大陆南部的相似性，随与各河流流域的距离增大而降低（陈宜瑜、何舜平，2001）。

表 5.42　大陆分布的兽类相近种在海南岛和台湾岛的替代

大陆分布-海南岛（偏南）		台湾岛-大陆分布（偏北）	
东南亚热带	*Pipistrellus ceylonicus*（斯里兰卡伏翼）	*P. pipistrellus*（伏翼）	旧大陆温带为主
东南亚热带	*Tadarida plicata*（皱唇犬吻蝠）	*T. teniotis*（宽耳犬吻蝠）	旧大陆温带为主
东南亚热带-暖温带	*Macaca mulatta*（猕猴）	*M. cyclopis*（台湾猕猴）	（大陆无，台湾特有）
东南亚热带-亚热带	*Dremomys rufigensis*（红颊长吻松鼠）	*D. pernyi*（四川长吻松鼠）	中国亚热带
（大陆无，海南特有）	*Lepus hainanus*（海南兔）	*L. sinensis*（短耳兔）	中国热带-亚热带，朝鲜
东南亚热带	*Cervus eldi*（坡鹿）	*C. nippon*（梅花鹿）	中国季风区
东南亚热带-亚热带	*Muntiacus muntjak*（赤麂）	*M. reevesi*（小麂）	中国热带-亚热带
长江流域-中南亚印度半岛	*Mustela kathiah*（黄腹鼬）	*M. sibirica*（黄鼬）	西伯利亚-日本以南

海南岛有典型的热带种类，如树鼩、长臂猿（曾定名为 *Hylobates concolor*）和坡鹿（图 4.24）等。最近，经研究，分布在中南半岛及其附近的长臂猿归属冠长臂猿（*Nomascus*）（图 5.14）。在海南岛的长臂猿为一独立的种，称海南长臂猿（*N. hainanus*），并为海南所特有（陈辈乐等，2005；Monda et al.，2007）。坡鹿不见于我国大陆部分，只见于中南半岛。台湾则缺乏典型的热带种类只有分布比较广泛的热带-亚热带种，在大陆部分从热带分布至亚热带，甚至可分布至温带，如黑熊、青鼬、果子狸、隐纹花松鼠、社鼠、小灵猫和食蟹蠓等。而这些种类，海南岛也有分布。相反，台湾岛具有一些分布区横贯欧亚大陆寒温带，并沿季风区南伸的北方种类，如黄鼬、巢鼠、林姬

鼠、黑线姬鼠等，而它们均不见于海南岛。在大陆部分分布于横断山脉的长尾鼩亦只见于台湾岛。分布至海南岛的北方种类是翼手目中的鼠耳蝠（*Myotis* spp.）。

岛屿的影响，还表现在特有种和亚种的分化，以及缺乏某些见于大陆的类群。在兽类中，台湾岛特有种有 7 种，海南岛有 4 种。亚种的分化，两岛均不少。兽类中为台湾特有的亚种约有 27 种，海南约有 16 种。鸟类中，迄今所知，台湾特产约 12 种，著名的有蓝鹇（*Lophura swinhoii*）、黑长尾雉（*Syrmaticus mikado*）和台湾山鹧鸪（*Arborophila crudigularis*）等，海南岛只有一种海南山鹧鸪（*A. ardens*）。这一差别可能与台湾最后孤立的时间比海南久远有关。海南岛和台湾岛同时缺乏懒猴科、竹鼠科和象科等旧大陆热带的类群。广布的犬科也不见于两岛。牛科在台湾岛只有一种，在海南岛完全没有。在两栖类中，海南与台湾特有种，分别为 8 种与 13 种。在爬行类中，海南与台湾特有种，分别为 6 种与 22 种。两岛的动物种类虽比大陆贫乏，但按单位面积计算，却相当丰富。

本区气候温暖炎热，全年无霜，自然植被具热带雨林及季雨林性质。林中共同的特点是植物种类繁多，无优势种。花期、果期几乎在全年中相继出现。昆虫到处滋生。动物的食料十分丰富，年中的变化亦不大。林相茂密，藤萝攀缠，分层很多，动物栖息条件良好。所以，本区动物以森林动物最为丰富，组成复杂，优势现象不明显。树栖、果食、狭食和专食性种类多，一般不储藏食料。生态现象的季节性不明显，包括换毛、繁殖和迁徙等。但保存较好的森林现已不多。在广大开发地区，则以次生林灌、芒草坡和农田为主。动物种类趋于简单，地栖动物显著增多，出现优势现象，但与北方环境中的优势现象无法相比。

热带森林中，树栖、半树栖动物很多。最典型的是各种灵长目动物，几种猕猴（*Macaca* spp.）、几种叶猴（*Presbytis* spp.）、懒猴（*Nycticebus* spp.）和几种长臂猿。系统上与灵长目亲近的树鼩，体形似松鼠，为半树栖。树栖啮齿类种类也很多，特别是松鼠科和鼯鼠科的一些种，最常见的是赤腹松鼠。体形长达 800 多毫米的巨松鼠（*Ratufa bicolor*）和长达 1 米左右的多种鼯鼠（*Petaurista* spp.）是树栖啮齿类中最大的一类。由于藤萝密布，“顶盖”往往相连，树栖动物可完全在树冠层活动。林中常见的长吻松鼠为半树栖。产于云南的攀鼠与产于两广的笔尾树鼠（*Chiropodomys gliroides*）是鼠形啮齿类中少有的体形特化为树栖的种类，攀缘力强。鼠形啮齿类中还有一些种类，如社鼠、黄胸鼠、针毛鼠等亦有半树栖的习性，与树冠层的食料丰富有关。热带特别繁盛的翼手类，栖居树洞的情况极为常见，尚有一些具有特殊的树栖习性，如黄蝠（*Scotophilus* spp.）、彩蝠（*Kerivoula* spp.）等常于叶褶，如棕榈叶茎、卷褶的蕉叶以及废鸟巢中隐匿。扁颅蝠（*Tylonycteris pachypus*）的扁颅形态能进出竹茎裂隙。主要在地面生活的穿山甲，亦能攀树。密林下阴暗，地面潮湿，完全地栖的小型兽类很少，与树栖小兽的种类和数量成鲜明的对比。林中藤萝纵横，有碍于大型有蹄类通行。但林缘和林中稀旷处，地栖兽类即增多。最常见的有有蹄类的几种麂（*Muntiacus* spp.）、水鹿、野猪等和啮齿类中的豪猪、扫尾豪猪（*Atherurus macrourus*）和多种家鼠属（*Rattus*）鼠类等。

种类繁多的热带鸟类中，树栖生活发展了多种营巢方式，如冠斑犀鸟于空心树干营封闭的巢，雌鸟就在洞中孵卵。缝叶莺（*Orthotomus* spp.）能选择大形叶片以蛛丝、草茎、茧丝、纤维等缝合成巢。纹背捕蛛鸟（*Arachnothera magna*）将巢附于芭蕉叶端的阴面，以植物绒将巢扣结于叶片的阴面。黄胸织布鸟（*Ploccus philippinus*）利用草、柳树纤维等在树梢或树干上营一悬挂式的鸟巢等，甚为特殊。林中地栖为主的鸟类是多种雉类，最常见的如原鸡（*Gallus gallus*）、白鹇、环颈雉等，但后者不见于雷州半岛及海南岛。它们常至山边农田中觅食。

两栖类和爬行类中，树栖种类亦不少，如多种树蛙和多种雨蛙，它们的指趾末端均膨大成显著的吸盘，可吸附于树叶上。许多蜥蜴，如最常见的能在峭壁活动的壁虎（*Gekko* spp.），以及体长可达 2 米的巨蜥（*Varanus salvator*），均能在树上活动。蛇类中能攀绕上树的种类更多，包括最大的蟒蛇。最典型的是绿瘦蛇（*Dryophis prasinus*）、过树蛇（*Ahaetulla ahaetulla*）、钝头蛇（*Pareas* spp.）和烙铁头（*Trimeresurus* spp.）等，均具有缠绕特性的尾，后者体色青绿，是在林中活动的良好保护色。树栖动物的丰富，促使食肉兽类亦经常在树上活动。它们大多兼食果类和昆虫。最常见的种类有青鼬、金猫（*Felis temmincki*）和多种灵猫科种类，丛林猫（*F. chaus*）、豹猫、豺（*Cuon alpinus*）、云豹等也不少。灵猫还营巢于树上。热带森林缺乏寒冷季节，兽类的绒毛不发达，而毛色多鲜丽，斑纹复杂，无明显的换毛期。鸟类的羽毛更为华丽，不因季节而改变体色。由于全年食料丰富，兽类中全无储粮习性，亦无冬眠现象。水鹿和麂终年均可产仔，无一定的繁殖期。松鼠繁殖的季节性亦不明显。促使生态现象规律变化最主要的是炎热季长，日间高温，许多动物因而具明显的夜行性或晨昏活动。然而，我国热带地区，雨季、旱季分明。雨季中许多动物代之以雨后活动。有蹄类的水鹿等迁至较高海拔的山顶活动。水鹿、麂等于雨季毛色呈棕褐，干季为黄棕，为一种保护适应。热带树木果实常相继成熟，松鼠和花鼠等随季节在一定范围内转变嗜食对象。动物数量年变不大，与食物年变不明显，有密切的关系。

森林砍伐后，许多地方成为次生林灌丛和草坡，原来地栖的动物数量增加，形成优势，几乎完全代替了树栖的种类。长臂猿、叶猴等在许多地方几乎绝迹。在石灰岩山区，天然植被尚有部分保存，加以有丰富的天然洞穴有利于叶猴及猕猴的栖息，在这些地方仍有少数种群得以保留。猕猴对次生林灌的适应较强，常在地上活动。赤腹松鼠、花鼠等则转变半树栖生活，甚至可进入家舍盗食，在一些地区成为优势种或常见种。各种次生环境，因人类影响的程度不同，兽类的种类和数量也各不相同。大、中型兽类如水鹿、毛冠鹿、鬣羚、豹、华南虎和云豹等，现均属濒危动物。其中水鹿与华南虎在许多地方已绝灭，只见于人类活动较少的山地。次生高草地对中、小型有蹄类如赤麂（*Muntiacus muntjak*）、小麂和野猪等的生活，甚为有利。次生竹林和以白茅、芒草和旱生芦苇为主的高草地广泛分布，原来生活于竹林的竹鼠和林缘的豪猪得到很大的发展。竹鼠在高草地以草根，特别是芦苇和茅草根为食，在许多地方成为优势种。中、小型食肉兽豺、豹猫、鼬獾（*Melogale moschata*）以及灵猫科的一些种类，在森林砍伐后，仍有一定数量。

次生林灌、草坡、兽类的生活习性，受到人类活动的影响，有些种类成为农田的危害者。如麂类、水鹿常随返青的火烧迹地取食嫩草，有时危害秧田。豪猪和野猪则经常危害农作物，数量也多。猕猴亦常至耕地盗食。热带丘陵地区农田与次生林灌、草地经常交错在一起，动物害问题有时甚为突出。在农田环境中往往以 3～5 种鼠类占绝对优势，其中以黄毛鼠的分布最广泛，在南部沿海平原地为主要优势种，栖息于多种环境，在水稻田中数量很高，还能于海岸红树林中潮汐线以上的树枝上营巢，涨潮时匿于巢中，退潮时活动于海滩，善于潜水，捕捉鱼虾。板齿鼠（*Bandicota indica*）、青毛鼠、针毛鼠和小家鼠在一些丘陵地区，亦可成为主要优势种。在新垦地中，以板齿鼠和黄毛鼠的数量最多。其他如黄胸鼠、社鼠和大足鼠等均甚常见，在某些地区中，可成为优势种。农田鼠类的生活，依赖农作物，由于食料丰富，气候暖热，全年皆可繁殖，对农作物，特别是水稻、甘蔗等危害较大。鼠类生态习性随作物的季节性而变化，如在珠江三角洲，黄毛鼠繁殖的盛期有两次，第一次其数量显著上升时，正值晚造水稻孕穗和甘蔗成熟。第二次在水稻、甘蔗成熟全盛期，数量亦达到高峰。它们随农地作物栽植的变化而迁居，灌溉也可迫使它们迁移。

热带次生林灌及农田环境的鸟类远比兽类复杂，留鸟较多，各地常见种类和优势种类的组成颇不一致。如云南南部，以灰燕鸻（*Glareola lactea*）、珠颈斑鸠、家燕、发冠卷尾、黄鹂、红耳鹎（*Pychonotus jocosus*）、白喉红臀鹎（*P. aurigaster*）、鹊鸲（*Copsychus saularis*）、黑领椋鸟（*Sturnus nigricollis*）、斑文鸟（*Lonchura punctulata*）、白腰文鸟、麻雀和八哥等为优势。在广西西南部，以麻雀、乌鸦、白鹡鸰、黑卷尾（*Dicrurus macrocercus*）、多种噪眉、环颈雉、小鸮、灰头鸮、鹧鸪、鹌鹑和田鹨等为优势。在广东中部以几种鹎、棕背白劳（*Lanius schach*）、红嘴蓝鹊（*Cissa erythrorhyncha*）、褐翅鸦鹃（*Centropus sinensis*）、小鸦鹃（*C. toulou*）、白眶雀鹛、暗绿绣眼鸟、叉尾太阳鸟、灰喉山椒鸟（*Pericrocotus solaris*）等为优势。水田中各地多以鹭、秧鸡、翠鸟和鸻等科的种类为常见。冬季在沿海的河口水域有数量众多的雁、野鸭迁来越冬，多时以千万计，其中以绿头鸭最多。

本区分5个亚区：闽广沿海亚区、滇南山地亚区、海南亚区、台湾亚区和南海诸岛亚区。

(1) 闽广沿海亚区（VIIA）

该亚区包括两广南部和福建东南的沿海地带，农业发达。本亚区内动物区系实际上是滇南山地亚区的贫乏化。两栖与爬行类中，几乎全为南方类型。鸟类中北方的种类，夏日至本亚区繁殖的不少，冬日迁来越冬的更多。兽类中的北方类型与华中区大体相同。喜马拉雅-横断山型的成分渗入本亚区的只有少数两栖类和冬候鸟（表5.43），限于本亚区的种类不多，如两栖类中的红吸盘小树蛙（*Philautus rhodoiscus*）、小口拟角蟾（*Ophryophryne microstoma*）、瑶山树蛙（*Rhacophorus yaoshanensis*），爬行类中

表5.43　闽广沿海亚区两栖、爬行、鸟和兽类分布型比例（%）

类别	北方	南方	中亚	横断
两栖类	0	96.4	0	3.6
爬行类	0	100	0	0
繁殖鸟	23.1	76.9	0	0
冬候鸟	84.2	7.4	1.3	7.1
兽类	17	83	0	0

的爪哇蜓蜥（*Lygosoma quadrupes*）、鳄蜥（*Shinisaurus crocodilurus*）、崇安地蜥（*Platyplacopus sylvaticus*）、无颞鳞游蛇（*Natrix atemporalis*），鸟类中的白额山鹧鸪（*Arborophila gingica*）等。

对本亚区动物地理的研究，在兽类中有秦耀亮（1979）和洪朝长（1982）、梁俊勋等（1993）、梁俊勋和凌胤民（1994），詹绍琛（1984）等，均以啮齿类或小型兽为对象。研究表明：

1）在本亚区的北部，华中区的优势鼠种黑线姬鼠，即逐渐让位于华南区的优势种黄毛鼠。

2）黑线姬鼠、巢鼠等古北型成分，除广泛分布的小家鼠外，分布的南限与年均温19℃等温线基本相符。此线大体与本亚区北界相当。

3）黄胸鼠与板齿鼠在一些地区亦可形成优势。

4）在山区鼠类种类增多，除前已述及的优势种外还有针毛鼠、大足鼠、社鼠、白腹巨鼠、中华竹鼠等。由于森林破坏较严重，树栖种类很少，除广西地区，大部分地区反而逊色于华中区。

5）食虫类小兽在野外与住宅内虽不形成优势，但有些种类甚为常见，如臭鼩、麝鼩（*Crocidura* spp.）等，前者数量较多。

本亚区的鸟类基本上是滇南山地亚区的简化，缺乏本亚区特有的鸟类，但有较多的来自北方类型的冬候鸟，前已述及，是我国拥有冬候鸟种类最多的地区。

本亚区的两栖爬行类，据丁汉波等（1980）、黄祝坚等（1982）、郑辑（1993）、胡淑琴等（1978）在福建，周宇垣等（1962，1964）、潘炯华等（1985a，1985b）在广东，陆含华和温业棠（1988）、温业棠（1983，1985）、张玉霞（1987，1991）等在广西的研究，可将本亚区两栖爬行类地理分布的特征概括如下：

1）在本亚区为狭长形的沿海地区，从东到西逐渐变宽与滇南山地亚区相连，大致相当于我国南亚热带的范围。与其地理位置以及空间大小相适应，区系组成亦有变化。在最东的福建东南部，其归属虽为华南区，但与西部地区相比，两栖类中华南区系成分显然不够突出；在中部的广东，华中区与华南区成分基本相等，两者向南或向北彼此成分相应增减；至西部的广西，有较多的西南区的成分。爬行类中，在红水河以西的地区，华中区成分明显减少而与滇南西双版纳及黔南南盘江流域的区系成分相似。

2）区系组成在整体上是华南区与华中区成分的共有，而以典型的热带成分作为本亚区的标志，其北限一般不超过南亚热带北限，如两栖类中的尖舌浮蛙（*Occidozyga lima*）、台北蛙、花狭口蛙（*Kaloula pulchra*），爬行类中的截趾虎（*Gehyra mutilate*）、原尾蜥虎（*Hemidactylus bowringii*）、斑飞蜥（*Draco maculates*）、变色树蜥、长鬣蜥、长尾南蜥（*Mabuya longicaudata*）、广西林蛇（*Boiga guangxiensis*）、金花蛇（*Chrysopelea ornate*）、圆斑蝰（*Vipera russellii*）等。

3）土著种的出现以及若干种类在亚区内分布上的局限性，如两栖类中的戴云湍蛙（*Amolops daiyunensis*）分布于福建，香港瘰螈（*Paramesotriton hongkongensis*）分布于广东南部；瑶山树蛙、瑶山髭蟾（*Vibrissaphora yaoshanensis*）分布于广西大瑶山，广西瘰螈（*Paramesotriton guangxiensis*）分布于广西西南。在广西金秀、昭平、贺县和广东曲江分布的鳄蜥（张玉霞，1991；黎振昌、肖智，2002）应属残留特征。

4）亚区内小尺度的空间变化可能受生态地理条件的影响。在广西，巨蜥、白头蝰（*Azemiops feae*）、蝰蛇（*Vipera russellii*）等，只见于红水河流域以西，与前述元江以西华南区特征突出相联系，可能是由于该处地形上刚好避开寒潮南移的缺口有关。

5）本亚区内山地海拔一般不高，但山区动物的垂直分布均甚明显。据调查，在广东与广西分布于低山的两栖动物，一般大多有较宽的垂直分布，几乎可称为泛垂直分布种。海拔越高，种类愈少，其分布幅度变狭。后者属山地动物分布的一般规律，而前者则反映本亚区山地条件的垂直差异不如我国西部地区明显。

本亚区再分为3个动物地理省：㊺东部丘陵省——热带常绿阔叶林、农田动物群（VIIA1）；㊻沿海低丘平地省——热带农田、林灌动物群（VIIA2）；㊼滇桂山地丘陵省——热带雨林性常绿阔叶林、农田动物群（VIIA3）。

(2) 滇南山地亚区（VIIB）

该亚区包括云南西部和南部边境，即怒江、澜沧江、元江等中游地区。境内主要是横断山脉的南延部分，高山峡谷的雄势，至此已渐和缓，有不少宽谷盆地出现。气候属于热带（低山、河谷）和亚热带（高山）。寒潮的影响已大为减弱，夏季主要受来自孟加拉湾气流的影响，有一明显的雨季与旱季。植被为常绿阔叶季雨林，天然森林保存尚多，动物栖息条件优越。本亚区与中南半岛毗连，是大陆和该半岛许多热带种类分布的必由之路，前已述及，因而动物种类之多为全国之冠。在云南边境地区，发现东南亚热带动物分布的新纪录亦较多。

本亚区动物组成的复杂性，表现在具有许多特有的科、属、种。某些广布类群在热带森林的种类也往往达到高峰，除已在第三章中（表3.2）列出的，还可举出数例，如两栖类中蛙科的50%以上，爬行类中游蛇科的85%以上，鸟类中啄木鸟科的90%以上，兽类中鼬科（Mustelidae）的63%都集中于本亚区。本亚区的两栖类与爬行类中完全缺乏北方类型（表5.46）。繁殖鸟中，有一些喜马拉雅-横断山型成分，北方类型很少，冬候鸟则以北方类型成分占绝对优势，兽类的成分类似繁殖鸟（表5.44）。

表5.44 滇南山地亚区鸟类、兽类主要分布型比例（%）

种类	北方类型	南方类型	中亚型	喜马拉雅-横断山型
繁殖鸟	1.7	87.9	0	10.4
冬候鸟	90.6	4.7	1.6	3.1
兽类	6.5	87.7	0	5.8

一些典型热带的科，如鸟类中的鹦鹉（*Psittacula* spp.）、蟆口鸱（*Batrachostomus hodgsoni*）、犀鸟、阔嘴鸟，兽类中的懒猴、长臂猿、象、鼷鹿等科的种类分布，大都以本亚区为北限，不再向东、向北分布。除前述见于全华南区的种类外，各纲中还有许多特殊适应于热带森林的种类，如两栖类中的多种树蛙、多种雨蛙（*Hyla* spp.），爬行类中的飞蜥（*Draco* spp.）、蟒蛇（*Python molurus*），鸟类中的双角犀鸟（*Buceros bicornis*）、绿鸠（*Tereron* spp.）、原鸡、黄胸织布鸟，兽类中的几种长臂猿、懒猴、几

种叶猴、亚洲象（*Elephas maximus*）、野牛（*Bos gaurus*）、鼷鹿（*Tragalus javanicus*）和豚鹿（*Axis porcinus*）等。绿孔雀更适应于次生稀树草原的环境。大竹鼠（*Rhizomys sumatrensis*）、花白竹鼠（*R. pruinosus*）是本亚区常见的种类，在竹林、棕叶芦、白茅及外来入侵的飞机草丛生的环境中，数量最多（张荣祖等，1958）。在本亚区的西部还发现有小竹鼠（*Cannomys badius*）（何晓瑞等，1991）。

热带森林中，树冠层的栖息条件优越是动物优势现象不明显的主要外在原因。在同一环境不大的范围内，往往栖息许多习性相似的种类，数量相差并不悬殊。以云南南部为例，在同一山坡的树林中，通常赤腹松鼠（*Callosciurus erythraeus*）栖树林深处，蓝腹松鼠（*C. pygerythrus*）、明纹花松鼠各处均见，猕猴、短尾猴（*Macaca arctoides*）、菲氏叶猴（*Presbytis phayrei*）和懒猴（*Nycticebus concaug*）各在一定的范围内活动，均反映林中食物丰富而分布比较均匀。林中巨大的树木常产有大量的花果，多种动物可相聚取食。在西双版纳曾经观察到，在盛结果实的榕树上，赤腹松鼠、长吻松鼠（*Dremomys* spp.）、花松鼠（*Tamiops* spp.）、树鼩等同在一起取食。在一棵盛开花朵的树上，有蛇雕（*Spilornis cheela*）、蓝喉拟啄木鸟（*Megalaima asiatica*）、赤胸拟啄木鸟（*M. haemacephala*）、赤红山椒鸟（*Pericrocotus flammeus*）、古铜色卷尾（*Dicrurus aeneus*）、小盘尾（*D. remifer*）、橙腹叶鹎、大绿雀鹎（*Aegithina lafresnayei*）、柳莺（*Phylloscopus* spp.）、蓝枕花蜜鸟（*Nectarinia hypogrammica*）、黑胸太阳鸟（*Aethopyga saturata*）11 种不同属、科，甚至不同目别的鸟类相聚取食。果实成熟的树木周围，是麂、鹿、豪猪和熊、灵猫等动物聚集的场所。食料复杂与丰富有利于狭食和专食性动物的生活，如热带森林中，白蚁繁盛，成为嗜食白蚁的穿山甲生活于林中的重要条件。几种竹鼠专食竹类和山姜子（*Allpinia* spp.）等植物的根，各栖一定的竹林下。鸟类中主要以果类为食的种类很多，特别是食榕树（*Ficus* spp.）的果实，如绿鸠、白喉犀鸟（*Ptilolaemus tickelli*）、冠斑犀鸟、双角犀鸟、拟啄木鸟（*Megalaima* spp.）、鹎、啄花鸟（*Dicaeum* spp.）和太阳鸟等。啄花鸟数量为寄生植物果实的丰富程度所决定。竹林还独有其特殊的种类，如竹啄木鸟、白头鵙鹛（*Gampsorhynchus rufulus*）等。食虫鸟类更多，有主要以蜂类为食的多种蜂虎（*Merops* spp.）。

在山地热带雨林及山地上部亚热带森林中，地栖啮齿类种类也较多。据吴德林等（1983）及吴德林和邓向福（1988）研究有 6～8 种之多，但具有优势现象，在云南西双版纳景洪以中华姬鼠（亚热带山地森林）和社鼠（热带雨林）为优势种。

在我国其他地方普遍存在的以暖冷季为主的动物活动季节变化，在本亚区已大为减弱，旱季中昼夜的变化（夜行性种类多）和雨季中的雨后活动则为本亚区的特色。

天然森林破坏后动物的群落结构即随之有明显的变化。如在次生荒草地，啮齿类种类锐减，优势种改变。据在西双版纳的调查（吴德林，1995，个人通信），啮齿类在次生荒草地有 4 种，在人工胶林则又减少为 1～3 种（黄胸鼠、黑家鼠或小家鼠），其组成与数量受胶林种植前土地状态和胶林年代的影响。鸟类的减少亦十分明显。许多以果实和幼嫩叶片为食或林栖的种类，如鸠鸽类、犀鸟、椋鸟（*Sturnus* ）等消失（杨岚等，1985），啄木鸟种类锐减。随林地状况因土地利用而改变，林间鸟类结构与相互关系亦随之变化（王直军，1991；王直军等，2001；江望高等，1998）。

本亚区鸟类东西向区域替代现象已于前述，据高耀亭等（1962）、陆长坤等（1965）、马世来等（1987）、王应祥和靳板桥（1987）对兽类的调查研究和据郑作新和郑宝赉（1961）、郑宝赉和张帆（1987）对鸟类的调查研究，均发现河谷两岸种的替代或亚种分化现象（表 5.45）。可见，本亚区虽位于横断山的南端，高山峡谷之势已大为减弱，但河床深切的大河对某些种类分布或栖地领域的选择仍有一定的阻障作用，或导致亚种的分化。

表 5.45　鸟兽以几条大江为界的种数和东西岸与亚种分化数

种类	怒江		澜沧		元江	
	西	东	西	东	西	东
鸟			3	4	2	13
兽	2	2			9	11
亚种分化（鸟）					12	12
亚种分化（兽）	1	1	2	2	1	1

资料来源：据高耀亭等（1962）、陆长坤等（1965）、李崇云等（1987）、马世来等（1987）、王祖祥等（1987）、郑作新和郑宝赉（1961）、郑宝赉和张帆（1987）报告整理。

本亚区动物分布上的另一特点是垂直的差异，或种的替代，但垂直的变幅远不如西南区，最主要的垂直分带多为 2～3 个，并主要是各种类型的常绿阔叶林带，所以以东洋型的种类占主要的位置（张荣祖等，1958；郑宝赉和张帆，1987；彭燕章等，1980；杨大同等，1983）。杨大同等在“横断山两栖爬行动物研究”一文（1983）中和在《云南两栖类志》一书中，对本亚区两栖爬行动物的地理分布进行了较系统的讨论。费梁（1995）的未刊文章《横断山区两栖爬行动物地理分布》对整个横断山区两栖类地理分了 10 地段进行比较（图 5.27）。现又据他们提供的资料，将本亚区的两栖爬行种类的分布型做以下统计（表 5.46）：

表 5.46　滇南山地亚区两栖类与爬行类分布型统计

种类	北方类型	东洋型	南中国型	喜马拉雅-横断山型
两栖类［51］	0	30	7	14
		(58.8)	(13.7)	(27.5)
爬行类［72］	0	51	12	9
		(70.8)	(16.7)	(12.5)

注：括号中数字为百分比。

资料来源：两栖类据费梁未刊资料整理；爬行类据杨大同等（1983）资料整理。

从他们的研究中，可以明显地看出，本亚区最南部地区区系组成中的东洋型成分最为丰富，而在西部即高黎贡山至缅甸边境，东洋型成分明显减少，热带特色并不典型 。这一变化可能是由于云南最南部（西双版纳-河口一带）地势比较开阔，气候条件最具热带特色，而西部地区山地环境则具有较多的横断山型和喜马拉雅型，呈现向西南区过渡的特点。在云南南部与西南部地区，两栖爬行类区系中具有大量的热带喜湿种类，主要分布于河谷地带，代表性成分有版纳鱼螈（*Ichthyophis bannanicus*）、多种树蛙、蟒蛇、大盲蛇（*Typhlops diarda*）、过树蛇、金花蛇、丽纹蛇（*Calliophis* spp.）、金环蛇（*Bungarus fasciatus*）、银环蛇和眼镜蛇等 。

本亚区再分为 2 个动物地理省：㊽滇西南山地省——热带-亚热带山地森林动物群（VIIB1）和㊾滇南边地省——热带森林动物群（VIIB2）。

(3) 海南岛亚区（VII C）

海南岛位于北纬 20°以南，岛的中部为五指山所占据，气候属热带型。东南部山地为热带季雨林。西南部在雨影地区为热带稀树草原，自然条件有利于动物的滋生。但岛屿的孤立不利于许多动物，尤其是食肉猛兽的生存。岛上缺乏大陆上广泛分布的獾、豺、狼、狐、貉、虎和豹等。牛科的种类也不见于岛上。

岛屿动物区系贫乏化主要表现在两栖类、爬行类和兽类。据统计鸟类有 344 种，兽类有 76 种（徐龙辉等，1983），爬行类 93 种（赵尔宓、鹰岩，1993），两栖类 38 种，（费梁等，2005）。两栖与爬行类中完全缺乏北方类型、中亚型和喜马拉雅-横断山型的成分；鸟类中繁殖鸟类以南方类型为绝对优势，冬候鸟则以北方类型为绝对优势。兽类中，南方类型较大陆部分相对增多，完全缺乏中亚与喜马拉雅-横断山型种类（表 5.47）。

表 5.47　海南陆栖脊椎动物主要分布型比例（%）

种类	东洋型	南中国型	特有		
两栖类	63	15.9	21.1		
爬行类*	57	38.7	4.3		
	北方	南方	中亚	横断	特有
繁殖鸟	13.3	85.5	0	0.6	0.6
冬候鸟	83.0	12.8	2.1	2.1	0
兽类	14.3	80.5	0	0	5.2

* 海栖种除外。

资料来源：两栖爬行部分依赵尔宓（1990）及赵尔宓和鹰岩（1993）资料统计，另参照了费梁等（1990）的资料。鸟类部分依郑光美（2005）资料统计。

依对繁殖鸟类的统计，可以看出本岛与闽广沿海亚区关系最为密切，种类相似百分率为 73.3%；滇南山地区次之，为 53.2%；台湾殿后，为 44.6%（徐龙辉等，1983）。岛屿环境有利于亚种的分化、土著种的形成与保存。岛上特有种在各纲中均有，如两栖类中的鳞皮小蟾（*Parapelophryne scalpta*）、脆皮大头蛙（*Limnonectes fragilis*）、海南湍蛙（*Amolops hainanensis*）、海南溪树蛙（*Buergeria oxycephala*）等，爬行类中的海南闭壳龟（*Cuora hainanensis*）、粉链蛇（*Dinodon rosozonatum*）、海南脆蛇蜥（*Ophisaurus hainanensis* ）等，鸟类中的海南山鹧鸪和兽类中的海南长臂猿、海南新毛猬（*Neohylomys hainanensis*）、海南兔（*Lepus hainanus*）等。岛上有些典型热带种类不见于我国东南沿海，却分布于中南半岛或云南南部，甚至与印度和南洋群岛呈间断分布，如两栖类中的海南拟髭蟾（*Leptobrachium hainanense*）、头盔蟾蜍（*Bufo galeatas*），爬行类中的长棘蜥（*Acanthosaura armata*）、缅甸钝头蛇（*Pareas hamptoni*）、东京烙铁头（*Ovophis tonkinensis*），鸟类中的盘尾树鹊（*Crypsirina temnura*）、孔雀雉（*Polyplectron bicalcaratum*）、褐冠鹃隼（*Aviceda jerdoni*）和兽类中的坡鹿，足见海南岛的热带动物区系较国内其他地区更形显著。亚种在岛上的分化，在鸟类中有56种，兽类中有25种，所有这些亚种绝大多数均具有比大陆地区体型小或羽毛颜色深浓的特点，极少例外。海南岛生态地理的区域变化呈现明显的从滨海至中部山地的环状分布，动物群落亦呈相应的变化。岛屿的中南部山地林区，以五指山主峰为中心的许多山地，山地气候垂直变化明显，从下至上可分4个动物群：①热带沟谷雨林动物群；②热带山地雨林动物群；③山顶苔藓矮林动物群；④山地草坡动物群（徐龙辉等，1983）。

由于栖息条件优越，上述前两个动物群组成丰富，海南长臂猿即为此两群动物中最引人注意的代表性种类。在中南部山地边缘地带为低山丘陵次生植被带，可分三个动物群：①北部季雨林草原动物群；②东南稀树湿草原动物群；③西部、西南部稀树干草原动物群。自然植被与次生植被混杂，在此植物生长相当茂盛，动物种类仍较丰富。在喀斯特地形区，洞栖翼手类动物甚多（徐龙辉等，1983，刘振河、覃朝锋，1990）。

刘承钊等（1973）指出，Smith 1931年曾分析海南动物区系，认为海南山区以起源于我国大陆的种或土著种为主，低地主要是中南半岛的习见种，以两栖动物资料分析，这一特征并不显著。广泛分布于全岛的均属我国南方习见种；如黑眶蟾蜍、泽陆蛙、沼水蛙（*Rana guentheri*）、两种浮蛙（*Occidozyga*）、斑腿树蛙和各种姬蛙等。赵尔宓（1990）着重讨论过海南与大陆的离合及其对岛上两栖爬行类区系发展的影响，指出广西与海南动物区系上的关系最密切，一些种类如白眶游蛇（*Amphiesmoides ornaticeps*）、尖喙蛇（*Rhynchophis boulengeri*）与脸虎（*Gomiurosaurus lichtenfelderi*）均见于两地，海南岛与中南半岛相同的种，仅次于广西而多于广东。其实，前述坡鹿在海南的分布，即反映中南半岛与海南之间在历史时期可能曾有过直接的陆连。据古地理研究，自琼州海峡形成以后（早更新世晚期），在全球性气候变迁中，由于海平面的升降，海南与雷州半岛至少曾有2次的陆连和北海湾消失的历史（Liu and Ding，1984）。这肯定有利于大陆包括中南半岛物种向海南的扩展。隔离时间的长短与物种交换的程度，对岛屿亚种与土著种的保留密切相关。这一问题的进一步探讨有待动物分类学上的深入，但至少可以推测，由于海南的地理位置与热带的气候，进入岛上的物种主要应来自华南区。经笔者统计，海南岛现生兽类的化石于更新世晚期与华南区共有种亦最多（图5.33）。

天然森林的减少对野生动物的威胁很大，近40年来，本岛特有的海南坡鹿（*Cervus eldi hainanus*）原来广布于丘陵平原的自然种群，已退缩在大田保护区的狭小范围内（刘振河，1987；宋延龄，1993）。被世人关注的海南长臂猿现仅残留在霸王岭自然保护区，其命运已濒于绝灭的边缘（Zhang et al.，1995；陈辈乐等，2005）。孔雀雉主要栖息于目前保护得较好的天然常绿阔叶林，天然林破坏后，在生长较密的次生林仍有栖息。然而，目前这些林地均分散而且狭窄，对孔雀雉生存不利（高育仁、余德群，1990）。

本亚区再分为2个动物地理省：㊿中部山地省——热带山地林灌动物群（VIIC1）和㉛沿海低地省——热带林灌、农田动物群（VIIC2）。

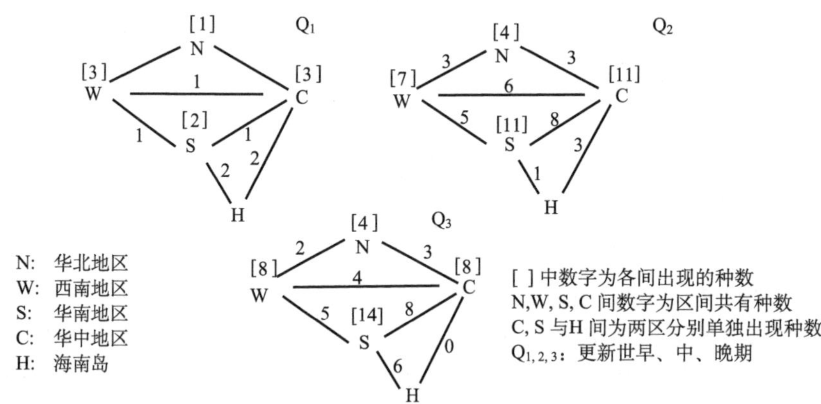

图 5.33　海南哺乳动物现生种化石在中国大陆出现的情况

(4) 台湾亚区 (VIID)

本亚区包括台湾及附近各小岛。台湾动物地理的研究，在兽类方面有林俊义和林良恭（1983）、赖景阳（1989）、王颖（1989）、李玲玲（1989）、林良恭（1989）等；在鸟类方面有颜重威（1989）；在两栖爬行渡类方面，有吕光洋等（1989）的论著。他们的某些论点将在下文中分述。

台湾的陆栖脊椎动物以东洋型成分为主。种类较多的古北型、全北型和南中国型均不及其一半（表 5.48）。

表 5.48　台湾陆栖脊椎动物主要分布型比例

项目	共计	(1)	(2)	(3)	(4)	(5)	(6)	(7)	(8)	(9)	其他*
兽类	67	0	10	0	0	3	31	13	2	7	1
比例/%	100	0	15.0	0	0	4.4	46.3	19.4	3.0	10.4	1.5
繁殖鸟	159	13	19	0	5	0	87	16	7	12	
比例/%	100	8.2	11.9	0	3.1	0	54.7	10.1	4.4	7.6	
冬候鸟	109	33	37	1	27	0	3	1	7	0	
比例/%	100	30.3	33.9	0.9	24.8	0	2.8	0.9	6.4	0	
爬行类	86	0	0	0	0	4	32	28	0	22	
比例/%	100	0	0	0	0	4.6	37.2	32.6	0	25.6	
两栖类	31	0	0	0	0	1	10	7	0	13	
比例/%	100	0	0	0	0	3.2	32.3	22.6	0	41.9	
总计	451	46	66	1	32	8	163	64	16	54	1
比例/%	100	10.2	14.6	0.2	7.1	1.8	36.2	14.2	3.5	12.0	0.2

*其中 1 种台湾鬣羚与日本共有 (1) 全北型；(2) 古北型；(3) 中亚型；(4) 东北型；(5) 季风区型；(6) 东洋型；(7) 南中国型；(8) 喜马拉雅-横断山型；(9) 特有；(10) 其他。

资料来源：据郑作新（1976）、林俊义和林良恭（1983）、吕光洋（1989）、赵尔宓和鹰岩（1993）及费梁（1996）资料整理。

因而，将台湾划属东洋界中印亚区（郑作新等，1959；张荣祖，1979；林俊义、林良恭，1983；颜重威，1989；吕光洋等，1989），与前人 Wallace（1876）的划分意见是一致的。台湾陆栖脊椎动物主要来自中国大陆，王颖（1989）对鹿科动物的研究亦持此见解。林良恭（1989）据台湾小型兽的研究，指出该类动物分属北方温带、横断山脉和南方热带三大类。另据对兽类化石的研究，赖景阳（1989）认为，台湾的兽类多数是由华南经台湾海峡而来，但也有一些是由华北经东海而来。据笔者（1997）对台湾及大陆现生种类化石与大陆上共有情况的统计，认为大陆兽类主要是在更新世中期由华中区经东海迁入台湾的（图 5.34）。

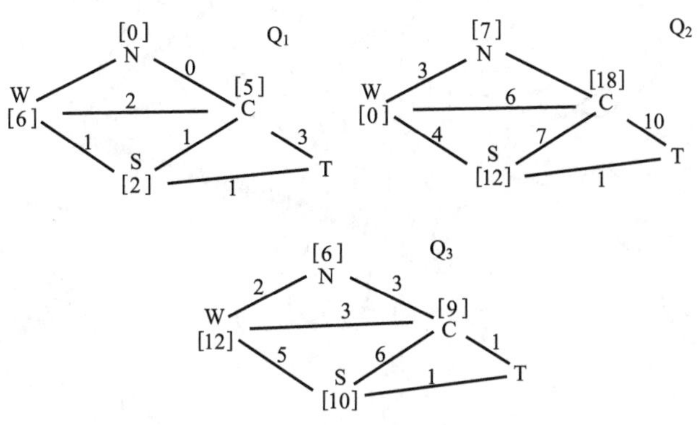

图 5.34　台湾哺乳动物现生种化石在中国内地的出现种数（图例请参图 5.33，本图 T 代表台湾）

台湾的兽类与大陆部分西南山地（横断山及其附近地区至喜马拉雅山）共有的种类最多，超过半数，约为 54%（图 5.35）。而有 10.7% 的种类在大陆东部缺乏，形成除海峡外的间断分布。在淡水鱼类中，也有类似的分布（陈宜瑜、何舜平，2001）。这一现象可作以下的解释。台湾的高山环境有利于接纳不同水平地带的种类。水平分布向垂直的转移是山地的普遍特点，这一特点在我国大陆以位于亚热带海拔较高的西南山地最为明显。在更新世冰期中，喜暖动物的南撤与间冰期中喜冷动物的南进，在高山地区均可找到较为适宜之栖地，而在东部低地反而不利它们的生存。西南山地一向被认为是优越的生物避难地与现代物种分布与扩散中心（张荣祖，1979；林俊义，1985）。台湾也是高山环境，在陆连时，亦有利于接纳南撤与北进的种类。因此，也可赋予其避难地的称号。最近发现的台湾鼬（*Mustela formosana*）被认为是北方白鼬（*M. erminea*）的近亲种在台湾高山环境的孑遗（Lin and Harada，1998）。这一进程还反映在兽类化石分布上。在更新世时，西南地区与台湾共有的化石随时间增长而增多。在晚更新世时，台湾与西南山地区共有的现生种化石种类比与之毗连的华南与华中区还要多（图 5.34）（张荣祖，1997）。

台湾岛的自然环境以垂直分带明显为特点。台湾兽类的垂直分布亦比较显著。据林俊义（1985）研究，以啮齿类为例，海拔 1000～1500m 是生存环境的分水岭。从此以下，种类随海拔降低而减少。从此以上，至 2500m 时，所有啮齿目的种类便全部出现（图 5.36）。

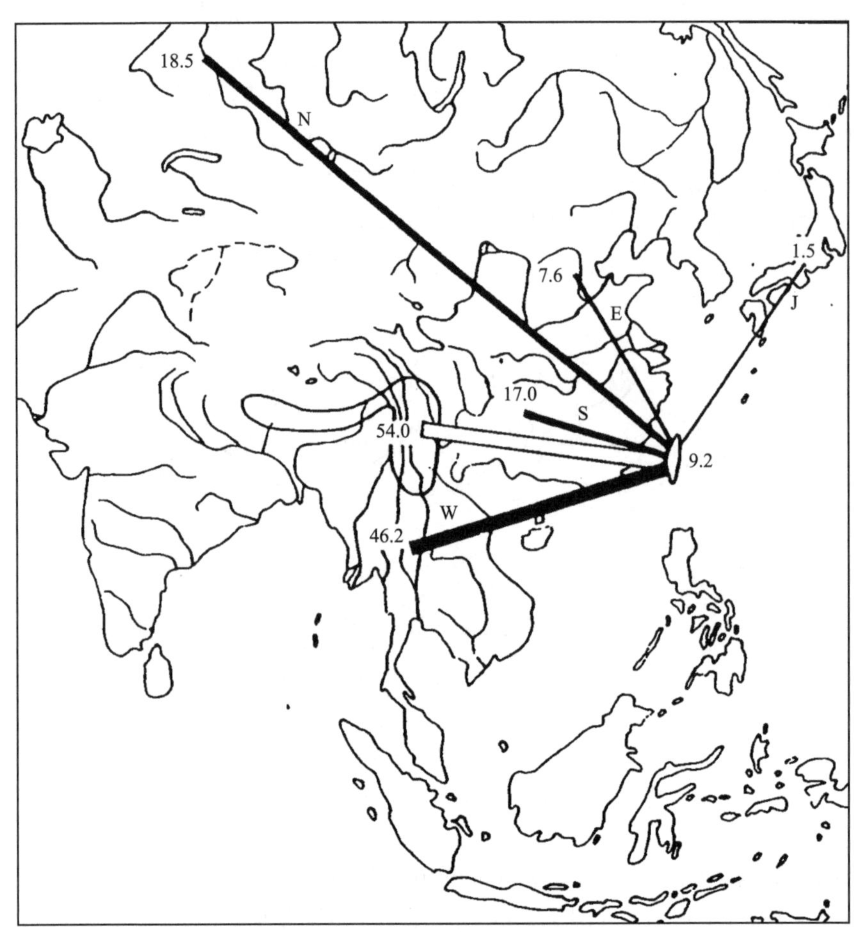

图 5.35　台湾兽类分布型的比例

实线：W. 东洋型；S. 南中国型；E. 季风型；N. 北方；J. 与日本单独共有；空心线：与西南山地共有种（比例）

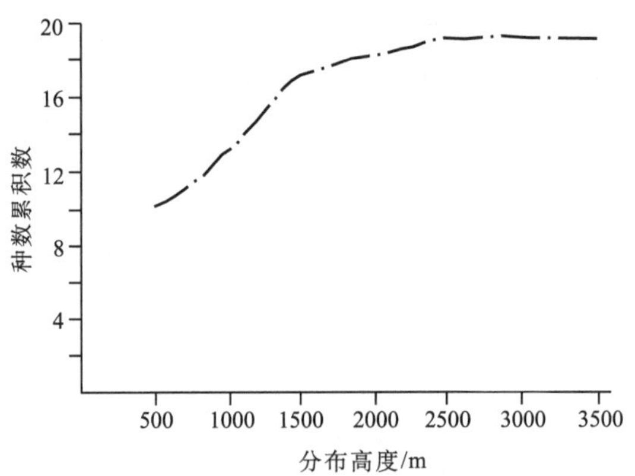

图 5.36　台湾啮齿目之种类累积数与分布高度的关系

资料来源：据林俊义（1985）

据颜重威（1989）对鸟类的研究，大部分留鸟在台湾的分布都是广泛见于全岛的，有少部分种类有明显的地域分化。而随海拔高度林型及生态环境的不同，鸟类的组成有明显的差异，并发现山区植被分布虽是连续的，但栖于阔叶林下坡带的留鸟不再向上分布，而栖于针叶林带上坡带的留鸟不再向下分布，显然是受到山地气候的影响。

据吕光洋（1989）研究，台湾两栖类、爬行类和大陆的关系最为密切。与大陆东南沿海及西南各省的共有种类要比西北、东北及华北等地为高。小鲵属为古北界喜凉动物，台湾产两种小鲵（*Hynobius formosanus* 和 *H. sonani*）生活于高山，并呈现不连续的生态分布，被干旱山脊阻隔，表明它们是孑遗物种，过去的连续分布与高山冰缘的潮湿环境有关。德力姬蛙（吉氏小雨蛙 *Microhyla inornata*）在大陆仅见于云南南部和中南半岛，与台湾的同种动物呈不连续分布。笔者认为这些现象与前述兽类的间断分布均出于同一原因，即受更新世间气候变迁与高山地区环境的影响。

台湾的特有种中以爬行类最多，其中蜥蜴类的特有种占全岛蜥蜴总数的 1/3 以上（吕光洋等，1989）。全国有 9 种草蜥（*Takydromus*），大陆与台湾分别各拥有 4 种，海南只有 1 种。以台湾岛屿面积之小，而拥有草蜥之多，足见台湾是草蜥繁盛之地。

本亚区再分为 2 个动物地理省：52中部山地省——亚热带山地森林动物群（VIID1）和53西部低地省——热带亚热带低地农田-林灌动物群（VIID2）。

(5) 南海诸岛亚区（VII E）

该亚区包括东沙、西沙、中沙和南沙各群岛，所有这些岛屿均为珊瑚岛，远离大陆，在地质史上曾长期地孤立于海洋之中。岛屿上的动物区系主要由海鸟和候鸟组成。据调查，西沙群岛有 103 种鸟类，但在岛上繁殖的鸟类很少，仅约 10 种。最主要的是几种海鸟，有红脚鲣鸟（*Sula sula*）、乌燕鸥（*Sterna fuscata*）、白顶燕鸥（*Anous stolidus*）、褐鲣鸟（*Sula leucogaster*）和白斑军舰鸟（*Fregata ariel*）。其中，又以前三种为优势，在繁殖期间，集群营巢，种群密度大，数量多①。在许多岛上，鲣鸟粪肥的产量很大。其他鸟类大多数是大陆迁来的冬候鸟，如绿翅鸭、家燕、鹡鸰、金鸻（*Pluvialis fulva*）和翻石鹬（*Arenaria interpres*）等。甚至远自北半球最北部繁殖的潜鸟（*Gavia*）和太平鸟（*Bombycilla*）也见于岛上。海岛盛产棱皮龟（*Desmochelys coriacea*）、玳瑁（*Eretmochelys imbricata*）、海龟（*Chelonia mydas*）、蠵龟（*Caretta caretta*）。这些种类的分布北界可达海南岛。南海诸岛上两栖、爬行类十分贫乏，迄今所知，只在个别岛屿上有饰纹姬蛙、疣（棘）尾蜥虎（*Hemidactylus frenatus*）和一种截趾虎（*Gehyra* sp.）（黄康彩，1984）。

在西沙群岛上发现的黄胸鼠、缅鼠（*Rattus exulans*）和褐家鼠是随人类而迁至岛上的（刘振华，1983），因无天敌，繁生成灾。后引入家猫，但野化后却成为捕食鲣鸟卵雏的大害（张庆祥，1983）。

本亚区有 1 个动物地理省：54珊瑚岛林灌动物群（VIIE）。

---

① 蔡其侃 . 1978. 西沙群岛的鸟类区系研究（摘要），未刊稿

参考文献

白义，许升全，邓素芳．2006. 陕西蝗虫地理分布格局的聚类分析．动物分类学报，31（1）：18～24

鲍毅新，诸葛阳．1984. 天目山自然保护区啮齿类的研究．兽类学报，7（4）：266～274

鲍毅新，诸葛阳．1987. 金华北山啮齿类的生态研究．兽类学报，4（3）：197～205

波布林斯基．1959. 动物地理学（上册）．王岌译．北京：高等教育出版社

蔡桂全．1988. 中国的白唇鹿（*Cervus albirostris*）．兽类学报，8（1）：12

蔡三元．1995. 湖北省两栖动物区系与地理区划．蛇蛙研究丛书（八）．四川动物，（增刊）：111～116

曹发君等．1988. 南充市郊鸟类种类的变化．四川动物，7（3）：36，37

曹文宣，陈宜瑜，武云飞等．1981. 裂腹鱼类的起源和演化及其与青藏高原隆起的关系．见：中国科学院青藏高原综合科学考察队．青藏高原隆起的时代、幅度和形式问题．北京：科学出版社

曹文宣，伍献文．1962. 四川西部甘孜阿坝渔业生物学及渔业问题．水生生物学集刊，（2）：79～110

曹永汉，卢西荣．1994. 拯救朱鹮战略构想．野生动物，（4）：6，7

常承法，潘裕生，郑锡澜等．1982. 青藏高原地质构造．北京：科学出版社

常青等．1995. 江苏蛇类地理分布及地理区划研究．见：中国动物学会两栖爬行动物学分会．两栖爬行动物学研究（第 4、5 辑）．贵阳：贵州科学出版社

陈安国等．1988. 湖南农业鼠害防治技术研究．1. 害鼠的种类、害区和与防治有关的生物学特性．兽类学报，8（3）：215～223

陈辈乐，费乐思，托马斯等．2005. 海南长臂猿状况调查及保护行动计划．嘉道理农场暨植物园专题报告．华南生物多样性保育杂志，香港嘉道理农场暨植物园

陈壁辉．1991. 安徽两栖爬行动物志．合肥：安徽科学技术出版社

陈壁辉．1995. 安徽省两栖动物区系与地理区划．见：赵尔宓．中国两栖动物地理区．蛇蛙研究丛书（八）．四川动物，（增刊）：93～100

陈壁辉，华田苗，吴孝兵等．2003. 扬子鳄研究．上海：上海科技教育出版社

陈服宫等．1980. 陕西省秦岭大巴山地区兽类分类和区系研究．西北大学学报自然科学版，1：137～147

陈汉彬．2002. 中国蚋类区系分布和地理区划（双翅目：蚋科）．动物分类学报，27（3）：624～629

陈景星等．1986. 秦岭地区鱼类区系及其动物地理学特征．见：中国科学院水生生物所．鱼类学论文集．第五辑．北京：科学出版社

陈军，宋大祥．1998. 中国狼蛛科（蛛形纲：蜘蛛目）蜘蛛地理区划初探．动物分类学报，23（增刊）：117～131

陈钧，胡政平．1990. 兴隆山、马寒山兽类栖息环境．甘肃科学学报，2（3）：56～61

陈钧，王定国．1985. 河西走廊啮齿动物地理分布的初步调查．兽类学报，5（3）：195～200

陈领．2004. 古北界与东洋界在我国东部的精确划界——据两栖动物．动物学研究，25（5）：369～377

陈鹏．1984. 图们江流域鸟类调查报告．图们江流域生态系统科学研究成果．长春：东北师范大学

陈鹏，金岚．1981. 吉林省陆栖脊椎动物的生态地理分布．动物学报，27（3）：281～286

陈鹏等．1965. 吉林省土门岭—左家附近鸟类调查报告．吉林师大学报（自然科学版），（1）：55～75

陈延熹．1965. 陕西毛乌素沙漠地带啮齿动物调查．动物学杂志，7（5）：201～204

陈宜瑜，陈毅峰，刘焕章．1996. 青藏高原动物地理区的地位和东部界线问题．水生生物学报，20（2）：97～103

陈宜瑜，何舜平．2001. 海峡两岸淡水鱼类分布格局及其生物地理学意义．自然科学进展，11（4）：337～342

陈宜瑜等．1998. 横断山区鱼类．北京：科学出版社

戴昆等．1991. 塔里木盆地南缘爬行动物的区系特征及对环境的适应．见：新疆动物研究．北京：科学出版社

邓其祥等．1980. 南充地区鸟类调查报告．南充师范学院学报（自然科学版），（2）：46～88

邓素芳，白义，许升全．2006. 陕西蝗虫地理分布格局的聚类分析．动物分类学报，31（1）：18～24

邓址等．1987. 河南登封地区鼠类的生态学调查．中国鼠类防制杂志，3（4）：201～206

丁汉波，郑辑．1981. 闽北地区爬行动物区系的研究．武夷科学，1：137，138

丁汉波等．1980. 福建两栖和爬行类的地理分布及区系研究．福建师大学报（自然科学版），（1）：57～74

费梁．1982. 湖北省两栖动物地理分布特点，包括一新种．动物学报，28（3）：293～301

费梁．1999. 中国两栖动物图鉴．郑州：河南科学技术出版社
费梁，胡淑琴，叶昌媛等．2006. 中国动物志：两栖纲（上卷）总论 蚓螈目 有尾目．北京：科学出版社
费梁，胡淑琴，叶昌媛等．2008. 中国动物志：两栖纲（中卷）无尾目（铃蟾科、角蟾科、蟾蜍科、雨蛙科、树蛙科、姬蛙科）．北京：科学出版社
费梁，叶昌媛，黄永昭等．2005. 中国两栖动物检索及图解．成都：四川出版集团．四川科学技术出版社
费梁等．1990. 中国两栖动物检索．重庆：科学技术文献出版社重庆分社
费梁等．1995. 髭蟾属的分类及其系统发育的研究（两栖纲：锄足蟾科）．见：中国动物学会两栖爬行动物学分会．两栖爬行动物学研究（第 4，5 辑）．贵阳：贵州科技出版社
冯孝义．1991. 爬行纲．见：王香亭．甘肃脊椎动物志．兰州：甘肃科学技术出版社
冯祚建，蔡桂全，郑昌琳．1986. 西藏哺乳类．北京：科学出版社
傅桐生等．1981. 吉林省动物地理区划．东北师大学报自然科学版，(3)：91～101
甘去非等．1986. 陕西南部啮齿动物调查．中国鼠类防治杂志，2 (3)：152～155
高铁军等．1992. 遗鸥在鄂尔多斯中部的分布暨一新巢群的发现．动物学杂志，27 (5)：31～33
高玮．2006. 中国东北地区鸟类及其生态学研究．北京：科学出版社
高玮，相桂全．1988．大兴安岭北部夏季鸟类群落结构的研究．野生动物，(6)：16～19
高行宜等．1987. 新疆阿尔泰山地鸟类区系与动物地理区划问题．高原生物学集刊，(6)：97～102
高耀亭等．1962. 云南西双版纳兽类调查报告．动物学报，14 (2)：180～196
高育仁，余德群．1990. 海南岛孔雀雉现状．动物学杂志，25 (4)：42，43
龚正达，解宝琦．1989. 高黎贡山的小型兽类调查．动物学杂志，24 (1)：28～32
辜永河，罗蓉．1990. 梵净山自然保护区的兽类．见：周正贤．梵净山研究．贵阳：贵州人民出版社
谷景和．1987. 新疆东昆仑-阿尔金山地区的有蹄类动物．干旱区研究，(3)：56～68
谷景和，高行宜．1991. 新疆东昆仑-阿尔金山的动物区系与动物地理区划．见：新疆动物研究．北京：科学出版社
顾辉清，阮蓉文．1995. 浙江省两栖动物区系和地理分布．见：赵尔宓．中国两栖动物地理区．蛇蛙研究丛书（八）．四川动物，(增刊)：87～91
关秉钧，王贵礼．1984. 图们江流域兽类调查报告．图们江流域生态系统科学研究成果．长春：东北师范大学
郭冷，阎宏．1986. 河北小五台山夏季鸟类初步调查．动物学杂志，(3)：15～20
郭全宝，张凤敏．1988. 天津地区农田鼠类及其防制．中国鼠类防制杂志，4 (2)：107～114
郭天宇，杨国华．1994. 康定县小型兽类调查报告．中国媒介生物学及控制杂志，5 (3)：201，202
郝天和，曹玉茹．1982. 北京地区的两栖类和爬行类．野生动物，(3)：6～12
郝映红等．1990. 山西庞泉沟保护区原麝的一些生态资料．四川动物，9 (2)：44，45
何芬奇，Melville D，邢小军等．2002. 遗鸥研究概述．动物学杂志，37 (3)：65～70
何晓瑞，周希琴．2002. 云南爬行动物地理区划．四川动物 ，2002 (3)：161～169
何晓瑞等．1991. 中国小竹鼠生态的初步研究．动物学研究，12 (1)：41
何业恒．1989. 鄂、湘、川间大熊猫的变迁．野生动物，(2)：28～31
洪朝长．1982. 福建啮齿动物的地理分布和地理区划．动物学报，28 (1)：87～98
胡步青等．1965. 蝮蛇和眼镜蛇生态观察的初步报告．见：中国动物学会．中国动物学会三十周年学术讨论会论文摘要汇编．北京：科学出版社
胡德夫等．1990. 塔里木盆地东南缘绿洲鼠类群落的空间配置．干旱区研究，(4)：35～40
胡金元，袁西安．1985. 延安地区狍种群的初步研究．动物世界，1 (2)：83～89
胡锦矗．2002. 岷山山系陆栖脊椎动物多样性．动物学研究，23 (6)：521～526
胡锦矗．1993. 大熊猫近 40 年的演变．四川师范学院学报（自然科学版)，14 (2)：99～103
胡锦矗，王酉之．1984. 四川资源动物志．第二卷．兽类．成都：四川科学技术出版社
胡锦矗等．1985. 卧龙的大熊猫．成都：四川科学技术出版社
胡锦矗等．1990. 竹子七花后大熊猫的觅食行为与容纳量．见：胡锦矗．大熊猫和物学研究与进展．成都：四川科学技术出版社
胡其雄．1985. 横断山脉与两栖类进化的关系．两栖爬行动物学报，4 (3)：225～233

胡淑琴等．1978. 福建省两栖动物调查报告．四川生物研究所两栖爬行动物研究资料．22～28
胡淑琴等．1987. 西藏两栖爬行动物．北京：科学出版社
黄复生等．2000．中国动物志，昆虫纲．第十七卷，等翅目．北京：科学出版社
黄复生．1981. 西藏高原的隆起和昆虫区系．见：中国科学院青藏高原综合考察队．西藏昆虫．第一册．北京：科学出版社
黄康彩．1983. 我国西沙群岛的蛙和蜥蜴．两栖爬行动物学报，2（4）：66
黄美华．1981. 浙江蛇类的区系分布．浙江中医学院学报，(增刊)：75～84
黄美华等．1987. 浙江动物志：两栖类、爬行类．杭州：浙江科学技术出版社
黄沐朋等．1989. 辽宁动物志——鸟类．沈阳：辽宁科学技术出版社
黄永昭．1988. 宁夏两栖爬行动物的调查及区系研究．见：高原生物学集刊 No. 8. 北京：科学出版社
黄祝坚等．1982. 福建南靖两栖爬行动物调查及区系分析．武夷科学，2：91～94
纪加义，于新建．1989. 鹳类、鹤类在山东省的分布与数量．动物学研究，11：46
季达明，温世生．1991. 东北的蛇类资源及其保护与利用．见：蛇蛙研究丛书之三．四川动物，(增刊)：70～74
季达明等．1987. 辽宁动物志——两栖类、爬行类．沈阳：辽宁科学技术出版社
江建平，叶昌媛，费梁．2008. 掌突蟾属 *Paramegophrys* 的分类（两栖纲：角蟾科）．安徽师范大学学报，31（3）：262～264
江望高，文贤继，杨晓君等．1998. 西双版纳部分地区鸟类多样性初步考察．动物学研究，19（4）：282～288
江耀明，赵尔宓．1992. 四川爬行动物区系．见：江耀明．两栖爬行动物论文集．成都：四川科学技术出版社
姜雅风，田敏，吴伟．2002. 辽宁医巫闾山两栖爬行动物多样性及保护对策．四川动物，19（3）：131，132
蒋光藻，谭向红．1989. 成都地区农田鼠类群落结构研究．西南农业大学学报，11（2）：122～125
蒋光藻等．1990. 四川短尾鼩（*Anourosorex sqamipes*）种群动态研究．西南农业大学学报，10（4）：294～298
康景贵．1985. 北京两栖爬行动物区系．两栖爬行动物学报，4（2）：120～122
柯是洛娃．1953. 西藏高原的鸟类分布及其亲缘关系和历史．动物学报，5（1）：25～36
寇治通，张鸿义．1987. 西双版纳自然保护区两栖爬行动物．见：西双版纳自然保护区综合考察队．西双版纳自然保护区综合考察报告集．昆明：云南科技出版社
赖景阳．1989. 台湾的哺乳动物化石记录．见：台湾动物地理渊源研讨会专集．台北市立动物园保育组编印
黎道洪，罗蓉．1996. 黔西北地区农田鼠类群落结构的研究．兽类学报，16（2）：136～141
黎振昌，潘炯华．1995. 广东省两栖动物区系与地理区划．见：赵尔宓．中国两栖动物地理区．蛇蛙研究丛书（八）．四川动物，(增刊)：125
黎振昌，肖智．2002. 广东省曲江县发现鳄蜥．动物学杂志，37（5）：76
李崇云等．1987. 云南红河地区兽类考察报告．见：中国科学院昆明动物研究所等．云南南部红河地区生物资源科学考察报告．第一卷．陆栖脊椎动物．昆明：云南民族出版社
李纯矩．1989. 贵州农田鼠种组成及黑线姬鼠的地理分布．中国鼠类防制杂志，5（2）：99～101
李德浩等．1978. 西藏东南部地区的鸟类．动物学报，24（3）：231～250
李德浩等．1989. 青海经济动物志．西宁：青海人民出版社
李恩庆．1990. 河北省啮齿动物地理区划．见：中国地理学会．生物地理和土壤地理研究．北京：科学出版社
李桂垣，张瑞云．1964. 四川二郎山鸟类初步调查报告．动物学杂志，6（3）：110～115
李桂垣等．1963. 雅安鸟类调查报告．动物学杂志，5（1）：19～22
李桂垣等．1976. 四川宝兴的鸟类区系．动物学报，22（1）：101～114
李桂垣等．1984. 四川凉山彝族自治州的鸟类区系．四川农学院学报，2（1）：19～58
李桂垣等．1985. 四川资源动物志．第 3 卷．鸟类．成都：四川科学技术出版社
李吉均等．1979. 青藏高原隆起的时代、幅度和形式的探讨．中国科学，(6)：608～616
李建立，栾永贵．1991. 蛇岛蝮蛇栖息类型．见：赵尔宓，赵肯堂．动物科学研究．蛇蛙研究丛书之三．北京：中国林业出版社
李俊生，马建章，吴建平．2001. 黄羊生物学研究现状．动物学杂志，36（5）：64～68
李玲玲．1989. 从生物地理探讨台湾猕猴来源．见：台湾动物地理渊源研讨会专集．台北市立动物园保育组编印

李佩珣，刘晓龙．1991. 黑龙江省鸟类区系的特征及区划拟议．哈尔滨师范大学自然科学学报，生物专辑 7 卷：269～276
李佩珣等．1981. 兽类资源．见：马逸清．大兴安岭地区野生动物．哈尔滨：东北林业大学出版社
李若贤．1986. 草海鸟类调查报告．见：草海科学考察队．草海科学考察报告．贵阳：贵州人民出版社
李思忠．1981. 中国淡水鱼类的分布区划．北京：科学出版社
李维贤．1983. 辽宁省啮齿动物的地理区划．动物学报，29 (4)：383～388
李文发等．1994. 兴凯湖自然保护区野生动物资源与研究．哈尔滨：东北林业大学出版社
李晓晨，王廷正．1996. 陕西地区啮齿动物种数分布与生态因子关系的分析．兽类学报，16 (2)：129～135
李玉柱等．1992. 黑龙江省胜山林场冬季驼鹿、马鹿和狍的种间关系．兽类学报，12 (2)：110～116
李致祥，林正玉．1983. 云南灵长类的分类分布．动物学报，2：111～119
梁杰荣等．1982. 青海省盘坡地区鼠类数量配置及其与草场植被、土壤的关系．动物学杂志，(5)：14～17
梁俊勋，黄汉宏，李堂．1993. 桂西山地南缘农区小型兽类及其群落特征的研究．西南农业学报，16 (2)：75～82
梁俊勋，凌胤民．1994. 南宁邕江流域地区的小兽类及其生态景观类型的研究．中国媒介物及控制杂志，5 (2)：116～121
梁俊勋，张俊．1985. 黄土高原东北缘的鼠类及其区划的研究．兽类学报，5 (4)：299～309
梁启燊等．1988. 湖南省的爬行动物区系．暨南理医学报，(3)：65～72
林俊义．1985. 台湾哺乳类之动物地理之研究．见：野生动物保育论文集．台北：台湾大学
林俊义，林良恭．1983. 台湾哺乳类的动物地理初探．台湾省立博物馆年刊，26：53～62
林良恭．1989. 从台湾生物地理探讨小型的哺乳动物之来源．见：台湾动物地理渊源研讨会专集．台北市立动物园保育组编印
刘伯文，唐景文．1992. 某些鸟类冬季留居于北方一些地区生态原因的探讨．野生动物，(5)：32～33，23
刘成汉．1964. 四川鱼类区系的研究．四川大学学报 ，(2)：95～133
刘承钊．1961. 中国无尾两栖类．动物学报，19 (4)：385～404
刘承钊．1962. 广西两栖爬行动物初步调查报告．动物学报，14 (增刊)：73～104
刘承钊等．1973. 海南岛两栖动物调查报告．动物学报，19 (4)：385～404
刘春生等．1986. 安徽省黄山啮齿类区系研究．动物学杂志，(6)：18～21
刘东生等．1964. 中国第四纪沉积物区域分布特征的探讨．见：中国科学院地质研究所．第四纪地质问题．北京：科学出版社
刘焕金等．1982. 太原盆地鸟类生态学研究 I. 生态分布及季节规律．动物学研究．3 (增刊)：315～333
刘焕金等．1986. 芦芽山自然保护区鸟类垂直分布．四川动物，5 (1)：11，12
刘季科等．1980. 高原鼠兔数量与危害程度的关系．动物学报，26 (4)：378～385
刘明玉，宋淑香，邹本忠．1995. 辽宁省两栖爬行动物地理区划．见：赵尔宓．中国两栖动物地理区．蛇蛙研究丛书（八）．四川动物，(增刊)：71～74
刘铭泉，刘振华．1976. 广东省食虫类及常见种的生态调查．动物学杂志，(3)：29，30
刘迺发等．1985. 甘肃兴隆山夏季鸟类．野生动物，(4)：18～21
刘少初．1986. 西藏林芝的鸟类资源．野生动物，(5)：19～26
刘荫增．1981. 朱鹮在秦岭的重新发现．动物学报，27 (3)：273
刘振河，覃朝锋．1990. 海南长臂猿栖息地结构分析．兽类学报，10 (3)：163～169
刘振河．1987. 海南坡鹿．动物学杂志，22 (3)：37～39
刘振华．1983. 西沙群岛的鼠类．动物学杂志，(6)：40～42
柳殿均．1991. 河北省两栖动物种群生态分布浅析．蛇蛙研究丛书之三．四川动物，(增刊)：31～33
龙勇诚，钟泰，肖李．1995. 滇金丝猴保护对策研究．见：夏武平，张荣祖．灵长类研究与保护．北京：中国林业出版社
卢浩泉．1962. 山东费县小形啮齿类野外生态观察．山东学会年会
卢浩泉．1984. 山东省哺乳动物区系初步研究．兽类学报，4 (2)：155～158
陆长坤等．1965. 云南西部临沧地区兽类的研究．动物分类学报，2 (4)：279～295

陆含华，温业棠．1988. 广西爬行动物的地理分布和区系分析．动物学杂志，23（2）：8～12
陆健健．1990. 中国湿地．上海：华东师范大学出版社
路纪琪，吕国强，李新民．1997. 河南啮齿动物志．郑州：河南科学技术出版社
路纪琪，吕九全，瞿文元．1999. 河南省两栖动物地理分布的聚类研究．四川动物，18（3）：137，138
吕光洋．1989. 由两栖爬行动物相探讨台湾和大陆之关系．见：台湾动物地理渊源研讨会专集．台北市立动物园保育组编印．99～125
吕晓平，许杰．1992．关于扎龙自然保护区内三条观鸟路线的评价．野生动物，（2）：3～7
吕宗宝．1988. 高原鹤类——黑颈鹤．动物学杂志，23（3）：38～40
罗蓉等．1993. 贵州兽类志．贵阳：贵州科技出版社
罗泽珣．1959. 亚寒带落叶松林伐后兽类数量的变化．动物学杂志，（5）：202～206
马常夫．1995. 吉林省两栖动物的地理分布．见：赵尔宓．中国两栖动物地理区．蛇蛙研究丛刊（八）．四川动物，（增刊）：75～78
马国瑶．1988. 白水江自然保护区兽类调查初报．动物学杂志，23（5）：26～28
马鸣，罗宁，贾泽信．1992. 塔克拉玛干沙漠腹地动物调查．动物学杂志，27（5）：41
马鸣，戴昆．1989. 昆仑山地区两栖爬行动物调查．干旱区研究，（3）：59～61
马鸣等．1995. 塔里木河中游十种水鸟的繁殖调查．干旱区研究，12（2）：72～76
马世骏．1959. 中国东亚飞蝗蝗区的研究．北京：科学出版社
马世骏．1965. 中国昆虫生态地理概述．北京：科学出版社
马世来，王应祥．1988. 中国现代灵长类的分布、现状和保护．兽类学报，8（4）：250～260
马世来，王应祥，蒋学龙等．1989. 滇金丝猴的社会行为和栖息特征的初步研究．兽类学报，9（3）：161～167
马世来，王应祥，李崇云等．1987. 云南红河地区的兽类区系和动物地理区区划．见：中国科学院昆明动物研究所等．云南南部红河地区生物资源科学考察报告．第一卷．陆栖脊椎动物．昆明：云南民族出版社
马世全．1988. 震旦鸦雀种群生态的研究．动物学研究，9（3）：217～224
马逸清等．1986a. 黑龙江省兽类志．哈尔滨：黑龙江科学技术出版社
马逸清等．1986b. 中国鹤类研究．哈尔滨：黑龙江教育出版社
马逸清等．1989. 大兴安岭地区野生动物．哈尔滨：东北林业大学出版社
马勇，王逢桂，金善科等．1987. 新疆北部地区啮齿动物的分类和分布．北京：科学出版社
马勇等．1981. 新疆北部地区动物地理区划的几个问题．动物学报，27（4）：395～402
苗章发等．1988. 邯郸地区鼠种分布及其密度调查．中国鼠类防治杂志，4（3）：208～210
闵芝兰，陈服官．1983. 陕西省商洛地区鸟类调查报告．见：陕西省动物学会（1980-1982年）论文选集
木文伟，杨德华．1982. 白马雪山东坡滇金丝猴 *Rhinopithecus bieti* 群、活动路线及食性的初步观察．兽类学报，2（2）:125～131
潘会明等．1991. 长江三峡宜昌地带鼠类种群数量变动及生态学研究．中国媒介生物学及控制杂志，2（2）：104～107
潘炯华．1985. 广东省大陆两栖类的调查及区系研究．两栖爬行动物学报，4（3）：200～208
潘炯华等．1985a. 珠江三角洲九种常见两栖动物的越冬现象．两栖爬行动物学报，4（1）：61
潘炯华等．1985b. 鱼螈在广东的发现．华南师范大学学报（自然科学版），（1）：111～113
裴文中．1957. 中国第四纪哺乳动物群的地理分布．古脊椎动物学报，1（1）：9～24
彭鸿绶等．1962. 四川西南和云南西北部兽类的分类研究．动物学报，14（增刊）：105～132
彭燕章，杨德华，匡邦郁．1987. 云南鸟类名录．昆明：云南科技出版社
皮南林．1973. 高原鼠兔的食性及食量研究．见：中国科学院西北高原生物所．灭鼠与鼠类生物学报告．第一卷
钱国桢，王培潮．1983. 二十年来天目山鸟类群落结构变化趋势的初步分析．生态学报，3（3）：262～268
钱燕文，冯祚建，马莱龄．1974. 珠穆朗玛峰地区鸟类和哺乳类的区系调查．见：珠穆朗玛峰地区科学考察报告，1966～1968,生物与高山生理．北京：科学出版社
钱燕文，张洁，汪松等．1965. 新疆南部的鸟类．北京：科学出版社
秦长育．1991. 宁夏啮齿动物区系及动物地理区划．兽类学报，11（2）：143～151

秦耀亮．1979. 广东省啮齿动物的地理分布与区划及其防治．动物学杂志，(4)：30～34
青海省生物研究所，新疆鼠害研究组．1977. 新疆北部农业区鼠害的研究（五）——北疆塔西河农区小家鼠数量变动趋势．见：生态学文集（第一集）．中国科学院西北高原生物研究所．129～150
全国强，林永烈，张荣祖等．1993. 猕猴在河北兴隆的消失．见：夏武平、张洁．人类活动影响下兽类的演变．北京：中国科学技术出版社
全国强等．1981. 我国灵长类动物的分类与分布．野生动物，(3)：7～14
瞿文元．1985. 河南蛇类及其地理分布．河南大学学报，(3)：59～61
瞿文元等．1995. 河南省两栖动物区系与地理区划．见：赵尔宓．中国两栖动物地理区．蛇蛙研究丛书（八）．四川动物，(增刊)：107～110
饶定齐．2000. 西藏两栖爬行动物多样性的补充调查及现状．四川动物，19 (3)：107～111
邵孟明等．1991. 西藏那曲地区兽类调查．动物学杂志，26 (6)：16～22
沈世英，陈一耕．1984. 青海省果洛大武地区高原鼠兔生态学初步研究．兽类学报，4 (2)：107～115
沈孝宙．1963. 西藏哺乳动物区系特征及其形成历史．动物学报，(1)：139～150
沈猷慧．1960. 洞庭湖的野鸭及其狩猎方法．动物学杂志，6 (5)：204，205
沈猷慧．1983. 湖南省两栖动物调查及区系分析．两栖爬行动物学报，2 (1)：49～58
沈猷慧．1995. 湖南省两栖动物区系与地理区划．见：赵尔宓．中国两栖动物地理区．蛇蛙研究丛书（八）．四川动物，(增刊)：119～124
盛和林，陆厚基．1985. 我国亚热带和热带地区的鹿科动物资源．华东师范大学学报（自然科学版），(1)：96～104
盛和林等．1992. 中国鹿类动物．上海：华东师范大学出版社
施雅风．2000. 中国冰川与环境——现在、过去和未来．北京：科学出版社
施雅风，潘保田，姚檀栋．1998. 15 万年来青藏高原气候与环境演变．见：施雅风，李吉均，李炳元．青藏高原晚新生代隆升与环境演变．广州：广州科技出版社
施银柱．1983. 草场植被影响高原鼠兔密度的探讨．兽类学报，3 (2)：181～187
时磊，周永恒，原洪．2002. 新疆维吾尔自治区爬行动物区系与地理区划．四川动物，21 (3)：152～157
寿振黄等．1958. 东北兽类调查报告．北京：科学出版社
宋鸣涛．1987a. 陕西南部爬行动物研究．两栖爬行动物学报，6 (1)：59～64
宋鸣涛．1987b. 陕西两栖爬行动物区系分析．两栖爬行动物学报，6 (4)：63～73
宋鸣涛．1995. 陕西省两栖动物区系与地理区划．见：赵尔宓．中国两栖动物地理区．蛇蛙研究丛书（八）．四川动物，(增刊)：155～157
宋世英．1984. 陕西陇山地区兽类的区系调查．动物学杂志，(5)：42～46
宋延龄．1993. 四十年来海南坡鹿分布区和种群数量的变迁及原因．见：夏武平，张洁．人类活动影响下兽类的演变．北京：中国科学技术出版社
苏承业等．1986. 横断山中段两栖类垂直分布的研究．两栖爬行动物学报，5 (2)：134～144
孙儒泳等．1962. 柴河林区小啮齿类的生态学Ⅱ．垂直分布．动物学报，14 (2)：165～174
谭耀匡，郑作新．1964. 云南玉龙山鸟类的垂直分布．动物学报，16 (2)：295～314
汤懋仓．1995. 青藏高原隆升引发气候突变的原因分析．见：中国科学院青藏高原综合考察队．青藏高原项目 1995 年会论文集
唐蟾珠，徐延恭，杨岚．1996. 横断山区鸟类．北京：科学出版社
唐蟾珠等．1965. 山西省中条山地区的鸟兽区系．动物学报，17 (1)：86～102
陶宇等．1991. 河北沿海雁鸭类的秋季迁徙．野生动物，(5)：14～17
田星群．1990. 秦岭大熊猫食物基地的初步研究．兽类学报，10 (2)：88～96
童墉昌，童骏昌．1986. 内蒙古东四盟鹤类调查报告．见：马逸清．中国鹤类研究．哈尔滨：黑龙江教育出版社
万军，马鸣，鲍广途．1988. 克孜勒苏平原地区冬候鸟观察．干旱区研究，3：30～34
王定国．1988. 额济纳旗和肃北马鬃山北部边境地区啮齿动物调查．动物学杂志，23 (6)：21～23
王福麟．1974. 山西省毛皮兽的调查报告．山西大学教育处
王丕贤，俞诗原，王建文．1990. 陇东爬行动物初步调查．四川动物，9 (2)：38

王岐山．1965. 安徽琅琊山的鸟类．动物学杂志，7（4）：163～168
王岐山，胡小龙．1978. 安徽九华山鸟类调查报告．安徽大学学报自然科学版，（1）：56～84
王岐山等．1966. 安徽兽类地理分布的初步研究．动物学杂志，8（3）：101～106
王岐山等．1978. 安徽黄山的鸟类及兽类初步调查．野生动物资源调查与保护，（2）：26～46
王岐山等．1979. 安徽长江沿岸鼠类及其体外寄生虫初步研究．安徽大学学报（自然科学版），（1）：61～70
王岐山等．1990. 安徽兽类志．合肥：安徽科学技术出版社
王权业等．1989. 高原鼢鼠、高原鼠兔以及甘肃鼠兔种间关系的初步探讨．动物学报，35（2）：205～212
王日旭等．1986. 唐山市啮齿动物分布和生态关系的调查．中国鼠类防制杂志，2（2）：81～83
王书永等．1992. 横断山区昆虫．北京：科学出版社
王思博，杨赣源．1983. 新疆啮齿动物志．乌鲁木齐：新疆人民出版社
王思博等．1987. 褐永鼠在内陆干旱区吐鲁番车站居民区形成种类．中国鼠类防制杂志，3（1）：47，48
王所安，刘庆余，柳殿均．1964. 天津两栖动物种类与分布．河北大学学报（自然科学），（3）：229～235
王所安等．1995. 河北省（北京市、天津市）两栖动物区系与地理区划蛇蛙研究丛书（8）．四川动物，（增刊）：57
王廷正．1990. 陕西省啮齿动物区系与区划．兽类学报，10（2）：128～136
王廷正，许文贤．1992. 陕西啮齿动物志．西安：陕西师范大学出版社
王香亭等．1991. 甘肃脊椎动物志．兰州：甘肃科学技术出版社
王秀玲等．1992. 新疆北鲵研究历史与地理分布．国外畜牧学——草食家畜增刊：59～61
王学高，Smith A T. 1988. 高原鼠兔（*Ochotona curzoniae*）冬季自然死亡率．兽类学报，8（2）：152～156
王学高，戴克华．1991. 高原鼠兔种群繁殖生态的研究．动物学研究，12（2）：155，161
王学高，封明中．1981. 华北平原一些地区有害啮齿动物种群密度调查．兽类学报，1（2）：165，166
王应祥，靳板桥．1987. 西双版纳的哺乳动物及其区系概貌．西双版纳自然保护区综合考察报告集．昆明：云南科技出版社
王颖．1989. 从台湾生物地理探讨鹿科动物来源．台湾动物地理渊源研讨会专集．台北市立动物园保育组编印
王勇等．1994. 洞庭平原黑线姬鼠繁殖特性研究．兽类学报，14（2）：138～146
王跃招，曾晓茂，方自力等．1999. 西藏几种沙蜥的分类、演化、分布及其与古地史的关系．动物学研究，20（3）：178～185
王昭孝等．1988. 贵州省农耕区和住宅区鼠类调查．中国鼠类防制杂志，4（3）：205～207
王直军．1991. 西双版纳热带森林鸟类群落结构．动物学研究，12（2）：169～174
王直军，李国锋，曹敏等．2001. 西双版纳勐宋轮歇演替区鸟类多样性及食果鸟研究．动物学研究，22（3）：205～210
王祖望等．1973. 中华鼢鼠的数量变动与繁殖特点．灭鼠和鼠类生物学研究报告，1：61～77
王祖祥．1982a. 西藏墨脱地区的鸟类区系．见：中国科学院西北高原生物所．高原生物学集刊．第 1 集．北京：科学出版社
王祖祥．1982b. 喜马拉雅地区鸟类区系及其垂直分布．动物学研究，3（增刊）：251～298
王祖祥．1989. 龙羊峡地区鸟类现状及水库蓄水后演化预测．动物学杂志，24（4）：16～21
王祖祥，叶晓堤．1990. 青海玉树、果洛地区鸟类考察报告——中美青海高原联合动物学考察成果之二．见：中国科学院西北高原生物所．高原生物学集刊．第 9 集．北京：科学出版社
温业棠．1983. 广西双带鱼螈及其习性．两栖爬行动物学报，2（2）：79，80
温业棠．1985. 南宁两栖动物生活习性的初步调查．两栖爬行动物学报，4（1）：61
文焕然，文榕生．1996. 中国历史时期冬半年气候冷暖变迁．北京：科学出版社
吴德林．1980. 碧罗雪山鼠形啮齿类的垂直分布．动物学研究，1（2）：221～231
吴德林，邓向福．1988. 云南热带和亚热带山地森林鼠形啮齿类的群落结构 Ⅰ、多样性相，对丰盛度，密度和物量．兽类学报，8（1）：25～32
吴德林，王光焕，邓向福等．1983. 亚热带山地常绿阔叶林铗捕小兽群落结构．见：中国科学院昆明分院生态研究室. 云南哀牢山森林生态系统研究. 昆明：云南科技出版社
吴贯夫，赵尔宓．1995. 四川省两栖动物区系与地理区划．见：赵尔宓．中国两栖动物地理区．蛇蛙研究丛书

（八）．四川动物，（增刊）：137～144
吴化前，祝龙彪．1991．农田鼠形小兽群落生态演替现象分析．媒介生物学及控制杂志，2（3）：183～185
吴家炎．1986．中国羚牛分类、分布的研究．动物学研究，7（2）：167～174
吴家炎．1990．秦岭发现猪尾鼠．动物学研究，11（2）：126
吴家炎．1990．中国羚牛．北京：中国林业出版社
吴家炎，李贵辉．1982．陕西省安康地区兽类调查报告．动物学研究，3（1）：60～68
吴淑辉，瞿文元．1984．河南省两栖动物区系初步研究．新乡师范学院学报，（1）：83～89
吴先智．1988．四川金堂县鸟类区系调查报告．四川动物，7（4）：39，40
吴毅，袁重桂，胡锦矗．1990．卧龙的食虫类区系．贵州大学报，7（2）：55～59
吴至康等．1986．贵州鸟类志．贵阳：贵州人民出版社
吴至康等．1993．黑颈鹤迁徙研究初报．动物学报，39（1）：105，106
伍律等．1985．贵州爬行类志．贵阳：贵州人民出版社
伍律等．1987．贵州两栖类志．贵阳：贵州人民出版社
武润．1986．河北省啮齿动物地理区划．中国鼠类防制杂志，2（3）：156～160
武云飞．1989．滇西金沙江河段鱼类区系的初步分析．高原生物学集刊，9：101～113
武云飞，吴翠珍．1992．青藏高原鱼类．成都：四川科学技术出版社
冼耀华．1984．青海湖地区斑头雁繁殖习性的初步观察．动物学杂志（1）：12
冼耀华等．1964．青海省的鸟类区系．动物学报，16（4）：690～709
肖增祜等．1988．辽宁动物志——兽类．沈阳：辽宁科学技术出版社
谢家骅．1987．茂兰喀斯特森林区兽类调查报告．贵阳：贵州人民出版社
谢进金，林彦云，黄国勇．2003．福建泉州两栖动物调查及区系分析．四川动物，22（4）：230～232
邢连鑫．1965．晋东南无尾两栖类调查报告．动物学杂志，4：174，175
邢莲莲，杨贵生．1982．内蒙古狼山北部荒漠地区哺乳动物区系的初步分析．动物学杂志，19（1）：16～18
邢莲莲，杨贵生．1996．内蒙古乌梁素海鸟类志．呼和浩特：内蒙古大学出版社
邢庆云，陈进明．1975．山西运城地区两栖类初步调查．医卫通讯，3（3）：38～43
徐昂扬等．1990．大兴安岭呼中区的鸟类．野生动物，（6）：16～18
徐龙辉等．1983．海南岛的鸟兽．北京：科学出版社
徐宁等．1992．锄足蟾科齿蟾属的种间系统发育关系的探讨．见：中国动物学会两栖爬行动物学分会．两栖爬行动物学研究（第1，2辑）．贵阳：贵州科技出版社
徐学良．1989．驼鹿．动物学杂志，24（3）：48～51
许设科等．1994．四爪陆龟的生态研究．见：中国动物学会等．中国动物学会成立60周年：纪念陈桢教授诞辰100周年论文集．北京：中国科学技术出版社
旭日干．2001．内蒙古动物志．第二卷．呼和浩特：内蒙古大学出版社
严凤涛．1991．盐城滩涂丹顶鹤越冬数量分布与生态研究．动物学杂志，26（2）：34～36
颜重威．1989．从台湾生物地理探讨鸟类相．见：台湾动物地理渊源研讨会专集．台北市立动物园保育组编印
杨春文等．1991．黄泥河林区鼠类群落划分的研究．兽类学报，11（2）：118～125
杨春文等．1993．黄泥河林区鼠类群落演替的研究．兽类学报，13（3）：205～210
杨大同等．1983．云南横断山两栖爬行动物研究．两栖爬行动物学报，2（3）：37～49
杨大同等．1989．云南两栖类志．北京：中国林业出版社
杨光荣，陶开会．1986．云南老君山鼠类的垂直分布．动物学研究，7（4）：311～316
杨贵生，邢莲莲．1998．内蒙古脊椎动物名录及分布．呼和浩特：内蒙古大学出版社
杨岚．1995．云南鸟类志 雀形目．昆明：云南科技出版社
杨岚．2004．云南鸟类志 非雀形目．昆明：云南科技出版社
杨岚，潘汝亮．1986．横断山区鸡类的分布与食性．见：青藏高原研究横断山考察专集2．北京：中国科学技术出版社
杨岚等．1985．西双版纳茶林及橡胶林区鸟类调查．动物学研究，6（4）：353～360

杨奇森等.1990. 横断山脉北部林麝的种群生态研究.兽类学报，10（4）：255～262
杨戎生.1983. 我国蛇蜥属一新种——海南蛇蜥 *Ophisaurus hainanensis*. 两栖爬行动物学报，2（4）：67～69
姚崇勇.1995. 甘肃省两栖动物区系与地理区划．见：赵尔宓．中国两栖动物地理区．蛇蛙研究丛书（八）．四川动物，（增刊）：159
姚建初.1992. 血雉摄食的藓类．四川动物，11（3）：28
姚建初，邵孟明，陈兴文．1991. 西藏那曲地区的鸟类．四川动物，10（1）：10～13
姚建初，郑永烈.1986. 太白山鸟类垂直分布的研究．动物学研究，7（2）：115～138
叶昌媛，费梁，胡淑琴.1993. 中国珍稀及经济两栖动物．成都：四川科学技术出版社
叶祥奎.1982. 论龟科和陆龟科．古脊椎动物与古人类，20（1）：10～17
尹秉高，刘务林.1993. 西藏珍稀野生动物与保护．北京：中国林业出版社
尹文英等． 2000. 中国土壤动物．北京：科学出版社
余志伟等.1980. 四川金佛山的鸟类调查．南充师范学院学报（自然科学版），（2）：89～105
余志伟等.1986. 四川省大巴山、米仓山鸟类调查报告．四川动物，5（4）：11～18
袁国映等． 1989. 新疆脊椎动物简志．乌鲁木齐：新疆人民出版社
原洪.1985. 陕西省爬行动物区系研究．两栖爬行动物学报，4（2）：133～139
原洪等.1986. 西藏羌塘高原野生动物考察报告．四川动物，5（3）：27～30
云南省流行病防治研究所.1978. 云南白芒雪山一些鼠类的垂直分布资料．灭鼠和鼠类生物学研究报告，3：133～135
詹绍琛.1984. 不同地区及作物地黄毛鼠的数量变动．动物学杂志，（1）：8～11
詹绍琛，王伟成.1991. 福建鼠类组成变动及季节消长研究．中国媒介生物学及控制杂志，2（4）：252～256
詹绍琛，郑智民.1978. 福建的啮齿动物．动物学杂志，（3）：19～28
张保良等.1991. 花面狸活动及冬休习性的研究．动物学杂志，26（4）：19
张大铭，艾尼瓦尔，姜涛等． 1998. 准噶尔盆地啮齿动物群落多样性与物种变化的分析．生物多样性，6（2）：92～98
张大铭等.1992. 乌鲁木齐地区冬季水体环境特征及其与水禽的关系．国外畜牧学——草食家畜增刊：97～100
张大铭等.1993. 褐家鼠在内陆干旱区的侵移及栖息地选择．见：夏武平，张洁．人类活动影响下兽类的演变．北京：中国科学技术出版社
张凤敏等.1984. 天津西部农田鼠类及其防治．见：中国医学预防中心流行病学研究所．灭鼠文集
张孚允，杨若莉.1997. 中国鸟类迁徙研究．北京：中国林业出版社
张国修等.1991. 王朗自然保护区小型兽类的调查．四川动物，10（2）：41
张洁.1984. 北京地区鼠类群落结构的研究．兽类学报，4（4）：265～271
张洁 ，王宗祎．1963. 青海省的兽类区系．动物学报，15（1）：126～137
张孟闻，方俊九．1963. 黑龙江省脊椎动物野外实习手册．哈尔滨师范学院与黑龙江大学
张庆祥.1983. 当心引种带来的生态危机．野生动物，（2）：19～22
张荣祖.1978. 试论中国陆栖脊椎动物地理特征——以哺乳动物为主．地理学报 ，22（2）：85～101
张荣祖.1979. 中国自然地理—动物地理．北京：科学出版社
张荣祖． 1997. 中国大陆与台湾哺乳类动物地理关系初探．见：林曜松．海峡两岸自然保育与生物地理研讨会论文集
张荣祖． 1998.《中国动物地理区划》的再修改．动物分类学报，23 卷（增刊）：207～222
张荣祖． 1999. 中国动物地理．北京：科学出版社
张荣祖，王宗祎． 1964. 青海甘肃兽类调查报告．北京：科学出版社
张荣祖，杨安峰，张洁.1958. 云南东南缘兽类动物地理学特征的初步考察．地理学报，24（2）：159～173
张荣祖，赵肯堂.1978. 关于《中国动物地理区划》的修改．动物学报，24（2）：196～202
张荣祖，郑作新. 1961. 论动物地理区划的原则和方法. 地理，（6）：268～271，281
张荣祖，郑昌琳.1985. 青藏高原哺乳动物地理分布特征及区系演变．地理学报，40（3）：225～231
张盛周，陈壁辉.2002. 安徽省爬行动物区系及地理区划．四川动物，21（3）：136～141

张守富．1992. 山东平岛发现石龙子．动物学杂志，27 (6)：41
张显理，于有志．2002. 宁夏爬行动物区划．四川动物，21 (3)：149～151
张显理，于有志．1995. 宁夏哺乳动物区系与地理区划研究．兽类学报，15 (2)：128～136
张荫荪等．1963. 内蒙乌梁素海鸭类的初步调查．动物学杂志，5 (3)：119～122
张荫荪等．1985. 唐山地区猛禽迁徙生态观察．动物学杂志，(1)：19
张荫荪等．1991. 遗鸥繁殖群在鄂尔多斯的新发现．动物学杂志，26 (3)：32，33
张荫荪等．1993. 遗鸥（*Larus relictus*）繁殖生态研究．动物学报，39 (2)：154～159
张玉霞．1987. 广西两栖类的调查及区系研究．两栖爬行动物学报，6 (1)：52～58
张玉霞．1991. 中国鳄蜥．北京：中国林业出版社
张玉霞．1995. 广西壮族自治区两栖动物区系与地理区划．见：赵尔宓．中国两栖动物地理区．蛇蛙研究丛书（八). 四川动物，(增刊)：131～136
张中干等．1993. 四川省重点地区鼠情监测结果分析．中国媒介生物学及控制杂志，4 (6)：458～460
张自学，孙静萍，白韶丽等．1995. 黄羊（*Procapra gutturosa*）在中国分布的变迁及其资源持续利用．生物多样性，3 (2)：95～98
章士美等．1997. 中国农林昆虫地理区划．北京：中国农林出版社
赵尔宓．1980. 蛇岛“蝮蛇”的分类学研究．两栖爬行动物研究，1 (4)：1～16
赵尔宓．1990. 海南岛两栖爬行动物区系与动物地理学．见：赵尔宓．从水到陆．北京：中国林业出版社
赵尔宓．2002. 四川爬行动物区系及地理区划．四川动物，21 (3)：157～160
赵尔宓等．1995. 中国两栖动物地理区划．见：赵尔宓．中国两栖动物地理区．蛇蛙研究丛书（八）．四川动物，(增刊)：1～171
赵尔宓，吴贯夫，Inger R F. 1989. 四川两栖动物的生态与地理分布．Copeia，Gainesville，(3)：549～557
赵尔宓，江耀明．1979. 北疆蛇类初步研究．两栖爬行动物研究，2 (1)：1～23
赵尔宓，鹰岩．1993. 中国两栖爬行动物学．蛇蛙研究会与中国蛇蛙研究会，Oxford
赵尔宓等．2000. 中国两栖纲和爬行纲动物校正名录．四川动物，19 (3)：196～207
赵国钦，张文广．1989. 内蒙古九峰山地区的鸟类区系．四川动物，8 (1)：21～23
赵肯堂．1978. 内蒙古两栖爬行动物调查．内蒙古大学学报，(2)：66～69
赵肯堂．1982. 鄂尔多斯地区兽类初报．内蒙古大学学报（自然科学版)，13 (1)：77～86
赵肯堂．1985. 新疆蜥蜴调查．两栖爬行动物学报，4 (1)：25～29
赵肯堂．1998. 中国西部地区的壁虎科动物研究．动物学杂志，33 (1)：19～24
赵肯堂．2002. 内蒙古自治区爬行动物及地理区划．四川动物，21 (3)：118～123
赵肯堂，毕俊怀．1995a. 内蒙古自治区两栖爬行动物及地理区划．见：赵尔宓．中国两栖动物地理区．蛇蛙研究丛书（八）．四川动物，(增刊)：63～69
赵肯堂，毕俊怀．1995b. 四种两栖爬行动物在内蒙古的首次发现及其在动物地理区划中的意义．两栖爬行动物学研究（第 4，5 辑）．贵阳：贵州科学技术出版社
赵肯堂等．1981. 内蒙古啮齿动物．呼和浩特：内蒙古人民出版社
赵梅，刘建，黄春堂等．2006. 克拉玛依人工林鼠害调查初报．四川动物，25 (4)：872～874
赵文阁．2002. 黑龙江省爬行动物区系和地理区划．四川动物，21 (3)：127～129
赵文阁，方俊九．1995. 黑龙江省两栖动物区系与地理区划．见：赵尔宓．中国两栖动物地理区．蛇蛙研究丛刊（八）．四川动物，(增刊)：79～83
赵亚军，王廷正．1996. 豫西黄土高原农作区鼠类群落结构的研究：模糊聚类分析及三种相似指标的比较．兽类学报，16 (1)：67～75
赵正阶．1985. 长白山鸟类志．长春：吉林科学技术出版社
郑宝赉，杨岚．1986．横断山区鸟类区划地位及其演变 1. 沙鲁里山南端鸟类区系及垂直分布．见：中国科学院青藏高原综合考察队．青藏高原研究横断山考察专集 2. 北京：北京科学技术出版社
郑宝赉，张帆．1987. 云南红河地区鸟类区系分析．见：中国科学院昆明动物研究所等．云南南部红河地区生物资源科学考察报告（第一卷 陆栖脊椎动物）．昆明：云南民族出版社

郑昌琳．1979. 西藏阿里兽类区系的研究及其关于青藏高原兽类区系演变的初步探讨．见：西藏阿里地区动植物考察报告．北京：科学出版社
郑昌琳等．1989. 青海经济动物志：哺乳纲．西宁：青海人民出版社
郑光美．1962a. 北京及其附近地区冬季鸟类的生态分布．动物学报，14（3）：321～336
郑光美．1962b. 秦岭南麓鸟类的生态分布．动物学报，114（4）：465～473
郑光美. 2005. 中国鸟类分类与分布名录. 北京：科学出版社
郑辑．1993. 福建省爬行动物地理区划．见：蛇蛙研究丛书（四）．四川动物，（增刊）：329，330
郑生武．1986. 青海玉树果洛地区珍稀鸟兽生态地理特征．动物世界，3（1）：64～66
郑生武，李保国．1999. 中国西北地区脊椎动物系统检索与分布．西安：西北大学出版社
郑生武，皮献林．1979. 马麝的生态研究．动物学报，25（2）：176～186
郑涛，张迎梅．1990. 甘肃省啮齿动物区系及地理区划的研究．兽类学报，10（2）：137～144
郑永烈．1982. 陕西省秦岭东段兽类区系调查．动物学杂志，（2）：15～19
郑渝池，刘志君，李成等．2003. 四川泗耳自然保护区及邻近地区两栖爬行动物初步调查．四川动物，22（3）：165～167
郑作新，郑宝赉．1961. 云南西双版纳及其附近地区鸟类的调查报告 1. 动物学报，13：53～69
郑作新，冯祚建，张荣祖等．1981. 青藏高原陆栖脊椎动物区系及其演变的探讨．见：北京自然博物馆研究报告．第 9 期．北京：文物出版社
郑作新，张荣祖，马世骏．1959. 中国动物地理区划与中国昆虫地理区划．北京：科学出版社
郑作新等．1962. 秦岭、大巴山地区的鸟类区系调查研究．动物学报，14（3）：361～380
郑作新等．1963. 四川峨眉山鸟类及其垂直分布的研究．动物学报，15（2）：317～335
郑作新等．1965. 四川西北部鸟类区系调查．动物学报，17（4）：435～450
郑作新等．1973. 秦岭鸟类志．北京：科学出版社
郑作新等．1983. 西藏鸟类志．北京：科学出版社
钟昌富．1995. 江西省两栖动物区系与地理区划．见：赵尔宓．中国两栖动物地理区．蛇蛙研究丛书（八）．四川动物，（增刊）：101～105
钟昌富．2004. 江西省爬行动物区系及地理区划．四川动物，23（3）：233～237
钟昌富，吴贯夫．1981. 江西省爬行动物研究．两栖爬行动物研究，5（16）：99～110
钟文勤等．1985. 内蒙古草场鼠害的基本特征及其生态对策．兽类学报，5（4）：241～250
周开亚．1964. 江苏爬行动物地理分布及地理区划的初步研究．动物学报，16（2）：283～294
周开亚等．1981. 江苏省啮齿类的调查．动物学杂志，（3）：38～42
周明镇．1964. 中国第四纪动物区系的演变．动物学杂志，7（4）：274～278
周廷儒．1984. 中国自然地理·古地理（上册）．北京：科学出版社
周用武，郭海寿，方彦．2005. 藏羚的分布与迁移．四川动物，24（1）：75～77
周宇垣等．1962. 广东省爬行动物调查（摘要）．广东动物学通讯，4：4
周宇垣等．1964. 广东大陆无尾两栖类调查报告．见：动物学会年会论文摘要．北京：科学出版社
诸葛阳．1982. 浙江省兽类区系及地理分布．兽类学报，2（2）：157～166
诸葛阳，黄美华等．1988. 浙江省动物志——兽类．杭州：浙江科学技术出版社
诸葛阳，姜仕仁，郑忠伟等．1986. 浙江海鸟鸟兽地理生态学的初步研究．动物学报，32（1）：74～85
宗浩等．1986. 一次大雪对鼠类数量的影响．见：中国科学院西北高原生物所．高原生物学集刊．第 5 集．北京：科学出版社
邹寿昌．1995. 江苏省（上海市）两栖动物区系与地理区划．见：赵尔宓．中国两栖动物地理区．蛇蛙研究丛书（八）. 四川动物，（增刊）：83～86
邹寿昌，陈才法．2002. 江苏省（含上海市）爬行动物区系及地理区划．四川动物，21（3）：130～135
邹淑荃，白寿昌．1990. 滇金丝猴——世界珍稀灵长类动物．动物学杂志，25（1）：35～37
Bannikov A G. 1954. The Mammals of the Mongolian People's Republic. Publishing House of the Academy of Sciences of USSR，Moscow. Issue 53（in Russian）

Briggs J C. 1987. Developments in Palaeontology and Stratigraphy, 10—Biogeography and Plate Tectonics . Amsterdam: Elsevier

Brown J H, Gibson A G. 1983. Biogeography. ST Louis: The C V Mosby Company

Chen Ling , Song Yanling , Xu Shufang. 2008. Transitional belt: the boundary of palaearctic and oriental realm in west China. Progress in Natural Science, 18: 833～841

Cheng Tso-hsin. 1987. A Synopsis of the Avifauna of China. Beijing: Science Press

Darlington P J Jr. 1957. Zoogeography: The Geographical Distribution of Animals. New York: Wiley

Hoffmann R S. 2001. The southern boundary of the palaearctic realm in China and adjacent countries. Acta Zoologica Sinica, 47 (2): 121～131

Huang W J. 1985. The demarcation line between the palaearctic and oriental regions in eastern China. *In*: Kawarmichi T. Contemporary Mammalogy in China and Japan. Osaka : The Mammalogical Society of Japan

Illies J. 1974. Introduction to Zoogeography , Macmillan (Translated by W. D. Willians) . London and Basingstoke: Macmillan Press

Kahlke H D. 1961. On the complex of the Stegodon-Ailuropoda fauna of southern China and the chronological position of Gigantopithecus blacki V. Koenigswald. Vertebrata Palasiatica, 2: 85～103

Kurup G U. 1974. Mammals of assam and the mammal-geography of India. *In*: Mani M S. Ecology and Biogeography in India. The Hague: Dr W Junk B V Publishers

Lin L K, Harada M. 1998. A new species of Mustela from Taiwan . Euro-American Mammal Congress, Spain

Liu Dongsheng, Ding Menglin. 1984. The characteristics and evolution of the palaeoenvironment of China since the late tertiary. vol. 1. *In*: Wlyte R O. Geology and Palaeo Climatology of Hongkong

Monda K, Rachei E S, Philipp K et al. 2007. Mitochondrial DNA hypervariable region-1 sequence variation and phylogeny of the concolor gibbons, Nomascus. American Journal of Primatology, 69 (11): 1285～1306

Morain S A. 1985. Systematic Regional Biogeography. New York: Van Nostrand Reinhold Company

Miller D, Schaller G. 1996. Rangelands of the Chang Tang Wildlife Reserve in Tibet. Rangelands, 18: 91～96

Pielou E C. 1979. Biogeography. New York: John Wiley & Sons Inc

Schaller G B, Junrang R. 1988. Effects of a snowstorm on Tibetan antelope. J Mamm, 69 (3): 631～634

Sclater P L. 1858. On the general geographical distribution of the class Aves . Zool J Linn Soc, 2: 130～145

Udvardy M D F. 1969. Dynamic Zoogeography. New York: Van Nostrand Reinhold

Wallace A R. 1876. The Geographical Distribution of Animals. Vol 2. London: Macmillan

Wang Y X, Li Z X, Ma S L. 1985. Small mammals and their vertical distribution in Jawu Mountain, northwest Yunnan. *In*: Kawamichi T. Contemporary Mammalogy in China and Japan. Osaka: The Mammalogical Society of Japan

Zhang R Z (Y Z) . 2002. Geological events and mammalian distribution in China. Acta Zoologica Sinica, 48 (2): 141～153

Zhang Y Z, Quan G Q, Yang D H et al. 1995. Population parameters of the black gibbon in China. 见：夏武平，张荣祖．灵长类研究与保护．北京：中国林业出版社

Zhang Y Z et al. 1981. The impact of uplift of the Qinghai-Xizang plateau on the geographical processes. Proceeding of Symposium on Qinghai-Xizang (Tibet) Plateau (Beijing, China) . Geological and Ecological Studies of Qinghai-Xizang Plateau. Vol. II. Environment and Ecology of Qinghai-Xizang Plateau : 1999～2004

第六章　人类活动对动物分布的影响与动物保护

早在公元前500多年，我国古代哲人就主张“天人和谐”和“尊重生命”，认为人与万物同类，人与自然应和谐相处，主张利用生物资源时，要“取之有时，用之有节”。我国劳动人民在生产实践斗争中对野生动物的利用，有悠久的历史和丰富的经验。如鸭、牦牛、骆驼等驯化为家畜，均早在史前时代。有关野生动物的狩猎、利用和驯化的记载，历史极早，可追溯至《尚书·禹贡》（约2500年前）。到晋朝（公元265～420年），对猎得食肉兽的贵重裘皮，规定奖赏，已有类似狩猎法的制定。利用野生动物作医药和其他用处，早在两千多年前西汉的《神农本草经》中就已有记述，以后历代几乎都有记载。例如，北宋沈括于其著作《梦溪笔谈》中，对鹿茸的药用价值叙述颇详。还记载了驯鸬鹚捕鱼、驯鹰狩猎和驯养山鹛（鹛鸪）等。明朝李时珍在《本草纲目》中更系统地进行了总结（杨文衡等，1984）。早已被我国驯养的鲢、鳙、青鱼、草鱼，还被移植到欧洲、日本和朝鲜半岛（李思忠，1981）。

长期以来因人类对动物的捕杀、驯养、保护、有意或无意的传播或对动物栖息环境的干扰，一直不断地在改变动物自然分布的原貌，致使动物分布区缩小、破碎、局地绝灭、消失或扩大。那些从原地区被传播出去的动物，则成为另一地区的入侵种。当今，地球上整个动物界物种的分布格局在人类活动（包括对环境污染）的影响下，以前所未有的程度和速度在改变，许多珍贵濒危物种的未来命运是当今自然保护关注的焦点。

第一节　人类活动对动物分布的影响

历史时期人类活动促使某些动物在我国自然界消失的著名例子，首推四不像。追溯其历史，四不像，即麋鹿（*Elaphurus davidianus*），该属动物出现于更新世初期，化石曾在辽宁南部、河北、河南、山西、安徽和上海等地发现。据研究在更新世中期和晚期，其曾广布于华北平原和淮河平原，栖息于芦苇沼泽环境，在全新世是北方动物群的主要代表之一。首次于安阳殷墟掘出大批骨骼。后来陆续在几个人类文化遗址中，发现有它的伴生。可见，对四不像的人工试养，据目前资料，至少可溯至商朝（曹克清，1975；德日进、杨钟健，1936）。现存种在自然界中的绝灭，推测发生在更为晚近的年代。1894年左右，还有一群保存于北京南苑的猎苑内。后因八国联军入京的战乱和洪水而绝灭。1986年，英国从其放养繁殖的种群中选了数十头回赠中国，回归故土南海子（南苑）、江苏大丰和湖北石首天鹅湖湿地自然保护区。在史前时代就被人类驯化的双峰驼，野生种是否存在尚属疑问。在近百年间，只在柴达木、我国新疆与蒙古交界的个别地点发现过，还不知是否为家骆驼的野化。根据唐代史籍韩愈“祭鳄鱼文”（公元819年）及其他年代史籍记载推测，过去在韩江下游和海南岛沿岸一带分布的鳄，很可能是现代分布于东南亚地区的湾鳄（*Crocodylus porosus*）。我国北宋时期著名科学家沈括（公元1031～1095年）于他的《梦溪笔谈》中，亦有关于鳄的记载，考其年代约为公元1040年。1801年，R. Mell记载了他在香港和广东珠江口澜头岛得到此鳄的两具鳄骨（张孟闻等，1998）。据研究，两广鳄鱼以唐代为盛。宋代以后，才有真正杀戮的记载。灭绝时期，在潮州为明初，距今约五百多年；在海南迟至民国初年，距今六十多年（曾坚白，1974）。

在人类活动影响下，动物分布区缩小或呈间断分布的事例更多。如据唐岭录异（公元889～904年）记载推测，在一千年前，于云南、广西、广东、湖南和福建南部，相当于南亚热带以南的地区，曾有亚洲象的分布。又据南宋《岭外代答》记载，即八百年前，象只在钦州和漳州才有少数保留，以后即少有记载，推断在明代以后，即距今五百年前，在我国南亚热带以南的大部分地区早已绝迹，现只见于云南西南边境。孔雀在唐岭录异卷中有记述。在唐代时，于我国南海一带，数量甚多。自宋到清初，都是捕猎对象（曾坚白，1974）。野马与野驴曾为遍及我国西北干旱、半干旱地区的常见种类。现今，野马的野生种群已绝灭。野驴在东部草原地区已极难发现，在西部只存在于新疆北部。野生犀早已在我国消失，距今三四千年以前，其分布北界曾达河南安阳殷墟，公元1450年左右，尚见于广西与云南南部 。现已为大家熟悉的珍稀濒危动物，如大熊猫、金丝猴、长臂猿、扬子鳄等，其历史上的分布区均相当广泛，在不同的历史时期，因人类的影响不断缩小（文焕然等，2006）。有些种类现几乎只保留在有限的保护区内。

1992年，中国兽类学会举行了“人类活动影响下兽类的演变”专题学术会议，依会议提供的纪录分析，概括起来（表6.1）有以下几点：

表6.1　我国兽类分布状态变迁（20世纪50年代至90年代初）

种类	涉及范围	原来情况	变迁	原因	资料来源
猕猴	大巴山区	几乎全山区分布	只见于6县12个乡，分散为三个孤立片	人口迅增，毁林，滥猎	郑生武等（1993）
	河北	20世纪60年代有50～60只	80年代末最后一只被杀	同上	全国强等（1993）
白头叶猴	广西南部	60年代在前	90年代剩		
	200 km	12个乡有600多只	约250只	同上	卢立仁等（1993）
白鳍豚	长江中下游	1973～1985年 不断被误捕	死亡200只	渔业作业等	周开亚（1993）
大熊猫	秦岭至岷山	50年代以来森林开始采伐	1985年采伐过半伐区内熊猫消失	林业作业	胡锦矗（1993）
	甘肃白水江地区	50～70年代在3县15个乡有	1993年只在1县9个乡有	竹林被伐	黄华梨等（1993）
小熊猫	四川西部林区	广泛分布	50年代末在青川绝灭，其他地区濒危	伐林、捕猎	魏辅文等（1993）
虎	东北东部林区	50年代分布广	分布区急剧缩小，数量锐减，不足20只	同上	高中信等（1993）

续表

种类	涉及范围	原来情况	变迁	原因	资料来源
虎	秦岭	50年代发现，30年来时有传闻	可能绝灭，待确认	同上	吴家炎等（1993）
	山西	60年代至1990年时有传闻	残存几只	同上	王福麟等（1993）
	新疆	20年代消失有疑	近30年确未发现	农业活动，环境旱化	高行宜（1993）
原麝	安徽大别山	分布点广（25个）	减少至1/5强	农业毁林，捕猎	颜于宏（1993）
林麝、马麝	四川甘孜州	50～70年代麝香收购量相对较稳定	80年代后，麝香收购量急剧下降	滥猎	彭基泰（1993）
马鹿	大、小兴安岭	广泛分布	各地消长趋势不一，呼玛已不见	随森林资源状况波动	高志远等（1993）
海南坡鹿	海南	50年代至80年代初由500头降至70余头	恢复至300头	禁猎并建保护区	宋延龄（1993）
野马	新疆东北	70年代以来未见	无任何信息	牧业发展，栖地丧失，捕猎	高行宜（1993）
赛加羚羊	新疆西北	50～60年代有野生群	近30年不见踪影	同上	高行宜（1993）
藏原羚	青藏高原	1987～1989年超万只	数量稳定	能与牲畜共享草场	朴仁珠等（1993）
扭角羚	四川西部	54个县内有分布约7000只	数量日趋下降	伐林与捕猎	胡锦矗等（1993）
毛皮兽	全国	收购量波动	整体急速下降	捕猎、栖地改变	盛和林（1993）
褐家鼠	新疆	沿50年代铁道站侵入	不断向农牧区蔓延	人为传带	张大铭等（1993）

资料来源：据夏武平和张洁（1993）资料整理。

1）绝大多数被调查的大、中型兽类，在新中国成立后30～40年，种群数量均下降或急剧下降；

2）虎、野马、赛加羚羊等原来已经十分稀少的、可能绝灭的种类，经新中国成立后30～40年的调查，证实确实已经绝灭或已达即将绝灭的境地；

3）猕猴、马鹿、大熊猫、小熊猫等，原来已属濒危的种类，均在其分布区内部分绝灭，即分布区显著缩小与破碎；

4）残留种群数量有恢复的只有海南岛的坡鹿，因为受到保护，留存在保护区及周边极其有限的地区内，而在过去全岛广泛分布的范围内已经消失；

5）白鳍豚，1973～1985年，有被渔业作业误捕而致死200只的记录；

6）藏原羚的数量保持稳定，因为此种羚羊能适应于与家畜共享草场；

7）与上述情况相反，褐家鼠随人类交通的迅速发展而扩展蔓延。

会议认为，动物的演变，自古有之，但演变的速度较慢。随着近代科学技术的进步，生产力的大幅度提高，人类对自然界的干预加深，大大加快了动物演变的程度和速度，因而也加重了问题的严重性（夏武平、张洁，1993）。在上述事例中，导致野生动物种群数量剧减、局部地区种群绝灭，最明显的原因是森林开发，即对动物栖息地的破坏与对动物的滥猎，包括生产作业中的误杀。2006 年对白鳍豚进行调查，一头都没有发现（汪松等，2009），可能就是长江中下游现代化渔业的后果。相反，许多小型动物的分布，因人为影响而扩大，可能形成危害。人类与野生动物间关系与矛盾的加深与争取和谐的前景，是当代人类在生态环境建设中重要的论题之一。

灵长类动物是最受人们关注的动物，在我国自然分布的范围很广，生活在暖温带以南以天然阔叶林为主的森林中。这种环境的生物多样性最为丰富，所以，对灵长类动物的保护具有标志性意义。2000 年，由国家林业局主持的全国性灵长类地理分布与自然保护的调查（张荣祖等，2002），与基于 20 世纪 50 年代以来的资料进行对比，首次对该类群动物经历半个世纪的变迁有一基本的认识，反映该类动物在人类负面与正面影响下，即保护前后的分布状态，结果表明（表 6.2）：

表 6.2　中国灵长类动物分布点

灵长类动物	分布点（%）	被保护点（%）	确已消失点（%）	可能消失点	濒危状态
蜂猴	37（3.5）	14（4.0）		8（2.6）	E
倭蜂猴	11（1.0）	4（1.1）			E
猕猴	466（43.6）	147（41.7）	25（40.3）	110（35.9）	V
熊猴	74（6.9）	31（8.8）		24（7.9）	V
豚尾猴	22（2.1）	6（1.7）		6（2.0）	E
短尾猴	67（6.3）	27（7.7）	3（4.8）	8（2.6）	V
藏酋猴*	168（15.7）	47（13.4）	10（16.1）	82（26.8）	V
川金丝猴*	66（6.2）	25（7.1）	5（8.1）	31（10.1）	E
黔金丝猴*	1（0.1）	1（0.3）			E
滇金丝猴*	15（1.4）	3（0.8）		3（1.0）	E
长尾叶猴	12（1.1）	5（1.4）			E
戴帽叶猴	4（0.4）	1（0.3）			E
灰叶猴	23（2.2）	6（1.7）	4（6.5）	6（2.0）	E
黑叶猴	45（4.2）	23（6.5）		13（4.2）	E
黑冠长臂猿	32（3.0）	7（2.0）	13（21）	9（2.9）	E
白颊长臂猿	5（0.5）	1（0.3）	1（1.6）	1（0.3）	E
海南长臂猿*	1（0.1）	1（0.3）			E
白掌长臂猿	6（0.6）	1（0.3）		3（1.0）	E
白眉长臂猿	13（1.2）	2（0.6）	1（1.6）	2（0.6）	E
合计	1068（100）	352（33.0）	62（5.8）	306（28.7）	

注：未计台湾猴。

* 我国特有。濒危状态：E. 濒危；V. 易危。

1）我国沿海各省，经济开发历史悠久，大片连绵分布的天然森林极少保存，灵长类动物的分布区亦日益缩小，或间断破碎。在近期确知的已经绝迹的分布点占该动物全部分布点的 5.8%。有许多曾有记录的地区情况不明，可能已消失，占 28.6%。同一分布点内，自然种群间的隔离现象亦是明显的。

2）在我国特有的 5 种灵长类中，藏酋猴分布最广，川金丝猴次之。滇金丝猴原来分布点就不多。分布区缩小最突出的例子是黔金丝猴和海南长臂猿，各只剩下一个受到保护的分布点，前者只存有 1000 只左右，后者仅剩 20 余只，岌岌可危。

3）猕猴适应性较强，分布亦最广泛，其北界可达我国暖温带北界。自 20 世纪 60 年代末，残留在北京兴隆县境内的自然种群消失后，它的分布北界便向南退缩至河南省北缘，即暖温带的南界，约退缩一个温度带，而引起动物学界广泛的注意。

当今，人类活动影响环境的变迁是多方面的，除大规模的经济建设，导致景观改变，如天然林的消失等，有些活动的影响范围可能更广泛，如滥用农药、超量施用化肥、工厂排污、人们不良生活习惯等，都在不同程度地改变着自然环境，威胁野生动物的生存。对苏州地区两栖爬行动物的调查结果（赵肯堂，2000），即可见一斑：

1）随着经济发展，苏州市内工厂外移，城区范围不断地向郊外拓展、耕地面积缩小、山林中兴办墓地等，两栖爬行动物的栖息地和生存空间受到很大限制，变得日趋狭窄，生命活动也遭到人类的众多干扰，不利于它们的种群繁衍增殖。

2）一部分市民的环保意识不强，农田、果园中超量施用化肥、农药，工厂排污，都在不同程度地继续污染着环境。水域污染使两栖动物丧失了繁殖和蝌蚪生长发育场所，以致造成市内蛙、蟾绝迹和许多农村的田间塘岸难寻其踪影。群落内部的基本平衡已被打破，非良性的动态变化正朝着威胁动物生存的方向发展。

3）因商业炒作，“美食”之风长盛不衰，延续至今。为供应尝鲜的饕餮客，部分农民为牟取暴利而肆意捕捉蛙、蛇，严重破坏动物资源。

4）苏州对蛇的利用历史悠久，甚至还是周围各省蛇类交易的集散地。20 世纪 80 年代当地对蛇的利用还只是局限于蛇胆、蛇蜕、乌梢蛇的入药，提取蝮蛇毒素、加工蛇干和生产各类蛇皮工艺品等。进入 90 年代后，在综合利用蛇资源的基础上，又兴起蛇粉、蛇鳖胶囊、蛇口服药、蛇油膏等蛇类系列保健用品的开发，现更有发展。据了解，市内一家蛇产品经营公司于 1993 年就收购了生产用活蛇 150t，供应蛇源扩及周边地区，必将对蛇类的生存及蛇资源构成毁灭性的后果。

有些影响所导致的变化，不易为人们察觉，但实际上已大面积发生，其后果如何，令人担忧。如大家熟知的与人类相处的（树）麻雀和喜鹊，据在四川的调查（郭延蜀、郑慧珍，2001，2004），其曾是各地最常见鸟类，但在 20 世纪后期，却在四川的农耕区和城镇消失了，并至今未再发现。根据对 1995 年 7 月至 2002 年 4 月在四川各地搜集的野外数据分析，结合文献资料，说明喜鹊种群数量，在四川于 20 世纪 50 年代后期，已呈下降趋势，70 年代开始，出现局部消失现象，80 年代是其局部灭绝的高峰期。喜鹊消失现象，从盆地扩展到周边山地和川西高原山地。进入 90 年代，在四川已形成一个全新的麻雀和喜鹊分布格局：盆地为罕见区；盆周山地、川西南山地为局部分布区；只剩下川西高原才是广泛分布区。调查提出，引起其地理分布变迁的原因主要是大量砍伐林木、滥用农药、人为毁巢和猎杀。

在人类的影响下，有利于野生动物滋生的事例也很普遍。以成都市区公共绿地的建设为例，据 2002 年的调查，市内野生鸟类计有 247 种，其中白头鹎、红头长尾山雀、白颊噪鹛、麻雀为优势种。与 20 年前相关调查比较，增加了 22 种新记录种。城市市区的植被多样性、食源丰富以及市民保护鸟类的文明行为，对野生鸟类数量的增加起重要作用（吴先智等，2005）。云南有些少数民族，实施土地轮歇循环耕作，立有乡规民约和传统宗教文化禁忌，圈建了“龙山”，为山区资源的永续利用提供了社会保障，也有利于对野生动物的保护（王直军等，2001）。

实际上，类似上述动物分布在人类活动影响下变化的事件是普遍存在的。

第二节　动物分布规律与动物保护

我国古代由于帝王贵族娱乐习武或宗教迷信建立的猎区或保护地，在性质与功能上，均不同程度地类似现代的自然保护区，包括苑囿、围场、庙宇、宗祠、陵地、神山、龙山等，历史悠久。我国最早的苑囿，大约是公元前1000多年，文王在“灵台”所建（刘东来等，1996），可视为早期的保护地。近代自然保护区的发展，始自1872年建立的美国黄石公园。自1956年，我国第一个自然保护区——广东鼎湖山自然保护区建立以来，现在，我国自然保护区已达2300多个。在数量上，森林生态系统和野生动、植物的保护区分别居首、次位，其余依次为荒漠、内陆湿地和水域、草原与草甸、海洋和海岸、地质和古生物等类型，基本上包括了我国所有代表性的生态景观（国家环境保护总局自然保护司，2003），对野生动物的保护起了重要的作用。

众所周知，动物保护是广泛的行动，不限于各类设定的保护地、非保护地的半自然景观，仍为一些野生动物提供栖生地，有时野生动物还进入人居地。对生活在非保护地的动物，也应该加以保护。为此，国家组织编写了《中国动物红皮书》，规定了濒危动物保护等级（汪松，1998）。经统计（表6.3），列入我国濒危动物的陆栖脊椎动物和鱼

表6.3　各动物地理区濒危动物种数统计

门类	全国种数	濒危种数			各动物地理区濒危种数及占总濒危种比例/%						
			(1) /%	(2) /%	I	II	III	IV	V	VI	VII
两栖类	295	29	9.83	5.44	6	2	1	0	9	14	12
					20.7	6.9	3.4	0.0	31.0	48.3	41.2
爬行类	412	96	23.3	18.1	4	11	2	1	20	39	66
					4.2	11.5	2.1	1.0	20.8	40.6	68.8
鸟类	1331	183	13.74	34.33	29	23	31	26	53	51	109
					15.8	12.6	16.9	14.2	29.0	27.9	60.0
兽类	600*	133	22.16	24.95	18	18	21	22	45	39	63
					13.5	13.5	15.8	16.5	33.8	29.3	47.4
鱼类	709	92	12.97	17.26	10	5	2	4	20	19	45
					10.9	51.4	2.2	4.3	21.7	20.7	48.9
总计	2747	533	19.4		67	59	57	53	147	162	295
					12.6	11.1	10.2	9.9	27.6	30.0	55.0

注：(1) 濒危种数/该类全国种数。(2) 濒危种数/全国濒危种数。I. 东北区，II. 华北区，III. 蒙新区，IV. 青藏区，V. 西南区，VI. 华中区，VII. 华南区。

* 约数。

资料来源：据汪松（1998）、赵尔宓和鹰岩（1993）、费梁（1999）、郑光美（2005）、王应祥（2003）、李思忠（1981）资料整理。

类，共有533种，占全部种类的19.4%。其中以鸟、兽最多，爬行类和鱼类次之，两栖类殿后。各类濒危动物在各地的分布，与各地经受人类干扰的程度有关，在南方，即我国的东洋界（动物地理V，VI，VII区）动物区系丰富，但在人类干扰下濒危动物显比北方，即我国古北界（动物地理I，II，III，IV区）为高；青藏高原动物区系最贫乏，但动物界受到干扰的程度最轻，濒危种类也最少。

我国土地辽阔，动物分布的区域差异明显，各地区动物保护的特点各异，现按我国三大自然区及其动物地理区，阐述如下。

一、东部季风区

自更新世以来，在我国古北与东洋两界所发生的自然地带的往返迁移，在东部季风区主要是南北向的。前已述及的生物避难地“蓬蒂基地”即为本区，其中以地域宽阔的亚热带的条件最为优越，保留了许多古老或孑遗的种类，濒危动物大多集中于此。

东部季风区虽然只占全国土地面积的46%，但却占有全国农业人口的95%。区内动物保护的主要对象可分三大类：①森林生态系统的珍稀濒危物种，其中有许多古老、孑遗种类，如大熊猫、金丝猴等；②湿地生态系统及季节性迁徙候鸟和旅鸟；③江河、海岸水域及海岛特殊物种。第三类保护对象是东部季风区所特有的，在环境与生物多样性保护中，负担着特殊的任务，其中斑海豹、白鳍豚、江豚、中华白海豚、中华鲟、扬子鳄和海南长臂猿等濒危种类，为世界所瞩目。

东北区：森林面积尚多，野生动物资源蕴量仍比较丰富。过去狩猎业发达，曾是野生动物毛皮和肉食的重要产地。保护对象有猞猁、白鼬（扫雪）、梅花鹿、麝、马鹿、斑羚（青羊）、雪兔、丹顶鹤、白鹤、白头鹤、白枕鹤、大天鹅、小天鹅、黑琴鸡和雉类等，均属濒危种类。随次生林的成长，自然种群有条件较快恢复。梅花鹿、马鹿等的驯养业和驯鹿半放养已稳定生存。但东北虎（*Panthera tigris altaica*）区内已濒临绝灭状态。熊类数量近年来呈锐减趋势（张明海，2002）。本区负有保护寒温带代表性动物的任务，如熊貂、紫貂、驼鹿和冷水性鱼类乌苏里白鲑（*Coregonus ussuriensis*）和鳇（*Huso dauricus*）等。

本区濒危动物有67种，占全部的12.6%，全国名列第四，为北方地区，即古北界内濒危动物最多的区。

森林更新中的鼠害防治与林业措施的改进关系密切。

华北区：开发历史久，森林极少，退耕还林以后，野生动物栖息环境，可望改善。狍曾一度是黄土高原北部的狩猎对象。过去，雉类和草兔的产量也不小。我国特有种褐马鸡经过保护，现已渐有恢复，但作为重点保护对象的大鲵，数量仍少。丹顶鹤、白鹤、白头鹤、白枕鹤、鸳鸯、天鹅等水涉禽南下越冬时，经过本区，近年来有所增加。麝、斑羚和石貂等仍是重要保护对象。白冠长尾雉近年来已在本区绝灭（乐佩琦、陈宜瑜，1998）。处于残留状态的沟牙鼯鼠和复齿鼯鼠应予大力保护。猕猴野生种群消失后，有再引进设想，如何合理引进，应从保护生物学予以考虑。

本区濒危动物有59种，占全部的11.1%，全国名列第五，在北方地区，仅次于东北区。

西北边缘和黄土高原地区鼠害问题比较突出，基本上已予以控制。

西南区：山区森林面积大，资源动物和珍贵动物种类均多，蕴量仍大。本区的横断山区是受到国际关注的生物多样性保护热点。为保护大熊猫、金丝猴、牛羚（扭角羚）和白唇鹿，在四川西部设置的保护区，负有特殊的责任。其中，对大熊猫的保护，为世界所关注，曾开展过合作研究，国家专门制定有《中国大熊猫及其栖息地工程》（范志勇，1994）。本区的小熊猫、雪豹、梅花鹿、水鹿、麝、马鹿、鬣羚（苏门羚）、斑羚、石貂、金猫、云豹、猕猴、熊猴、角雉、虹雉、藏马鸡、黑颈鹤、白腹锦鸡等均属保护对象。此外，在喜马拉雅山南坡中尼边境可能还有犀牛分布，值得注意。在鱼类中有许多分布于高原湖泊为地方所特有的鲤鱼（*Cyprinus* spp.）和多种鲃鱼，均属需要保护的我国特有的珍稀濒危物种。

本区濒危动物有147种，占全部的27.6%，全国名列第三，为南方地区天然林保存最多的地区，是我国东洋界内濒危动物最少的区，拥有为人们关注的许多种类。

华中区：广大山地丘陵次生林灌丛仍不少。中、小型食肉兽黄鼬、貉、狐、鼬獾、猪獾、狗獾、小灵猫、果子狸、食蟹獴等数量不少。小型食肉兽更常见于耕作区。其中黄鼬皮为优质毛皮产量的最大宗。大熊猫（秦岭）、黔金丝猴（贵州）、白鳍豚和扬子鳄（长江中下游）受到特殊的保护。梅花鹿、大鲵、角雉、虹雉（西部）和本区特有的獐（河麂）均属重点保护对象。麝、水鹿、苏门羚、斑羚、金猫、云豹（西部、南部）、猕猴、短尾猴、穿山甲、红腹锦鸡、长尾雉、白鹇等均列为濒危急需保护的对象。我国特产黑麂和毛冠鹿在本区有些地方已很少见，应予以特殊保护。对迁来本区越冬的丹顶鹤、白鹤、白枕鹤、白头鹤、鸳鸯和天鹅等水涉禽的保护在全国占重要的地位。华南虎已很难发现。前已述及，最近报道认为白鳍豚已不复存在。

本区濒危动物有162种，占全部的30.0%，全国名列第二，在南方地区，仅次于华南区。

华南区：偏僻山区森林尚有一定面积，是热带动物物种优越的栖息地。次生林灌丛环境较华中区多。从全国而言，本区资源动物种类最多。如家鸡的祖先原鸡在本区仍有保存。过去，麂类、果子狸、灵猫类、雉鸡、竹鸡、鹌鹑等为主要狩猎对象，以麂类在野生优质皮张占首要地位。现麂类、灵猫类、雉鸡已列为保护对象。金丝猴、叶猴、长臂猿（云南、海南岛）、野象（云南）、野牛（云南）、坡鹿（海南岛）均受到特别的保护。懒猴、台湾猴（台湾）、水鹿、梅花鹿、蓝腹鹇（台湾）、原鸡、黑长尾雉（台湾）均属重点保护对象。豚鹿、马鹿、苏门羚、斑羚、金猫、云豹、熊猴、短尾猴、豚尾猴、穿山甲、绿孔雀、犀鸟、白鹇等，均受到保护。但不少山地居民保护意识不强，传统的狩猎仍影响对动物的保护，如华南虎在本区已很难遇见 。当前广东原鸡猎杀现象仍不断发生，加以栖息地仍在不断遭受破坏，原鸡在广东全部绝迹仍有可能（吴诗宝等，2002）。最近，中国灵长类专家组宣告：由于保护疏失，在云南沧源地区残存的白掌长臂猿已在我国境内消失。

本区濒危动物有295种，占全部的55.0%，全国名列前茅，保护任务很重。

二、西北干旱区

本区在动物地理区划中属蒙新区。区内各种类型的荒漠和草原，在更新世时已经开始形成，历史悠久。动物区系在整体上主要由中亚型成分所组成，而东、西部有一定的区域分化，东部有一些适应于相对湿润环境的种类，西部则具有更多的主要分布在地中海-中亚的适应于干旱环境的种类。与东部季风区相比，荒漠草原动物群落结构简单，大中型有蹄类活动范围广泛，单位面积中数量低，相应的保护区面积较大。区内森林环境和“绿洲”，包括湿地，对某些非干旱区成分，具有吸引力，特别是候鸟，动物种类相对丰富。

本区是我国重要的农牧业区，以牧业为主。由于放牧活动几乎遍及整个草原和荒漠，加之当地居民对燃料需求和野生药材等资源的开发，形成了人、畜与野生动物共享野生资源的状态。如何解决在此状态下物种保护与人类生存需求之间的矛盾，是本区经济发展和自然保护事业中突出的问题。

野驴、黄羊、盘羊、鹅喉羚、石貂、猞猁、山鹑（*Perdix*）、石鸡、沙鸡、雉鸡等过去均为野生动物中常见种类，现除几种鸟类外，均属保护种类。为世人瞩目的野马在野外已绝灭、野骆驼极为罕见。在区内进行的对野马的驯养与回归野外，受到国际的重视。对在国内野外几乎已绝灭的高鼻羚羊，现亦采取同样的措施（王德忠等，1998）。两栖类中的北鲵和爬行类中的四爪陆龟是孑遗种类，对其保护在学术上受到重视。新疆北部阿尔泰山区亚高山，类似东北大兴安岭，是欧亚大陆北方泰加林南界边缘伸入我国国境的地方，拥有一些欧洲-西伯利亚森林的动物成分，如驼鹿、紫貂、狼獾和雪兔等，在干旱地区内甚为特殊，而受到重视。

本区濒危动物有 57 种，占全部的 10.2%，全国名列第六，为全国濒危动物次少的地区。各种类型的牧场和绿洲农田的鼠害，在大多数基本控制的情况下，仍须防止个别鼠类大量发生，监视鼠情和继续在重点地区定期灭鼠为经常性工作。

三、青藏高寒区

本区在动物地理区划中属青藏区。区内整体上是一个高寒环境，生物生存条件严酷，高原腹心地区广袤的高寒荒漠-草原，景观单一，有大面积的无人区，还受惠于宗教的影响，是野生动物的“天堂”。现已建立的三个特大型自然保护区（羌塘、可可西里、三江源）构成横贯高原中心的野生有蹄类连续保护带，其规模之大，世界罕见。重要的保护对象有藏羚羊、藏原羚、野牦牛、盘羊、岩羊、白唇鹿（东部）、野驴、雪豹、石貂、猞猁、黑颈鹤、雪鸡、蓝马鸡（东部）。其中藏羚，这一著名的青藏高原特有动物，曾遭到严重的偷猎。对上述这些动物的保护，受到世人特别的关注。青藏铁路的建设，依据藏羚、藏原羚和藏野驴等动物的活动规律，特别修建了动物的通道。近期估计全羌塘的野牦牛可能不超过 15 000 头（Schaller，2000）或约 7 000 多头，约有 6 万头藏羚[①]，5 万多头野驴，10 万多头藏原羚（尹秉高、刘务林，1993）。高原上湖泊沼泽众多，夏季水禽于湖沼中岛滩繁殖，数量甚多。高原河湖鱼类，以裂腹鱼类最为集中，藏族同胞素有不食鱼的传统习惯，此项资源得到较好的保护。濒危鱼类中的裸腹重唇鱼（*Diptychus kaznakovi*）、骨唇黄河鱼（*Chuanchia labiosa*）、扁咽齿鱼（*Platyphar-*

---

① 据中央人民广播电台 2007 年 1 月 19 日的报道。

odon extremus）和似鲇高原鳅（*Triplophysa siluroides*）为青藏高原所特有。

本区濒危动物有 53 种，占全部的 9.9%，全国名列最后，为全国濒危动物最少的地区。高原牧场鼠害在某些地区相当严重，在局部地区（东北部）需开展灭鼠。

保护生态系统，走可持续发展道路，是我国的国策。我国已建立的各种类型的自然保护区，均有利于保护珍稀动物。同时，还广泛号召关爱自然、善待动物，如组织青少年开展保护青蛙，招引农、林益鸟（楼燕、大山雀、鹪鹩、斑啄木、家燕等）等活动，均取得成功。农田防护林和城市绿化建设等亦有利于野生动物的栖息。近几十年来，我国对有益野生动物的驯养工作，也有很大的进展。全国建立了相当数量的驯养场，饲养的种类有马鹿、梅花鹿、白唇鹿、水鹿、麝、水貂、狐、貉、黄鼬、紫貂、水獭、果子狸、大灵猫、小灵猫、河狸和一些猴类。有药用价值的中国林蛙（蛤士蟆）和蛇类、龟、鳖等饲养业也有发展。野生禽类（马鸡、天鹅、雉类、野鸭等）的驯养，在群众中也较普遍。另外，各地还成立了野生保护动物救护站。所有这些均有利于对野生动物的保护。

在人类与野生动物为争取生存空间的冲突中，两者的关系已是如此密切，人类唯一的选择，应该是在我国古人“尊重生命”的理念与必须维持生态系统平衡的现代理论指导下，走向人与自然的和谐相处。人类对野生动物及其生存环境的保护应无所不在。保护区与非保护区的界线最终将会消失。

第三节　外来动物种的入侵

近年来，因人为传播，外来入侵种对入迁地区生态系统、环境、经济等方面所造成的负面影响，已成为生态学的热点问题（李振宇、解焱，2002；徐如梅、叶万辉，2003；徐海根等，2004）。入侵种在空间分布上的扩展，可在较短的时间内，引起原地物种分布格局的改变。研究这种改变，在理论和实践上都有重要意义。

据现有资料整理，外来入侵动物物种在我国各动物地理区分布的基本情况，可概括如下（参见表 6.4）：

表 6.4　外来入侵动物物种在中国各动物地理区的分布

动物名	I	II	III	IV	V	VI	VII	原产地	益害
松材线虫 *Bursaphelenchus xylophilus*	0	+	0	0	0	+	+	北美	害
沙筛贝 *Mytilopsis sallei*	0	0	0	0	0	0	+	中美	害
指甲履螺 *Crepidula onyx*	0	0	0	0	0	0	+	中美	害
大瓶螺 *Pomacea canaliculata*	0	0	0	0	0	+	+	南美	益/害

续表

动物名	I	II	III	IV	V	VI	VII	原产地	益害
褐云玛瑙螺 *Achatina fulica*	0	0	0	0	0	0	+	非洲	益/害
瓦伦西亚列蛞蝓 *Lehmanunia valentiana*	0	+	0	0	+	+	0	欧洲、非洲	害
克氏原螯虾 *Procambius clarkia*	0	0	0	0	0	+	+	中、南美	益/害
美洲大蠊 *Periplaneta americana*	+	+	+	+	+	+	+	非洲	害
小楹白蚁 *Incisitermes minor*	0	0	0	0	0	0	+	北美	害
松突圆蚧 *Hemiberlesia pitysophila*	0	0	0	0	0	0	+	日本（?）	害
苹果绵蚜 *Eriosoma lanigerum*	0	+	0	+	+	0	0	北美	害
葡萄根瘤蚜 *Viteus vitifoliae*	0	+	+	0	+	0	+	北美	害
湿地松粉蚧 *Oracella acuta*	0	0	0	0	0	0	+	北美	害
四纹豆象 *Callosobruchus maculates*	0	+	0	0	0	+	+	东半球热带-亚热带	害
巴西豆象 *Zabrotes subfasciatus*	0	0	0	0	0	0	+	巴西	害
豌豆象 *Bruchus pisorum*	+	+	+	+	+	+	+	地中海	害
蚕豆象 *Bruchus rufimanus*	0	+	+	0	+	+	+	欧洲	害
谷斑皮蠹 *Trogoderma granarium*	0	+	0	0	0	+	+	南亚	害
马铃薯甲虫 *Leptinotarsa decemlineata*	0	0	+	0	0	0	0	中、北美	害
稻水象甲 *Lissorhoptrus oryzophilus*	+	+	+	0	+	+	+	中、北美	害
红脂大小蠹 *Dendroctonus valens*	0	+	0	0	0	0	0	美洲	害
美洲斑潜蝇 *Liriomyza sativae*	+	+	+	0	+	+	+	南美	害
蔗扁蛾 *Opogona sacchari*	+	+	0	0	+	+	+	非洲	害
苹果蠹蛾 *Laspeyresi pomonella*	0	0	+	0	0	0	0	欧洲	害

续表

动物名	I	II	III	IV	V	VI	VII	原产地	益害
美国白蛾 *Hyphantria cunea*	+	+	0	0	0	0	0	北美	害
长角捷蚁 *Anoplolepis gracilipes*	0	0	0	0	0	0	+	亚非热带（?）	害
大头蚁 *Pheidole megacephala*	0	0	0	0	0	0	+	非洲	害
太湖新银鱼 *Neosalanx taihuensis*	0	0	0	0	+	0	0	华东	益/害
草鱼 *Ctenopharyngodon idellus*	+	0	+	+	+	0	0	我国东南部	益/害
鳙 *Aristichthys nobilis*	+	0	+	+	+	0	0	我国东南部	益/害
子陵吻鰕虎鱼 *Rhinogobius giurinus*	0	0	0	0	0	+	+	我国东南部	益/害
食蚊鱼 *Gambusia affinis*	0	0	0	0	+	+	+	北美	害
口孵非鲫 *Oreochromis* spp.	0	0	0	0	+	+	+	非洲	益/害
麦穗鱼 *Pseudorasbora parva*	0	0	0	0	0	+	+	我国东部	害
牛蛙* *Rana catesbeiana*	0	+	+	0	+	+	+	北美	益/害
麝鼠 *Ondatra zibethica*	+	+	+	+	0	+	+	北美	益/害
河狸鼠 *Myocastor coypus*	0	+	+	0	+	+	0	南美	益/害
黄胸鼠 *Rattus flavipectus*	0	+	+	0	0	0	0	东南亚热带	害
褐家鼠 *Rattus norvegicus*	+	+	+	0	+	+	+	东南亚季风区	害
总计 39 种	10	19	15	6	17	20	28		
比例/%	25.6	48.7	38.5	15.4	43.6	51.3	71.8		

* 另有产于美国的猪蛙（*Rana grylio*）和河蛙（*R. heckscheri*）被引入，分布情况不明（据叶昌媛等，1993）。

I. 东北区，II. 华北区，III. 蒙新区，IV. 青藏区，V. 西南区，VI. 华中区，VII. 华南区。

0：未见分布；+：分布；?：是否原产地，未确定。

资料来源：李振宇、解焱，2002。

1）全国每一个动物地理区均有外来动物的入侵，主要集中在东部沿海海陆交通发达地区，入侵种类最多的是华南区，占全部入侵种类的 70% 以上，其次为华中区，占 50%以上，表明我国热带亚热带地区最容易接纳外来种。华北区接纳的种类亦较多。气候条件较为寒冷的东北区和青藏区入侵种类最少。

2）入侵种以无脊椎动物为主，有 27 种，占全部入侵种的 71%，其中，昆虫有 20 种，占入侵无脊椎动物全部种类的 74%。其他，有 7 种鱼类、4 种鼠类和 3 种蛙类。后者中，人们已熟知的是牛蛙。

3）入侵动物，大部分属于无意传带；小部分种类的有意引入，开始是出于利用的目的，如可食用螺类、虾类、鱼类和牛蛙，有毛皮利用价值的鼠类。但引进后引起大量繁殖，排挤原地物种，破坏生态平衡，危害农作物，污染环境，有些还传播疾病。

4）一些适应性强，能随人居环境生活的种类，扩展能力很强，早已在我国扩大了分布区，被当地视为动物群中早已有的成员，如鼠类中的小家鼠和褐家鼠。前者除青藏高原腹心地区外均有分布；后者本只在我国东部湿润地区广布，后来向干旱地区（新疆）传播，因能携带鼠疫菌而引起较大的关注（王思博等，1987）。又如黄胸鼠本是东南亚的热带-亚热带的可带菌种类，在我国先前只分布于长江以南，王思博和杨赣源（1983）报道新疆乌鲁木齐、哈密的火车站附近建筑物内已有发现，分布范围不断扩大。据研究（张美文等，2000），此鼠近几十年明显地表现出向北扩展的趋势，在陕西、山西已形成稳定的种群；甘肃、宁夏、山东亦有黄胸鼠的报道。其实，由于野生动物为争取生存空间而向农田、人居住宅地，甚至是城市周边地区侵扰的事件，已是屡见不鲜。

参考文献

曹克清．1975. 上海附近全新世四不像鹿亚化石的发现及我国这属动物的地史地理分布．古脊椎动物与古人类，13（1）：48～57

德日进，杨钟健．1936. 安阳殷墟之哺乳动物群．见：地质调查所，地质研究所．中国古生物丙种第 12 号

范志勇．1994. 中国大熊猫及其栖系地工程与实施．见：张安居，何光昕．国际大熊猫保护学术研讨会论文集．成都：四川科学技术出版社

费梁．1999. 中国两栖动物图鉴．郑州：河南科学技术出版社

高行宜．1993. 人类活动对干旱兽类生存的影响．见：夏武平，张洁．人类活动影响下兽类的演变．北京：中国科学技术出版社

高志远等．1993. 黑龙江省马鹿资源现状及保护．见：夏武平，张洁．人类活动影响下兽类的演变．北京：中国科学技术出版社

高中信等．1993. 中国东北虎分布历史变迁．见：夏武平，张洁．人类活动影响下兽类的演变．北京：中国科学技术出版社

郭延蜀，郑慧珍．2001. 四川树麻雀地理分布变迁．动物学研究，22（4）292～298

郭延蜀，郑慧珍．2004. 四川省喜鹊地理分布的变迁．四川动物，23（2）：93～97

国家环保局自然保护司．2003. 全国自然保护区名录．北京：中国环境科学出版社

胡锦矗．1993a. 大熊猫的种群衰落初析．见：夏武平，张洁．人类活动影响下兽类的演变．北京：中国科学技术出版社

胡锦矗．1993b. 四川扭角羚的今昔．见：夏武平，张洁．人类活动影响下兽类的演变．北京：中国科学技术出版社

黄华梨等．1993. 白水江地区大熊猫的生态特征及其食物基地的初步研究．见：夏武平，张洁．人类活动影响下兽类的演变．北京：中国科学技术出版社

乐佩琦，陈宜瑜．1998. 中国濒危动物红皮书——鱼类．北京：科学出版社

李思忠．1981. 中国淡水鱼的分布区划．北京：科学出版社

李振宇，解焱．2002. 中国外来入侵种．北京：中国林业出版社

刘东来，吴中伦，阳含煦等．1996. 中国自然保护区．上海：上海科技教育出版社

卢浩泉等．1993. 中国河狸的保护与增殖问题．见：夏武平，张洁．人类活动影响下兽类的演变．北京：中国科学

技术出版社
卢立仁等．1993. 中国白头叶猴的数量变迁及保护现状．见：夏武平，张洁．人类活动影响下兽类的演变．北京：中国科学技术出版社
彭基泰．1993. 四川甘孜麝香、鹿茸资源的变化及保护对策．见：夏武平，张洁．人类活动影响下兽类的演变. 北京：中国科学技术出版社
朴仁珠等．1993. 藏原羚种群现状的研究．见：夏武平，张洁．人类活动影响下兽类的演变．北京：中国科学技术出版社
全国强等．1993. 猕猴再河北兴隆的消失．见：夏武平，张洁．人类活动影响下兽类的演变．北京：中国科学技术出版社
盛和林．1993. 人类活动对食肉动物数量的影响．见：夏武平，张洁．人类活动影响下兽类的演变．北京：中国科学技术出版社
宋延龄．1993. 四十年海南坡鹿分布区和种群数量的变迁及原因．见：夏武平，张洁．人类活动影响下兽类的演变. 北京：中国科学技术出版社
汪松．1998. 中国濒危动物红皮书．北京：科学出版社
汪松，解焱. 2009. 中国物种红色名录（第二卷 脊椎动物 下册）．北京：高等教育出版社
王德忠，罗宁，谷景和等．1998. 赛加羚羊（*Saiga tatarica*）在我国原产地的引种驯养．生物多样性，6（4）：309～311
王福麟．1993．山西虎的今昔．见：夏武平，张洁．人类活动影响下兽类的演变．北京：中国科学技术出版社
王思博，杨赣源．1983. 新疆啮齿动物志．乌鲁木齐：新疆人民出版社
王思博等．1987. 褐家鼠在内陆干旱区吐鲁番车站居民区形成种群．中国鼠类防制杂志，3（1）：47，48
王廷正．1990. 陕西省啮齿动物区系与区划．兽类学报，10（2）：128～136
王廷正．许文贤．1992. 陕西啮齿动物志．西安：陕西师范大学出版社
王应祥．2003. 中国哺乳动物种和亚种分类名录与分布大全．北京：中国林业出版社
王直军，李国锋，曹敏等．2001. 西双版纳勐宋轮歇演替区鸟类多样性及食果鸟研究．动物学研究，22（3）：205～210
魏辅文等．1993. 四川省小熊猫现状和保护．见：夏武平，张洁．人类活动影响下兽类的演变．北京：中国科学技术出版社
文焕然等．2006. 中国历史时期植物与动物变迁研究．重庆：重庆出版社
吴家炎，李贵辉．1982. 陕西省安康地区兽类调查报告．动物学研究，3（1）：60～68
吴家炎等．1993. 秦岭虎灭绝原因的初步探讨．见：夏武平，张洁．人类活动影响下兽类的演变．北京：中国科学技术出版社
吴诗宝，袁喜才，柯亚永等．2002. 广东省原鸡种群数量、分布及栖息地现状的初步调查．动物学杂志，37（3）：30～33
吴先智，杨靖，朱章顺等．2005. 成都市区公共绿地野生鸟类调查初报四川动物，24（4）．568～574
夏武平，张洁．1993. 人类活动影响下兽类的演变．北京：中国科学技术出版社
徐海根，强胜，韩正敏等．2004. 中国外来入侵物种的分布与传入路径分析．生物多样性，12（6）：626～638
徐如梅，叶万辉．2003. 生物入侵理论与实践．北京：科学出版社
颜于宏．1993. 原麝——处于濒危中的麝香资源．见：夏武平，张洁．人类活动影响下兽类的演变．北京：中国科学技术出版社
杨文衡等．1984. 中国古代地理学史．北京：科学出版社
叶昌媛，费梁，胡淑琴．1993. 中国珍稀及经济两栖动物．成都：四川科学技术出版社
尹秉高，刘务林．1993. 西藏珍稀野生动物．北京：中国林业出版社
曾坚白．1974. 论几种典型热带动物在南方绝灭时期．广东师范学院学报，1：92～96
张大铭等．1993. 褐家鼠在内陆干旱区的侵移及栖息地选择．见：夏武平，张洁．人类活动影响下兽类的演变．北京：中国科学技术出版社
张美文，郭聪，王勇等．2000. 我国黄胸鼠的研究现状．动物学研究，(6)：487～497

张孟闻，宗瑜，马积藩等．1998. 中国动物志 爬行纲（第一卷 总论 龟鳖目 鳄形目）．北京：科学出版社
张明海．2002. 黑龙江省熊类资源现状及其保护对策．动物学杂志，37（6）：47～52
张荣祖，陈立伟，瞿文元等．2002. 中国灵长类生物地理与自然保护——过去、现在与未来．北京：中国林业出版社
张显理，于有志．1995. 宁夏哺乳动物区系与地理区划研究．兽类学报，15（2）：128～136
赵尔宓，张学文，赵蕙等．2000. 中国两栖纲和爬行纲动物校正名录．四川动物，19（3）：196～207
赵尔宓，鹰岩．1993. 中国两栖爬行动物学．蛇蛙研究会与中国蛇蛙研究会，Oxford
赵肯堂．2000. 苏州地区两栖爬行动物多样性及其动态变化．四川动物，19（3）：140～142
郑光美．2005. 中国鸟类分类与分布名录．北京：科学出版社
郑生武等．1993. 陕西省猕猴现状、历史分布和分布区缩小原因的探讨．见：夏武平，张洁．人类活动影响下兽类的演变．北京：中国科学技术出版社
郑涛，张迎梅．1990. 甘肃省啮齿动物区系及地理区划的研究．兽类学报，10（2）：137～144
周开亚．1993. 人类活动和中国的水兽．见：夏武平，张洁．人类活动影响下兽类的演变．北京：中国科学技术出版社
Schaller G B. 2000. 西藏羌塘自然保护区野生动物的保护．见：吕植，Jemmy Springer. 西藏生物多样性保护与管理. 世界自然基金会．北京：中国林业出版社

总　结

1）中国地域广大，自然条件复杂。我国所产陆栖脊椎动物，据目前所知，约有2600多种，约占全世界全部种数的10.2%，若与我国疆域面积占全球面积的6.5%相比，我国的陆栖动物颇为丰富。

2）20世纪60年代，基于活动论的地球观（大陆漂移）与新兴的系统发育学的结合，生物地理学的发展进入了一个新的时期。我国学者一向重视地理因素及环境变迁对生物区系形成与分化的作用。1966～1968年，中国科学院珠穆朗玛峰综合科学考察就提出“喜马拉雅山的隆升及其对自然界与人类活动的影响”的中心论题，以历史与生态相结合的综合观点，分析物种分布型与地理环境分异相迭合（congruence）的事实，探索两者在进化演变中可能的关系。因此，从某种意义上说，我国生物地理学在20世纪后期同样亦迈进了一个“新的时期”。

3）第三纪后期（新近纪），特别是第四纪初期，中国西部以青藏高原为中心的地面开始剧烈上升（印度-欧亚板块相撞与喜马拉雅造山运动），导致中国自然环境产生明显的区域差异，即青藏高原、西北干旱区和东部季风区以及从热带至寒温带的分布格局，对动物区系的地区分化有重要的影响。

4）中国自然地理区划系统所表明的地理分异及各等级间的从属关系，实际上反映了中国自然地理环境分化格局及其在地质-古地理演化发生上的关系，可以把此区划系统作为研究我国动物分布的主要依据。当代生物地理学中替代学派追求的、表明所有生物关系的、单一的地区分支图解（area cladogram），其分支的实质与形式，实际上与自然地理环境区域分异体系是相似的。在理论上，动物分布型及其地理特点，对应于区域分异的各种界限，即阻障效应的趋同，既是物种分布型分类的基础，又是动物地理区域划分的基础。

5）我国三大基本自然区——东部季风区、西北干旱区（蒙新高原）和青藏高寒区（青藏高原）对动物分布的影响，构成了与其相适应的三大生态地理群，即耐湿动物群、耐旱动物群和耐寒动物群。在三大自然区动物群之间，存在着程度不同的相互渗透现象，有一明显的相互渗透带。各大区中又有气候-植被带的分化，具有不同的动物生活条件。所以在各个带中，动物的组成和生态基本上各不相同。从生态地理学的观点出发，我国可分8个动物生态地理群：① 寒温带针叶林动物群；②温带森林、森林草原动物群；③温带草原动物群；④温带荒漠、半荒漠动物群；⑤高地森林草原动物群、寒漠动物群；⑥亚热带森林、林灌草地动物群；⑦热带森林、林灌草地动物群；⑧农田动物群。

6）我国生态地理条件有两个最明显的极端：即海洋性温热气候（热带森林）与大陆性干旱气候（荒漠），与此两个极端相适应的两群动物是第七群的热带森林、林灌草地动物群与第四群的温带荒漠、半荒漠动物群，两者的动物组成和生态地理特征亦各趋极端。随地理位置与自然条件的变化，在此两极端间动物群组成的丰富程度及生态地理特征相互转化的趋势，呈规律的变化。生态地理动物群与主要依据区系组成而划分的动物区划之间，存在着一定的关系。两者的配合反映了现代生态因素和历史因素对我国动物界的影响，反映各动物区系的发展动态。

7）一切在不同时期形成的自然地理界线，对于不同的物种，在理论上，都可以看成是不同形式和不同性质的分布上的“阻障线”。可以把物种与自然环境中阻障这两方面的关系归结如下：物种分化的程度与阻障效应的强弱及时间的长短成正比，与物种的扩展能力成反比。无论高级分类阶元的分化、地理亚种的形成，还是生态地理变异，都是物种适应环境时空变迁的结果。因此，物种分布格局及生态地理现象的地理分化均与一定地理环境分异相适应，就应该是一个自然规律。

8）由于制约动物分布的环境“整体效应”、“阻障效应”以及物种的“趋同分布”，物种的分布格局（型）是有限的，通常对应于一定的自然环境及其形成过程，可以予以归类（型，即格局），其发育过程各异。这是生物地理学研究的中心。此项研究的进展，对不同的种类，差别很大，总体而言，是一个不断深化的过程。

9）以现生陆栖脊椎动物基本分类单位——种的分布型（格局）为基础，在欧亚大陆动物区系南北大分化的基础上，再归为 9 个主要的分布型：全北-古北型、东北型、中亚型、高地型（属于北方类群）、东洋型、旧大陆热带-亚热带型、喜马拉雅-横断山型、南中国型（属于南方类群）、岛屿型（北方或南方）。各主要分布型之间，虽呈现地理替代，但并非彼此孤立，而是相互渗透，互有关系，表现为：①北方各分布型的区域性是明显的。②南方的三个主要分布型，旧大陆热带-亚热带型、东洋型和南中国型，就区系的整体而言，是完全重叠的，但各自的中心呈现地理替代。喜马拉雅-横断山型与上述 3 个分布型均部分地重叠。反映南方动物栖息条件优越，在自然历史过程中的区域变化不如北方那么剧烈。在同一地区，分布历史不同的动物成分，共同组成当地现生动物区系。③北方与南方各分布型之间亦有重叠，反映南北方动物的相互渗透。

10）鸟类分布型的划分，主要依据鸟类繁殖区，并不完善，还应考虑迁徙与越冬的范围。1983 年以来 10 多年来中国鸟类环志工作已证实，中国候鸟的迁徙，大致有三大迁徙区和三条不同的路线。东路集中了绝大部分种类，几乎包括除了高原型以外的所有类型，还容纳中途转道的种类。这反映我国季风区，特别是东部沿海地区，植被、湿地等栖息条件优越。

11）科的分布，除广泛分布和少数特殊分布或呈间断分布的，均可分属以下各类：①全北界特有；②主要分布于全北界；③古北界特有；④主要分布于古北界；⑤东洋界特有；⑥主要分布于东洋界；⑦旧大陆热带-亚热带特有；⑧主要分布于旧大陆热带-亚热带；⑨环球热带-亚热带特有；⑩主要分布于环球热带-亚热带。对应于古地中海消失后欧亚大陆地理环境南北分化的影响，特别在我国境内的表现，可做更高一级的归类。属前 4 类的科可称为北方代表性科。属后 6 类的科可统称为南方代表性科。

12）对特有种分布的研究，在动物地理学上的意义是追溯物种的特化中心与起源地。可视为我国特有或准特有种的陆栖脊椎动物，共有 655 种，占世界总数的 2.5％，占全国总数的 24.6％。无论按种类或按其在全国与全球该类中的比例，均以两栖类为首，爬行类次之，兽类再次之，鸟类殿后，与其类群的运动能力成反比。特产种类的分布型，以南中国型和喜马拉雅-横断山型最丰富，分别占全部特有种的 34.0% 与 31.2%；其次是岛屿（陆缘岛）型，约占 13.1%。

13）自第三纪早期，我国哺乳类和鱼类已出现南北的分异。现生种类的分布变迁，说明自更新世以来物种分布的总趋势是从北向南的撤退。在此总趋势中，因冰期-间冰期的影响，有往返的波动，但从未发生类似欧亚北部因大陆冰川而致动物消失或完全南撤的事件。青藏高原的隆起导致我国地理环境的区域分异。我国东部季风区内的中亚热带至暖温带，在更新世时，并非冰川广泛发育的环境，不但是动物在冰期中的避难所，而且是一个广阔的南方种（类）往返迁移的地带。动物分布的地理残留是这一变迁的见证。

14）世人普遍关注气候变暖的现象。从整体上看，生态系统与生物区系的改变，需要有一个较长的适应过程，滞后于气候带的移动。但动物是生态系统中，对环境因素变迁最敏感的成分，而且不乏先锋分子，其分布变化具有先兆的性质。从我国近二十年来鸟类分布及越冬地变化的信息，基本上对应于 20 世纪 80 年代以来我国气候带变化的趋势，特别是“北亚热带和暖温带北移明显”的现象。但这还需做长期的监测。

15）中国动物地理区划，因生产建设的要求，遵循“历史发展、生态适应和生产实践”三项原则的结合。这是一个理论上的要求，在实践中曾遇到不少困难。在区划系统中，最重要的部分是依据现代动物区系，即动物分布型成分及其在各地组成特征。据此而制定的基本和低级区划，它是现实的。区划的高级系统则较多地受到认识不足和主观上的限制。区划工作中遇到的另一个实际困难是界线的确定。在实际工作中，动物分布边界的确定，除外缘分布记录，往往要借助于具有阻障作用的自然地理界线。实际工作表明，许多动物物种的分布界线和不同动物区系的分野，往往就是那些明显的自然地理分界线。在这种情况下，自然地理分界线，即被赋予了动物地理学性质。

16）对目前我国动物地理区划存在的三个仍有争议的问题，作者有以下见解：

①在动物区系分布充分过渡的我国东部季风地区，古北与东洋两大界，最合理的分界何在？对应于过渡区的幅度、分布南北极限与过渡带中两大界成分优势度转换的分野，此分界线应在秦岭—伏牛山—淮河—苏北灌渠总渠一线。此线大致与现有亚热带常绿阔叶林带的北界一致，对于大多数东洋型种而言，它是向北扩散的最北界限。

②由于横断山脉地区独特的南北向并列的山脉-峡谷地貌，明显地形成南北动物区系交流的通道，两界动物成分混杂，动物分布呈明显的垂直变化，两界之间的分界如何确定？本区在整体上倾向于东洋界。此见，自早期提出以来，已成为共识。据陆栖脊椎动物、淡水鱼类、昆虫等方面的研究，均大体上将峡谷深切地段，作为东洋界物种北进的通道(corridor)，划属“西南区”（东洋界），或作“过渡带”，而将高原面保存较好，高原和北方物种占优势的河流上游段，划归“青藏区”（古北界）。至于两界成分在山地自然垂直分带渗透的优势转换带，均选在常绿阔叶林带-针阔混交林带。但鉴于本山区自然界线复杂的三度空间变化，两界的确切分野，依目前的调查，尚不易确定，似应仍暂以虚线表示。

③ 始于第三纪后期青藏高原地区的隆起，对我国自然地理环境区域分异及动物区系的演化有巨大的作用，高原本身独特的环境导致高原动物高寒适应性的形成，特别是淡水鱼类的特化现象，致使产生一个新的见解：应把青藏高原划为一个独立的动物地理

“界”。

动物区系的演化，在时空上，是同步进行的。我国自然环境地带性分异在前，区域性分异在后。与此相对应，古北界与东洋界动物区系的分异，亦早于三大自然地域动物区系的形成。其中青藏高原动物区系，在环境演变过程中，亦参与了地带性分异，高寒环境及其动物区系的稳定形成相对滞后。笔者认为，青藏高原区在动物地理区划上的地位，对应于自然环境的区域分化，仍应放在第三级，与蒙新区等同级，较为合理。

17）我国动物地理区划共分 2 界，3 亚界，7 区，19 亚区，系统如下：

古北界

东北亚界

Ⅰ东北区：1 大兴安岭亚区；2 长白山地亚区；3 松辽平原亚区

Ⅱ华北区：1 黄淮平原亚区；2 黄土高原亚区

中亚亚界

Ⅲ蒙新区：1 东部草原亚区；2 西部荒漠亚区；3 天山山地亚区

Ⅳ青藏区：1 羌塘高原亚区；2 青海藏南亚区

东洋界

中印亚界

Ⅴ西南区：1 西南山地亚区；2 喜马拉雅亚区

Ⅵ华中区：1 东部丘陵平原亚区；2 西部山地高原亚区

Ⅶ华南区：1 闽广沿海亚区；2 滇南山地亚区；3 海南亚区；4 台湾亚区；5 南海诸岛亚区。

18）在环境问题中，动物多样性的保护是热点之一，动物地理学研究与实践与其有密切的关系。被列入我国濒危动物的陆栖脊椎动物和鱼类，共有 533 种，占全部种类的 19.4%。其中，以鸟、兽最多，爬行类和鱼类次之，两栖类殿后。各类濒危动物在各地的分布，取决于人类活动的影响。在南方，即我国动物区系丰富的东洋界，在人类的干扰下，濒危动物显比北方，即我国的古北界，为高；青藏高原动物区系最贫乏，但动物界受到干扰的程度最轻，濒危种类也最少。

19）当今，地球上整个动物界物种的分布格局在人类活动，包括对环境污染的影响下，以前所未有的程度和速度在改变，包括那些从原地区被传播出去侵入另一地区的入侵种，往往破坏当地生态平衡，引起灾害，因而也加重了问题的严重性。今后应加强人类活动对动物分布影响的研究，即文化生物地理学（Cultural Biogeography）的研究。

附录Ⅰ　中国陆栖脊椎动物分区分布与分布型

一、分布型代号

C　全北型

U　古北型

- a　寒带至寒温带（苔原-针叶林带）
- b　寒温带至中温带（针叶林带-森林草原）
- c　寒温带（针叶林带）为主
- d　温带（落叶阔叶林带-草原耕作景观）
- e　北方湿润-半湿润带
- f　中温带为主
- g　中温带为主，再伸至亚热带（欧亚温带-亚热带型）
- h　温带为主，再伸至热带（欧亚温带-热带型）

A　澳大利亚-东南亚群岛

- w　海洋
- p　太平洋
- i　印度洋-太平洋
- l　世界性
- n　北极圈

M　东北型（我国东北地区或再包括附近地区）

- a　包括贝加尔、蒙古、阿穆尔、乌苏里（或部分，下同）
- b　包括乌苏里及朝鲜半岛
- c　包括朝鲜半岛
- d　再分布至蒙古
- e　包括朝鲜半岛和蒙古
- f　包括朝鲜半岛、乌苏里及远东地区
- g　包括乌苏里及东西伯利亚

K　东北型（东部为主）

- a　包括阿穆尔、东西伯利亚、乌苏里、朝鲜半岛
- b　包括乌苏里及朝鲜半岛
- c　包括 a、b 及俄罗斯远东
- d　包括朝鲜半岛
- e　包括西伯利亚及乌苏里
- f　包括朝鲜半岛及日本

B　华北型（主要分布于华北区）

　　a　还包括周边地区
　　b　主要分布在东部
　　c　主要分布在西部

X　东北-华北型

　　a　再包括阿穆尔、乌苏里、朝鲜半岛
　　b　再包括乌苏里、朝鲜半岛、俄罗斯远东
　　c　再包括朝鲜半岛
　　d　伸展至蒙古
　　e　伸展至朝鲜半岛与蒙古
　　f　伸展至朝鲜半岛与俄罗斯远东
　　g　伸展至阿穆尔、乌苏里、蒙古东部、贝加尔

E　季风区型（东部湿润地区为主）

　　a　包括阿穆尔或再延展至俄罗斯远东地区
　　b　包括乌苏里或再延展至朝鲜及俄罗斯远东
　　c　包括蒙古及贝加尔湖地区
　　d　包括至朝鲜与日本
　　e　包括蒙古、贝加尔与朝鲜
　　f　包括上述大部分地区更至西伯利亚
　　g　包括乌苏里、朝鲜
　　h　包括俄罗斯远东地区、日本

D　中亚型（中亚温带干旱区分布）

　　a　塔里木-准噶尔或再包括附近地区
　　b　塔里木为主或再包括附近地区
　　c　准噶尔为主或再包括附近地区
　　d　阿拉善为主
　　e　a+b 再包括柴达木或更包括青海湖盆区
　　f　伸展至天山或附近地区
　　g　a，再包括柴达木或更包括青海湖盆
　　h　伊犁地区为主
　　i　阿尔泰山地或更包括附近地区
　　m　塔城一带
　　k　i+m
　　n　内蒙古（及蒙古）草原为主
　　p　天山或包括附近山地

P　高地型　以青藏高原为中心可包括其外围山地

　　a　包括附近山地
　　b　羌塘与大湖区
　　c　青藏高原东部

d　青藏高原东南部

e　西部

f　东北部

g　北部

h　南部

w　包括天山与横断山中部或更包括附近山地

x　包括天山或再包括附近山地

y　主要包括横断山地

z　包括横断山地中部并向东伸延

H　喜马拉雅-横断山区型

a　喜马拉雅南坡

b　喜马拉雅及附近山地

e　喜马拉雅东南部（喜马拉雅-横断山交汇地区）

d　雅鲁藏布江流域

m　横断山及喜马拉雅（南翼为主）

c　横断山为主

Y　云贵高原

a　包括附近山地

b　包括横断山南部

c　a＋b

d　大部分地区

S　南中国型

a　热带

b　热带-南亚热带

c　热带-中亚热带

d　热带-北亚热带

e　南亚热带-中亚热带

f　南亚热带-北亚热带

g　南亚热带

h　中亚热带-北亚热带

i　中亚热带

n　北亚热带

m　热带-暖温带

v　热带-中温带

W　东洋型（包括少数旧热带型或环球热带-温带，详见正文 99～101 页）

a　热带

b　热带-南亚热带

c　热带-中亚热带

d　热带-北亚热带

e　热带-温带

f　中亚热带-北亚热带

o　还分布于大洋洲热带

J　岛屿型

L　局地型

O　不易归类的分布，其中不少分布比较广泛的种，大多与下列类型相似但又不能视为其中的某一类，请见正文 103～104 页

01　旧大陆温带、热带或温带-热带

02　环球温带-热带

03　地中海附近-中亚或包括东亚

04　旧大陆-北美

05　东半球（旧大陆-大洋洲）温带-热带

06　中亚-南亚或西南亚

07　亚洲中部

（01，03，06，07 均可视为广义的古北型）。

二、分 区 代 号

NE　东北区　a　大兴安岭亚区　b　长白山亚区　c　松嫩平原亚区

N　华北区　a　黄淮平原亚区　b　黄土高原亚区

MX　蒙新区　a　东部草原亚区　b　西部荒漠亚区　c　天山山地亚区

QZ　青藏区　a　羌塘高原亚区　b　青海藏南亚区

SW　西南区　a　西南山地亚区　b　喜马拉雅山亚区

C　华中区　a　东部丘陵平原亚区　b　西部山地高原亚区

S　华南区　a　闽广沿海亚区　b　滇南山地亚区　c　海南亚区　d　台湾亚区　e　南海诸岛亚区

三、附 注 代 号

Et　野生绝迹　Ex　国内绝迹　E　濒危　E'　极濒危　V　易危　R　稀有　I　未定

*　我国特有　**　我国准特有

＋　有分布记录，鸟类繁殖或度夏　－　区内边缘地区有记录，鸟类越冬或路过

0　偶见或迷鸟

附录Ⅱ 中国陆栖脊椎动物的分布型与分区分布总表

序号	种名	分布型	分布																			
			NE			N		MX			QZ		SW		C		S				
			a	b	c	a	b	a	b	c	a	b	a	b	a	b	a	b	c	d	e
一	两栖纲 AMPHIBIA																				
Ⅰ	蚓螈目 GYMNOPHIONA																				
1	鱼螈科 Ichthyophiidae																				
1	版纳鱼螈 *Ichthyophis bannanicus* * E	Sa															+	+			
Ⅱ	有尾目 CAUDATA																				
2	小鲵科 Hynobiidae																				
1	龙洞山溪鲵 *Batrachuperus longdongensis* *	Hc											+								
2	山溪鲵 *B. pinchonii* *	Hc										+	+			—					
3	西藏山溪鲵 *B. tibetanus* *	Hc										+				—					
4	盐源山溪鲵 *B. yenyuanensis* *	Hc											+								
5	安吉小鲵 *Hynobius amjiensis* * E'	Si													+						
6	中国小鲵 *H. chinensis* * E	Si													+						
7	台湾小鲵 *H. formosanus* * E'	J																		+	
8	东北小鲵 *H. leechii* ** V	M		+																	
9	玉山小鲵 *H. sonani* * E'	J																		+	
10	阿里山小鲵 *H. arisanensi* *	J																		+	
11	义乌小鲵 *H. yiwuensis* *	Si													+						
12	巫山北鲵 *Liua* (=*Ranadon*) *shihi* *	Sn														+					
13	爪鲵 *Onychodactylus fischeri* ** E	Mf		+																	
14	商城肥鲵 *Pachyhynobius shangchengensis* *	Sh													+						
15	新疆北鲵 *Ranodon sibiricus* ** E'	Df								+											
16	秦巴北鲵 *R.* (=*Psedohynobius*) *tsinpaensis* *	Sh				+										+					
17	极北鲵 *Salamandrella keyserlingii* V	U	+	+	+	+		+							+						
3	隐鳃鲵科 Cryptobranchidae																				
1	大鲵 *Andrias davidianus* * E'	E				+	+					+	+		+	+	+			?	
4	蝾螈科 Salamandridae																				
1	呈贡蝾螈 *Cynops chenggongensis* *	Y											+								
2	蓝尾蝾螈 *C. cyanurus* *	Y											+								
3	东方蝾螈 *C. orientalis* *	Se				—										+					
4	滇池蝾螈 *C.* (=*Hypselotriton*) *wolterstorffi* * Ex	Y											+								
5	琉球棘螈 *Echinotriton andersoni* ** Ex	J																		+	

续表

序号	种 名	分布型	分 布																		
			NE			N		MX			QZ		SW		C		S				
			a	b	c	a	b	a	b	c	a	b	a	b	a	b	a	b	c	d	e
6	镇海棘螈 *E. chinhaiensis* * E	Si													+						
7	黑斑肥螈 *Pachytriton brevipes* *	Si													+	+					
8	无斑肥螈 *P. labiatus* *	Sc													+	+	+				
9	尾斑瘰螈 *Paramesotriton caudopunctatus* *	Y														+					
10	中国瘰螈 *P. chinensis* *	Sc													+	+	+				
11	广西瘰螈 *P. guangxiensis* *	Sa															+				
12	细痣疣螈 *Tylototriton asperrimus* ** V	Sc														+	+				
13	贵州疣螈 *T. kweichowensis* * I	St											+								
14	大凉疣螈 *T. taliangensis* * E	Hc											+								
15	棕黑疣螈 *T. verrucosus* ** E	Hc											+					+			
16	海南疣螈 *T. hainanensis* *	J																	+		
Ⅲ	无尾目 SALIENTIA																				
5	铃蟾科 Bombinatoridae																				
1	强婚刺铃蟾 *Bombina fortinuptialis* *	Sg														+					
2	大蹼铃蟾 *B. maxima* *	Hc											+								
3	微蹼铃蟾 *B. microdeladigitora* *	Hc														+		+			
4	东方铃蟾 *B. orientalis* **	Mf (B)	—	+		+															
5	利川铃蟾 *B. lichyamensis* *	Si														+					
6	角蟾科 Megophryidae																				
1	宽头短腿蟾 *Brachytarsophrys carinensis*	Sc											+		+	+	+	+			
2	沙巴拟髭蟾 *Leptobrachium chapaense* **	Hc																+			
3	海南拟髭蟾 *L. hasseltii*	Wa																	+		
4	高山掌突蟾 *Paramegophrys alpinus* *	Hc											+					+			
5	福建掌突蟾 *P. liui* *	Sb													+	+	+				
6	擎掌突蟾 *P. pelodytoides*	Wd											+		+	+	+	+			
7	腹斑掌突蟾 *P. ventripunctatus* *	Sa																+			
8	峨山掌突蟾 *P. oshanensis* *	Hc											+			+					
9	淡肩角蟾 *Megophrys boettgeri* **	Sd													+	+	+				
10	短肢角蟾 *M. brachykolos* *	Sb															+				
11	大花角蟾 *M. giganticus* *	Hc																+			
12	腺角蟾 *M. glandulosa* *	Hc											+								
13	挂墩角蟾 *M. kuatunensis* *	Si													+						
14	白领角蟾 *M. lateralis*	Wb															+	+			
15	莽山角蟾 *M. mangshanensis* *	Si													+						
16	小角蟾 *M. minor* *	Sd											+		+	+	+	+			
17	南江角蟾 *M. nankiangensis* *	Si															+				
18	峨眉角蟾 *M. omeimontis* *	Hc											+	+		+		+			
19	凸肛角蟾 *M. pachyproclus* *	Si												+							
20	粗皮角蟾 *M. palpebralespinosa* **	Sa																+			

续表

序号	种名	分布型	分布																		
			NE			N		MX			QZ		SW		C		S				
			a	b	c	a	b	a	b	c	a	b	a	b	a	b	a	b	c	d	e
21	凹顶角蟾 M. parva	Wa																+			
22	棘指角蟾 M. spinatus*	Y														+					
23	沙坪角蟾 M. shapingensis*	Hc											+								
24	墨脱角蟾 M. medogemsis*	He												+							
25	无量山角蟾 M. wulianghanesis*	Hc											+								
26	巫山角蟾 M. wushanensis*	Sn														+					
27	张氏角蟾 M. zhangi*	Ha												+							
28	小口拟角蟾 Ophryophryne microstoma**	Sd															+	+			
29	突肛拟角蟾 O. pachyproctus*	Sa																+			
30	川北齿蟾 Oreolalax chuanbeiensis*	Hc														+					
31	棘疣齿蟾 O. granulosus*	Hc											+								
32	景东齿蟾 O. jingdongensis*	Hc											+								
33	利川齿蟾 O. lichuanensis*	Y														+					
34	大齿蟾 O. major*	Hc											+								
35	峨眉齿蟾 O. omeimonlis*	Hc											+								
36	秉志齿蟾 O. pingii*	Hc											+								
37	宝兴齿蟾 O. popei*	Hc					−						+								
38	红点齿蟾 O. rhodosligmalus*	Y											+								
39	疣棘齿蟾 O. rugosus*	Hc											+								
40	无蹼齿蟾 O. schmidli*	Hc											+								
41	乡城齿蟾 O. xiangchengensis*	Hc											+								
42	普雄齿蟾 O. puxiongensis*	Hc											+								
43	魏氏齿蟾 O. weigoldi*	Hc											+								
44	西藏齿突蟾 Scutiger boulengeri**	Hm										+	+								
45	金顶齿突蟾 S. chintingensis*	Hc											+								
46	胸腺齿突蟾 S. glandulatus*	Hc											+								
47	贡山齿突蟾 S. gongshanensis*	Hc											+								
48	六盘齿突蟾 S. liupanensis*	B					+														
49	花齿突蟾 S. maculatus*	Hc										+	+								
50	刺胸齿突蟾 S. mammatus**	Hc										+	+								
51	宁陕齿突蟾 S. ningshanensis*	Sn														+					
52	林芝齿突蟾 S. nyingchiensis*	Ha												+							
53	平武齿突蟾 S. pingwuensis*	Hc											+								
54	锡金齿突蟾 S. sikimmensis**	Ha												+							
55	圆疣齿突蟾 S. tuberculatus*	Hc											+								
56	木里齿突蟾 S. muliensis*	Hc											+								
57	哀牢髭蟾 Vibrissaphora ailaonica* V	Hc											+								
58	峨眉髭蟾 V. boringii* E	Si														+					
59	雷山髭蟾 V. leishanensis* E	Y														+					

续表

序号	种名	分布型	分布																	
			NE			N		MX			QZ		SW		C		S				
			a	b	c	a	b	a	b	c	a	b	a	b	a	b	a	b	c	d	e
60	崇安髭蟾 *V. liui* * E	Si													+	+					
61	瑶山髭蟾 *V. yaoshanensis* *	Se														+	+	+			
7	蟾蜍科 Bufonidae																				
1	大蟾蜍 *Bufo bufo*	Uc								+											
2	哀牢蟾蜍 *B. ailaoanus* *	Hc											+								
3	华西大蟾蜍 *B. andrewsi*	Sa											+		+	+					
4	盘古蟾蜍 *B. bankorensis* *	J																		+	
5	隐耳蟾蜍 *B. cryptotympanicus* *	Sc														+		+			
6	塔里木蟾蜍 *B. pewzowi*	D							+												
7	头盔蟾蜍 *B. galeatus*	Wa																	+		
8	中华大蟾蜍 *B. gargarizans* **	Eg	+	+	+	+	+	+					+		+	+					
9	喜山蟾蜍 *B. himalayanus* **	Ha											+	+							
10	黑眶蟾蜍 *B. melanostictus*	Wc											+		+	+	+	+	+	+	
11	岷山蟾蜍 *B. minshanicus* *	L（Sn）					+					+		+							
12	花背蟾蜍 *B. raddei* **	Xg	+	+	+	+	+	+	+		+										
13	史氏蟾蜍 *B. stejnegeri* ** I	Kd		+																	
14	西藏蟾蜍 *B. tibetanus* *	Hc										+	+								
15	圆疣蟾蜍 *B. tuberculatus* *	Hc										+	+								
16	绿蟾蜍 *B. viridis*	O								+	−										
17	鳞皮小蟾 *Parapelophryne scalpta* *	J																	+		
18	无棘溪蟾 *Torrentophryne aspinia* *	Sa																+			
19	缅甸溪蟾 *T. burmanus* **	Hc																+			
20	疣棘溪蟾 *T. tuberospinia* *	Sa																+			
8	雨蛙科 Hylidae																				
1	华西雨蛙 *Hyla gongshanensis*	Wd											+	+		+		+			
2	中国雨蛙 *H. chinensis* **	Sd				−									+		+			+	
3	东北雨蛙 *H. ussuriensis* **	Ma	+	+	+	+		+							+	+					
4	三港雨蛙 *H. sanchiangensis* *	Si													+	+	+				
5	华南雨蛙 *H. simplex*	Wc													+		+		+		
6	秦岭雨蛙 *H. tsinlingensis* *	L（Sn）														+					
7	昭平雨蛙 *H. zhaopingensis* *	Si														+					
9	蛙科 Ranidae																				
1	西域湍蛙 *Amolops afghanus* **	Ha												+				+			
2	崇安湍蛙 *A. chunganensis* *	Si											+		+	+					
3	戴云湍蛙 *A. daiyunensis* *	Sg															+				
4	棘皮湍蛙 *A. granulosus* **	Hc														+					
5	海南湍蛙 *A. hainanensis* *	J																	+		
6	香港湍蛙 *A. hongkongensis* *	J															+				
7	康定湍蛙 *A. kangtingensis* *	Hc											+								

续表

序号	种　名	分布型	分布																		
			NE			N		MX			QZ		SW		C		S				
			a	b	c	a	b	a	b	c	a	b	a	b	a	b	a	b	c	d	e
8	凉山湍蛙 *A. liangshanensis**	Hc											+								
9	理县湍蛙 *A. lifanensis**	Hc											+								
10	棕点湍蛙 *A. loloensis**	Hc											+								
11	沙巴湍蛙 *A. chapaensis***	Sa																+			
12	四川湍蛙 *A. mantzorum**	Hc											+					+			
13	山湍蛙 *A. monticola***	Ha												+							
14	长吻湍蛙 *A. nasicus*	Wb													+	+	+	+	+		
15	华南湍蛙 *A. ricketti**	Sc													+	+	+	+	+		
16	小湍蛙 *A. torrentis**	J																	+		
17	绿点湍蛙 *A. viridimaculatus**	Hc											+					+			
18	武夷湍蛙 *A. wuyiensis**	Si													+						
19	孟养湍蛙 *A. mengyangensis**	Sa																+			
20	小耳湍蛙 *A. gerbillus***	Ha												+							
21	北蟾舌蛙 *Phrynoglossus borealis***	He												+							
22	圆蟾舌蛙 *P. martensii*	Wb															+	+	+		
23	刘氏舌突蛙 *Liurana liui**	Hc																+			
24	网纹舌突蛙 *L. reticulata**	He												+							
25	西藏舌突蛙 *L. xizangensis**	He												+							
26	高山倭蛙 *Nanaorana parkeri***	Pd（Ha）										+									
27	倭蛙 *N. pleskei**	Pc										+	+								
28	腹斑倭蛙 *N. ventripunctata**	Hc											+								
29	尖舌浮蛙 *Occidozyga lima*	Wb													+		+	+	+		
30	缅北察隅棘蛙 *Paa arnoldi*** （chayuemsis）	He											+	+							
31	棘蛙 *P. blanfordii*	Ha												+							
32	棘腹蛙 *P. boulengeri*	Ha					+						+		+	+	+				
33	错那棘蛙 *P. conaensis**	He												+							
34	小棘蛙 *P. exilispinosa**	Sc													+		+				
35	九龙棘蛙 *P. jiulongensis**	Si													+						
36	棘臂蛙 *P. liebigii***	Ha												+							
37	无声囊棘蛙 *P. liui**	Hc											+								
38	尼泊尔蛙 *P. polunini***	Ha												+							
39	隆肛蛙 *P. quadranus**	Sh					—								+	+					
40	棘侧蛙 *P. shini**	Y													+	+					
41	棘胸蛙 *P. spinosa***	Sc													+	+	+				
42	棘肛蛙 *P. unculuanus**	Hc																+			
43	云南棘胸蛙 *P. yunnanensis***	Hc											+			+		+			
44	合江棘蛙 *P. robertingeri**	Si														+					
45	花棘蛙 *P. maculosa**	Hc																+			

续表

序号	种　名	分布型	分　布																			
			NE			N		MX			QZ		SW		C		S				
			a	b	c	a	b	a	b	c	a	b	a	b	a	b	a	b	c	d	e
46	阿尔泰林蛙 *Rana altaica*	D								+											
47	黑龙江林蛙 *R. amurensis*	Ub	+	+				+		+											
48	中亚林蛙 *R. asiatica*	D								+											
49	昭觉林蛙 *R. chaochiaoensis* *	Hc											+			+		+			
50	峰斑林蛙 *R. chevronta* *	Hc											+								
51	中国林蛙 *R. chensinensis* ** V	Xa	+	+	+	+	+	+	+			+	+			+					
52	桓仁林蛙 *R. huanrenensis* *	K (M)		+																	
53	长脚蛙 *R. longicrus* *	Sb															+			+	
54	镇海林蛙 *R. chinhaiensis* *	Sd													+		+				
55	峨眉林蛙 *R. omeimontis* *	Sh														+					
56	仙琴水蛙 *Hylarana daunchina* *	Hc											+								
57	沼水蛙 *H. guentheri* *	Sc											+		+	+	+	+	+	+	
58	弹琴蛙 *H. adenopleura*	Sc											+		+	+	+	+	+	+	
59	阔褶水蛙 *H. latouchii* *	Se													+	+	+	—		+	
60	长趾纤蛙 *H. macrodactyla*	Wb															+		+		
61	黑耳水蛙 *H. nigrotympanica*	Wb														+	+	+			
62	细刺水蛙 *H. spinulosa* *	J																	+		
63	台北纤蛙 *H. taipehensis*	Wb														+	+	+	+	+	
64	无指盘臭蛙 *Odorrana grahami* *	Hc											+								
65	花臭蛙 *O. schmackeri* *	Si											?		+	+	—	+			
66	光雾臭蛙 *O. kuangwuensis* *	Si														+					
67	云南臭蛙 *O. andersonii*	Wc														+		+	+		
68	安龙臭蛙 *O. anlungensis*	Sg														+					
69	大绿臭蛙 *O. livida*	Wc													+	+	+	+	+		
70	龙胜臭蛙 *O. lungshengensis* *	Si													+	+					
71	绿臭蛙* *O. margaretae* *	Sh											+			+					
72	棕背臭蛙 *O. swinhoana* *	J																		+	
73	台岛臭蛙 *O. taiwaniana* *	J																		+	
74	滇南臭蛙 *O. tiannanensis* *	Sa																+	+		
75	凹耳臭蛙 *O. tormota* * V	Si													+						
76	竹叶蛙 *O. versabilis* *	Si													+	+	+	—	+		
77	务川臭蛙 *O. wuchuanensis* *	Si														+					
78	小腺蛙 *Glandirana minima* *	Sg															+				
79	黑斜线侧褶蛙 *Pelophylax nigrolineatus* *	Sa																+			
80	黑斑侧褶蛙 *P. nigromaculatus* **	Ea	+	+	+	+	+	+	+				+		+	+	+				
81	金线侧褶蛙 *P. plancyi* *	E				+									+	+				+	
82	滇侧褶蛙 *P. pleuraden* *	Yb											+								
83	中亚侧褶蛙 *P. terentievi*	D								+											
84	胫腺侧褶蛙 *P. shuchinae* *	Hc											+								

续表

序号	种名	分布型	分布																		
			NE			N		MX			QZ		SW		C		S				
			a	b	c	a	b	a	b	c	a	b	a	b	a	b	a	b	c	d	e
85	湖北侧褶蛙 *P. hubeiensis* *	Si													+						
86	桑植趾沟蛙 *Pseudorana sangzhiensis* *	Si														+					
87	威宁趾沟蛙 *P. weiningensis* *	Ya											+								
88	东北粗皮蛙 *Rugosa emeljanovi* **	K		+																	
89	天台粗皮蛙 *R. tientaiensis* *	Si													+						
90	虎纹蛙 *Hoplobatrachus chinensis*	Wc													+	+	+	+	+	+	
91	台湾拟湍蛙 *Pseudoamolops sauteri*	Wc														+				+	
92	版纳大头蛙 *Limnonectes bannaensis*	Wa													+		+	+			+
93	脆皮大头蛙 *L. fragilis* *	J																	+		
94	海陆蛙 *Fejervarya cancrivora*	Wa															+		+		
95	泽陆蛙 *F. multistriata*	We				+							+		+	+	+	+	+	+	
96	牛蛙 *Lithobates catesbeiana*（引入）												+							+	
10	树蛙科 Rhacophoridae																			+	
1	日本溪树蛙 *Buergeria japonica* **	J																		+	
2	海南溪树蛙 *B. oxycephala* *	J																	+		
3	壮溪（褐）树蛙 *B. robusta* *	J																		+	
4	侧条跳树蛙 *Chirixalus. vittatus*	Wc												+	+		+	+	+		
5	背条跳树蛙 *Chirixalus doriae*	Wb																+	+		
6	琉球原指树蛙 *Kurixalus eiffingeri* **	J																		+	
7	白斑小树蛙 *Philautus albopunctatus* *	Si												+		+					
8	疣小树蛙 *P. andersoni*（*tuberculafus*）**	He												+							
9	锯腿小树蛙 *P. cavirostris* *	S												+			+	+	+		
10	黑眼睑小树蛙 *P. gracilipes* **	Sa																+			
11	金秀小树蛙 *P. jinxiuensis* *	Si													+	+	−				
12	陇川小树蛙 *P. longchuanensis* *	Sa																+			
13	墨脱小树蛙 *P. medogensis* *	He												+							
14	勐腊小树蛙 *P. menglaensis* *	Sa															+				
15	眼斑小树蛙 *P. ocellatus* *	J																	+		
16	白颊小树蛙 *P. palpebralis*	Wa																+			
17	红吸盘小树蛙 *P. rhododiscus* *	Se														+	+				
18	罗默小树蛙 *P. romeri* *	J															+				
19	仁更小树蛙 *P. argus* **	He												+							
20	海南小树蛙 *P. hainanus* *	J																	+		
21	粗皮小树蛙 *P. asper*	Wa												+							
22	肯氏小树蛙 *P. kempii* *	He												+							
23	面天小树蛙 *P. idiootocus* *	J																		+	
24	经甫树蛙 *Rhacophorus chenfui* *	Si													+	+					
25	大树蛙 *R. dennysi* **	Sc				+									+	+	+		+		
26	宝兴树蛙 *R. dugritei* *	Hc											+			+		+			

续表

序号	种　名	分布型	分　布																		
			NE			N		MX			QZ		SW		C		S				
			a	b	c	a	b	a	b	c	a	b	a	b	a	b	a	b	c	d	e
27	棕褶树蛙 *R. feae*	Wa																+			
28	洪佛树蛙 *R. hungfuensis* *	Si											+			+					
29	斑腿树蛙 *R. megacephalus*	Wd											+	+	+	+	+	+	+	+	
30	无声囊树蛙 *R. mutus* **	Sc														+		+	+		
31	黑点泛树蛙 *R. nigropunctatus* *	Sc											+								
32	峨眉树蛙 *R. omeimontis* *	Hc											+		+	+					
33	贡山树蛙 *R. gongshanensis* *	He											+								
34	田园树蛙 *R. arvalis* *	J																		+	
35	橙腹树蛙 *R. aurantiventris* *	J																		+	
36	双斑树蛙 *R. bipunctatus*	Wa												+							
37	白领大树蛙 *R. maximus*	Wa												+				+			
38	莫氏树蛙 *R. moltrechti* *	J																		+	
39	吻树蛙 *R. naso* *	He												+							
40	翡翠树蛙 *R. prasinatus* *	J																		+	
41	黑蹼树蛙 *R. reinwardtii*	Wa															+	+			
42	红蹼树蛙 *R. rhodopus* *	Sb												+		+		+	+		
43	台北树蛙 *R. taipeianus* *	J																		+	
44	模纹树蛙 *R. translineatus* * I	He												+							
45	圆疣树蛙 *R. tuberculatus* **	He												+							
46	疣足树蛙 *R. verrucopus* *	He												+							
47	瑶山树蛙 *R. yaoshanensis* *	Sg														+					
48	广西棱皮树蛙 *Theloderma kwangsiensis* *	Sg														+					
49	棘棱皮树蛙 *T. moloch* *	He												+							
11	姬蛙科 Microhylidae																				
1	云南狭江蛙 *Calluella yunnanensis* *	Y											+					+			
2	孟连细狭口蛙 *Kalophrynus menglienicus* *	Sa																+			
3	花细狭口蛙 *K. pleurostigma*	Wb															+	+	+		
4	北方狭口蛙 *Kaloula borealis* **	Xb	—	+	+	+	+								+	+					
5	花狭口蛙 *K. pulchra*	Wb															+	+	+		
6	四川狭口蛙 *K. rugifera* *	Hc														+					
7	多疣狭口蛙 *K. verrucosa* *	Hc											+					+			
8	大姬蛙 *Microhyla berdmorei* （*fourleri*）	Wa																+			
9	粗皮姬蛙 *M. butleri*	Wc											+		+	+	+	+	+	+	
10	小弧斑姬蛙 *M. heymonsi*	Wc											+		+	+	+	+	+	+	
11	德力小姬蛙 *M. inornata*	Wa																+		+	
12	合征姬蛙 *M. mixtura* *	Si													+	+					
13	饰纹姬蛙 *M. ornata*	Wc				—							+		+	+	+	+	+	+	+
14	花姬蛙 *M. pulchra*	Wc													+	+	+	+	+		
15	台湾小姬蛙 *Micryletta steingeri* *	J																		+	

序号	种　名	分布型	分　布																				
			NE			N		MX			QZ		SW		C		S				
			a	b	c	a	b	a	b	c	a	b	a	b	a	b	a	b	c	d	e
二	爬行类 REPTILIA																				
Ⅰ	龟鳖目 TESTUDINES																				
1	平胸龟科 Platysternidae																				
1	平胸龟 *Platysternon megacephalum* E	Wc													+	+	+	+	+		
2	龟科 Emydidae																				
1	大头乌龟 *Chinemys megalocephala* * E	Se													+		+		+		
2	黑颈水龟 *C. nigricans* ** E	Sg															+		+		
3	乌龟 *C. reevesii* ** I	Sm				+	+						+		+	+	+	+		+	
4	黄缘闭壳龟 *Cuora flavomarginata* * E	Sc													+	+	+		+		
5	黄额盒龟 *C. galbinifrons*	Wa															+		+		
6	马来闭壳龟 *C. amboinensis*	Wa															+				
7	金头闭壳龟 *C. aurocapitata* * E'	Si													+						
8	广西闭壳龟 *C. mccordi* *	Sg																+			
9	平利闭壳龟 *C. pani* * E'	Sn														+					
10	三线闭壳龟 *C. trifasciata* ** E'	Sb															+		+		
11	云南闭壳龟 *C. yunnanensis* * Ex	Sc											+								
12	周氏闭壳龟 *C. zhoui* *	Sb															?				
13	齿缘摄龟 *Cyclemys dentata* E	Wa																+			
14	地龟 *Geoemyda spengleri* * E	Sc															+		+		
15	广西水龟 *Mauremys guangxiensis* *	Si															+				
16	艾氏拟水龟 *M. iversoni*	Si													+	+					
17	黄喉水龟 *M. mutica* ** E	Sa													+		+		+	+	
18	菲氏花龟 *Ocadia philippeni* *	J																	+		
19	花龟 *O. sinensis* * E	Sb													+		+		+	+	
20	锯缘摄龟 *Pyxidea mouhotii* E	Wb														+	+	+	+		
21	眼斑水龟 *Sacalia bealei* * E	Sc													+	+	+		+		
22	拟眼斑水龟 *S. pseudocellata* *	J																	+		
23	四眼斑水龟 *S. quadriocellata* ** E	Sb													+		+		+		
3	陆龟科 Testudinidae																				
1	缅甸陆龟 *Indotestudo elongate* E	Wb														+	+				
2	凹甲陆龟 *Manouria impressa* E	Wc														+	+	+	+		
3	四爪陆龟 *Testudo horsfieldii* E'	Dh								+											
4	鳖科 Trionychidae																				
1	山瑞鳖 *Palea* (*Trionyx*) *steindachneri* ** E	Sd														+	+	+	+		
2	鼋 *Pelochelys sinensis* ** Ex	Ea													+	+	+	+	+		
3	斑鼋 *P. maculatus* * Ex	Si													+						
4	鳖 *Pelodiscus sinensis* ** V	Ea		+		+	+						+		+	+	+	+	+	+	
5	斯氏鼋 *Rafetus swinhoei* **	Sc													+						
Ⅱ	有鳞目 SQUAMATA																				

续表

序号	种名	分布型	分布																		
			NE			N		MX			QZ		SW		C		S				
			a	b	c	a	b	a	b	c	a	b	a	b	a	b	a	b	c	d	e
	蜥蜴亚目 LACERTILIA																				
5	壁虎科 Gekkonidae (Sauria)																				
1	隐耳漠虎 *Alsophylax pipiens*	Dc							+												
2	西域漠虎 *A. przewalskii*	Db							+												
3	蝎虎 *Cosymbotus platyurus*	Wa												+			+		?		
4	长裸趾虎 *Cyrtodactylus elongatus*	Db							+												
5	卡西裸趾虎 *C. khasiensis* *	He												+							
6	黑脱裸趾虎 *C. medogensis* *	He												+							
7	灰裸趾虎 *C. russowii*	Dh							+												
8	西藏裸趾虎 *C. tibetanus* *	Hd										+									
9	莎车裸趾虎 *C. yarkandensis* *	Db							+												
10	截趾虎 *Gehyra mutilata*	Wa															+	+	+	+	+
11	耳疣壁虎 *Gekko auriverrucosus* *	B					+														
12	中国壁虎 *G. chinensis* **	Sb													+	+	+	+	+		
13	大壁虎 *G. gecko* E	Wb															+	+		+	
14	铅山壁虎 *G. hokouensis* *	Si													+	+	+			+	
15	海南壁虎 *G. similignum* *	J																	+		
16	多疣壁虎 *G. japonicus* **	Sh													+	+	+				
17	兰屿壁虎 *G. kikuchii* *	J																		+	
18	蹼趾壁虎 *G. subpalmatus* *	Sh											+		+	+	+				
19	无蹼壁虎 *G. swinhonis* *	Ba		+		+	+	+							+	+					
20	太白壁虎 *G. taibaiensis* *	Ba														+					
21	原尾蜥虎 *Hemidactylus bowringii*	Wb															+	+	+	+	
22	密疣蜥虎 *H. brookii*	Wa													+		+				+
23	疣尾蜥虎 *H. frenatus*	Wb															+	+	+	+	
24	锯尾蜥虎 *H. garnotii* Ex	Wa															+	+	+	+	
25	台湾蜥虎 *H. stejnegeri*	Wa																		+	
26	半叶趾蝎虎 *Hemiphyllodactylus typus*	Wa																		+	
27	云南半叶趾蝎虎 *H. yunnanensis*	Wc										+			+						
28	鳞趾蝎虎 *Lepidodactylus lugubris*	Wa																		+	
29	雅美鳞趾蝎虎 *L. yami* *	J																		+	
30	吐鲁番沙虎 *Teratoscincus roborowskii* *	Db							x												
31	托克逊沙虎 *T. toksunicus* *	Db							x												
32	新疆沙虎 *T. przewalskii*	Db							+												
33	伊犁沙虎 *T. scincus*	Db							+	+											
6	睑虎科 Eublepharidae																				
1	睑虎 *Goniurosaurus hainanensis*	Wa															+		+		
2	凭祥睑虎 *G. luii* *	S															+				
7	鬣蜥科 Agamidae																				

续表

序号	种 名	分布型	分布																		
			NE			N		MX			QZ		SW		C		S				
			a	b	c	a	b	a	b	c	a	b	a	b	a	b	a	b	c	d	e
1	长棘蜥 *Acanthosaura armata*	Wa																	+		
2	丽棘蜥 *A. lepidogaster*	Wc													+	+	+	+	+		
3	短肢树蜥 *Calotes brevipes* **	Hc														+					
4	棕背树蜥 *C. emma*	Wa											+					+			
5	绿背树蜥 *C. jerdoni* **	He												+				+			
6	蚌西树蜥 *C. kakhienensis*	Wb																+			
7	西藏树蜥 *C. kingdonwardi* **	He											+								
8	墨脱树蜥 *C. medogensis* **	He												+							
9	细鳞树蜥 *C. microlepis*	Wa														+			+		
10	白唇树蜥 *C. mystaceus*	Wa																+			
11	变色树蜥 *C. versicolor*	Wb														—	+	+	+		
12	裸耳飞蜥 *Draco blanfordii*	Wa																+			
13	斑飞蜥 *D. maculatus*	Wa												+			+	+	+		
14	巴塘攀蜥 *Japalura batangensis* *	Hc											x								
15	长肢攀蜥 *J. andersomiana* **	He											+	+			+				
16	短肢攀蜥 *J. brevipes* *	JJ J																		+	
17	裸耳攀蜥 *J. dymondi* *	Hc											+								
18	草绿攀蜥 *J. flaviceps* *	Hc											+			+					
19	宜宾攀蜥 *J. grahami* *	Si														+					
20	喜山攀蜥 *J. kumaonensis* *	Ha												+							
21	牧茂氏攀蜥 *J. makii* *	J																		+	
22	米仓攀蜥 *J. micangshanensis* *	Si														+					
23	琉球攀蜥 *J. polygonata* **	J																		+	
24	丽纹攀蜥 *J. splendida* *	Sh											+			+					
25	台湾攀蜥 *J. swinhonis* (*mitsakurii*) *	J																		+	
26	四川攀蜥 *J. szechwanensis* *	Si														+					
27	昆明攀蜥 *J. varcoae* *	Yb											+								
28	云南攀蜥 *J. yunnanensis* *	Hc																+			
29	汶川攀蜥 *J. zhaoermii* *	Hc											x								
30	喜山岩蜥 *Laudakia himalayana*	Db							+			+									
31	拉萨岩蜥 *L. sacra* *	Hd										+									
32	塔里木岩蜥 *L. tarimensis*	Db							+												
33	新疆岩蜥 *L. stoliczkana*	Db							+												
34	南亚岩蜥 *L. tuberculata* **	Ph												+							
35	西藏岩蜥 *L. papenfusii* *	Pe										x									
36	吴氏岩蜥 *L. wui* *	He												x							
37	腊皮蜥 *Leiolepis reevesii* E	Wa															+		+		
38	异鳞蜥 *Oriocalotes paulus* **	Ha												+							
39	白条沙蜥 *Phrynocephalus albolineatus*	Dm								+											

续表

序号	种名	分布型	分布																		
			NE			N		MX			QZ		SW		C		S				
			a	b	c	a	b	a	b	c	a	b	a	b	a	b	a	b	c	d	e
40	叶城沙蜥 *P. axillaris*	Db							+												
41	红尾沙蜥 *P. erythrurus* *	P									+										
42	南疆沙蜥 *P. forsythii*	Db							+												
43	草原沙蜥 *P. frontalis* **	Ga				+	+	+	+												
44	奇台沙蜥 *P. grumgrzimailoi*	Dc							+												
45	乌拉尔沙蜥 *P. guttatus*	Dc								+											
46	旱地沙蜥 *P. helioscopus*	Dc							+	+											
47	红原沙蜥 *P. hongyuanensts* *	Hc										+									
48	白梢沙蜥 *P. koslowi*	Df							+												
49	库车沙蜥 *P. ludovici*	Db							+												
50	大耳沙蜥 *P. mystaceus*	Dh								+											
51	宽鼻沙蜥 *P. nasatus*	Da							+												
52	荒漠沙蜥 *P. przewalskii* **	Gb（D）							+			+									
53	西藏沙蜥 *P. theobaldi* *	Hd									+	+									
54	变色沙蜥 *P. versicolor*	Di							+												
55	青海沙蜥 *P. vlangalii* *	Pc										+									
56	无斑沙蜥 *P. immaculatug* *	Ds						+													
57	居延沙蜥 *P. guentheri* *	Db							+												
58	泽当沙蜥 *P. zetanensis* *	Hd										+									
59	长鬣蜥 *Physignathus cocincinus* E	Wb																+			
60	喉褶蜥 *Ptyctolaemus gularis* *	He												+							
61	草原蜥 *Trapelus sanguinolentus*	Dh								+											
8	蛇蜥科 Anguidae																				
1	台湾脆蛇蜥 *Ophisaurus formosensis* *	J																		+	
2	细脆蛇蜥 *O. gracilis* E	Wb											+	+		+					
3	海南脆蛇蜥 *O. hainanensis* *	J																	+		
4	脆蛇蜥 *O. harti* ** E	Sb											+		+	+				+	
9	鳄蜥科 Shinisauridae																				
1	鳄蜥 *Shinisaurus crocodilurus* * E	Si															+				
10	巨蜥科 Varanidae																				
1	孟加拉巨蜥 *Varanus bengalensis* Ex	Sa																+			
2	圆鼻巨蜥 *V. salvator* Ex	Wa（0）															+	+	+		
11	双足蜥科 Dibamidae																				
1	香港双足蜥 *Dibamus bogadeki* *	J															+				
2	白尾双足蜥 *D. bourreti* ** I	Sg													+		+				
12	蜥蜴科 Lacertidae																				
1	丽斑麻蜥 *Eremias argus* **	Xe		+	+	+	+	+	+												
2	敏麻蜥 *E. arguta*	Da							+	+											
3	山地麻蜥 *E. brenchleyi* **	X				+	+														

续表

序号	种 名	分布型	分 布																		
			NE			N		MX			QZ		SW		C		S				
			a	b	c	a	b	a	b	c	a	b	a	b	a	b	a	b	c	d	e
4	喀什麻蜥 *E. buechneri*	De							+												
5	网纹麻蜥 *E. grammica*	Df							+			+									
6	密点麻蜥 *E. multiocellata*	Dg		+		+	+	+	+			+									
7	荒漠麻蜥 *E. przewalskii*	Db							+												
8	快步麻蜥 *E. velox*	Dc							+	+											
9	虫纹麻蜥 *E. vermiculata*	Db							+												
10	捷蜥蜴 *Lacerta agilis*	Ub								+											
11	胎生蜥蜴 *L. vivipara*	Uc	+																		
12	峨眉地蜥 *Platyplacopus intermedius* *	He											+			+					
13	台湾地蜥 *P. kuehnei* *	Si														+	+		+	+	
14	崇安地蜥 *P. sylvaticus*	Si													+						
15	黑龙江草蜥 *Takydromus amurensis* **	Kb	+	+											+						
16	台湾草蜥 *T. formosanus* *	J																		+	
17	雪山草蜥 *T. hsuehshanensis* *	J																		+	
18	恒春草蜥 *T. sauteri* *	J																		+	
19	北草蜥 *T. septentrionalis* *	E	—	?	—	+	—	—							+	+				+	
20	南草蜥 *T. sexlineatus*	Wc														+	+	+	+		
21	蓬莱草蜥 *T. stejnegeri* *	J																		+	
22	白条草蜥 *T. wolteris* **	Eb		+											+	+					
13	石龙子科 Scincidae																				
1	阿赖山裂脸蜥 *Asymblepharus alaicus*	Db								+											
2	光蜥 *Ateuchosaurus chinensis*	Wb													+	+	+		+		
3	岛蜥 *Emoia atrocostalata* *	J																		+	
4	黄纹石龙子 *Eumeces capito* (*xanthi*) *	Ba			+	+										+					
5	石龙子 *E. chinensis* *	Sm				+									+	+	+	+	+	+	
6	兰尾石龙子 *E. elegans* *	Sf				+									+	+	+	+	+	+	
7	刘氏石龙子 *E. liui* *	Si													+						
8	崇安石龙子 *E. popei* *	Si													+						
9	四线石龙子 *E. quadrilineatus*	Wb															+		+		
10	大渡石龙子 *E. tunganus* *	Hc											+								
11	长尾南蜥 *Mabuya longicaudata*	Wa															+	+	+	+	
12	多棱南蜥 *M. multicarinata*	Wa																		+	
13	多线南蜥 *M. multifasciata*	Wa																+	+	+	
14	昆明蜥滑蜥 *Scincella barbouri* *	Hc											+								
15	长肢滑蜥 *S. doriae* **	Hc											+								
16	台湾滑蜥 *S. formosensis* *	J																		+	
17	喜山滑蜥 *S. himalayana* **	Ha									?			+							
18	桓仁滑蜥 *S. huanrenensis* *	K		+																	
19	拉达克滑蜥 *S. ladacensis* **	Ha										+									

续表

序号	种 名	分布型	分 布																		
			NE			N		MX			QZ		SW		C		S				
			a	b	c	a	b	a	b	c	a	b	a	b	a	b	a	b	c	d	e
20	宁波滑蜥 *S. modesta* *	Sh													+	+					
21	山滑蜥 *S. monticola* *	Hc											+			?					
22	康定滑蜥 *S. potanini* *	Hc											+								
23	西域滑蜥 *S. przewalskii* *	D							+												
24	南滑蜥 *S. reevesii*	We											+				+		+		
25	瓦山滑蜥 *S. schmidti* *	Hc														+					
26	锡金滑蜥 *S. sikimmensis* **	Ha											+								
27	秦岭滑蜥 *S. tsinlingensis* *	D					+					+				+					
28	墨脱蜓蜥 *Sphenomorphus courcyanus* **	Ha												+							
29	股鳞蜓蜥 *S. incognitus* *	Sc													+	+	+	+	+	+	
30	铜蜓蜥 *S. indicus*	We				+	+						+	+	+	+	+	+	+	+	
31	斑滑蜥 *S. maculatus*	We												+				+			
32	台湾蜓蜥 *S. taiwanensis* *	J																		+	
33	缅甸棱蜥 *Tropidophorus berdmorei*	Wa																+			
34	广西棱蜥 *T. guangxiensis* *	Sg															+				
35	海南棱蜥 *T. hainanus* *	Sb													+		+		+		
36	中国棱蜥 *T. sinicus* **	Sb															+				
Ⅲ	蛇亚目 Serpentes																				
14	盲蛇科 Typhlopidae																				
1	白头钩盲蛇 *Ramphotyphlops albiceps*	Wa															+				
2	钩盲蛇 *R. braminus*	Wc													+	+	+	+	+	+	
3	大盲蛇 *Typhlops diardii*	Wb											+						+		
4	恒春盲蛇 *T. koshunensis* *	J																		+	
15	瘰鳞蛇科 Acrochordidae																				
1	瘰鳞蛇 *Acrochordus granulatus* I	Wa																	+		
16	闪鳞蛇科 Xenopeltidae																				
1	海南闪鳞蛇 *Xenopeltis hainanensis* * E	Se													+		+		+		
2	闪鳞蛇 *X. unicolor* E	Wa															+	+			
17	筒蛇科 Uropeltidae																				
1	红尾筒蛇 *Cylindrophis ruffus* I	Wa															+		+		
18	蟒科 Boidae																				
1	红沙蟒 *Eryx miliaris*	Dc							+												
2	东方沙蟒 *E. tataricus*	Dc							+												
3	东疆沙蟒 *E. orentalis-xinjiangensis* *	Db							+												
4	蟒蛇 *Python molurus* E'	Wc														+	+	+	+		
19	游蛇科 Colubridae																				
1	青脊蛇 *Achalinus ater* **	Si														+					
2	台湾脊蛇 *A. formosanus* *	J																		+	
3	海南脊蛇 *A. hainanus* *	J																	+		

序号	种 名	分布型	分 布																		
			NE			N		MX			QZ		SW		C		S				
			a	b	c	a	b	a	b	c	a	b	a	b	a	b	a	b	c	d	e
4	井冈山脊蛇 *A. jinggangensis* *	Si													+						
5	美姑脊蛇 *A. meiguensis* *	Hc											+								
6	阿里山脊蛇 *A. niger* *	J																		+	
7	棕脊蛇 *A. rufescens* **	Sd													+	+	+		+		
8	黑脊蛇 *A. spinalis* **	Sd											+		+	+	+	+			
9	绿瘦蛇 *Ahaetulla prasina*	Wc												+	−	+	+	+			
10	无颞鳞腹链蛇 *Amphiesma atemporalis* **	Sc														+	+	+			
11	黑带腹链蛇 *A. bitaeniata* **	Sa											+				+	+			
12	白眉腹链蛇 *A. boulengeri* *	Sb													+	+	+	+	+		
13	锈链腹链蛇 *A. craspedogaster* *	Sh					−						+		+	+	+	+			
14	棕网腹链蛇 *A. johannis* *	Hc											+								
15	卡西腹链蛇 *A. khasiensis* **	He												+			+				
16	美拖腹链蛇 *A. metusium* *	He													+						
17	台北腹链蛇 *A. miyajimae* *	J																		+	
18	腹斑腹链蛇 *A. modesta*	Wb														+	+	+			
19	八线腹链蛇 *A. octolineata* *	Hc											+			+	−	+			
20	丽纹腹链蛇 *A. optata* *	Y											+		−	+					
21	双带腹链蛇 *A. parallela* **	Ha												+				+			
22	平头腹链蛇 *A. platyceps* **	Ha												+							
23	波普腹链蛇 *A. popei* *	Sc													−	+	+	+	+		
24	棕黑腹链蛇 *A. sauteri* **	Sd													+	+	+	+	+	+	
25	草腹链蛇 *A. stotata*	We					−		−						+	+	+	+	+	+	
26	缅北腹链蛇 *A. venningi* **	Sa																+			
27	东亚腹链蛇 *A. vibakari* **	K		+																	
28	白眶蛇 *Amphiesmoides ornaticeps* *	Sb														+	+	+	+		
29	滇西蛇 *Atretium yunnanensis*	Sa																+			
30	珠光蛇 *Btythia reticulata* **	He												+							
31	绿林蛇 *Boiga cyanea*	Wa																+			
32	广西林蛇 *B. guangxiensis*	Wa															+				
33	纹花林蛇 *B. kraepelini* *	Sc											+		+	+	+	+	+	+	
34	繁花林蛇 *B. multomaculata*	Wc											−		+	+	+	+	+		
35	尖尾两头蛇 *Calamaria pavimentata*	Wd											+		+	+	+	+	+	+	
36	钝尾两头蛇 *C. septentrionalis* **	Sc												+	+	+	+		+		
37	云南两头蛇 *C. yunnanensis* *	Hc											+								
38	金花蛇 *Chrysopelea ornata* E'	Wa													+		+	+	+		
39	花脊游蛇 *Coluber ravergieri*	Dh							+	+											
40	黄脊游蛇 *C. spinalis*	Ub		+	+	+	+	+	+												
41	纯绿翠青蛇 *Cyclophiops doriae* **	Sa																+			
42	翠青蛇 *C. major* **	Sv					−						+		+	+	+	−	+	+	

续表

序号	种　名	分布型	分　布																		
			NE			N		MX			QZ		SW		C		S				
			a	b	c	a	b	a	b	c	a	b	a	b	a	b	a	b	c	d	e
43	横纹翠青蛇 *C. multicinctus* **	Sc														+		+	+		
44	喜山过树蛇 *Dendrelaphis gorei* **	He												+							
45	过树蛇 *D. pictus*	Wa															+	+	+		
46	八莫过树蛇 *D. subocularis*	Wa																+			
47	黄链蛇 *Dinodon flavozonatum* **	Sc											+		+	+	+		+		
48	粉链蛇 *D. rosozonatum* * E'	J																	+		
49	赤链蛇 *D. rufozonatum* **	Ed		+	+	+	+	+					+		+	+	+	+	+	+	
50	白链蛇 *D. septentrionalis* **	He											+					+			
51	赤峰锦蛇 *Elaphe anomala* * V	Ba		−	−	+	+								+	+					
52	双斑锦蛇 *E. bimaculata* *	Sh				−									+	+					
53	王锦蛇 *E. carinata* ** V	Sd				+	+						+		+	+	+	+		+	
54	团花锦蛇 *E. davidi* **	M（B）	+	+	+	+															
55	白条锦蛇 *E. dione*	Ub			+	+	+	+	+	+	+		+								
56	灰腹绿锦蛇 *E. frenata* ** V	Se											+		+	+	+				
57	南峰锦蛇 *E. hodgsonii* ** I	Ha												+							
58	玉斑锦蛇 *E. mandarinus* ** V	Sd				+	+						+	+	+	+	+	+		+	
59	百花锦蛇 *E. moellendorffi* ** E	Sb															+				
60	横斑锦蛇 *E. perlacea* * E'	Hc											+								
61	紫灰锦蛇 *E. porphyracen* V	We											+	+	+	+	+	+	+	+	
62	绿锦蛇 *E. prasina*	Wc														+		+	+		
63	三索锦蛇 *E. radiate* E	Wb														+	+	+			
64	红点锦蛇 *E. rufodorsata* **	Eb	+	+	+	+	+	+							+	+	+				
65	棕黑锦蛇 *E. schrenckii* ** E	Eb		+	+	+															
66	黑眉锦蛇 *E. taeniura* V	We				+	+						+	+	+	+	+	+	+	+	
67	黑斑水蛇 *Enhydris bennettii* * I	Sa														+		+	+		
68	中国水蛇 *E. chinensis* ** I	Sc													+	−	+		+	+	
69	铅色水蛇 *E. plunbea* I	Wc													+	−	+	+	+	+	
70	滑鳞蛇 *Liopeltis frenatus*	Wa												+				+			
71	白环蛇 *Lycodon*（*Ophires*）*aulicus*	Wa															+	+			
72	双全白环蛇 *Ophires fasciatus*	We					−						+		+	+	+	+			
73	老挝白环蛇 *O. laoensis*	Wb															+	+			
74	黑背白环蛇 *O. ruhstrati*	Sd											+		+	+	+		+		
75	细白环蛇 *O. subcinctus*	Wb															+		+		
76	颈棱蛇 *Macropisthodon rudis* *	Sh					−						+		+	+	+			+	
77	水游蛇 *Natrix natrix*	Ub								+											
78	棋斑游蛇 *N. tessellata*	Dh								+											
79	喜山小头蛇 *Oligodon albocinctus* **	He												+				+			
80	方花小头蛇 *O. bellus*	Sc													+			+			
81	中国小头蛇 *O. chinensis*	Sc													+	+	+	+	+		

续表

序号	种 名	分布型	NE			N		MX			QZ		SW		C		S				
			a	b	c	a	b	a	b	c	a	b	a	b	a	b	a	b	c	d	e
82	紫标小头蛇 *O. cinereus*	Wb													−	+	+	+	+		
83	管状小头蛇 *O. cyclurus*	Wa																+			
84	菱斑小头蛇 *O. eberhardti*	Wb															+				
85	台湾小头蛇 *O. formosanus*	Sc													+	+	+	+	+	+	
86	昆明小头蛇 *O. kunmingensis* *	Si																+			
87	园斑小头蛇 *O. lacroixi*	Sb															+				
88	贵州小头蛇 *O. lungshenensis* *	Sb													+						
89	黑带小头蛇 *O. melanozonatus* *	He												+							
90	横斑小头蛇 *O. multizonatus* *	Hc											+								
91	宁陕小头蛇 *O. ningshaanensis* *	Sm														+					
92	饰纹小头蛇 *O. ornatus* *	Si											+		+					+	
93	山斑小头蛇 *O. taeniatus*	Wb															+				
94	香港后棱蛇 *Opisthotropis andersonii* *	J															+				
95	横纹后棱蛇 *O. balteata*	Wb													−		+		+		
96	广西后棱蛇 *O. guangxiensis* *	Sg														+					
97	沙坝后棱蛇 *O. jacobi* **	Sa															+				
98	挂墩后棱蛇 *O. kuatunensis* *	Sb													+		+				
99	侧条后棱蛇 *O. lateralis* **	Sc													+	+	+				
100	山溪后棱蛇 *O. latouchii* *	Si													+	+	+				
101	福建后棱蛇 *O. maxwelli* *	Si													+		+				
102	老挝后棱蛇 *O. praemaxillaris*	Wb											+								
103	平鳞钝头蛇 *Pareas boulengeri* *	Sh													+	+					
104	棱鳞钝头蛇 *P. carinatus*	Wa																+			
105	台湾钝头蛇 *P. formosensis* （=*chinensis*）*	Se											+		+	+	+			+	
106	缅甸钝头蛇 *P. hamptoni*	Wb														+	+	+	+		
107	驹井氏钝头蛇 *P. komaii* *	J																		+	
108	横纹钝头蛇 *P. margaritophorus*	Wb														+	+	+	+		
109	喜山钝头蛇 *P. monticola* **	He												+	+			+			
110	福建钝头蛇 *P. stanleyi* *	Si													+	+					
111	颈斑蛇 *Plagiopholis blakewayi* **	Hc											+					+			
112	缅甸颈斑蛇 *P. muchalis*	Wa																+			
113	福建颈斑蛇 *P. styani* *	Si											+		+	+					
114	云南颈斑蛇 *P. unipostocularis* *	Hc																+			
115	紫沙蛇 *Psammodynastes pulverulentus*	Wc												+	+	+	+	+	+	+	
116	花条蛇 *Psammophis lineolatus*	Dc							+												
117	横纹斜鳞蛇 *Pseudoxenodon bambusicola* **	Si													+	+	+		+		
118	崇安斜鳞蛇 *P. karlschmidti* **	Sc													+	+	+		+		
119	斜鳞蛇 *P. macrops*	We							−				+	+	+	+	+				
120	花尾斜鳞蛇 *P. stejnegeri* *	Sh											+		+	+				+	

续表

序号	种名	分布型	分布																		
			NE			N		MX			QZ		SW		C		S				
			a	b	c	a	b	a	b	c	a	b	a	b	a	b	a	b	c	d	e
121	灰鼠蛇 *Ptyas korros* E	Wc													+	+	+	+		+	
122	鼠滑蛇 *P. mucosus* E	Wc											+		+	+	+	+		+	
123	海南颈槽蛇 *Rhabdophis adleri* *	J																	+		
124	喜山颈槽蛇 *R. himalayanus* **	Ha											+	+							
125	缅甸颈槽蛇 *R. leonardi* **	Hc											+								
126	黑纹颈槽蛇 *R. nigrocinctus*	Wc											+		+			+			
127	颈槽颈槽蛇 *R. nuchalis* **	Sd					+						+			+		+			
128	九龙颈槽蛇 *R. pentasupralabialis* *	Hc											+								
129	红脖颈槽蛇 *R. subminiatus*	We				+							+	+	+	+	+	+	+		
130	台湾颈槽蛇 *R. swinhonis* *	J																		+	
131	虎斑颈槽蛇 *R. tigrinus* **	Ea		+	+	+	+	+	+				+	+	+					+	
132	黄腹杆蛇 *Rhabdops bicolor* ** Ex	He																+			
133	尖喙蛇 *Rhynchophis boulengeri* **	Sc														+			+		
134	黑头剑蛇 *Sibynophis chinensis* **	Sd					—						+		+	+	+	+	+	+	
135	黑领剑蛇 *S. collaris*	Wc											+	+		+		+			
136	环纹华游蛇 *Sinonatrix aequifasciata* *	Sb													+	+	+	+	+		
137	赤链华游蛇 *S. annularis* *	Sc													+	+	+		+	+	
138	华游蛇 *S. percarinata* **	Sd											+		+	+	+		+	+	
139	温泉蛇 *Thermophis baileyi* * E'	Hm									+	+									
140	山坭蛇 *Trachischium monticolu* **	He												+							
141	小头坭蛇 *T. tenuiceps*	He												+		—					
142	渔游蛇 *Xenochrophis piscator*	Wc												+	+	+	+	+	+	+	
143	黑网乌梢蛇 *Zaocys carinatus*	Wa																+			
144	乌梢蛇 *Z. dhumnades*	Wc											+		+	+	+			+	
145	黑线乌梢蛇 *Z. nigromarginatus* *	Hm											+	+				+			
20	眼镜蛇科 Elapidae																				
1	金环蛇 *Bungarus fasciatus* E	Wc															+	+	+		
2	银环蛇 *B. multicinctus* ** V	Sc											+		+	+	+	+	+	+	
3	福建丽纹蛇 *Calliophis kelloggi* **	Si													+	+	+		+		
4	丽纹蛇 *C. macclellandi*	Wc											+	+	+	+	+	+	+	+	
5	台湾丽纹蛇 *C. sauteri* *	J																		+	
6	舟山眼镜蛇 *Naja naja*	Wc													+	+	+		+	+	
7	孟加拉眼镜蛇 *N. kaouthia*	Wa											+			+					
8	眼镜王蛇 *Ophiophagus hannah* E'	Wb											+	+	+	+	+	+	+		
21	蝰科 Viperidae																				
1	白头蝰 *Azemiops feae* ** E'	Sc											+	+	+	+	+	+			
2	尖吻蝮 *Deinagkistrodon acutus* ** E	Sc													+	+				+	
3	短尾蝮 *Gloydius brevicaudus* ** V	E		—		+	+								+	+					
4	中介蝮 *G. intermediu* I	De	+				+	?	+	+											

续表

序号	种名	分布型	分布																		
			NE			N		MX			QZ		SW		C		S				
			a	b	c	a	b	a	b	c	a	b	a	b	a	b	a	b	c	d	e
5	六盘山蝮 *G. liupanensis*	Dc						x													
6	秦岭蝮 *G. qinlingebsis**	Sn					x														
7	岩栖眉蝮 *G. saxatilis*** I	Ka		+	+	+		+													
8	蛇岛蝮 *G. shedaoensis** V	K			+																
9	高原蝮 *G. strauchi** I	Hc										+	+								
10	乌苏里蝮 *G. ussuriensis***	M		+	+																
11	莽山烙铁头 *Ermia. mangshanensis** E’	Sh													+						
12	山烙铁头 *Ovophis monticola*	Wc											+	+	+	+	+	+		+	
13	察隅烙铁头 *O. zayuensis*	He												+							
14	东京烙铁头 *O. tonkinensis*	Wa																	+		
15	菜花烙铁头 *Protobothrops. jerdonii***	Hm					—						+	—	+	+					
16	原矛头蝮 *P. mucrosquamatus***	Sd					—						+		+	+	+	+	+	+	
17	乡城烙铁头 *P. xiangchengensis**	Hc											+								
18	白唇竹叶青 *Trimeresurus albolabris*	Wc													+	+	+	+	+		
19	台湾烙铁头 *T. gracilis**	J																		+	
20	墨脱竹叶青 *T. medoensis*** I	He												+							
21	竹叶青 *T. stejnegeri*	We		+			+						+		+	+	+		+	+	
22	西藏竹叶青 *T. tibetanus** I	Ha												+							
23	云南烙铁头 *T. yunnanesis**	Sc															x				
	蝰亚科 Viperinae																				
24	极北蝰 *Vipera berus*	Ub	+	+						+							—				
25	(园斑)蝰 *V. russellii*	Wb															+	+		+	
26	草原蝰 *V. ursinii*	Dc		+						+											
Ⅳ	鳄目 CROLODYLIA																				
22	鳄科 Crocodilidae																				
	鼍亚科 Alligatorinae																				
1	扬子鳄 *Alligator sinensis** E	S													+						
2	湾鳄 *Crocodilus porosus* Et	Wa															+	+	+		
3	马来鳄 *Tomistoma schlegelii* Et	Wa															+				
三	鸟纲 AVES																				
Ⅰ	潜鸟目 GAVIIFORMES																				
1	潜鸟科 Gaviidae																				
1	红喉潜鸟 *Gavia stellata*	Ca	—	—		—									—		—		0	—	
2	黑喉潜鸟 *G. arctica*	Ca		—		—											—				
3	黄嘴潜鸟 *G. adamsii*	Ca		—	—												0				
4	天平洋潜鸟 *G. pacifica*	Ca	—	—	—	—									—		—				
Ⅱ	䴙䴘目 PODICIPEDIFORMES																				
2	䴙䴘科 Podicipedidae																				
1	小䴙䴘 *Podiceps ruficollis*	We		+		+	+			+			+	+	+	+	+	+	+	+	

续表

序号	种　名	分布型	分　布																		
			NE			N		MX			QZ		SW		C		S				
			a	b	c	a	b	a	b	c	a	b	a	b	a	b	a	b	c	d	e
2	角䴙䴘 *P. auritus*	Cb				—	—			+						—					
3	黑颈䴙䴘 *P. nigricollis Brehm*	Cd	+	+	+					+			—				—	—			
4	凤头䴙䴘 *P. cristatus*	Ud	+	+	+			+	+			+		—	—	—	—	—	—		
5	赤颈䴙䴘 *P. grisegena*	Ce			+	—	—										—				
Ⅲ	鹱形目 PROCELLARIIFORMES																				
3	信天翁科 Diomedeidae																				
1	短尾信天翁 *Diomedea albatrrusPallas*	Cwp			—	—							—		—						
2	黑脚信天翁 *D. nigripes Audubon*	Cwp													+		+				
4	鹱科 Procellariidae																				
1	暴风鹱 *Fulmarus glacialis*	Cwn		0																	
2	淡足鹱 *Puffinus carneipes*	Uwl																	+		
3	白额鹱 *P. leucomelas*	Cwp		+		+									+		+		—	+	
4	曳尾鹱 *P. Pacificus*	Awp															—		—	0	
5	灰鹱 *P. griseus*	Cwl															+			—	
6	钩嘴圆尾鹱 *Pterodroma rostrata*	Cwp																		+	
7	圆尾鹱 *P. hypoleuca*	Cwl																		0	
8	短尾鹱 *P. tenuirostris*	Uwp															—		—	—	
9	燕鹱 *Bulweria bulwerii*	Cwl															+	+	+	+	
5	海燕科 Hydrobatidae																				
1	白腰叉尾海燕 *Oceanodroma leucorhca*	Cwl	0																		
2	黑叉尾海燕 *O. monorhis*	Cwl				+											+			+	
Ⅳ	鹈形目 PELECANIFORMES																				
6	鹲科 Phaethontidae																				
1	红嘴鹲 *Phaethon aethereus*	Cwl																			+
2	红尾鹲 *P. rubriccauda*	Cwi																		0	
3	白尾鹲 *P. lepturus*	Cwi																		0	
7	鹈鹕科 Pelecanidae																				
1	白鹈鹕 *Pelecanus onocrotalus* I	O				0			—	—		—					0				
2	斑嘴鹈鹕 *P. philippensis*	O				—			+				—		+	—	—		—	—	
8	鲣鸟科 Sulidae																				
1	红脚鲣鸟 *Sula shla* V	Aw																			+
2	褐鲣鸟 *S. leucogaster* V	Cwl													—		+		—	+	+
9	鸬鹚科 Phalacrocoracidae																				
1	［普通］鸬鹚 *Phalacrocorax carbo*	O_5	+	+	+	+	+	+	+	+	+	+	+	+	+	+	—	—	—	—	
2	斑头鸬鹚 *P. capillatus* R	Mc		+		+									—	—	—	—		—	
3	海鸬鹚 *P. pelagicus*	Mf		+		—									—		—	0		0	
4	红脸鸬鹚 *P. urile*	M		—	0															0	
5	黑颈鸬鹚 *P. niger* V	Wa																+			
10	军舰鸟科 Fregatidae																				

续表

序号	种 名	分布型	分 布																		
			NE			N		MX			QZ		SW		C		S				
			a	b	c	a	b	a	b	c	a	b	a	b	a	b	a	b	c	d	e
1	小军舰鸟 *Fregata minor*	Uw				—									—		—		+	0	+
2	白腹军舰鸟 *F. andrewsi*	Uw															0				
3	白斑军舰鸟 *F. ariel*	Cw															+		+	—	+
Ⅴ	鹳形目 CICONIIFORMES																				
11	鹭科 Ardeidae																				
1	苍鹭 *Ardea cinerea*	Uh	+	+	+	+	+	+	+			+	+	+	+	+	—	—	—	—	—
2	草鹭 *A. purpurea*	Uh	+	+	+	+	+				+	+	+	+	+	+	+	—	—	—	
3	绿鹭 *Butorides striatus*	O		+		—	—								+	+	+	+	+	+	
4	池鹭 *Ardeola bacchus*	We	+	+		+	+					+	+	+	+	+	+	+	+	+	
5	牛背鹭 *Bubulcus ibis*	Wd				+	+					+	+	+	+	+	+	+	+	+	
6	大白鹭 *Egretta alba*	O	+	+	+	+		+	—	+		+	—	—	—	—	+	+	—	—	
7	白鹭 *E. garaetta*	Wd				+	+						+		+	+	+	+	+	+	+
8	黄嘴白鹭 *E. eulophotes* E	M		+		+							—		0		+		+	0	—
9	岩鹭 *E. sacra* R	Wb													—		—		+		+
10	中白鹭 *E. intermedia*	Wc				+	+						+		+	+	+	+	+	+	
11	夜鹭 *Nycticorax nycticorax*	O_2		+	+	+	+		+	+			+	+	+	+	+	+	+	+	
12	栗头虎斑鳽 *Gorsachius goisagi*	Wc													—		—			—	
13	海南虎斑鳽 *G. magnificus* E	Sc											+	+	+		+		+		
14	黑冠虎斑鳽 *G. meianolophus* E	Wa															+	+	+	+	
15	小苇鳽 *Ixobrychus minutus*	O_3						+	—												
16	黄斑苇鳽 *I. sinensis*	We		+	+	+	+	+	+				+		+	+	+	+	+	+	
17	紫背苇鳽 *I. eurhythmus*	Eh	+	+	+	+	+	+					+	+	+	+	+	+	—	—	
18	栗苇鳽 *I. cinnamomeus*	We		+	+	+	+	+					+		+	+	+	+	+	+	
19	黑鳽 *Dupetor flavicollis*	Wc				+	+						+		+	+	+	+	+	+	
20	大麻鳽 *Botaurus stellaris*	Uc	+	+	+	+	+	+	+	+			—	—	—	—	—	—		—	
Ⅵ	红鹳目 PHOENICOPTERIFORMES																				
12	红鹳科 phoenicopteridae																				
1	大红鹳 *phoenicopterus rubber*	O_1							—												
13	鹳科 Ciconiidae																				
1	彩鹳（白头鹳）*Ibis leucocephalus* Et	Wc				+									+	+	+	+	+		
2	白鹳 *Ciconia ciconia* E	Uc	+	+	—	—	—		+	+				—	—	—	—			—	
3	黑鹳 *C. nigra* E	Uf	+	+	+	+	+	+	+	+		+	—		—	—	—	—		—	
4	秃鹳 *Leptoptilos javanicus*	Wc													—	—		—	—		
14	鹮科 Threskiornithidae																				
1	白鹮 *Threskiornis melanocephalus* R	O			+	—		+					—		—		—	—	—	—	
2	黑鹮 *Pseudibis davisoni* I	Wa																—			
3	朱鹮 *Nipponia nippon* E	Ed		+		+	+								+	+	+		—	—	
4	彩鹮 *Plegadis falcinellus*	Cg															—				
5	白琵鹭 *Platalea leucorodia* V	O	+	+	+	+	+	+	+	+		—	—	+	—	—	—	—	—	—	

续表

序号	种名	分布型	分布 NE a	NE b	NE c	N a	N b	MX a	MX b	MX c	QZ a	QZ b	SW a	SW b	C a	C b	S a	S b	S c	S d	S e
6	黑脸琵鹭 *P. minor* E	We		+		—									—	—	—		—	—	
Ⅶ	雁形目																				
15	鸭科																				
1	黑雁 *Branta bernicla*	Ca		—	—	—	—										—			—	
2	红胸黑雁 *B. ruficollis*	Ua															0	0			
3	鸿雁 *Anser cygnoides*	Mi	+	+	+	—	—	+	—	—	—	—	—	—	—	—	—	—		0	
4	豆雁 *A. fabalis*	Uc	—	—	—	—	—	—	—	—		—			—	—	—		—	—	
5	白额雁 *A. albifrons*	Ca	—	—	—	—			—			—			—	—	—			—	
6	小白额雁 *A. erythropus*	Ua	—	—	—	—									—	—	—			—	
7	灰雁 *A. anser*	Uc	+	+	+	—	—	+	+	+	+	+	—	—	—	—	—	—		—	
8	斑头雁 *A. indicus*	P				0	0	+	+	+	+	—	+	+	—	—					
9	雪雁 *A. caerulescens*	Ca				0	—								—						
10	大天鹅 *Cygnus cygnus* V	Ce	—	—	+	—	—	—	—	+		—	—		—	—	0				
11	小天鹅 *C. columbianus* V	Ca	—	—	—	—	—	—							—	—	—			—	
12	疣鼻天鹅 *C. olor* V	Ud		—	—	—		+	+	+		+	+				—			0	
13	［栗］树鸭 *Dendrocygna javanica* V	Wd													+	+	+	+	+	—	
14	赤麻鸭 *Tadorna ferruginea*	Uf	+	—	—	—	+	+	+	+	+	+	+	+	—	—	—	+		—	
15	翘鼻麻鸭 *T. tadorna*	Uf			+	—	—	—	+	+		+			—	—	—	—		0	
16	埃及雁 *Alopochen aegyptiaca*	O				0															
17	针尾鸭 *Anas acuta*	Ce	—	—	—	—	—	—	—	+		—	—	—	—	—	—	—		—	
18	绿翅鸭 *A. crecca*	Ce	+	+	—	—	—	—	—	+	—	—	—	—	—	—	—	—	—	—	—
19	花脸鸭 *A. formosa*	Mi	—	—	—	—	—								—	—	—			0	
20	罗纹鸭 *A. falcata*	Mi	+	+	+	—	—	+							—	—	—		—	0	
21	绿头鸭 *A. platyrhynchos*	Cf	+	+	+	—	—	+	+	+	+	+	—	—	—	—	—	—	—	—	
22	斑嘴鸭 *A. poecilorhyncha*	We	+	+	+	+	+	+				—	+	—	—	—	—	—		—	
23	赤膀鸭 *A. strepera*	Uf	+	+	+	—	—	+	—	+		—	—	—	—	—	—	—	—	—	
24	赤颈鸭 *A. penelope*	Ce	+	+	—	—	—	+	—	—	—	—	—	—	—	—	—	—	—	—	
25	白眉鸭 *A. querquedula*	Uf	+	+	+	—	—	+	—	+		—	—	—	—	—	—	—	—	—	
26	琵嘴鸭 *A. clypeata*	Cf	+	+	+	—	—	+	—	+		—	—	—	—	—	—	—		—	
27	赤嘴潜鸭 *NettaRufina*	O_3					—		+	+	—	—	—	0	0	—		—			
28	红头潜鸭 *Aythya ferina*	Cf	+	—	—	—	—	+	—	+	—	—	—	—	—	—	—	—		—	
29	白眼潜鸭 *A. nyroca*	O_3				—	—		+	+	+	+	—	+	—	—	—	—			
30	青头潜鸭 *A. baeri*	Ma	+	+	+	+	—	+	+	+			—		—	—	—	—		—	
31	凤头潜鸭 *A. fuligula*	Uf	+	+	+	—	—	+	—	—	—	—	—	—	—	—	—	—		—	
32	斑背潜鸭 *A. marila*	Ca		—	—	—	—	—	—				—		—		—	—		—	
33	鸳鸯 *Aix galericulata* V	Eh	+	+	+	+	+	+					—		—	—	—	—	—	—	
34	棉凫 *Nettapus coromandelianus* R	Wc				+			+				+		+	+	+	+	+	0	
35	瘤鸭 *Sarkidiornis melanotos*	Wa											—				0	—			
36	小绒鸭 *Polysticat stelleri*	Ca		—			—														

续表

序号	种名	分布型	分布																		
			NE			N		MX			QZ		SW		C		S				
			a	b	c	a	b	a	b	c	a	b	a	b	a	b	a	b	c	d	e
37	黑海番鸭 *Melanitta nigra*	Ca													0						
38	斑脸海番鸭 *M. fusca*	Uf			—	—	—	—		—			—		—	—	—				
39	丑鸭 *Histrionicus histrionicus*	Cf		—	—	—	—														
40	长尾鸭 *Clangula hyemalis*	Ca		—	—	—	—								—		—				
41	鹊鸭 *Bucephala clangula*	Cb	+	—	—	—	—	+	—	—	—	—	—	—	—	—	—	—		—	
42	白头硬尾鸭 *Oxyura leucocephala* R	O_3								+				—							
43	斑头秋沙鸭 *Mergus albellus*	Uc	—	—	—	—	—	+	—	—	—	—	—		—	—	—	—		—	
44	中华秋沙鸭 *M. squamatus* R	Ma	+	+	+	—		+				—	—		—	—	—				
45	红胸秋沙鸭 *M. serrator*	Ca	+	—	—	—							—		—	—	—	—		—	
46	普通秋沙鸭 *M. merganser*	Cb	+	+	+	—	—	+	+	+	+	+	—	+	—	—	—	—			
Ⅷ	隼形目 FALCONIFORMES																				
16	鹰科 Accipitridae																				
1	黑翅鸢 *Elanus caeruleus* V	Wc													+		+	+	+		
2	褐冠鹃隼 *Aviceda jerdoni* R	Wa																+	+		
3	凤头鹃隼 *A. leuphotes*	Wa														+	+	+	+		
4	凤头蜂鹰 *Pernis ptilrhynchus* V	We	+	+	+	—	—	—	—	—	—	—	—	—	—	—	—	—	—	—	
5	［黑］鸢 *Milvus korschun*	Uh	+	+	+	+	+	+	+	+	+		+	+	+	+	+	+	+	+	
6	栗鸢 *Haliastur indus*	Wc										—	+	—	+	+	+	+			
7	苍鹰 *Accipiter gentiles*	Cc	+	+	+	—	—	—	—	+		+	+	+	—	—	—	—		—	
8	褐耳鹰 *A. badius*	Wb							+								+	+	+	+	
9	赤腹鹰 *A. soloensis*	Wc				+	+						+	+	+	+	—	—	—	—	
10	凤头鹰 *A. trivirgatus*	Wc											+	+	+	+	+	+	+	+	
11	雀鹰 *A. nisus*	Ue	+	+	+	+	+	+	+	+		+	+	+	+	+	—	—	—	—	
12	松雀鹰 *A. virgatus*	We	+	+	+	+	+		+	+			+	+	—	+	+	+	+	+	
13	棕尾鵟 *Buteo rufinus* R	O_3							+	+		—	—					—			
14	大鵟 *B. hemilasius*	Df	+	+	+	—	—	—	—	—	+	+	+	+	—	—	—	—			
15	普通鵟 *B. buteo*	Ud	+	+	+	—	—		—			—	—	—	—	—	—	—	—	—	
16	毛脚鵟 *B. lagopus*	Ca	—	—	—	—	—		—	—					—	—	—	—		—	
17	白眼鵟鹰 *Butastur teesa*	Wa										+									
18	灰脸鵟鹰 *B. indicus* R	Mb	+	+	+	—	—								—	—	—	—	—	—	
19	棕翅鵟鹰 *B. liventer* I	Wa																+			
20	鹰雕 *Spizaetus nipalensis*	Wc	+									+	+	+	+		+		+	+	
21	金雕 *Aquila chrysaetos* V	Ce	+	+	+	+	+	+	+	+	+	+	+	+	+	+	+				
22	白肩雕 *A. heliaca* V	O_3		—	—	—	—	+	+	+					—	—	—	—		—	
23	草原雕 *A. rapax* V	Da					+	+	+	+		+			—	—	—		—		
24	乌雕 *A. clanga* R	Ud	+	+		—	—		+		—		—		—		—	—		—	
25	白腹山雕 *A. fasciata* R	We		0	0	—							—		+		+	+			
26	小雕 *Hieraaetus pennata*	O_3	—	—	—	—			+	+		+									
27	棕腹隼雕 *H. kienerii* R	Wa																	+		

序号	种　名	分布型	分　布																		
			NE			N		MX			QZ		SW		C		S				
			a	b	c	a	b	a	b	c	a	b	a	b	a	b	a	b	c	d	e
28	林雕 *Ictinaetus malayensis* R	Wb													+		+			+	
29	白腹海雕 *Haliaeetus leucogaster*	We							+						+		+	+	+	+	+
30	玉带海雕 *H. leucoryphus* V	Db	+	+	+	−	−	+	+	+		+	−	+	−						
31	白尾海雕 *H. albicilla* V	Ue	+	+	−	−	−		+		−	−	−		−		−	−		−	
32	虎头海雕 *H. pelagicus* E	M	−	−		−															
33	渔雕 *Icthyophaga humilis*	Wa																	−		
34	黑兀鹫 *Sarcogyps calvus* E	Wb																+			
35	秃鹫 *Aegypius monachus*	O_3				+	+	+	+	+	+	+	+	+	+	+	+	+	+	−	
36	高山兀鹫 *Gyps himalayensis* R	O_3							+	+	+	+	+	+		+		+			
37	白背兀鹫 *G. bengalensis* E	Wa																+			
38	胡兀鹫 *Gypaetus barbatus* V	O			0	0	−		+	+	+	+	+	+	0	−					
39	白尾鹞 *Circus cyaneus*	Cd	+	+	+	−	−	+		+		−	−	−	−	−	−	−		−	
40	草原鹞 *C. macrourus*	Dp	+	+	+	+	+	+	+	+		+	−	−	−	−	−	−	−		
41	乌灰鹞 *C. pygargus*	Dp				−	−		+	+					−	−	−				
42	鹊鹞 *C. melanoleucos*	Mb	+	+	+	−	−	+				−	−		−	−	−	−		−	
43	白头鹞 *C. aeruginosus*	O_3				+	+	+	+	+											+
44	白腹鹞 *C. spilonotus*	Ma	+	+	+	−	−	+	+	+		−	−		−	−	−	−	−	−	
45	短趾雕 *Circaetus ferox*（*gallicus*）I	O_3				0	+		+	+		+				+					
46	蛇雕 *Spilornis cheela* V	WC												+	+	+	+	+	+	+	
17	鹗科 Pandionidae																				
1	鹗 *Pandion haliaetus* R	Cd	+	+	+	+	+	+	+	+	+	+	+	+	+	+	+	+	+	+	+
18	隼科 Falconidae																				
1	红腿小隼 *Microhierax caerulescens*	Wa																+			
2	［白腿］小隼 *M. melanoleucos*	Wc											+		+	+	+	+			
3	猎隼 *Falco cherrug* V	Ca			−		−	+	+	+		+		−		−					
4	矛隼 *F. rusticolus*	Cd	−	−					−	+											
5	游隼 *F. peregrinus* R	Cd	−	−	−	−	−	−					−		−	−	−	−	−	−	
6	燕隼 *F. subbuteo*	Ug	+	+	+	+	+	+	+	+	+	+	+	+	+	+	+	+		+	
7	猛隼 *F. severus*	Wb															−		−		
8	灰背隼 *F. columbarius*	Cd	−	−	−	−	−	−	−	−		−	−	−	−	−	−	−			
9	红脚隼 *F. vespertinus*	Ud	+	+	+	+	+						+		−	−	−	−			
10	黄爪隼 *F. naumanni*	Ue		−	−	−	−	+	+	+			−		−	−		−			
11	红隼 *F. tinnunculus*	O_1	+	+	+	+	+	+	+	+	+	+	+	+	+	+	+	+	+	+	+
Ⅸ	鸡形目 GALLIFORMES																				
19	松鸡科 Tetraonidae																				
1	松鸡 *Tetrao urogallus*	Uc								+											
2	黑嘴松鸡 *T. parvirostris* V	Ma	+	+		0															
3	黑琴鸡 *Lyrurus tetrix* V	Uc	+	+		0		+		+											
4	［柳］雷鸟 *Lagopus lagopus* I	Ca	+																		

续表

序号	种名	分布型	分布 NE			N		MX			QZ		SW		C		S				
			a	b	c	a	b	a	b	c	a	b	a	b	a	b	a	b	c	d	e
5	岩雷鸟 *L. mutus*	Ca								+											
6	镰翅鸡 *Falcipennis falcipennis* E	Ma	+	+																	
7	花尾榛鸡 *Tetrastes bonasia*	Ua	+	+	+		0			+											
8	斑尾榛鸡 *T. sewerzowi* E	Hc					+					+	+								
20	雉科 Phasianidae																				
1	雪鹑 *Lerwa lerwa* R	Hm										+	+	+							
2	阿尔泰雪鸡 *T. altaicus*	Ua								+											
3	藏雪鸡 *Tetraogallus tibetanus*	Pa									+	+	+	+							
4	暗腹雪鸡，高山雪鸡 *T. himalayensis* R	Pg							+	+		+									
5	雉鹑 *Tetraophasis obscurus* * R	Hc										+	+	+							
6	四川雉鹑 *T. szechenyii* * V	Hc										+	+	+							
7	石鸡 *Alectoris chukar*	De				+	+	+	+	+	+										
8	大石鸡 *A. magna* *	Pf										+									
9	［中华］鹧鸪 *Francolinus pintadeanus*	Wc				0						0			+	+	+	+	+		
10	灰山鹑 *Perdix perdix*	Ud							+	+											
11	斑翅山鹑 *P. dauuricae*	De	+	+	+	+	+	+	+			+									
12	高原山鹑 *P. hodgsoniae*	Hm									+	+	+	+							
13	鹌鹑 *Coturni coturnix*	O	+	+	+	+	+	+	+	+		—	—	—	—	—	—	—	—	—	
14	蓝胸鹑 *C. chinensis* R	Wb															+	+	+	+	
15	环颈山鹧鸪 *Arborophila torqueola*	Wc1318											+	+				+			
16	红胸山鹧鸪 *A. mandellii* R	He												+							
17	绿脚山鹧鸪 *A. chloropus* R	Wa																+			
18	红喉山鹧鸪 *A. rufogularis*	Wa																+			
19	白颊山鹧鸪 *A. atrogularis* R	Wa																+			
20	棕胸山鹧鸪 *A. brunneopectus* R	Wa															+	+			
21	四川山鹧鸪 *A. rufipectus* * E	Hc													+						
22	白额山鹧鸪 *A. gingica* * I	Sc													+	+					
23	海南山鹧鸪 *A. ardens* * E	J																	+		
24	台湾山鹧鸪 *A. crudigularis* * I	J																		+	
25	棕胸竹鸡 *Bambusicola fytchii*	Wc											+			+					
26	灰胸竹鸡 *B. thoracica* *	Sc											+		+	+	+	+		+	
27	血雉 *Ithaginis cruentes* V	Hm					+					+	+	+							
28	黑头角雉 *Tragopan melanocephalus* I	Ha									+										
29	红胸角雉 *T. satyra* R	Ha												+							
30	灰腹角雉 *T. blythi* R	He												+							
31	红腹角雉 *T. temminckii* V	Hm											+	+		+					
32	黄腹角雉 *T. caboti* * E	Sc											+				+				
33	棕尾虹雉 *Lophophorus impejanus* R	Ha												+							
34	白尾梢虹雉 *L. sclateri* R	He												+							

续表

序号	种名	分布型	分布																		
			NE			N		MX			QZ		SW		C		S				
			a	b	c	a	b	a	b	c	a	b	a	b	a	b	a	b	c	d	e
35	绿尾虹雉 *L. lhuysii** E	Hc										+	+					+			
36	白马鸡 *Crossoptilon crossoptilon** R	Hm										+	+	+							
37	藏马鸡 *C. harmani** R	Hm										+	+	+							
38	蓝马鸡 *C. auritum*** V	Pf					+					+	+								
39	褐马鸡 *C. mantchuricum** E	B（L）					+														
40	黑鹇 *Lophura leucomelana* R	Wa												+							
41	白鹇 *L. nycthemera*	Wc											+		+	+	+	+	+		
42	蓝鹇 *L. swinhoii** I	J																		+	
43	原鸡 *Gallus gallus* V	Wa															+	+	+		
44	勺鸡 *Pucrasia macrolopha*	Si					+						+	+	+	+					
45	雉鸡 *Phasianus colchicus*	O	+	+	+	+	+	+	+	+		+	+		+	+	+	+		+	
46	黑颈长尾雉 *Syrmaticus humiae* R	Wa																+			
47	白冠长尾雉 *S. reevesii** E	Sm					+						+		+	+					
48	白颈长尾雉 *S. ellioti** V	Se														+	+				
49	黑长尾雉 *S. mikado** I	J																		+	
50	白腹锦鸡，铜鸡 *Chrysolophus amherstiae*** V	Hc											+	+				+			
51	红腹锦鸡，金鸡 *C. pictus*** V	Si										+	+			+					
52	孔雀雉 *Polyplectron bicalcaratum* R	Wa																+	+		
53	绿孔雀 *Pavo muticus* E	Wa																	+		
Ⅹ	鹤形目 GRUIFORMES																				
21	三趾鹑科 Turnicidae																				
1	林三趾鹑 *Turnix sylvatica* I	Wa															+		+	+	
2	黄脚三趾鹑 *T. tanki*	We	+	+		+									+	+	+	+			
3	棕三趾鹑 *T. suscitator* I	Wb															+	+	+	+	
22	鹤科 Gruidae																				
1	灰鹤 *Grus grus*	Ub	+	—	—	—	—	+	+	+		+	—		—	—	—	—	—		
2	黑颈鹤 *G. nigricollis*** E	Pc							+	+	+	+	+	+		—		—			
3	白头鹤 *G. monacha* E	M	+	+	—	—		+					—		—	—			—		
4	丹顶鹤 *G. japonensis* E	Ma	+	+	+	—		+					—		—	0				—	
5	沙丘鹤 *G. canadensis*	C				0									—						
6	白枕鹤 *G. vipio* V	Ma	+	+	—	—		+							—	—	—			—	
7	白鹤 *G. leucogeranus* E	Ua	+	—	—	—	—	+	—	—					—	—					
8	赤颈鹤 *G. antigone* R	Wa																+			
9	蓑羽鹤 *Anthropoides virgo* I	D	+	+	+	—	—	+	+	+		—	—	—		—					
23	秧鸡科 Rallidae																				
1	普通秧鸡 *Rallus aquaticus*	Uf	+	+	+	—	—	+	+	+		+	+		—	—	—	+	+		
2	蓝胸秧鸡 *R. striatus* R	We				+	+								+	+	+	+	+	+	
3	红腿斑秧鸡 *R. fasciata* I	Wa																		+	
4	白喉斑秧鸡 *R. eurizonoides* I	Wa													+		+		+	+	

续表

序号	种　名	分布型	分　布																		
			NE			N		MX			QZ		SW		C		S				
			a	b	c	a	b	a	b	c	a	b	a	b	a	b	a	b	c	d	e
5	长脚秧鸡 *Crex crex*	O								+	+										
6	姬田鸡 *Porzana parva*	O							+	−											
7	小田鸡 *P. pusilla*	O	+	+	+	+	+	+	+	+		+	−	−	−	−	−	−		−	
8	斑胸田鸡 *P. porzana*	Ud							+	+											
9	红胸田鸡 *P. fusca*	We	+	+	+	+	+	+					+		+	+	+	+	+	+	
10	斑胁田鸡 *P. paykullii*	X	+	+	+	+	+	+	+				−		−	−	−				
11	棕背田鸡 *P. bicolor* R	Wc											+			+		+			
12	花田鸡 *P. exquisita*	M	+	−	−	−	−								−	−	−	−			
13	红脚苦恶鸟 *Amaurornis akool*	Wc													+	+	+				
14	白胸苦恶鸟 *A. phoenicurus*	Wc				0	0								+	+	+	+	+	+	+
15	董鸡 *Gallicrex cinerea*	We		+		+							+		+	+	+	+	+	+	
16	黑水鸡 *Gallinula chloropus*	O_2	+	+	+	+	+	+	+	+	+	+	+	+	+	+	+	+	+	+	
17	紫水鸡 *Porphyrio porphyri*	O_1													+	+	+	+			
18	骨顶鸡，白骨顶 *Fulica atra*	O_5	+	+	+	+	+	+	+	+	−	−	−	−	−	−	−	−	−	−	
24	鸨科 Otidae																				
1	小鸨 *Otis tetrax* I	O_3							+	+						0					
2	大鸨 *O. tarda* V	O_3			+	−	−	+	+						0	0					
3	波斑鸨 *O. undulata* I	O_3							+	+											
Ⅺ	鸻形目 CHARADRIIFORMES																				
25	雉鸻科 Jacanidae																				
1	铜翅水雉 *Metopidius indicus* R	Wa																+			
2	水雉 *Hydrophasianus chirurgus*	We				+	+						+		+	+	+	+	+	+	
26	彩鹬科 Rostratulidae																				
1	彩鹬 *Rostratula benghalensis*	We		+	+	+	+	+	+				+		+	+	+	+	+	+	
27	蛎鹬科 Haematopodidae																				
1	蛎鹬 *Haematopus ostralegus*	Cf		+	+	+	+	+		+	0	−			−	+	+			+	
28	鸻科 Charadriidae																				
1	凤头麦鸡 *Vanellus vanellus*	Ud	+	+	+	−	−	+	+	+			−	−	−	−	−	−		−	
2	灰头麦鸡 *V. cinereus*	Mb		+	+	−	−								−	−	−	−		−	
3	肉垂麦鸡 *V. indicus*	Wa																	+		
4	距翅麦鸡 *V. duvaucelii*	Wa																+	+		
5	灰斑鸻 *Pluvialis squatarola*	Ca	−	−	−	−	−	−	−	−	−	−	−	−	−	−	−	−	−	−	
6	金［斑］鸻 *P. fulva*	Ca	−	−	−	−	−	−	−	−	−	−	−	−	−	−	−	−	−	−	−
7	剑鸻 *Charadrius hiaticula*	Ca	+	+	+	+	+						+	−	−	+	−	−			
8	金眶鸻 *C. dubius*	O_1	+	+	+	+	+	+	+	+		+	+	+	−	+	−	−	−	−	
9	环颈鸻 *C. alexandrinus*	O_2		+		+	+	+	+	+			−		+		+		+	−	
10	蒙古沙鸻 *C. mongolus*	D				−	−	−	+	+	+	+	−		−		−		−	−	
11	铁嘴沙鸻 *C. leschenaultii*	Da	−	−	−	−	−	−	+	+			−	−	−	−	−	−	−	−	−
12	红胸鸻 *C. asiaticus*	D								+											

续表

序号	种名	分布型	分布																		
			NE			N		MX			QZ		SW		C		S				
			a	b	c	a	b	a	b	c	a	b	a	b	a	b	a	b	c	d	e
13	东方鸻 *C. veredus*	Up	+	+	+	—	—	—							—	—	—			—	
14	小嘴鸻 *C. morinellus*	Uc	—							—											
29	鹬科 Scolopaicidae																				
1	小杓鹬 *Numenius borealis*	M	—	—	—	—	—	—							—		—			—	
2	中杓鹬 *N. umenius phaeopus*	Ua		—	—	—	—	—				—	—		—	—	—	—	—	—	
3	白腰杓鹬 *N. arquata*	Ud	+	—	—	—	—	—	—	—		—	—	—	—	—	—	—	—	—	
4	大杓鹬，红腰杓鹬 *N. madagascariensis*	Ma	—	—	—	—	—						—		—	—	—			—	
5	黑尾塍鹬 *Limosa limosa* Ⅰ	Uc	+	+	+	—	—	—	+	+		—	—		—	—	—	—	—	—	
6	斑尾塍鹬 *L. lapponica*	Ua		—	—	—	—		—	—					—		—		—	—	
7	鹤鹬 *Tringa erythropus*	Ua	—	—	—	—	—	—	—	+		—	—	—	—	—	—	—	—	—	
8	红脚鹬 *T. totanus*	Uf	—	—	—	—	+	+	+	+			+	+	—	—	—	—	—	—	
9	泽鹬 *T. stagnatilis*	U	—	—	—	—	—	+	—	—			—		—		—		—	—	
10	青脚鹬 *T. nebularia*	Uc	—	—	—	—	—	—	—	—	—	—	—	—	—	—	—	—	—	—	
11	白腰草鹬 *T. ochropus*	Uc	—	—	—	—	—	—	—	+	—	—	—	—	—	—	—	—	—	—	
12	林鹬 *T. glareola*	Ua	+	—	—	—	—	—	—	—	—	—	—	—	—	—	—	—	—	—	
13	小青脚鹬 *T. guttifer* Ⅰ	M													0		0		0	0	
14	矶鹬 *Actitis hypoleucos*	Cf	+	+	+	+	+	+	+	+	—	—	—	—	—	—	—	—	—	—	
15	漂鹬 *Heteroscelus incana*	Cp																		—	
16	灰尾漂鹬 *H. brevipes*	M	—	—	—	—	—	—	—			—			—	—	—		—		
17	翘嘴鹬 *Xenus cinereus*	Uc		—		—						—			—		—		—	—	
18	翻石鹬 *Arenaria interpres*	Ca	—	—	—	—	—						—	—	—		—		—	—	—
19	半蹼鹬 *Limnodromus semipalmatus* R	U	+	—	—	—									—		—				
20	孤沙锥 *Capella solitaria*	U	+	+	+	—	—	+	+	+		—	—	—	—	—	—	—			
21	澳南沙锥 *C. hardwickii*	A		0		0														0	
22	林沙锥 *C. nemoricola*	Wa											0					0			
23	针尾沙锥 *C. stenura*	Uc	—	—	—	—	—	—			—	—	—	—	—	—	—	—	—	—	
24	大沙锥 *C. megala*	Ua	—	—	—	—	—				—	—	—	—	—	—	—		—	—	
25	扇尾沙锥 *C. gallinago*	Ub	+	+	—	—	—	—	—	+		—	—	—	—	—	—	—	—	—	
26	丘鹬 *Scolopax rusticola*	Ud	+	—	—	—	—	—	—	+		—		—	—	—	—	—	—	—	
27	姬鹬 *Lymnocryptes minimus*	Ub				—	—	—	—	—					—		—			—	
28	红腹滨鹬 *Calidris canutus*	Ca		—		—	—					—	—		—		—		—	—	
29	大滨鹬 *C. tenuirostris*	M		—		—									—		—		—	—	
30	红胸滨鹬 *C. ruficollis*	M	—	—	—	—	—					—			—		—	—	—	—	
31	长趾滨鹬 *C. subminuta*	M	—	—	—	—	—	—			—		—	—	—	—	—	—		—	
32	乌脚滨鹬 *C. temminckii*	Ua	—	—	—	—	—	—	—	—	—	—	—	—	—	—	—	—	—	—	
33	尖尾滨鹬 *C. acuminata*	M	—	—	—	—		—							—		—	—		—	
34	黑腹滨鹬 *C. alpina*	Ca	—	—	—	—	—	—	—	—					—		—		—	—	
35	弯嘴滨鹬 *C. ferruginea*	Ua		—	—	—	—	—	—	—		—	—		—		—	—	—	—	
36	三趾鹬 *Crocethia alba*	Ca	—	—	—	—	—	—	—	—		—	—	—	—	—	—	—	—	—	

续表

序号	种 名	分布型	分 布																		
			NE			N		MX			QZ		SW		C		S				
			a	b	c	a	b	a	b	c	a	b	a	b	a	b	a	b	c	d	e
37	勺嘴鹬 *Eurynorhynchus pygmeus*	M			—										—		—		—	—	
38	阔嘴鹬 *Limicola falcinellus*	Ca	—	—	—	—	—	—		—					—		—		—	—	
39	流苏鹬 *Philomachus pugnax*	Ua				—			—	—		—		—	—		—		—	—	
30	反嘴鹬科 Recurvirostridae																				
1	鹮嘴鹬 *Ibidorhyncha struthersii*	Pf				+	+	+	+	+	+	+	+	+	+						
2	黑翅长脚鹬 *Hiantopus himantopus*	O_2		+	+	+	+	+	+	+	—	—	—	—	—	—	—	—		—	
3	反嘴鹬 *Recurvirostra avosetta*	O_3		—	—	—	—	—	+	+		—	—	—	—	—	—			—	
31	瓣蹼鹬科 Phalaropodidae																				
1	红颈瓣蹼鹬 *Phalaropus lobatus*	Ca			—	—	—			—		—			—		—		—	—	
2	灰瓣蹼鹬 *P. fulicarius*	Ca	—	—	—	—	—		—	—					—					—	
32	石鸻科 Burhinidae																				
1	石鸻 *Esacus magnirostris*	O																—	—		
33	燕鸻科 Glareolidae																				
1	普通燕鸻 *Glareola maldivarum*	We			+	+	+					—	—		+	—	+	—	+	—	
2	灰燕鸻 *G. lactea*	Wa																+			
Ⅻ	鸥形目 Lariformes																				
34	贼鸥科 Stercorariidae																				
1	大贼鸥 *Catharacta sku*	O_2																		+	
2	麦氏贼鸥 *C. maccormicki*	U																	+		+
3	中贼鸥 *Stercorarius pomarinus*	C													+	+	+	+	+	+	
4	短尾贼鸥 *S. parasiticus*	U															+		+	+	
5	长尾贼鸥 *S. longicaudus*	U															+				
6	中鸥欧 *Stercorarius pomarinus*	Cg					0								—						
35	鸥科 Laridae																				
1	黑尾鸥 *Larus crassirostris*	M		—		+	—	—					—		+	—	—	—		—	
2	海鸥 *L. canus*	Cb	—	—	—	—	—	—					—		—	—	—	—	—	—	
3	银鸥 *L. argentatus*	Ca		—	—	—		+							—		—			—	
4	灰背鸥 *L. schistisagus*	M		—	—	—		—									—	—		—	
5	灰翅鸥 *L. glaucescens*	Ca															—			—	
6	北极鸥 *L. hyperboreus*	Ca		—	—	—	—						—		—		—				
7	渔鸥 *L. ichthyaetus*	D							+	—		—	—	—			—	—			
8	遗鸥 *L. relictus* V	D			—	—	—	+	+	+					—		—	—			
9	红嘴鸥 *L. ridibundus*	Uc	+	+	+	—	—	—	+	+		—	—	—	—	—	—	—	—	—	
10	棕头鸥 *L. brunnicephalus*	Pa				—	—		—	+	+	+	—	—		—	—	—	—		
11	小鸥 *L. minutus*	Uc	+			—	—	+	+	+					—		—				
12	黑嘴鸥 *L. saundersi* V	M	—	—	—	—							—		—		—		—	—	
13	楔尾鸥 *Rhodostethia rosea*	Ca		0																	
14	三趾鸥 *Rissa tridacyla*	Ca			—		—								—	—	—		—		
15	须浮鸥 *Chlidonias hybrida*	Uh	+	+	+	—	—	—	—	—			—		—	—	—	—	—	—	

续表

序号	种名	分布型	分布																		
			NE			N		MX			QZ		SW		C		S				
			a	b	c	a	b	a	b	c	a	b	a	b	a	b	a	b	c	d	e
16	白翅浮鸥 *C. leucoptera*	Uc	+	+	+	+	+	+	+	+	—	—			—	0	—		—	—	
17	黑浮鸥 *C. niger*	C				—		+	+	+								0			
18	鸥嘴噪鸥 *Gelochelidon nilotica*	O_2		—		+	+	+	+	+					+		+		+	+	
19	红嘴巨鸥 *Hydroprogne caspia*	O_2		+	+	+	+	—	—						+		+		+	—	
20	黄嘴河燕鸥 *Sterna aurantia*	Wa																+			
21	普通燕鸥 *S. hirundo*	Cc	+	+	+	+	+	+	+	+	+	+	+	+	—	—	—	—	—	—	
22	粉红燕鸥 *S. dougallii*	O_5													+		+		+	+	
23	黑枕燕鸥 *S. sumatrana*	Wb				—									+		+		+	+	+
24	黑腹燕鸥 *S. acuticauda*	M																—			
25	褐翅燕鸥 *S. anaethetus*	O_5															+		+	+	
26	乌燕鸥 *S. fuscata*	O_2													—		—			—	—
27	白额燕鸥 *S. albifrons*	O_2		+	+	+	+	+	+	+			+	+	+	+	+	+	+	+	
28	大凤头燕鸥 *Thalasseus bergii*	O_5													+		+		+	+	+
29	小凤头燕鸥 *T. bengalensis*	O_5															—				—
30	黑嘴端凤头燕鸥 *T. zimmermanni* V	O_5				+									+		+			+	
31	白顶黑燕鸥 *Anous stolidus*	O_2													+		+			+	+
32	白燕鸥 *Gygis alba*	O_5															—				—
33	叉尾鸥 *Xema sabina*	Ci																			—
36	剪嘴鸥科 Rynchopidae																				
1	剪嘴鸥 *Rynchopsalbicollis*	O_2															0				
37	海雀科 Alcidae																				
1	斑海雀 *Brachyramphus marmoratus*	M		—	—	—															
2	扁嘴海雀 *Synthliboramphus antiquus* V	M	—	—	—	+									—		—		—		
3	角嘴海雀 *Cerorhinca monocerata*	M		—																	
XIII	鸽形目 COLUMBIFORMES																				
38	沙鸡科 Pteroclididae																				
1	毛腿沙鸡 *Syrrhaptes paradoxus*	Da	—	+	—	—	+	+	+	+			—			—	—				
2	西藏毛腿沙鸡 *S. tibetanus* V	Pa								+	+	+									
3	黑腹沙鸡 *Pterocles orientalis* I	Df							+	+											
39	鸠鸽科 Columbidae																				
1	针尾绿鸠 *Treron apicauda*	Wb											+					+			
2	楔尾绿鸠 *T. sphenura*	Wb											+	+				+			
3	红翅绿鸠 *T. sieboldii* R	Wd											+		+	+	+		+	+	
4	红顶绿鸠 *T. formosae* I	Wa																		+	
5	黄脚绿鸠 *T. phoenicoptera* V	Wa																+			
6	厚嘴绿鸠 *T. curvirostra* V	Wa																+	+		
7	灰头绿鸠 *T. pompadora* R	Wa																+			
8	橙胸绿鸠 *T. bicincta* R	Wa																	+	0	
9	黑颏果鸠 *Ptilinopus leclancheri*	Wa																		+	

续表

序号	种　名	分布型	分　布																		
			NE			N		MX			QZ		SW		C		S				
			a	b	c	a	b	a	b	c	a	b	a	b	a	b	a	b	c	d	e
10	绿皇鸠 *Ducula aenea* V	Wa															+	+	+		
11	山皇鸠 *D. badia* V	Wa										+						+	+		
12	雪鸽 *Columba leuconota*	Hm										+	+	+							
13	岩鸽 *C. rupestris*	O_3	+	+	+	+	+	+	+	+	+	+	+	+							
14	原鸽 *C. livia*	O_3						+	+	+		+		+							
15	欧鸽 *C. oenas*	O_3							+	+											
16	中亚鸽 *C. eversmani*	O_3							+	+		+									
17	斑尾林鸽 *C. palumbus*	O							+	+											
18	点斑林鸽 *C. hodgsonii*	Hm					+					+	+	+				+			
19	灰林鸽 *C. pulchricollis*	Wa										+	+	+				+		+	
20	紫林鸽 *C. punicea* R	Wa												+					+		
21	黑林鸽 *C. janthina*	O				+															—
22	斑尾鹃鸠 *Macropygia unchall* R	Wd												+	+	+	+	+	+		
23	棕头鹃鸠 *M. ruficeps* R	Wa																+			
24	乌鹃鸠 *M. phasianella* (*tenuirostris*)	Wa																		+	
25	欧斑鸠 *Streptopelia turtur*	O							+	+	+										
26	山斑鸠 *S. orientalis*	E	+	+	+	+	+	+	+	+	+	+	+	+	+	+	+	+	+	+	
27	灰斑鸠 *Streptopelia decaocto*	We		+		+	+	+	+	+		+			+	+	+	+			
28	珠颈斑鸠 *S. chinensis*	We				+	+						+	+	+	+	+	+	+	+	
29	棕斑鸠 *S. senegalensis* I	O							+	+											
30	火斑鸠 *Oenopopelia tranquebarica*	We	+	+	+	+	+	+	+			+	+	+	+	+	+	+	+	+	
31	绿背金鸠 *Chalcophaps indica* V	Wb															+	+	+	+	
XIV	鹦形目 PSITTACIFORMES																				
40	鹦鹉科 Psittacidae																				
1	红领绿鹦鹉 *Psittacula krameri* I	Wa															+	+			
2	绯胸鹦鹉 *P. alexandri* V	Wa												+			+	+	+		
3	大绯胸鹦鹉 *P. derbiana* V	He											+	+				+			
4	花头鹦鹉 *P. cyanocephala* R	Wa															+	+			
5	灰头鹦鹉 *P. himalayana*	Hm											+	+	+						
6	小葵花鹦鹉 *Cacatua sulphurea*	Wa															+				
7	短尾鹦鹉 *Loriculus Vernalis*	Wa																+			
XV	鹃形目 CUCULIFORMES																				
41	杜鹃科 Cuculidae																				
1	红翅凤头鹃 *Clamator coromandus*	We				+	+								+	+	+	+	+	+	
2	斑翅凤头鹃 *C. jacobinus*	Wa												+							
3	鹰鹃 *Cuculus sparverioides*	We				O	+	+					+	+	+	+	+	+	+	0	
4	棕腹杜鹃 *C. nisicolor*	Wd													+	+	+	+	+		
5	北棕腹杜鹃 *C. hyperythrus*	We		+	+	+											+				
6	四声杜鹃 *C. micropterus*	We	+	+	+	+	+						+	+	+	+	+	+	+		+

续表

序号	种名	分布型	分布																		
			NE			N		MX			QZ		SW		C		S				
			a	b	c	a	b	a	b	c	a	b	a	b	a	b	a	b	c	d	e
7	大杜鹃 *C. canorus*	O_1	+	+	+	+	+	+	+	+		+	+	+	+	+	+	+	+	+	
8	中杜鹃 *C. saturatus*	M		+	+	+	+		+				+		+	+	+	+	+	+	
9	小杜鹃 *C. poliocephalus*	We		+	+	+	+						+	+	+	+	+	+	+	+	
10	栗斑杜鹃 *C. sonneratii*	Wc											+				+	+			
11	八声杜鹃 *C. merulinus*	Wc											+	+	+	+	+	+	+		
12	翠金鹃 *Chalcites maculatus*	We											+	+	+	+	+	+	+		
13	紫金鹃 *C. xanthorhynchus*	Wa											+					+			
14	乌鹃 *Surniculus lugubris*	Wd											+	+		+	+	+	+		
15	噪鹃 *Eudynamys scolopacea*	We				+							+	+	+	+	+	+	+	0	
16	绿嘴地鹃 *Phaenicophaeus tristis* V	Wb											+				+	+	+		
17	褐翅鸦鹃 *Centropus sinensis* V	Wb													+	+	+	+	+		
18	小鸦鹃 *C. toulou*	We				+							+		+	+	+	+	+	+	
XVI	鸮形目 STRIGIFORMES																				
42	草鸮科 Tytonidae																				
1	仓鸮 *Tyto alba* R	O_3																+			
2	草鸮 *T. capensis*	O_1											+		+	+	+	+	+	+	
3	栗鸮 *Phodilus badius* R	Wa															+	+	+		
43	鸱鸮科 Strigidae																				
1	黄嘴角鸮 *Otus spilocephalus* I	Wb															+	+	+	+	
2	纵纹角鸮 *O. brucei*	O_3								+											
3	红角鸮 *O. scops*	O_1	+	+	+	+	+		+	+					+	+	+	+		+	
4	领角鸮 *O. bakkamoena*	We		+		+	+						+		+	+	+	+	+	+	
5	雕鸮 *Bubo bubo* R	Uh	+	+	+	+	+	+	+	+	+	+	+	+	+	+	+	+			
6	林雕鸮 *B. nipalensis*	Wc											+					+			
7	乌雕鸮 *B. coromandus*	Wc													+						
8	毛腿渔鸮 *Ketupa blakistoni*	M	+	+	+			+													
9	褐渔鸮 *K. zeylonensis*	Wb															+	+	+		
10	黄脚渔鸮 *K. flavipes* R	Wd											+		+	+	+	+		+	
11	雪鸮 *Nyctea scandiaca*	Ca	—	—	—	—	—	—	—	—											
12	猛鸮 *Surnia ulula*	Cc	—	+	+			—	+	+											
13	花头鸺鹠 *Glaucidium passerinum*	Uc	+	+	+		+			+											
14	领鸺鹠 *G. brodiei*	We				+	+						+	+	+	+	+	+	+	+	
15	斑头鸺鹠 *G. cuculoides*	Wd				0	0						+	+	+	+	+	+	+		
16	鹰鸮 *Ninox scutulata*	We		+		+	+						+	+	+	+	+	+	+	+	
17	纵纹腹小鸮 *Athene noctua*	Uf	+	+	+	+	+	+	+	+	+	+	+	+		+					
18	褐林鸮 *Strix leptogrammica*	Wc													+	+	+	+	+	+	
19	灰林鸮 *S. aluco*	O_1	+	+	+	+						+	+	+	+	+	+	+		+	
20	长尾林鸮 *S. uralensis*	Uc	+	+				+	+	+			+								
21	乌林鸮 *S. nebulosa*	Cc	+	+	+			+								+					

续表

序号	种名	分布型	分布																		
			NE			N		MX			QZ		SW		C		S				
			a	b	c	a	b	a	b	c	a	b	a	b	a	b	a	b	c	d	e
22	长耳鸮 *Asio otus*	Cd	+	+	+	+	+	+	+	+	+	—	—	—	—	—	—	—		—	
23	短耳鸮 *A. flammeus*	Cc	+	—	—	—	—	—	—	—		—	—	—	—	—	—	—	—	—	
24	鬼鸮 *Aegolius funereus*	Cc	+	+			+			+						+					
XVII	夜鹰目 CAPRIMULGIFORMES																				
44	蟆口鸱科 Podargidae																				
1	黑顶蟆鸱 *Batrachostomus hodgsoni* R	Wa																	+		
45	夜鹰科 Caprimulgidae																				
1	毛腿夜鹰 *Eurostopodus macrotis*	Wa																	+		
2	普通夜鹰 *Caprimulgus indicus*	We	+	+	+	+	+	+	+		+	+	+	+	+	+	+	+	+	+	+
3	欧夜鹰 *C. europaeus*	O_3							+	+											
4	中亚夜鹰 *C. centralasicus*	O_3							+												
5	埃及夜鹰 *C. aegyptius*								0												
6	长尾夜鹰 *C. macrurus*	Wa																+	+		
7	林夜鹰 *Caprimulgus affinis*	Wb															+	+	+	+	
XVIII	雨燕目 APODIFORMES																				
46	雨燕科 Apodidae																				
1	爪哇金丝燕 *Aerodramus fuciphagus*	Wa																	+		
2	短嘴金丝燕 *A. brevirostris*	Wd											+	+		+		+			
3	大金丝燕 *A. maxinus*	Wa												+							
4	白喉针尾雨燕 *Hirundapus caudacutus*	We	+	+	+	—	+	+	+			+	+	+	—	—	—	—		+	
5	灰喉针尾雨燕 *H. cochinchinensis*	Wa																+	+	+	+
6	楼燕 *Apus apus*	O_1	+	+	+	+	+	+	+	+							+				
7	白腰雨燕 *A. pacificus*	M	+	+	+	+	+	+	—	—		+	+	+	+	+	+	+	+	+	
8	小白腰雨燕 *A. affinis*	O_1				0							+			+	+	+	+	+	
9	棕雨燕 *Cypsiurus parvus*	O_1																+	+		
47	凤头雨燕科 Hemiprocnidae																				
1	凤头雨燕 *Hemiprocne longipennis*	Wa																+			
XIX	咬鹃目 TROGONIFORMES																				
48	咬鹃科 Trogonidae																				
1	橙胸咬鹃 *Harpactes oresdkios* R	Wa															+	+			
2	红头咬鹃 *H. erythrocephalus* V	Wc											+		+	+	+	+	+		
3	红腹咬鹃 *Harpactes wardi*	Wa											+								
XX	佛法僧目 CORACIIFORMES																				
49	翠鸟科 Alcedinidae																				
1	冠鱼狗 *Ceryle lugubris*	O_1		+	+	+	+						+		+	+	+	+	+		
2	斑鱼狗 *C. rudis*	O_1													+	+	+	+	+		
3	斑头大鱼狗 *Alcedo hercules*	Wa																+	+		
4	普通翠鸟 *A. atthis*	O_1	+	+	+	+	+	+	—	+		+	+	+	+	+	+	+	+	+	
5	蓝耳翠鸟 *A. meninting*	Wa																+			

续表

序号	种　名	分布型	分　布																		
			NE			N		MX			QZ		SW		C		S				
			a	b	c	a	b	a	b	c	a	b	a	b	a	b	a	b	c	d	e
6	三趾翠鸟 *Ceyx erithacus*	Wa																+	+		
7	鹳嘴翡翠 *Pelargopsis capensis*	Wa																+			
8	赤翡翠 *Halcyon coromanda*	We		+	+	—	—								—	—	—	+		+	
9	白胸翡翠 *H. smyrnensis*	O_1											+		+	+	+	+	+	+	
10	蓝翡翠 *H. pileata*	We		+	+	+	+	+					+		+	+	+	+	+	+	
11	白领翡翠 *H. chloris*	Wc													0		0				
50	蜂虎科 Meropidae																				
1	黑胸蜂虎 *Merops leschenaulti*	Wa											0					+			
2	黄喉蜂虎 *M. apiaster*	O							+	+											
3	栗喉蜂虎 *M. philippinus*	O											+				+	+	+		
4	绿喉蜂虎 *M. orientalis*	Wb																+			
5	栗头蜂虎 *M. viridis*	Wc													+		+	+			
6	［蓝须］夜蜂虎 *Nyctyornis athertoni*	Wa														+		+	+		
51	佛法僧科 Coraciidae																				
1	蓝胸佛法僧 *Coracias garrulus*	O							+	+											
2	棕胸佛法僧 *C. benghalensis*	Wc											+	+				+			
3	三宝鸟 *Eurystomus orientalis*	We		+	+	+	+						+	+	+	+	+	+	—	0	
52	戴胜科 *Upupidae*																				
1	戴胜 *Upupa epops*	O	+	+	+	+	+	+	+	+	+	+	+	+	+	+	+	+	+	+	
53	犀鸟科 Bucerotidae																				
1	白喉［小盔］犀鸟 *Anorrihinus tickelli* R	Wa																+			
2	棕颈［无盔］犀鸟 *Aceros nipalensis* R	Wa												+				+			
3	花冠皱盔犀鸟 *A. undulatus*	Wa												+							
4	冠斑犀鸟 *Anthracoceros coronatus* V	Wa															+	+			
5	双角犀鸟 *Buceros bicornis* E	Wa																+			
XXI	䴕形目 PICIFORMES																				
54	须䴕科 Capitonidae																				
1	大拟啄木鸟 *Megalaima virens*	Wc											+	+	+	+	+	+			
2	斑头绿拟啄木鸟 *M. zeylanica*	Wa																+			
3	黄纹拟啄木鸟 *M. faiostricta*	Wa															+				
4	金喉拟啄木鸟 *M. franklinii*	Wa											+	+		0	+	+			
5	山拟啄木鸟 *M. oorti*	Wa															+		+	+	
6	蓝喉拟啄木鸟 *M. asiatica*	Wb											+					+			
7	蓝耳拟啄木鸟 *M. australis*	Wa																+			
8	赤胸拟啄木鸟 *M. haemacephala*	Wa											+					+			
55	响蜜䴕科 Indicatoridae																				
1	黄腰响蜜䴕 *Indicator xanthonotus*	Wc											+								
56	啄木鸟科 Picidae																				
1	蚁䴕 *Jynx torquilla*	Ub	+	+	+	—	+	+	+	—	—	—	—	—	—	—	—	—	—	—	

续表

序号	种　名	分布型	分　布																		
			NE			N		MX			QZ		SW		C		S				
			a	b	c	a	b	a	b	c	a	b	a	b	a	b	a	b	c	d	e
2	斑姬啄木鸟 *Picumnus innominatus*	Wd											+	+	+	+	+	+			
3	棕啄木鸟 *Sasia ochracea*	Wa												+			+	+			
4	栗啄木鸟 *Micropternus brachyurus*	Wb											+	+	+	+	+	+	+		
5	鳞腹绿啄木鸟 *Picus squamatus*	O												+							
6	鳞腹啄木鸟 *P. vittatus*	Wa																+			
7	鳞喉绿啄木鸟 *P. xanthopygaeus*	Wa																+			
8	黑枕绿啄木鸟 *P. canus*	Uh	+	+	+	+	+	+	+	+		+	+	+	+	+	+	+	+	+	
9	红玉颈绿啄木鸟 *P. rabieri*	Wa																+			
10	大黄冠绿啄木鸟 *P. flavinucha*	Wc											+		+		+	+	+		
11	黄冠绿啄木鸟 *P. chlorolophus*	Wb											+	+			+	+	+		
12	金背三趾啄木鸟 *Dinopium javanense*	Wa															+				
13	竹啄木鸟 *Gecinulus grantia*	Wb															+	+			
14	大灰啄木鸟 *Mulleripicus pulverulentus*	Wa																+			
15	黑啄木鸟 *Dryocopus martius*	Uc	+	+		+	+			+		+	+	+							
16	白腹黑啄木鸟 *D. javensis* R	Wc											+					+			
17	大斑啄木鸟 *Dendrocopos major*	Uc	+	+	+	+	+		+	+		+	+		+	+	+	+	+		
18	白翅啄木鸟 *D. leucopterus*	Da							+	+											
19	黄颈啄木鸟 *D. darjellensis*	Hm										+	+	+				+			
20	白背啄木鸟 *D. leucotos*	Ug	+	+			+			+			+		+	+				+	
21	赤胸啄木鸟 *D. cathpharius*	Hm										+	+	+		+					
22	棕腹啄木鸟 *D. hyperythrus*	Hm											+	+	—	—	—	+			
23	纹胸啄木鸟 *D. atratus*	Wa																+			
24	小斑啄木鸟 *D. minor*	Uc	+	+	+					+											
25	星头啄木鸟 *D. canicapillus*	We		+		+	+						+		+	+	+	+	+	+	
26	小星头啄木鸟 *D. kizuki*	Mb		+		+															
27	三趾啄木鸟 *Picoides tridactylus*	Cc	+	+					+	+		+	+	+							
28	黄嘴噪啄木鸟 *Blythipicus pyrrhotis*	Wd											+		+	+	+	+	+		
29	金背啄木鸟 *Chrysocolaptes lucidus*	Wa																+			
XXII	雀形目 PASSERIFORMES																				
57	阔嘴鸟科 Eurylaimidae																				
1	银胸丝冠鸟 *Serilophus lunatus*	Wa												+			+	+	+		
2	长尾阔嘴鸟 *Psarisomus dalhousiae*	Wc														+		+			
58	八色鸫科 Pittidae																				
1	蓝枕八色鸫 *Pitta nipalensis*	Wa												+				+			
2	蓝背八色鸫 *P. soror*	Wb												+			+	+	+		
3	蓝八色鸫 *P. cyanea* R	Wa																+			
4	蓝翅八色鸫 *P. nympha* R	Wc				+									+	+	+	+	+	+	
5	马来八色鸫 *P. moluccensis*	Wa												+				+			
6	绿胸八色鸫 *P. sordida*	Wa																+			

续表

序号	种　名	分布型	分　布																		
			NE			N		MX			QZ		SW		C		S				
			a	b	c	a	b	a	b	c	a	b	a	b	a	b	a	b	c	d	e
7	栗头八色鸫 *P. oatesi*	Wa																+			
8	双辫八色鸫 *P. phayrei* R	Wa																+			
59	百灵科 Alaudidae																				
1	歌百灵 *Mirafra javanica*	O_1															+				
2	二斑百灵 *Melanocorypha bimaculata*	Da							—	—											
3	长嘴百灵 *M. maxima*	Pa							+		+	+	+	+		+					
4	[蒙古] 百灵 *M. mongolica*	Dn			+	+	+	+	+			+									
5	黑百灵 *M. yeltoniensis*	D								—											
6	白翅百灵 *M. leucoptera*	Dp								—											
7	短趾沙百灵 *Calandrella cinerea*	O				—	—	+	+	+		+	+	+							
8	细嘴沙百灵 *C. acutirostris*	Pf							+	+	+	+	+	+							
9	小沙百灵 *C. rufescens*	Dg	+	+	+	+	+	+	+	+		+									
10	凤头百灵 *Galerida cristata*	O_1			+	+	+		+	+		+			—	—					
11	云雀 *Alauda arvensis*	Ue	+	+	+	—	—	+	+	+					—		—				
12	小云雀 *A. gulgula*	We										+	+	+	+	+	+	+	+	+	
13	角百灵 *Eremophila alpestris*	C				—	+	+	+	+	+	+	+	+							
60	燕科 Hirundinidae																				
1	褐喉沙燕 *Riparia paludicola*	O_1																+		+	
2	崖沙燕 *R. riparia*	Cg	+	+	+	—	—	+	+			+	+	+	—		—				
3	岩燕 *Ptyonoprogne rupestris*	O_3				+	+	+	+	+	+	+	+	+							
4	纯色岩燕 *P. concolor*	Wa																+			
5	家燕 *Hirundo rustica*	Ch	+	+	+	+	+	+	+	+		+	+	+	+	+	+	+	+	+	+
6	洋燕 *H. tahitica*	Wa2																		+	
7	金腰燕 *H. daurica*	U	+	+	+	+	+	+				+	+	+	+	+	+	+			
8	斑腰燕 *H. striolata*	Wa																+		+	
9	毛脚燕 *Delichon urbica*	Uh	+	+	+	+	+	+	+	+	+	+	+	+	+	+	+			+	
10	黑喉毛脚燕 *D. nipalensis*	He										+		+							
61	鹡鸰科 Motacillidae																				
1	山鹡鸰 *Dendronanthus indicus*	Mc	+	+	+	+	+						+		+	+	—	—	—		
2	黄鹡鸰 *Motacilla flava*	Ub	+	+	+	—	—	+	—	+	—	—	—	—	—	—	—	—	—		
3	黄头鹡鸰 *M. citreola*	U	+	+	+	—	—	+	+	+	+	+	+	—	—		—	—			
4	灰鹡鸰 *M. cinerea*	O_1	+	+	+	+	+	+	+	—	—	—	—	—	—	—	—	—	—	—	—
5	白鹡鸰 *M. alba*	U	+	+	+	+	+	+	+	+	+	+	+	+	+	+	—	—	—	+	—
6	田鹨 *Anthus novaeseelandiae*	Mf	+	+	+	+	+	+	+	+		+			+	+	—	+	—	—	—
7	平原鹨 *A. campestris*	D		—		—	—	+	+	+		+	—	—							
8	布氏鹨 *A. godlewskii*	D								+											
9	林鹨 *A. trivialis*	U							—	+	—						0				
10	树鹨 *A. hodgsoni*	M	+	+	+	—	+	+				+	+	+	—	—	—	—	—	+	
11	北鹨 *A. gustavi*	M	+	+	—	—									—		—		—		

序号	种　名	分布型	分　布																		
			NE			N		MX			QZ		SW		C		S				
			a	b	c	a	b	a	b	c	a	b	a	b	a	b	a	b	c	d	e
12	草地鹨 *A. pratensis*	D		—	—				—	—											
13	红喉鹨 *A. cervinus*	Ua	—	—	—	—	—								—	—	—	—	—	—	
14	粉红胸鹨 *A. roseatus*	Pa（Hm）					+			+		+	+	+	+	+		+	—		
15	水鹨 *A. spinoletta*	C	—	—	—	—	—	—	+	+	+	+	+		—	—	—	—		—	
16	山鹨 *A. sylvanus*	Sc											+	+	+	+	+	+			
62	山椒鸟科 Campephagidae																				
1	大鹃鵙 *Coracina novaehollandiae*	Wb											+				+	+	+	+	
2	暗灰鹃鵙 *C. melaschistos*	We				+	+						+	+	+	+	+	+	+	—	
3	粉红山椒鸟 *Pericrocotus roseus*	Wc	+	+	—	—	—						+		+	+	+	+			
4	灰山椒鸟 *P. divaricatur*	Mb	+	+	—	—									—	—	—	—		—	
5	灰喉山椒鸟 *P. solaris*	Wc													+	+	+	+	+	+	
6	长尾山椒鸟 *P. ethologus*	Hm				+	+	+				+	+	+		+		+			
7	短嘴山椒鸟 *P. brevirostris*	Hm										+	+	+		+	+	+			
8	赤红山椒鸟 *P. flammeus*	Wc												+	+	+	+	+	+		
9	褐背鹟鵙 *Hemipus picatus*	Wc												+		+	+	+			
10	林鵙 *Tephrodornis gularis*	Wb													+		+	+	+		
63	鹎科 Prcnonotidae																				
1	凤头鹦嘴鹎 *Spizixos canifrons*	Wc											+					+			
2	绿鹦嘴鹎 *S. semitorques*	Wc											+		+	+	+	+		+	
3	纵纹绿鹎 *Pycnonotus striatus*	Wc											+					+			
4	黑头鹎 *P. atriceps*	Wa																0			
5	黑冠黄鹎 *P. melanicterus*	Wa															+	+			
6	红耳鹎 *P. jocosus*	Wc												+			+	+			
7	黄臀鹎 *P. xanthorrhous*	We					+						+	+	+	+	+	+			
8	白头鹎 *P. sinensis***	Sd				+	+						+		+	+	+		+	+	
9	台湾鹎 *P. taivanus**	J																		+	
10	黑喉红臀鹎 *P. cafer*	Wa											+								
11	白喉红臀鹎 *P. aurigaster*	Wb											+		+	+	+	+			
12	纹喉鹎 *P. finlaysoni*	Wa																+			
13	圆尾绿鹎 *P. flavescens*	Wa											+					+			
14	黄腹冠鹎 *Criniger flaveolus*	Wa																+			
15	白喉冠鹎 *C. pallidus*	Wc														+	+	+	+		
16	灰眼短脚鹎 *Hypsipetes propinquus*	Wa																+	+		
17	绿翅短脚鹎 *H. mcclellandii*	Wc											+	+	+	+	+	+	+		
18	栗背短脚鹎 *H. flavala*	Wb											+	+	+	+	+	+	+		
19	栗耳短脚鹎 *H. amaurotis*	M	—	—	—	—									—						
20	黑［短脚］鹎 *H. madagascariensis*	Wd											+	+	+	+	+	+			
64	和平鸟科 Irenidae																				
1	黑翅雀鹎 *Aegithina tiphia*	Wa																+			

续表

序号	种　名	分布型	分　布																		
			NE			N		MX			QZ		SW		C		S				
			a	b	c	a	b	a	b	c	a	b	a	b	a	b	a	b	c	d	e
2	大绿雀鹎 *A. lafresnayei*	Wa																+			
3	蓝翅叶鹎 *Chloropsis cochinchinensis*	Wa																+			
4	金额叶鹎 *C. aurifrons*	Wa																+			
5	橙腹叶鹎 *C. hardwickii*	Wc											+	+	+	+	+	+	+		
6	和平鸟 *Irena puella*	Wa												+				+			
65	太平鸟科 Bombycillidae																				
1	太平鸟 *Bombycilla garrulus*	Cc	—	—	—	—	—	—	—	—					—	0					
2	小太平鸟 *B. japonica*	Mg		+	+	—							0		—	—	—	—		0	
66	伯劳科 Laniidae																				
1	虎纹伯劳 *Lanius tigrinus*	X		+	+	+	+	+					+		+	+	—	—		—	
2	牛头伯劳 *L. bucephalus* R	X		+	+	+	—						—		—		—			—	
3	红背伯劳 *L. collurio*	Uf							+	+											
4	红尾伯劳 *L. cristatus*	X	+	+	+	+	+					+	—		—	—	—	—	—	—	—
5	栗背伯劳 *L. collurioides*	Wa															+	+			
6	棕背伯劳 *L. chach*	Wd											+	+	+	+	+	+	+	+	
7	灰背伯劳 *L. tephronotus*	Hm									+	+	+	+		+		+			
8	黑额伯劳 *L. minor*	O_3								+											
9	灰伯劳 *L. excubitor*	Ch		—		—	—	—	+	+											
10	楔尾伯劳 *L. sphenocercus*	Mc	+	+	+	+	+	+	+			+	+		—	—	—			—	
67	黄鹂科 Oriolidae																				
1	金黄鹂 *Oriolus oriolus*	O							+	+	+										
2	黑枕黄鹂 *O. chinensis*	We	+	+	+	+	+								+	+	+	+	+	+	
3	黑头黄鹂 *O. xanthornus*	Wa																+			
4	朱鹂 *O. traillii*	Wb											+					+	+	+	
5	鹊色鹂 *O. mellianus* I	Si											+			+	+	+			
68	卷尾科 Dicruridae																				
1	黑卷尾 *Dicrurus macrocercus*	We		+	+	+	+	+		+			+	+	+	+	+	+	+	+	
2	灰卷尾 *D. leucophaeus*	We				+	+						+	+	+	+	+	+	+	+	
3	鸦嘴卷尾 *D. annectans* R	Wa															+	+	+		
4	古铜色卷尾 *D. aeneus*	Wa												+			+	+	+	+	
5	发冠卷尾 *D. hottentottus*	Wd				+	+							+	+	+	+	+	+		
6	小盘尾 *D. remifer* R	Wa															+	+			
7	大盘尾 *D. paradiseus* R	Wa																+	+		
69	椋鸟科 Sturnidae																				
1	灰头椋鸟 *Sturnus malabaricus*	Wc											+	+			+	+			
2	灰背椋鸟 *S. sinensis*	Sb											+		+	+	+	+	—	—	
3	紫背椋鸟 *S. philippensis*	U													—		—			—	
4	北椋鸟 *S. sturninus*	X	+	+	+	+	+	+					—		—	—	—	—	—	—	
5	粉红椋鸟 *S. roseus*	O_3							+	+	—				0						

续表

序号	种　名	分布型	分布																		
			NE			N		MX			QZ		SW		C		S				
			a	b	c	a	b	a	b	c	a	b	a	b	a	b	a	b	c	d	e
6	紫翅椋鸟 *S. vulgaris*	O_3				—	—		+	+	—	—	—	—		0	—	—		—	
7	黑冠椋鸟 *S. pagodarum*	Wb												+				+			
8	丝光椋鸟 *S. sericeus*	Sd												+		+	+	+	+	+	
9	灰椋鸟 *S. cineraceus*	X	+	+	+	+	+	+	+			+	—		—	—	—	—	—	—	
10	黑领椋鸟 *S. nigricollis*	Ma														+	+	+			
11	红嘴椋鸟 *S. burmannicus*	Wa																+			
12	斑椋鸟 *S. contra*	Wa																+			
13	家八哥 *Acridotheres tristis*	Wd								+			+				+	+	+		
14	八哥 *A. cristatellus*	Wd													+	+	+	+	+	+	
15	林八哥 *A. grandis*	Wa																+			
16	白领八哥 *A. albocinctus*	Wa											+					+			
17	金冠树八哥 *Ampeliceps coronatus*	Wa															—	+			
18	鹩哥 *Gracula religiosa*	Wa															+	+	+		
70	燕鵙科 Artamidae																				
1	灰燕鵙 *Artamus fuscus*	Wb															+	+	+		
71	鸦科 Corvidae																				
1	黑头噪鸦 *Perisoreus internigrans* *	Pc					+					+	+								
2	北噪鸦 *P. infaustus*	Uc	+	+	+																
3	松鸦 *Garrulus glandarius*	Uh	+	+	+	+	+			+		+	+	+	+	+	+	+		+	
4	短尾绿鹊 *Cissa thalassina*	Wc														+	+		+		
5	蓝绿鹊 *C. chinensis*	Wa												+			+	+			
6	灰蓝鹊 *C. whiteheadi*	We														+			+		
7	黄嘴蓝鹊 *C. flavirostris*	Ha										+						+			
8	红嘴蓝鹊 *C. erythrorhyncha*	We				+	+						+		+	+	+	+	+		
9	台湾暗蓝鹊 *C. caerulea* *	J																		+	
10	灰喜鹊 *Cyanopica cyana*	Ud	+	+	+	+	+								+	+					
11	喜鹊 *Pica pica*	Ch	+	+	+	+	+	+	+	+		+	+	+	+	+	+	+	+	+	
12	黑额树鹊 *Crypsirina frontalis*	Wa																+			
13	棕腹树鹊 *C. vagabunda*	Wa																+			
14	灰树鹊 *C. formosae*	Wa											+	+	+	+	+	+	+	+	
15	塔尾树鹊 *C. temnura*	Wa																+	+		
16	黑尾地鸦 *Podoces hendersoni*	Dg							+	+	+	+									
17	白尾地鸦 *P. biddulphi* *	Db							+	+											
18	褐背拟地鸦 *Pseudopodoces humilis* **	Pa							+	+	+	+	+	+							
19	星鸦 *Nucifraga caryocatactes*	Ue	+	+	+	+	+	+	+	+		+	+	+		+		+		+	
20	红嘴山鸦 *Pyrrhocorax pyrrhocorax*	O_3		+		+	+	+	+	+	+	+	+	+							
21	黄嘴山鸦 *P. graculus*	O							+	+	+	+	+								
22	家鸦 *Corvus splendens*	Wa												+				+			
23	秃鼻乌鸦 *C. frugilegus*	Uf	+	+	+	+	+			+					+	+	—		0	0	

序号	种名	分布型	分布 NE a	NE b	NE c	N a	N b	MX a	MX b	MX c	QZ a	QZ b	SW a	SW b	C a	C b	S a	S b	S c	S d	S e
24	寒鸦 *C. monedula*	Uf	+	+	+	+	+	+	+	+		+	+		−	−	−	−	+		0
25	大嘴乌鸦 *C. macrorhynchos*	Eh	+	+	+	+	+					+	+	+	+	+	+	+	+	+	
26	小嘴乌鸦 *C. corone*	Cf	+	+	+	−	+	+	+	+	−	+	−		−	−	−	−	−	−	
27	白颈鸦 *C. torquatus*	Sv				+	+						+		+	+	+		+	+	
28	渡鸦 *C. corax*	Ch	+			−	−	+	+	+	+	+	+	+							
72	河乌科 Cinclidae																				
1	河乌 *Cinclus cinclus*	O_1					+		+	+	+	+	+	+							
2	褐河乌 *C. pallasii*	We（Ea）		+	+	+	+	+	+	+		+	+	+	+	+	+	+		+	
73	鹪鹩科 Troglodytidae																				
1	鹪鹩 *Troglodytes troglodytes*	Ch		+		−	+			+		+	+	+	+	+	−	+		+	
74	岩鹨科 Prunellidae																				
1	领岩鹨 *Prunella collaris*	Ud	+	+	+	+	+	+	+	+	+	+	+	+		+				+	
2	高原岩鹨 *P. himalayana*	Hb							+	+	+										
3	鸲岩鹨 *P. rubeculoides*	Pd									+	+	+	+							
4	棕胸岩鹨 *P. strophiata*	Hm										+	+	+		+					
5	棕眉山岩鹨 *P. montanella*	M	−	−	−	−	−	−	−		−				0						
6	褐岩鹨 *P. fulvescens*	Pw						+	+	+	+	+	+	+							
7	黑喉岩鹨 *P. atrogularis*	Pw							+	+	+										
8	贺兰山岩鹨 *P. koslowi***	Dn						+													
9	栗背岩鹨 *P. immaculata*	Hc										+	+	+							
75	鹟科 Muscicapidae																				
	鸫亚科 Turdinae																				
1	栗背短翅鸫 *Brachypteryx stellata*	Hm										+	+								
2	锈腹短翅鸫 *B. hyperythra*	Hm											+	+							
3	白喉短翅鸫 *B. leucophrys*	Wc											+	+	+	+	+	+		+	
4	蓝短翅鸫 *B. montana*	Wd												+	+	+	+	+	+		
5	［日本］歌鸲 *Luscinia akahige*	M				−									−		−			0	
6	红尾歌鸲 *L. sibilans*	Mg	+	+	+	+		+					+	+	+	+	+	+	+		
7	新疆歌鸲 *L. megarhynchos*	O							+	+											
8	红点颏 *L. calliope*	U	+	+	+	+	+	+	+	+		+	+		+	+	−	−	−	−	−
9	蓝点颏 *L. svecica*	Ua	+	+	+	−	−	−	+	+	−	−	−	−	−	−	−	−			
10	黑胸歌鸲 *L. pectoralis*	Hm							+	+	+	+	+	+							
11	棕头歌鸲 *L. ruficeps*	S											+			+					
12	金胸歌鸲 *L. pectardens*	Hm											+	+		+					
13	黑喉歌鸲 *L. obscura*	S														+		+			
14	栗腹歌鸲 *L. brunnea*	Hm											+	+		+					
15	蓝歌鸲 *L. cyane*	Mb	+	+	+	−	+	+	+		−	−	−	−	−	−	−	−		−	
16	红胁蓝尾鸲 *Tarsiger cyanurus*	M	+	+	+	−	+					+	+	+	−	−	−	−	−	−	
17	金色林鸲 *T. chrysaeus*	Hm											+	+		+					

续表

序号	种名	分布型	分布																		
			NE			N		MX			QZ		SW		C		S				
			a	b	c	a	b	a	b	c	a	b	a	b	a	b	a	b	c	d	e
18	棕腹林鸲 *T. hyperythrus*	He												+				+			
19	白眉林鸲 *T. indicus*	Hm											+	+						+	
20	栗背（台湾）林鸲 *T. johnstoniae* *	J																		+	
21	鹊鸲 *Copsychus saularis*	Wd											+		+	+	+	+	+		
22	白腰鹊鸲 *C. malabaricus*	Wa												+				+	+		
23	贺兰山红尾鸲 *Phoenicurus alaschanicus* *	D				—	—	+	+			+				—					
24	红背红尾鸲 *P. erythronotus*	Dp							+	+											
25	蓝头红尾鸲 *P. caeruleocephalus*	Dp							+	+											
26	赭红尾鸲 *P. ochruros*	O				0			+	+	+	+	+	+					0		
27	黑喉红尾鸲 *P. hodgsoni*	Hm										+	+	+		—		—			
28	蓝额红尾鸲 *P. frontalis*	Hm										+	+	+		+		+			
29	白喉红尾鸲 *P. schisticeps*	Hm										+	+	+							
30	北红尾鸲 *P. auroreus*	M	+	+	+	—	+	+				+	+	+	—	—	—	—	—	—	
31	红腹红尾鸲 *P. erythrogaster*	P				—	—	+	+	+	+	+	—	—							
32	红尾水鸲 *Phyacornis fuliginosus*	We				+	+	+				+	+	+	+	+	+	+	+	+	
33	红尾鸲 *P. phoenicurus*	D							+	+											
34	短翅鸲 *Hodgsonius phoenicuroides*	Hm					+					+	+	+		+		+			
35	白尾地鸲 *Cinclidium leucurum*	Hm											+	+		+		+	+	+	
36	蓝额长脚地鸲 *C. frontale*	Hm											+								
37	蓝大翅鸲 *Grandala coelicolor*	Hm										+	+	+							
38	小燕尾 *Enicurus scouleri*	Sd											+	+	+	+	+	+		+	
39	灰背燕尾 *E. schistaceus*	Wd											+	+	+	+	+	+			
40	黑背燕尾 *E. leschenaulti*	Wd											+		+	+	+	+	+		
41	斑背燕尾 *E. maculatus*	Wc											+	+		+	+	+			
42	紫宽嘴鸫 *Cochoa purpurea*	Sc											+	+							
43	绿宽嘴鸫 *C. viridis*	Wa															+				
44	白喉石䳭 *Saxicola insignis*	D							—			—									
45	黑喉石䳭 *S. torquata*	O_1	+	+	+	—	—	+	+	+	+	+	+	+	—	+	—	+	—	—	
46	白斑黑石䳭 *S. caprata*	Wc											+	+				+			
47	黑白林䳭 *S. jerdoni*	Wc																+			
48	灰林䳭 *S. ferrea*	Wd										+	+	+	+	+	+	+		0	
49	沙䳭 *Oenanthe isabellina*	De					+	+	+	+		+									
50	穗䳭 *O. oenanthe*	Cf					+	+	+	+											
51	漠䳭 *O. deserti*	Da					+	+	+	+	+	+									
52	白顶䳭 *O. hispanica*	Da			+	+	+	+	+	+	+		+								
53	白顶溪鸲 *Chaimarrornis leucocephalus*	Hm				+	+				+	+	+	+	+	+	—	—	—		
54	白背矶鸫 *Monticola saxatilis*	Da						+	+	+			0								
55	白喉矶鸫 *M. gularis*	Mf	+	+	+	+	+								—	—	—				
56	栗胸矶鸫 *M. rufiventris*	Sd										+	+	+	+	+	+	+			+

续表

序号	种　名	分布型	分　布																		
			NE			N		MX			QZ		SW		C		S				
			a	b	c	a	b	a	b	c	a	b	a	b	a	b	a	b	c	d	e
57	蓝矶鸫 *M. solitarius*	U			+	+	+				+	+	+	+	+	+	+	+	+	0	—
58	紫啸鸫 *Myiophoneus caeruleus*	We			+	+						+	+	+	+	+	+	+			
59	台湾紫啸鸫 *M. insularis**	J																		+	
60	蓝头矶鸫 *M. cinclorhynchus*	Wa												+							
61	橙头地鸫 *Zoothera citrina*	Wc													+		+	+	+		
62	白眉地鸫 *Z. sibirica*	Ma	+	+	+	—	—	+	—			—	—		—	—	—	—			
63	光背地鸫 *Z. mollissima*	Hm											+	+							
64	长尾地鸫 *Z. dixoni*	Hm											+	+							
65	虎斑地鸫 *Z. dauma*	U	—	—	—	—	—	—	—				+	+	—	+	—	—		+	
66	长嘴地鸫 *Z. marginata*	Wa																+			
67	黑胸鸫 *Turdus dissimilis*	Hm											+			+		+			
68	灰背鸫 *T. hortulorum*	Mf	—	+	+	—	—	—	—				—		—	—	—	—	0	0	
69	乌灰鸫 *T. cardis*	O					+						—		—	—		—	—		
70	白颈鸫 *T. albocinctus*	Ha											+	+							
71	灰翅鸫 *T. boulboul*	Hm											+	+			+	+			
72	乌鸫 *T. merula*	O_3							+	+		+	+	+	+	+	+	+	—	—	
73	岛鸫 *T. poliocephalus*	Wa																		+	
74	灰头鸫 *T. rubrocanus*	Hm										+	+	+		+					
75	棕背鸫 *T. kessleri*	Hm										+	+	+							
76	褐头鸫 *T. feai*	We				+															
77	白腹鸫 *T. pallidus*	Mf	+	+	—	—	—	—	—	—					—	—	—	—	—	—	
78	赤颈鸫 *T. rufivollis*	O	—	—	—	—	—	—	—	—	—	—	—	—		—					
79	斑鸫 *T. naumanni*	M	—	—	—	—	—	—	—	—		—	—	—	—	—	—	—		—	
80	田鸫 *T. pilaris*	Uc							—	+		—									
81	宝兴歌鸫 *T. mupinensis***	Hc					+						+			+					
82	槲鸫 *T. viscivorus*	O								+											
	画眉亚科 Timaliinae																				
1	棕头幽鹛 *Pellorneum rufiveps*	Wa																+			
2	白腹幽鹛 *P. albiventre*	Wa																+			
3	棕胸雅鹛 *Trichastoma tickelli*	Wa																+			
4	长嘴钩嘴鹛 *Pomatorhinus hypoleucos*	Wb															+	+	+		
5	锈脸钩嘴鹛 *P. erythrogenys*	Sd					+						+	+	+	+	+	+		+	
6	棕颈钩嘴鹛 *P. rufivollis*	Wa											+	+	+	+	+	+	+	+	
7	棕头钩嘴鹛 *P. ochraceiceps*	Wa																+			
8	红嘴钩嘴鹛 *P. ferruginosus*	Wa												+				+			
9	剑嘴鹛 *Xiphirhynchus superciliaris*	Wa																+			
10	灰岩鹪鹛 *Napothera crispifrons*	Wa																+			
11	短尾鹪鹛 *N. brevicaudata*	Wa															+	+			
12	纹胸鹪鹛 *N. epilepidota*	Wa															+	+	+		

续表

序号	种　名	分布型	分　布																		
			NE			N		MX			QZ		SW		C		S				
			a	b	c	a	b	a	b	c	a	b	a	b	a	b	a	b	c	d	e
13	白鳞鹪鹛 *Pnoepyga albiventer*	Hm											+	+							
14	小鳞鹪鹛 *P. pusilla*	Wd											+	+	+	+	+	+		+	
15	斑翅鹩鹛 *Spelaeornis troglodytoides*	Hm											+	+		+		+			
16	丽星鹩鹛 *S. formosus*	Sb													+			+			
17	长尾鹩鹛 *S. chocolatinus*	Wb											+								
18	黄喉穗鹛 *Stachyris ambigua*	Hm											+								
19	红头穗鹛 *S. ruficeps*	Sd											+	+	+	+	+	+	+	+	
20	金头穗鹛 *S. chrysaes*	Wa											+	+				+			
21	黑头穗鹛 *S. nigriceps*	Wa															+	+			
22	斑颈穗鹛 *S. striolata*	Wa															+	+	+		
23	纹胸鹛 *Macronous gularis*	Wa																+			
24	红顶鹛 *Timalia pileata*	Wb															+	+			
25	金眼鹛雀 *Chrysomma sinense*	Wb															+	+			
26	宝兴鹛雀 *Moupinia poecilotis* *	Hc											+								
27	矛纹草鹛 *Babax lanceolatus*	Sd											+	+	+	+	+	+			
28	大草鹛 *B. waddelli* **	Pd										+									
29	棕草鹛 *B. koslowi* *	Hc										+	+								
30	黑脸噪鹛 *Garrulax perspicillatus*	Sd				+	+								+	+	+	+			
31	白喉噪鹛 *G. albogularis*	Hm										+	+	+		+				+	
32	白冠噪鹛 *G. leucolophus*	Wa												+				+			
33	小黑领噪鹛 *G. monileger*	Wb													+		+	+	+		
34	黑领噪鹛 *G. pectorali*	Wd													+	+	+	+	+		
35	条纹噪鹛 *G. striatus*	Hm											+	+							
36	栗喉噪鹛 *G. strepitans*	Wa																+			
37	褐胸噪鹛 *G. maesi*	Sc											+			+		+			
38	黑喉噪鹛 *G. chinensis*	Wa															+	+	+		
39	黄腹噪鹛 *G. galbanus*	O													+			+			
40	杂色噪鹛 *G. variegatus*	Ha												+							
41	山噪鹛 *G. davidi* *	Ba			+	+	+	+					+								
42	黑额山噪鹛 *G. sukatschewi* * R	Pf										+									
43	灰翅噪鹛 *G. cineraceus*	Sv					+						+		+	+	+	+			
44	斑背噪鹛 *G. lunulatus* *	Hc											+			+					
45	大噪鹛 *G. maximus* *	Hc											+	+							
46	眼纹噪鹛 *G. ocellatus*	Hm											+	+		+		+			
47	灰胁噪鹛 *G. caerulatus*	Hm											+	+							
48	棕噪鹛 *G. poecilorhynchus* *	Sc											+		+	+	+	+		+	
49	栗颈噪鹛 *G. ruficollis*	Hm																+			
50	斑胸噪鹛 *G. merulinus*	Wd																+			
51	画眉 *G. canorus*	Sd											+		+	+	+	+	+	+	

续表

序号	种 名	分布型	分布																		
			NE			N		MX			QZ		SW		C		S				
			a	b	c	a	b	a	b	c	a	b	a	b	a	b	a	b	c	d	e
52	白颊噪鹛 *G. sannio*	Sd											+		+	+	+	+	+		
53	细纹噪鹛 *G. lineatus*	Ha												+							
54	鳞斑噪鹛 *G. squamatus*	Hm																+			
55	纯色噪鹛 *G. subunicolor*	Hm												+				+			
56	橙翅噪鹛 *G. elliotii**	Hc										+	+	+		+					
57	灰腹噪鹛 *G. henrici**	Hd										+		+							
58	黑顶噪鹛 *G. affinis*	Hm												+				+			
59	玉山噪鹛 *G. morrisonianus**	J																		+	
60	红头噪鹛 *G. erythrocephalus*	Hm											+	+				+			
61	丽色噪鹛 *G. formosus*	Hc											+								
62	赤尾噪鹛 *G. milnei*	Wc														+	+	+			
63	红翅薮鹛 *Liocichla phoenicea*	Hm											+					+			
64	灰胸薮鹛 *L. omeiensis**	Hc											+								
65	黄胸薮鹛 *L. steerii**	J																		+	
66	银耳相思鸟 *L. argentauris*	Wc												+		+		+			
67	红嘴相思鸟 *L. lutea*	Wd											+	+	+	+	+	+			
68	红尾绿鹛 *Myzornis pyrrhoura*	Hm											+	+							
69	斑胁姬鹛 *Cutia nipalensis*	Hm											+	+				+			
70	棕腹鵙鹛 *Pteruthius rufiventer*	Hm											+								
71	红翅鵙鹛 *P. flaviscapis*	Wc											+	+		+	+	+	+		
72	淡绿鵙鹛 *P. xanthochlorus*	Hm											+	+	+	+		+			
73	栗喉鵙鹛 *P. melanotis*	Wa																+			
74	栗额鵙鹛 *P. aenobarbus*	Wb															+	+			
75	白头鵙鹛 *Gampsorhynchus rufulus*	Wa																+			
76	栗眶斑翅鹛 *Actinodura egertoni*	Wa												+				+			
77	白眶斑翅鹛 *A. ramsayi*	Wa															+	+			
78	纹头斑翅鹛 *A. nipalensis*	Ha												+							
79	纹胸斑翅鹛 *A. waldeni*	He												+				+			
80	灰头斑翅鹛 *A. souliei*	Hc												+				+			
81	栗头（台湾）斑翅鹛 *A. morrisoniana**	J																		+	
82	蓝翅希鹛 *Minla cyanouroptera*	Wc											+	+		+	+	+	+		
83	斑喉希鹛 *M. strigula*	Hm											+	+					+		
84	火尾希鹛 *M. ignotincta*	Sc											+	+		+	+	+			
85	金胸雀鹛 *Alcippe chrysotis*	Hm											+			+	+	+			
86	金额雀鹛 *A. variegaticeps**	S											+				+				
87	黄喉雀鹛 *A. cinerea*	Hm											+								
88	栗头雀鹛 *A. castaneceps*	Wa											+	+				+			
89	白眉雀鹛 *A. vinipectus*	Hm											+	+				+			
90	高山雀鹛 *A. striaticollis**	Hc										+	+	+							

续表

序号	种　名	分布型	分　布																		
			NE			N		MX			QZ		SW		C		S				
			a	b	c	a	b	a	b	c	a	b	a	b	a	b	a	b	c	d	e
91	棕头雀鹛 *A. rufivapilla*	Hc											+			+		+			
92	褐头雀鹛 *A. cinereiceps*	Sd											+	+	+	+	+	+		+	
93	棕喉雀鹛 *A. rufogularis*	Hm																+			
94	褐胁雀鹛 *A. dubia*	Wc											+			+		+			
95	褐雀鹛 *A. brunnea*	Wd													+	+	+	+	+	+	
96	灰眼雀鹛 *A. poioicephala*	Wa																+			
97	白眶雀鹛 *A. nipalensis*	He												+							
98	灰眶雀鹛 *A. morrisonia*	Wd											+		+	+	+	+	+	+	
99	栗背奇鹛 *Heterophasia annectens*	Hm											+					+			
100	黑头奇鹛 *H. capistrata*	Ha												+							
101	灰奇鹛 *H. gracilis*	He																+			
102	鹊色奇鹛 *H. melanoleuca*	Wc											+			+		+			
103	白耳奇鹛 *H. auricularis* *	J																		+	
104	丽色奇鹛 *H. pulchella*	He												+				+			
105	长尾奇鹛 *H. picaoides*	Wa																+			
106	栗头凤鹛 *Yuhina castaniceps*	Wc											+		+	+	+	+			
107	白项凤鹛 *Y. bakeri*	He											+								
108	黄颈凤鹛 *Y. flavicollis*	Hm											+	+				+			
109	纹喉凤鹛 *Y. gularis*	Hm											+	+				+			
110	白领凤鹛 *Y. diademata*	Hc											+			+		+			
111	棕肛凤鹛 *Y. occipitalis*	Hm											+	+				+			
112	褐头凤鹛 *Y. brunneiceps* *	J																		+	
113	黑颏凤鹛 *Y. nigrimenta*	Wc											+	+	+	+	+	+			
114	白腹凤鹛 *Y. zantholeuca*	Wb											+				+	+	+	+	
115	文须雀 *Panurus biarmicus*	O	+	+	+	−		+	+	+											
116	红嘴鸦雀 *Conostoma aemodium*	Hm											+	+		+					
117	三趾鸦雀 *Paradoxornis paradoxus* *	Hc											+			+					
118	褐鸦雀 *P. unicolor*	Hm											+	+							
119	黄嘴鸦雀 *P. flavirostris*	Sd											+			+	+	+			
120	白眶鸦雀 *P. conspicillatus* *	(Sn)										+	+			+					
121	棕头鸦雀 *P. webbianus*	Sv		+		+	+						+		+	+	+	+		+	
122	暗色鸦雀 *P. zappeyi* * R	O (S)											+			+					
123	灰冠鸦雀 *P. przewalskii* * R	O (S)					+														
124	黄额鸦雀 *P. fulvifrons*	Hm											+	+		+					
125	橙背鸦雀 *P. nipalensis*	Sd											+	+	+	+	+	+			
126	挂墩鸦雀 *P. davidianus*	O (S)													+						
127	黑眉鸦雀 *P. atrosuperciliaris*	He																+			
128	红头鸦雀 *P. ruficeps*	Hm												+				+			
129	灰头鸦雀 *P. gularis*	Wc											+		+	+	+	+	+		

序号	种　名	分布型	分　布																		
			NE			N		MX			QZ		SW		C		S				
			a	b	c	a	b	a	b	c	a	b	a	b	a	b	a	b	c	d	e
130	震旦鸦雀 *P. heudei*** R	E			+										+						
131	山鹛 *Rhopophilus pekinensis**	De		+			+	+	+	+		+									
	莺亚科 Sylviinae																				
1	灰腹地莺 *Tesia cyaniventer*	Wb											+			+		+			
2	金冠地莺 *T. olivea*	Wc												+			+	+			
3	栗头地莺 *T. castaneocoronata*	Hm											+	+		+		+			
4	鳞头树莺 *Cettia squameiceps*	Kb		+		—									—	—	—	—	—	—	
5	淡脚树莺 *C. pallidipes*	Wa																—			
6	树莺 *C. diphone*	Mb		+	+	+	+	+						+	+	—	—	—	—	—	
7	强脚树莺 *C. fortipes*	Wd											+	+	+	+	+	+		+	
8	大树莺 *C. major*	Hm											+	+							
9	异色树莺 *C. flavolivaceus*	Hm				0	+						+	+		+		+			
10	黄腹树莺 *C. acanthizoides*	Sd											+	+	+	+	+	+		+	
11	棕顶树莺 *C. brunnifrons*	Hm											+	+		+		+			
12	宽尾树莺 *C. cetti*	O_3							+	+											
13	斑胸短翅莺 *Bradypterus thoracicus*	O		+	+		+					+	+	+		+	+	+			
14	巨嘴短翅莺 *B. major*	D								+	+										
15	中华短翅莺 *B. tacsanowskius*	O					+	+				+	+			+	+				
16	棕褐短翅莺 *B. luteoventris*	Sd											+	+	+	+	+	+			
17	高山短翅莺 *B. seebohmi*	Wc													+					+	
18	沼泽大尾莺 *Megalurus palustris*	Wb														+	+	+			
19	斑背大尾莺 *M. pryeri*	M			+	—									—						
20	小蝗莺 *Locustella certhiola*	M	+	+	+	—	—	+	+	+					—	—	—				
21	北蝗莺 *L. ochotensis*	M			—	—	—								—		—			—	
22	史氏蝗莺 *L. pleskei*	U													+		+				
23	黑斑蝗莺 *L. naevia*	O_3								+											
24	矛斑蝗莺 *L. lanceolata*	M	+	+	—	—	—		—	—					—	—	—		—		
25	苍眉蝗莺 *L. fasciolata*	Mi	+	+	—	—	—								—		—				
26	大苇莺 *Acrocephalus arundinaceus*	O_5	+	+	+	+	+	+	+	+			+		+	+	+	—	—		
27	南大苇莺 *A. stentoreus*	Wc											+			+					
28	芦苇莺 *A. scirpaceus*	O													0						
29	黑眉苇莺 *A. bistrigiceps*	Ma	+	+	+	+	+								+		—			0	
30	稻田苇莺 *A. agricola*	O_3		+	+	+	+	+	+	+					+	+	—				
31	水蒲苇莺 *A. schoenobaenus*	O_3								+											
32	细纹苇莺 *A. sorghophilus*	B		+	—										—		—				
33	芦莺 *Phragamaticola aedon*	Mc	+	+	+	—	—	+				—	—	—	—	—	—	—			
34	靴篱莺 *Hippolais caligata*	D							+	+											
35	横斑林莺 *Sylvia nisoria*	O_3							+	+											
36	灰［白喉］林莺 *S. communis*	O_3							+	+											

续表

序号	种名	分布型	分布																		
			NE			N		MX			QZ		SW		C		S				
			a	b	c	a	b	a	b	c	a	b	a	b	a	b	a	b	c	d	e
37	白喉林莺 *S. curruca*	O_3				—	—	—	—	—											
38	沙白喉林莺 *S. minula*	O_3						—	+	+		+									
39	漠［地］林莺 *S. nana*	Dg							+	+											
40	棕柳莺 *Phylloscopus collybita*	U							+	+											
41	林柳莺 *P. sibilatris*	Hm									0										
42	黄腹柳莺 *P. affinis*	Hm									+	+	+	+		—		—			
43	棕腹柳莺 *P. subaffinis*	Sv											+		+	+	—	—			
44	灰柳莺 *P. griseolus*	Pa							+	+											
45	褐柳莺 *P. fuscatus*	Mi	+	+	+	—	—					+	+	+	—	—	—	—	—	—	
46	棕眉柳莺 *P. armandii*	Hm		+		—	+				+		+	+		—		—			
47	巨嘴柳莺 *P. schwarzi*	Mi	+	+	—	—	—	—							—	—	—	—			
48	橙斑翅柳莺 *P. pulcher*	Hm										+	+	+		+		+			
49	黄眉柳莺 *P. inornatus*	U	+	+	—	—	—		+	+	—	+	+	+	—	—	—	—	—		
50	黄腰柳莺 *P. proregulus*	U	+	—	—	—	—					+	+	+	+	—	—	—	—	—	
51	灰喉柳莺 *P. maculipennis*	Hm											+	+				—			
52	极北柳莺 *P. borealis*	Uc	+	+	—	—	—	—				—	—		—		—	—		—	
53	乌嘴柳莺 *P. magnirostris*	Hm											+	+		+					
54	暗绿柳莺 *P. trochiloides*	U	+	+	+	—	+	+	+	+	+		+	+	—	—	—	—	—		
55	灰脚柳莺 *P. tenellipes*	Kb		+		—									—		—		—		
56	日本淡脚柳莺 *P. borealoides*	U				—											—				
57	冕柳莺 *P. coronatus*	M		+		—	—								—	+	—	—		0	
58	冠纹柳莺 *P. reguloides*	Wa											+	+	+	+	+	+			
59	白斑尾柳莺 *P. davisoni*	Sc											+		+	+	+	+			
60	黄胸柳莺 *P. cantator*	Wd																+			
61	里眉柳莺 *P. ricketti*	Wd											+		+	+	+	+			
62	海南柳莺 *P. hainannus* *	J																	+		
63	戴菊 *Regulus regulus*	Cf		+		—	—		+	—		+	+	+	—	+	—	—		—	
64	火冠戴菊 *R. goodfellowi* *	J																		+	
65	栗头鹟莺 *Seicercus castaniceps*	Wd											+	+	+	+	+	+			
66	金眶鹟莺 *S. burkii*	Sd											+	+	+	+	+	+			
67	灰头鹟莺 *S. xanthoschistos*	Ha												+							
68	白眶鹟莺 *S. affinis*	Wb																+			
69	灰脸鹟莺 *S. poliogenys*	Hm																+			
70	黄腹鹟莺 *S. superciliaris*	Wa												+				+			
71	黑脸鹟莺 *S. schisticeps*	Wa											+	+							
72	棕脸鹟莺 *S. albogularis*	Sd											+	+	+	+	+	+	+	+	
73	宽嘴鹟莺 *Tickellia hodgsoni*	Hm																+			
74	花彩雀莺 *Leptopoecile sophiae*	Pa							+	+	+	+	+	+							
75	凤头雀莺 *Lophobasileus elegans* *	Hc										+	+	+							

续表

序号	种　名	分布型	分　布																		
			NE			N		MX			QZ		SW		C		S				
			a	b	c	a	b	a	b	c	a	b	a	b	a	b	a	b	c	d	e
76	金头缝叶莺 *Orthotomus cuculatus*	Wb															+	+			
77	长尾缝叶莺 *O. sutorius*	Wb															+	+			
78	黑喉缝叶莺 *O. atrogularis*	Wb																+			
79	棕扇尾莺 *Cisticola juncidis*	O_5				+	+					+	+		+	+	+	+	+	+	
80	金头扇尾莺 *C. exilis*	Wc													+	+	+	+		+	
81	草莺 *Graminicola bengalensis*	Wa															+	+	+		
82	灰胸鹪莺 *Prinia hodgsonii*	Wc											+			+		+			
83	暗冕鹪莺 *P. rufescens*	Wb															+	+			
84	褐头鹪莺 *P. subflava*	Wd											+		+	+	+	+	+	+	
85	黄腹鹪莺 *Prinia flaviventris*	Wb													+	+	+	+	+	+	
86	褐山鹪莺 *P. polychroa*	Wa																+			
87	山鹪莺 *P. crinigera*	Wa											+	+	+	+	+	+		+	
88	黑喉山鹪莺 *P. atrogularis*	Wb											+	+			+	+			
	鹟亚科 Muscicapinae																				
1	白喉林鹟 *Rhinomyias brunneata*	S											+		+	+	+				
2	白眉［姬］鹟 *Ficedula zanthopygia*	Ma	+	+	+	+	+	+							+	+	—		—		
3	黄眉［姬］鹟 *F. narcissina*	Bc				+	+								—		—	—	—		
4	鸲［姬］鹟 *F. mugimaki*	Ma	+	+	+	—	—						—		—	—	—	—	—	—	
5	红喉［姬］鹟，黄点颏 *F. parva*	Uc	—	—	—	—	—	—					—		—	—	—	—	—		
6	橙胸［姬］鹟 *F. strophiata*	Wa											+	+		+	—	+			
7	白喉［姬］鹟 *F. monileger*	Wa																—			
8	棕胸蓝［姬］鹟 *F. hyperythra*	Wd										+	+	+		+	+	+	+	+	
9	锈胸蓝［姬］鹟 *F. hodgsonii*	Hm					+					+	+	+		+		+			
10	小斑［姬］鹟 *F. westermanni*	Wb											+	+			+	+			
11	白眉蓝［姬］鹟 *F. superciliaris*	Wc										+	+	+				—			
12	灰蓝［姬］鹟 *F. leucomelanura*	Hm										+	+	+		+		+			
13	玉头［姬］鹟 *F. sapphira*	Hm											+	+		+					
14	白腹［姬］鹟 *F. cyanomelan*	Kb		+		—	—								—	—	—	—	—	—	
15	大仙鹟 *Niltava grandis*	Wa																+			
16	小仙鹟 *N. macgrigoriae*	Hm											+	+			+	+			
17	棕腹大仙鹟 *N. davidi*	Wa											+		+	+	+	+	+		
18	棕腹仙鹟 *N. sundara*	Hm										+	+	+		+		+			
19	棕腹蓝仙鹟 *N. vivida*	Hm									+	+	+				+		+		
20	灰颊仙鹟 *N. poliogenys*	Wa														+		+			
21	纯蓝仙鹟 *N. unicolor*	Wb												+			+	+			
22	白尾蓝仙鹟 *N. concreta*	Wa																+			
23	海南蓝仙鹟 *N. hainana* *	Sb															+	+	+		
24	蓝喉仙鹟 *N. rubeculoides*	Wa											+	+		+		+			
25	山蓝仙鹟 *N. banyumas*	Wb											+				+	+			

续表

序号	种 名	分布型	分 布																		
			NE			N		MX			QZ		SW		C		S				
			a	b	c	a	b	a	b	c	a	b	a	b	a	b	a	b	c	d	e
26	侏蓝仙鹟 *N. hodgsoni*	Wa																+			
27	斑鹟 *Muscicapa striata*	O							+	+											
28	乌鹟 *M. sibirica*	M	+	+	+	+	−					+	+	+	−	+	−	+	−	−	
29	灰斑鹟 *M. griseistic*	Mb	+	+	−	−	−						−	−	−		−			−	
30	北灰鹟 *M. latirostris*	Ma	+	+	+	−	−	+					−		−	−	−	−	−	−	
31	褐胸鹟 *M. muttui*	Hc											+			+	+	+			
32	红褐鹟 *M. ferruginea*	Hc										+	+	+		+	−	+	−	+	
33	铜蓝鹟 *M. thalassina*	Wd										+	+	+	−	+	+	+			
34	方尾鹟 *Culicicapa ceylonensis*	Wd										+	+	+	+	+	+	+			
35	黑枕王鹟 *Hypothymis azurea*	Wc											+				+	+	+	+	
36	寿带［鸟］*Terpsiphone paradisi*	We		+		+	+						+			+	+	+			
37	紫寿带［鸟］*T. atrocaudata*	M		−		−									−	−	−		−	+	
38	白眉扇尾鹟 *Rhipidura aureola*	W																+			
39	白喉扇尾鹟 *R. albicollis*	Wc											+	+		+	+	+	+		
40	黄腹扇尾鹟 *R. hypoxantha*	Hm											+	+				+			
76	山雀科 Pardae																				
1	大山雀 *Parus major*	O (Uh)	+	+	+	+	+					+	+	+	+	+	+	+	+	+	
2	西域山雀 *P. bokharensis*	D							+	+											
3	绿背山雀 *P. monticolus*	Wd									+	+	+	+		+		+		+	
4	台湾黄山雀 *P. holsti* *	J																		+	
5	黄颊山雀 *P. xanthogenys*	Wc											+	+	+	+	+	+			
6	黄腹山雀 *P. venustulus* *	Sh				+	+						+		+	+	+	+			
7	灰蓝山雀 *P. cyanus*	Ue	+	+	+			+	+	+		+									
8	煤山雀 *P. ater*	Uf	+	+		+	+		+	+		+	+	+	+	+				+	
9	黑冠山雀 *P. rubidiventris*	Hm								+		+	+	+		+		+			
10	褐冠山雀 *P. dichrous*	Hm										+	+	+		+		+			
11	沼泽山雀 *P. palustris*	U	+	+	+	+	+					+	+	+	+	+					
12	褐头山雀 *P. montanus*	Cb	+	+	+	+	+			+		+	+								
13	白眉山雀 *P. superciliosus* *	Pc										+	+	+							
14	红腹山雀 *P. davidi* *	Pf (Hc)											+			+					
15	杂色山雀 *P. varius*	Mc		+																+	
16	黄眉林雀 *Sylviparus modestus*	Wd										+	+	+	+	+					
17	冕雀 *Melanochlora sultanea*	Wb															+	+	+		
18	银喉［长尾］山雀 *Aegithalos caudatus*	Ub	+	+	+	+	+					+	+		+	+					
19	红头［长尾］山雀 *A. concinnus*	Wd											+	+	+	+	+	+		+	
20	黑头［长尾］山雀 *A. iouschistos*	Hm											+	+		+					
21	银脸［长尾］山雀 *A. fuliginosus*	Pf (Hc)											+			+					
77	䴓科 Sittidae																				
1	白脸䴓 *Sitta leucopsis*	Hm										+	+	+							

续表

序号	种名	分布型	分布																		
			NE			N		MX			QZ		SW		C		S				
			a	b	c	a	b	a	b	c	a	b	a	b	a	b	a	b	c	d	e
2	绒额䴓 *S. frontalis*	Wc										+	+	+		+	+	+	+		
3	巨䴓 *S. magna*	Wb											+			+		+			
4	丽䴓 *S. formosa*	Hm																+			
5	黑头䴓 *S. villosa*	Cf		+	+	+	+		+			+									
6	滇䴓 *S. yunnanensis* *	Hc											+	+		+		+			
7	白尾䴓 *S. himalayensis*	Hm												+				+			
8	普通䴓 *S. europaea*	Ub	+	+	+	+	+	+	+				+	+	+	+	+	+		+	
9	栗腹䴓 *S. castanea*	Wa																		+	
10	红翅旋壁雀 *Tichodroma muraria*	O			+	+	+	+	+	+	+	+	+	+	—	—					
78	旋木雀科 Certhiidae																				
1	旋木雀 *Certhia familiaris*	Cb		+	+		+	+	+	+		+	+	+		+					
2	高山旋木雀 *C. himalayana*	Hm											+	+		+					
3	褐喉旋木雀 *C. discolor*	Hm																+			
4	锈红腹旋木雀 *C. nipalensis*	Ha										+		+							
5	四川旋木雀 *C. tianquanensis* *	Hc											+								
79	攀雀科 Remizidae																				
1	攀雀 *Remiz pendulinus*	Ud	+	+	+	—	+	+	+	+			—		+	+	—			—	
2	火冠雀 *Cephalopyrus flammiceps*	Hm									+		+	+		+		+			
80	啄花鸟科 Dicaeidae																				
1	厚嘴啄花鸟 *Dicaeum agile*	Wa																+			
2	黄肛啄花鸟 *D. chrysorrheum*	Wa																+			
3	黄腹啄花鸟 *D. melanozanthum*	Hm											+					+			
4	纯色啄花鸟 *D. concolor*	Wd											+	+			+	+	+	+	
5	朱背啄花鸟 *D. cruentatum*	Wb													+		+	+	+		
6	红胸啄花鸟 *D. ignipectus*	Wd											+	+	+	+	+	+	+	+	
81	太阳鸟科 Nectariniidae																				
1	紫颊直嘴太阳鸟 *Anthreptes singalensis*	Wa																+			
2	黄腹花蜜鸟 *Nectarinia jugularis*	Wa															+	+	+		
3	紫花蜜鸟 *N. asiatica*	Wa																+			
4	蓝枕花蜜鸟 *N. hypogrammica*	Wa																+			
5	黑胸太阳鸟 *Aethopyga saturata*	Wa											+	+			+	+			
6	黄腰太阳鸟 *A. siparaja*	Wa															+	+			
7	火尾太阳鸟 *A. ignicauda*	Ha											+	+				+			
8	蓝喉太阳鸟 *A. gouldiae*	Sd											+	+	+	+	+	+			
9	绿喉太阳鸟 *A. nipalensis*	Hm											+	+				+			
10	叉尾太阳鸟 *A. christinae*	Sc				+									+	+	+		+		
11	长嘴捕蛛鸟 *Arachnothera longirostris*	Wa																+			
12	纹背捕蛛鸟 *A. magna*	Hn											+	+			+	+			
82	绣眼鸟科 Zosteropidae																				

续表

序号	种名	分布型	分布																		
			NE			N		MX			QZ		SW		C		S				
			a	b	c	a	b	a	b	c	a	b	a	b	a	b	a	b	c	d	e
1	暗绿绣眼鸟 *Zosterops japonica*	S				+							+		+	+	+	+	+	+	—
2	红胁绣眼鸟 *Z. erythropleura*	Mb		+	+	—							—		—	—	—	—			
3	灰腹绣眼鸟 *Z. palpebrosa*	Wc											+	+		+	+	+			
83	文鸟科 Ploceidae																				
1	家麻雀 *Passer domesticus*	O_1	+						+	+	+	+									
2	黑胸麻雀 *P. hispaniolensis*	O_3							+	+											
3	黑顶麻雀 *P. ammodendri*	Da							+	+											
4	［树］麻雀 *P. montanus*	Uh	+	+	+	+	+	+	+	+	+	+	+	+	+	+	+	+	+	+	+
5	山麻雀 *P. rutilans*	Sh				+	+					+	+	+	+	+	+	+		+	
6	石雀 *Petronia petronia*	O_3					+	+	+	+		+	+								
7	白斑翅雪雀 *Montifringilla nivalis*	Pw							+	+	+	+									
8	褐翅雪雀 *M. adamsi*	Py									+	+	+	+							
9	白腰雪雀 *M. taczanowskii*	Py									+	+	+	+							
10	棕颈雪雀 *M. ruficollis*	Py									+	+	+	+							
11	棕背雪雀 *M. blanfordi*	Py									+	+	+	+							
12	黑喉雪雀 *M. davidiiana*	P						+	+			+									
13	黑喉织布鸟 *Ploceus benghalensis*	Wa																+			
14	黄胸织布鸟 *P. philippinus*	Wa																+			
15	［红］胸织布鸟 *Estrilda amandava*	Wa														+		+	+		
16	禾雀 *Padda oryzivora*（可能为外来种）	Wb													+		+			+	
17	白腰文鸟 *Lonchura striata*	Wd											+		+	+	+	+	+	+	
18	斑文鸟 *L. punctulata*	Wc											+	+	+	+	+	+	+	+	
19	栗腹文鸟 *L. malacca*	Wa															+	+	+	+	
84	雀科 Fringillidae																				
1	燕雀 *Fringilla montifringilla*	Uc	—	—	—	—	—			—			—		—	—		—			
2	苍头燕雀 *F. coelebs*	O				0				—											
3	金额丝雀 *Serinus pusillus*	O							+	+	+										
4	金翅［雀］*Carduelis sinica*	Me	+	+	+	+	+	+				+	+		+	+				—	
5	高山金翅［雀］*C. spinoides*	Wa										+		+				+			
6	黑头金翅［雀］*C. ambigua*	Hm										+	+	+		+		+			
7	红额金翅［雀］*C. carduelis*	O							+	+	+										
8	黄雀 *C. spinus*	U	+	+	—	—	—								—	—	—			—	
9	藏黄雀 *C. thibetana*	Hm											+	+							
10	白腰朱顶雀 *C. flammea*	Ca	—	—	—	—									—						
11	极北朱顶雀 *C. hornemanni*	C	—						—	—											
12	黄嘴朱顶雀 *C. flavirostris*	U							+	+	+	+	+	+							
13	赤胸朱顶雀 *C. cannabina*	O_3							+	+											
14	林岭雀 *Leucosticte nemoricola*	Pw							+	+	+	+	+	+							
15	高山岭雀 *L. brandti*	Pw							+	+	+	+	+	+							

续表

序号	种名	分布型	分布 NE			N		MX			QZ		SW		C		S				
			a	b	c	a	b	a	b	c	a	b	a	b	a	b	a	b	c	d	e
16	白翅岭雀 *L. arctoa*	Cc	+	—	—					+											
17	巨嘴沙雀 *Rhodopechys obsoleta*	D							+	+		+									
18	赤翅沙雀 *R. sanguinea*	O_3							+	+											
19	沙雀 *R. githaginea*	O_3						—	+	+		+									
20	大朱雀 *Carpodacus rubicilla*	Pw							+	+	+	+									
21	拟大朱雀 *C. rubicilloides*	Pz									+	+	+	+							
22	红胸朱雀 *C. puniceus*	Pw							+		+	+	+	+							
23	暗色朱雀 *C. nipalensis*	Hm										+	+	+		+					
24	赤朱雀 *C. rubescens*	Hm											+	+							
25	沙色朱雀 *C. synoicus*	D9							+	+		+									
26	红腰朱雀 *C. rhodochlamys*	Pa							+	+											
27	点翅朱雀 *C. rhodopeplus*	Hm											+	+							
28	棕朱雀 *C. edwardsii*	Hm											+	+				+			
29	酒红朱雀 *C. vinaceus*	Hc											+	+		+		+		+	
30	玫红眉朱雀 *C. rhodochrous*	Hb												+							
31	红眉朱雀 *C. pulcherrimus*	Hm					+		+			+	+	+							
32	曙红朱雀 *C. eos*	Hc											+	+							
33	白眉朱雀 *C. thura*	Hm										+	+	+							
34	朱雀 *C. erythrinus*	U	+	—	—	—	+	+	+	+	+	+	+	+	—	+	—	—			
35	北朱雀 *C. roseus*	M	—	—	—	—	—					—	—	—	—	—					
36	斑翅朱雀 *C. trifasciatus*[**]	He										+	+	+	+						
37	藏雀 *Kozlowia roborowskii*[*] R	P										+									
38	松雀 *Pinicola enucleator*	Cc	—	—	—			—					—			0					
39	红额松雀 *P. subhimachala*	Hm										+	+	+							
40	红交嘴雀 *Loxia curvirostra*	Cf	+	+	+	—	+	+		+		+	+	+	—	+		—			
41	白翅交嘴雀 *L. leucoptera*	Cc	+	+	0	—	+														
42	长尾雀 *Uragus sibiricus*	M	+	+	+		+	+	+	—		+	+	+		+					
43	血雀 *Haematospiza sipahi*	Hm											+	+				+			
44	金头黑雀 *Pyrrhoplectes epauletta*	Hm											+	+							
45	褐灰雀 *Pyrrhula nipalensis*	Wb											+	+			+	+		+	
46	赤胸灰雀 *P. erythaca*	Hm					+	+				+	+	+		+		+		+	
47	红头灰雀 *P. erythrocephala*	Ha												+							
48	灰腹灰雀 *P. griseiventris*	Uc	—	—	—		—	—	—						—						
49	红腹灰雀 *P. pyrrhula*	Uc	—	—	—	—	—	—													
50	黑头蜡嘴雀 *Eophona personata*	Kb		+	+	—	—	—	—				—		—		—			—	
51	黑尾蜡嘴雀 *E. migratoria*	Ka	+	+	+	+	—	+					—		+	+	—	—		—	
52	锡嘴雀 *Coccothraustes coccothraustes*	Uc	+	+	+	—	—	—	—	—		—	—		—		—			—	
53	斑翅拟蜡嘴雀 *Mycerobas melanozanthos*	Hm										+	+	+							
54	白翅拟蜡嘴雀 *M. carnipes*	Pw					+		+	+	+	+	+	+							

续表

序号	种名	分布型	分布																		
			NE			N		MX			QZ		SW		C		S				
			a	b	c	a	b	a	b	c	a	b	a	b	a	b	a	b	c	d	e
55	黑翅拟蜡嘴雀 *M. affinis*	Hm											+	+							
56	朱鹀 *Urocynchramus pylzowi* *	Pf										+	+								
57	黍鹀 *Emberiza calandra*	O_3							−	+											
58	白头鹀 *E. leucocephala*	U	−	−	−	−	−	+	+	+		−			0						
59	黑头鹀 *E. melanocephala*	O_3								0							0				
60	褐头鹀 *E. bruniceps*	D				0			+	+				0							
61	栗鹀 *E. rutila*	Ma	+	−	+	−	−	−							−	−	−	−		0	
62	黄胸鹀 *E. aureola*	Ub	+	+	+	−	−	+	−	+		−	−		−	−	−	−	−	−	
63	黄喉鹀 *E. elegans*	M	+	+	+		+	+	+				+		−	+	−	+		−	
64	黄鹀 *E. citrinella*	O				0				−											
65	灰头鹀 *E. spodocephala*	M		+	+	−	−	+					+		−	+	−	−	−	−	
66	硫黄鹀 *E. sulphurata*	M													−		−			−	
67	圃鹀 *E. hortulana*	O_3							−	−											
68	灰颈鹀 *E. buchanani*	D							+	+											
69	灰眉岩鹀 *E. cia*	O_3					+	+	+	+	+	+	+	+		+		+			
70	三道眉草鹀 *E. cioides*	Mg	+	+	+	+	+	+	+	+		+	+		+	+					
71	栗斑腹鹀 *E. jankowskii* R	M		+	−	−															
72	赤胸鹀 *E. fucata*	M	+	+	+	−	−						+	+	+	+	+	+	−	−	
73	田鹀 *E. rustica*	Uc	−	−	−	−	−	−		−					−		−			−	
74	小鹀 *E. pusilla*	Ua	−	−	−	−	−	−		−		−	−		−	−	−	−	−	−	
75	黄眉鹀 *E. chrysophrys*	M	−	−	−	−	−	−					−		−	−	−			−	
76	灰鹀 *E. variabilis*	M							0						−						
77	白眉鹀 *E. tristrami*	Ma	+	+	+	−	−	+					+		−	−	−	−		−	
78	藏鹀 *E. koslowi* * R	P										+	+								
79	红颈苇鹀 *E. yessoensis*	Kb		+	−	−									−	−					
80	苇鹀 *E. pallasi*	M	−	−	−	−	−	−	−	−					−	−	−			−	
81	芦鹀 *E. schoeniclus*	Ua		+	+	−	−	−	−	+		−			−		−			−	
82	蓝鹀 *E. siemsseni* *	Hc											+		−	−	−				
83	凤头鹀 *Melophus lathami*	Wc											+	+	+	+	+	+		0	
84	铁爪鹀 *Calcarius lapponicus*	Ca	−	−	−	−	−	−	−						−	−					
85	雪鹀 *Plectrophenax nivalis*	Ca	−	−	−	0	−	−													
四	哺乳纲 MAMMALIA																				
Ⅰ	食虫目 INSECTIVORA																				
1	猬科 Erinaceidae																				
1	小毛猬 *Hylomys suillus*	Wa																+			
2	海南新毛猬 *Neohylomys hainanensis* * R	J																	+		
3	中国鼩猬 *Neotetracus sinensis* **	Sd											+			+		+			
4	刺猬 *Erinaceus europaeus*	O		+	+	+	+	+	−						+	+					
5	达乌尔猬 *Hemiechinus dauuricus*	Dn			+		+	+													

序号	种　名	分布型	分　布																		
			NE			N		MX			QZ		SW		C		S				
			a	b	c	a	b	a	b	c	a	b	a	b	a	b	a	b	c	d	e
6	侯氏猬 *H. hughi* *	O (Sn)											—		—	+					
7	大耳猬 *H. auritus*	D						—	+	+											
2	鼩鼱科 Soricidae																				
1	小鼩鼱 *Sorex minutus*	Ub	+							+		+	+			—					
2	中鼩鼱 *S. caecutiens*	Ue	+	+	+	+				—			+	+	+						
3	普通鼩鼱 *S. araneus*	Ue	+	+	+					—			+	+	+	+					
4	长爪鼩鼱 *S. unguiculatus*	Mg	+																		
5	栗齿鼩鼱 *S. daphaenodon*	Mi	+	+																	
6	大鼩鼱 *S. mirabilis*	Ke		+	+																
7	纹背鼩鼱 *S. cylindricauda* *	Hc											+			+					
8	小纹背鼩鼱 *S. bedfordiae* **	Hc					—					—	+								
9	帕米尔鼩鼱 *S. buchariensis* **	Ha												+							
10	川鼩 *Blarinella quadraticauda* **	Hc					—						+			+	+				
11	锡金长尾鼩 *Soriculus nigrescens*	Ha										+	+	+							
12	长尾鼩 *S. candatus*	Hm											+	+		—				+	
13	印度长尾鼩 *S. leucops*	Hm											+								
14	川西长尾鼩 *S. hypsibius* *	Hc				—	—						+			—					
15	小长尾鼩 *S. parva* *	Hc											+			+					
16	大长尾鼩 *S. salenskii*	Hc											+			+					
17	台湾长尾鼩 *S. fumidus* *	J																		+	
18	水鼩 *Neomys fodiens* R	Ub		+						+											
19	臭鼩 *Suncus murinus*	Wd											+		+	+	+	+	+	+	
20	小臭鼩 *S. etruscus* R	Wa																+			
21	中臭鼩 *S. stoliczkanus*	Wa																+			
22	南小麝鼩 *Crocidura horsfieldi*	Wd											+			+		+	+	+	
23	北小麝鼩 *C. suaveolens*	O	+	+	+	+	+			+		+	+		+	+					
24	中麝鼩 *C. russula*	Ug											+		—	+	—	+	+		
25	白腹麝鼩 *C. leucodon*	O							+	+											
26	灰麝鼩 *C. attenuata*	Sd					—						+	+	+	+	+	+	+	+	
27	长尾大麝鼩 *C. dracula*	Sd											+	+	+	+	+	+			
28	大麝鼩 *C. lasiura*	O		+	+													+			
29	短尾鼩 *Anourosorex squamipes*	Sd											+			+				+	
30	喜马拉雅水麝鼩 *Chimarrogale himalayica*	Sv										+	+	+	+	+	+	+			
31	四川水麝鼩 *C. styani*	Hc											+	+							
32	蹼麝鼩 *Nectogale elegans*	Hc											+	+							
3	鼹科 Talpidae																				
1	鼩鼹 *Uropsilus soricipes* *	Hc											+			—					
2	多齿鼩鼹 *Nasillus gracilis*	Hc											+			+				+	
3	长尾鼩鼹 *Scaptonyx fusicaudus*	Hc											+			+					

续表

序号	种名	分布型	分布																		
			NE			N		MX			QZ		SW		C		S				
			a	b	c	a	b	a	b	c	a	b	a	b	a	b	a	b	c	d	e
4	甘肃鼩鼹 _Scapanulus oweni_ R	Hc					−						−			+					
5	长吻鼩鼹 _Talpa longirostris_*	Sh											+		+	+		−			
6	峨眉鼩鼹 _T. grandis_*	Hc													+						
7	白尾鼹 _Parascaptor leucurus_	Wb											+					+			
8	麝鼹 _Scaptochirus moschalus_*	Ba			+	+	+	+					−			−					
9	缺齿鼹 _Mogera robusta_**	Kb		+	+																
10	中缺齿鼹 _M. wogura_	Kf		−											+						
11	小（华南）缺齿鼹 _M. insularis_*	Sc											+		+	+	+	+	+	+	
Ⅱ	攀鼩目 SCANDENTIA																				
4	树鼩科 Tupaiidae																				
1	树鼩 _Tupaia belangeri_	Wb											+	+		+		+	+		
Ⅲ	翼手目 CHIROPTERA																				
5	狐蝠科 Pteropodidae																				
1	棕果蝠 _Rousettus leschenaulti_	Wb	+			+	+	+					+								
2	琉球狐蝠 _Pteropus dasymallus_** R	J																		+	
3	大狐蝠 _P. giganteus_	Wa					−					−									
4	泰国狐蝠 _P. lylei_	Wb									−										
5	球果蝠 _Sphaerias blanfordi_ V	Wa												+							
6	犬蝠 _Cynopterus sphinx_ I	Wc												+			+		+		
7	短耳犬蝠 _C. brachyotis_	Wb															+				
8	长舌果蝠 _Eonycteris spelaca_	Wa																+			
6	鞘尾蝠科 Emballonuridae																				
1	黑髯墓蝠（鞘尾蝠）_Taphozous melanopogon_	Wc														−	−	+	+		
7	假吸血蝠科 Megadermatidae																				
1	印度假吸血蝠 _Megaderma lyra_ I	Wc											+			+	+	+			
8	菊头蝠科 Rhinolophidae																				
1	马铁菊头蝠 _Rhinolophus ferrumequinum_	O 6(Ug)		+		+	−						+		+	+		+			
2	云南菊头蝠 _R. yunanensis_*	Hc											+								
3	台湾菊头蝠 _R. formosae_*	J																		+	
4	小褐菊头蝠 _R. stheno_	Wa															+				
5	三叶菊头蝠 _R. trifoliatus_	Wc														+					
6	高鞍菊头蝠 _R. paradoxolophus_	Wa															+				
7	马氏菊头蝠 _R. marshalli_	Wa															+				
8	中菊头蝠 _R. affinis_	Wd											+		+	+	+	+	+		
9	鲁氏菊头蝠 _R. rouxi_*	Sd											+	+	+	+	+	+	+		
10	托氏菊头蝠 _R. thomasi_	Wb											+			+					
11	角菊头蝠 _R. cornulus_	Wd				−							+	+	+	+	+	+	+		
12	小菊头蝠 _R. blythi_	Sc													+	+	+	+	+		

续表

序号	种名	分布型	分布																		
			NE			N		MX			QZ		SW		C		S				
			a	b	c	a	b	a	b	c	a	b	a	b	a	b	a	b	c	d	e
13	短翼菊头蝠 *R. lepidus*	Wc											+	+	+	+		+			
14	单角菊头蝠 *R. monoceros* *	J																		+	
15	大菊头蝠 *R. luctus*	Wb											+		+	+	+	+	+		
16	皮氏菊头蝠 *R. pcarsoni*	Wd											+	+	+	+	+	+			
17	大耳菊头蝠 *R. macrotis*	Wd											+		+	+	+	+			
18	贵州菊头蝠 *R. rex* *	Ya														+					
9	蹄蝠科 Hipposideridae																				
1	中蹄蝠 *Hipposideros larvatus*	Wb														+		+	+		
2	双色蹄蝠 *H. bicolor*	Wc														+	+	+	+	+	
3	大蹄蝠 *H. armiger*	Wd											+		+	+	+	+	+	+	
4	普氏蹄蝠 *H. pratti*	Wd											+		+	+	+	+			
5	三叶蹄蝠 *H. wheeleri*	Sc													+	+	+	+			
6	无尾蹄蝠 *H. frithi*	Wb													+	+	+	+	+	+	
7	台湾蹄蝠 *H. terasensis* *	J																		+	
8	犬吻蝠科 Molossidae																				
9	犬吻蝠 *Tadarida plicata*	We					—									+			+		
10	皱唇蝠 *T. teniotis*	O_3(Ub)					—								+	+	+			+	
10	蝙蝠科 Vespertilionidae																				
11	蝙蝠亚科 Vespertilioninae																				
1	鬣鼠耳蝠 *Myotis mystacinus*	Ub	+	+		+	+	+	+	+		+	+	+	+	+	+	+	+	+	
2	伊氏鼠耳蝠 *M. ikonnikovi*	O_3(Ub)	+	+	+											+					
3	西南鼠耳蝠 *M. altarium* *	Si													+	+					
4	远东鼠耳蝠 *M. bombinus*	M		+																	
5	宽吻鼠耳蝠 *M. latirostr* *	J																		+	
6	毛腿鼠耳蝠 *M. fimbriatus* *	Sc													+		+				
7	毛须鼠耳蝠 *M. fimbriatus* *	Sc															+	+			
8	长指鼠耳蝠 *M. longipes*	Si														+					
9	霍氏鼠耳蝠 *M. horsfieldii*	Wa															+	+			
10	小巨足鼠耳蝠 *M. hasseltii*	Wa																+			
11	缺齿鼠耳蝠 *M. annectens*	Wa																+			
12	高颅鼠耳蝠 *M. siligorensis*	Sc													+			+	+		
13	长尾鼠耳蝠 *M. frater*	O_3(Ub)	+	+									+		+						
14	纳氏鼠耳蝠 *M. nattereri*	O_3(Ub)		+																	
15	大鼠耳蝠 *M. myotis*	O_3(Uh)						+					—		+	+	+	+	+		
16	尖耳鼠耳蝠 *M. blythi*	O_3 (Ug)					+	+		+						+					
17	绯鼠耳蝠 *M. formosus*	Si		+											+	+	+			+	
18	沼鼠耳蝠 *M. dasycneme*	O_3 (Ue)				+															
19	水鼠耳蝠 *M. daubentoni*	O_3(Uh)		+	+	+								+	+	+	+	+	+		
20	北京鼠耳蝠 *M. pequinius* *	E									+				+						

续表

序号	种　名	分布型	分　布																		
			NE			N		MX			QZ		SW		C		S				
			a	b	c	a	b	a	b	c	a	b	a	b	a	b	a	b	c	d	e
21	长指鼠耳蝠 *M. capaccinii*	O_3(Ug)													+	+	+	+			
22	小鼠耳蝠 *M. davidi* *	E				+						+			+	+	+		+		
23	郝氏鼠耳蝠 *M. adversus*	Wa																		+	
24	大足蝠 *M. ricketti* *	Sv					+	+							+	+	+	+			
25	普通蝙蝠 *Vespertilio murinus*	Uf		+	+		−			+											
26	东方蝙蝠 *V. superans*	E			+	+	+	+							+	+	+	+			
27	日本蝙蝠 *V. orientalis*	O					+									+	+			+	
28	北棕蝠 *Eptesicus nilssoni*	Ub		+	+	+	+	+	+	+		+		+							
29	大棕蝠 *E. serotinus*	Ud	+	+	+	+	+	+	+	+			+		+	+		+		+	
30	山蝠 *Nyctalus noctula*	Ud				+	+			+											
31	绒山蝠 *N. velutinus* *	Sv6				+							+		+	+	+	+		+	
32	毛翼山蝠 *N. aviator*	M	+	+	+	+									+						
33	黑伏翼 *Pipistrellus circumdatus*	Wa													+			+			
34	爪哇伏翼 *P. javanicus*	Sc													+	+		+			
35	伏翼 *P. pipistrellus*	O_3 (Uh)								+			−		+	+		+		+	
36	普通伏翼 *P. abramus*	Ea		+		+	+	+					+	+	+	+	+	+	+	+	
37	印度伏翼 *P. coromandra*	Wc											+	+	+	+	+	+	+		
38	茶褐伏翼 *P. affinis* **	Sb											+	+		+					
39	棒茎伏翼 *P. paterculus*	Wc											+								
40	古氏伏翼 *P. kuhli*	O											+								
41	小伏翼 *P. mimus*	Wa														+	+	+			
42	斯里兰卡伏翼 *P. ceylonicus*	Wa															+		+		
43	灰伏翼 *P. pulveratus*	Sd											+		+	+	+	+	+		
44	萨氏伏翼 *P. savii*	Ug		+		+	+		+			−			+	+					
45	道氏拟伏翼 *Scotozous dormeri*	Wa																		+	
46	南蝠 *Ia io* * I	Si											−		+	+					
47	黄喉伏翼 *Arielulus torguatus* *	J																		+	
48	扁颅蝠 *Tylonycteris pachypus* R	Wb													−	+	+	+			
49	褐扁颅蝠 *T. robustula*	Wb													−		+	+			
50	亚洲宽耳蝠 *Barbastella leucomelas*	We						+	+				+					+			
51	台湾宽耳蝠 *B. formosanus* *	J																		+	
52	斑蝠 *Scotomanes ornatus*	Sc													+	+	+	+	+		
53	小黄蝠 *S. kuhli*	Wb													−	−	+	+	+	+	
54	大黄蝠 *S. heathi*	Wb														−	+	+	+		
55	大耳蝠 *Plecotus austriacus*	Hb							+	+		+	+								
56	普通长耳蝠 *P. auritus*	Ub	+	+	+	+	+					+									
57	台湾大耳蝠 *P. taivanus* *	J																		+	
	长翼蝠亚科 Miniopterinae																				
58	长翼蝠 *Miniopterus schreibersi*	O_3				+							+		+	+	+	+	+	+	

续表

序号	种　名	分布型	分　布																		
			NE			N		MX			QZ		SW		C		S				
			a	b	c	a	b	a	b	c	a	b	a	b	a	b	a	b	c	d	e
59	南长翼蝠 *M. pusillus*	We															+	+	+		
	管鼻蝠亚科 Murininae																				
60	金管鼻蝠 *Murina aurata*	Eg		+									+	+		+	+	+		+	
61	白腹管鼻蝠 *M. leucogaster*	Eb	+	+			+						+	+	+	+					
62	中管鼻蝠 *M. huttoni*	Wc													+						
63	圆耳管鼻蝠 *M. cyclotis*	We													+				+		
64	拟大管鼻蝠 *M. rubex***	Ha												+							
65	台湾管鼻蝠 *M. puta**	J																		+	
66	乌苏里管鼻蝠 *M. ussuriensis*	M		+																	
67	毛翼管鼻蝠 *Harpiocephalus harpia*	Wc											+							+	
	彩蝠亚科 Kerivoulinae																				
68	彩蝠 *Kerivoula picta*	Wc													+		+	+	+		
69	小彩蝠 *K. hardwickei*	Wb													+	+	+	+			
Ⅳ	灵长目 PRIMATES																				
12	懒猴科 Lorisidae																				
1	蜂猴 *Nycticebus coucang* E	Wa															—	+			
2	倭蜂猴 *N. pygmacus* E	Wa																+			
13	猴科 Cercopithecidae																				
1	猕猴 *Macaca mulatta* V	We					+					+	+	+	+	+	+	+	+		
2	熊猴 *M. assamensis* V	We（Hc）											—	+		—	—	+			
3	台湾猴 *M. cyclopis**	J																		+	
4	豚尾猴 *M. nemestrina* E	Wa												+				+			
5	短尾猴 *M. arctoides* V	Wb											—			—	—	+			
6	藏酋猴 *M. thibetana** V	Se											+		+	+					
7	金丝猴 *Rhinopithecus roxellanae** E	Hc											+			+					
8	黔金丝猴 *R. brelichi** E	S														+					
9	滇金丝猴 *R. bieti** E	Hc											+								
10	白臀叶猴 *Pygathrix nemaeus*	Wa																	+		
11	长尾叶猴 *Presbytis entellus* E	Wa												+							
12	戴帽叶猴 *P. pileatus* E	Wa																+			
13	菲氏叶猴 *P. phayrei* E	Wb											—					+			
14	黑叶猴 *P. francoisi* E	Wc														+	+				
14	长臂猿科 Hylobatidae①																				
1	白掌长臂猿 *Hylobates lar* E	Wa																+			
2	白眉长臂猿 *H. hoolock* E	Wa																+			
3	海南长臂猿 *H. hainanus** E	J																	x		
4	黑长臂猿 *H. concolor* E	Wb																+			
5	白颊长臂猿 *H. leucogenys* E	Wa																+			
Ⅴ	食肉目 CARNIVORA																				

续表

序号	种 名	分布型	分 布																		
			NE			N		MX			QZ		SW		C		S				
			a	b	c	a	b	a	b	c	a	b	a	b	a	b	a	b	c	d	e
15	犬科 Canidae																				
1	狼 *Canis lupus* V	Ch	+	+	+	+	+	+	+	+	+	+	+	+	+	+	+	+			
2	赤狐 *Vulpes vulpes*	Ch	+	+	+	+	+	+	+	+	+	+	+	+	+	+	+	+			
3	沙狐 *V. corsac*	Dk						+	+												
4	藏狐 *V. ferrilata*	Pa									+	+	+								
5	貉 *Nyctereutes procyonoides*	Eg		+	+	+	+						−		+	+	+	+			
6	豺 *Cuon alpinus* V	We		+	+				+	+		+	+	+	+	+	+	+			
16	熊科 Ursidae																				
1	黑熊 *Selenarctos thibetanus* V	Eg		+	−	−						+	+	+	+	+	+	+	+	+	
2	棕熊 *Ursus arctos* E	Ca	+	+					+	+											
3	马熊 *U. pruinosus*	Pa									+	+	+	+							
4	马来熊 *Helarctos malayanus* R	Wa																+			
17	熊猫科 Ailuropodidae																				
1	小熊猫 *Ailurus fulgens* ** E	Hm										−	+	+		−		+			
2	大熊猫 *Ailuopoda melanoleuca* * E	Hc											+			−					
18	鼬科 Mustelidae																				
1	石貂 *Martes foina* V	U				+	+			+		+	+	+							
2	紫貂 *M. zibellina* E	Uc	+	+						+											
3	青鼬 *M. flavigula*	We		+			+					+	+	+	+	+	+	+	+	+	
4	狼獾 *Gulo gulo* R	Cc	+							+											
5	香鼬 *Mustela altaica*	O	+	+	+		+			+		+	+	+		+					
6	白鼬 *M. erminea*	Cf	+	+	+	−	+			+											
7	伶鼬 *M. nivalis*	UfW	+	+	+			+	+	+		−	−								
8	黄腹鼬 *M. kathiah*	Sd					−						+		+	+	+	+	+		
9	小艾鼬 *M. amurensis*	M	+		−																
10	黄鼬 *M. sibirica*	Uh	+	+	+	+	+			+		+	+	+	+	+	+	+		+	
11	纹鼬 *M. strigidorsa* V	Wa														−		+			
12	艾鼬 *M. eversmanni*	Uf			+	+	+	+	+	+		+	−			−					
13	虎鼬 *Vormela peregusna* R	D					+	+	+	+											
14	鼬獾 *Melogale moschata*	Sd											+		+	+	+	+	+	+	
15	缅甸鼬獾 *M. personata*	Wa															+				
16	狗獾 *Meles meles*	Uh	+	+	+	+	+	−	−	+		+	+	+	+	+	+	+			
17	猪獾 *Arctonyx collaris*	We				+	+		−			+	+	+	+	+	+	+			
18	水獭 *Lutra lutra* V	Uh	+	+			+			−		+	+	+	+	+	+	+	+	+	
19	江獭 *L. perspicillata* E	Wa															+	+			
20	水爪水獭 *Aonyx cinerea* E	Wb												+	−	−	+	+	+		
19	灵猫科 Viverridae																				
1	大灵猫 *Viverra zibetha* V	Wd											+	+	+	+	+	+	+		
2	大斑灵猫 *V. megaspila* R	Wb														−	−	+			

序号	种 名	分布型	分布																		
			NE			N		MX			QZ		SW		C		S				
			a	b	c	a	b	a	b	c	a	b	a	b	a	b	a	b	c	d	e
3	小灵猫 *Viverricula indica*	Wd											+	+	+	+	+	+	+	+	
4	斑林狸 *Prionodon pardicolor* E	Wc											+	+	−	+	+	+			
5	椰子猫 *Paradoxurus hermaphroditus* V	Wc													−	−	+	+	+		
6	果子狸 *Paguma larvata*	We					+	+				−	+	+	+	+	+	+	+	+	
7	熊狸 *Arctictis binturong* E	Wb																+			
8	小齿椰子猫 *Arctogalidia trivirgata* Ex	Wa																+			
9	缟灵猫 *Chrotogale owstoni* E	Wa															−	+			
10	红颊獴 *Herpestes javanicus*	Wb															+	+	+		
11	食蟹獴 *H. urva*	Wc													+	+	+	+	+	+	
20	猫科 Felidae																				
1	草原斑猫 *Felis silvestris* E	O_3							+												
2	漠猫 *F. bieti* E	Db		+					+			+	+								
3	丛林猫 *F. chaus* R	O							+				+	+	−			+			
4	兔狲 *F. manul* V	Da			+	−			+	+	+	+	+								
5	云猫 *F. marmorata* E	Wc													−			+			
6	猞猁 *F. lynx* V	Ce	+	+		−	+		−	−	+	+	+	+			−				
7	金猫 *F. temmincki* V	We					−					+	+	+	+	+	+	+			
8	豹猫 *F. bengalensis* V	We	+	+	+	+	+					+	+	+	+	+	+	+	+	+	
9	渔猫 *F. viverrina*	Wa																		+	
10	云豹 *Neofelis nebulosa*	Wc											+	+	+	+	+	+	+	+	
11	豹 *Panthera pardus*	O		+	+	+	+					+	+	+	+	+	+	+			
12	虎 *P. tigris*	We		+		+	+		+			+	+	+	+	+	+	+			
13	雪豹 *P. uncia***	Pw							−	+	+	+	−								
Ⅵ	长鼻目 PROBOSCIDEA																				
21	象科 Elephantidae																				
1	亚洲象 *Elephas maximus*	Wa																+			
Ⅶ	海牛目 SIRENIA																				
22	儒艮科 Dugongidae																				
1	儒艮 *Dugong dugon*（海栖）																				
Ⅷ	奇蹄目 PERISSODACTYLA																				
23	马科 Equidae																				
1	野马 *Equus przewalskii* Ex	D							+												
2	野驴 *E. hemionus* E	Dg							+		+										
3	藏野驴 *E. kiang*** V	Pa									+	+									
Ⅸ	偶蹄目 ARTIODACTYLA																				
24	猪科 Suidae																				
1	野猪 *Sus scrofa*	Uh	+	+	+	−	+		+	+		+	+	+	+	+	+	+	+	+	
25	骆驼科 Camelidae																				
1	双峰驼 *Camelus bactrianus*	De							+												

序号	种　名	分布型	分　布																		
			NE			N		MX			QZ		SW		C		S				
			a	b	c	a	b	a	b	c	a	b	a	b	a	b	a	b	c	d	e
26	鼷鹿科 Tragulidae																				
1	鼷鹿 Tralus javanicus	Wa																+			
27	麝科 Moschidae																				
1	原麝 Moschus moschiferus	Mg	+	+		−	+														
2	林麝 M. berezovskii*	Sd										−	+	+	+	+	−	+			
3	马麝 M. sifanicus*	Pc								−		+	+	+		−					
4	喜马拉雅麝 M. chrysogaster*	Ha												+							
5	褐（黑）麝 M. fuscus*	He												+							
28	鹿科 Cervidae																				
1	河鹿 Hydropotes inermis** V	Sf													+	−					
2	赤麂 Muntiacus muntjak	Wc											−	+	−	+	+	+	+		
3	小麂 M. reeveesi	Sd											−		+	+	+	+		+	
4	黑麂 M. crinifrons* V	Si													+						
5	菲氏麂 M. feae R	Wb												+				+			
6	贡山麂 M. gongshanensis E	Hm												+							
7	毛冠鹿 Elaphodus cephalophus**	Sv					−					−	+	+	+	+	+	+			
8	豚鹿 Axis porcinus Et	Wa																+			
9	水鹿 Cervus unicolor V	Wd											+		−	+	+	+	+	+	
10	坡鹿 C. eldi E	Wa																	+		
11	梅花鹿 C. nippon E	Eg		+		+	+						+		+	+	+	+		+	
12	白唇鹿 C. albirostris* E	Pc										+	−								
13	马鹿 C. elaphus E	Cd	+	+		−	−	−	+	+		+	+	+							
14	麋鹿 Elaphurus davidianus* Ex	E				−									−						
15	狍 Capreolus capreolus	Ue	+	+	+	+	+			+		+	−		−						
16	驼鹿 Alces alces V	Ca	+	−						+											
17	驯鹿 Rangifer tarandus V	Ca	+																		
29	牛（洞角）科 Bovidae																				
1	野牛 Bos gaurus E	Wa																+			
2	牦牛 B. grunniens** V	Pb											+	+							
3	爪哇野牛 B. banleng	Wa																+			
4	藏原羚 Procapra picticaudata** V	Pa									+	+	−			−					
5	蒲氏原羚 P. przewalskii* E	Dd							+					−							
6	黄羊 P. gutturosa V	Dn			−		−	+	−												
7	鹅喉羚 Gazella subgutturosa V	De							+			−									
8	藏羚 Pantholops hodgsoni** E	Pa									+	+	−								
9	赛加羚 Saiga tatarica Et	Dc							−												
10	羚牛 Budorcas taxicolor**	Hc											+	+		−					
11	鬣羚 Capricornis sumatraensis V	We					−					+	+	+	+	+	+	+			
12	台湾鬣羚 C. swinhoei*	J																		+	

续表

序号	种名	分布型	分布																		
			NE			N		MX			QZ		SW		C		S				
			a	b	c	a	b	a	b	c	a	b	a	b	a	b	a	b	c	d	e
13	红斑羚 *Nemorhaedus cranbrooki*（*baileyi*）	He												+							
14	斑羚 *N. goral*（*caudatus*） V	Eb		+				−				−	+	+	+	+	+	+			
15	喜马拉雅塔尔羊 *Hemitragus jemlahicus* E	Ha												+							
16	北山羊 *Capra ibex* E	Pg							+	+											
17	岩羊 *Pseudois nayaur*** V	Pa						−			+	+	+	+							
18	矮岩羊 *P. schaeferi** E	Pc										−	+								
19	盘羊 *Ouis ammon* E	Pa						−	−	+	+	+	−								
Ⅹ	鳞甲目 PHOLIDOTA																				
30	穿山甲科 Manidae																				
1	穿山甲 *Manis pentadactyla* V	Wc											+	−	+	+	+	+	+	+	
2	粗尾穿山甲 *M. crassicundata*	Wa																+			
3	爪哇穿山甲 *M. javanicus*	Wa																+			
Ⅺ	啮齿目 RODENTIA																				
31	松鼠科 Sciuridae																				
	鼯鼠亚科 Petauristinae																				
1	毛耳飞鼠 *Belomys pearsoni*	Sd											+		+		+	+	+	+	
2	复齿鼯鼠 *Trogopterus xanthipes** V	Hm					+					+	+	+		+					
3	棕鼯鼠 *Petaurista petaurista*	Wd											+	+	+	+	+	+		+	
4	栗背大鼯鼠 *P. albiventer*	Sc											+	+			+	+	+	+	
5	红白鼯鼠 *P. alborufus*	Wd												+		+		+		+	
6	台湾鼯鼠 *P. pectoralis**	J																		+	
7	灰鼯鼠 *P. xanthotis**	Hc										+	+	+							
8	栗褐鼯鼠 *P. magnificus*** R	Ha												+							
9	灰背大鼯鼠 *P. philippensis*	Wc											+	+		−	−	+	+		
10	白斑鼯鼠 *P. marica*	Wa																+			
11	小鼯鼠 *P. elegans*	Hm											+	+		+		+			
12	灰头小鼯鼠 *P. caniceps*	Hm											+	+		+		+			
13	沟牙鼯鼠 *Aeretes melanopterus**	Hc				+	+						+								
14	黑白飞鼠 *Hylopetes alboniger*	Wc											+	+	+			+	+		
15	飞鼠 *Pteromys volans*	Uc	+	+	−	−	+			+			−		−	+					
16	菲氏小鼯鼠 *H. phayrei*	Wa													+	+	+		+		
17	羊绒鼯鼠 *Eupetaurus cinereus***	He											−								
	松鼠亚科 Sciurinae																				
18	松鼠 *Sciurus vulgaris*	Ub	+	+		−	−			+					+						
19	赤腹松鼠 *Callosciurus erythraeus*	Wc											+	+	+	+	+	+	+	+	
20	黄足松鼠 *C. phayrei*	Wa																+			
21	蓝腹松鼠 *C. pygerythrus*	Wa												+				+			
22	金背松鼠 *C. caniceps*	Wa																		+	
23	五纹松鼠 *C. quinquestriatus*	Hc											−					+			

序号	种　名	分布型	分　布																		
			NE			N		MX			QZ		SW		C		S				
			a	b	c	a	b	a	b	c	a	b	a	b	a	b	a	b	c	d	e
24	白背松鼠 *C. finlaysoni*	Wa																+			
25	明纹花松鼠 *Tamiops macclellandi*	Wd												+		+		+			
26	隐纹花松鼠 *T. swinhoei*	We					+						+	+	+	+	+	+	+	+	
27	橙腹长吻松鼠 *Dremomys lokriah*	He											−	+							
28	泊氏长吻松鼠 *D. pernyi* **	Sd					−						+	+	+	+	+	+		+	
29	红颊长吻松鼠 *D. rufigenis*	Wd													+	+	+	+			
30	红腿长吻松鼠 *D. pyrrhomerus* *	Sc													+	+	+	+	+		
31	橙喉长吻松鼠 *D. gularis* **	Wa																+			
32	巨松鼠 *Ratufa bicolor* V	Wa											−				+	+	+		
33	条纹松鼠 *Menetes berdmorei*	Wa																+			
34	岩松鼠 *Sciurotamias davidianus* *	E				+	+						+		+	+					
35	侧纹岩松鼠 *S. forresti* *	Hc											−					+			
36	花鼠 *Eutamias sibiricus*	Ub	+	+	+	+	+	+	−	−		−		−							
37	达乌尔黄鼠 *Spermophilus dauricus*	Dm			+	+	+	+	−												
38	天山黄鼠 *S. reliclus*	D								+											
39	大黄鼠 *S. major*	Dc							−												
40	赤颊黄鼠 *S. erythrogenys*	Dc						+	−	+											
41	长尾黄鼠 *S. undulatus*	M (O)	+							+											
42	灰旱獭 *Marmota baibacina*	Dp								+											
43	草原旱獭 *M. bobak*	Dn			−			+													
44	喜马拉雅旱獭 *M. himalayana* **	Pa									+	+	+								
45	长尾旱獭 *M. caudata*	Pe								−	−										
32	河狸科 Castoridae																				
1	河狸 *Castor fiber*	U								+											
33	林跳鼠科 Zapodidae																				
1	长尾蹶鼠 *Sicista caudata*	M	+	+																	
2	天山蹶鼠 *S. tianschanicus*	Dp								+											
3	蹶鼠 *S. concolor* R	U		+			−			+		−	+	−		−					
4	草原蹶鼠 *S. subtilis*	O								−											
5	林跳鼠 *Eozapus setchuanus* *	Hc					−					−	+								
34	跳鼠科 Dipodidae																				
1	五趾心颅跳鼠 *Cardiocranius paradoxus*	Dc						+	+												
2	三趾心颅跳鼠 *Salpingotus kozlovi*	Db						−	+												
3	肥尾心颅跳鼠 *S. crassicauda*	Dc						+	+												
4	长耳跳鼠 *Euchoreutes naso*	Da							+												
5	五趾跳鼠 *Allactage sibirica*	Dc			+	−	−	+	+			−									
6	小五趾跳鼠 *A. elater*	Dc							+												
7	巨泡五趾跳鼠 *A. bullata*	Da						+	+												
8	地兔 *Alactagulus pumilio*	Dc						−	+												

续表

序号	种 名	分布型	分 布																		
			NE			N		MX			QZ		SW		C		S				
			a	b	c	a	b	a	b	c	a	b	a	b	a	b	a	b	c	d	e
9	三趾跳鼠 *Dipus sagitta*	Dg			+		−	+	+	+		+									
10	内蒙羽毛跳鼠 *Stylodipus andrewsi*	Dn						x													
11	羽尾跳鼠 *Stylodipus telum*	Dc							+												
35	豪猪科 Hystricidae																				
1	扫尾豪猪 *Atherurus macrourus* V	Wc											−			+		+	+		
2	豪猪 *Hystrix brachyura*	Wd					−						+	+	+	+	+	+	+		
36	睡鼠科 Muscardinidae																				
1	睡鼠 *Dryomys nitedula* V	U								+											
2	四川毛尾睡鼠 *Chaetocauda sichuanensis* *	Hc											+								
37	鼠科 Muridae																				
	仓鼠亚科 Cricetinae																				
1	灰仓鼠 *Cricetulus migratorius*	D				−	−	+	+	+		−									
2	黑线仓鼠 *C. barabensis*	Xg	+	+	+	+	+	+	−												
3	长尾仓鼠 *C. longicaudatus*	D				−	+	+	−	−		−									
4	藏仓鼠 *C. kamensis* **	Pa									−	+		+							
5	短尾仓鼠 *Allocricetus eversmanni*	D							+												
6	大仓鼠 *A. triton* **	Xa		+	+	+	+														
7	无斑短尾仓鼠 *A. curtatus*	D							x												
8	甘肃仓鼠 *Cansumys. canus* *	O (Sn)										+				+					
9	黑线毛蹠鼠 *Phodopus sungorus*	D						+	−												
10	小毛足鼠 *P. roborovskii*	Dn			−		−	+	−			−									
11	原仓鼠 *Cricetus cricetus*	Ue								−											
	鼢鼠亚科 Myospalacinae																				
12	中华鼢鼠 *Myospalax fontanieri* *	Bc			−	+	+					+	−			−					
13	东北鼢鼠 *M. psilurus* **	Bc	−	−	+	+	+														
14	甘肃鼢鼠 *M. smithi* *	Bc					−					+				−					
15	小鼢鼠 *M. rothschildi* *	O (Sn)										−				−					
16	草原鼢鼠 *M. aspalax* *	Dn			+			+													
	猪尾鼠亚科 Platacanthomyidae																				
17	猪尾鼠 *Typhlomys cinereus* **	Sd													+	+		+			
	竹鼠亚科 Rhizomyidae																				
18	花白竹鼠 *Rhizomys pruinosus*	Wb											−		−	−	+	+			
19	大竹鼠 *R. sumatrensis*	Wa																+			
20	中华竹鼠 *R. sinensis*	We					−						+		+	+	+	+			
21	小竹鼠 *Cannomys badius*	He																+			
	田鼠亚科 Microtinae																				
22	林旅鼠 *Myopus schisticolor*	Uc	+	−																	
23	鼹形田鼠 *Ellobius talpinus*	Dc						+	−	+											
24	红背䶄 *Clethrionomys rutilus*	C	+	+	+		−	−		+											

续表

序号	种　名	分布型	分　布																		
			NE			N		MX			QZ		SW		C		S				
			a	b	c	a	b	a	b	c	a	b	a	b	a	b	a	b	c	d	e
25	天山䶄 *C. frater*	D								+											
26	棕背䶄 *C. rufocanus*	Uc	+	+	+					+											
27	山西绒鼠 *Eothenomys shanseius* *	Bc				−	+	+				−				−					
28	黑腹绒鼠 *E. melanogaster* **	Sv					−					−	+	+	+	+		+		+	
29	大绒鼠 *E. miletus* *	Hc (Y)														+		+			
30	滇绒鼠 *E. eleusis* *	Hc (Y)														+		+			
31	昭通绒鼠 *E. olitor* *	Hc											+					−			
32	玉龙绒鼠 *E. proditor* *	Hc											+								
33	中华绒鼠 *E. chinensis* *	Hc											+								
34	克钦绒鼠 *E. cachinus* **	He											−					−			
35	西南绒鼠 *E. custos* *	Hc											+								
36	苛岚绒鼠 *Cuyomys inez* *	Bc				−	+					−				−					
37	绒鼠 *C. eva* *	Hc					−					−	+			−					
38	银高山䶄 *Alticola argentata*	Pa						+	+	+											
39	扁颅高山䶄 *A. strelzowi* **	Di								−											
40	库蒙高山䶄 *A. stracheyi* **	P										+									
41	高原高山䶄 *A. stoliczkanus* **	p									+	+									
42	阿尔泰高山䶄 *A. barakshin*	Di								−											
43	大耳高山䶄 *A. macrotis*	Di								−											
44	蒙古高山䶄 *A. semicanus*	D_5						−													
45	草原兔尾鼠 *Lagurus lagurus*	Dc							+	+											
46	黄兔尾鼠 *L. luteus*	Dc						+	+	+											
47	水䶄 *Arvicola Terrestris*	U		+																	
48	麝鼠 *Ondatra zibethicus*（引入）	U																			
49	白尾松田鼠 *Pitymys leucurus* **	Pa							−		+	+									
50	松田鼠 *P. irene* **	Pf										+	+								
51	锡金松田鼠 *P. sikimensis* **	Ha											+								
52	帕米尔松田鼠 *P. juldaschi* **	Ha									−										
53	社田鼠 *Microtus socialis*	Dc							−	+											
54	普通田鼠 *M. arvalis*	Ub	+	+	+	−					+										
55	东方田鼠 *M. fortis*	Ee		+	+	−	−	−					−		+	+					
56	克氏田鼠 *M. clarkei*	He											+					−			
57	台湾田鼠 *M. kikuchii* *	J																		+	
58	伊犁田鼠 *M. ilaeus* **	Dc								+											
59	黑田鼠 *M. agrestis*	Cb								−											
60	根田鼠 *M. oeconomus*	Ua					−	−	−	+		+	−			−					
61	狭颅田鼠 *M. gregalis*	U	+		+	−		+	−	+											
62	莫氏田鼠 *M. maximowiczii* **	X	+	+	+	−	−	+													
63	沟牙田鼠 *M. bedfordi* *	Pc											−								

续表

序号	种 名	分布型	分布																		
			NE			N		MX			QZ		SW		C		S				
			a	b	c	a	b	a	b	c	a	b	a	b	a	b	a	b	c	d	e
64	蒙古田鼠 *M. mongolicus*	Dm			+	+															
65	四川田鼠 *Volemys millicens* *	He											+	+							
66	川西田鼠 *V. musseri* *	He												+							
67	布氏田鼠 *Lasiopodonmys brandti* **	Dn			+			+													
68	棕色田鼠 *L. mandarinus* **	X			+	+	+	+							—	—					
69	青海田鼠 *L. fuscus* *	P										+									
	沙鼠亚科 Gerbillinae																				
70	柽柳沙鼠 *Meriones tamariscinus*	Dc							+												
71	长爪沙鼠 *M. unguiculatus*	Dn					—	+													
72	子午沙鼠 *M. meridianus*	Da				—	+	+	+	+											
73	吐鲁番沙鼠 *M. chengi* *	D								+											
74	红尾沙鼠 *M. erythrourus*	Dh								+											
75	短耳沙鼠 *Brachiones przewalskii* *	Db							+												
76	大沙鼠 *Rhombomys opimus*	Dc							+	—											
	鼠亚科 Murinae																				
77	云南攀鼠 *Vernaya fulva* ** R	Hc					—						+			—		+			
78	拟狨鼠 *Hapalomys delacouri*	Wa															+		+		
79	长尾狨鼠 *H. longicaudatus* R	Wa																+			
80	笔尾树鼠 *Chiropodomys gliroides*	Wa															+	+	+		
81	景东树鼠 *C. jingdongnensis* *	Hc																+			
82	费氏树鼠 *chiromyscus chiropus*	Wa																+			
83	长尾攀鼠 *Vandeleuria oleracea*	Wa																+			
84	巢鼠 *Micromys minutus*	Uh	+	+	+	—		—		—			+	+	+	+	+	+		+	
85	大林姬鼠 *Apodemus peninsulae* **	X	+	+	+	+	+	+				+	+	+		+					
86	大耳姬鼠 *A. latronum* *	Hc										+	+	+							
87	小林姬鼠 *A. sylvaticus*	U							+	+											
88	中华姬鼠 *A. draco* **	Sd					—					+	+	+	+	+		+		+	
89	黑线姬鼠 *A. agrarius*	Ub	+	+	+	+	+	—		—			+		+	+	—	+			+
90	齐氏姬鼠 *A. chevrieri* *	Sb											+			+		+			
91	台湾姬鼠 *A. semotus* *	J																		+	
92	大齿鼠 *Dacnomys millardi*	Wa											—					+			
93	黑家鼠 *Rattus rattus*	We				—							—	+	+	+	+	+	+	+	
94	黄胸鼠 *R. flavipectus*	We					—		—				+	+	+	+	+	+	+		+
95	大足鼠 *R. nitidus*	Wa										—	+	+	+	+	+	+	+		
96	拟家鼠 *R. rattoides* (*losea*) **	Sc					—						+	+	+	+	+	+	+	+	
97	褐家鼠 *R. norvegicus*	Ue	+	+	+	+	+	—	—	—		—	+	+	+	+	+	+	+	+	+
98	小缅鼠 *R. exulans*	Wa																			+
99	社鼠 *Niviventer confucianus*	We			—	+	+	—				—	+	+	+	+	+	+	+	+	
100	针毛鼠 *N. fulvescens*	Wb					—						+	+	+	+	+	+	+		

续表

序号	种名	分布型	分布																		
			NE			N		MX			QZ		SW		C		S				
			a	b	c	a	b	a	b	c	a	b	a	b	a	b	a	b	c	d	e
101	黑尾鼠 *N. cremoriventer*	Wb												+	+						
102	白腹鼠 *N. andersomi*	Wd					−						+	+	+	+	+	+			
103	灰腹鼠 *N. eha***	Hm												+	−	+	−	+			
104	台湾白腹鼠 *N. coxingi**	J																		+	
105	青毛鼠 *Berylmys bowersi*	Wc											+	+	+	+	+	+			
106	大泡灰鼠 *B. berdmorei*	Wa																	+		
107	小泡灰鼠 *B. manipulus*	He																+			
108	王鼠 *Maxomys. rajah*	Wa																+			
109	短尾锋毛鼠 *M. musschenbroeki*	Wb														+					
110	白腹巨鼠 *Leopoldamys edwardsi*	Wd											+	+	+	+	+	+	+		
111	休氏壮鼠 *Hadromys humei*	Wa																+			
112	小家鼠 *Mus musculus*	Uh	+	+	+	+	+	+	+	+	−	+	+	+	+	+	+	+	+	+	
113	丛林鼠 *M. famulus*	Wa																+			
114	卡氏小鼠 *M. cardi*	Wb													−	−	+	+		+	
115	仔鹿鼠 *M. cervicolor*	Wa												−				+			
116	爪哇小鼠 *M. vulcani*	Wa																−			
117	锡金小家鼠 *M. pahari*	Wc											−	+		+		+			
118	板齿鼠 *Bandicota indica*	Wa											−		−	−	+	+		+	
119	印度地鼠 *Nesokia indica*	D (O_6)							+												
Ⅻ	兔形目 LAGOMORPHA																				
38	兔科 Leporidae																				
1	草兔 *Lepus capensis*	O	+	+	+	+	+	+	+	+			−		+	+					
2	海南兔 *L. hainanus** V	J																	+		
3	雪兔 *L. timidus* V	Ca	+	+	+					+											
4	灰尾兔 *L. oiostolus***	Pa									+	+	−	+							
5	华南兔 *L. sinensis***	Sc		−											+	+	+			+	
6	东北兔 *L. mandschuricus**	Mb		+	+			−													
7	塔里木兔 *L. yarkandensis** V	Db							+												
8	西南兔 *L. comus**	Yc											+			−	−	+			
9	东北黑兔 *L. melainus**	K		+																	
39	鼠兔科 Ochotonidae																				
1	藏鼠兔 *Ochotona thibetana**	Hc										+	+	+		−					
2	努布拉鼠兔 *O. rubrica**	Pa									−	+	−								
3	黄河鼠兔 *O. huangensis**	Pf										−	−			−					
4	间颅鼠兔 *O. cansus***	Pc					−	+				+	−	+							
5	狭颅鼠兔 *O. thomasi**	Pc										+	−								
6	喜马拉雅鼠兔 *O. himalayana***	Ha												+							
7	灰鼠兔 *O. roylei***	Hm											−	+							
8	大耳鼠兔 *O. macrotis*	Pa								+	+	+									

续表

序号	种　名	分布型	分　布																		
			NE			N		MX			QZ		SW		C		S				
			a	b	c	a	b	a	b	c	a	b	a	b	a	b	a	b	c	d	e
9	红鼠兔 *O. rutila*	O								+			+								
10	达乌尔鼠兔 *O. daurica***	Dn					+	+				−									
11	灰颈鼠兔 *O. forresli***	He											−	+							
12	伊犁鼠兔 *O. iliensis**	D								+											
13	黑唇鼠兔 *O. curzoniae***	P									+	+	−								
14	柯氏鼠兔 *O. koslowi** R	Pg									+										
15	高黎贡山鼠兔 *O. gaoligongensis**	Hc											+								
16	高山鼠兔 *O. alpina*	O	+	+			−	−		+		−									
17	褐斑鼠兔 *O. pallasi*	D								−											
18	陕西鼠兔 *O. shaanxiensis**	B					+														
19	康坞鼠兔 *O. kamensis**	Pc												+							
20	红耳鼠兔 *O. erythrotis*	Pf									−	+									
21	川西鼠兔 *O. gloveri**	Pc										+	+								
22	拉达克鼠兔 *O. ladacensis***	Pe									+										
23	木里鼠兔 *O. muliensis**	He											+								

① 长臂猿科分类将分布于中南半岛及其附近的黑长臂猿（*Hylobates*）归入冠长臂猿（*Nomascus*）。